电磁场理论

马海武 编著

清华大学出版社
北京

内 容 简 介

本书全面讲述了电磁场与电磁波的基本规律、基本概念和分析方法。主要内容包括场论、静电场、恒定电场、恒定磁场、静态场的解、时变电磁场、平面电磁波、导行电磁波、电磁波的辐射等。

本书可作为高等院校通信与电子信息类及相关专业本科或研究生的教材，用作高职高专教材时可适当节选，也可作为广大工程技术人员学习电磁场基础理论及应用的参考书。

图书在版编目(CIP)数据

电磁场理论/马海武编著. —北京：清华大学出版社，2016(2024.8重印)

ISBN 978-7-302-43545-7

Ⅰ. ①电… Ⅱ. ①马… Ⅲ. ①电磁场 Ⅳ. ①O441.4

中国版本图书馆 CIP 数据核字(2016)第 080954 号

责任编辑：许 龙 洪 英
封面设计：常雪影
责任校对：王淑云
责任印制：刘海龙

出版发行：清华大学出版社
网　　址：https://www.tup.com.cn，https://www.wqxuetang.com
地　　址：北京清华大学学研大厦 A 座　　**邮　　编：**100084
社 总 机：010-83470000　　**邮　　购：**010-62786544
投稿与读者服务：010-62776969，c-service@tup. tsinghua. edu. cn
质量反馈：010-62772015，zhiliang@tup. tsinghua. edu. cn
印 装 者：天津鑫丰华印务有限公司
经　　销：全国新华书店
开　　本：185mm×260mm　　**印　　张：**19.25　　**字　　数：**466 千字
版　　次：2016 年 6 月第 1 版　　**印　　次：**2024 年 8 月第 6 次印刷
定　　价：52.00 元

产品编号：067230-04

前言

FOREWORD

电磁场理论体系是人类文明的集中体现，它的每一个定律、定理和公式都深深地影响了人类社会的变革，甚至塑造了人类的思想。尤其是近几十年来电磁技术的广泛应用，已经深刻地改变了人们的生产和生活方式。它是人类知识宝库中的精髓，更是相关专业工程技术人员必须掌握的基础理论。一直以来，高等院校电子类专业都将电磁场理论列为最重要的专业基础课。当读者开始学习本书的内容时，一般已经在之前几个阶段的物理课中由浅入深地对电磁场的基本定律和基本实验有了初步的认识和理解。但是，对于工程技术人员所从事的相关工程应用和理论研究工作，物理课中的普及性基础的知识是远远不够的。本书的编写宗旨就是希望读者通过本书的学习，能够进一步掌握足够的电磁场基本理论和应用研究方法。

本书共9章，重点讲述了电磁场与电磁波的基本规律、基本概念和分析方法，通信工程及电子信息专业本科教学参考学时数为64学时。第1章是矢量分析与场论，简要介绍学习本课程要用到的数学基础知识；第2～5章为静态场，主要介绍静电场、恒定电流的电场和磁场的基本概念和分析与计算方法；第6章是时变电磁场，是本书的核心，全面论述了电磁理论中的基本方程及其边界条件；第7章研究均匀平面电磁波在无界媒质中的传播及其在平面分界面的反射、折射等特性；第8章研究导行电磁波的特性，以及波导、谐振腔等；第9章是电磁波的辐射和散射。各章末都附有大量的习题。通过对本书中各部分内容的学习，读者可以对电磁场的基本理论有一个整体的概念。基于在编写方式上的见解和特点，相信本书会对电子信息类学生和专业人员学习电磁场理论课程有一定的帮助。本书渗透着编著者多年的教学心得，希望本书的出版能为相关专业的教学和发展起到一些作用。

对于本科生、研究生，可以根据不同的教学要求灵活选用本书的内容。另外，可根据自身的教学条件，结合实验和仿真技术，通过多媒体教学使学生对这些理论有更加深刻的理解和认识。

在本书的编写过程中，得到了清华大学出版社的大力协助和支持，在此表示诚挚的谢意。另外，对本书所列文献的作者表示由衷的感谢。

限于编者的水平，书中不妥和错误之处在所难免，敬请广大读者及同行批评指正。

作　者

2016年3月

目录

CONTENTS

第1章

矢量分析与场论

第1章第1讲

1.1 矢量代数

本节复习矢量的代数运算，在这里不讲细节，只讲与以后讨论矢量分析有关的内容。

经常遇到的量可分为两类：一类完全由数值决定，例如面积、温度、时间、质量等，这一类量称为标量；另一类量，不仅要知道数值的大小，而且要说明它的方向，例如力、速度、加速度等，这一类量称为矢量(或向量)。仅表示矢量大小的数值称为矢量的模。如果去掉矢量的具体性质，矢量可以用一条有向线段表示，使它的正方向指向矢量的方向，它的长度等于矢量的模。表示矢量的记号是用上面带着箭头的拉丁字母如$\vec{a}$、$\vec{b}$…，或用黑体字母如 $\boldsymbol{A}$、$\boldsymbol{B}$…来表示。有时为了表示出它的起点和终点，便用$\overrightarrow{OM}$、$\overrightarrow{AB}$…来表示，其第一个字母表示矢量的起点，第二个字母表示矢量的终点。矢量 $\boldsymbol{a}$ 的模用$|\boldsymbol{a}|$表示。

需要说明的是，本书所讲的矢量均指自由矢量，就是当两个矢量的方向相同，模相等时，就认为它们是相等的。因此，一个矢量经过平移后仍旧是原来的矢量。

1.1.1 矢量的加、减法

1. 加法

设有几个矢量，例如 4 个矢量 $\boldsymbol{a}$、$\boldsymbol{b}$、$\boldsymbol{c}$ 和 $\boldsymbol{d}$。任取一点 O，作矢量 $\boldsymbol{a}$，由它的终点 A 作矢量 $\boldsymbol{b}$，再由矢量 $\boldsymbol{b}$ 的终点 B 作矢量 $\boldsymbol{c}$，其余类推，如图 1.1 所示，这样直至取尽所有的矢量为止。结果就得到折线 $OABCD$，该折线的封闭线 OD 就称为所有矢量之和，记作 $\boldsymbol{a}+\boldsymbol{b}+\boldsymbol{c}+\boldsymbol{d}$。

特别是，两个矢量 $\boldsymbol{a}$、$\boldsymbol{b}$ 的和 $\boldsymbol{a}+\boldsymbol{b}$ 是以 $\boldsymbol{a}$ 的起点 O 为起点，以 $\boldsymbol{b}$ 的终点 B 为终点所构成的矢量$\overrightarrow{OB}$，如图 1.2 所示。

由图 1.3 和图 1.4 可知，矢量和具有加法的交换律和结合律，即

$$\boldsymbol{a}+\boldsymbol{b}=\boldsymbol{b}+\boldsymbol{a}$$

$$\boldsymbol{a}+(\boldsymbol{b}+\boldsymbol{c})=(\boldsymbol{a}+\boldsymbol{b})+\boldsymbol{c}$$

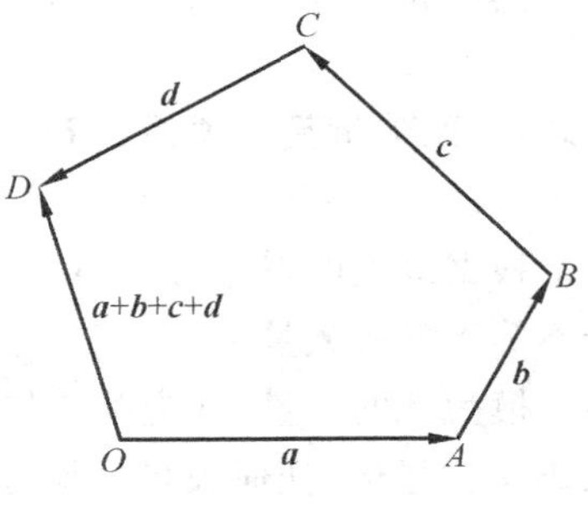

图 1.1 矢量 $\boldsymbol{a}$、$\boldsymbol{b}$、$\boldsymbol{c}$、$\boldsymbol{d}$ 之和

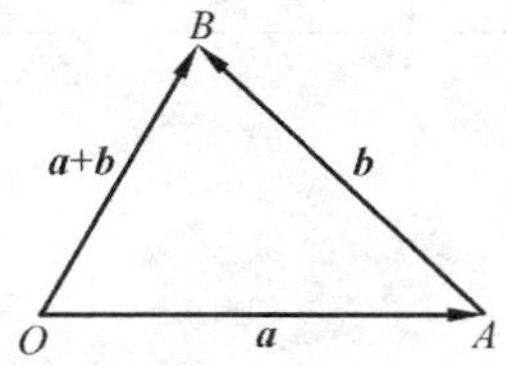

图 1.2　矢量 $\boldsymbol{a}$ 与 $\boldsymbol{b}$ 之和

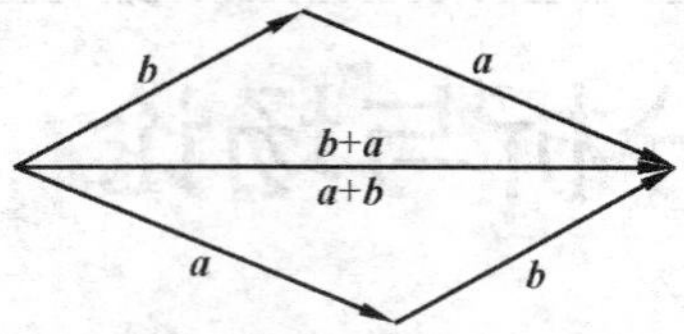

图 1.3　矢量的交换律

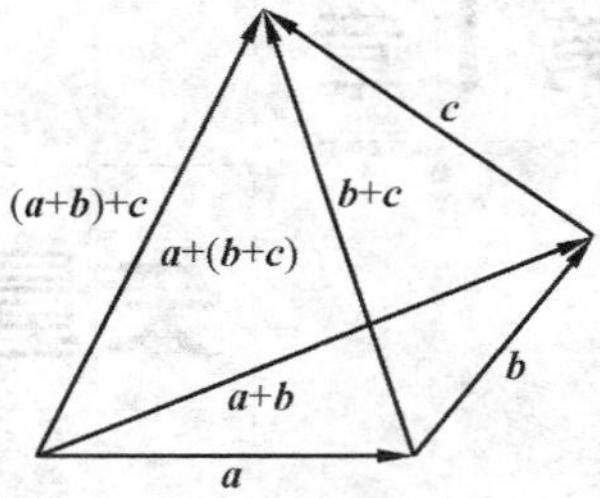

图 1.4　矢量的结合律

2. 减法

矢量的减法定义为加法的逆运算，如果矢量 $\boldsymbol{b}+\boldsymbol{M}=\boldsymbol{a}$，则称矢量 $\boldsymbol{M}$ 为矢量 $\boldsymbol{a}$ 与 $\boldsymbol{b}$ 之差，记作 $\boldsymbol{a}-\boldsymbol{b}$，即

$$\boldsymbol{M}=\boldsymbol{a}-\boldsymbol{b}$$

求矢量 $\boldsymbol{a}-\boldsymbol{b}$ 的几何方法如下。

由矢量 $\boldsymbol{a}$ 的终点作一矢量 $\boldsymbol{c}$，让 $\boldsymbol{c}$ 与矢量 $\boldsymbol{b}$ 的大小相等、方向相反，则以矢量 $\boldsymbol{a}$ 的起点为起点，以矢量 $\boldsymbol{c}$ 的终点为终点的矢量 $\boldsymbol{M}$（见图 1.5）满足关系式：

$$\boldsymbol{b}+\boldsymbol{M}=\boldsymbol{a}$$

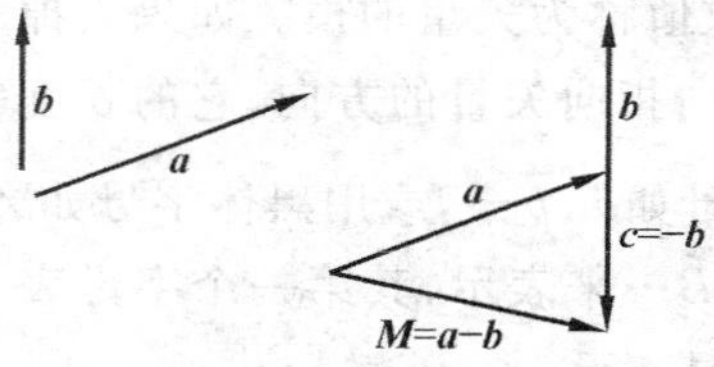

图 1.5　矢量 $\boldsymbol{a}$ 与 $\boldsymbol{b}$ 之差

故矢量 $\boldsymbol{M}$ 是 $\boldsymbol{a}$ 与 $\boldsymbol{b}$ 之差。

与矢量 $\boldsymbol{N}$ 大小相等方向相反的矢量，称为与 $\boldsymbol{N}$ 相逆的矢量，记作 $-\boldsymbol{N}$。由图 1.5 可知，矢量 $\boldsymbol{a}$ 与 $\boldsymbol{b}$ 之差 $\boldsymbol{a}-\boldsymbol{b}$，就是 $\boldsymbol{a}$ 与 $-\boldsymbol{b}$ 之和。即 $\boldsymbol{a}-\boldsymbol{b}=\boldsymbol{a}+(-\boldsymbol{b})$。

为方便起见，把模为零的特殊矢量称为零矢量，记作 $\boldsymbol{0}$，零矢量的方向是任意的。对于任意一个矢量 $\boldsymbol{a}$ 均有 $\boldsymbol{a}-\boldsymbol{a}=\boldsymbol{0}$。

1.1.2　数量与矢量的乘积

若有一个数量 m 和一个矢量 $\boldsymbol{a}$，所谓数量 m 和矢量 $\boldsymbol{a}$ 的乘积 $m\boldsymbol{a}$（或 $\boldsymbol{a}m$），是一个矢量。它的模等于 $|m||\boldsymbol{a}|$；它的方向，当 $m>0$ 时，方向与 $\boldsymbol{a}$ 相同，$m<0$ 时，方向与 $\boldsymbol{a}$ 相反，$m=0$ 时，模为零，方向是任意的。

位于平行线上的矢量，称为共线矢量。设 $\boldsymbol{a}$ 与 $\boldsymbol{b}$ 是两个非零矢量，如果两矢量共线，则它们具有相同或相反的方向，由数量与矢量乘积的定义可知，两矢量间存在关系式：

$$\boldsymbol{b}=m\boldsymbol{a}$$

反之，若两矢量具有关系式 $\boldsymbol{b}=m\boldsymbol{a}$，则矢量 $\boldsymbol{b}$ 与 $\boldsymbol{a}$ 具有相同或相反的方向，因此矢量 $\boldsymbol{b}$ 与矢量 $\boldsymbol{a}$ 共线。

根据以上的讨论可知，对于任何两个非零矢量 $\boldsymbol{a}$ 与 $\boldsymbol{b}$，它们共线的充要条件是：存在一个不等于零的数量 m 使等式 $\boldsymbol{b}=m\boldsymbol{a}$ 成立。

模为 1 的矢量，称为单位矢量。矢量 $\boldsymbol{a}$ 的单位矢量是方向与 $\boldsymbol{a}$ 相同，且模为 1 的矢量，记作 $\boldsymbol{a}^{\circ}$。显然，任何矢量 $\boldsymbol{a}$ 均可写成

$$\boldsymbol{a}=|\boldsymbol{a}|\boldsymbol{a}^{\circ}$$

上面的式子把矢量 $\boldsymbol{a}$ 分成两部分，分别表示该矢量的模 $|\boldsymbol{a}|$ 和它的方向 $\boldsymbol{a}^{\circ}$。

1.1.3　矢量的投影

在解析几何中研究过线段在轴上投影的基本原理，这里讨论矢量在轴上投影的基本定理，这些定理容易由解析几何中有关投影的定理得到。下面将不加证明地叙述其主要内容。

定义　设有一矢量 $\boldsymbol{a}$ 及一轴 l，过矢量 $\boldsymbol{a}$ 的起点 A 和终点 B 分别作平面 P、Q 垂直于轴 l，且交轴于 A' 和 B'，见图 1.6，称轴 l 上的有向线段 $\overline{A'B'}$ 的值（记作 $A'B'$）为矢量 $\boldsymbol{a}$ 在轴 l 上的投影，记作 $\mathrm{prj}_l\boldsymbol{a}$，即

$$\mathrm{prj}_l\boldsymbol{a} = A'B'$$

关于矢量的投影有下面的基本定理：

(1) 矢量 $\boldsymbol{a}$ 在轴 l 上的投影等于矢量 $\boldsymbol{a}$ 的模与矢量 $\boldsymbol{a}$ 及轴 l 间夹角 φ 的余弦的积，即

$$\mathrm{prj}_l\boldsymbol{a} = |\boldsymbol{a}|\cos\varphi$$

(2) 矢量和在任何轴上的投影等于各个矢量在同轴上的投影之和，即

$$\mathrm{prj}_l(\boldsymbol{a}+\boldsymbol{b}+\boldsymbol{c}+\boldsymbol{d}) = \mathrm{prj}_l\boldsymbol{a}+\mathrm{prj}_l\boldsymbol{b}+\mathrm{prj}_l\boldsymbol{c}+\mathrm{prj}_l\boldsymbol{d}$$

设矢量 $\overrightarrow{OM}$ 的起点是坐标原点 O，而终点 M 的坐标是 (x,y,z)，如图 1.7 所示，由矢量的加法得

$$\overrightarrow{OM} = \overrightarrow{OP} + \overrightarrow{PM}$$

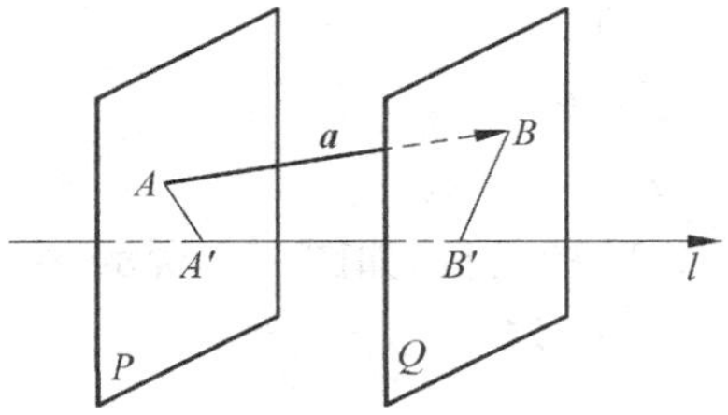

图 1.6　矢量的投影

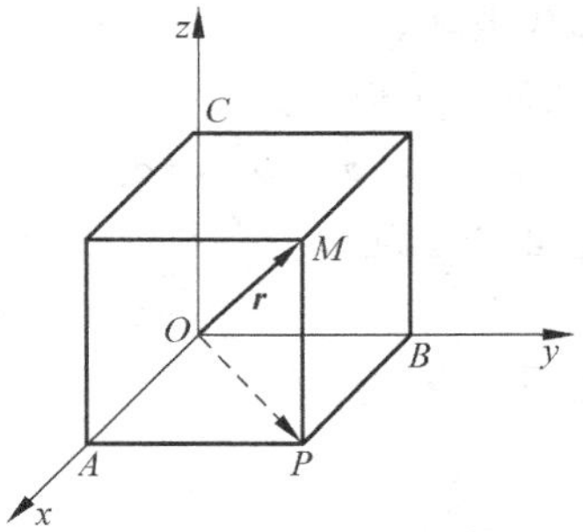

图 1.7　矢量坐标

而

$$\overrightarrow{OP} = \overrightarrow{OA} + \overrightarrow{AP}$$

因 $\overrightarrow{AP}=\overrightarrow{OB}$，$\overrightarrow{PM}=\overrightarrow{OC}$，所以有

$$\overrightarrow{OM} = \overrightarrow{OA} + \overrightarrow{OB} + \overrightarrow{OC}$$

矢量 $\overrightarrow{OA}$、$\overrightarrow{OB}$ 和 $\overrightarrow{OC}$ 称为矢量 $\overrightarrow{OM}$ 在坐标轴上的分矢量。点 M 的坐标 $x=OA$，$y=OB$，$z=OC$，因此 OA、OB 和 OC 正是矢量 $\overrightarrow{OM}$ 在坐标轴上的投影。我们在坐标轴的正向作单位矢量，以 $\boldsymbol{e}_x$、$\boldsymbol{e}_y$、$\boldsymbol{e}_z$ 表示，这样，引进的 3 个两两互相垂直的单位矢量称为基本单位矢量，于是有

$$\overrightarrow{OA} = x\boldsymbol{e}_x,\quad \overrightarrow{OB} = y\boldsymbol{e}_y,\quad \overrightarrow{OC} = z\boldsymbol{e}_z$$

所以

$$\overrightarrow{OM} = x\boldsymbol{e}_x + y\boldsymbol{e}_y + z\boldsymbol{e}_z$$

式中，x、y、z 是矢量 $\overrightarrow{OM}$ 在坐标轴上的投影，在矢量的起点为坐标原点的情况下，x、y、z 也正好是矢量终点 M 的坐标。

上面公式，不但对于由原点出发的矢量是成立的，而且对于以空间任一点作起点的矢量也是成立的，即

$$\boldsymbol{a}=a_x\boldsymbol{e}_x+a_y\boldsymbol{e}_y+a_z\boldsymbol{e}_z$$

式中，a_x、a_y、a_z 是矢量 $\boldsymbol{a}$ 在坐标轴上的投影。这个表示式称为矢量 $\boldsymbol{a}$ 的投影式，简记为 $\boldsymbol{a}=\{a_x,a_y,a_z\}$。

矢量的投影表示式在矢量理论中有特别重要的意义，依靠它建立起矢量理论的两部分，即几何的和代数的两部分之间的联系。

设已知两个矢量

$$\boldsymbol{a}=a_x\boldsymbol{e}_x+a_y\boldsymbol{e}_y+a_z\boldsymbol{e}_z$$

$$\boldsymbol{b}=b_x\boldsymbol{e}_x+b_y\boldsymbol{e}_y+b_z\boldsymbol{e}_z$$

由投影的基本定理可得

$$(\boldsymbol{a}+\boldsymbol{b})_x=\boldsymbol{a}_x+\boldsymbol{b}_x$$

$$(\boldsymbol{a}+\boldsymbol{b})_y=\boldsymbol{a}_y+\boldsymbol{b}_y$$

$$(\boldsymbol{a}+\boldsymbol{b})_z=\boldsymbol{a}_z+\boldsymbol{b}_z$$

由此，得

$$\boldsymbol{a}+\boldsymbol{b}=(a_x+b_x)\boldsymbol{e}_x+(a_y+b_y)\boldsymbol{e}_y+(a_z+b_z)\boldsymbol{e}_z$$

也就是已知矢量的投影，在几何相加矢量时，必须将同名的投影分别相加，这样，一个几何和归结为三个代数和。

仿之，几何差可以写为

$$\boldsymbol{a}-\boldsymbol{b}=(a_x-b_x)\boldsymbol{e}_x+(a_y-b_y)\boldsymbol{e}_y+(a_z-b_z)\boldsymbol{e}_z$$

数量乘矢量可以写为

$$m\boldsymbol{a}=ma_x\boldsymbol{e}_x+ma_y\boldsymbol{e}_y+ma_z\boldsymbol{e}_z$$

连接坐标原点与点 $M(x,y,z)$ 的矢量 $\boldsymbol{r}$ 称为点 M 的矢径，如图 1.7 所示，由图可知

$$OA=x,\quad OB=y,\quad OC=z$$

或

$$r_x=x,\quad r_y=y,\quad r_z=z$$

这时 $\boldsymbol{r}$ 可表示为

$$\boldsymbol{r}=x\boldsymbol{e}_x+y\boldsymbol{e}_y+z\boldsymbol{e}_z$$

且其模为

$$|\boldsymbol{r}|=\sqrt{x^2+y^2+z^2}$$

1.1.4 两矢量的标量积

1. 定义

两个矢量 $\boldsymbol{a}$ 与 $\boldsymbol{b}$ 的模和它们间夹角 φ 的余弦的乘积，称为两个矢量 $\boldsymbol{a}$ 与 $\boldsymbol{b}$ 的标量积，记作 $\boldsymbol{a}\cdot\boldsymbol{b}$，即

$$\boldsymbol{a}\cdot\boldsymbol{b}=|\boldsymbol{a}||\boldsymbol{b}|\cos\varphi$$

由定义得

$$\boldsymbol{a}\cdot\boldsymbol{a}=|\boldsymbol{a}||\boldsymbol{a}|\cos 0=|\boldsymbol{a}|^2$$

如果 $\boldsymbol{a}\cdot\boldsymbol{a}=\boldsymbol{a}^2$，则上式可写成

$$\boldsymbol{a}^2=|\boldsymbol{a}|^2$$

2. 标量积的基本性质

(1) 非零矢量 $\boldsymbol{a}$ 与 $\boldsymbol{b}$ 互相垂直的充要条件是

$$\boldsymbol{a}\cdot\boldsymbol{b}=0$$

因为当 $\boldsymbol{a}$ 与 $\boldsymbol{b}$ 互相垂直时，$\cos(\widehat{\boldsymbol{a},\boldsymbol{b}})=0$，从而有

$$\boldsymbol{a}\cdot\boldsymbol{b}=|\boldsymbol{a}||\boldsymbol{b}|\cos(\widehat{\boldsymbol{a},\boldsymbol{b}})=0$$

反之，如果 $\boldsymbol{a}\cdot\boldsymbol{b}=0$，并且 $\boldsymbol{a}$ 与 $\boldsymbol{b}$ 皆不为零矢量，则有

$$\cos(\widehat{\boldsymbol{a},\boldsymbol{b}})=0$$

所以 $\boldsymbol{a}$ 与 $\boldsymbol{b}$ 互相垂直。

(2) 由标量积的定义可知，标量积满足交换律，即

$$\boldsymbol{a}\cdot\boldsymbol{b}=\boldsymbol{b}\cdot\boldsymbol{a}$$

(3) 标量积满足分配律，即

$$(\boldsymbol{a}+\boldsymbol{b})\cdot\boldsymbol{c}=\boldsymbol{a}\cdot\boldsymbol{c}+\boldsymbol{b}\cdot\boldsymbol{c}$$

事实上，由标量积的定义有

$$(\boldsymbol{a}+\boldsymbol{b})\cdot\boldsymbol{c}=|\boldsymbol{c}||\boldsymbol{a}+\boldsymbol{b}|\cos[\widehat{\boldsymbol{c},(\boldsymbol{a}+\boldsymbol{b})}]=|\boldsymbol{c}|\,\mathrm{prj}_c(\boldsymbol{a}+\boldsymbol{b})$$

再由投影定理可知

$$\mathrm{prj}_c(\boldsymbol{a}+\boldsymbol{b})=\mathrm{prj}_c\boldsymbol{a}+\mathrm{prj}_c\boldsymbol{b}$$

所以有

$$(\boldsymbol{a}+\boldsymbol{b})\cdot\boldsymbol{c}=|\boldsymbol{c}|\,\mathrm{prj}_c(\boldsymbol{a}+\boldsymbol{b})=|\boldsymbol{c}|\,\mathrm{prj}_c\boldsymbol{a}+|\boldsymbol{c}|\,\mathrm{prj}_c\boldsymbol{b}=\boldsymbol{a}\cdot\boldsymbol{c}+\boldsymbol{b}\cdot\boldsymbol{c}$$

(4) 由标量积的定义易知，标量积与标量的乘积满足结合律，即

$$(\boldsymbol{a}\cdot\boldsymbol{b})m=\boldsymbol{a}\cdot(m\boldsymbol{b})=m\boldsymbol{a}\cdot\boldsymbol{b}$$

3. 标量积的投影表示法

设有两个矢量 $\boldsymbol{a}=\{a_x,a_y,a_z\}$ 和 $\boldsymbol{b}=\{b_x,b_y,b_z\}$，由上面所述标量积的基本性质可得

$$\begin{aligned}\boldsymbol{a}\cdot\boldsymbol{b}&=(a_x\boldsymbol{e}_x+a_y\boldsymbol{e}_y+a_z\boldsymbol{e}_z)\cdot(b_x\boldsymbol{e}_x+b_y\boldsymbol{e}_y+b_z\boldsymbol{e}_z)\\&=a_x\boldsymbol{e}_x\cdot(b_x\boldsymbol{e}_x+b_y\boldsymbol{e}_y+b_z\boldsymbol{e}_z)+a_y\boldsymbol{e}_y\cdot(b_x\boldsymbol{e}_x+b_y\boldsymbol{e}_y+b_z\boldsymbol{e}_z)\\&\quad+a_z\boldsymbol{e}_z\cdot(b_x\boldsymbol{e}_x+b_y\boldsymbol{e}_y+b_z\boldsymbol{e}_z)\\&=a_xb_x\boldsymbol{e}_x\cdot\boldsymbol{e}_x+a_xb_y\boldsymbol{e}_x\cdot\boldsymbol{e}_y+a_xb_z\boldsymbol{e}_x\cdot\boldsymbol{e}_z+a_yb_x\boldsymbol{e}_y\cdot\boldsymbol{e}_x+a_yb_y\boldsymbol{e}_y\cdot\boldsymbol{e}_y+a_yb_z\boldsymbol{e}_y\cdot\boldsymbol{e}_z\\&\quad+a_zb_x\boldsymbol{e}_z\cdot\boldsymbol{e}_x+a_zb_y\boldsymbol{e}_z\cdot\boldsymbol{e}_y+a_zb_z\boldsymbol{e}_z\cdot\boldsymbol{e}_z\end{aligned}$$

由于 $\boldsymbol{e}_x$、$\boldsymbol{e}_y$、$\boldsymbol{e}_z$ 是互相垂直的单位矢量，故有

$$\boldsymbol{e}_x\cdot\boldsymbol{e}_y=0,\quad \boldsymbol{e}_y\cdot\boldsymbol{e}_z=0,\quad \boldsymbol{e}_z\cdot\boldsymbol{e}_x=0,\quad \boldsymbol{e}_x\cdot\boldsymbol{e}_x=1,\quad \boldsymbol{e}_y\cdot\boldsymbol{e}_y=1,\quad \boldsymbol{e}_z\cdot\boldsymbol{e}_z=1$$

最后得到

$$\boldsymbol{a}\cdot\boldsymbol{b}=a_xb_x+a_yb_y+a_zb_z$$

这就是说，两个矢量的标量积等于它们在坐标轴上同名投影乘积的代数和。

特别是 $\boldsymbol{b}=\boldsymbol{a}$ 时得到

$$\boldsymbol{a}^2=|\boldsymbol{a}|^2=a_x^2+a_y^2+a_z^2$$

所以

$$|\boldsymbol{a}|=\sqrt{a_x^2+a_y^2+a_z^2}$$

4. 两矢量间的夹角

设两个矢量 $\boldsymbol{a}=\{a_x,a_y,a_z\}$和 $\boldsymbol{b}=\{b_x,b_y,b_z\}$之间的夹角为 φ,则

$$\cos\varphi=\frac{\boldsymbol{a}\cdot\boldsymbol{b}}{|\boldsymbol{a}||\boldsymbol{b}|}$$

由两矢量的标量积和矢量的模的投影表示式得到

$$\cos\varphi=\frac{a_xb_x+a_yb_y+a_zb_z}{\sqrt{a_x^2+a_y^2+a_z^2}\sqrt{b_x^2+b_y^2+b_z^2}}$$

1.1.5 两矢量的矢量积

1. 定义

矢量 $\boldsymbol{a}$ 与矢量 $\boldsymbol{b}$ 的矢量积是这样的一个矢量 $\boldsymbol{c}$：

(1) 矢量 $\boldsymbol{c}$ 的模等于以矢量 $\boldsymbol{a}$ 和 $\boldsymbol{b}$ 所组成的平行四边形面积,即

$$|\boldsymbol{c}|=|\boldsymbol{a}||\boldsymbol{b}|\sin(\widehat{\boldsymbol{a},\boldsymbol{b}})$$

(2) 矢量 $\boldsymbol{c}$ 同时垂直于矢量 $\boldsymbol{a}$ 和 $\boldsymbol{b}$,因而矢量 $\boldsymbol{c}$ 垂直于矢量 $\boldsymbol{a}$ 和 $\boldsymbol{b}$ 所决定的平面。

(3) 矢量 $\boldsymbol{c}$ 的正向按“右手法则”来确定,如图 1.8 所示。

矢量 $\boldsymbol{a}$ 与矢量 $\boldsymbol{b}$ 的矢量积用记号 $\boldsymbol{a}\times\boldsymbol{b}$ 表示,即

$$\boldsymbol{c}=\boldsymbol{a}\times\boldsymbol{b}$$

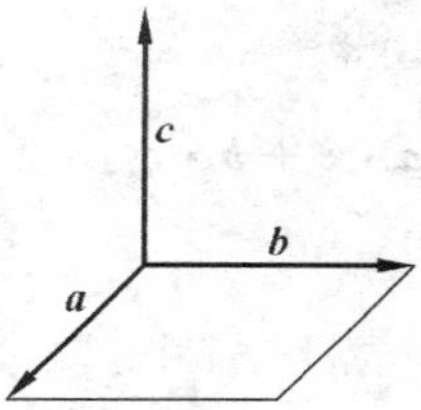

图 1.8 两矢量的矢量积

2. 矢量积的基本性质

(1) 两个非零矢量 $\boldsymbol{a}$ 与 $\boldsymbol{b}$ 平行的充要条件是两矢量的矢量积为零,即

$$\boldsymbol{a}\times\boldsymbol{b}=\boldsymbol{0}$$

事实上,若 $\boldsymbol{a}/\!/\boldsymbol{b}$ 时,$(\widehat{\boldsymbol{a},\boldsymbol{b}})=0$ 或 π,$\sin(\widehat{\boldsymbol{a},\boldsymbol{b}})=0$,故得 $\boldsymbol{a}\times\boldsymbol{b}=\boldsymbol{0}$。

反之,当 $\boldsymbol{a}\times\boldsymbol{b}=\boldsymbol{0}$,而$|\boldsymbol{a}|\neq0$,$|\boldsymbol{b}|\neq0$ 时,由$|\boldsymbol{a}||\boldsymbol{b}|\sin(\widehat{\boldsymbol{a},\boldsymbol{b}})=0$ 推得 $\sin(\widehat{\boldsymbol{a},\boldsymbol{b}})=0$,从而 $(\widehat{\boldsymbol{a},\boldsymbol{b}})=0$ 或 π,所以 $\boldsymbol{a}/\!/\boldsymbol{b}$。

(2) 由矢量积的定义得

$$\boldsymbol{a}\times\boldsymbol{b}=-(\boldsymbol{b}\times\boldsymbol{a})$$

这说明矢量积不满足交换律,并且当矢量积的因子交换时变号。

(3) 由矢量积的定义易证

$$(m\boldsymbol{a})\times\boldsymbol{b}=m(\boldsymbol{a}\times\boldsymbol{b})=\boldsymbol{a}\times(m\boldsymbol{b})$$

即标量积的乘数可以提出,放在矢量积记号外面。

(4) 矢量积满足分配律,即

$$\boldsymbol{a}\times(\boldsymbol{b}+\boldsymbol{c})=\boldsymbol{a}\times\boldsymbol{b}+\boldsymbol{a}\times\boldsymbol{c}$$

3. 矢量积的投影表示法

将上面研究的结果应用到基本单位矢量的矢量积可得

$$\boldsymbol{e}_x\times\boldsymbol{e}_x=\boldsymbol{0},\quad \boldsymbol{e}_y\times\boldsymbol{e}_y=\boldsymbol{0},\quad \boldsymbol{e}_z\times\boldsymbol{e}_z=\boldsymbol{0}$$

$$\boldsymbol{e}_x\times\boldsymbol{e}_y=-(\boldsymbol{e}_y\times\boldsymbol{e}_x)=\boldsymbol{e}_z,\quad \boldsymbol{e}_y\times\boldsymbol{e}_z=-(\boldsymbol{e}_z\times\boldsymbol{e}_y)=\boldsymbol{e}_x,\quad \boldsymbol{e}_z\times\boldsymbol{e}_x=-(\boldsymbol{e}_x\times\boldsymbol{e}_z)=\boldsymbol{e}_y$$

设 $\boldsymbol{a}=\{a_x,a_y,a_z\}$和 $\boldsymbol{b}=\{b_x,b_y,b_z\}$,则有

$$\begin{aligned}\boldsymbol{a}\times\boldsymbol{b}&=(a_x\boldsymbol{e}_x+a_y\boldsymbol{e}_y+a_z\boldsymbol{e}_z)\times(b_x\boldsymbol{e}_x+b_y\boldsymbol{e}_y+b_z\boldsymbol{e}_z)\\&=a_xb_x(\boldsymbol{e}_x\times\boldsymbol{e}_x)+a_xb_y(\boldsymbol{e}_x\times\boldsymbol{e}_y)+a_xb_z(\boldsymbol{e}_x\times\boldsymbol{e}_z)+a_yb_x(\boldsymbol{e}_y\times\boldsymbol{e}_x)+a_yb_y(\boldsymbol{e}_y\times\boldsymbol{e}_y)\\&\quad+a_yb_z(\boldsymbol{e}_y\times\boldsymbol{e}_z)+a_zb_x(\boldsymbol{e}_z\times\boldsymbol{e}_x)+a_zb_y(\boldsymbol{e}_z\times\boldsymbol{e}_y)+a_zb_z(\boldsymbol{e}_z\times\boldsymbol{e}_z)\end{aligned}$$

从而得到

$$\boldsymbol{a}\times\boldsymbol{b}=(a_yb_z-a_zb_y)\boldsymbol{e}_x+(a_zb_x-a_xb_z)\boldsymbol{e}_y+(a_xb_y-a_yb_x)\boldsymbol{e}_z$$

应用三阶行列式,则上式可表示为

$$\boldsymbol{a}\times\boldsymbol{b}=\begin{vmatrix}\boldsymbol{e}_x&\boldsymbol{e}_y&\boldsymbol{e}_z\\a_x&a_y&a_z\\b_x&b_y&b_z\end{vmatrix}$$

1.2　矢量分析

矢量分析是矢量代数的继续,主要内容是介绍矢性函数及其微分、积分等,是学习场论的基础。

1.2.1　矢性函数

1. 矢性函数的概念

矢量代数中讨论了模和方向都保持不变的矢量,这种矢量称为常矢,其中零矢量的方向为任意,是一个特殊的常矢量;另外还有模和方向或其中之一会改变的矢量,这种矢量称为变矢。在矢量分析中还引进了矢性函数的概念,它的定义是:设有数性变量 t 和变矢 $\boldsymbol{A}$,如果对于 t 在某个范围 G 内的每一个数值,$\boldsymbol{A}$ 都以一个确定的矢量与之对应,则称 $\boldsymbol{A}$ 为数性变量 t 的矢性函数,记作

$$\boldsymbol{A}=\boldsymbol{A}(t)\tag{1.1}$$

并称 G 为函数 $\boldsymbol{A}$ 的定义域。

矢性函数 $\boldsymbol{A}(t)$ 在 $Oxyz$ 直角坐标系中的 3 个坐标,也就是它在 3 个坐标轴上的投影,显然都是 t 的函数:

$$A_x(t),\quad A_y(t),\quad A_z(t)$$

所以,矢性函数 $\boldsymbol{A}(t)$ 的坐标表示式为

$$\boldsymbol{A}=A_x(t)\boldsymbol{e}_x+A_y(t)\boldsymbol{e}_y+A_z(t)\boldsymbol{e}_z\tag{1.2}$$

式中,$\boldsymbol{e}_x$、$\boldsymbol{e}_y$、$\boldsymbol{e}_z$ 为沿 x、y、z 坐标轴正向的单位矢量。可见,一个矢性函数和 3 个有序的数性函数(坐标)构成一一对应的关系。

2. 矢端曲线

如果不论两个矢量的空间位置如何,只要当两个矢量的模和方向都相同,就说这两个矢量是相等的,这样的矢量称为自由矢量。以后所讲的矢量均指自由矢量。所以,为了能用图形来直观地表示矢性函数 $\boldsymbol{A}(t)$ 的变化状态,可以将 $\boldsymbol{A}(t)$ 的起点取在坐标原点。当 t 变化时,矢量 $\boldsymbol{A}(t)$ 的终点 M 就描绘出一条曲线 l,称曲线 l 为矢性函数 $\boldsymbol{A}(t)$ 的矢端曲线或矢性函数 $\boldsymbol{A}(t)$ 的图形,如图 1.9 所示。同时称式(1.1)或式(1.2)为曲线 l 的矢量方程。

称起点在坐标原点 O、终点为 $M(x,y,z)$ 的矢量 $\overrightarrow{OM}$ 为点 M(对于 O 点)的矢径,一般用

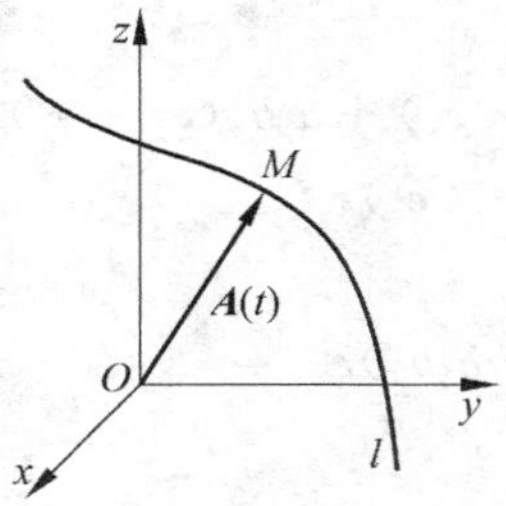

图 1.9 矢性函数 $\boldsymbol{A}(t)$ 的矢端曲线

$\boldsymbol{r}$ 表示,即

$$\boldsymbol{r} = \overrightarrow{OM} = x\boldsymbol{e}_x + y\boldsymbol{e}_y + z\boldsymbol{e}_z$$

若把矢性函数 $\boldsymbol{A}(t)$ 的起点取在坐标原点,$\boldsymbol{A}(t)$ 实际上就成为了终点 $M(x,y,z)$ 的矢径。$\boldsymbol{A}(t)$ 的 3 个坐标 $A_x(t)$、$A_y(t)$、$A_z(t)$ 就对应地等于终点 M 的 3 个坐标 x、y、z,即

$$x = A_x(t), \quad y = A_y(t), \quad z = A_z(t) \tag{1.3}$$

这是曲线 l 的以 t 为参数的参数方程。

显然,曲线 l 的矢量方程(1.2)和参数方程(1.3)之间,存在着一一对应的关系,已知其中的一个,就可以推导出另一个。

3. 矢性函数的极限和连续性

矢性函数的极限和连续性,是矢性函数的微分与积分的基础概念。

设矢性函数 $\boldsymbol{A}(t)$ 在点 t_0 的某个邻域内有定义,有一个常矢 $\boldsymbol{A}_0$。若对于任意给定的正数 ε,都存在一个正数 δ,使得当 t 满足 $0<|t-t_0|<\delta$ 时,有

$$|\boldsymbol{A}(t) - \boldsymbol{A}_0| < \varepsilon$$

成立,则称 $\boldsymbol{A}_0$ 为矢性函数 $\boldsymbol{A}(t)$ 当 $t\to t_0$ 时的极限,记作

$$\lim_{t\to t_0} \boldsymbol{A}(t) = \boldsymbol{A}_0 \tag{1.4}$$

可见,其与数性函数的极限定义类似。矢性函数也应有类似于数性函数中的一些极限运算法则,常用的有:

$$\lim_{t\to t_0} u(t)\boldsymbol{A}(t) = \lim_{t\to t_0} u(t) \lim_{t\to t_0} \boldsymbol{A}(t) \tag{1.5}$$

$$\lim_{t\to t_0} [\boldsymbol{A}(t) \pm \boldsymbol{B}(t)] = \lim_{t\to t_0} \boldsymbol{A}(t) \pm \lim_{t\to t_0} \boldsymbol{B}(t) \tag{1.6}$$

$$\lim_{t\to t_0} [\boldsymbol{A}(t) \cdot \boldsymbol{B}(t)] = \lim_{t\to t_0} \boldsymbol{A}(t) \cdot \lim_{t\to t_0} \boldsymbol{B}(t) \tag{1.7}$$

$$\lim_{t\to t_0} [\boldsymbol{A}(t) \times \boldsymbol{B}(t)] = \lim_{t\to t_0} \boldsymbol{A}(t) \times \lim_{t\to t_0} \boldsymbol{B}(t) \tag{1.8}$$

式中,$u(t)$ 为数性函数,$\boldsymbol{A}(t)$、$\boldsymbol{B}(t)$ 为矢性函数;且当 $t\to t_0$ 时,$u(t)$、$\boldsymbol{A}(t)$、$\boldsymbol{B}(t)$ 均有极限存在。

由式(1.2)有

$$\lim_{t\to t_0} \boldsymbol{A}(t) = \lim_{t\to t_0} A_x(t)\boldsymbol{e}_x + \lim_{t\to t_0} A_y(t)\boldsymbol{e}_y + \lim_{t\to t_0} A_z(t)\boldsymbol{e}_z \tag{1.9}$$

这样可以把求矢性函数的极限,转化为求 3 个数性函数的极限。

若矢性函数 $\boldsymbol{A}(t)$ 在点 t_0 的某个邻域内有定义,且有

$$\lim_{t\to t_0} \boldsymbol{A}(t) = \boldsymbol{A}(t_0) \tag{1.10}$$

则称 $\boldsymbol{A}(t)$ 在 $t=t_0$ 处连续。

矢性函数 $\boldsymbol{A}(t)$ 在点 t_0 处连续的充要条件是它的 3 个坐标函数 $A_x(t)$、$A_y(t)$、$A_z(t)$ 都在 t_0 处连续。

若矢性函数 $\boldsymbol{A}(t)$ 在某个区间内的每一点处都连续,则称它在该区间内连续。

1.2.2 矢性函数的导数与微分

1. 矢性函数的导数

设有起点在 O 点的矢性函数 $\boldsymbol{A}(t)$,当数性变量 t 在其定义域内从 t 变到 $t+\Delta t(\Delta t\neq 0)$

时，对应的矢量分别为

$$\boldsymbol{A}(t)=\overrightarrow{OM},\quad \boldsymbol{A}(t+\Delta t)=\overrightarrow{ON}$$

则

$$\boldsymbol{A}(t+\Delta t)-\boldsymbol{A}(t)=\overrightarrow{MN}$$

叫做矢性函数 $\boldsymbol{A}(t)$ 的增量，记作 $\Delta\boldsymbol{A}$，即

$$\Delta\boldsymbol{A}=\boldsymbol{A}(t+\Delta t)-\boldsymbol{A}(t) \tag{1.11}$$

如图 1.10 所示。下面给出矢性函数导数的定义。

设矢性函数 $\boldsymbol{A}(t)$ 在点 t 的某一邻域内有定义，并设 $t+\Delta t$ 也在这个邻域内。若 $\boldsymbol{A}(t)$ 对应于 Δt 的增量 $\Delta\boldsymbol{A}$ 与 Δt 之比

$$\frac{\Delta\boldsymbol{A}}{\Delta t}=\frac{\boldsymbol{A}(t+\Delta t)-\boldsymbol{A}(t)}{\Delta t}$$

在 $\Delta t\to 0$ 时极限存在，则称此极限为矢性函数 $\boldsymbol{A}(t)$ 在点 t 处的导数(简称导矢)，记作 $\frac{\mathrm{d}\boldsymbol{A}}{\mathrm{d}t}$ 或 $\boldsymbol{A}'(t)$，即

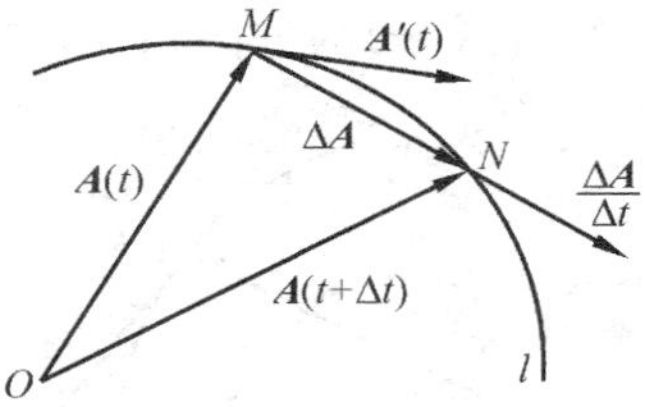

图 1.10　矢性函数 $\boldsymbol{A}(t)$ 的增量

$$\frac{\mathrm{d}\boldsymbol{A}}{\mathrm{d}t}=\lim_{\Delta t\to 0}\frac{\Delta\boldsymbol{A}}{\Delta t}=\lim_{\Delta t\to 0}\frac{\boldsymbol{A}(t+\Delta t)-\boldsymbol{A}(t)}{\Delta t} \tag{1.12}$$

若坐标表示 $\boldsymbol{A}(t)$ 为

$$\boldsymbol{A}(t)=A_x(t)\boldsymbol{e}_x+A_y(t)\boldsymbol{e}_y+A_z(t)\boldsymbol{e}_z$$

且函数 $A_x(t)$、$A_y(t)$、$A_z(t)$ 在点 t 可导，则有

$$\frac{\mathrm{d}\boldsymbol{A}}{\mathrm{d}t}=\lim_{\Delta t\to 0}\frac{\Delta\boldsymbol{A}}{\Delta t}=\lim_{\Delta t\to 0}\frac{\Delta A_x}{\Delta t}\boldsymbol{e}_x+\lim_{\Delta t\to 0}\frac{\Delta A_y}{\Delta t}\boldsymbol{e}_y+\lim_{\Delta t\to 0}\frac{\Delta A_z}{\Delta t}\boldsymbol{e}_z=\frac{\mathrm{d}A_x}{\mathrm{d}t}\boldsymbol{e}_x+\frac{\mathrm{d}A_y}{\mathrm{d}t}\boldsymbol{e}_y+\frac{\mathrm{d}A_z}{\mathrm{d}t}\boldsymbol{e}_z$$

或

$$\boldsymbol{A}'(t)=A'_x(t)\boldsymbol{e}_x+A'_y(t)\boldsymbol{e}_y+A'_z(t)\boldsymbol{e}_z \tag{1.13}$$

此式把求矢性函数的导数归结为求 3 个数性函数的导数。

2. 导矢的几何意义

如图 1.10 所示，l 为 $\boldsymbol{A}(t)$ 的矢端曲线，$\frac{\Delta\boldsymbol{A}}{\Delta t}$ 是在 l 的割线 MN 上的一个矢量。当 $\Delta t>0$ 时，其方向与 $\Delta\boldsymbol{A}$ 一致，系指向对应 t 值增大的一方；当 $\Delta t<0$ 时，其方向与 $\Delta\boldsymbol{A}$ 相反，如图 1.11 所示，但此时 $\Delta\boldsymbol{A}$ 指向对应 t 值减小的一方，从而 $\frac{\Delta\boldsymbol{A}}{\Delta t}$ 仍指向对应 t 值增大的一方。

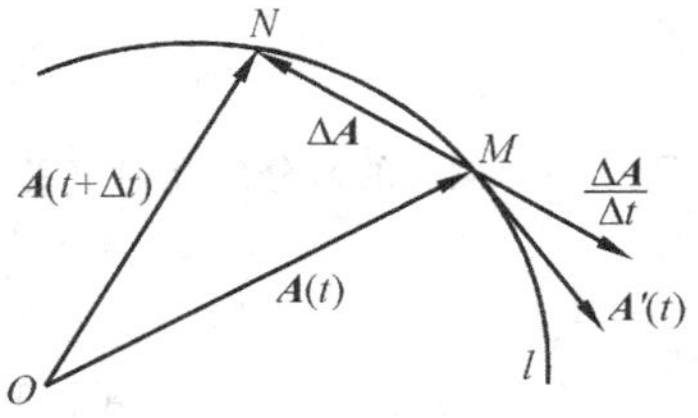

图 1.11　导矢的几何意义

在 $\Delta t\to 0$ 时，由于割线 MN 绕点 M 转动，且以点 M 处的切线为其极限位置，此时，在割线上的矢量 $\frac{\Delta\boldsymbol{A}}{\Delta t}$ 的极限位置就在此切线上，即导矢

$$\frac{\mathrm{d}\boldsymbol{A}}{\mathrm{d}t}=\lim_{\Delta t\to 0}\frac{\Delta\boldsymbol{A}}{\Delta t}$$

不为零时在点 M 处的切线上，方向恒指向对应 t 值增大的一方。所以导矢在几何上为一矢

端曲线的切向矢量，指向对应 t 值增大的一方。

3. 矢性函数的微分

设有矢性函数 $\boldsymbol{A}=\boldsymbol{A}(t)$，称

$$\mathrm{d}\boldsymbol{A}=\boldsymbol{A}'(t)\mathrm{d}t \tag{1.14}$$

为矢性函数 $\boldsymbol{A}(t)$ 在 t 处的微分。

由于微分 $\mathrm{d}\boldsymbol{A}$ 是导矢 $\boldsymbol{A}'(t)$ 与增量 Δt 的乘积，所以它是一个矢量，而且和导矢 $\boldsymbol{A}'(t)$ 一样，也在点 M 处与 $\boldsymbol{A}(t)$ 的矢端曲线 l 相切。但当 $\mathrm{d}t>0$ 时，与 $\boldsymbol{A}'(t)$ 的方向一致；当 $\mathrm{d}t<0$ 时，则与 $\boldsymbol{A}'(t)$ 的方向相反，如图 1.12 所示。

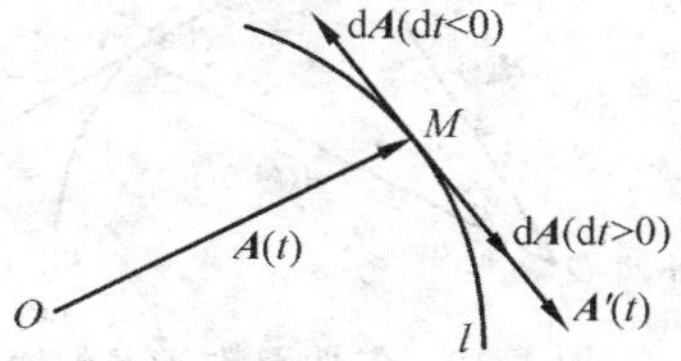

图 1.12 矢性函数微分的几何意义

微分 $\mathrm{d}\boldsymbol{A}$ 的坐标表示式可由式(1.13)求得，即

$$\mathrm{d}\boldsymbol{A}=\boldsymbol{A}'(t)\mathrm{d}t=A_x'(t)\mathrm{d}t\boldsymbol{e}_x+A_y'(t)\mathrm{d}t\boldsymbol{e}_y+A_z'(t)\mathrm{d}t\boldsymbol{e}_z$$

或

$$\mathrm{d}\boldsymbol{A}=\mathrm{d}A_x\boldsymbol{e}_x+\mathrm{d}A_y\boldsymbol{e}_y+\mathrm{d}A_z\boldsymbol{e}_z \tag{1.15}$$

如果把矢性函数 $\boldsymbol{A}(t)=A_x(t)\boldsymbol{e}_x+A_y(t)\boldsymbol{e}_y+A_z(t)\boldsymbol{e}_z$ 看作其终点 $M(x,y,z)$ 的矢径函数

$$\boldsymbol{r}=x\boldsymbol{e}_x+y\boldsymbol{e}_y+z\boldsymbol{e}_z$$

这里 $x=A_x(t)$，$y=A_y(t)$，$z=A_z(t)$，则式(1.15)又可写为

$$\mathrm{d}\boldsymbol{r}=\mathrm{d}x\boldsymbol{e}_x+\mathrm{d}y\boldsymbol{e}_y+\mathrm{d}z\boldsymbol{e}_z \tag{1.16}$$

其模为

$$|\mathrm{d}\boldsymbol{r}|=\sqrt{\mathrm{d}x^2+\mathrm{d}y^2+\mathrm{d}z^2} \tag{1.17}$$

另一方面，如果在有向曲线(即规定了正方向的曲线) l 上，取定一点 M_0 作为计算弧长 s 的起点，并以 l 的正向作为 s 增大的方向，则在 l 上任一点 M 处，弧长的微分是

$$\mathrm{d}s=\pm\sqrt{\mathrm{d}x^2+\mathrm{d}y^2+\mathrm{d}z^2}$$

这样取右端符号：以点 M 为界，当 $\mathrm{d}s$ 位于 s 增大一方时取正号，反之取负号，如图 1.13 所示。

由此可见，有

$$|\mathrm{d}\boldsymbol{r}|=|\mathrm{d}s| \tag{1.18}$$

就是说，矢性函数的微分的模等于(其矢端曲线的)弧微分的绝对值，从而由

$$|\mathrm{d}\boldsymbol{r}|=\left|\frac{\mathrm{d}\boldsymbol{r}}{\mathrm{d}s}\mathrm{d}s\right|=\left|\frac{\mathrm{d}\boldsymbol{r}}{\mathrm{d}s}\right|\cdot|\mathrm{d}s|$$

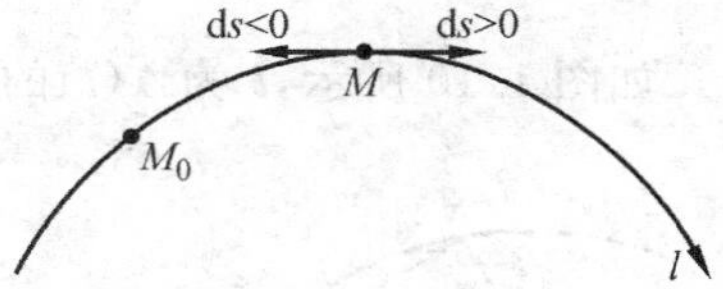

图 1.13 弧长的微分的几何意义

有

$$\left|\frac{\mathrm{d}\boldsymbol{r}}{\mathrm{d}s}\right|=\frac{|\mathrm{d}\boldsymbol{r}|}{|\mathrm{d}s|}=1 \tag{1.19}$$

结合导矢的几何意义可知，矢性函数对(其矢端曲线的)弧长 s 的导数 $\frac{\mathrm{d}\boldsymbol{r}}{\mathrm{d}s}$ 在几何上是一个切向单位矢量，方向恒指向 s 增大的一方。

4. 矢性函数的导数公式

设矢性函数 $\boldsymbol{A}=\boldsymbol{A}(t)$，$\boldsymbol{B}=\boldsymbol{B}(t)$ 及数性函数 $u=u(t)$ 在 t 的某个范围内可导，则下列公式在该范围内成立：

(1) $\frac{\mathrm{d}\boldsymbol{C}}{\mathrm{d}t}=\mathbf{0}$（$\boldsymbol{C}$ 为常矢）；

(2) $\frac{\mathrm{d}}{\mathrm{d}t}(\boldsymbol{A}\pm\boldsymbol{B})=\frac{\mathrm{d}\boldsymbol{A}}{\mathrm{d}t}\pm\frac{\mathrm{d}\boldsymbol{B}}{\mathrm{d}t}$；

(3) $\frac{\mathrm{d}}{\mathrm{d}t}(k\boldsymbol{A})=k\frac{\mathrm{d}\boldsymbol{A}}{\mathrm{d}t}$（$k$ 为常数）；

(4) $\frac{\mathrm{d}}{\mathrm{d}t}(u\boldsymbol{A})=\frac{\mathrm{d}u}{\mathrm{d}t}\boldsymbol{A}+u\frac{\mathrm{d}\boldsymbol{A}}{\mathrm{d}t}$；

(5) $\frac{\mathrm{d}}{\mathrm{d}t}(\boldsymbol{A}\cdot\boldsymbol{B})=\boldsymbol{A}\cdot\frac{\mathrm{d}\boldsymbol{B}}{\mathrm{d}t}+\frac{\mathrm{d}\boldsymbol{A}}{\mathrm{d}t}\cdot\boldsymbol{B}$，特例：$\frac{\mathrm{d}}{\mathrm{d}t}\boldsymbol{A}^2=2\boldsymbol{A}\cdot\frac{\mathrm{d}\boldsymbol{A}}{\mathrm{d}t}$（其中 $\boldsymbol{A}^2=\boldsymbol{A}\cdot\boldsymbol{A}$）；

(6) $\frac{\mathrm{d}}{\mathrm{d}t}(\boldsymbol{A}\times\boldsymbol{B})=\boldsymbol{A}\times\frac{\mathrm{d}\boldsymbol{B}}{\mathrm{d}t}+\frac{\mathrm{d}\boldsymbol{A}}{\mathrm{d}t}\times\boldsymbol{B}$；

(7) 复合函数求导公式：若 $\boldsymbol{A}=\boldsymbol{A}(u)$，$u=u(t)$，则 $\frac{\mathrm{d}\boldsymbol{A}}{\mathrm{d}t}=\frac{\mathrm{d}\boldsymbol{A}}{\mathrm{d}u}\cdot\frac{\mathrm{d}u}{\mathrm{d}t}$。

1.2.3　矢性函数的积分

矢性函数的积分和数性函数的积分类似，也有不定积分和定积分两种。

1. 矢性函数的不定积分

定义　若在 t 的某个区间 I 上有 $\boldsymbol{B}'(t)=\boldsymbol{A}(t)$，则称 $\boldsymbol{B}(t)$ 为 $\boldsymbol{A}(t)$ 在此区间上的一个原函数。在区间 I 上，$\boldsymbol{A}(t)$ 的原函数的全体叫做 $\boldsymbol{A}(t)$ 在 I 上的不定积分，记作

$$\int\boldsymbol{A}(t)\mathrm{d}t \tag{1.20}$$

这个定义和数性函数的不定积分定义完全类似，所以与数性函数一样，若已知 $\boldsymbol{B}(t)$ 是 $\boldsymbol{A}(t)$ 的一个原函数，则有

$$\int\boldsymbol{A}(t)\mathrm{d}t=\boldsymbol{B}(t)+\boldsymbol{C}\quad(\boldsymbol{C}\text{ 为任意常矢}) \tag{1.21}$$

而且，数性函数不定积分的基本性质对矢性函数依然成立。

例如

$$\int k\boldsymbol{A}(t)\mathrm{d}t=k\int\boldsymbol{A}(t)\mathrm{d}t \tag{1.22}$$

$$\int[\boldsymbol{A}(t)\pm\boldsymbol{B}(t)]\mathrm{d}t=\int\boldsymbol{A}(t)\mathrm{d}t\pm\int\boldsymbol{B}(t)\mathrm{d}t \tag{1.23}$$

$$\int u(t)\boldsymbol{a}\mathrm{d}t=\boldsymbol{a}\int u(t)\mathrm{d}t \tag{1.24}$$

$$\int\boldsymbol{a}\cdot\boldsymbol{A}(t)\mathrm{d}t=\boldsymbol{a}\cdot\int\boldsymbol{A}(t)\mathrm{d}t \tag{1.25}$$

$$\int\boldsymbol{a}\times\boldsymbol{A}(t)\mathrm{d}t=\boldsymbol{a}\times\int\boldsymbol{A}(t)\mathrm{d}t \tag{1.26}$$

式中，k 为常数；$\boldsymbol{a}$ 为常矢。

据此，若已知 $\boldsymbol{A}(t)=A_x(t)\boldsymbol{e}_x+A_y(t)\boldsymbol{e}_y+A_z(t)\boldsymbol{e}_z$，则由式(1.23)与式(1.24)有

$$\int\boldsymbol{A}(t)\mathrm{d}t=\int A_x(t)\mathrm{d}t\boldsymbol{e}_x+\int A_y(t)\mathrm{d}t\boldsymbol{e}_y+\int A_z(t)\mathrm{d}t\boldsymbol{e}_z \tag{1.27}$$

此式把求一个矢性函数的不定积分，归结为求 3 个数性函数的不定积分。

此外，数性函数的换元积分法与分部积分法亦适用于矢性函数。

2. 矢性函数的定积分

定义 设矢性函数 $\boldsymbol{A}(t)$ 在区间 $[T_1, T_2]$ 上连续，则 $\boldsymbol{A}(t)$ 在 $[T_1, T_2]$ 上的定积分为

$$\int_{T_1}^{T_2} \boldsymbol{A}(t)\mathrm{d}t = \lim_{\substack{n\to\infty \\ \lambda\to 0}} \sum_{i=1}^{n} \boldsymbol{A}(\xi_i)\Delta t_i \tag{1.28}$$

式中，$T_1 = t_0 < t_1 < t_2 < \cdots < t_n = T_2$；$\xi_i$ 为区间 $[t_{i-1}, t_i]$ 上的一点；$\Delta t_i = t_i - t_{i-1}$；$\lambda = \max\Delta t_i (i=1,2,\cdots,n)$。

可以看出，矢性函数的定积分概念也和数性函数的完全类似，因此，也具有和数性函数定积分相应的基本性质。

此外，类似于式(1.27)，求矢性函数的定积分也可归结为求 3 个数性函数的定积分，即有

$$\int_{T_1}^{T_2} \boldsymbol{A}(t)\mathrm{d}t = \int_{T_1}^{T_2} A_x(t)\mathrm{d}t\boldsymbol{e}_x + \int_{T_1}^{T_2} A_y(t)\mathrm{d}t\boldsymbol{e}_y + \int_{T_1}^{T_2} A_z(t)\mathrm{d}t\boldsymbol{e}_z \tag{1.29}$$

1.3 场

第 1 章第 2 讲

引入场的概念，是为了揭示和探索某种物理量(如温度、密度、电位、力、速度等)在空间的分布和变化规律。

1.3.1 场的概念

如果在全部空间或部分空间里的每一点，都对应着某个物理量的一个确定的值，就说在这空间里确定了该物理量的一个场。如果该物理量是数量，就称这个场为数量场，比如温度场、密度场、电位场等；若该物理量是矢量，就称这个场为矢量场，比如力场、速度场等。若场中的物理量在各点处的对应值不随时间变化，则称该场为稳定场；否则，称为不稳定场。这里只讨论稳定场。

1.3.2 数量场的等值面

由数量场的定义可知，分布在数量场中各点处的数量 u 是场中一点 M 的函数 $u = u(M)$，当取定了 $Oxyz$ 直角坐标系以后，它就成为点 $M(x,y,z)$ 的坐标的函数了，即

$$u = u(x,y,z) \tag{1.30}$$

可见，一个数量场可以用一个数性函数来表示。后面若无特别申明，则总假定这个函数单值、连续且有一阶连续偏导数。

在数量场中，为了直观地研究数量 u 在场中的分布状况，给出了等值面的概念。等值面是指由场中使函数 u 取相同数值的点所组成的曲面。例如温度场的等值面，是由温度相同的点组成的等温面；电位场中的等值面，是由电位相同的点组成的等位面。

显然，数量场 u 的等值面方程为

$$u(x,y,z) = c \quad (c\ 为常数)$$

由隐函数存在定理可知，在函数 u 为单值且各连续偏导数 u'_x、u'_y、u'_z 不全为零时，这种等值面一定存在。

在上式中给常数 c 以不同的数值，就得到不同的等值面，如图 1.14 所示。这族等值面充满了数量场所在的空间，而且互不相交。这是因为在数量场中的每一点 $M(x_0, y_0, z_0)$ 都有一个等值面通过，即

$$u(x,y,z) = u(x_0, y_0, z_0) \tag{1.31}$$

而且由于函数 u 为单值，一个点就只能在一个等值面上。

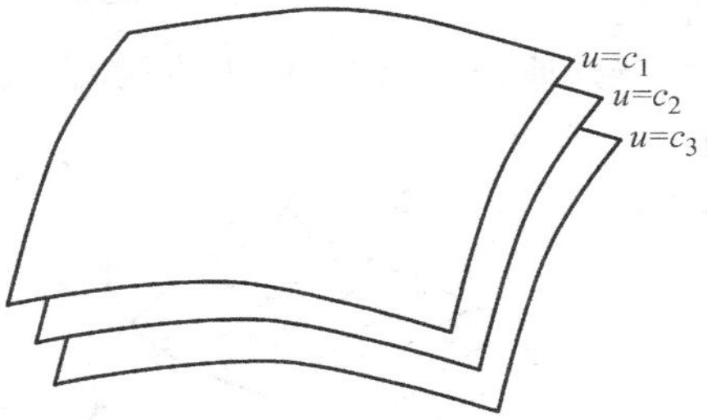

图 1.14　等值面

数量场的等值面可以直观地帮助我们了解场中物理量的分布状况。

1.3.3　矢量场的矢量线

和数量场一样，矢量场中分布在各点处的矢量 $\boldsymbol{A}$ 是场中之点 M 的函数 $\boldsymbol{A}=\boldsymbol{A}(M)$，当取定了 $Oxyz$ 直角坐标系以后，它就成为点 $M(x,y,z)$ 坐标的函数了，即

$$\boldsymbol{A} = \boldsymbol{A}(x,y,z) \tag{1.32}$$

它的坐标表示式为

$$\boldsymbol{A} = A_x(x,y,z)\boldsymbol{e}_x + A_y(x,y,z)\boldsymbol{e}_y + A_z(x,y,z)\boldsymbol{e}_z \tag{1.33}$$

式中，函数 A_x、A_y、A_z 为矢量 $\boldsymbol{A}$ 的 3 个坐标，以后若无特别申明，都假定它们为单值、连续且有一阶连续偏导数。

在矢量场中，为了直观地表示矢量的分布状况，引入了矢量线的概念。矢量线是这样的曲线，在它上面每一点处，曲线都和对应于该点的矢量 $\boldsymbol{A}$ 相切，如图 1.15 所示。例如，静电场中的电力线、磁场中的磁力线、流速场中的流线等都是矢量线。

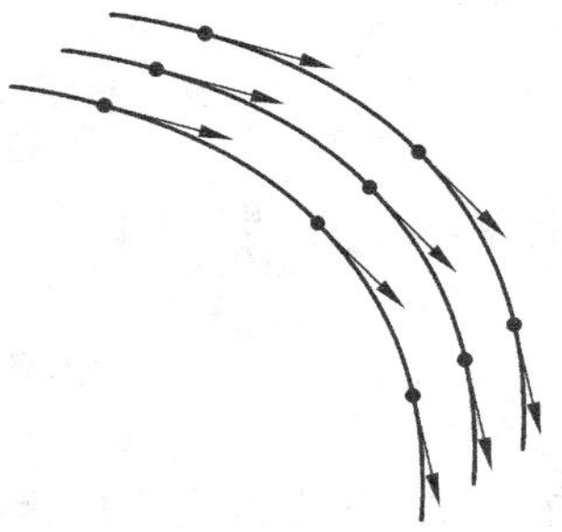
图 1.15　矢量线

若已知矢量场 $\boldsymbol{A}=\boldsymbol{A}(x,y,z)$，可以求出矢量线的方程。

设 $M(x,y,z)$ 为矢量线上任一点，其矢径为

$$\boldsymbol{r} = x\boldsymbol{e}_x + y\boldsymbol{e}_y + z\boldsymbol{e}_z$$

则微分

$$\mathrm{d}\boldsymbol{r} = \mathrm{d}x\boldsymbol{e}_x + \mathrm{d}y\boldsymbol{e}_y + \mathrm{d}z\boldsymbol{e}_z$$

的几何意义为在点 M 处与矢量线相切的矢量。根据矢量线的定义，它必定在点 M 处与场矢量

$$\boldsymbol{A} = A_x\boldsymbol{e}_x + A_y\boldsymbol{e}_y + A_z\boldsymbol{e}_z$$

共线，因此有

$$\frac{\mathrm{d}x}{A_x} = \frac{\mathrm{d}y}{A_y} = \frac{\mathrm{d}z}{A_z} \tag{1.34}$$

这就是矢量线所应满足的微分方程。解之，可得矢量线族。在 $\boldsymbol{A}$ 不为零的假定下，由微分方程的存在定理知道，当函数 A_x、A_y、A_z 为单值、连续且有一阶连续偏导数时，这族矢量线不仅存在，并且也充满了矢量场所在的空间，而且互不相交。

因此，对于场中的任意一条曲线 C（非矢量线），在其上的每一点处也都有且仅有一条矢量线通过，这些矢量线的全体就构成一张通过曲线 C 的曲面，称为矢量面，如图 1.16 所示。显然在矢量面上的任一点 M 处，场的对应矢量 $\boldsymbol{A}(M)$ 都位于此矢量面在该点的切

平面内。

特别地，当 C 为一封闭曲线时，通过 C 的矢量面就构成一管形曲面，称为矢量管，如图 1.17 所示。

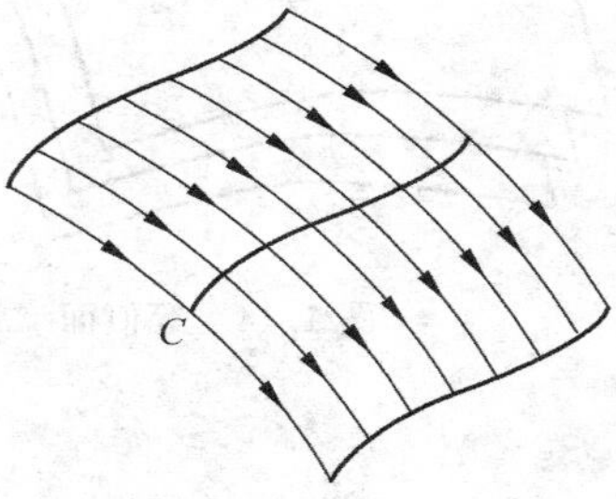

图 1.16 矢量面

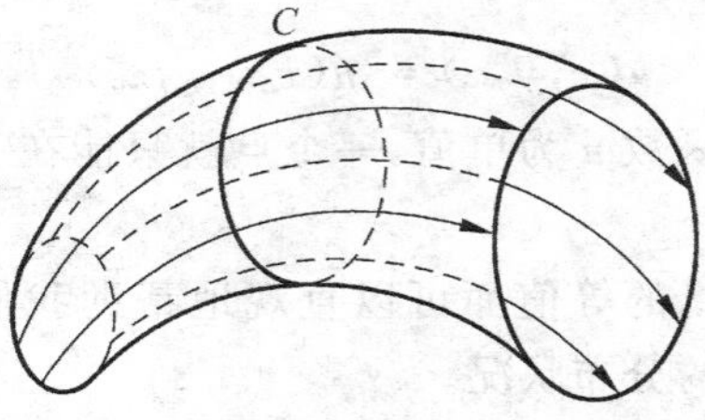

图 1.17 矢量管

1.4 数量场的方向导数和梯度

1.4.1 方向导数

在数量场中，数量 $u=u(M)$ 的分布状况可以借助于等值面来了解。但这只能大致地了解数量 u 在场中的总的分布情况，是一种整体性的了解。而研究数量场还要对它作局部性的了解，也就是要考察数量 u 在场中各个点处的邻域内沿每一方向的变化情况。为此，引入方向导数的概念。

定义 设 M_0 为数量场 $u=u(M)$ 中的一点，从点 M_0 出发引一条射线 l，在 l 上点 M_0 的邻近取一动点 M，记 $\overline{M_0M}=\rho$，如图 1.18 所示。若当 $M\to M_0$ 时，式

$$\frac{\Delta u}{\rho}=\frac{u(M)-u(M_0)}{\overline{M_0M}}$$

的极限存在，则称该极限为函数 $u(M)$ 在点 M_0 处沿 l 方向的方向导数，记作 $\left.\frac{\partial u}{\partial l}\right|_{M_0}$，即

$$\left.\frac{\partial u}{\partial l}\right|_{M_0}=\lim_{M\to M_0}\frac{u(M)-u(M_0)}{\overline{M_0M}} \tag{1.35}$$

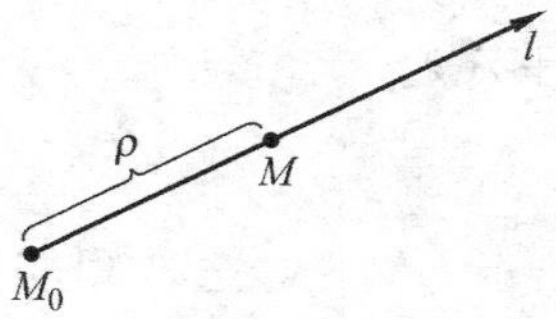

图 1.18 方向导数的定义

由此定义可知，方向导数 $\frac{\partial u}{\partial l}$ 是在点 M 处沿方向 l 的函数 $u(M)$ 对距离的变化率。所以当 $\frac{\partial u}{\partial l}>0$ 时，函数 u 沿 l 方向是增加的；当 $\frac{\partial u}{\partial l}<0$ 时，函数 u 沿 l 方向是减少的。

下面的定理给出了在直角坐标系中方向导数的计算公式。

定理 1 若函数 $u=u(x,y,z)$ 在点 $M_0(x_0,y_0,z_0)$ 处可微，$\cos\alpha$、$\cos\beta$、$\cos\gamma$ 为 l 方向的方向余弦，则函数 u 在点 M_0 处沿 l 方向的方向导数必存在，且由以下公式给出：

$$\frac{\partial u}{\partial l}=\frac{\partial u}{\partial x}\cos\alpha+\frac{\partial u}{\partial y}\cos\beta+\frac{\partial u}{\partial z}\cos\gamma \tag{1.36}$$

式中，$\frac{\partial u}{\partial x}$、$\frac{\partial u}{\partial y}$、$\frac{\partial u}{\partial z}$是在点 M_0 处的偏导数。

证：如图 1.18 所示，设动点 M 的坐标为 $M(x_0+\Delta x, y_0+\Delta y, z_0+\Delta z)$。因 u 在点 M_0 可微，故有

$$\Delta u = u(M) - u(M_0) = \frac{\partial u}{\partial x}\Delta x + \frac{\partial u}{\partial y}\Delta y + \frac{\partial u}{\partial z}\Delta z + \omega \cdot \rho$$

式中，ω 在 $\rho \to 0$ 时趋于零。将上式两端除以 ρ 得

$$\frac{\Delta u}{\rho} = \frac{\partial u}{\partial x}\frac{\Delta x}{\rho} + \frac{\partial u}{\partial y}\frac{\Delta y}{\rho} + \frac{\partial u}{\partial z}\frac{\Delta z}{\rho} + \omega$$

即

$$\frac{\Delta u}{\rho} = \frac{\partial u}{\partial x}\cos\alpha + \frac{\partial u}{\partial y}\cos\beta + \frac{\partial u}{\partial z}\cos\gamma + \omega$$

令 $\rho \to 0$ 取极限，注意到此时有 $\omega \to 0$，从而得到式(1.36)。

证毕。

定理 2　若在有向曲线 C 上取定一点 M_0 作为计算弧长 s 的起点，并以 C 的正向作为 s 增大的方向。M 为 C 上的一点，在点 M 处沿 C 的正向作一与 C 相切的射线 l，如图 1.19 所示。则在点 M 处，当函数 u 可微、曲线 C 光滑时，函数 u 沿 l 方向的方向导数就等于函数 u 对 s 的全导数，即

$$\frac{\partial u}{\partial l} = \frac{\mathrm{d}u}{\mathrm{d}s} \tag{1.37}$$

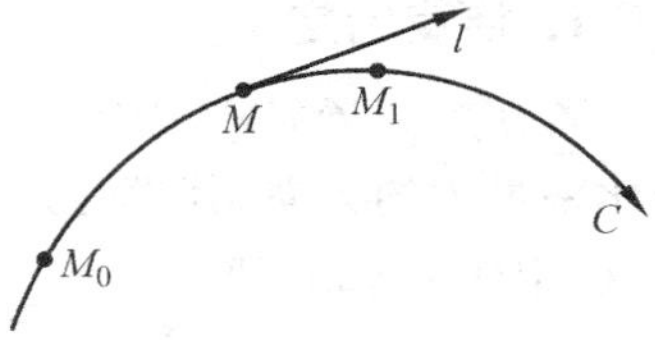

图 1.19　定理 2 用图

证：设曲线 C 以 s 为参数的参数方程为

$$x = x(s),\quad y = y(s),\quad z = z(s)$$

则沿曲线 C，函数 u 为

$$u = u[x(s), y(s), z(s)]$$

又由于在点 M 处，函数 u 可微、曲线 C 光滑，按复合函数求导定理，即得 u 对 s 的全导数为

$$\frac{\mathrm{d}u}{\mathrm{d}s} = \frac{\partial u}{\partial x}\cdot\frac{\mathrm{d}x}{\mathrm{d}s} + \frac{\partial u}{\partial y}\cdot\frac{\mathrm{d}y}{\mathrm{d}s} + \frac{\partial u}{\partial z}\cdot\frac{\mathrm{d}z}{\mathrm{d}s}$$

注意到$\frac{\mathrm{d}x}{\mathrm{d}s}$、$\frac{\mathrm{d}y}{\mathrm{d}s}$、$\frac{\mathrm{d}z}{\mathrm{d}s}$是曲线 C 的正向切线 l 的方向余弦，若将其写成 $\cos\alpha$、$\cos\beta$、$\cos\gamma$，则

$$\frac{\mathrm{d}u}{\mathrm{d}s} = \frac{\partial u}{\partial x}\cos\alpha + \frac{\partial u}{\partial y}\cos\beta + \frac{\partial u}{\partial z}\cos\gamma$$

与式(1.36)比较，即有

$$\frac{\partial u}{\partial l} = \frac{\mathrm{d}u}{\mathrm{d}s}$$

证毕。

1.4.2　梯度

方向导数表明了函数 $u(M)$ 在给定点处沿某个方向的变化率。但是在场中的某一点上有无穷多个方向，其中必然有一个方向上函数 $u(M)$ 的变化率最大。分析方向导数的公式

$$\frac{\partial u}{\partial l} = \frac{\partial u}{\partial x}\cos\alpha + \frac{\partial u}{\partial y}\cos\beta + \frac{\partial u}{\partial z}\cos\gamma \tag{1.38}$$

式中，$\cos\alpha$、$\cos\beta$、$\cos\gamma$ 为 l 方向的方向余弦，也就是这个方向上的单位矢量

$$\boldsymbol{l}^{\circ} = \cos\alpha\boldsymbol{e}_x + \cos\beta\boldsymbol{e}_y + \cos\gamma\boldsymbol{e}_z$$

的坐标。若把式(1.38)右端的其余 3 个数$\frac{\partial u}{\partial x}$、$\frac{\partial u}{\partial y}$、$\frac{\partial u}{\partial z}$也视为一个矢量 $\boldsymbol{G}$ 的坐标，即

$$\boldsymbol{G} = \frac{\partial u}{\partial x}\boldsymbol{e}_x + \frac{\partial u}{\partial y}\boldsymbol{e}_y + \frac{\partial u}{\partial z}\boldsymbol{e}_z$$

则式(1.38)可以写成 $\boldsymbol{G}$ 与 $\boldsymbol{l}^{\circ}$的数量积

$$\frac{\partial u}{\partial l} = \boldsymbol{G}\cdot\boldsymbol{l}^{\circ} = |\boldsymbol{G}|\cos(\boldsymbol{G},\boldsymbol{l}^{\circ}) \tag{1.39}$$

可见，$\boldsymbol{G}$ 在给定的点处为一固定矢量。这样，$\boldsymbol{G}$ 在 l 方向上的投影正好等于函数 u 在该方向上的方向导数。因此，当射线 l 与 $\boldsymbol{G}$ 的方向一致时，即 $\cos(\boldsymbol{G},\boldsymbol{l}^{\circ})=1$ 时，方向导数取得最大值，其值为

$$\frac{\partial u}{\partial l} = |\boldsymbol{G}|$$

这表明，矢量 $\boldsymbol{G}$ 的方向就是函数 $u(M)$ 变化率最大的方向，其模是这个最大变化率的数值。称 $\boldsymbol{G}$ 为函数 $u(M)$ 在给定点处的梯度，定义如下。

1. 梯度的定义

若在数量场 $u(M)$ 中的一点 M 处，存在这样一个矢量 $\boldsymbol{G}$，其方向为函数 $u(M)$ 在 M 点处变化率最大的方向，其模是这个最大变化率的数值，则称矢量 $\boldsymbol{G}$ 为函数 $u(M)$ 在点 M 处的梯度，记作 $\text{grad}u$，即

$$\text{grad}u = \boldsymbol{G}$$

梯度的定义是与坐标系无关的，它是由数量场中数量 $u(M)$ 的分布所决定的。由上面的分析可知，梯度在直角坐标系中的表示式为

$$\text{grad}u = \frac{\partial u}{\partial x}\boldsymbol{e}_x + \frac{\partial u}{\partial y}\boldsymbol{e}_y + \frac{\partial u}{\partial z}\boldsymbol{e}_z \tag{1.40}$$

2. 梯度的性质

梯度矢量有两个重要性质，如图 1.20 所示。

(1) 由式(1.39)可知，方向导数等于梯度在该方向上的投影，即

$$\frac{\partial u}{\partial l} = \text{grad}_l\, u$$

(2) 数量场 $u(M)$ 中每一点 M 处的梯度垂直于过该点的等值面，且指向函数 $u(M)$ 增大的一方。

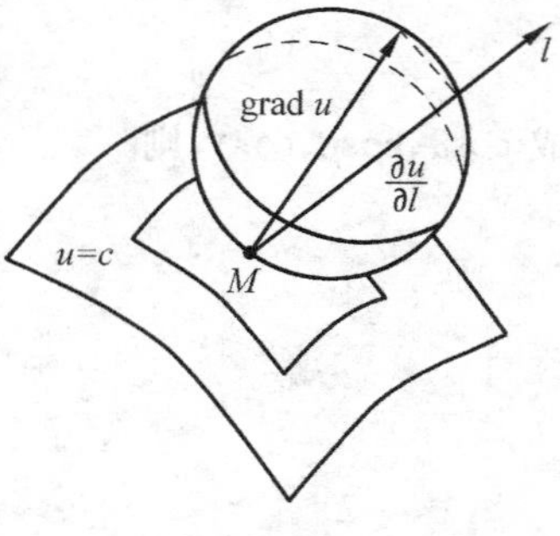

图 1.20 梯度的性质

这是因为，当矢量 $\boldsymbol{l}^{\circ}$在函数 $u(M)$ 的等值面 $u(x,y,z)=c$ 上时，函数 $u(M)$ 沿 $\boldsymbol{l}^{\circ}$方向的变化率为 0，即 $\frac{\partial u}{\partial s}=\frac{\partial u}{\partial l}=\text{grad}u\cdot\boldsymbol{l}^{\circ}=0$。由于函数 $u(M)$ 不是常数，$\text{grad}u\neq0$，所以 $\text{grad}u$ 的方向必垂直于此等值面。

又由于函数 $u(M)$ 沿梯度方向的方向导数$\frac{\partial u}{\partial l}=|\text{grad}u|>0$，这说明函数 $u(M)$ 沿梯度方向是增大的，也就是梯度指向函数 $u(M)$ 增大的一方。

梯度的这两个性质表明，梯度矢量和方向导数以及数量场的等值面之间，存在着一种比较理想的关系，这就使得梯度成为研究数量场时的一个极为重要的概念。

如果把数量场中每一点的梯度与场中的点一一对应起来，就得到一个矢量场，称其为由此数量场产生的梯度场。

例 1.1 设 $r=\sqrt{x^2+y^2+z^2}$ 为点 $M(x,y,z)$ 的矢径 $\boldsymbol{r}=x\boldsymbol{e}_x+y\boldsymbol{e}_y+z\boldsymbol{e}_z$ 的模，试证

$$\mathrm{grad}r=\frac{\boldsymbol{r}}{r}=\boldsymbol{r}^{\circ}$$

证：因为

$$\frac{\partial r}{\partial x}=\frac{x}{\sqrt{x^2+y^2+z^2}}=\frac{x}{r}$$

同理

$$\frac{\partial r}{\partial y}=\frac{y}{r},\quad \frac{\partial r}{\partial z}=\frac{z}{r}$$

于是

$$\mathrm{grad}r=\frac{\partial r}{\partial x}\boldsymbol{e}_x+\frac{\partial r}{\partial y}\boldsymbol{e}_y+\frac{\partial r}{\partial z}\boldsymbol{e}_z=\frac{x}{r}\boldsymbol{e}_x+\frac{y}{r}\boldsymbol{e}_y+\frac{z}{r}\boldsymbol{e}_z=\frac{\boldsymbol{r}}{r}=\boldsymbol{r}^{\circ}$$

证毕。

3. 梯度运算的基本公式

梯度运算的基本公式如下：

(1) $\mathrm{grad}c=\boldsymbol{0}$ （c 为常数）；

(2) $\mathrm{grad}(cu)=c\,\mathrm{grad}u$ （c 为常数）；

(3) $\mathrm{grad}(u\pm v)=\mathrm{grad}u\pm\mathrm{grad}v$；

(4) $\mathrm{grad}(uv)=u\,\mathrm{grad}v+v\,\mathrm{grad}u$；

(5) $\mathrm{grad}\,\dfrac{u}{v}=\dfrac{1}{v^2}(v\,\mathrm{grad}u-u\,\mathrm{grad}v)$；

(6) $\mathrm{grad}f(u)=f'(u)\mathrm{grad}u$。

例 1.2 有位于坐标原点的点电荷 q，已知在其周围空间的任一点 $M(x,y,z)$ 处所产生的电位为 $v=\dfrac{q}{4\pi\varepsilon r}$，其中 ε 为介电系数，$\boldsymbol{r}=x\boldsymbol{e}_x+y\boldsymbol{e}_y+z\boldsymbol{e}_z$，$r=|\boldsymbol{r}|$。求电位 v 的梯度。

解：根据梯度运算的基本公式(6)，得

$$\mathrm{grad}\ v=\mathrm{grad}\frac{q}{4\pi\varepsilon r}=-\frac{q}{4\pi\varepsilon r^2}\mathrm{grad}\ r$$

从例 1.1 知

$$\mathrm{grad}\ r=\frac{\boldsymbol{r}}{r}$$

所以

$$\mathrm{grad}\ v=-\frac{q}{4\pi\varepsilon r^3}\boldsymbol{r}$$

由于电场强度 $\boldsymbol{E}=\dfrac{q}{4\pi\varepsilon r^3}\boldsymbol{r}$，故有

$$\boldsymbol{E}=-\mathrm{grad}\ v$$

此式表明，电场中的电场强度等于电位的负梯度。因此，电场强度垂直于等位面，且指向电位 v 减小的一方。

1.5 矢量场的通量和散度

第 1 章第 3 讲

在研究矢量场的通量和散度时经常要用到这样两个概念，即简单曲线和简单曲面。

简单曲线是指这样的连续曲线，设其参数方程为

$$x=\varphi(t),\quad y=\psi(t),\quad z=\omega(t)$$

则曲线上的每一点都只对应唯一一个参数值 t。对于闭合曲线的情形，其闭合点（对应于两个极端参数值时）是例外。

显然简单曲线的一般特征是一条没有重点的连续曲线。

简单曲面是指这样的连续曲面，设其参数方程为

$$x=\varphi(u,v),\quad y=\psi(u,v),\quad z=\omega(u,v)$$

则曲面上的每一点都只对应唯一一对参数值(u,v)。对于闭合曲面的情形，其闭合点（对应于两对极端参数值时）是例外。

显然简单曲面的一般特征是一块没有重点的连续曲面。

以后假定所讲到的曲线都是分段光滑的简单曲线，所讲到的曲面也都是分块光滑的简单曲面。

为了区分双侧曲面的两侧，常常取定其中的一侧作为曲面的正侧，另一侧作为负侧；如果曲面是封闭的，习惯上取其外侧为正侧。这种取定了正侧的曲面，叫做有向曲面。对有向曲面来说，规定其法向矢量 $\boldsymbol{n}$ 恒指向研究问题时所取的一侧。

同样，对于取定了正方向的有向曲线来说，也规定其切向矢量 $\boldsymbol{t}$ 恒指向研究问题时所取的一方。

1.5.1 通量

在流速场$\boldsymbol{v}(M)$中，设流体是不可压缩的，假定其密度为 1，S 为场中一有向曲面，可以求出在单位时间内流体向正侧穿过 S 的流量 Q。

在 S 上取一曲面元素 $\mathrm{d}S$，以 $\mathrm{d}S$ 表示其面积，M 为 $\mathrm{d}S$ 上任一点，由于 $\mathrm{d}S$ 很小，其上每一点处的速度矢量$\boldsymbol{v}$ 与法矢 $\boldsymbol{n}$ 都近似地看作不变，且都与 M 点处的$\boldsymbol{v}$ 与 $\boldsymbol{n}$ 相同，如图 1.21 所示。这时流体穿过 $\mathrm{d}S$ 的流量 $\mathrm{d}Q$ 就近似地等于以 $\mathrm{d}S$ 为底面积、以 v_n 为高的柱体体积，其中 v_n 为 $\boldsymbol{v}$ 在 $\boldsymbol{n}$ 上的投影，即

$$\mathrm{d}Q=v_n\mathrm{d}S \tag{1.41}$$

若以 $\boldsymbol{n}^\circ$表示点 M 处的单位法矢，则有

$$v_n\mathrm{d}S=(\boldsymbol{v}\cdot\boldsymbol{n}^\circ)\mathrm{d}S=\boldsymbol{v}\cdot(\boldsymbol{n}^\circ\mathrm{d}S)$$

则

$$\mathrm{d}Q=\boldsymbol{v}\cdot(\boldsymbol{n}^\circ\mathrm{d}S)=\boldsymbol{v}\cdot\mathrm{d}\boldsymbol{S} \tag{1.42}$$

式中，$\mathrm{d}\boldsymbol{S}=\boldsymbol{n}^\circ\mathrm{d}S$，为在点 M 处方向与 $\boldsymbol{n}$ 一致且模等于面积 $\mathrm{d}S$ 的矢量，如图 1.22 所示。

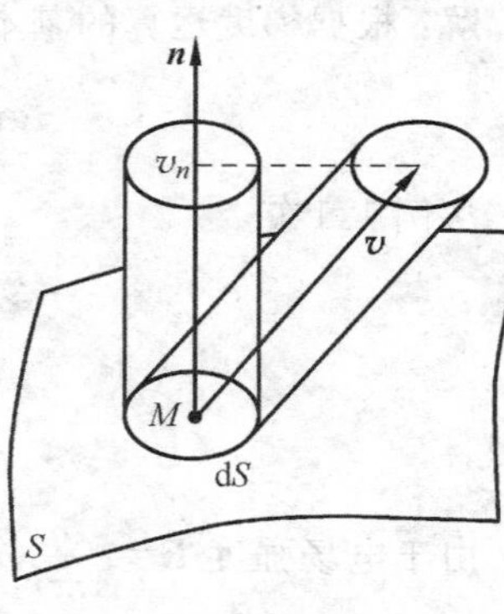

图 1.21 流速场

在单位时间内向正侧穿过 S 的流量，可以用曲面积分表示为

$$Q=\int_S v_n \mathrm{d}S=\int_S \boldsymbol{v}\cdot \mathrm{d}\boldsymbol{S} \tag{1.43}$$

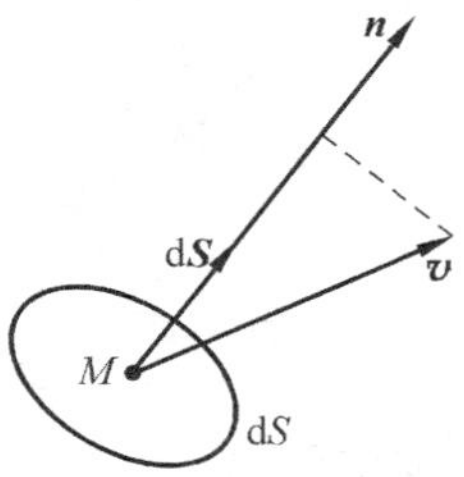

图 1.22 d$\boldsymbol{S}$ 矢量

像这样的曲面积分，在其他的矢量场中也常常碰到。例如，在电位移矢量 $\boldsymbol{D}$ 分布的电场中，穿过曲面 S 的电通量为

$$\Phi_e=\int_S D_n \mathrm{d}S=\int_S \boldsymbol{D}\cdot \mathrm{d}\boldsymbol{S} \tag{1.44}$$

在磁感应强度矢量 $\boldsymbol{B}$ 分布的磁场中，穿过曲面 S 的磁通量为

$$\Phi_m=\int_S B_n \mathrm{d}S=\int_S \boldsymbol{B}\cdot \mathrm{d}\boldsymbol{S} \tag{1.45}$$

等等。数学上将这样的曲面积分概括成为通量的概念。

定义 设有矢量场 $\boldsymbol{A}(M)$，沿其中有向曲面 S 某一侧的曲面积分

$$\Phi=\int_S A_n \mathrm{d}S=\int_S \boldsymbol{A}\cdot \mathrm{d}\boldsymbol{S} \tag{1.46}$$

叫做矢量场 $\boldsymbol{A}(M)$ 向积分所沿一侧穿过曲面 S 的通量。

若

$$\boldsymbol{A}=\boldsymbol{A}_1+\boldsymbol{A}_2+\cdots+\boldsymbol{A}_m=\sum_{i=1}^{m}\boldsymbol{A}_i$$

则有

$$\Phi=\int_S \boldsymbol{A}\cdot \mathrm{d}\boldsymbol{S}=\int_S\left(\sum_{i=1}^{m}\boldsymbol{A}_i\right)\cdot \mathrm{d}\boldsymbol{S}=\sum_{i=1}^{m}\int_S \boldsymbol{A}_i\cdot \mathrm{d}\boldsymbol{S}=\sum_{i=1}^{m}\Phi_i \tag{1.47}$$

可见，通量是可以叠加的。

在直角坐标系中，设

$$\boldsymbol{A}=A_x(x,y,z)\boldsymbol{e}_x+A_y(x,y,z)\boldsymbol{e}_y+A_z(x,y,z)\boldsymbol{e}_z$$

因为

$$\begin{aligned}\mathrm{d}\boldsymbol{S}&=\boldsymbol{n}^{\circ}\mathrm{d}S=\mathrm{d}S\cos(\boldsymbol{n},x)\boldsymbol{e}_x+\mathrm{d}S\cos(\boldsymbol{n},y)\boldsymbol{e}_y+\mathrm{d}S\cos(\boldsymbol{n},z)\boldsymbol{e}_z\\&=\mathrm{d}y\mathrm{d}z\boldsymbol{e}_x+\mathrm{d}x\mathrm{d}z\boldsymbol{e}_y+\mathrm{d}x\mathrm{d}y\boldsymbol{e}_z\end{aligned}$$

则通量为

$$\Phi=\int_S \boldsymbol{A}\cdot \mathrm{d}\boldsymbol{S}=\int_S (A_x\mathrm{d}y\mathrm{d}z+A_y\mathrm{d}x\mathrm{d}z+A_z\mathrm{d}x\mathrm{d}y) \tag{1.48}$$

对于流速场 $\boldsymbol{v}(M)$，其通量为正、负、零时有着不同的物理意义。

设在单位时间内流体向正侧穿过 S 的流量为 Q，则在单位时间内流体向正侧穿过曲面元素 dS 的流量为

$$\mathrm{d}Q=\boldsymbol{v}\cdot \mathrm{d}\boldsymbol{S}$$

显然，它是一个代数值。因为，当 $\boldsymbol{v}$ 是从 dS 的负侧穿到 dS 的正侧时，$\boldsymbol{v}$ 与 $\boldsymbol{n}$ 相交成锐角，此时 $\mathrm{d}Q=\boldsymbol{v}\cdot \mathrm{d}\boldsymbol{S}>0$，为正流量，如图 1.23(a)所示；反之，若 $\boldsymbol{v}$ 从 dS 的正侧穿到 dS 的负侧，$\boldsymbol{v}$ 与 $\boldsymbol{n}$ 相交成钝角，此时 $\mathrm{d}Q=\boldsymbol{v}\cdot \mathrm{d}\boldsymbol{S}<0$，为负流量，如图 1.23(b)所示。

因此，总流量

$$Q=\int_S \boldsymbol{v}\cdot \mathrm{d}\boldsymbol{S}$$

则是在单位时间内流体向正侧穿过曲面 S 的正流量与负流量的代数和。当 $Q>0$ 时，表示

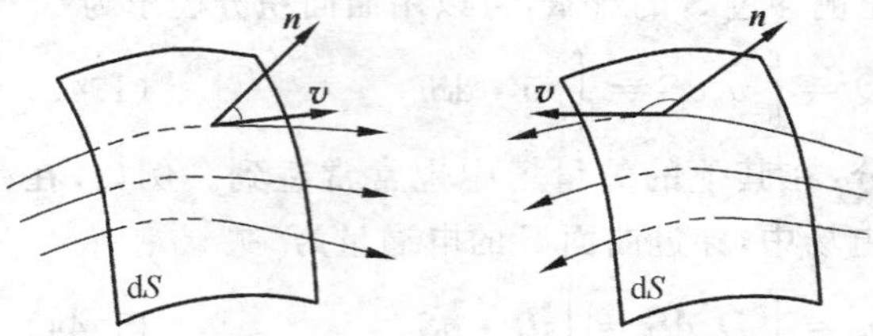

图 1.23　通量的物理意义

向正侧穿过 S 的流量多于沿相反方向穿过 S 的流量；当 $Q<0$ 或 $Q=0$ 时，则表示向正侧穿过 S 的流量少于或等于沿相反方向穿过 S 的流量。

如果 S 为一封闭曲面，积分 $\oint_S$ 一般表示由 S 的内侧指向 S 的外侧，因此流量

$$Q=\oint_S \boldsymbol{v}\cdot \mathrm{d}\boldsymbol{S}$$

表示从内穿出 S 的正流量与从外穿入 S 的负流量的代数和。当 $Q>0$ 时，就表示流出多于流入，此时在 S 内必有产生流体的泉源。当然，也可能还有排泄流体的漏洞，但所产生的流体必定多于排泄的流体。因此，在 $Q>0$ 时，不论 S 内有无漏洞，S 内有正源；当 $Q<0$ 时，S 内有负源。这两种情况，合称为 S 内有源。当 $Q=0$ 时，不能断言 S 内无源。因为这时，在 S 内可能出现既有正源又有负源的情况，二者恰好相互抵消而使得 $Q=0$。

对于一般矢量场 $\boldsymbol{A}(M)$，若穿出封闭曲面 S 的通量 Φ 不为零，则视其为正或为负，分别称为 S 内有产生通量 Φ 的正源或负源。

1.5.2　散度

对于矢量场 $\boldsymbol{A}(M)$，根据穿出闭曲面 S 的通量 Φ 为正或为负，可以得知 S 内有产生 Φ 的正源或负源。但这样还不能了解源在 S 内的分布情况以及源的强弱程度等。为此，引入矢量场的散度的概念。

1. 散度的定义

设有矢量场 $\boldsymbol{A}(M)$，在场中一点 M 的某个邻域内作一包含 M 点在内的任一闭曲面 ΔS，设其所包围的空间区域为 $\Delta\Omega$，以 ΔV 表示其体积，以 $\Delta\Phi$ 表示从其内穿出 ΔS 的通量。若当 $\Delta\Omega$ 以任意方式缩向 M 点时，比式 $\dfrac{\Delta\Phi}{\Delta V}=\dfrac{\oint_{\Delta S}\boldsymbol{A}\cdot \mathrm{d}\boldsymbol{S}}{\Delta V}$ 的极限存在，则称此极限为矢量场 $\boldsymbol{A}(M)$ 在点 M 处的散度，记作 $\mathrm{div}\boldsymbol{A}$，即

$$\mathrm{div}\boldsymbol{A}=\lim_{\Delta\Omega\to M}\frac{\Delta\Phi}{\Delta V}=\lim_{\Delta\Omega\to M}\frac{\oint_{\Delta S}\boldsymbol{A}\cdot \mathrm{d}\boldsymbol{S}}{\Delta V} \tag{1.49}$$

可见，散度 $\mathrm{div}\boldsymbol{A}$ 是数量，表示在场中一点处通量对体积的变化率，也就是在该点处对一个单位体积来说所穿出的通量，称为该点处源的强度。当 $\mathrm{div}\boldsymbol{A}$ 的值为正或为负时，分别表示在该点处有散发通量的正源或有吸收通量的负源，它的绝对值 $|\mathrm{div}\boldsymbol{A}|$ 表示在该点处散发通量或吸收通量的强度；当 $\mathrm{div}\boldsymbol{A}$ 的值为零时，表示在该点处无源，并且称 $\mathrm{div}\boldsymbol{A}\equiv 0$ 的矢量

场 $\boldsymbol{A}$ 为无源场。

若把矢量场 $\boldsymbol{A}$ 中每一点的散度与场中的点一一对应起来，就构成一个数量场，称为由此矢量场产生的散度场。

2. 散度在直角坐标系中的表示式

散度的定义与坐标系无关。下面给出它在直角坐标系中的表示式。

定理　在直角坐标系中，矢量场

$$\boldsymbol{A}=A_x(x,y,z)\boldsymbol{e}_x+A_y(x,y,z)\boldsymbol{e}_y+A_z(x,y,z)\boldsymbol{e}_z$$

在任一点 $M(x,y,z)$ 处的散度为

$$\mathrm{div}\boldsymbol{A}=\frac{\partial A_x}{\partial x}+\frac{\partial A_y}{\partial y}+\frac{\partial A_z}{\partial z} \tag{1.50}$$

证：由奥氏公式得

$$\Delta\Phi=\oint_{\Delta S}\boldsymbol{A}\cdot\mathrm{d}\boldsymbol{S}=\oint_{\Delta S}A_x\mathrm{d}y\mathrm{d}z+A_y\mathrm{d}x\mathrm{d}z+A_z\mathrm{d}x\mathrm{d}y=\int_{\Delta\Omega}\left(\frac{\partial A_x}{\partial x}+\frac{\partial A_y}{\partial y}+\frac{\partial A_z}{\partial z}\right)\mathrm{d}V$$

由中值定理有

$$\Delta\Phi=\left[\frac{\partial A_x}{\partial x}+\frac{\partial A_y}{\partial y}+\frac{\partial A_z}{\partial z}\right]_{M^*}\Delta V$$

式中，M^* 为在 $\Delta\Omega$ 内的某一点。因此

$$\mathrm{div}\boldsymbol{A}=\lim_{\Delta\Omega\to M}\frac{\Delta\Phi}{\Delta V}=\lim_{\Delta\Omega\to M}\left[\frac{\partial A_x}{\partial x}+\frac{\partial A_y}{\partial y}+\frac{\partial A_z}{\partial z}\right]_{M^*}$$

当 $\Delta\Omega$ 缩向 M 点时，M^* 就趋于点 M，所以

$$\mathrm{div}\boldsymbol{A}=\frac{\partial A_x}{\partial x}+\frac{\partial A_y}{\partial y}+\frac{\partial A_z}{\partial z}$$

证毕。

由此定理可以得到以下 3 个推论。

推论 1　奥氏公式可以改写为

$$\oint_S\boldsymbol{A}\cdot\mathrm{d}\boldsymbol{S}=\int_\Omega\mathrm{div}\boldsymbol{A}\mathrm{d}V \tag{1.51}$$

该式称为散度定理或高斯定理。

显然，通量和散度之间的关系为：穿出封闭曲面 S 的通量等于 S 所围的区域 Ω 上的散度在 Ω 上的三重积分。

推论 2　由推论 l 可得，若在封闭曲面 S 内处处有 $\mathrm{div}\boldsymbol{A}=0$，则

$$\oint_S\boldsymbol{A}\cdot\mathrm{d}\boldsymbol{S}=0$$

推论 3　若在矢量场 $\boldsymbol{A}$ 内某些点（或区域）上有 $\mathrm{div}\boldsymbol{A}\neq0$ 或 $\mathrm{div}\boldsymbol{A}$ 不存在，而在其他点上都有 $\mathrm{div}\boldsymbol{A}=0$，则穿出包围这些点（或区域）的任一封闭曲面的通量都相等，即为一常数。

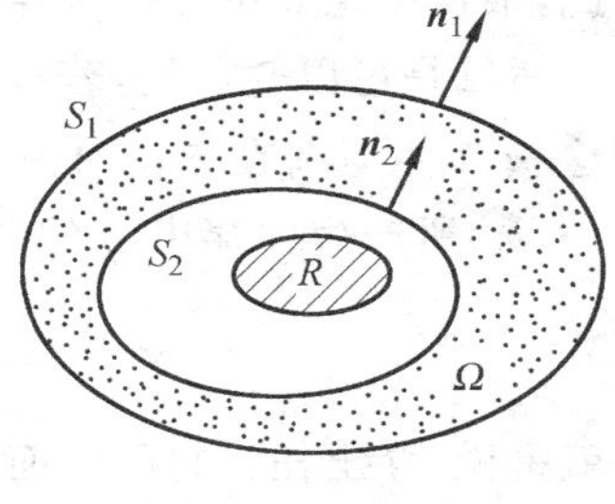

图 1.24　推论 3

证：如图 1.24 所示，设 $\mathrm{div}\boldsymbol{A}\neq0$ 或 $\mathrm{div}\boldsymbol{A}$ 不存在的点在区域 R 内。任作两个包围 R 在内的互不相交的封闭曲面 S_1 与 S_2，分别以 $\boldsymbol{n}_1$、$\boldsymbol{n}_2$ 为其外法向矢量。则在 S_1 与 S_2 所包围的区域 Ω 上，处处有 $\mathrm{div}\boldsymbol{A}=0$。

由奥氏公式得

$$\oint_{S_1+S_2}\boldsymbol{A}\cdot \mathrm{d}\boldsymbol{S}=\int_{\Omega}\mathrm{div}\boldsymbol{A}\mathrm{d}V=0$$

即有

$$\oint_{S_1+S_2}A_n\mathrm{d}S=0$$

式中，A_n 为矢量 $\boldsymbol{A}$ 在 Ω 的边界曲面（即由 S_1 与 S_2 所组成的封闭曲面）的外向法矢 $\boldsymbol{n}$ 的方向上的投影。在 S_1 上 $\boldsymbol{n}$ 与 $\boldsymbol{n}_1$ 相同，而在 S_2 上 $\boldsymbol{n}$ 与 $\boldsymbol{n}_2$ 的指向相反。因此，由上式得

$$\oint_{S_1}A_{n_1}\mathrm{d}S-\oint_{S_2}A_{n_2}\mathrm{d}S=0$$

即

$$\oint_{S_1}A_{n_1}\mathrm{d}S=\oint_{S_2}A_{n_2}\mathrm{d}S$$

证毕。

例 1.3 在点电荷 q 所产生的静电场中，求电位移矢量 $\boldsymbol{D}$ 在任何一点 M 处的散度 $\mathrm{div}\boldsymbol{D}$。

解：取点电荷所在之点为坐标原点，则

$$\boldsymbol{D}=\frac{q}{4\pi r^3}\boldsymbol{r}$$

其中，$\boldsymbol{r}=x\boldsymbol{e}_x+y\boldsymbol{e}_y+z\boldsymbol{e}_z$，$r=|\boldsymbol{r}|$。因此

$$D_x=\frac{qx}{4\pi r^3},\quad D_y=\frac{qy}{4\pi r^3},\quad D_z=\frac{qz}{4\pi r^3}$$

于是有

$$\frac{\partial D_x}{\partial x}=\frac{q}{4\pi}\cdot\frac{r^2-3x^2}{r^5},\quad \frac{\partial D_y}{\partial y}=\frac{q}{4\pi}\cdot\frac{r^2-3y^2}{r^5},\quad \frac{\partial D_z}{\partial z}=\frac{q}{4\pi}\cdot\frac{r^2-3z^2}{r^5}$$

所以

$$\mathrm{div}\boldsymbol{D}=\frac{\partial D_x}{\partial x}+\frac{\partial D_y}{\partial y}+\frac{\partial D_z}{\partial z}=\frac{q}{4\pi}\cdot\frac{3r^2-3(x^2+y^2+z^2)}{r^5}=0\quad (r\neq 0)$$

可见，除点电荷 q 所在的原点（$r=0$）外，电位移 $\boldsymbol{D}$ 的散度处处为零，即为一无源场。

另外，$\boldsymbol{D}$ 穿过包含点电荷 q 在内，以点电荷 q 为中心、以 R 为半径的封闭球面 S 的电通量为

$$\Phi_{\mathrm{e}}=\oint_S\boldsymbol{D}\cdot \mathrm{d}\boldsymbol{S}=\frac{q}{4\pi R^2}\oint_S\boldsymbol{r}^{\circ}\cdot \mathrm{d}\boldsymbol{S}=\frac{q}{4\pi R^2}\oint_S \mathrm{d}S=\frac{q}{4\pi R^2}\cdot 4\pi R^2=q$$

因此，根据推论 3 可知电场穿过包含点电荷 q 在内的任何封闭曲面的电通量都等于 q。

通量是可以叠加的，若有 m 个点电荷 $q_1,q_2,\cdots,q_m$ 分布在不同的 m 个点上，则穿出包围这 m 个点电荷在内的任一封闭曲面 S 的电通量 Φ_{e}，即为由 S 内每个点电荷 $q_i(i=1,2,\cdots,m)$ 所产生并穿出 S 的电通量 $\Phi_i=q_i$ 的代数和，即

$$\Phi_{\mathrm{e}}=\sum_{i=1}^{m}\Phi_i=\sum_{i=1}^{m}q_i=\boldsymbol{Q}\tag{1.52}$$

也就是说，穿出任一封闭曲面 S 的电通量，等于其内各点电荷的代数和。这就是电学中的高斯定理。

由此，在电荷连续分布的电场中，电位移矢量 $\boldsymbol{D}$ 的散度为

$$\mathrm{div}\boldsymbol{D}=\lim_{\Delta\Omega\to M}\frac{\oint_{\Delta S}\boldsymbol{D}\cdot\mathrm{d}\boldsymbol{S}}{\Delta V}=\lim_{\Delta\Omega\to M}\frac{\Delta\Phi_e}{\Delta V}=\lim_{\Delta\Omega\to M}\frac{\Delta Q}{\Delta V}=\rho \tag{1.53}$$

即电位移矢量 $\boldsymbol{D}$ 的散度等于电荷分布的体密度 ρ。

3. 散度运算的基本公式

散度运算的基本公式如下：

(1) $\mathrm{div}(c\boldsymbol{A})=c\,\mathrm{div}\boldsymbol{A}$　(c 为常数)；

(2) $\mathrm{div}(\boldsymbol{A}\pm\boldsymbol{B})=\mathrm{div}\boldsymbol{A}\pm\mathrm{div}\boldsymbol{B}$；

(3) $\mathrm{div}(u\boldsymbol{A})=u\,\mathrm{div}\boldsymbol{A}+\mathrm{grad}u\cdot\boldsymbol{A}$　(u 为数性函数)。

1.6　矢量场的环量及旋度

第 1 章第 4 讲

1.6.1　环量

假设有一个力场 $\boldsymbol{F}(M)$，l 为场中的一条封闭的有向曲线，可以求出一个质点 M 在场力 $\boldsymbol{F}$ 的作用下，沿 l 正向运转一周时所做的功，如图 1.25 所示。

在 l 上取一弧元素 $\mathrm{d}l$，同时又以 $\mathrm{d}l$ 表示其长，则当质点运动经过 $\mathrm{d}l$ 时，场力 $\boldsymbol{F}$ 所做的功就近似地等于

$$\mathrm{d}W=F_l\mathrm{d}l$$

若以 $\boldsymbol{l}^{\circ}$ 表示 l 的单位切向矢量，则

$$F_l\mathrm{d}l=(\boldsymbol{F}\cdot\boldsymbol{l}^{\circ})\mathrm{d}l=\boldsymbol{F}\cdot(\boldsymbol{l}^{\circ}\mathrm{d}l)=\boldsymbol{F}\cdot\mathrm{d}\boldsymbol{l}$$

$$\mathrm{d}W=\boldsymbol{F}\cdot\mathrm{d}\boldsymbol{l} \tag{1.54}$$

式中，$\mathrm{d}\boldsymbol{l}=\boldsymbol{l}^{\circ}\mathrm{d}l$，为方向与切向矢量 $\boldsymbol{t}$ 一致、模等于弧长 $\mathrm{d}l$ 的矢量。

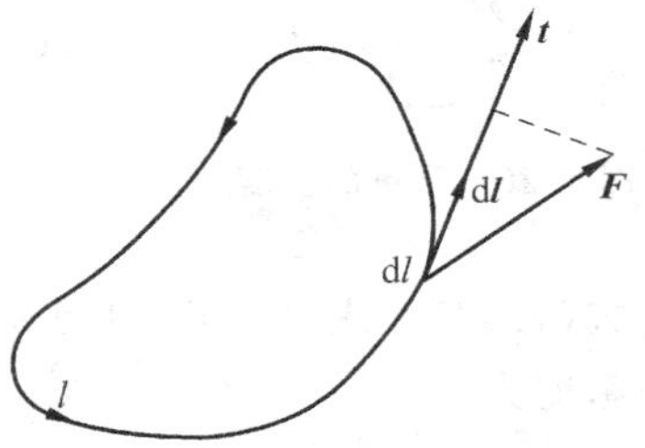

图 1.25　力场 $\boldsymbol{F}(M)$

因此，当质点沿封闭曲线 l 运转一周时，场力 $\boldsymbol{F}$ 所做的功就可用曲线积分表示为

$$W=\oint_l F_l\mathrm{d}l=\oint_l\boldsymbol{F}\cdot\mathrm{d}\boldsymbol{l} \tag{1.55}$$

这样的曲线积分，在其他矢量场中也常常见到。例如在磁场强度 $\boldsymbol{H}(M)$ 所构成的磁场中，根据安培环路定律，积分

$$\oint_l\boldsymbol{H}\cdot\mathrm{d}\boldsymbol{l} \tag{1.56}$$

表示沿与积分路线成右手螺旋法则的方向通过 l 上所张开的曲面 S 的各电流强度 I_1，I_2，…，I_m 的代数和，即有

$$\oint_l\boldsymbol{H}\cdot\mathrm{d}\boldsymbol{l}=\sum_{k=1}^{m}I_k=I \tag{1.57}$$

因此，在数学中把这样一类曲线积分概括为环量的概念。

1. 环量的定义

沿矢量场 $\boldsymbol{A}(M)$ 中某一封闭的有向曲线 l 的曲线积分

$$\Gamma=\oint_l \boldsymbol{A}\cdot \mathrm{d}\boldsymbol{l} \tag{1.58}$$

叫做此矢量场按积分所取方向沿曲线 l 的环量。

在直角坐标系中，设 $\boldsymbol{A}=A_x(x,y,z)\boldsymbol{e}_x+A_y(x,y,z)\boldsymbol{e}_y+A_z(x,y,z)\boldsymbol{e}_z$，又因为

$$\mathrm{d}\boldsymbol{l}=\mathrm{d}l\cos(\boldsymbol{t},x)\boldsymbol{e}_x+\mathrm{d}l\cos(\boldsymbol{t},y)\boldsymbol{e}_y+\mathrm{d}l\cos(\boldsymbol{t},z)\boldsymbol{e}_z=\mathrm{d}x\boldsymbol{e}_x+\mathrm{d}y\boldsymbol{e}_y+\mathrm{d}z\boldsymbol{e}_z$$

式中，$\cos(\boldsymbol{t},x)$、$\cos(\boldsymbol{t},y)$、$\cos(\boldsymbol{t},z)$ 为 l 的切线矢量 $\boldsymbol{t}$ 的方向余弦，则环量为

$$\Gamma=\oint_l \boldsymbol{A}\cdot \mathrm{d}\boldsymbol{l}=\oint_l A_x\mathrm{d}x+A_y\mathrm{d}y+A_z\mathrm{d}z \tag{1.59}$$

由环量的定义和式(1.57)可知，磁场 $\boldsymbol{H}$ 的环量为通过磁场中以 l 为边界的一块曲面 S 的总的电流强度，但这样并不能了解磁场中任一点 M 处通向任一方向 $\boldsymbol{n}$ 的电流密度，所以这里引入环量面密度的概念。

2. 环量面密度

设 M 为矢量场 $\boldsymbol{A}$ 中的一点，在 M 点处取定一个方向 $\boldsymbol{n}$，再过 M 点任作一微小曲面 ΔS，以 $\boldsymbol{n}$ 为其在 M 点处的法矢，并以 ΔS 表示此曲面的面积，其周界 Δl 的正向取作与 $\boldsymbol{n}$ 构成右手螺旋关系，如图 1.26 所示。当曲面 ΔS 在保持 M 点在其上的条件下，沿着自身缩向 M 点时，若矢量场沿 Δl 正向的环量 $\Delta\Gamma$ 与面积 ΔS 之比 $\frac{\Delta\Gamma}{\Delta S}$ 的极限存在，则称该极限为矢量场 $\boldsymbol{A}$ 在点 M 处沿方向 $\boldsymbol{n}$ 的环量面密度，记作 T_n，即

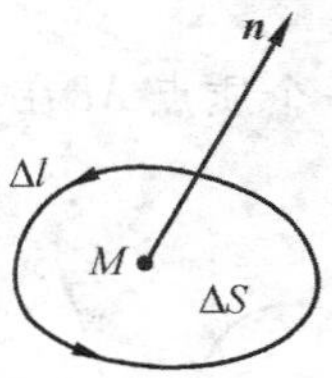

图 1.26 环量面密度

$$T_n=\lim_{\Delta S\to M}\frac{\Delta\Gamma}{\Delta S}=\lim_{\Delta S\to M}\frac{\oint_{\Delta l}\boldsymbol{A}\cdot \mathrm{d}\boldsymbol{l}}{\Delta S} \tag{1.60}$$

由式(1.57)和式(1.60)，可得在磁场强度 $\boldsymbol{H}$ 所构成的磁场中的一点 M 处沿方向 $\boldsymbol{n}$ 的环量面密度为

$$T_n=\lim_{\Delta S\to M}\frac{\oint_{\Delta l}\boldsymbol{H}\cdot \mathrm{d}\boldsymbol{l}}{\Delta S}=\lim_{\Delta S\to M}\frac{\Delta I}{\Delta S}=\frac{\mathrm{d}I}{\mathrm{d}S} \tag{1.61}$$

也就是在点 M 处沿方向 $\boldsymbol{n}$ 的电流密度。

3. 环量面密度的计算公式

在直角坐标系中，若

$$\boldsymbol{A}=A_x(x,y,z)\boldsymbol{e}_x+A_y(x,y,z)\boldsymbol{e}_y+A_z(x,y,z)\boldsymbol{e}_z$$

则由斯托克斯公式有

$$\begin{aligned}\Delta\Gamma&=\oint_{\Delta l}\boldsymbol{A}\cdot \mathrm{d}\boldsymbol{l}=\oint_{\Delta l}A_x\mathrm{d}x+A_y\mathrm{d}y+A_z\mathrm{d}z\\&=\int_{\Delta S}\left(\frac{\partial A_z}{\partial y}-\frac{\partial A_y}{\partial z}\right)\mathrm{d}y\mathrm{d}z+\left(\frac{\partial A_x}{\partial z}-\frac{\partial A_z}{\partial x}\right)\mathrm{d}x\mathrm{d}z+\left(\frac{\partial A_y}{\partial x}-\frac{\partial A_x}{\partial y}\right)\mathrm{d}x\mathrm{d}y\\&=\int_{\Delta S}\left[\left(\frac{\partial A_z}{\partial y}-\frac{\partial A_y}{\partial z}\right)\cos(\boldsymbol{n},x)+\left(\frac{\partial A_x}{\partial z}-\frac{\partial A_z}{\partial x}\right)\cos(\boldsymbol{n},y)+\left(\frac{\partial A_y}{\partial x}-\frac{\partial A_x}{\partial y}\right)\cos(\boldsymbol{n},z)\right]\mathrm{d}S\end{aligned}$$

由中值定理得

$$\Delta\Gamma=\left[\left(\frac{\partial A_z}{\partial y}-\frac{\partial A_y}{\partial z}\right)\cos(\boldsymbol{n},x)+\left(\frac{\partial A_x}{\partial z}-\frac{\partial A_z}{\partial x}\right)\cos(\boldsymbol{n},y)+\left(\frac{\partial A_y}{\partial x}-\frac{\partial A_x}{\partial y}\right)\cos(\boldsymbol{n},z)\right]_{M^*}\Delta S$$

式中，M^* 为 ΔS 上的某一点，当 $\Delta S \to M$ 时，有 $M^* \to M$。于是，环量面密度在直角坐标系中的计算公式为

$$T_n = \lim_{\Delta S \to M} \frac{\Delta \Gamma}{\Delta S}$$
$$= \left(\frac{\partial A_z}{\partial y} - \frac{\partial A_y}{\partial z}\right)\cos\alpha + \left(\frac{\partial A_x}{\partial z} - \frac{\partial A_z}{\partial x}\right)\cos\beta + \left(\frac{\partial A_y}{\partial x} - \frac{\partial A_x}{\partial y}\right)\cos\gamma \tag{1.62}$$

式中，$\cos\alpha$、$\cos\beta$、$\cos\gamma$ 为 ΔS 在点 M 处的法矢 $\boldsymbol{n}$ 的方向余弦。

例 1.4 求矢量场 $\boldsymbol{A} = xyz\boldsymbol{e}_x - 2xy^2\boldsymbol{e}_y + 2yz^2\boldsymbol{e}_z$ 在点 $M(1,1,-2)$ 处沿矢量 $\boldsymbol{n} = 2\boldsymbol{e}_x + 3\boldsymbol{e}_y + 6\boldsymbol{e}_z$ 方向的环量面密度。

解：矢量 $\boldsymbol{n}$ 的方向余弦为

$$\cos\alpha = \frac{2}{7}, \quad \cos\beta = \frac{3}{7}, \quad \cos\gamma = \frac{6}{7}$$

故在点 M 处沿 $\boldsymbol{n}$ 方向的环量面密度为

$$T_n \big|_M = \left[\left(\frac{\partial A_z}{\partial y} - \frac{\partial A_y}{\partial z}\right)\cos\alpha + \left(\frac{\partial A_x}{\partial z} - \frac{\partial A_z}{\partial x}\right)\cos\beta + \left(\frac{\partial A_y}{\partial x} - \frac{\partial A_x}{\partial y}\right)\cos\gamma\right]_M$$
$$= \left[(2z^2 + 0)\frac{2}{7} + (xy - 0)\frac{3}{7} + (-2y^2 - xz)\frac{6}{7}\right]_M$$
$$= 8 \times \frac{2}{7} + 1 \times \frac{3}{7} + 0 \times \frac{6}{7} = \frac{19}{7}$$

1.6.2 旋度

显然，环量面密度是一个和方向有关的概念，正如数量场中的方向导数与方向有关一样。在数量场中，有一个梯度矢量，在给定点处，它的方向为最大方向导数的方向，它的模为最大方向导数的数值，而且它在任一方向上的投影，就给出该方向上的方向导数。可以类似地研究一下环量面密度。

从环量面密度的计算公式(1.62)可以看出，它和方向导数的计算公式很类似。若把其中的 3 个数

$$\left(\frac{\partial A_z}{\partial y} - \frac{\partial A_y}{\partial z}\right), \quad \left(\frac{\partial A_x}{\partial z} - \frac{\partial A_z}{\partial x}\right), \quad \left(\frac{\partial A_y}{\partial x} - \frac{\partial A_x}{\partial y}\right)$$

视为一个矢量 $\boldsymbol{R}$ 的 3 个坐标，即

$$\boldsymbol{R} = \left(\frac{\partial A_z}{\partial y} - \frac{\partial A_y}{\partial z}\right)\boldsymbol{e}_x + \left(\frac{\partial A_x}{\partial z} - \frac{\partial A_z}{\partial x}\right)\boldsymbol{e}_y + \left(\frac{\partial A_y}{\partial x} - \frac{\partial A_x}{\partial y}\right)\boldsymbol{e}_z \tag{1.63}$$

显然，$\boldsymbol{R}$ 在给定点处为一固定矢量，则式(1.62)可以写为

$$T_n = \boldsymbol{R} \cdot \boldsymbol{n}^\circ = |\boldsymbol{R}| \cos(\boldsymbol{R}, \boldsymbol{n}^\circ) \tag{1.64}$$

式中，$\boldsymbol{n}^\circ = \cos\alpha\boldsymbol{e}_x + \cos\beta\boldsymbol{e}_y + \cos\gamma\boldsymbol{e}_z$，为方向 $\boldsymbol{n}$ 上的单位矢量。

可见，在给定点处，$\boldsymbol{R}$ 在任一方向 $\boldsymbol{n}$ 上的投影就是该方向上的环量面密度。也就是说，$\boldsymbol{R}$ 的方向为环量面密度最大的方向，$\boldsymbol{R}$ 的模为最大环量面密度的数值。矢量 $\boldsymbol{R}$ 叫做矢量场 $\boldsymbol{A}$ 的旋度，下面给出一般定义。

1. 旋度的定义

若在矢量场 $\boldsymbol{A}$ 中的一点 M 处存在这样的一个矢量 $\boldsymbol{R}$，矢量场 $\boldsymbol{A}$ 在点 M 处沿 $\boldsymbol{R}$ 方向的

环量面密度最大，且最大的数值为$|\boldsymbol{R}|$，则称矢量$\boldsymbol{R}$为矢量场$\boldsymbol{A}$在点M处的旋度，记作$\mathrm{rot}\boldsymbol{A}$，即

$$\mathrm{rot}\boldsymbol{A}=\boldsymbol{R}$$

旋度矢量在数值和方向上给出了最大的环量面密度。

旋度的定义与坐标系无关。式(1.63)中的矢量$\boldsymbol{R}$是它在直角坐标系中的表示式，即在直角坐标系中

$$\mathrm{rot}\boldsymbol{A}=\left(\frac{\partial A_z}{\partial y}-\frac{\partial A_y}{\partial z}\right)\boldsymbol{e}_x+\left(\frac{\partial A_x}{\partial z}-\frac{\partial A_z}{\partial x}\right)\boldsymbol{e}_y+\left(\frac{\partial A_y}{\partial x}-\frac{\partial A_x}{\partial y}\right)\boldsymbol{e}_z \tag{1.65}$$

或

$$\mathrm{rot}\boldsymbol{A}=\begin{vmatrix}\boldsymbol{e}_x & \boldsymbol{e}_y & \boldsymbol{e}_z\\ \dfrac{\partial}{\partial x} & \dfrac{\partial}{\partial y} & \dfrac{\partial}{\partial z}\\ A_x & A_y & A_z\end{vmatrix} \tag{1.66}$$

从式(1.64)可以得到旋度的一个重要性质，即旋度矢量在任一方向上的投影等于该方向上的环量面密度，即有

$$\mathrm{rot}_n\boldsymbol{A}=T_n \tag{1.67}$$

对于磁场$\boldsymbol{H}$，旋度$\mathrm{rot}\boldsymbol{H}$是这样一个矢量：在给定点处，它的方向是最大电流密度的方向，模为最大电流密度的数值，而且它在任一方向上的投影给出该方向上的电流密度。因此，电学中称$\mathrm{rot}\boldsymbol{H}$为电流密度矢量。

由式(1.65)，可将斯托克斯公式写成

$$\oint_l \boldsymbol{A}\cdot\mathrm{d}\boldsymbol{l}=\int_S \mathrm{rot}\boldsymbol{A}\cdot\mathrm{d}\boldsymbol{S} \tag{1.68}$$

2. 旋度运算的基本公式

旋度运算的基本公式如下：

(1) $\mathrm{rot}(c\boldsymbol{A})=c\,\mathrm{rot}\boldsymbol{A}$ （c为常数）；

(2) $\mathrm{rot}(\boldsymbol{A}\pm\boldsymbol{B})=\mathrm{rot}\boldsymbol{A}\pm\mathrm{rot}\boldsymbol{B}$；

(3) $\mathrm{rot}(u\boldsymbol{A})=u\,\mathrm{rot}\boldsymbol{A}+\mathrm{grad}u\times\boldsymbol{A}$ （u为数性函数）；

(4) $\mathrm{div}(\boldsymbol{A}\times\boldsymbol{B})=\boldsymbol{B}\cdot\mathrm{rot}\boldsymbol{A}-\boldsymbol{A}\cdot\mathrm{rot}\boldsymbol{B}$；

(5) $\mathrm{rot}(\mathrm{grad}u)=\boldsymbol{0}$；

(6) $\mathrm{div}(\mathrm{rot}\boldsymbol{A})=0$。

1.7 几种重要的矢量场

这一节介绍场论中几种重要的矢量场，即有势场、管形场、调和场。在此之前，先说明一下在三维空间里单连域与复连域的概念。

(1) 如果对于一个空间区域G内的任何一条简单闭曲线l，都可以作出一个以l为边界且全部位于区域G内的曲面S，则称此区域G为线单连域；否则，称为线复连域。例如，空心球体是线单连域，而环面体则为线复连域，如图1.27所示。

(2) 如果一个空间区域G内的任一简单闭曲面S所包围的全部点，都在区域G内(即S

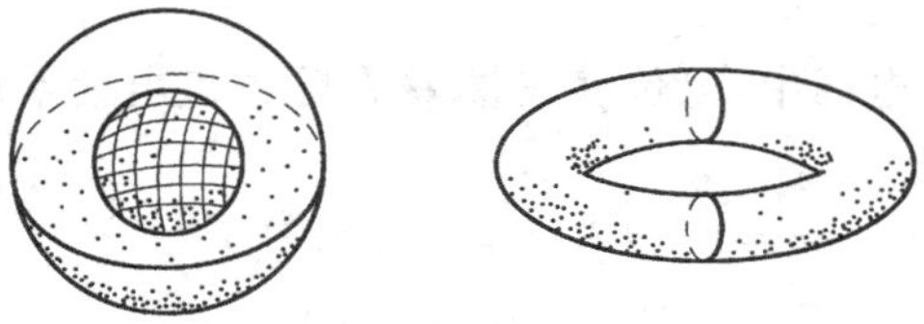

图 1.27　单连域与复连域

(a) 空心球体；(b) 环面体

内没有洞)，则称此区域 G 为面单连域；否则，称为面复连域。例如，环面体是面单连域，而空心球体则为面复连域，如图 1.27 所示。

有许多空间区域既是线单连域，又是面单连域。像实心的球体、椭球体、圆柱体、平行六面体等，都既是线单连域，又是面单连域。

1.7.1　有势场

定义　设有矢量场 $\boldsymbol{A}(M)$，若存在单值函数 $u(M)$ 满足

$$\boldsymbol{A} = \mathrm{grad}\ u \tag{1.69}$$

则称矢量场 $\boldsymbol{A}(M)$ 为有势场，称 $v=-u$ 为这个场的势函数。矢量 $\boldsymbol{A}(M)$ 与势函数 v 之间的关系是

$$\boldsymbol{A} = -\mathrm{grad}\ v \tag{1.70}$$

可见，有势场是一个梯度场；有势场的势函数有无穷多个，它们之间只相差一个常数。

因为，若 $\boldsymbol{A}(M)$ 为有势场，则存在势函数 v，且有

$$\boldsymbol{A} = -\mathrm{grad}\ v = -\mathrm{grad}(v+C)\quad (C\text{ 为任意常数})$$

所以有势场 $\boldsymbol{A}(M)$ 的势函数有无穷多个，且任何两个势函数之间，只相差一个常数。

因此，若已知有势场 $\boldsymbol{A}(M)$ 的一个势函数 $v(M)$，则场的所有势函数的全体为 $v(M)+C$(C 为任意常数)。

那么，什么样的矢量场是有势场呢？有下面的定理。

定理　在线单连域内矢量场 $\boldsymbol{A}$ 为有势场的充要条件是矢量场 $\boldsymbol{A}$ 的旋度在场内处处为零，即 $\mathrm{rot}\boldsymbol{A}\equiv\boldsymbol{0}$。

通常称旋度恒为零的场为无旋场，称曲线积分 $\oint_l \boldsymbol{A}\cdot \mathrm{d}\boldsymbol{l}$ 与路径无关的矢量场为保守场。因此，在线单连域内，“场有势(梯度场)”“场无旋”“场保守”三者是等价的。

1.7.2　管形场

定义　设有矢量场 $\boldsymbol{A}$，若其散度 $\mathrm{div}\boldsymbol{A}\equiv 0$，则称此矢量场为管形场。可见，管形场就是无源场。

在面单连域内矢量场 $\boldsymbol{A}$ 为管形场的充要条件是：它为另一个矢量场 $\boldsymbol{B}$ 的旋度场。

因为，若 $\boldsymbol{A}=\mathrm{rot}\boldsymbol{B}$，则 $\mathrm{div}(\mathrm{rot}\boldsymbol{B})\equiv 0$。

1.7.3　调和场

定义　如果在矢量场 $\boldsymbol{A}$ 中恒有 $\mathrm{div}\boldsymbol{A}\equiv 0$ 与 $\mathrm{rot}\boldsymbol{A}\equiv\boldsymbol{0}$，则称此矢量场为调和场。可见，调

和场是指既无源又无旋的矢量场。

点电荷 q 所产生的静电场中，电位移矢量 $\boldsymbol{D}$ 在除去点电荷 q 所在的点外的区域内形成一个调和场。

若矢量场 $\boldsymbol{A}$ 为调和场，$\text{rot}\boldsymbol{A}\equiv\boldsymbol{0}$，则有 $\boldsymbol{A}=\text{grad}u$，且

$$\text{div}\boldsymbol{A}=\text{div}(\text{grad}u)=0 \tag{1.71}$$

在直角坐标系中，有

$$\text{grad}u=\frac{\partial u}{\partial x}\boldsymbol{e}_x+\frac{\partial u}{\partial y}\boldsymbol{e}_y+\frac{\partial u}{\partial z}\boldsymbol{e}_z$$

所以

$$\frac{\partial^2 u}{\partial x^2}+\frac{\partial^2 u}{\partial y^2}+\frac{\partial^2 u}{\partial z^2}=0 \tag{1.72}$$

称这个二阶偏微分方程为拉普拉斯(Laplace)方程。具有二阶连续偏导数且满足拉普拉斯方程的函数，叫做调和函数。

调和场为有势场，其势函数 $v=-u$ 显然是调和函数。令

$$\Delta\equiv\frac{\partial^2}{\partial x^2}+\frac{\partial^2}{\partial y^2}+\frac{\partial^2}{\partial z^2} \tag{1.73}$$

称 Δ 为拉普拉斯算子，读作“拉普拉逊”(Laplacian)。式(1.72)可简写为

$$\Delta u=0 \tag{1.74}$$

其中，Δu 也叫做调和量。

1.8 哈密顿算子

第 1 章第 5 讲

为了简化书写和运算，哈密顿(W. R. Hamilton)引入了一个记号，即矢性微分算子：

$$\nabla\equiv\boldsymbol{e}_x\frac{\partial}{\partial x}+\boldsymbol{e}_y\frac{\partial}{\partial y}+\boldsymbol{e}_z\frac{\partial}{\partial z} \tag{1.75}$$

称为哈密顿算子或∇算子，∇可读作“那布勒”(Nabla)或“代尔”(del)。∇算子本身并无意义，只是一种微分运算符号，又可看作是矢量。就是说，它在运算中具有矢量和微分的双重性质。∇算子的运算规则是

$$\nabla u=\left(\boldsymbol{e}_x\frac{\partial}{\partial x}+\boldsymbol{e}_y\frac{\partial}{\partial y}+\boldsymbol{e}_z\frac{\partial}{\partial z}\right)u=\frac{\partial u}{\partial x}\boldsymbol{e}_x+\frac{\partial u}{\partial y}\boldsymbol{e}_y+\frac{\partial u}{\partial z}\boldsymbol{e}_z$$

$$\nabla\cdot\boldsymbol{A}=\left(\boldsymbol{e}_x\frac{\partial}{\partial x}+\boldsymbol{e}_y\frac{\partial}{\partial y}+\boldsymbol{e}_z\frac{\partial}{\partial z}\right)\cdot(A_x\boldsymbol{e}_x+A_y\boldsymbol{e}_y+A_z\boldsymbol{e}_z)=\frac{\partial A_x}{\partial x}+\frac{\partial A_y}{\partial y}+\frac{\partial A_z}{\partial z}$$

$$\nabla\times\boldsymbol{A}=\begin{vmatrix}\boldsymbol{e}_x & \boldsymbol{e}_y & \boldsymbol{e}_z\\ \dfrac{\partial}{\partial x} & \dfrac{\partial}{\partial y} & \dfrac{\partial}{\partial z}\\ A_x & A_y & A_z\end{vmatrix}=\left(\frac{\partial A_z}{\partial y}-\frac{\partial A_y}{\partial z}\right)\boldsymbol{e}_x+\left(\frac{\partial A_x}{\partial z}-\frac{\partial A_z}{\partial x}\right)\boldsymbol{e}_y+\left(\frac{\partial A_y}{\partial x}-\frac{\partial A_x}{\partial y}\right)\boldsymbol{e}_z$$

因此，数量场 u 的梯度与矢量场 $\boldsymbol{A}$ 的散度和旋度可用∇算子表示为

$$\text{grad}\ u=\nabla u,\quad \text{div}\boldsymbol{A}=\nabla\cdot\boldsymbol{A},\quad \text{rot}\boldsymbol{A}=\nabla\times\boldsymbol{A}$$

相关的一些公式也可用∇算子来表示：

(1) $\nabla(cu)=c\nabla u$ （c 为常数）；

(2) $\nabla\cdot(c\boldsymbol{A})=c\,\nabla\cdot\boldsymbol{A}$ （c 为常数）；

(3) $\nabla\times(c\boldsymbol{A})=c\,\nabla\times\boldsymbol{A}$ （c 为常数）；

(4) $\nabla(u\pm v)=\nabla u\pm\nabla v$；

(5) $\nabla\cdot(\boldsymbol{A}\pm\boldsymbol{B})=\nabla\cdot\boldsymbol{A}\pm\nabla\cdot\boldsymbol{B}$；

(6) $\nabla\times(\boldsymbol{A}\pm\boldsymbol{B})=\nabla\times\boldsymbol{A}\pm\nabla\times\boldsymbol{B}$；

(7) $\nabla\cdot(u\boldsymbol{c})=\nabla u\cdot\boldsymbol{c}$ （$\boldsymbol{c}$ 为常矢）；

(8) $\nabla\times(u\boldsymbol{c})=\nabla u\times\boldsymbol{c}$ （$\boldsymbol{c}$ 为常矢）；

(9) $\nabla(uv)=u\,\nabla v+v\,\nabla u$；

(10) $\nabla\cdot(u\boldsymbol{A})=u\,\nabla\cdot\boldsymbol{A}+\nabla u\cdot\boldsymbol{A}$；

(11) $\nabla\times(u\boldsymbol{A})=u\,\nabla\times\boldsymbol{A}+\nabla u\times\boldsymbol{A}$；

(12) $\nabla(\boldsymbol{A}\cdot\boldsymbol{B})=\boldsymbol{A}\times(\nabla\times\boldsymbol{B})+(\boldsymbol{A}\cdot\nabla)\boldsymbol{B}+\boldsymbol{B}\times(\nabla\times\boldsymbol{A})+(\boldsymbol{B}\cdot\nabla)\boldsymbol{A}$；

(13) $\nabla\cdot(\boldsymbol{A}\times\boldsymbol{B})=\boldsymbol{B}\cdot(\nabla\times\boldsymbol{A})-\boldsymbol{A}\cdot(\nabla\times\boldsymbol{B})$；

(14) $\nabla\times(\boldsymbol{A}\times\boldsymbol{B})=(\boldsymbol{B}\cdot\nabla)\boldsymbol{A}-(\boldsymbol{A}\cdot\nabla)\boldsymbol{B}-\boldsymbol{B}(\nabla\cdot\boldsymbol{A})+\boldsymbol{A}(\nabla\cdot\boldsymbol{B})$；

(15) $\nabla\cdot(\nabla u)=\nabla^2 u=\Delta u$ （Δu 为调和量）；

(16) $\nabla\times(\nabla u)=\boldsymbol{0}$；

(17) $\nabla\cdot(\nabla\times\boldsymbol{A})=0$；

(18) $\nabla\times(\nabla\times\boldsymbol{A})=\nabla(\nabla\cdot\boldsymbol{A})-\Delta\boldsymbol{A}$；

(19) $\nabla r=\dfrac{\boldsymbol{r}}{r}=\boldsymbol{e}_r$；

(20) $\nabla\cdot\boldsymbol{r}=3$；

(21) $\nabla\times\boldsymbol{r}=\boldsymbol{0}$；

(22) $\nabla f(u)=f'(u)\nabla u$；

(23) $\nabla f(r)=\dfrac{f'(r)}{r}\boldsymbol{r}=f'(r)\boldsymbol{e}_r$；

(24) $\nabla\times[f(r)\boldsymbol{r}]=\boldsymbol{0}$；

(25) $\nabla\times[r^{-3}\boldsymbol{r}]=\boldsymbol{0}$，$\nabla\cdot[r^{-3}\boldsymbol{r}]=0$ （$r\neq0$）；

(26) 奥氏公式 $\oint_S\boldsymbol{A}\cdot\mathrm{d}\boldsymbol{S}=\int_\Omega\nabla\cdot\boldsymbol{A}\mathrm{d}V$；

(27) 斯托克斯公式 $\oint_l\boldsymbol{A}\cdot\mathrm{d}\boldsymbol{l}=\int_S(\nabla\times\boldsymbol{A})\cdot\mathrm{d}\boldsymbol{S}$。

其中

$$\boldsymbol{A}\cdot\nabla=(A_x\boldsymbol{e}_x+A_y\boldsymbol{e}_y+A_z\boldsymbol{e}_z)\cdot\left(\boldsymbol{e}_x\frac{\partial}{\partial x}+\boldsymbol{e}_y\frac{\partial}{\partial y}+\boldsymbol{e}_z\frac{\partial}{\partial z}\right)=A_x\frac{\partial}{\partial x}+A_y\frac{\partial}{\partial y}+A_z\frac{\partial}{\partial z}$$

$$(\boldsymbol{A}\cdot\nabla)u=A_x\frac{\partial u}{\partial x}+A_y\frac{\partial u}{\partial y}+A_z\frac{\partial u}{\partial z}$$

$$(\boldsymbol{A}\cdot\nabla)\boldsymbol{B}=A_x\frac{\partial\boldsymbol{B}}{\partial x}+A_y\frac{\partial\boldsymbol{B}}{\partial y}+A_z\frac{\partial\boldsymbol{B}}{\partial z}$$

$$\Delta\boldsymbol{A}=\Delta A_x\boldsymbol{e}_x+\Delta A_y\boldsymbol{e}_y+\Delta A_z\boldsymbol{e}_z$$

$$\boldsymbol{r}=x\boldsymbol{e}_x+y\boldsymbol{e}_y+z\boldsymbol{e}_z,\quad r=|\boldsymbol{r}|$$

例 1.5 验证格林(Green)第一公式

$$\oint_S (u\,\nabla v)\cdot \mathrm{d}\boldsymbol{S} = \int_\Omega (\nabla u\cdot\nabla v + u\Delta v)\mathrm{d}V$$

与格林第二公式

$$\oint_S (u\,\nabla v - v\,\nabla u)\cdot \mathrm{d}\boldsymbol{S} = \int_\Omega (u\Delta v - v\Delta u)\mathrm{d}V$$

证：在奥氏公式 $\oint_S \boldsymbol{A}\cdot \mathrm{d}\boldsymbol{S} = \int_\Omega \nabla\cdot\boldsymbol{A}\mathrm{d}V$ 中，取 $\boldsymbol{A}=u\,\nabla v$，则有

$$\oint_S (u\,\nabla v)\cdot \mathrm{d}\boldsymbol{S} = \int_\Omega \nabla\cdot(u\,\nabla v)\mathrm{d}V = \int_\Omega (\nabla u\cdot\nabla v + u\Delta v)\mathrm{d}V$$

同理

$$\oint_S (v\,\nabla u)\cdot \mathrm{d}\boldsymbol{S} = \int_\Omega (\nabla v\cdot\nabla u + v\Delta u)\mathrm{d}V$$

将两式相减就得到格林第二公式。

1.9 正交曲线坐标系

1.9.1 正交曲线坐标的概念

若用另外 3 个有序数 (q_1,q_2,q_3) 表示空间里点的位置，即每 3 个有序数 (q_1,q_2,q_3) 确定一个空间点，那么，空间里的每一点都对应着 3 个这样的有序数，则称 (q_1,q_2,q_3) 为空间点的曲线坐标。

每个曲线坐标 (q_1,q_2,q_3) 都是空间点的单值函数，而空间点又可用直角坐标 (x,y,z) 来确定，所以每个曲线坐标 (q_1,q_2,q_3) 也都是直角坐标 (x,y,z) 的单值函数，即

$$q_1 = q_1(x,y,z),\quad q_2 = q_2(x,y,z),\quad q_3 = q_3(x,y,z) \tag{1.76}$$

反之，每个直角坐标 (x,y,z) 也都是曲线坐标 (q_1,q_2,q_3) 的单值函数，即

$$x = x(q_1,q_2,q_3),\quad y = y(q_1,q_2,q_3),\quad z = z(q_1,q_2,q_3) \tag{1.77}$$

函数 $q_1(x,y,z)$、$q_2(x,y,z)$、$q_3(x,y,z)$ 的等值曲面的 3 个方程为

$$q_1(x,y,z) = c_1,\quad q_2(x,y,z) = c_2,\quad q_3(x,y,z) = c_3 \tag{1.78}$$

式中，c_1、c_2、c_3 为常数。给 c_1、c_2、c_3 以不同的数值，就得到 3 族等值曲面，这 3 族等值曲面称为坐标曲面。因为 $q_1(x,y,z)$、$q_2(x,y,z)$、$q_3(x,y,z)$ 为单值函数，所以，在空间的各点，每族等值曲面中都只有一个曲面经过。

在坐标曲面之间，两两相交而成的曲线称为坐标曲线。在由坐标曲面

$$q_2(x,y,z) = c_2 \quad 与 \quad q_3(x,y,z) = c_3$$

相交而成的坐标曲线上，因 q_2 与 q_3 分别保持常数值 c_2 与 c_3，只有 q_1 在变化，所以称此曲线为坐标曲线 q_1，或简称为 q_1 曲线；同理，由

$$q_1(x,y,z) = c_1 \quad 与 \quad q_3(x,y,z) = c_3$$

或

$$q_1(x,y,z) = c_1 \quad 与 \quad q_2(x,y,z) = c_2$$

相交而成的坐标曲线，分别称为坐标曲线 q_2 与坐标曲线 q_3，或简称为 q_2 曲线与 q_3 曲线，如

图 1.28 所示。

若在空间里的任一点 M 处，坐标曲线都互相正交，即各坐标曲线在该点的切线互相正交，那么，相应地各坐标曲面也互相正交，即各坐标曲面在相交点处的法线互相正交。这种坐标系，称为正交曲线坐标系。

用 $\boldsymbol{e}_1$、$\boldsymbol{e}_2$、$\boldsymbol{e}_3$ 依次表示坐标曲线 q_1、q_2、q_3 上的切线单位矢量，分别指向 q_1、q_2、q_3 增大的一方；其间的相互位置关系，除彼此正交外，还假定它们构成右手坐标制，如图 1.28 所示。

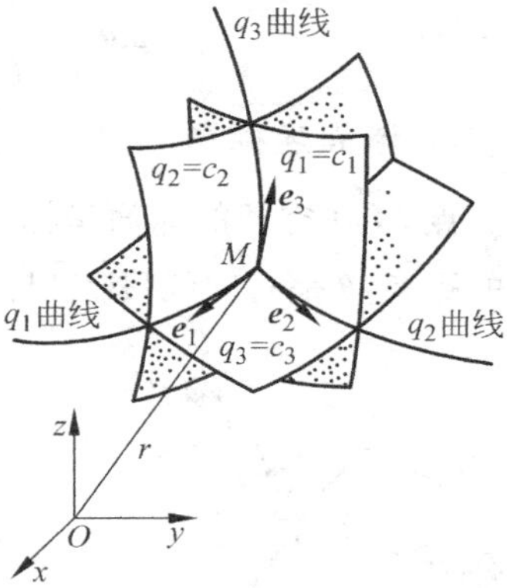

图 1.28　坐标曲面与坐标曲线

另外，在曲线坐标系中，单位矢量 $\boldsymbol{e}_1$、$\boldsymbol{e}_2$、$\boldsymbol{e}_3$ 的方向是随点 M 的变化而变化的。因此，单位矢量 $\boldsymbol{e}_1$、$\boldsymbol{e}_2$、$\boldsymbol{e}_3$ 都是依赖于点 M 的矢性函数，而普通直角坐标系中沿坐标轴方向上的单位矢量 $\boldsymbol{e}_x$、$\boldsymbol{e}_y$、$\boldsymbol{e}_z$ 则为常矢。这是曲线坐标系与普通直角坐标系的根本区别。

用单位矢量 $\boldsymbol{e}_1$、$\boldsymbol{e}_2$、$\boldsymbol{e}_3$ 表示在 M 点处的任一矢量 $\boldsymbol{A}$ 为

$$\boldsymbol{A} = A_1\boldsymbol{e}_1 + A_2\boldsymbol{e}_2 + A_3\boldsymbol{e}_3 \tag{1.79}$$

式中，A_1、A_2、A_3分别是矢量 $\boldsymbol{A}$ 在 $\boldsymbol{e}_1$、$\boldsymbol{e}_2$、$\boldsymbol{e}_3$ 方向上的投影。

1.9.2　柱面坐标系和球面坐标系

1. 柱面坐标系

点 M 在空间的柱面坐标(亦称圆柱坐标)，是这样 3 个有序数(ρ,ϕ,z)，其中 ρ 是点 M 到 Oz 轴的距离，ϕ 是过点 M 且以 Oz 轴为界的半平面与 xOz 平面之间的夹角，z 是点 M 在直角坐标(x,y,z)中的 z 坐标，如图 1.29 所示。

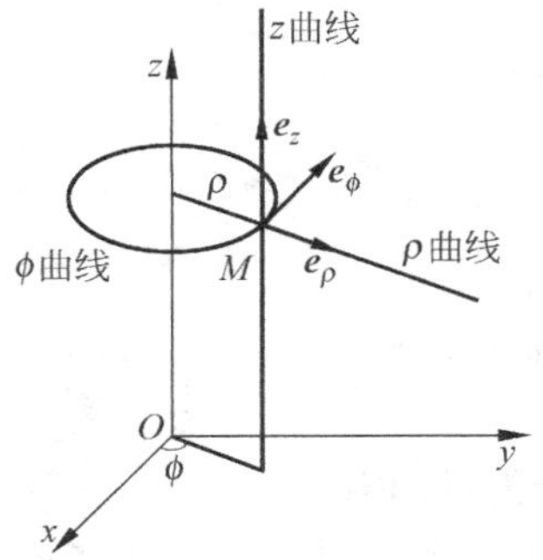

图 1.29　柱面坐标系

ρ、ϕ、z 的变化范围为 $0\leqslant\rho<+\infty$、$0\leqslant\phi<2\pi$、$-\infty<z<+\infty$。在柱面坐标系中，坐标曲面是：

$\rho=$常数，是以 Oz 轴为轴的圆柱面；

$\phi=$常数，是以 Oz 轴为界的半平面；

$z=$常数，是平行于 xOy 平面的平面。

坐标曲线是 ρ 曲线、ϕ 曲线、z 曲线，如图 1.29 所示。

点 M 的直角坐标与柱面坐标之间的关系为

$$x = \rho\cos\phi,\quad y = \rho\sin\phi,\quad z = z \tag{1.80}$$

梯度、散度、旋度与调和量在柱面坐标系中的表示式为

$$\nabla u = \frac{\partial u}{\partial \rho}\boldsymbol{e}_\rho + \frac{1}{\rho}\frac{\partial u}{\partial \phi}\boldsymbol{e}_\phi + \frac{\partial u}{\partial z}\boldsymbol{e}_z$$

$$\nabla\cdot \boldsymbol{A} = \frac{1}{\rho}\left[\frac{\partial(\rho A_\rho)}{\partial \rho} + \frac{\partial A_\phi}{\partial \phi} + \frac{\partial(\rho A_z)}{\partial z}\right]$$

$$\nabla\times \boldsymbol{A} = \left[\frac{1}{\rho}\cdot\frac{\partial A_z}{\partial \phi} - \frac{\partial A_\phi}{\partial z}\right]\boldsymbol{e}_\rho + \left[\frac{\partial A_\rho}{\partial z} - \frac{\partial A_z}{\partial \rho}\right]\boldsymbol{e}_\phi + \frac{1}{\rho}\left[\frac{\partial(\rho A_\phi)}{\partial \rho} - \frac{\partial A_\rho}{\partial \phi}\right]\boldsymbol{e}_z$$

$$\Delta u=\frac{1}{\rho}\left[\frac{\partial}{\partial\rho}\left(\rho\frac{\partial u}{\partial\rho}\right)+\frac{\partial}{\partial\phi}\left(\frac{1}{\rho}\cdot\frac{\partial u}{\partial\phi}\right)+\frac{\partial}{\partial z}\left(\rho\frac{\partial u}{\partial z}\right)\right]$$

2. 球面坐标系

点 M 在空间的球面坐标(亦称球坐标),是这样 3 个有序数(r,θ,ϕ),其中 r 是点 M 到原点的距离,θ 是有向线段$\overline{OM}$与 Oz 轴正向之间的夹角,ϕ 为过点 M 且以 Oz 轴为界的半平面与 xOz 平面之间的夹角,如图 1.30 所示。

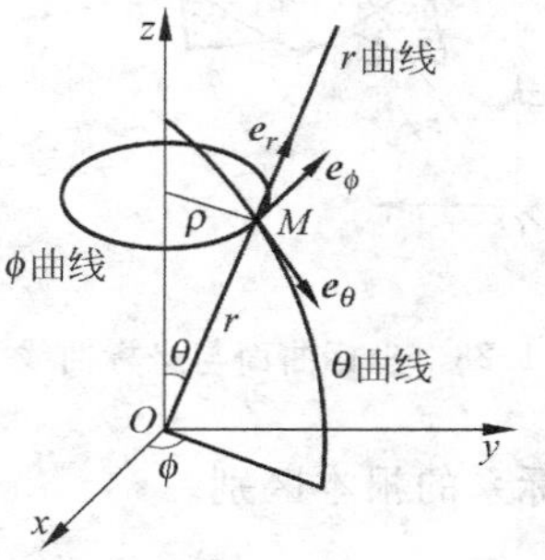

图 1.30 球面坐标系

在球面坐标系中,坐标曲面是:

$r=$常数,是以原点 O 为中心的球面;

$\theta=$常数,是以 Oz 轴为轴的圆锥面;

$\phi=$常数,是以 Oz 轴为界的半平面。

坐标曲线是 r 曲线、θ 曲线、ϕ 曲线,如图 1.30 所示。

r、θ、ϕ 的变化范围为 $0\leqslant r<+\infty$、$0\leqslant\theta\leqslant\pi$、$0\leqslant\phi<2\pi$。点 M 的直角坐标与球面坐标之间的关系为

$$x=r\sin\theta\cos\phi,\quad y=r\sin\theta\sin\phi,\quad z=r\cos\theta \tag{1.81}$$

梯度、散度、旋度与调和量在球面坐标系中的表示式为

$$\nabla u=\frac{\partial u}{\partial r}\boldsymbol{e}_r+\frac{1}{r}\cdot\frac{\partial u}{\partial\theta}\boldsymbol{e}_\theta+\frac{1}{r\sin\theta}\cdot\frac{\partial u}{\partial\phi}\boldsymbol{e}_\phi$$

$$\nabla\cdot\boldsymbol{A}=\frac{1}{r^2\sin\theta}\left[\sin\theta\frac{\partial(r^2A_r)}{\partial r}+r\frac{\partial(\sin\theta A_\theta)}{\partial\theta}+r\frac{\partial A_\phi}{\partial\phi}\right]$$

$$\nabla\times\boldsymbol{A}=\frac{1}{r\sin\theta}\left[\frac{\partial(\sin\theta A_\phi)}{\partial\theta}-\frac{\partial A_\theta}{\partial\phi}\right]\boldsymbol{e}_r+\frac{1}{r}\left[\frac{1}{\sin\theta}\cdot\frac{\partial A_r}{\partial\phi}-\frac{\partial(rA_\phi)}{\partial r}\right]\boldsymbol{e}_\theta+\frac{1}{r}\left[\frac{\partial(rA_\theta)}{\partial r}-\frac{\partial A_r}{\partial\theta}\right]\boldsymbol{e}_\phi$$

$$\Delta u=\frac{1}{r^2\sin\theta}\left[\sin\theta\frac{\partial}{\partial r}\left(r^2\frac{\partial u}{\partial r}\right)+\frac{\partial}{\partial\theta}\left(\sin\theta\frac{\partial u}{\partial\theta}\right)+\frac{1}{\sin\theta}\cdot\frac{\partial^2u}{\partial\phi^2}\right]$$

1.10 亥姆霍兹定理

亥姆霍兹(H. Von Helmholtz)定理指出,用散度和旋度能唯一地确定一个矢量场。为了能从概念上理解这一定理,这里对散度和旋度作一比较。

(1) 矢量场的散度是一个标量函数,而矢量场的旋度是一个矢量函数。

(2) 散度表示场中某点的通量密度,它是场中任一点通量源强度的量度;旋度表示场中某点的最大环量强度,它是场中任一点处旋涡源强度的量度。

(3) 从散度公式可知,散度取决于场分量 A_x对 x 的偏导数、A_y对 y 的偏导数及 A_z对 z 的偏导数,所以,散度由各场分量沿各自方向上的变化率来决定;而由旋度公式可以看出,旋度取决于场分量 A_x对 y、z 的偏导数及场分量 A_y、A_z对与之垂直方向的坐标变量的偏导数,所以,旋度由各场分量在与之正交方向上的变化率来决定。

可见,散度表示矢量场中各点的场与通量源的关系,而旋度表示场中各点的场与旋涡源的关系。因此,场的散度和旋度一旦给定,就意味着场的通量源和旋涡源都确定了。既然场总是由源所激发的,通量源和旋涡源的确定就意味着场也确定了。

亥姆霍兹定理可简述为:若矢量场 $\boldsymbol{F}$ 在无限空间中处处单值,且其导数连续有界,而源

分布在有限区域中，则矢量场由其散度和旋度唯一地确定。并且，矢量场 $\boldsymbol{F}$ 可表示为一个标量函数的梯度和一个矢量函数的旋度之和，即

$$\boldsymbol{F} = -\nabla\varphi + \nabla\times\boldsymbol{A} \tag{1.82}$$

这里对亥姆霍兹定理给予简要证明。

若在无限空间中有两个矢量函数 $\boldsymbol{F}$ 和 $\boldsymbol{G}$，它们具有相同的散度和旋度。令

$$\boldsymbol{F} = \boldsymbol{G} + \boldsymbol{g} \tag{1.83}$$

对两边取散度，得

$$\nabla\cdot\boldsymbol{F} = \nabla\cdot\boldsymbol{G} + \nabla\cdot\boldsymbol{g}$$

因 $\nabla\cdot\boldsymbol{F}=\nabla\cdot\boldsymbol{G}$，故

$$\nabla\cdot\boldsymbol{g} = 0 \tag{1.84}$$

对式(1.83)两边取旋度，得

$$\nabla\times\boldsymbol{F} = \nabla\times\boldsymbol{G} + \nabla\times\boldsymbol{g}$$

因 $\nabla\times\boldsymbol{F}=\nabla\times\boldsymbol{G}$，故

$$\nabla\times\boldsymbol{g} = \boldsymbol{0}$$

由矢量恒等式 $\nabla\times\nabla\varphi=\boldsymbol{0}$，可令

$$\boldsymbol{g} = \nabla\varphi \tag{1.85}$$

代入式(1.84)有

$$\nabla\cdot\nabla\varphi = \nabla^2\varphi = 0$$

已知满足拉普拉斯方程的函数不会出现极值，而 φ 又是在无限空间上取值的函数，因此 φ 只能是一常数，即 $\varphi=C$。从而求得 $\boldsymbol{g}=\nabla\varphi=\boldsymbol{0}$，于是式(1.83)变成 $\boldsymbol{F}=\boldsymbol{C}$。因此，已知矢量的散度和旋度所决定的矢量是唯一的。

证毕。

另外，一个既有散度又有旋度的一般矢量场可以表示为一个无旋场 $\boldsymbol{F}_\text{d}$ 和一个无散场 $\boldsymbol{F}_\text{c}$ 之和，即

$$\boldsymbol{F} = \boldsymbol{F}_\text{d} + \boldsymbol{F}_\text{c} \tag{1.86}$$

对无旋场 $\boldsymbol{F}_\text{d}$ 来说，$\nabla\times\boldsymbol{F}_\text{d}=\boldsymbol{0}$，但这个场的散度不会处处为零。因为，任何一个物理场必然有源来激发它，若这个场的旋涡源和通量源都是零，这个场将不存在。所以无旋场必然是有散场，并因 $\nabla\times\nabla\varphi=0$，可令

$$\boldsymbol{F}_\text{d} = -\nabla\varphi \tag{1.87}$$

对于无散场 $\boldsymbol{F}_\text{c}$，$\nabla\cdot\boldsymbol{F}_\text{c}=0$，但是这个场的旋度不会处处为零，理由同上。并因 $\nabla\cdot(\nabla\times\boldsymbol{A})=0$，可令

$$\boldsymbol{F}_\text{c} = \nabla\times\boldsymbol{A} \tag{1.88}$$

将式(1.87)和式(1.88)代入式(1.86)，便得到式(1.82)，即矢量场 $\boldsymbol{F}$ 可表示为一个标量场的梯度与一个矢量场的旋度之和。

亥姆霍兹定理告诉我们，研究一个矢量场必须从它的散度和旋度两个方面着手。因此，矢量场的散度应满足的关系和其旋度应满足的关系，决定了矢量场的基本性质，故称之为矢量场的基本方程。比如静电场的基本方程是

$$\nabla\times\boldsymbol{E} = \boldsymbol{0} \tag{1.89}$$

$$\nabla\cdot\boldsymbol{D} = \rho_V \tag{1.90}$$

式中，ρ_V 为体电荷密度。对于简单媒质，电通量密度 $\boldsymbol{D}$ 和电场强度 $\boldsymbol{E}$ 的关系为 $\boldsymbol{D}=\varepsilon\boldsymbol{E}$，则式(1.90)可写为

$$\nabla\cdot\boldsymbol{E}=\frac{\rho_V}{\varepsilon} \tag{1.91}$$

因此上述基本方程决定了 $\boldsymbol{E}$ 的散度和旋度，也就唯一地确定了 $\boldsymbol{E}$。由式(1.89)可见，$\boldsymbol{E}$ 是无旋场，那么它必然是有散场，如式(1.91)所示。$\frac{\rho_V}{\varepsilon}$表示这个有散场的通量源强度。

习题

1.1　设有定圆 O 与动圆 C，半径均为 a，动圆在定圆外相切而滚动，如题图 1.1 所示。求动圆上一定点 M 所描曲线的矢量方程。

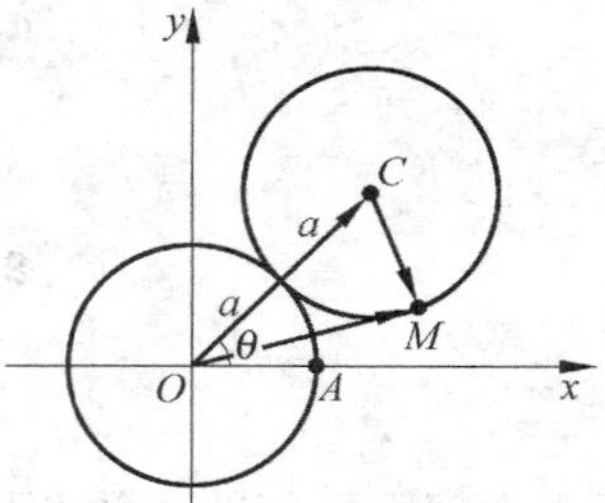

题图 1.1　习题 1.1 用图

1.2　写出下列曲线的矢量方程，并说明它们是何种曲线：

(1) $x=a\cos t, y=b\sin t$；

(2) $x=3\sin t, y=4\sin t, z=3\cos t$。

1.3　证明：

(1) $\boldsymbol{e}(\phi)\times\boldsymbol{e}'(\phi)=\boldsymbol{e}_z$；

(2) $\boldsymbol{e}(\phi+\alpha)=\boldsymbol{e}(\phi)\cos\alpha+\boldsymbol{e}'(\phi)\sin\alpha$。

1.4　求曲线 $x=a\sin^2 t, y=a\sin 2t, z=a\cos t$ 在 $t=\frac{\pi}{4}$处的切向矢量。

1.5　计算 $\int\phi^2\boldsymbol{e}(\phi)\mathrm{d}\phi$。

1.6　求数量场 $u=\frac{x^2+y^2}{z}$经过点 $M(1,1,2)$的等值面方程。

1.7　已知数量场 $u=xy$，求场中与直线 $x+2y-4=0$ 相切的等值线方程。

1.8　求矢量场 $\boldsymbol{A}=xy^2\boldsymbol{e}_x+x^2y\boldsymbol{e}_y+zy^2\boldsymbol{e}_z$ 的矢量线方程。

1.9　求矢量场 $\boldsymbol{A}=x^2\boldsymbol{e}_x+y^2\boldsymbol{e}_y+(x+y)z\boldsymbol{e}_z$ 通过点 $M(2,1,1)$的矢量线方程。

1.10　求数量场 $u=x^2z^3+2y^2z$ 在点 $M(2,0,-1)$处沿 $\boldsymbol{l}=2x\boldsymbol{e}_x-xy^2\boldsymbol{e}_y+3z^4\boldsymbol{e}_z$方向的方向导数。

1.11　求数量场 $u=3x^2z-xy+z^2$在点 $M(1,-1,1)$处沿曲线 $x=t, y=-t^2, z=t^3$朝 t 增大一方的方向导数。

1.12　数量场 $u=x^2yz^3$在点 $M(2,1,-1)$处沿哪个方向的方向导数最大？这个最大值又是多少？

1.13　用以下两种方法求数量场 $u=xy+yz+zx$ 在点 $P(1,2,3)$处沿其矢径方向的方向导数：

(1) 直接应用方向导数公式；

(2) 作为梯度在该方向上的投影。

1.14　求数量场 $u=x^2+2y^2+3z^2+xy+3x-2y-6z$ 在点 $O(0,0,0)$与 $A(1,1,1)$处梯

度的大小和方向余弦，并求出在哪些点上的梯度为 $\mathbf{0}$。

1.15 求数量场 $u=3x^2+5y^2-2z$ 在点 $M(1,1,3)$ 处沿其等值面朝 Oz 轴正向一方的法线方向导数 $\frac{\partial u}{\partial n}$。

1.16 设 S 为上半球面 $x^2+y^2+z^2=a^2(z\geqslant 0)$，求矢量场 $\boldsymbol{r}=x\boldsymbol{e}_x+y\boldsymbol{e}_y+z\boldsymbol{e}_z$ 向上穿过 S 的通量 Φ。

1.17 设 S 为曲面 $x^2+y^2=z(0\leqslant z\leqslant h)$，求流速场 $\boldsymbol{v}=(x+y+z)\boldsymbol{e}_z$ 在单位时间内向下侧穿过 S 的流量 Q。

1.18 求 $\mathrm{div}\boldsymbol{A}$ 在给定点处的值：

(1) $\boldsymbol{A}=x^3\boldsymbol{e}_x+y^3\boldsymbol{e}_y+z^3\boldsymbol{e}_z$ 在点 $M(1,0,-1)$ 处；

(2) $\boldsymbol{A}=4x\boldsymbol{e}_x-2xy\boldsymbol{e}_y+z^2\boldsymbol{e}_z$ 在点 $M(1,1,3)$ 处；

(3) $\boldsymbol{A}=xyz\boldsymbol{r}(\boldsymbol{r}=x\boldsymbol{e}_x+y\boldsymbol{e}_y+z\boldsymbol{e}_z)$ 在点 $M(1,3,2)$ 处。

1.19 求矢量场 $\boldsymbol{A}$ 从内穿出所给闭曲面 S 的通量 Φ：

(1) $\boldsymbol{A}=x^3\boldsymbol{e}_x+y^3\boldsymbol{e}_y+z^3\boldsymbol{e}_z$，$S$ 为球面 $x^2+y^2+z^2=a^2$；

(2) $\boldsymbol{A}=(x-y+z)\boldsymbol{e}_x+(y-z+x)\boldsymbol{e}_y+(z-x+y)\boldsymbol{e}_z$，$S$ 为椭球面 $\frac{x^2}{a^2}+\frac{y^2}{b^2}+\frac{z^2}{c^2}=1$。

1.20 设 $\boldsymbol{a}$ 为常矢，$\boldsymbol{r}=x\boldsymbol{e}_x+y\boldsymbol{e}_y+z\boldsymbol{e}_z$，$r=|\boldsymbol{r}|$。求：

(1) $\mathrm{div}(r\boldsymbol{a})$；

(2) $\mathrm{div}(r^2\boldsymbol{a})$；

(3) $\mathrm{div}(r^n\boldsymbol{a})$，$n$ 为整数。

1.21 求使 $\mathrm{div}\,r^n\boldsymbol{r}=0$ 的整数 n（r 与 $\boldsymbol{r}$ 同习题 1.20）。

1.22 设有无穷长导线与 Oz 轴一致，通以电流 $I\boldsymbol{e}_z$ 后在导线周围便产生磁场，其在点 $M(x,y,z)$ 处的磁场强度为

$$\boldsymbol{H}=\frac{I}{2\pi r^2}(-y\boldsymbol{e}_x+x\boldsymbol{e}_y)$$

式中，$r=\sqrt{x^2+y^2}$。求 $\mathrm{div}\boldsymbol{H}$。

1.23 设 $\boldsymbol{r}=x\boldsymbol{e}_x+y\boldsymbol{e}_y+z\boldsymbol{e}_z$，$r=|\boldsymbol{r}|$。求：

(1) 使 $\mathrm{div}[f(r)\boldsymbol{r}]=0$ 的 $f(r)$；

(2) 使 $\mathrm{div}[\mathrm{grad}f(r)]=0$ 的 $f(r)$。

1.24 求矢量场 $\boldsymbol{A}=-y\boldsymbol{e}_x+x\boldsymbol{e}_y+c\boldsymbol{e}_z$（$c$ 为常数）沿下列曲线的环量：

(1) 圆周 $x^2+y^2=R^2$，$z=0$；

(2) 圆周 $(x-2)^2+y^2=R^2$，$z=0$。

1.25 用以下两种方法求矢量场 $\boldsymbol{A}=x(z-y)\boldsymbol{e}_x+y(x-z)\boldsymbol{e}_y+z(y-x)\boldsymbol{e}_z$ 在点 $M(1,2,3)$ 处沿方向 $\boldsymbol{n}=\boldsymbol{e}_x+2\boldsymbol{e}_y+2\boldsymbol{e}_z$ 的环量面密度：

(1) 直接应用环量面密度的计算公式；

(2) 作为旋度在该方向上的投影。

1.26 求下列矢量场的散度和旋度：

(1) $\boldsymbol{A}=(3x^2y+z)\boldsymbol{e}_x+(y^3-xz^2)\boldsymbol{e}_y+2xyz\boldsymbol{e}_z$；

(2) $\boldsymbol{A}=yz^2\boldsymbol{e}_x+zx^2\boldsymbol{e}_y+xy^2\boldsymbol{e}_z$；

(3) $\boldsymbol{A}=P(x)\boldsymbol{e}_x+Q(y)\boldsymbol{e}_y+R(z)\boldsymbol{e}_z$。

1.27 已知 $u=\mathrm{e}^{xyz}$,$\boldsymbol{A}=z^2\boldsymbol{e}_x+x^2\boldsymbol{e}_y+y^2\boldsymbol{e}_z$,求 $\mathrm{rot}(u\boldsymbol{A})$。

1.28 已知 $\boldsymbol{A}=3y\boldsymbol{e}_x+2z^2\boldsymbol{e}_y+xy\boldsymbol{e}_z$,$\boldsymbol{B}=x^2\boldsymbol{e}_x-4\boldsymbol{e}_z$,求 $\mathrm{rot}(\boldsymbol{A}\times\boldsymbol{B})$。

1.29 设 $\boldsymbol{r}=x\boldsymbol{e}_x+y\boldsymbol{e}_y+z\boldsymbol{e}_z$,$r=|\boldsymbol{r}|$,$\boldsymbol{c}$ 为常矢。求:

(1) $\mathrm{rot}\boldsymbol{r}$;

(2) $\mathrm{rot}[f(r)\boldsymbol{r}]$;

(3) $\mathrm{rot}[f(r)\boldsymbol{c}]$;

(4) $\mathrm{div}[\boldsymbol{r}\times f(r)\boldsymbol{c}]$。

1.30 设有点电荷 q 位于坐标原点,试证其所产生的电场中电位移矢量 $\boldsymbol{D}$ 的旋度为零。

1.31 证明下列矢量场为有势场:

(1) $\boldsymbol{A}=(y\cos xy)\boldsymbol{e}_x+(x\cos xy)\boldsymbol{e}_y+\sin z\boldsymbol{e}_z$;

(2) $\boldsymbol{A}=(2x\cos y-y^2\sin x)\boldsymbol{e}_x+(2y\cos x-x^2\sin y)\boldsymbol{e}_y$。

1.32 证明 $\mathrm{grad}u\times\mathrm{grad}v$ 为管形场。

1.33 求证 $\boldsymbol{A}=(2x^2+8xy^2z)\boldsymbol{e}_x+(3x^3y-3xy)\boldsymbol{e}_y-(4y^2z^2+2x^3z)\boldsymbol{e}_z$ 不是管形场,而 $\boldsymbol{B}=xyz^2\boldsymbol{A}$ 是管形场。

1.34 证明矢量场 $\boldsymbol{A}=(2x+y)\boldsymbol{e}_x+(4y+x+2z)\boldsymbol{e}_y+(2y-6z)\boldsymbol{e}_z$ 为调和场,并求其调和函数。

1.35 已知 $u=3x^2z-y^2z^3+4x^3y+2x-3y-5$,求 Δu。

1.36 下列曲线坐标构成的坐标系是否正交?为什么?

(1) 曲线坐标(ξ,θ,z),它与直角坐标(x,y,z)的关系是:

$$x=a\cosh\xi\cos\theta,\quad y=a\sinh\xi\sin\theta,\quad z=z\quad(a>0);$$

(2) 曲线坐标(ρ,θ,z),它与直角坐标(x,y,z)的关系是:

$$x=a\rho\cos\theta,\quad y=a\rho\sin\theta,\quad z=z\quad(a,b>0;\ a\neq b)。$$

以下各题中,(ρ,ϕ,z)为柱面坐标,(r,θ,ϕ)为球面坐标。

1.37 已知 $u(\rho,\phi,z)=\rho^2\cos\phi+z^2\sin\phi$,求 $\boldsymbol{A}=\mathrm{grad}\ u$ 及 $\mathrm{div}\ \boldsymbol{A}$。

1.38 已知 $\boldsymbol{A}(\rho,\phi,z)=\rho\cos^2\phi\boldsymbol{e}_\rho+\rho\sin\phi\boldsymbol{e}_\varphi$,求 $\mathrm{rot}\ \boldsymbol{A}$。

1.39 已知 $u(r,\theta,\phi)=\left(ar^2+\dfrac{1}{r^3}\right)\sin2\theta\cos\phi$,求 $\mathrm{grad}\ u$。

1.40 已知 $u(r,\theta,\phi)=2r\sin\theta+r^2\cos\phi$,求 Δu。

第2章 静电场

对于观察者静止且量值不随时间变化的电荷产生的电场称为静电场(static electric field 或 electrostatics),这些电荷可以集中在一点(点电荷)或以某种形式分布在空间中。空间区域中静电场的分布与变化取决于电荷的分布以及周围物质环境。本章从库仑定律出发,定义电场强度矢量,给出静电场的基本方程;介绍电介质对静电场的影响和导体系统的电容;应用基本方程的积分形式,导出不同介质分界面的边界条件;分析电介质和导体两种媒质与电场的相互作用。

2.1 库仑定律与电场强度

第 2 章第 1 讲

2.1.1 库仑定律

1785 年,法国物理学家库仑发表了关于两个点电荷之间相互作用力规律的实验结果——库仑定律,如图 2.1 所示,其内容是,点电荷 q' 作用于点电荷 q 的力为

$$\boldsymbol{F}=\frac{q'q}{4\pi\varepsilon_0 R^2}\boldsymbol{R}^\circ=\frac{q'q}{4\pi\varepsilon_0}\cdot\frac{\boldsymbol{R}}{R^3} \tag{2.1}$$

式中,$\boldsymbol{R}=\boldsymbol{r}-\boldsymbol{r}'$ 表示从 $\boldsymbol{r}'$ 到 $\boldsymbol{r}$ 的矢量;R 为 $\boldsymbol{r}'$ 到 $\boldsymbol{r}$ 的距离;$\boldsymbol{R}^\circ$ 为 $\boldsymbol{R}$ 的单位矢量;ε_0 为表征真空电性质的物理量,称为真空的介电常数,其值为

$$\varepsilon_0=\frac{1}{36\pi}\times10^{-9}\approx8.854\times10^{-12}\quad(\text{F/m})$$

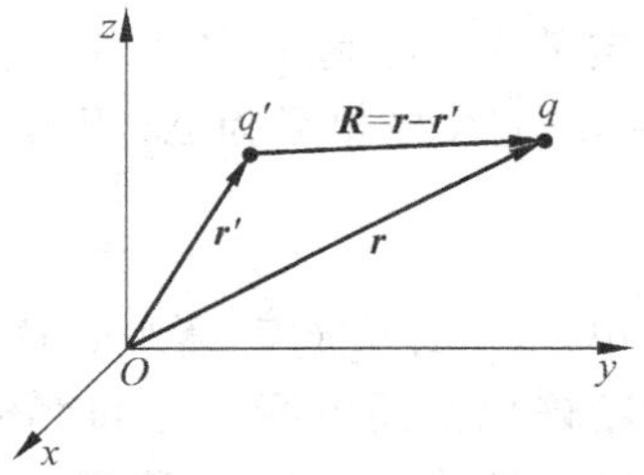

图 2.1 真空中两个点电荷之间的作用力

本书全部采用国际单位制,基本单位是 m(米)、kg(千克)和 C(库仑)等。电磁学中其他单位都可由基本单位导出。式(2.1)是库仑定律在国际单位制中的表达式,式中 q' 和 q 的单位是 C,R 的单位是 m,F 的单位是 N(牛顿)。

库仑定律是 1784—1785 年间由库仑通过扭秤实验总结出来的。扭秤(见图 2.2)是研究电荷间相互作用的一种实验装置。扭秤的结构是:在细金属丝下悬挂一根横杆,它的一端有小球,另一端有平衡体,横杆可在水平面内旋转。在可动小球旁还有一个与它一样大小

的固定小球。为了研究带电体之间的作用力，先使两个小球各带一定的电荷，这时横杆会因带电小球受电力作用而偏转。转动悬丝上端的旋钮，使小球回到原来位置。这时悬丝的扭力矩等于施于杆端小球上电力的力矩。如果悬丝的扭力矩与扭转角度之间的关系已事先校准、标定，则由旋钮上指针转过的角度和横杆的长度，可知在此距离下两带电小球之间的相互作用力。

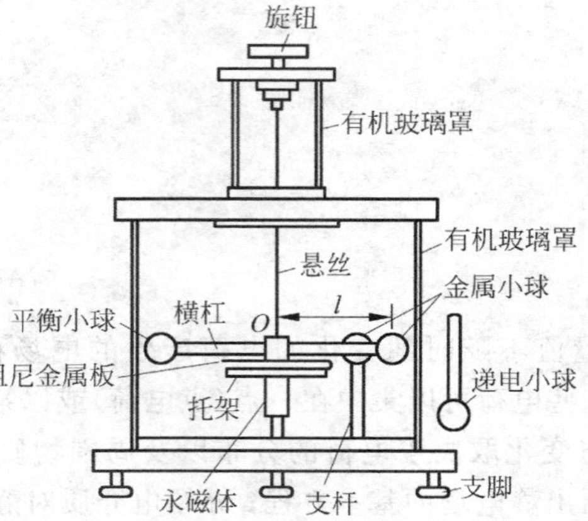

图 2.2　库仑扭秤

库仑定律表明了两个点电荷之间相互作用力的大小和方向，但没有表明这种作用力是如何传递的。实验表明，任何电荷都在自己的周围产生电场，而电场对处在其场中的任何电荷都产生作用力，称为电场力，电荷间的相互作用就是通过电场来传递的。

在微观上电荷是一个个带电小微粒以离散的形式分布在空间中，但在宏观上，电场是大量的带电粒子共同作用下的统计平均效应，它不反映物质微观结构上的细节和不连续性。因此，在宏观电磁理论中，不考虑电荷在微观尺度的离散性，将电荷看成在空间是连续分布的。对于实际的带电体，一般应该看成是分布在一定区域内，称其为分布电荷。用电荷密度来定量描述电荷的空间分布情况。电荷体密度的定义是，在电荷分布区域内，取体积元 ΔV，若其中的电量为 Δq，则电荷体密度为

$$\rho_V = \lim_{\Delta V \to 0} \frac{\Delta q}{\Delta V} = \frac{\mathrm{d}q}{\mathrm{d}V} \tag{2.2}$$

其单位是 $\mathrm{C/m^3}$（库/米^3）。这里 ΔV 趋于零，是指相对于宏观尺度而言很小的体积，以便能精确地描述电荷的空间变化情况；但是相对于微观尺度，该体积元又是足够大的，它包含了大量的带电粒子，这样才可以将电荷分布看作空间的连续函数。电荷体密度如图 2.3 所示。

电荷分布在宏观上很小的薄层内，则可以认为电荷分布在一个几何曲面上，用面密度描述其分布。电荷面密度如图 2.4 所示。若面积元 ΔS 内的电量为 Δq，则面密度为

$$\rho_S = \lim_{\Delta S \to 0} \frac{\Delta q}{\Delta S} = \frac{\mathrm{d}q}{\mathrm{d}S} \tag{2.3}$$

对于分布在一条细线上的电荷，用线密度描述其分布情况。电荷线密度如图 2.5 所示。若线元 Δl 内的电量为 Δq，则线密度为

$$\rho_l = \lim_{\Delta l \to 0} \frac{\Delta q}{\Delta l} = \frac{\mathrm{d}q}{\mathrm{d}l} \tag{2.4}$$

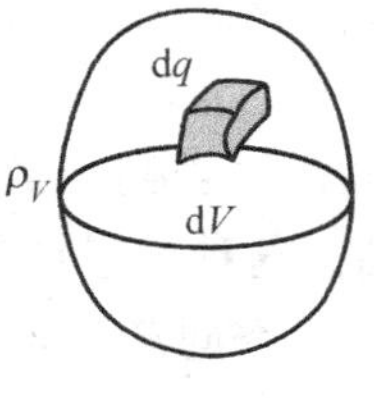

图 2.3　电荷体密度示意图

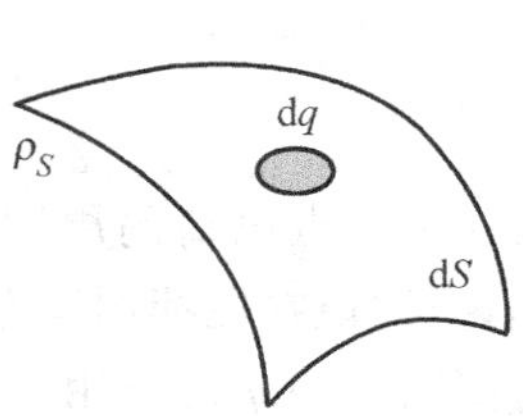

图 2.4　电荷面密度示意图

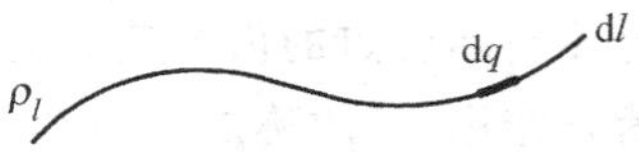

图 2.5　电荷线密度示意图

例 2.1　有两个相距为 $2a$(m)，电量均为 $+q$(C)的点电荷，在它们连线的垂直平分线上放置另一个点电荷 q'，q'与连线相距为 b(m)。试求：

(1) q'所受的电场力；

(2) q'放在哪一位置，所受的电场力最大？

解：用直角坐标系分解法求解。取直角坐标系，两个点电荷连接的中点为坐标原点 O，如图 2.6 所示。

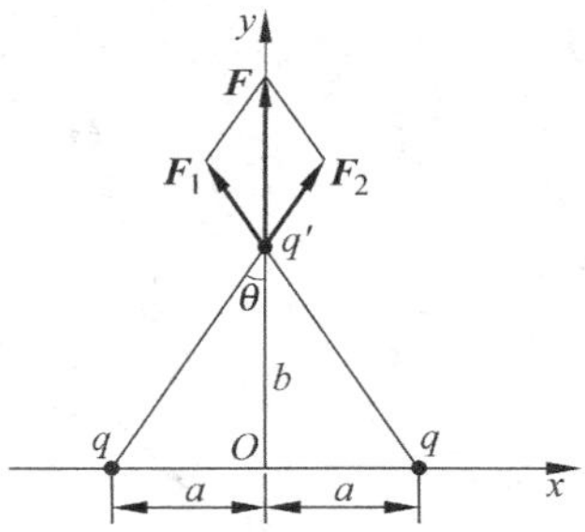

图 2.6　两个点电荷 q 的电场力

(1) 由库仑定律可知，两电荷 q 施加给 q'的电场力 $\boldsymbol{F}_1$ 和 $\boldsymbol{F}_2$ 的大小分别为

$$F_1 = \frac{qq'}{4\pi\varepsilon_0(a^2+b^2)},\quad F_2 = \frac{qq'}{4\pi\varepsilon_0(a^2+b^2)}$$

$\boldsymbol{F}_1$ 和 $\boldsymbol{F}_2$ 分别在 x 轴和 y 轴上的投影为

$$F_{1x} = -F_1\sin\theta = -\frac{a}{4\pi\varepsilon_0}\cdot\frac{qq'}{(a^2+b^2)^{3/2}},\quad F_{1y} = F_1\cos\theta = \frac{b}{4\pi\varepsilon_0}\cdot\frac{qq'}{(a^2+b^2)^{3/2}}$$

$$F_{2x} = \frac{a}{4\pi\varepsilon_0}\cdot\frac{qq'}{(a^2+b^2)^{3/2}},\quad F_{2y} = \frac{b}{4\pi\varepsilon_0}\cdot\frac{qq'}{(a^2+b^2)^{3/2}}$$

于是电荷 q'所受的合力 $\boldsymbol{F}$ 在 x 轴方向的分量为

$$F_x = F_{1x} + F_{2x} = \frac{a}{4\pi\varepsilon_0}\cdot\frac{q'}{(a^2+b^2)^{3/2}}(q-q) = 0$$

因此，电荷 q'所受的合电力 $\boldsymbol{F}$ 为在 y 轴方向的分量，其大小为

$$F_y = F_{1y} + F_{2y} = \frac{b}{2\pi\varepsilon_0}\cdot\frac{qq'}{(a^2+b^2)^{3/2}}\quad(\text{N})$$

方向沿 y 轴方向。

(2) 根据 q'所受的电场力 $\boldsymbol{F}=\boldsymbol{F}_y$，设式中 b 为变量，求 $\boldsymbol{F}$ 对变量 b 的极值，得

$$\frac{\mathrm{d}F}{\mathrm{d}b} = \frac{qq'}{2\pi\varepsilon_0}\left[\frac{1}{(a^2+b^2)^{3/2}} - \frac{3b^2}{(a^2+b^2)^{3/2}}\right] = 0$$

可得 $-3b^2+(a^2+b^2)=0$，即 $b=\pm\dfrac{a}{\sqrt{2}}$。

由于

$$\left.\frac{\mathrm{d}^2F}{\mathrm{d}b^2}\right|_{b=\pm\frac{a}{\sqrt{2}}} = \frac{qq'}{2\pi\varepsilon_0}\cdot\left.\frac{3b(2b^2-3a^2)}{(a^2+b^2)^{7/2}}\right|_{b=\pm\frac{a}{\sqrt{2}}} < 0$$

所以，当 q'放在 $b=\pm\dfrac{a}{\sqrt{2}}$(m)处时，所受的电场力最大。

2.1.2 电场强度

由库仑定律知道，当一点电荷放在另一点电荷的周围时，该点电荷要受到力的作用，这种力在空间各点的值是确定的，因此，我们说在电荷周围存在矢量场。这种矢量场表现为对电荷有作用力，故称之为电场。电荷 q' 对电荷 q 的作用力，是由于 q' 在空间产生电场，电荷 q 在电场中受力。用电场强度来描述电场。空间一点的电场强度定义为该点的单位正试验电荷所受到的力。点电荷的电场如图 2.7 所示。在点 $\boldsymbol{r}$ 处，试验电荷 q 受到的电场力为

$$\boldsymbol{F}(\boldsymbol{r}) = q\boldsymbol{E}(\boldsymbol{r}) \tag{2.5}$$

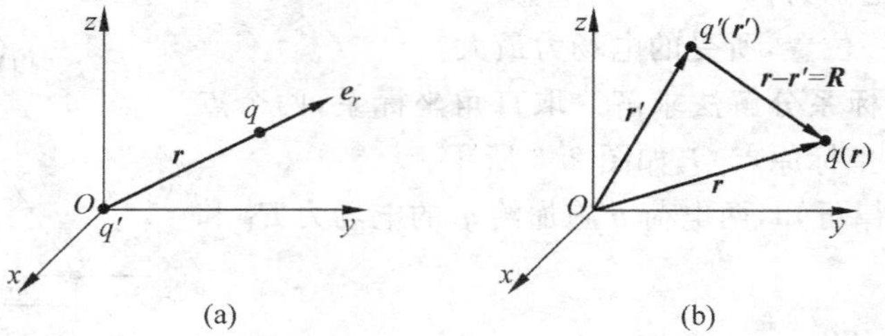

图 2.7 点电荷的电场

实验电荷 q 是这样的电荷，其体积足够小以至于可看作点电荷，其带电量也足够小，以致它的引入不影响电场的分布。由式(2.1)可以得到位于 $\boldsymbol{r}'$ 处的点电荷 q' 在 $\boldsymbol{r}$ 处产生的电场强度为

$$\boldsymbol{E}(\boldsymbol{r}) = \frac{q'}{4\pi\varepsilon_0} \cdot \frac{\boldsymbol{R}}{R^3} = \frac{q'}{4\pi\varepsilon_0} \cdot \frac{\boldsymbol{r}-\boldsymbol{r}'}{|\boldsymbol{r}-\boldsymbol{r}'|^3} \tag{2.6}$$

将点电荷所在点 $\boldsymbol{r}'$ 称为源点，将观察点 $\boldsymbol{r}$ 称为场点。

如果真空中一共有 n 个点电荷，则 $\boldsymbol{r}$ 点处的电场强度可由叠加原理计算，即

$$\boldsymbol{E}(\boldsymbol{r}) = \sum_{i=1}^{n}\left(\frac{q_i}{4\pi\varepsilon_0} \cdot \frac{\boldsymbol{r}-\boldsymbol{r}'_i}{|\boldsymbol{r}-\boldsymbol{r}'_i|^3}\right) \tag{2.7}$$

此式表明，n 个点电荷产生的电场强度等于各点电荷单独存在时在该点产生的场强之矢量和。这就是场强叠加原理，已被实践所验证。若空间有 n 个点电荷 $q_1, q_2, \cdots, q_n$，则点电荷系在空间 P 点的电场强度 $\boldsymbol{E}$，等于点电荷 $q_1, q_2, \cdots, q_n$ 分别在该点产生的电场强度的矢量和，如图 2.8 所示。

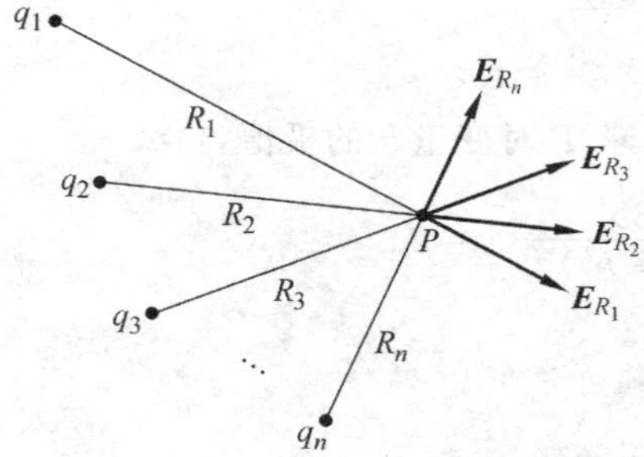

图 2.8 点电荷系的电场

把叠加原理推广应用到电荷连续分布在一个体积 V 内的情况。对于体分布的电荷，可将其视为一系列点电荷的叠加，从而得出 $\boldsymbol{r}$ 点的电场强度为

$$\boldsymbol{E}(\boldsymbol{r}) = \frac{1}{4\pi\varepsilon_0}\int_V \frac{\rho_V(\boldsymbol{r}')(\boldsymbol{r}-\boldsymbol{r}')}{|\boldsymbol{r}-\boldsymbol{r}'|^3}\mathrm{d}V' \tag{2.8}$$

式中，$\boldsymbol{r}$、$\boldsymbol{r}'$ 分别为场点和源点的距离矢量；$\mathrm{d}V'$ 表示对源点求体积分。电荷体密度在 P 点的场强如图 2.9 所示。

同理，面电荷和线电荷产生的电场强度分别为

$$\boldsymbol{E}(\boldsymbol{r})=\frac{1}{4\pi\varepsilon_0}\int_S\frac{\rho_S(\boldsymbol{r}')(\boldsymbol{r}-\boldsymbol{r}')}{|\boldsymbol{r}-\boldsymbol{r}'|^3}\mathrm{d}S' \tag{2.9}$$

$$\boldsymbol{E}(\boldsymbol{r})=\frac{1}{4\pi\varepsilon_0}\int_l\frac{\rho_l(\boldsymbol{r}')(\boldsymbol{r}-\boldsymbol{r}')}{|\boldsymbol{r}-\boldsymbol{r}'|^3}\mathrm{d}l' \tag{2.10}$$

面电荷和线电荷在 P 点场强的示意图如图 2.10 和图 2.11 所示。

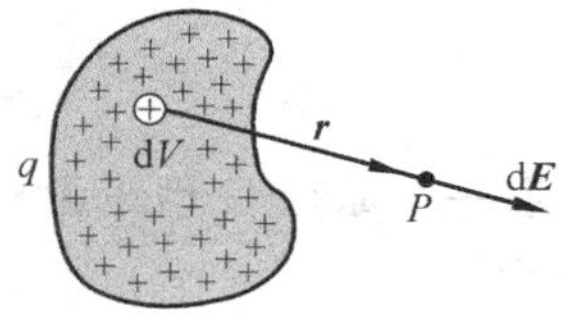

图 2.9 体电荷在 P 点场强的示意图

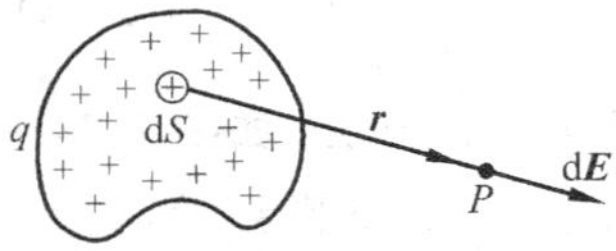

图 2.10 面电荷在 P 点场强的示意图

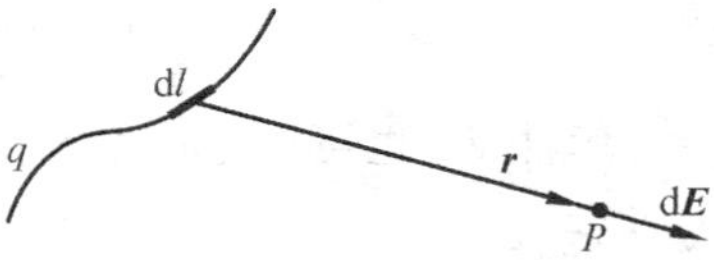

图 2.11 线电荷在 P 点场强的示意图

例 2.2 计算半径为 a、电荷线密度为 $\rho_l(\boldsymbol{r})$ 的均匀带电圆环在轴线上的电场强度。

解：取坐标系如图 2.12 所示，圆环位于 xOy 平面，圆环中心与坐标原点重合，则有

$$\boldsymbol{r}=z\boldsymbol{e}_z$$

$$\boldsymbol{r}'=a\cos\theta\boldsymbol{e}_x+a\sin\theta\boldsymbol{e}_y$$

$$|\boldsymbol{r}-\boldsymbol{r}'|=(z^2+a^2)^{1/2}$$

$$\mathrm{d}l'=a\mathrm{d}\theta$$

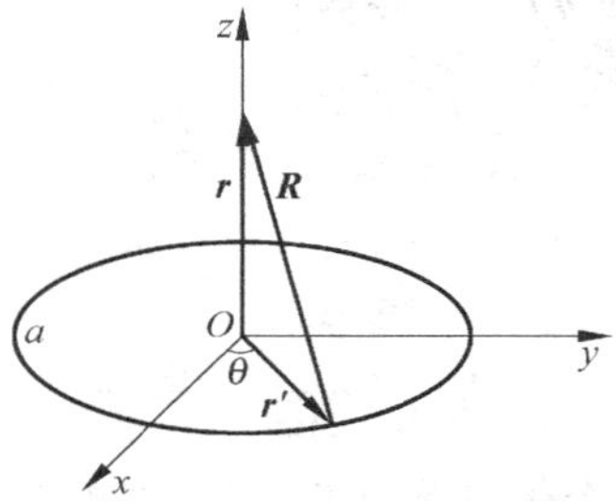

图 2.12 均匀带电圆环在轴线上的电场

所以有

$$\boldsymbol{E}(\boldsymbol{r})=\frac{\rho_l}{4\pi\varepsilon_0}\int_0^{2\pi}\frac{(z\boldsymbol{e}_z-a\cos\theta\boldsymbol{e}_x-a\sin\theta\boldsymbol{e}_y)}{(a^2+z^2)^{3/2}}a\mathrm{d}\theta=\frac{a\rho_l}{2\varepsilon_0}\cdot\frac{z}{(a^2+z^2)^{3/2}}\boldsymbol{e}_z$$

注意到，当 $z=0$ 时，圆环中心处的电场强度为零。

例 2.3 如图 2.13 所示，半径为 R 的带电圆盘，其电荷面密度沿圆盘半径呈线性变化，为 $\rho_S=\rho_0\left(1-\frac{r}{R}\right)$。试求在圆盘直线上距圆盘中心 O 为 x 处的电场强度 $\boldsymbol{E}$。

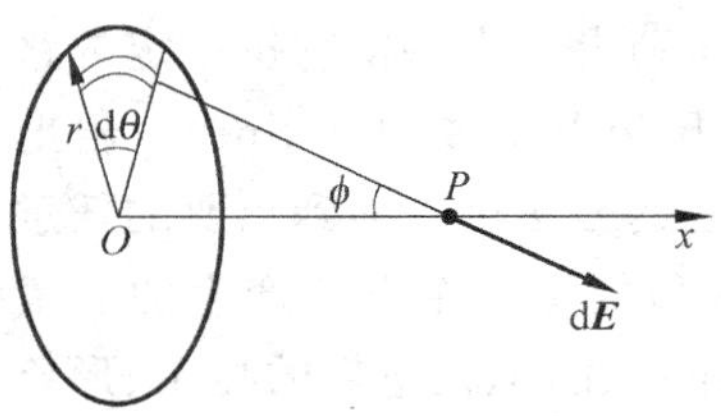

图 2.13 例题 2.3 用图 1

解：解法 1：将圆盘分为许多扇形面积，再把每一个扇形面积分成许多弧状带。有一与圆点 O 相距 r 的弧状带，带宽为 $\mathrm{d}r$，扇形角为 $\mathrm{d}\theta$，其上带电量为

$$\mathrm{d}q=\rho_S\mathrm{d}S=\rho_S\cdot r\mathrm{d}\theta\mathrm{d}r$$

$\mathrm{d}q$ 在 P 点产生电场强度 $\mathrm{d}\boldsymbol{E}$。将 $\mathrm{d}\boldsymbol{E}$ 分解为平行于 x 轴的 $\mathrm{d}\boldsymbol{E}_x$ 分量和垂直于 x 轴的 $\mathrm{d}\boldsymbol{E}_\perp$ 分量，由圆盘的对称性分析可知，点 P 的电场强度只有沿 x 轴方向的分量。因此，只需把全部电荷元在点 P 的电场强度 $\mathrm{d}\boldsymbol{E}_P$ 的 x 分量 $\mathrm{d}\boldsymbol{E}_{Px}$ 积分，即可求得圆盘上全部电荷在点 P 产生的电场强度。由于

$$\mathrm{d}\boldsymbol{E}_{Px}=\frac{1}{4\pi\varepsilon_0}\cdot\frac{\rho_S\mathrm{d}S}{x^2+r^2}\cos\phi$$

所以得

$$\boldsymbol{E}_P=\boldsymbol{E}_{Px}=\int \mathrm{d}\boldsymbol{E}_{Px}=\iint \frac{1}{4\pi\varepsilon_0}\cdot\frac{\rho_0\left(1-\dfrac{r}{R}\right)}{x^2+r^2}\cdot\frac{x}{\sqrt{x^2+r^2}}r\mathrm{d}r\mathrm{d}\theta$$

$$=\frac{\rho_0 x}{4\pi\varepsilon_0}\int_0^{2\pi}\mathrm{d}\theta\int_0^R\frac{r\left(1-\dfrac{r}{R}\right)}{(x^2+r^2)^{3/2}}\mathrm{d}r$$

$$=\frac{\rho_0}{2\varepsilon_0}\left(1-\frac{x}{R}\ln\frac{R+\sqrt{x^2+R^2}}{x}\right)\quad(\mathrm{V/m})$$

解法 2：也可以把圆盘分成许多同轴圆环带，如图 2.14 所示。取一与原点 O 相距为 r、带宽为 $\mathrm{d}r$ 的圆环带，其上带电量为

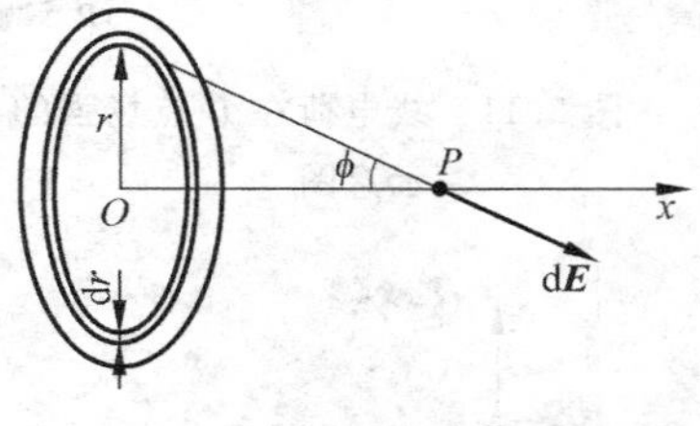

图 2.14　例题 2.3 用图 2

$$\mathrm{d}q=\rho_S\mathrm{d}S=\rho_S\cdot 2\pi r\mathrm{d}r$$

已知一均匀带电圆环带电量为 q，半径为 r，在轴线上产生的电场强度为

$$\boldsymbol{E}=\frac{qx}{4\pi\varepsilon_0(x^2+r^2)^{3/2}}$$

因此，图 2.14 所示的圆环带在轴线上 P 点产生的电场强度为

$$\mathrm{d}\boldsymbol{E}_{Px}=\frac{qx}{4\pi\varepsilon_0\,(x^2+r^2)^{3/2}}=\frac{\rho_S\cdot 2\pi\mathrm{d}r\cdot x}{4\pi\varepsilon_0\,(x^2+r^2)^{3/2}}=\frac{\rho_0\left(1-\dfrac{r}{R}\right)\cdot 2\pi\mathrm{d}r\cdot x}{4\pi\varepsilon_0(x^2+r^2)^{3/2}}$$

对于整个带电圆盘来说，全部电荷在点 P 产生的电场强度为

$$\boldsymbol{E}_P=\boldsymbol{E}_{Px}=\int\mathrm{d}\boldsymbol{E}_{Px}=\frac{\rho_0 x}{2\varepsilon_0}\int_0^R\frac{r\left(1-\dfrac{r}{R}\right)}{(x^2+r^2)^{3/2}}\mathrm{d}r=\frac{\rho_0}{2\varepsilon_0}\left(1-\frac{x}{R}\ln\frac{R+\sqrt{x^2+R^2}}{x}\right)\quad(\mathrm{V/m})$$

2.2　高斯定理

2.2.1　电通量

把一个测试电荷放入电场中，让它自由移动，作用在此电荷上的力将使它按一定的路线移动，这个路线被称为力线、电场线或通量线(line of force, field line 或 flux line)。若把电荷放在一个新的位置，又能描出另一条通量线。这样，用重复的方法可以得到想要的任意多条通量线。为了不使区域内被无数条通量线布满，通常人为地规定一个电荷产生的通量线条数等于用库仑表示的电荷的大小。虽然通量线实际上并不存在，但在电场的显示、形象化和描述中，它是一个很有用的概念。

对于一个孤立正点电荷，电通量是径向发散的。显而易见，在任意点处电场强度总是在通量线的切线方向。经过研究，电通量具有如下的特性：

(1) 与媒质无关；

(2) 大小仅与发出电通量的电荷有关；

(3) 如果点电荷被包围在半径为 R 的假想球中，则通量线必将垂直并且均匀地穿过球面；

(4) 电通量密度，即单位面积上的电通量，反比于 R^2。

电通量用 $\boldsymbol{\Psi}$ 表示，可用穿过某一有向曲面的电场线条数来度量其大小。电通量的计算公式为

$$\Psi = \int_S \boldsymbol{E} \cdot \mathrm{d}\boldsymbol{S} = \int_S \boldsymbol{E} \cdot \boldsymbol{n}\mathrm{d}S \tag{2.11}$$

式中，$\mathrm{d}\boldsymbol{S}$ 为 S 面上的微元；$\boldsymbol{n}$ 为 S 面的法线方向单位矢量。图 2.15 描述了电场不均匀，S 面为任意曲面的情况。

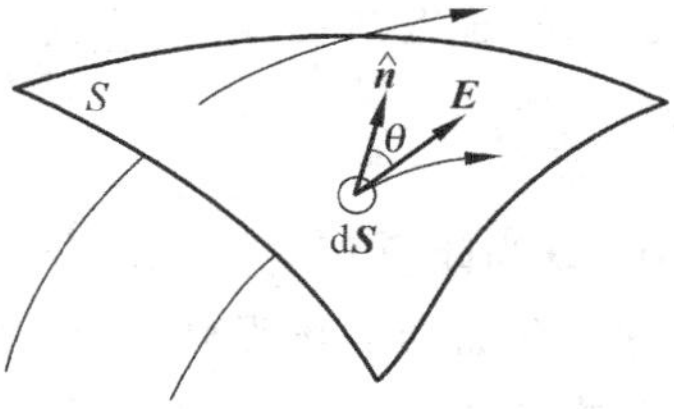

图 2.15 非均匀电场示意图

注意，通量有正负之分。θ 小于 $90°$，即电场线顺着法向穿过曲面，通量为正；θ 等于 $90°$，即电场线顺着平面，通量为零；θ 大于 $90°$，即电场线逆着法向穿过曲面，通量为负。

2.2.2 电场强度的通量和散度

静电场既然是无旋场，则必然是有散场，它的通量源就是电荷。电场强度通量与电荷的关系可通过库仑定律推导出来，其结果就是高斯定理。从本质上说，高斯定理可看成是库仑定律的另外一种表达方式。

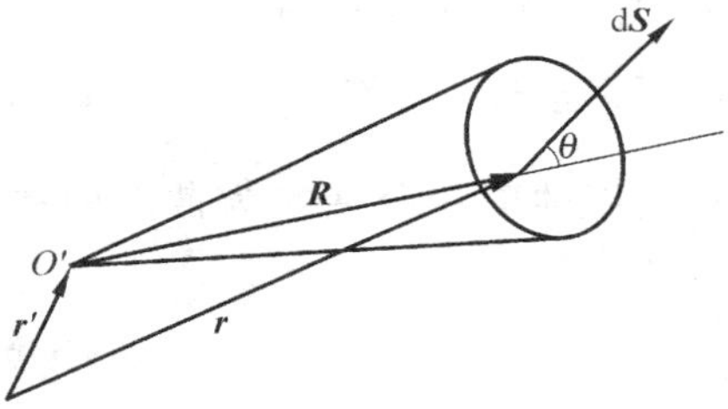

图 2.16 立体角

从库仑定律出发，可以推导出高斯定理。下面，先介绍立体角的概念。如图 2.16 所示，立体角是由过一点的射线绕过该点的某轴旋转一周所扫出的锥面所限定的空间。如果以点 O' 为球心、R 为半径作球面，若立体角的锥面在球面上截下的面积为 S，则此立体角的大小为 $\Omega = S/R^2$。立体角的单位是 sr（球面度）。整个球面对球心的立体角是 4π。对于任一个有向曲面 $\boldsymbol{S}$，其面上的面积元 $\mathrm{d}\boldsymbol{S}$ 对某点 O' 的立体角为

$$\mathrm{d}\Omega = \frac{\mathrm{d}S\cos\theta}{R^2} = \frac{\mathrm{d}\boldsymbol{S} \cdot (\boldsymbol{r} - \boldsymbol{r}')}{|\boldsymbol{r} - \boldsymbol{r}'|^3} \tag{2.12}$$

式中，$\boldsymbol{r}$ 为面积元所在的位置；$\boldsymbol{r}'$ 为点 O' 的位置；$\boldsymbol{R}$ 为从点 $\boldsymbol{r}'$ 到点 $\boldsymbol{r}$ 的矢径；θ 为有向面积元 $\mathrm{d}\boldsymbol{S}$ 与 $\boldsymbol{R}$ 的夹角。立体角可以为正，也可以为负，视夹角 θ 为锐角或钝角而定。

整个曲面 S 对点 O' 所张的立体角为

$$\Omega = \int_S \frac{(\boldsymbol{r} - \boldsymbol{r}') \cdot \mathrm{d}\boldsymbol{S}}{|\boldsymbol{r} - \boldsymbol{r}'|^3} \tag{2.13}$$

若 S 是封闭曲面，则

$$\Omega = \oint_S \frac{(\boldsymbol{r} - \boldsymbol{r}') \cdot \mathrm{d}\boldsymbol{S}}{|\boldsymbol{r} - \boldsymbol{r}'|^3} = \begin{cases} 4\pi, & \boldsymbol{r}' \text{ 在 } S \text{ 内} \\ 0, & \boldsymbol{r}' \text{ 在 } S \text{ 外} \end{cases} \tag{2.14}$$

即任意封闭面对其内部任一点所张的立体角为 4π，对外部点所张的立体角为零。

高斯定理描述了通过一个闭和面的电场强度通量与闭合面内电荷间的关系。先考虑点电荷的电场强度穿过任意闭曲面 S 的通量

$$\oint_S \boldsymbol{E} \cdot \mathrm{d}\boldsymbol{S} = \frac{q}{4\pi\varepsilon_0} \oint_S \frac{\boldsymbol{r} - \boldsymbol{r}'}{|\boldsymbol{r} - \boldsymbol{r}'|^3} \cdot \mathrm{d}\boldsymbol{S} = \frac{q}{4\pi\varepsilon_0} \oint_S \mathrm{d}\Omega \tag{2.15}$$

若 q 位于 S 内部，上式中的立体角为 4π；若 q 位于 S 外部，上式中的立体角为零。

如果封闭曲面内的电荷不止一个，可由叠加原理推出高斯定理，上式中的 q 应代以此面所包围的总电荷量 $Q=\sum q$。则在真空媒质中的高斯定理为

$$\oint_S \boldsymbol{E}\cdot \mathrm{d}\boldsymbol{S}=\frac{Q}{\varepsilon_0} \tag{2.16}$$

式中，Q 为闭合面内的总电荷。高斯定理是静电场的一个基本定理，它说明，在真空中穿出任意闭合面的电场强度通量，等于该闭合面内部的总电荷量与 ε_0 之比。应该注意的是，曲面上的电场强度是由空间的所有电荷产生的，不要错误地认为其与曲面 S 外部的电荷无关。但是外部电荷在闭合面上产生的电场强度的通量为零。

对于一般媒质，后面将引入电位移矢量 $\boldsymbol{D}$。在简单媒质中有

$$\boldsymbol{D}=\varepsilon\boldsymbol{E} \tag{2.17}$$

这样，式(2.16)改写为

$$\oint_S \boldsymbol{D}\cdot \mathrm{d}\boldsymbol{S}=Q \tag{2.18}$$

以上的高斯定理也称为高斯定理的积分形式，它说明了通过闭合曲面的电场强度通量与闭合面内的电荷之间的关系，但并没有说明某一点的情况。要分析一个点的情形，要用微分形式，如果闭合面内的电荷是密度为 ρ_V 的体分布电荷，则式(2.16)可以写为

$$\oint_S \boldsymbol{E}\cdot \mathrm{d}\boldsymbol{S}=\frac{1}{\varepsilon_0}\int_V \rho_V \mathrm{d}V \tag{2.19}$$

式中，V 为 S 所限定的体积。用散度定理可以将上式左面的面积分变换为散度的体积分，即

$$\int_V \nabla\cdot \boldsymbol{E}\mathrm{d}V=\frac{1}{\varepsilon_0}\int_V \rho_V \mathrm{d}V \tag{2.20}$$

由于体积 V 是任意的，所以有

$$\nabla\cdot \boldsymbol{E}=\frac{\rho_V}{\varepsilon_0} \tag{2.21}$$

这就是高斯定理的微分形式，它说明真空中任一点的电场强度的散度等于该点的电荷体密度与 ε_0 之比。微分形式描述了某一点处的电场强度的空间变化和该点电荷密度的关系。尽管该点的电场强度是由空间的所有电荷产生的，可是这一点电场强度的散度仅仅取决于该点的电荷体密度，而与其他电荷无关。

高斯定理的积分形式，可以用来计算平面对称、轴对称及球面对称的静电场问题。解题的关键是能够将电场强度从积分中提出来，这就要求找出一个封闭面(高斯面)S，且 S 由两部分 S_1 和 S_2 组成。在 S_1 上，电场强度 $\boldsymbol{E}$ 与有向面积元 $\mathrm{d}\boldsymbol{S}$ 平行，$\boldsymbol{E}\parallel \mathrm{d}\boldsymbol{S}$(或两者之间的夹角固定不变)；在 S_2 上，有 $\boldsymbol{E}\cdot \mathrm{d}\boldsymbol{S}=0$。这样就可以求出对称分布电荷产生的场。

微分形式用来从电场分布计算电荷分布。

例 2.4 设有一电荷均匀分布的无限长细直导线，电荷线密度是 ρ_l(C/m)。试求空间各点的电场强度 $\boldsymbol{E}$。

解：由电荷分布的特点可以看出此电场具有轴对称性，$\boldsymbol{E}$ 只有沿 ρ 方向的分量。由于线电荷无限长，场沿长度方向无变化，所以每个垂直于线电荷的平面上的场分布相同，这种场分布称做平行平面场。故以细导线为轴的圆柱面上 $\boldsymbol{E}$ 值大小相同，即 $\boldsymbol{E}$ 与 φ、z 无关。如

图 2.17 所示，以细直导线为轴，作一闭合的圆柱形高斯面，其半径为 ρ，高度为 l。

应用高斯定理

$$\oint_S \boldsymbol{E} \cdot \mathrm{d}\boldsymbol{S} = \frac{\rho_l l}{\varepsilon_0}$$

上式左边是计算从闭合面穿出的通量，因为 $\boldsymbol{E}$ 与上下底面平行，没有通量穿出两底面，只有穿出圆柱面侧面 S_ρ 的通量，所以从闭合面穿出的通量为

$$E\boldsymbol{e}_\rho \cdot S_\rho \boldsymbol{e}_\rho = E \cdot 2\pi\rho l = \frac{\rho_l l}{\varepsilon_0}$$

从而得

$$\boldsymbol{E} = \frac{\rho_l}{2\pi\varepsilon_0\rho}\boldsymbol{e}_\rho$$

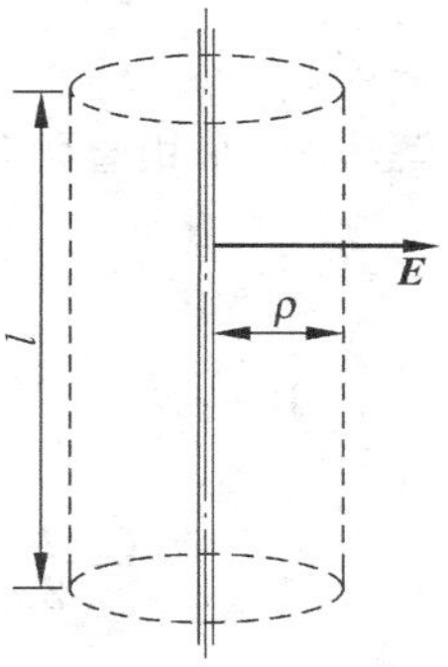

图 2.17 无限长细直导线的电场强度

例 2.5 某区域的电位移矢量 $\boldsymbol{D}=10\boldsymbol{e}_r+5\boldsymbol{e}_\theta+3\boldsymbol{e}_\phi$ (mC/m²)，确定由 $z\geqslant 0$(m) 和 $x^2+y^2+z^2=36$(m²) 所界定区域的表面上通过的电通量。

解：在球坐标系中，半径为 6m 处的面微分元为 $\mathrm{d}\boldsymbol{S}=36\sin\theta\mathrm{d}\theta\mathrm{d}\phi\boldsymbol{e}_r$，则通过上半球面的电通量为

$$\begin{aligned}\Psi_1 &= \int_S \boldsymbol{D} \cdot \mathrm{d}\boldsymbol{S} = \int_S (10\boldsymbol{e}_r + 5\boldsymbol{e}_\theta + 3\boldsymbol{e}_\phi) \cdot (36\sin\theta\mathrm{d}\theta\mathrm{d}\phi\boldsymbol{e}_r) \\ &= 360\int_0^{\pi/2}\sin\theta\mathrm{d}\theta\int_0^{2\pi}\mathrm{d}\phi \\ &= 720\pi \quad (\mathrm{mC})\end{aligned}$$

$z=0$ 的平面上的面微分元为 $\mathrm{d}\boldsymbol{S}=r\mathrm{d}\phi\mathrm{d}r\boldsymbol{e}_\theta$，则通过 $z=0$ 平面的电通量为

$$\begin{aligned}\Psi_2 &= \int_S \boldsymbol{D} \cdot \mathrm{d}\boldsymbol{S} = \int_S (10\boldsymbol{e}_r + 5\boldsymbol{e}_\theta + 3\boldsymbol{e}_\phi) \cdot (r\mathrm{d}\phi\mathrm{d}r\boldsymbol{e}_\theta) \\ &= 5\int_0^{2\pi}\mathrm{d}\phi\int_0^6 r\mathrm{d}r = 10\pi\times\frac{1}{2}r^2\Big|_0^6 \\ &= 180\pi \quad (\mathrm{mC})\end{aligned}$$

通过整个表面上的电通量为

$$\Psi = \Psi_1 + \Psi_2 = 720\pi + 180\pi = 900\pi \quad (\mathrm{mC})$$

例 2.6 在边长等于 $2a$ 的立方体中心有一点电荷 q，试计算穿出此立方体表面的电通量，并验证高斯定理。

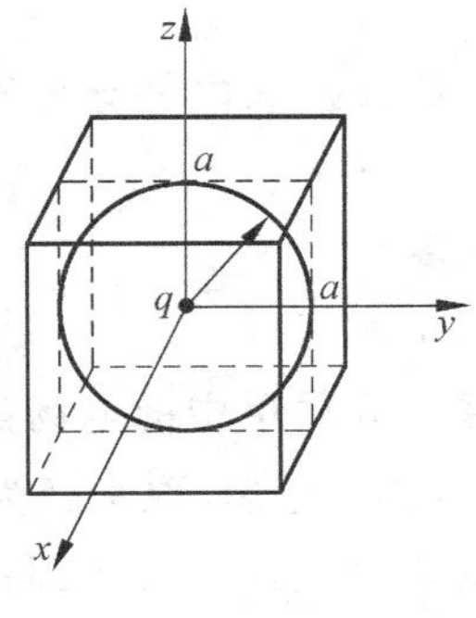

图 2.18 立方体中心的点电荷

解：解法 1：如图 2.18 所示，取点电荷 q 位于坐标原点，它至立方体各表面的距离均为 a，则穿出以 a 为半径的内切球面的电通量也就是穿出此立方体表面的电通量。

在该球面处有

$$\boldsymbol{E} = \frac{q}{4\pi\varepsilon a^2}\boldsymbol{e}_r$$

$$\boldsymbol{D} = \varepsilon\boldsymbol{E} = \frac{q}{4\pi a^2}\boldsymbol{e}_r$$

球坐标中球面上的面积元 $\mathrm{d}\boldsymbol{S}=a^2\sin\theta\mathrm{d}\theta\mathrm{d}\phi\boldsymbol{e}_r$，所以

$$\int_S \boldsymbol{D}\cdot d\boldsymbol{S} = \int_0^{2\pi} d\phi \int_0^{\pi} \frac{q}{4\pi a^2} a^2 \sin\theta d\theta = \frac{q}{2}(-\cos\theta)\Big|_0^{\pi} = q$$

得证。

解法 2：采用直角坐标系，先求通过立方体的上表面 S_1 的电通量。S_1 上任意点有

$$\boldsymbol{D} = \frac{q}{4\pi r^2}\boldsymbol{e}_r = \frac{q}{4\pi r^3}\boldsymbol{r}, \quad \boldsymbol{r} = x\boldsymbol{e}_x + y\boldsymbol{e}_y + a\boldsymbol{e}_z$$

$$\int_{S_1} \boldsymbol{D}\cdot d\boldsymbol{S} = \int_{-a}^{a}\int_{-a}^{a} \frac{q}{4\pi r^3}\boldsymbol{r}\cdot\boldsymbol{e}_z dxdy = \int_{-a}^{a}\int_{-a}^{a} \frac{qa}{4\pi(x^2+y^2+a^2)^{3/2}} dxdy$$

$$= \frac{qa}{2\pi}\int_{-a}^{a} \frac{a}{(y^2+a^2)(y^2+2a^2)^{1/2}} dy = \frac{q}{2\pi}\arctan\left[y\sqrt{\frac{1}{2a^2+y^2}}\right]_{-a}^{a}$$

$$= \frac{q}{2\pi}\cdot\frac{\pi}{6}\cdot 2 = \frac{q}{6}$$

同理，对其他 5 个面的积分也是 $\frac{q}{6}$，所以得

$$\int_S \boldsymbol{D}\cdot d\boldsymbol{S} = \frac{q}{6}\cdot 6 = q$$

得证。

在恒定电流情形下，在导体内某一点处，其流出的电荷必由后面流入的等量电荷所补充。电荷的定向流动形成电流，而这种流动正是导体内各点的一些电荷由另一些电荷代替的过程，从而保证了电荷分布不随时间而变化。因此这种恒定电流的电场仍然是静态场，可以按照静电场来处理。关于恒定电流的电场，将在第 3 章作详尽的介绍和讨论。

例 2.7 如图 2.19 所示，同轴线的内外导体半径分别为 a(m)和 b(m)。在内外导体间加电压 U(V)，内导体通过的电流为 I(A)，外导体返回的电流为 $-I$(A)。试回答下列问题：

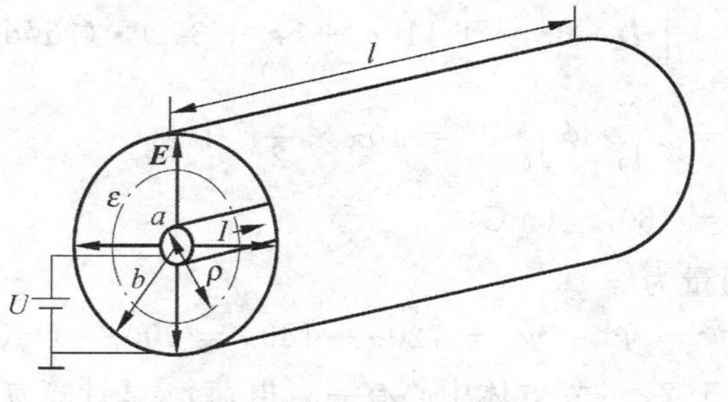

图 2.19 同轴线示意图

(1) 设内外导体上单位长度的带电量分别为 ρ_l(C/m)和 $-\rho_l$(C/m)，求内外导体间的 $\boldsymbol{D}$；设中间介质的介电常数为 ε，求内外导体间的 $\boldsymbol{E}$。

(2) 用内外导体间电压 U(V)来表示，求其 $\boldsymbol{E}$，其最大值 E_{max} 为多少？

(3) 若给定 b=1.8cm，应如何选择 a 以使同轴线承受的耐压最大？

解：(1) 以外导体返回的电流方向为 $\boldsymbol{e}_z$ 坐标，建立圆柱坐标系。介质层中的电场都沿径向 $\boldsymbol{e}_\rho$ 垂直于内外导体表面，其大小沿圆周方向是轴对称的。应用高斯定理，取半径为 ρ、长度为 l 的同轴圆柱面为高斯面($a<\rho<b$)。作为一个封闭曲面，还应加上前后两个圆盘底面，但是它们都与 $\boldsymbol{D}$ 平行，因而没有电通量穿过，可不必考虑。于是有

$$\int_S \boldsymbol{D}\cdot \mathrm{d}\boldsymbol{S} = \boldsymbol{D}\cdot 2\pi\rho l \boldsymbol{e}_\rho = \rho_l \cdot l$$

得

$$\boldsymbol{D} = \frac{\rho_l}{2\pi\rho}\boldsymbol{e}_\rho,\quad \boldsymbol{E} = \frac{\boldsymbol{D}}{\varepsilon} = \frac{\rho_l}{2\pi\varepsilon\rho}\boldsymbol{e}_\rho$$

(2) $\rho\boldsymbol{e}_\rho$ 由内导体指向外导体，则

$$U = \int_\rho \boldsymbol{E}\cdot \mathrm{d}\rho\boldsymbol{e}_\rho = \int_a^b \frac{\rho_l}{2\pi\varepsilon\rho}\mathrm{d}\rho = \frac{\rho_l}{2\pi\varepsilon}\ln\frac{b}{a}$$

得

$$\boldsymbol{E} = \frac{U}{\rho\ln\dfrac{b}{a}}\boldsymbol{e}_\rho$$

同轴线内最大电场强度 $E_{\max}$ 发生在内导体表面($\rho=a$)处，得

$$E_{\max} = \frac{U}{a\ln\dfrac{b}{a}}$$

(3) 最大值 $E_{\max}$ 处有

$$\frac{\mathrm{d}E_{\max}}{\mathrm{d}a} = \frac{U}{\left(a\ln\dfrac{b}{a}\right)^2}\left(\ln\frac{b}{a}-1\right) = 0$$

得 $\ln\dfrac{b}{a}=1$，即 $\dfrac{b}{a}=\mathrm{e}$，推出

$$a = \frac{b}{\mathrm{e}} = \frac{1.8}{2.718} = 0.662\quad(\mathrm{cm})$$

2.3　静电场的基本方程

2.3.1　电场强度的旋度

静电场是一个矢量场，除了要讨论它的散度外，还要讨论它的旋度。在点电荷及分布电荷的电场强度表示式中，均含有因子 $(\boldsymbol{r}-\boldsymbol{r}')/|\boldsymbol{r}-\boldsymbol{r}'|^3$。这里，以体分布电荷产生的电场强度为例，讨论电场强度的旋度特性。由于

$$\nabla\frac{1}{|\boldsymbol{r}-\boldsymbol{r}'|} = -\frac{\boldsymbol{r}-\boldsymbol{r}'}{|\boldsymbol{r}-\boldsymbol{r}'|^3}$$

可以将体电荷的电场强度表示式(2.8)改写为

$$\begin{aligned}\boldsymbol{E}(\boldsymbol{r}) &= \frac{1}{4\pi\varepsilon_0}\int_V \frac{\rho(\boldsymbol{r}')(\boldsymbol{r}-\boldsymbol{r}')}{|\boldsymbol{r}-\boldsymbol{r}'|^3}\mathrm{d}V' = \frac{-1}{4\pi\varepsilon_0}\int_V \rho(\boldsymbol{r}')\,\nabla\left(\frac{1}{|\boldsymbol{r}-\boldsymbol{r}'|}\right)\mathrm{d}V' \\ &= -\nabla\left[\frac{1}{4\pi\varepsilon_0}\int_V \rho(\boldsymbol{r}')\left(\frac{1}{|\boldsymbol{r}-\boldsymbol{r}'|}\right)\mathrm{d}V'\right]\end{aligned} \tag{2.22}$$

应注意式中的积分是对源点 $\boldsymbol{r}'$ 进行的，算子 ∇ 是对场点作用，因而可将 ∇ 移到积分号外。

式(2.22)说明，电场强度可表示为一个标量位函数的负梯度，所以有

$$\nabla\times\boldsymbol{E} = 0 \tag{2.23}$$

即电场强度的旋度恒等于零。这表明静电场是无旋的。

例 2.8 如图 2.20(a)所示,在半径为 a 的球体内,均匀分布着电荷,总电量为 q。求各点的电场强度 $\boldsymbol{E}$,并计算电场强度 $\boldsymbol{E}$ 的散度和旋度。

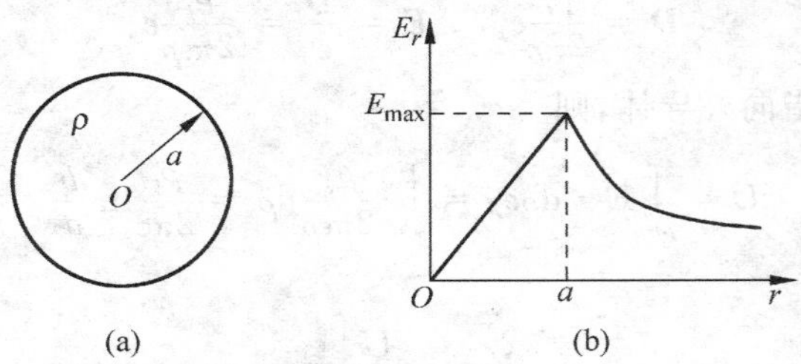

图 2.20 电荷的球体分布

解:由于电荷分布的球对称性,电场强度 $\boldsymbol{E}$ 只有沿 r 方向的分量,并且在与带电球同心的球面上电场强度 $\boldsymbol{E}$ 的值处处相同。

在 $r>a$ 的区域内,可取半径为 r 的同心球面为高斯面。高斯面上各点的电场强度 $\boldsymbol{E}$ 与面积元 $\mathrm{d}S$ 的方向相同。由高斯定理,有

$$\oint_S \boldsymbol{E} \cdot \mathrm{d}\boldsymbol{S} = E_r \oint_S \mathrm{d}S = 4\pi r^2 E_r = \frac{q}{\varepsilon_0}$$

所以

$$E_r = \frac{q}{4\pi\varepsilon_0 r^2}$$

矢量形式为

$$\boldsymbol{E} = \frac{q}{4\pi\varepsilon_0 r^3} \cdot \boldsymbol{r} \quad (r > a)$$

在 $r<a$ 的区域内,同样可作出半径为 r 的球面为高斯面,有

$$\oint_S \boldsymbol{E} \cdot \mathrm{d}\boldsymbol{S} = E_r \oint_S \mathrm{d}S = 4\pi r^2 E_r = \frac{q'}{\varepsilon_0}$$

式中,q'为高斯面内的电荷,其值为

$$q' = \frac{4}{3}\pi r^3 \rho = \frac{4}{3}\pi r^3 \left(\frac{q}{4\pi a^3/3}\right) = \frac{qr^3}{a^3}$$

所以

$$E_r = \frac{qr}{4\pi\varepsilon_0 a^3} \quad 或 \quad \boldsymbol{E} = \frac{q}{4\pi\varepsilon_0 a^3} \cdot \boldsymbol{r} \quad (r < a)$$

当 $r=a$ 时,由上面推导的两个结果得出相同的 E 值为$\frac{q}{4\pi\varepsilon_0 a^2}$;当 $r>a$ 时,即通过这个表面时电场强度是连续的。上面的结果示意于图 2.20(b)。

下面计算电场强度的散度和旋度。

在 $r>a$ 的区域内,有

$$\nabla \cdot \boldsymbol{E} = \frac{q}{4\pi\varepsilon_0} \nabla \cdot \frac{\boldsymbol{r}}{r^3} = 0$$

$$\nabla \times \boldsymbol{E} = \frac{q}{4\pi\varepsilon_0} \nabla \times \frac{\boldsymbol{r}}{r^3} = \boldsymbol{0}$$

在 $r<a$ 的区域内，有

$$\nabla\cdot \boldsymbol{E} = \frac{q}{4\pi\varepsilon_0 a^3}\nabla\cdot \boldsymbol{r} = \frac{3q}{4\pi\varepsilon_0 a^3} = \frac{\rho}{\varepsilon_0}$$

$$\nabla\times \boldsymbol{E} = \frac{q}{4\pi\varepsilon_0 a^3}\nabla\times \boldsymbol{r} = \boldsymbol{0}$$

2.3.2 电位

由于静电场的无旋性，可用一个标量函数的负梯度表示电场强度，这个标量函数就是静电场的位函数，简称为电位。电位 φ 的定义由下式确定：

$$\boldsymbol{E} = -\nabla\varphi \tag{2.24}$$

电位的单位是 V(伏特)，因此电场强度的单位是 V/m(伏特/米)。式中负号不是矢量恒等式$\nabla\times\nabla\varphi=\boldsymbol{0}$ 所要求的，而是由于电位梯度$\nabla\varphi$ 指向电位增加最快的方向(由低到高的方向)，而电场强度 $\boldsymbol{E}$ 指向电位下降最快的方向(由高到低的方向)，因而两者正好相反。

体分布的电荷在场点 $\boldsymbol{r}$ 处的电位为

$$\varphi(\boldsymbol{r}) = \frac{1}{4\pi\varepsilon_0}\int_V \frac{\rho_V(\boldsymbol{r}')}{|\boldsymbol{r}-\boldsymbol{r}'|}\mathrm{d}V' \tag{2.25}$$

式中，$|\boldsymbol{r}-\boldsymbol{r}'|$为源点至场点的距离。线电荷和面电荷的电位表示式与式(2.25)相似，只需将电荷密度和积分区域作相应的改变。

对于位于源点 $\boldsymbol{r}'$处的点电荷 q，其在 $\boldsymbol{r}$ 处产生的电位为

$$\varphi(\boldsymbol{r}) = \frac{q}{4\pi\varepsilon_0|\boldsymbol{r}-\boldsymbol{r}'|} \tag{2.26}$$

式(2.25)和式(2.26)中本来还要加上一个常数。为计算简单，取这个常数为零。

因为静电场是无旋场，其在任意闭合回路的环量为零，即

$$\oint_l \boldsymbol{E}\cdot \mathrm{d}\boldsymbol{l} = 0 \tag{2.27}$$

这表明，静电场是一个保守场，它沿某一路径从 P_0点到 P 点的线积分与路径无关，仅仅与起点和终点的位置有关。下面讨论电场强度从 P_0点到 P 点沿某一路径的线积分。

由

$$\int_{P_0}^{P}\boldsymbol{E}\cdot \mathrm{d}\boldsymbol{l} = \int_{P_0}^{P} -\nabla\varphi\cdot \mathrm{d}\boldsymbol{l} \tag{2.28}$$

又因为

$$\nabla\varphi\cdot \mathrm{d}\boldsymbol{l} = \frac{\partial\varphi}{\partial x}\mathrm{d}x + \frac{\partial\varphi}{\partial y}\mathrm{d}y + \frac{\partial\varphi}{\partial z}\mathrm{d}z = \mathrm{d}\varphi \tag{2.29}$$

故

$$\int_{P_0}^{P}\boldsymbol{E}\cdot \mathrm{d}\boldsymbol{l} = \varphi(P_0) - \varphi(P) \tag{2.30}$$

或

$$\varphi(P) - \varphi(P_0) = \int_{P}^{P_0}\boldsymbol{E}\cdot \mathrm{d}\boldsymbol{l}$$

通常，称 $\varphi(P)-\varphi(P_0)$为 P 与 P_0两点间的电位差(或电压)。两点间的电位差等于电场强度 $\boldsymbol{E}$ 从 P 点到 P_0点沿任意路径的线积分，也就是把单位正电荷由 P 点移到 P_0点电场

力所做的功。

式(2.24)中的电位 φ 不是单值的，因为任意加上一个常数 C，都有$\nabla(\varphi+C)=\nabla\varphi$。但任意两点间的电位差是不变的。为了选用单值的电位来描述电场，需选定电位参考点(电位零点)。一般选取一个固定点，规定其电位为零，称这一固定点为参考点。当取 P_0点为参考点时，P 点的电位为

$$\varphi(P)=\int_P^{P_0}\boldsymbol{E}\cdot\mathrm{d}\boldsymbol{l} \tag{2.31}$$

当电荷分布在有限的区域时，选取无穷远处为参考点较为方便，此时有

$$\varphi(P)=\int_P^{\infty}\boldsymbol{E}\cdot\mathrm{d}\boldsymbol{l} \tag{2.32}$$

选择电位参考点的基本原则是：①同一个问题只能选择一个参数；②当电荷分布在有限区域时，通常选择无限远处为零点；③当电荷分布延伸至无穷远(如无限长的线电荷分布、无限大的面电荷分布等)时，则不能选无穷远处作为零点，此时要选择一个有限远处为零点，具体选择以电位表达式简单为原则。

例 2.9 位于 xOy 平面上的半径为 a、圆心在坐标原点的带电圆盘，面电荷密度为 ρ_S，如图 2.21 所示。求 z 轴上的电位。

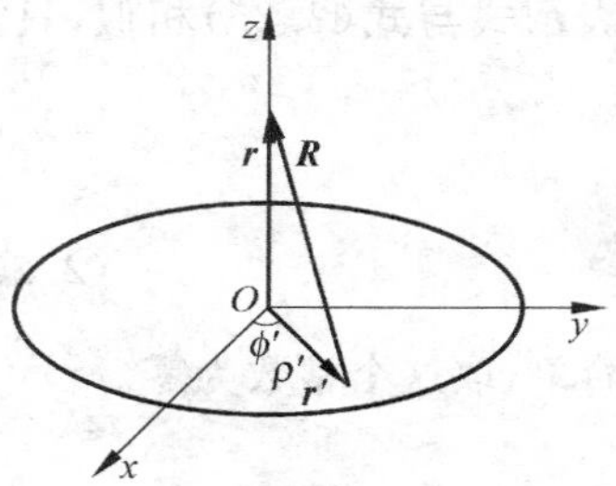

图 2.21 带均匀面电荷的圆盘

解：由面电荷产生的电位公式

$$\varphi(\boldsymbol{r})=\frac{1}{4\pi\varepsilon_0}\int_S\frac{\rho_S(\boldsymbol{r}')}{|\boldsymbol{r}-\boldsymbol{r}'|}\mathrm{d}S'$$

其中

$$\boldsymbol{r}=z\boldsymbol{e}_z$$

$$\boldsymbol{r}'=\rho'\cos\phi'\boldsymbol{e}_x+\rho'\sin\phi'\boldsymbol{e}_y$$

$$|\boldsymbol{r}-\boldsymbol{r}'|=(z^2+\rho'^2)^{1/2}$$

$$\mathrm{d}S'=\rho'\mathrm{d}\phi'\mathrm{d}\rho'$$

所以得

$$\varphi(z)=\frac{\rho_S}{4\pi\varepsilon_0}\int_0^{2\pi}\mathrm{d}\phi'\int_0^a\frac{\rho'\mathrm{d}\rho'}{(z^2+\rho'^2)^{1/2}}=\frac{\rho_S}{2\varepsilon_0}[(a^2+z^2)^{1/2}-z]$$

以上结果是 $z>0$ 的结论。对任意轴上的任意点，电位为

$$\varphi(z)=\frac{\rho_S}{2\varepsilon_0}[(a^2+z^2)^{1/2}-|z|]$$

例 2.10 设有一个半径为 a 的球体，其中均匀充满体电荷密度为 ρ_V(C/m^3)的电荷，球内外的介电常数均为 ε_0。试求：

(1) 球内、外的电场强度 $\boldsymbol{E}$；

(2) 验证静电场的两个基本方程$\nabla\times\boldsymbol{E}=\boldsymbol{0}$ 及$\nabla\cdot\boldsymbol{E}=\rho/\varepsilon_0$；

(3) 球内、外的电位分布。

解：(1) 因为电荷分布为均匀球体，所以电场有球对称性，即在与带电球同心、半径为 r 的高斯面上，$\boldsymbol{E}$ 的模是常数、方向是径向，可以应用高斯定理求距球心 r 处的电场强度。

当 $r<a$ 时，有

$$\oint_S\boldsymbol{E}_1\cdot\mathrm{d}\boldsymbol{S}=4\pi r^2E_1\boldsymbol{e}_r\cdot\boldsymbol{e}_r=\frac{4}{3}\pi r^3\frac{\rho_V}{\varepsilon_0}$$

所以

$$E_1 = \frac{\rho_V r}{3\varepsilon_0} e_r \quad (\mathrm{V/m})$$

当 $r>a$ 时，有

$$4\pi r^2 E_2 = \frac{4}{3}\pi a^3 \frac{\rho_V}{\varepsilon_0}$$

所以

$$E_2 = \frac{\rho_V a^3}{3\varepsilon_0 r^2} e_r \quad (\mathrm{V/m})$$

(2) 采用球坐标散度、旋度公式。因为球内、外的电场强度只是坐标 r 的函数，所以

$$\nabla\times E = \frac{1}{r\sin\theta}\cdot\frac{\partial E_r}{\partial\phi}e_\theta - \frac{1}{r}\cdot\frac{\partial E_r}{\partial\theta}e_\phi = \mathbf{0}$$

$$\nabla\cdot E = \frac{1}{r^2}\cdot\frac{\partial(r^2 E_r)}{\partial r}$$

当 $r<a$ 时，有

$$\nabla\cdot E = \frac{1}{r^2}\cdot\frac{\partial}{\partial r}\left(r^2\cdot\frac{r\rho_V}{3\varepsilon_0}\right) = \frac{\rho_V}{\varepsilon_0}$$

当 $r>a$ 时，有

$$\nabla\cdot E = \frac{1}{r^2}\cdot\frac{\partial}{\partial r}\left(r^2\cdot\frac{\rho_V a^3}{3\varepsilon_0 r^2}\right) = 0$$

(3) 因为电荷分布在有限区域，故球内、外的电位分布均可选无限远处为参考点。

当 $r<a$ 时，有

$$\varphi_1 = \int_r^\infty E\,\mathrm{d}r = \int_r^a E_1\,\mathrm{d}r + \int_a^\infty E_2\,\mathrm{d}r = \frac{\rho_V a^2}{2\varepsilon_0} - \frac{\rho_V r^2}{6\varepsilon_0} \quad (\mathrm{V})$$

当 $r>a$ 时，有

$$\varphi_2 = \int_r^\infty E_2\,\mathrm{d}r = \frac{\rho_V a^3}{3\varepsilon_0 r} \quad (\mathrm{V})$$

如果不选无限远处为参考点，而选择球心为零电位点，则空间各点的电位求解如下。

当 $r<a$ 时，有

$$\varphi_1 = \int_r^0 E_1\,\mathrm{d}r = -\frac{\rho_V r^2}{6\varepsilon_0} \quad (\mathrm{V})$$

当 $r>a$ 时，有

$$\varphi_2 = \int_r^0 E\,\mathrm{d}r = \int_r^a E_2\,\mathrm{d}r + \int_a^0 E_1\,\mathrm{d}r = \frac{\rho_V a^3}{3\varepsilon_0 r} - \frac{\rho_V a^2}{2\varepsilon_0} \quad (\mathrm{V})$$

综上可知，电位参考点取得不同，电位值仅差一常数 $\rho_V a^2/2\varepsilon_0$，它是以 $r\to\infty$ 处为零点时球心($r=0$)处的电位。

例 2.11 如图 2.22 所示，一边长为 a 的均匀带电的正方形平面，面电荷密度为 ρ_S。求此平面中心的电位。

解： 以正方形的中心 O 为原点，正方形平面为 xOy 平面，正方形由 x、y 轴和对角线分成 8 个相等的三角形，由对称性可知，每一个三角形上的电荷在中心 O 产生的电位相等，只需计算其中一个三角形所产生的电位即可。在三角形区域取面积元 $\mathrm{d}x\mathrm{d}y$，则电荷元 $\mathrm{d}q=$

$\rho_S dxdy$，由点电荷电位公式得到它在 O 点产生的电位为

$$d\varphi_1 = \frac{\rho_S dxdy}{4\pi\varepsilon_0 \sqrt{x^2+y^2}}$$

三角形电位为

$$\varphi_1 = \frac{\rho_S}{4\pi\varepsilon_0}\int_0^{\frac{a}{2}}\int_0^x \frac{dxdy}{\sqrt{x^2+y^2}} = \frac{\rho_S}{4\pi\varepsilon_0}\int_0^{\frac{a}{2}}\left(\int_0^x \frac{dy}{\sqrt{x^2+y^2}}\right)dx$$

$$= \frac{\rho_S}{4\pi\varepsilon_0}\int_0^{\frac{a}{2}}[\ln(y+\sqrt{x^2+y^2})]\,\Big|_{y=0}^{y=x} dx = \frac{\rho_S}{4\pi\varepsilon_0}\ln(1+\sqrt{2})\int_0^{\frac{a}{2}} dx$$

$$= \frac{\ln(1+\sqrt{2})}{8\pi}\cdot\frac{\rho_S a}{\varepsilon_0}$$

平面中心的电位为

$$\varphi = 8\varphi_1 = \frac{\ln(1+\sqrt{2})}{\pi}\cdot\frac{\rho_S a}{\varepsilon_0}$$

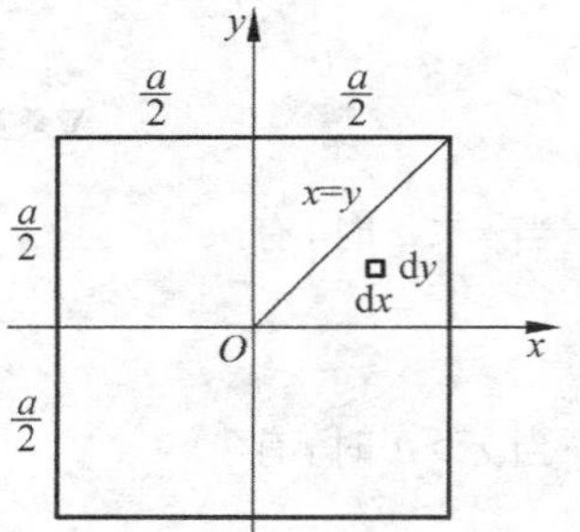

图 2.22 均匀带电的正方形平面

描述静电场基本特性的方程，称为静电场的基本方程。静电场作为矢量场，其基本方程的微分形式是由散度方程及旋度方程组成的。根据亥姆霍兹定理，在无界空间唯一地确定一个矢量的条件是知道其旋度和散度。基本方程给出了静电场的旋度及散度，因此，从数学模型上讲是完整的。从物理概念上看，静电场的旋度及散度分别描述了静电场的旋涡源和通量源，因此，对源的描述也是完整的。

静电场的场源电荷和所有场量都不随时间变化，只是空间坐标的函数。表 2.1 列出了静电场基本方程，表中第三行适用于简单媒质，电位移矢量 $\boldsymbol{D}$ 与电场强度 $\boldsymbol{E}$ 具有简单关系：$\boldsymbol{D}=\varepsilon\boldsymbol{E}$。

表 2.1 静电场基本方程

积分形式		微分形式	
$\oint_l \boldsymbol{E}\cdot d\boldsymbol{l}=0$	(a)	$\nabla\times\boldsymbol{E}=0$	(a′)
$\oint_S \boldsymbol{D}\cdot d\boldsymbol{S}=Q$	(b)	$\nabla\cdot\boldsymbol{D}=\rho_V$	(b′)
$\oint_S \boldsymbol{E}\cdot d\boldsymbol{S}=\frac{Q}{\varepsilon}$	(c)	$\nabla\cdot\boldsymbol{E}=\frac{\rho_V}{\varepsilon}$	(c′)

式(a′)表明静电场是一个无旋场；式(b′)或式(c′)表明静电场是有散场，其散度源是电荷。这两个方程给定了电场强度 $\boldsymbol{E}$ 的旋度和散度，因此，根据亥姆霍兹定理，它们唯一地确定了电场强度 $\boldsymbol{E}$。由于电场强度 $\boldsymbol{E}$ 代表了单位正电荷所受的电场力，因此式(a)表示单位正电荷沿闭合路径 l 移动一周电场力所做的功为零，因而称它为静电场守恒定理。可见，静电场与重力场性质相似。物体在重力场中有一定的位能，同样，电荷在静电场中也具有一定的电位能。式(b)或式(c)是静电场高斯定理，表明通过任意封闭曲面 S 的电通量等于它所包围的自由电荷量，说明封闭曲面 S 内的自由电荷是电通量的源。

总之，真空中静电场的基本方程可归纳为

$$\nabla \times \boldsymbol{E} = \boldsymbol{0} \tag{2.33}$$

$$\nabla \cdot \boldsymbol{E} = \frac{\rho_V}{\varepsilon_0} \tag{2.34}$$

即静电场是一个无旋、有源（指通量源）场，电荷就是电场的源。电力线总是从正电荷出发，到负电荷终止。

2.3.3 电位方程

下面分析电位所满足的微分方程。将 $\boldsymbol{E}=-\nabla\varphi$ 代入高斯定理的微分形式 $\nabla \cdot \boldsymbol{E}=\frac{\rho}{\varepsilon_0}$，得到

$$\nabla \cdot \nabla\varphi = \nabla^2\varphi = -\frac{\rho}{\varepsilon_0} \tag{2.35}$$

此方程称为泊松方程。

在无界均匀媒质中，当体积 V 中有电荷体密度 ρ_V 分布时，泊松方程的解正是式(2.25)，只不过该式中的 ε_0 用该媒质的介电常数 ε 取代，即

$$\varphi(\boldsymbol{r}) = \frac{1}{4\pi\varepsilon}\int_V \frac{\rho_V(\boldsymbol{r}')}{|\boldsymbol{r}-\boldsymbol{r}'|}\mathrm{d}V' \tag{2.36}$$

下面验证式(2.36)满足泊松方程(2.35)。由式(2.36)并考虑对场点的 ∇^2 运算与对源点的积分次序可以互换，有

$$\nabla^2\varphi = \frac{1}{4\pi\varepsilon}\int_V \nabla^2\frac{\rho_V(\boldsymbol{r}')}{|\boldsymbol{r}-\boldsymbol{r}'|}\mathrm{d}V' \tag{2.37}$$

此式中 $\rho_V(\boldsymbol{r}')$ 对 ∇^2 而言是常数，并且

$$\nabla^2\left(\frac{1}{R}\right) = \nabla \cdot \nabla\left(\frac{1}{R}\right), \quad \nabla\left(\frac{1}{R}\right) = -\frac{\boldsymbol{R}}{R^3}$$

其中 $\boldsymbol{R}=\boldsymbol{r}-\boldsymbol{r}'$，故

$$\nabla^2\varphi = -\frac{1}{4\pi\varepsilon}\int_V \rho_V(\boldsymbol{r}')\,\nabla \cdot \left(\frac{\boldsymbol{R}}{R^3}\right)\mathrm{d}V'$$

当 $R\neq0$ 时，$\nabla \cdot \left(\frac{\boldsymbol{R}}{R^3}\right)=0$，因此上式中的体积分只有在 $R=0$ 即 $\boldsymbol{r}=\boldsymbol{r}'$ 时才有值。这样，只需对包围该点的小球区域 V_0 取体积分。此时 $\rho_V(\boldsymbol{r}')=\rho_V(\boldsymbol{r})$ 可视为常数，于是有

$$\nabla^2\varphi = -\frac{\rho_V(\boldsymbol{r})}{4\pi\varepsilon}\int_{V_0} \nabla \cdot \left(\frac{\boldsymbol{R}}{R^3}\right)\mathrm{d}V' = -\frac{\rho_V(\boldsymbol{r})}{4\pi\varepsilon}\oint_{S_0}\frac{\boldsymbol{e}_R \cdot \mathrm{d}\boldsymbol{S}'}{R^2}$$

等式右边封闭积分结果是小球面 S_0 所张的立体角 4π，因此得出

$$\nabla^2\varphi(\boldsymbol{r}) = -\frac{\rho_V(\boldsymbol{r})}{\varepsilon}$$

得证。

若讨论的区域 $\rho=0$，则电位微分方程变为

$$\nabla^2\varphi = 0 \tag{2.38}$$

上述方程为二阶偏微分方程，称为拉普拉斯方程。其中，∇^2 在直角坐标系中为

$$\nabla^2 = \frac{\partial^2}{\partial x^2} + \frac{\partial^2}{\partial y^2} + \frac{\partial^2}{\partial z^2}$$

利用上述方程可根据给定的边界条件求得特定问题的特解，从而可求得电场强度 $\boldsymbol{E}$。由于电位 φ 是标量，求解电位方程将比直接求矢量 $\boldsymbol{E}$ 方便许多。因此，很多静电场问题都是通过先求电位分布再求电场分布。特别是，在大多数实际静电场问题中，空间中并不存在电荷，而只是在导体表面有面电荷分布，因而在空域中只需求解拉普拉斯方程。关于拉普拉斯方程的一般求解方法将在第 5 章中讨论。

例 2.12 一根细长导线将两个半径分别为 a(m)和 b(m)的导体球连接起来，如图 2.23 所示。将此组合充电至带电量为 Q(C)，求每个球的带电量和其表面的电场强度。

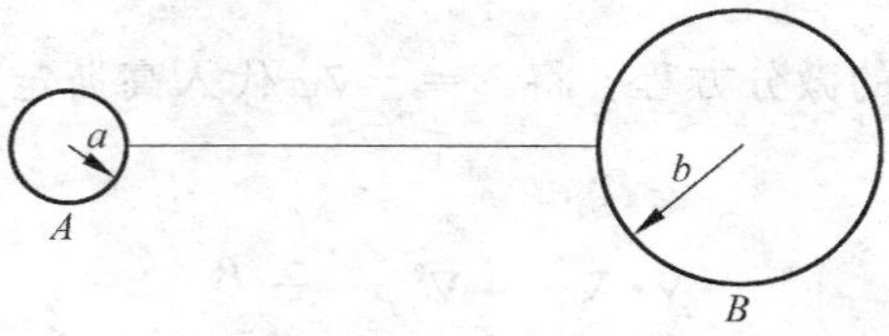

图 2.23 两个相连导体球的示意图

解：假定两个导体球 A、B 相距很远，使两球上的电荷仍为均匀分布；并且设定连线很细，其上的电荷可以忽略不计，即

$$Q = Q_A + Q_B$$

式中，Q_A 和 Q_B 分别是 A、B 球的带电量。

对带电量为 Q 的孤立导体球，利用静电场基本方程中的式(b)容易求得球外与球心距离 r 处的 M 点电场强度为

$$\boldsymbol{E} = \frac{Q}{4\pi\varepsilon r^2}\boldsymbol{e}_r \tag{2.39}$$

取无穷远处为电位参考点，则其电位为

$$\varphi_M = \int_M^{\infty} \boldsymbol{E} \cdot \mathrm{d}\boldsymbol{l} = \int_r^{\infty} \frac{Q}{4\pi\varepsilon r^2}\boldsymbol{e}_r \cdot \mathrm{d}\boldsymbol{r} = \frac{Q}{4\pi\varepsilon r}$$

由此，A、B 导体球表面的电位分别为

$$\varphi_A = \frac{Q_A}{4\pi\varepsilon a}, \quad \varphi_B = \frac{Q_B}{4\pi\varepsilon b}$$

由于有细导线相连，两球的电位是相同的，即

$$\frac{Q_A}{4\pi\varepsilon a} = \frac{Q_B}{4\pi\varepsilon b}$$

考虑到 $Q = Q_A + Q_B$，便可求得

$$Q_A = \frac{a}{a+b}Q, \quad Q_B = \frac{b}{a+b}Q$$

由式(2.39)知，A、B 导体球表面处的电场强度的大小分别为

$$E_A = \frac{Q_A}{4\pi\varepsilon a^2} = \frac{Q}{4\pi\varepsilon(a+b)a}$$

$$E_B = \frac{Q_B}{4\pi\varepsilon b^2} = \frac{Q}{4\pi\varepsilon(a+b)b}$$

可见，若 $a \ll b$，则 $E_A \gg E_B$。

上述结果表明，若导电物体上包含有较小的尖点，则这些尖点处的电场将远大于其他平

滑部分，这便是在建筑物上安装避雷针的原理，如图 2.24 所示。

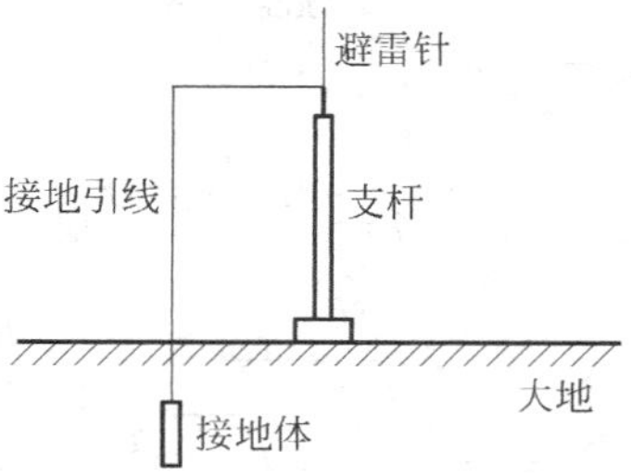

图 2.24 避雷针原理图

例 2.13 两条无限长平行带电线距离为 $2C$，远大于导线的半径，设线上电荷沿轴线均匀分布，线电荷密度分别为 $+\rho_l$ 和 $-\rho_l$，如图 2.25(a)所示。求空间电位分布。

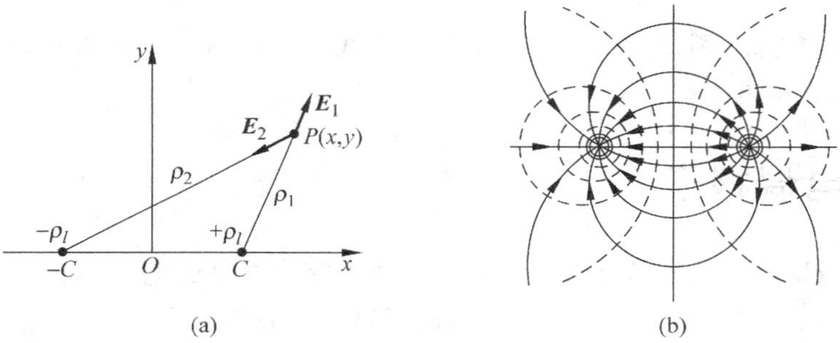

图 2.25 平行带电线

(a) 横截面；(b) 电力线与等位线

解：因为两条无限长平行带电线距离远大于导线的半径，可认为电线表面电荷彼此无影响，因而各自沿表面均匀分布，可视为集中于各自轴线，形成两条线电荷。采用圆柱坐标系来分析该问题。如果每一条电线单独存在时，由例 2.4 可知，在空间任一点 P 的电场强度分别为

$$\boldsymbol{E}_1 = \frac{\rho_l}{2\pi\varepsilon_0\rho_1}\boldsymbol{e}_{\rho_1}, \quad \boldsymbol{E}_2 = \frac{-\rho_l}{2\pi\varepsilon_0\rho_2}\boldsymbol{e}_{\rho_2}$$

P 点的电位可由电场强度矢量的积分求得。对于 $+\rho_l$，有

$$\varphi_{1P} = -\frac{\rho_l}{2\pi\varepsilon_0}\ln\rho_1 + C_1$$

式中，C_1 为常数。对于 $-\rho_l$，有

$$\varphi_{2P} = \frac{\rho_l}{2\pi\varepsilon_0}\ln\rho_2 + C_2$$

式中，C_2 为常数。根据叠加原理，P 点的电位为

$$\varphi_P = \varphi_{1P} + \varphi_{2P} = \frac{\rho_l}{2\pi\varepsilon_0}\ln\frac{\rho_2}{\rho_1} + C_0 \tag{2.40}$$

式中，常数 C_0 由电位参考点来确定。选取包括 y 轴且和带电线平行的平面为零电位参考平面，即当 $\rho_1=\rho_2$ 时，$\varphi=0$，则式(2.40)中的常数 C_0 为零，故得

$$\varphi_P = \frac{\rho_l}{2\pi\varepsilon_0}\ln\frac{\rho_2}{\rho_1}$$

在垂直于带电线的 xOy 平面中，等位线的方程为

$$\varphi_P = \frac{\rho_l}{2\pi\varepsilon_0}\ln\frac{\rho_2}{\rho_1} = K$$

式中，K 为常数，即

$$\frac{\rho_2}{\rho_1} = \frac{\sqrt{(x+C)^2+y^2}}{\sqrt{(x-C)^2+y^2}} = k$$

式中，k 为常数。该式可改写为

$$\left(x-\frac{k^2+1}{k^2-1}C\right)^2 + y^2 = \left(\frac{2Ck}{k^2-1}\right)^2 \tag{2.41}$$

可见，上式的轨迹为圆，圆心的坐标是 $\left(\frac{k^2+1}{k^2-1}C,0\right)$，圆的半径是 $\frac{2Ck}{k^2-1}$。当 k 取不同的数值时，代表不同的等位线，因此式(2.41)描写的等位线是一族圆。如图 2.25(b)所示，虚线表示等位线，实线表示电力线。

2.4 电偶极子

第 2 章第 2 讲

电偶极子(electric dipole)是指相距很近的两个等值异号的电荷，如图 2.26 所示。真空中电偶极子的电场和电位可以用来分析电介质的极化问题。用电偶极矩表示电偶极子的大小和空间取向，它定义为电荷 q 乘以有向距离 $\boldsymbol{l}$，即

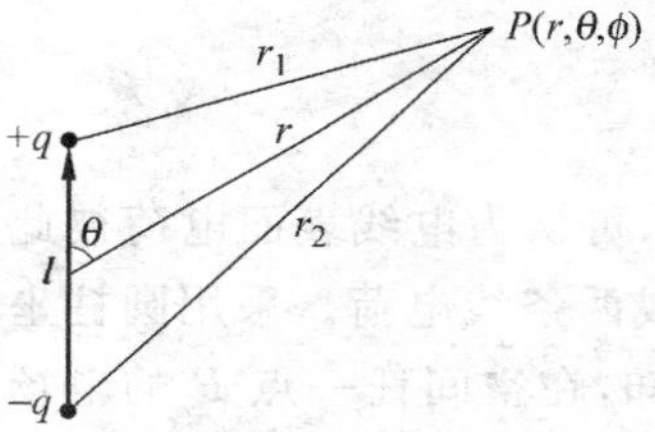

图 2.26 电偶极子

$$\boldsymbol{p} = q\boldsymbol{l} \tag{2.42}$$

电偶极矩是一个矢量，它的方向是由负电荷指向正电荷。取电偶极子的轴和 z 轴重合，电偶极子的中心在坐标原点。电偶极子在空间任意一点 P 的电位为

$$\varphi = \frac{q}{4\pi\varepsilon_0}\left(\frac{1}{r_1}-\frac{1}{r_2}\right) \tag{2.43}$$

式中，r_1 和 r_2 分别为场点 P 到 q 和 $-q$ 的距离。r 为坐标原点到 P 点的距离，当 $l \ll r$ 时，有

$$r_1 = \left(r^2+\frac{l^2}{4}-2r\,\frac{l}{2}\cos\theta\right)^{1/2} \approx r\left(1-\frac{l}{r}\cos\theta\right)^{1/2}$$

$$r_2 = \left(r^2+\frac{l^2}{4}+2r\,\frac{l}{2}\cos\theta\right)^{1/2} \approx r\left(1+\frac{l}{r}\cos\theta\right)^{1/2}$$

$$\frac{1}{r_1} \approx \frac{1}{r}\left(1+\frac{l}{2r}\cos\theta\right)$$

$$\frac{1}{r_2} \approx \frac{1}{r}\left(1-\frac{l}{2r}\cos\theta\right)$$

从而有

$$\varphi = \frac{ql\cos\theta}{4\pi\varepsilon_0 r^2} \tag{2.44}$$

或

$$\varphi = \frac{\boldsymbol{p} \cdot \boldsymbol{r}}{4\pi\varepsilon_0 r^3} \tag{2.45}$$

其电场强度在球坐标中的表示式为

$$\boldsymbol{E} = \frac{p}{4\pi\varepsilon_0 r^3}(2\cos\theta \boldsymbol{e}_r + \sin\theta \boldsymbol{e}_\theta) \tag{2.46}$$

上述分析表明，电偶极子的电位与距离的平方成反比，电场强度与距离的3次方成反比。显然，随着离电荷距离越远，电偶极子比单个点电荷的电场衰减得越快，这是因为在远处正、负电荷的电场相抵消的缘故。电偶极子的电场各分量大小与θ有关，无$\boldsymbol{e}_\phi$分量，电力线都分布在$\boldsymbol{e}_r$和$\boldsymbol{e}_\theta$构成的平面上，该平面称为子午面或含轴平面。电偶极子的电位和电场的另一个特点是具有轴对称性，如图2.27所示。

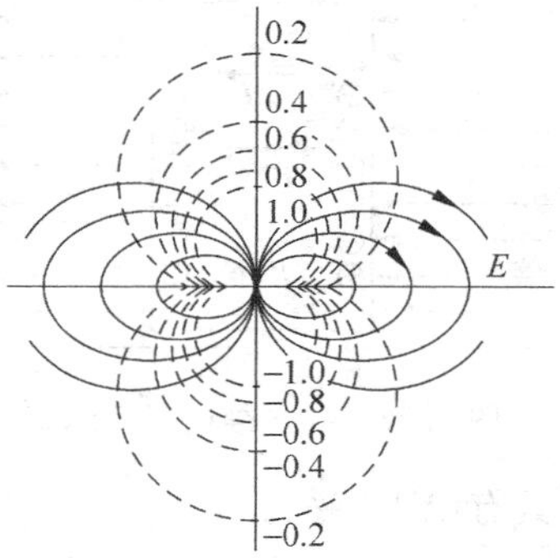

图2.27 电偶极子的电场分布

例2.14 一个电子和一个质子相距10^{-11}m，沿z轴对称安置，以$z=0$为它们的平分面。求点$P(3,4,12)$的电位和电场强度。

解：建立直角坐标系。位置矢量为

$$\boldsymbol{r} = 3\boldsymbol{e}_x + 4\boldsymbol{e}_y + 12\boldsymbol{e}_z, \quad r = 13\text{m}$$

电偶极矩为

$$\boldsymbol{p} = q\boldsymbol{l} = 1.6 \times 10^{-19} \times 10^{-11}\boldsymbol{e}_z = 1.6 \times 10^{-30}\boldsymbol{e}_z$$

P点的电位为

$$\varphi = \frac{\boldsymbol{p} \cdot \boldsymbol{r}}{4\pi\varepsilon_0 r^3} = \frac{9 \times 10^9 \times 1.6 \times 10^{-30} \times 12}{13^3} = 7.865 \times 10^{-23} \quad (\text{V})$$

P点的电场强度为

$$\begin{aligned}\boldsymbol{E} &= \frac{3(\boldsymbol{p} \cdot \boldsymbol{r})\boldsymbol{r} - r^2\boldsymbol{p}}{4\pi\varepsilon_0 r^5} \\ &= \frac{9 \times 10^9}{13^5}(1.6 \times 10^{-30})[3 \times 12(3\boldsymbol{e}_x + 4\boldsymbol{e}_y + 12\boldsymbol{e}_z) - 13^2\boldsymbol{e}_z] \\ &= (4.189\boldsymbol{e}_x + 5.585\boldsymbol{e}_y + 10.2\boldsymbol{e}_z) \times 10^{-24} \quad (\text{V/m})\end{aligned}$$

2.5 静电场中的物质

根据物质的电特性，可将其分为导电物质和绝缘物质两类。通常称前者为导体，后者为电介质。电介质简称介质，是一种电阻率很高、导电性能很差的物质。导体的特点是其内部有大量的能自由运动的电荷，在外电场的作用下，这些自由电荷可以作宏观运动；相反，介质中的带电粒子被约束在介质的分子中，不能作宏观运动。在电场的作用下，介质内的带电粒子会发生微观的位移，使分子产生极化。

2.5.1 静电场中的导体

当将导体置于静电场中时，导体中将呈现静电感应现象，形成导体中电荷的重新分布。

在外加电场 $\boldsymbol{E}_0$ 的作用下，正电荷将沿电场方向、负电荷沿其反方向向导体表面移动；同时，这些正、负电荷又形成与外电场反向的二次电场 $\boldsymbol{E}'$ 来抵消原电场的作用。最终导致导体中的合成电场 $\boldsymbol{E}$ 为零，电荷停止运动，这种状态称为静电平衡，如图 2.28 所示。本书的讨论仅局限于达到平衡状态以后的现象。

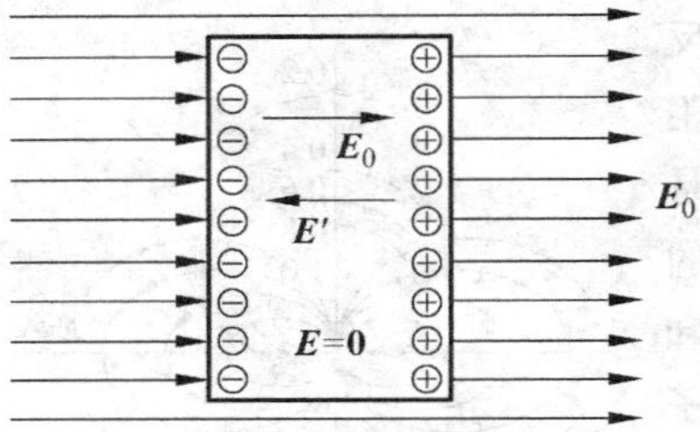

图 2.28 导体静电平衡示意图

导体的导电率只影响从不平衡状态过渡到平衡状态所需的时间(称为弛豫时间)。电导率越大，则弛豫时间越短。对大多数金属来说，该时间都是极短暂的。而导体导电率的大小并不影响平衡状态本身。因此，在静电场中讨论导体时，并不考虑电导率，不去区分良导体、非良导体等，从这个意义上说，它们都可看成是理想导体。

基于上述关于导体的定义与概念，静电场中的导体具有以下特征。

(1) 导体内部各处电场强度均为零。

(2) 导体内部不存在任何净电荷，电荷都以面电荷形式分布于导体表面。

(3) 导体为一等位体，其表面为等位面。导体内部电场强度处处为零，沿导体内两点间电场强度的线积分必为零，因而该两点间无电位差。

(4) 导体表面切向电场强度为零，而只有法向电场强度分量 E_n。

例 2.15 内、外半径分别为 R_2、R_3 的孤立导体球壳，内部同心放置半径为 $R_1(R_1<R_2)$ 且电荷均匀分布的球，其电荷体密度为 ρ_V，如图 2.29 所示。求空间各点的电场强度。

解：(1) 在 $r<R_1$ 区域，以 r 为半径作一同心球面作为高斯面，球面内电荷电量为

$$q' = \frac{4}{3}\pi r^3 \rho_V \tag{2.47}$$

由于球面内电荷均匀分布，则 $\boldsymbol{E}$ 的方向为 $\boldsymbol{e}_r$，其模在高斯面上为常数。由高斯定理，有

$$\oint_S \boldsymbol{E}\cdot \mathrm{d}\boldsymbol{S} = E_r \oint_S \mathrm{d}S = 4\pi r^2 E_r = \frac{q'}{\varepsilon_0} \tag{2.48}$$

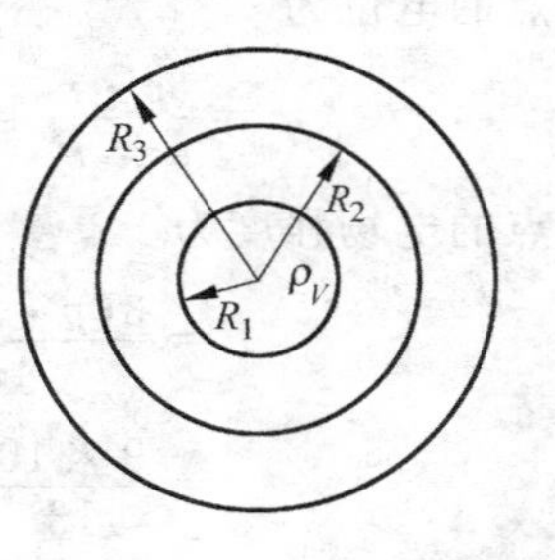

图 2.29 导体球壳中同心放置电荷均匀分布的球

将式(2.47)代入式(2.48)，得该区域的电场强度为

$$\boldsymbol{E} = \frac{r}{3\varepsilon_0}\rho_V \boldsymbol{e}_r$$

(2) 在 $R_1 \leqslant r < R_2$ 区域，球面内电荷电量为

$$q = \frac{4}{3}\pi R_1^3 \rho_V \tag{2.49}$$

仿式(2.48)，由高斯定理可得这个区域的电场强度为

$$\boldsymbol{E} = \frac{R_1^3}{3\varepsilon_0 r^2}\rho_V \boldsymbol{e}_r \tag{2.50}$$

(3) $R_2 \leqslant r \leqslant R_3$ 区域为球壳导体，而导体内电场强度为 $\mathbf{0}$，在 $r=R_2$ 的球壳内表面上会产生总量为 $-q$ 且均匀分布的电荷。设球壳内表面上的面电荷密度为 ρ_{S2}，则

$$4\pi R_2^2 \rho_{S2} = -q$$

将式(2.49)代入得

$$\rho_{S2}=-\frac{R_1^3}{3R_2^2}\rho_V$$

(4) 在 $r>R_3$ 区域。由于孤立导体球壳内表面上产生了总量为 $-q$ 的电荷,则 $r=R_3$ 的球壳外表面上就会产生总量为 q 且均匀分布的电荷。设球壳外表面上的面电荷密度为 ρ_{S3},则

$$\rho_{S3}=\frac{R_1^3}{3R_3^2}\rho_V$$

同样,仿式(2.48),由高斯定理可得这个区域的电场强度为

$$\boldsymbol{E}=\frac{R_1^3}{3\varepsilon_0 r^2}\rho_V\boldsymbol{e}_r$$

可见,其与式(2.50)相同。

2.5.2 介质的极化

当介质被放入电场中时,介质在电场作用下会使介质表面或介质中心出现某种电荷分布,这种现象称为介质的极化,这种因极化而产生的电荷称为极化电荷或束缚电荷。从微观的角度来看,电介质的极化分为两种:无极性分子的极化叫做位移极化,极性分子的极化叫做取向极化。

无极性分子置于外电场中时,外电场使得分子正负电荷中心发生位移,产生附加电矩,分子电偶极矩的方向沿外电场方向。

对于有极性分子,在无外加电场时,虽然每一个分子具有固有电矩,但由于分子的不规则运动,在一块介质中,所有分子的固有电矩的矢量和平均起来互相抵消,即宏观电矩为零。但是在外加电场的作用下,每个分子电矩会受到力矩的作用,使分子电矩方向转向外加电场的方向。

在极化介质中,每一个分子都是一个电偶极子,整个介质可以看成是真空中电偶极子有序排列的集合体。用极化强度表征电介质的极化性质。极化强度是一个矢量,它代表单位体积中电矩的矢量和。假设体积 ΔV 中分子电矩的总和为 $\sum\boldsymbol{p}$,则极化强度 $\boldsymbol{P}$ 为

$$\boldsymbol{P}=\lim_{\Delta V\to 0}\frac{\sum\boldsymbol{p}}{\Delta V}\tag{2.51}$$

极化强度的单位是 $\mathrm{C/m^2}$。极化强度矢量 $\boldsymbol{P}$ 的取值主要取决于介质的材料特性和外加电场强度。

2.5.3 极化介质产生的电位

当一块电介质受外加电场的作用而极化后,就等效为真空中一系列电偶极子。极化介质产生的附加电场,实质上就是这些电偶极子产生的电场,如图 2.30 所示。

设极化介质的体积为 V,表面积是 S,极化强度是 $\boldsymbol{P}$,现在计算介质外部任一点的电位。在介质中 $\boldsymbol{r}'$ 处取一体积元 $\Delta V'$,因 $|\boldsymbol{r}-\boldsymbol{r}'|$ 远大于 $\Delta V'$ 的线度,故可将 $\Delta V'$ 中介质当成一偶极子,其偶极矩为 $\boldsymbol{p}=\boldsymbol{P}\Delta V'$,它在 $\boldsymbol{r}$ 处产生的电位为

$$\Delta\varphi(\boldsymbol{r})=\frac{\boldsymbol{P}(\boldsymbol{r}')\Delta V'}{4\pi\varepsilon_0}\cdot\frac{\boldsymbol{r}-\boldsymbol{r}'}{|\boldsymbol{r}-\boldsymbol{r}'|^3}\tag{2.52}$$

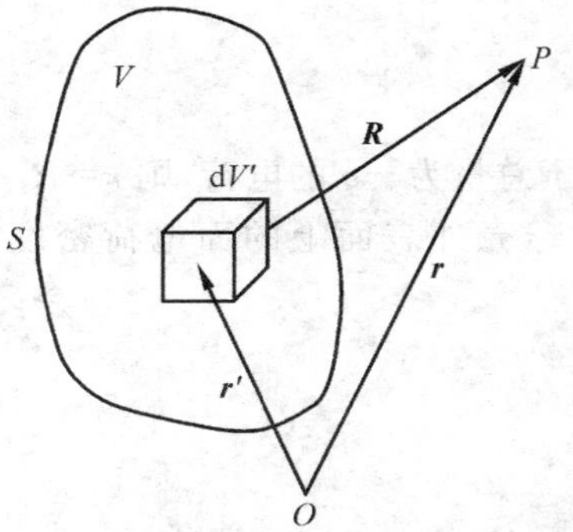

图 2.30 束缚电荷产生的电位

整个极化介质产生的电位是上式的积分，即

$$\varphi(r)=\frac{1}{4\pi\varepsilon_0}\int_V\frac{\boldsymbol{P}(\boldsymbol{r}')\cdot(\boldsymbol{r}-\boldsymbol{r}')}{|\boldsymbol{r}-\boldsymbol{r}'|^3}\mathrm{d}V' \tag{2.53}$$

对上式进行变换，利用

$$\nabla'\frac{1}{|\boldsymbol{r}-\boldsymbol{r}'|}=\frac{\boldsymbol{r}-\boldsymbol{r}'}{|\boldsymbol{r}-\boldsymbol{r}'|^3}$$

变换为

$$\varphi(r)=\frac{1}{4\pi\varepsilon_0}\int_V\boldsymbol{P}(\boldsymbol{r}')\cdot\nabla'\frac{1}{|\boldsymbol{r}-\boldsymbol{r}'|}\mathrm{d}V' \tag{2.54}$$

再利用矢量恒等式

$$\nabla'\cdot(u\boldsymbol{A})=u\nabla'\cdot\boldsymbol{A}+\nabla'u\cdot\boldsymbol{A}$$

令 $u=\frac{1}{|\boldsymbol{r}-\boldsymbol{r}'|}$，$\boldsymbol{A}=\boldsymbol{P}$，则

$$\begin{aligned}\varphi(r)&=\frac{1}{4\pi\varepsilon_0}\int_V\nabla'\cdot\frac{\boldsymbol{P}(\boldsymbol{r}')}{|\boldsymbol{r}-\boldsymbol{r}'|}\mathrm{d}V'+\frac{1}{4\pi\varepsilon_0}\int_V\frac{-\nabla'\cdot\boldsymbol{P}(\boldsymbol{r}')}{|\boldsymbol{r}-\boldsymbol{r}'|}\mathrm{d}V'\\&=\frac{1}{4\pi\varepsilon_0}\oint_S\frac{\boldsymbol{P}(\boldsymbol{r}')\cdot\boldsymbol{n}}{|\boldsymbol{r}-\boldsymbol{r}'|}\mathrm{d}S'+\frac{1}{4\pi\varepsilon_0}\int_V\frac{-\nabla'\cdot\boldsymbol{P}(\boldsymbol{r}')}{|\boldsymbol{r}-\boldsymbol{r}'|}\mathrm{d}V'\end{aligned} \tag{2.55}$$

式中，$\boldsymbol{n}$ 为 S 上某点的外法向单位矢量。上式的第一项与面分布电荷产生的电位表示式相同，第二项与体分布电荷产生的电位表示式相同，$\boldsymbol{P}(\boldsymbol{r}')\cdot\boldsymbol{n}$ 和 $-\nabla'\cdot\boldsymbol{P}(\boldsymbol{r}')$ 分别有面电荷密度和体电荷密度的量纲，因此极化介质产生的电位可以看作是等效体分布电荷和面分布电荷在真空中共同产生的。等效体电荷密度和面电荷密度分别为

$$\rho_P=-\nabla'\cdot\boldsymbol{P}(\boldsymbol{r}') \tag{2.56}$$

$$\rho_{SP}=\boldsymbol{P}(\boldsymbol{r}')\cdot\boldsymbol{n} \tag{2.57}$$

这个等效电荷也称为极化电荷，或者称为束缚电荷。

在以上的分析中，场点是选取在介质外部的。可以证明，上面的结果也适用于极化介质内部任一点的电位的计算。有了电位表达式，就能求出极化介质产生的电场。实际上，以上的电位电场，仅仅考虑的是束缚电荷产生的那一部分，空间的总电场应该再加上自由电荷（也就是外加电荷）产生的电场。

例 2.16 一个半径为 a 的均匀极化介质球，极化强度是 $P_0\boldsymbol{e}_z$。求极化电荷分布及介质球的电偶极矩。

解：取球坐标系，球心位于坐标原点。已知极化强度 $\boldsymbol{P}(\boldsymbol{r}')=P_0\boldsymbol{e}_z$，则极化电荷体密度为

$$\rho_P=-\nabla'\cdot\boldsymbol{P}(\boldsymbol{r}')=0$$

极化电荷面密度为

$$\rho_{SP}=\boldsymbol{P}(\boldsymbol{r}')\cdot\boldsymbol{n}=P_0\boldsymbol{e}_z\cdot\boldsymbol{e}_r=P_0\cos\theta$$

可见，介质球均匀极化后，极化电荷分布在球面上，且以 $P_0\cos\theta$ 分布，即在 $z>0$ 的上半球面上为正电荷，$z<0$ 的下半球面上为负电荷。计算分布电荷对原点的偶极矩时，球面上面积元 $\mathrm{d}S$ 的电矩为 $\rho_{SP}\mathrm{d}S\boldsymbol{r}$。将各面积元 $\mathrm{d}S$ 的电矩全部叠加起来，即得 $\mathrm{d}S$ 的电矩

$$\mathrm{d}\boldsymbol{p}=\rho_{SP}\mathrm{d}S\boldsymbol{r}=P_0\cos\theta\mathrm{d}S\boldsymbol{r}$$

由于

$$\boldsymbol{r} = a(\sin\theta\cos\phi\boldsymbol{e}_x + \sin\theta\sin\phi\boldsymbol{e}_y + \cos\theta\boldsymbol{e}_z)$$

$$\mathrm{d}S = a^2\sin\theta\mathrm{d}\theta\mathrm{d}\phi$$

则介质球的电偶极矩为

$$\begin{aligned}\boldsymbol{p} &= \oint_S a^3 P_0\cos\theta\sin\theta(\sin\theta\cos\phi\boldsymbol{e}_x + \sin\theta\sin\phi\boldsymbol{e}_y + \cos\theta\boldsymbol{e}_z)\mathrm{d}\theta\mathrm{d}\phi \\ &= a^3 P_0\int_0^{2\pi}\int_0^{\pi}(\sin^2\theta\cos\theta\cos\phi\boldsymbol{e}_x + \sin^2\theta\cos\theta\sin\phi\boldsymbol{e}_y + \sin\theta\cos^2\theta\boldsymbol{e}_z)\mathrm{d}\theta\mathrm{d}\phi \\ &= 2\pi a^3 P_0\int_0^{\pi}\sin\theta\cos^2\theta\mathrm{d}\theta\boldsymbol{e}_z = \frac{4\pi}{3}a^3 P_0\boldsymbol{e}_z\end{aligned}$$

它相当于一个位于球心的电偶极子。

其实，本问题是均匀极化，等效偶极矩肯定等于极化强度与体积之积。

2.5.4 介质中的场方程

在真空中高斯定理的微分形式为$\nabla\cdot\boldsymbol{E}=\rho/\varepsilon_0$，其中的电荷是指自由电荷。在电介质中，高斯定理的微分形式便可写为

$$\nabla\cdot\boldsymbol{E} = \frac{1}{\varepsilon_0}(\rho + \rho_P) \tag{2.58}$$

将$\rho_P=-\nabla\cdot\boldsymbol{P}$代入，得

$$\nabla\cdot(\varepsilon_0\boldsymbol{E} + \boldsymbol{P}) = \rho \tag{2.59}$$

这表明，矢量$\varepsilon_0\boldsymbol{E}+\boldsymbol{P}$的散度为自由电荷密度，称此矢量为电位移矢量(或电感应强度矢量、电通量密度)，并记为$\boldsymbol{D}$，即

$$\boldsymbol{D} = \varepsilon_0\boldsymbol{E} + \boldsymbol{P} \tag{2.60}$$

于是，介质中高斯定理的微分形式变为

$$\nabla\cdot\boldsymbol{D} = \rho \tag{2.61}$$

在介质中，电场强度的旋度仍然为零，将介质中静电场的方程归纳如下：

$$\nabla\cdot\boldsymbol{D} = \rho \tag{2.62}$$

$$\nabla\times\boldsymbol{E} = 0 \tag{2.63}$$

与其相应的积分形式为

$$\oint_S\boldsymbol{D}\cdot\mathrm{d}\boldsymbol{S} = q \tag{2.64}$$

$$\oint_l\boldsymbol{E}\cdot\mathrm{d}\boldsymbol{l} = 0 \tag{2.65}$$

2.5.5 *D*与*E*的关系及介电常数

在分析电介质中的静电场问题时，必须知道极化强度$\boldsymbol{P}$与电场强度$\boldsymbol{E}$之间的关系。$\boldsymbol{P}$与$\boldsymbol{E}$之间的关系由介质的固有特性决定，这种关系称为组成关系。如果$\boldsymbol{P}$和$\boldsymbol{E}$同方向，就称为各向同性介质。若二者成正比，就称为线性介质。实际应用中的大多数介质都是线性各向同性介质，其组成关系为

$$\boldsymbol{P} = \varepsilon_0\chi_e\boldsymbol{E} \tag{2.66}$$

式中，χ_e为极化率，是一个无量纲常数。从而有

$$\boldsymbol{D}=\varepsilon_0(1+\chi_e)\boldsymbol{E}=\varepsilon_0\varepsilon_r\boldsymbol{E}=\varepsilon\boldsymbol{E} \tag{2.67}$$

上式称为电介质的结构方程，称 ε_r 为介质的相对介电常数，称 ε 为介质的介电常数，单位为 F/m。对于给定的介质，在一定的物理条件（温度、密度等）下，ε_r 是定值。ε_r 是反映物质极化性能和储存电能能力的重要的电参数。

对于均匀介质（ε 为常数），电位满足如下的泊松方程：

$$\nabla^2\varphi=-\frac{\rho}{\varepsilon} \tag{2.68}$$

在自由电荷为零的区域，电位满足拉普拉斯方程。

第 2 章第 3 讲

例 2.17 设有一填充两层均匀电介质的同轴电缆，内导体半径 $a=5\text{mm}$，外导体内半径 $b=15\text{mm}$，两介质分界面半径为 c，内外两层介质的介电常数分别为 $\varepsilon_{r1}=2.7$（聚苯乙烯），$\varepsilon_{r2}=3$（纸），且聚苯乙烯和纸的击穿场强各为 $E_{max1}=20\times10^6\,\text{V/m}$、$E_{max2}=15\times10^6\,\text{V/m}$。试求：当两介质分界面半径 c 为何值时，两层介质均被击穿？这时该同轴电缆的击穿电压为多少伏特？

解：设内、外导体沿轴线方向单位长度带电量分别为 $+\rho_l$ 和 $-\rho_l$，与电缆同轴且半径为 ρ 的圆柱面上场强大小相等、方向为 $\boldsymbol{e}_\rho$ 方向。

应用高斯定理，可得内、外导体间（$a<\rho<b$）的电位移矢量为

$$\oint_S \boldsymbol{D}\cdot \mathrm{d}\boldsymbol{S}=Q$$

$$2\pi\rho\cdot 1\cdot \boldsymbol{D}\cdot\boldsymbol{e}_\rho=\rho_l\cdot 1$$

$$\boldsymbol{D}=\frac{\rho_l}{2\pi\rho}\boldsymbol{e}_\rho$$

在介质 1 中（$a\leqslant\rho\leqslant c$），电场强度为

$$\boldsymbol{E}_1=\frac{\rho_l}{2\pi\varepsilon_{r1}\varepsilon_0\rho}\boldsymbol{e}_\rho$$

在介质 2 中（$c\leqslant\rho\leqslant b$），电场强度为

$$\boldsymbol{E}_2=\frac{\rho_l}{2\pi\varepsilon_{r2}\varepsilon_0\rho}\boldsymbol{e}_\rho$$

令

$$U_0=\frac{\rho_l}{2\pi\varepsilon_0}$$

当 $\rho=a$ 时，有

$$E_{1\max}=\frac{U_0}{\varepsilon_{r1}a}$$

当 $\rho=c$ 时，有

$$E_{2\max}=\frac{U_0}{\varepsilon_{r2}c}$$

如果当电场强度最大值等于或大于电介质的击穿场强时介质就被击穿，则

$$E_{1\max}=20\times10^6=\frac{U_0}{\varepsilon_{r1}a}=\frac{U_0}{2.7\times5\times10^{-3}}$$

$$E_{2\max}=15\times10^6=\frac{U_0}{\varepsilon_{r2}c}=\frac{U_0}{3c}$$

$$\frac{E_{1\max}}{E_{2\max}} = \frac{3c}{13.5\times10^{-3}} = \frac{20\times10^6}{15\times10^6}$$

得

$$c = 6\text{mm},\quad U_0 = 2.7\times10^5\text{V}$$

所以得该同轴电缆的击穿电压为

$$U_{\max} = \int_a^b \boldsymbol{E}\cdot\mathrm{d}\boldsymbol{l} = \int_a^c E_1\mathrm{d}\rho + \int_c^b E_2\mathrm{d}\rho = E_{1\max}a\ln\frac{c}{a} + E_{2\max}c\ln\frac{b}{c} = 1.01\times10^5\text{V}$$

2.6 边界条件

当静电场中有媒质存在时，媒质与电场相互作用，使在介质中的不均匀处出现束缚电荷，在导体的表面上出现感应电荷。这些束缚电荷及感应电荷又产生电场，从而又改变了原来电场的分布。尤其是在两种不同媒质的分界面上出现束缚电荷和感应电荷，使界面两边的电场出现不连续，并使微分形式的静电场方程不能用在分界面上(由于边界处电场不连续，导数不存在)。因此，需要建立不同媒质的分界面两边电场的关系，这就是边界条件。

2.6.1 $\boldsymbol{E}$ 和 $\boldsymbol{D}$ 的边界条件

下面由介质中场方程的积分形式导出边界条件。如图 2.31 所示，分界面两侧的介电常数分别为 ε_1、ε_2，用 $\boldsymbol{n}$ 表示界面的法向，并规定其方向由介质 1 指向介质 2。可以将 $\boldsymbol{D}$ 和 $\boldsymbol{E}$ 在界面上分解为法向分量和切向分量，法向分量沿 $\boldsymbol{n}$ 方向，切向分量与 $\boldsymbol{n}$ 垂直。

先推导法向分量的边界条件。在分界面两侧作一个圆柱形闭合曲面，顶面和底面分别位于边界面两侧且都与分界面平行，其面积为 ΔS。将介质中积分形式的高斯定理应用于这个闭合面，然后令圆柱的高度趋于零，此时在侧面的积分为零，于是有

$$\boldsymbol{D}_2\cdot\boldsymbol{n}\Delta S - \boldsymbol{D}_1\cdot\boldsymbol{n}\Delta S = q = \rho_S\Delta S$$

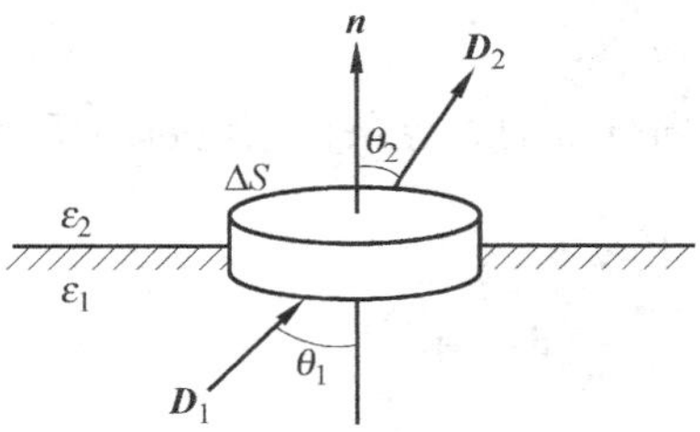

图 2.31 法向边界条件

即

$$\boldsymbol{n}\cdot(\boldsymbol{D}_2 - \boldsymbol{D}_1) = \rho_S \tag{2.69}$$

或

$$D_{2n} - D_{1n} = \rho_S \tag{2.70}$$

式中，ρ_S 为分界面上的自由面电荷密度。上式说明，电位移矢量的法向分量在通过界面时一般不连续。如果界面上无自由电荷分布，即在 $\rho_S=0$ 时，边界条件变为

$$\boldsymbol{n}\cdot(\boldsymbol{D}_2 - \boldsymbol{D}_1) = 0 \quad 或 \quad D_{2n} - D_{1n} = 0 \tag{2.71}$$

这说明在无自由电荷分布的界面上，电位移矢量的法向分量是连续的。

对简单媒质，上式可写为

$$\varepsilon_1 E_{1n} = \varepsilon_2 E_{2n} \tag{2.72}$$

现在推导电场强度切向分量的边界条件。设分界面两侧的电场强度分别为 $\boldsymbol{E}_1$、$\boldsymbol{E}_2$，如图 2.32 所示。

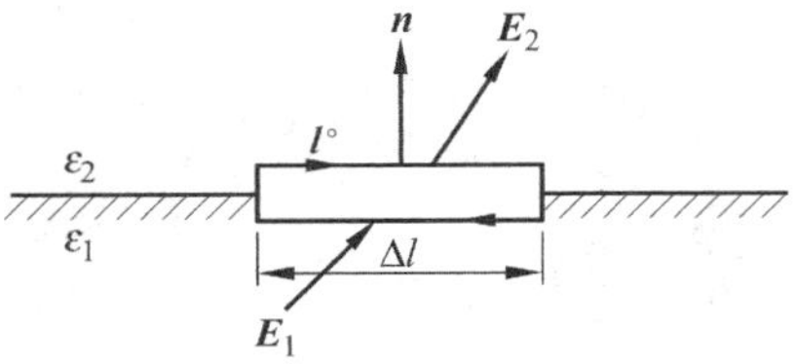

图 2.32 切向边界条件

在界面上作一狭长矩形回路，两条长边分别在分界面两侧，且都与分界面平行。作电场强度沿该矩形回路的积分，并令矩形的短边趋于零，有

$$\oint_l \boldsymbol{E} \cdot \mathrm{d}\boldsymbol{l} = \boldsymbol{E}_1 \cdot \Delta \boldsymbol{l}_1 + \boldsymbol{E}_2 \cdot \Delta \boldsymbol{l}_2 = 0$$

因为 $\Delta \boldsymbol{l}_2 = \boldsymbol{l}^\circ \Delta l$，$\Delta \boldsymbol{l}_1 = -\boldsymbol{l}^\circ \Delta l$，$\boldsymbol{l}^\circ$是单位矢量，上式变为

$$(\boldsymbol{E}_2 - \boldsymbol{E}_1) \cdot \boldsymbol{l}^\circ = 0$$

注意到 $\boldsymbol{n} \perp \boldsymbol{l}^\circ$，故有

$$\boldsymbol{n} \times (\boldsymbol{E}_2 - \boldsymbol{E}_1) = \boldsymbol{0} \tag{2.73}$$

或

$$E_{2t} = E_{1t} \tag{2.74}$$

这表明，电场强度的切向分量在边界两侧是连续的。

2.6.2 电位的边界条件

边界条件(2.70)和边界条件(2.74)可以用电位来表示。在图 2.32 中，电场强度沿该矩形回路的积分中有 $\boldsymbol{E}_1 \cdot \Delta \boldsymbol{l}_1$和 $\boldsymbol{E}_2 \cdot \Delta \boldsymbol{l}_2$，分别为分界面两边距离为 Δl 的电位差，两者相等，若选右边为电位参考点，则左边分界面两边的电位相等，表明电位连续，即

$$\varphi_1 = \varphi_2 \tag{2.75}$$

由于

$$D_{1n} = \varepsilon_1 E_{1n} = -\varepsilon_1 \frac{\partial \varphi_1}{\partial n}$$

$$D_{2n} = \varepsilon_2 E_{2n} = -\varepsilon_2 \frac{\partial \varphi_2}{\partial n}$$

法向分量的边界条件用电位表示为

$$\varepsilon_1 \frac{\partial \varphi_1}{\partial n} - \varepsilon_2 \frac{\partial \varphi_2}{\partial n} = \rho_S \tag{2.76}$$

在 $\rho_S = 0$ 时，有

$$\varepsilon_1 \frac{\partial \varphi_1}{\partial n} - \varepsilon_2 \frac{\partial \varphi_2}{\partial n} = 0 \tag{2.77}$$

最后，分析电场强度矢量经过两种电介质界面时，其方向的改变情况。设区域 1 和区域 2 内电力线与法向的夹角分别为 θ_1、θ_2，由式(2.72)和式(2.74)得

$$\frac{\tan\theta_1}{\tan\theta_2} = \frac{\varepsilon_1}{\varepsilon_2} \tag{2.78}$$

另外，在导体表面，边界条件可以简化。导体内的静电场在静电平衡时为零。设导体外部的场为 $\boldsymbol{E}$、$\boldsymbol{D}$，导体的外法向为 $\boldsymbol{n}$，则导体表面的边界条件简化为

$$E_t = 0 \tag{2.79}$$

$$D_n = \rho_S \tag{2.80}$$

沿导体表面任意两点间的电位差为零，即

$$E_t = \boldsymbol{E} \cdot \boldsymbol{e}_l = -\nabla\varphi \cdot \boldsymbol{e}_l = -\frac{\partial \varphi}{\partial l} = 0$$

式中，l 为任意两点间的长度。

可见，导体表面是等位面，即 φ 为常数。式(2.76)化为

$$\varepsilon\frac{\partial\varphi}{\partial n}=-\rho_S \tag{2.81}$$

式中，ρ_S 为导体表面的自由电荷面密度。

例 2.18 同心球电容器的内导体半径为 a，外导体的内半径为 b，其间填充两种介质，上半部分的介电常数为 ε_1，下半部分的介电常数为 ε_2，如图 2.33 所示。设内、外导体带电量分别为 q 和 $-q$，求各部分的电位移矢量和电场强度。

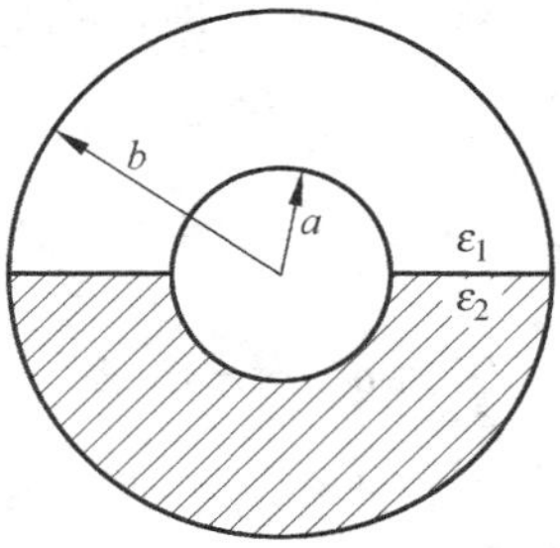

图 2.33 同心球电容器

解：两个极板间的场分布要同时满足介质分界面和导体表面的边界条件。因为内、外导体均是一个等位面，可以假设电场沿径向方向，然后，再验证这样的假设满足所有的边界条件。

要满足介质分界面上电场强度切向分量连续，上、下两部分的电场强度应满足

$$\boldsymbol{E}_1=\boldsymbol{E}_2=E\boldsymbol{e}_r$$

在半径为 r 的球面上作电位移矢量的面积分，有

$$2\pi\varepsilon_1 r^2E_1+2\pi\varepsilon_2 r^2E_2=2\pi(\varepsilon_1+\varepsilon_2)r^2E=q$$

$$E=\frac{q}{2\pi(\varepsilon_1+\varepsilon_2)r^2}$$

$$\boldsymbol{D}_1=\frac{\varepsilon_1 q}{2\pi(\varepsilon_1+\varepsilon_2)r^2}\boldsymbol{e}_r$$

$$\boldsymbol{D}_2=\frac{\varepsilon_2 q}{2\pi(\varepsilon_1+\varepsilon_2)r^2}\boldsymbol{e}_r$$

可以验证，这样的场分布也满足介质分界面上的法向分量和导体表面上的边界条件。

例 2.19 如图 2.34 所示，球形导体带电量为 Q(C)，球形导体的半径为 a(m)，球外上、下半空间媒质介电常数分别为 ε_1 和 ε_2，分界面为无限大平面。求球外电位函数 φ 和电场强度 $\boldsymbol{E}$。

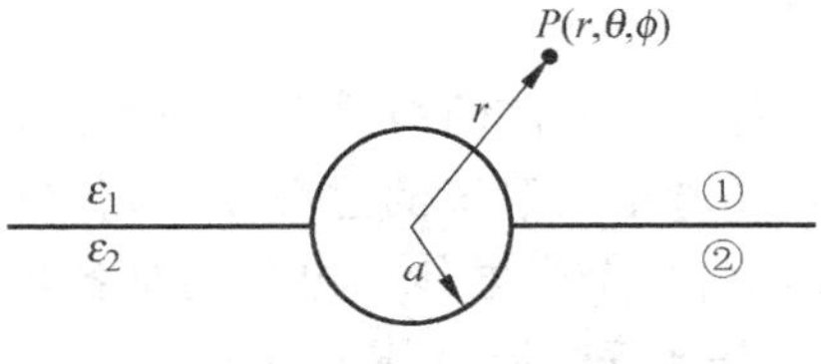

图 2.34 球形导体示意图

解：这是一个球对称性的场问题。在球坐标系下，电位 φ 仅是 r 的函数，电场方向为 $\boldsymbol{e}_r$，大小为 E。因为电荷只在球形导体上分布，所以在 $r>a$ 的球外区域可认为是无源区。电位函数满足拉普拉斯方程 $\nabla^2\varphi=0$，即

$$\nabla^2\varphi=\frac{1}{r^2}\cdot\frac{\partial}{\partial r}\left(r^2\frac{\partial\varphi}{\partial r}\right)=0$$

故

$$\varphi(r)=-\frac{C_1}{r}+C_2$$

式中，C_1、C_2 为常数。若取无限远处为电位参考点，则

$$C_2=0,\quad \varphi(r)=-\frac{C_1}{r}$$

电场强度 $\boldsymbol{E}=-\nabla\varphi$，故

$$\boldsymbol{E}=-\frac{C_1}{r^2}\boldsymbol{e}_r$$

两介质中的电位移矢量应为

$$\boldsymbol{D}_1=\varepsilon_1\boldsymbol{E}=-\frac{\varepsilon_1 C_1}{r^2}\boldsymbol{e}_r,\quad \boldsymbol{D}_2=\varepsilon_2\boldsymbol{E}=-\frac{\varepsilon_2 C_1}{r^2}\boldsymbol{e}_r$$

球形导体的上半球面和下半球面上的电量应分别为

$$q_1=\int_S \boldsymbol{D}_1\cdot \mathrm{d}\boldsymbol{S}=2\pi a^2\cdot\left(-\frac{\varepsilon_1 C_1}{a^2}\right)=-2\pi\varepsilon_1 C_1$$

$$q_2=\int_S \boldsymbol{D}_2\cdot \mathrm{d}\boldsymbol{S}=2\pi a^2\cdot\left(-\frac{\varepsilon_2 C_1}{a^2}\right)=-2\pi\varepsilon_2 C_1$$

因为 $q=q_1+q_2$，得 $-2\pi C_1(\varepsilon_1+\varepsilon_2)=Q$，即

$$C_1=-\frac{Q}{2\pi(\varepsilon_1+\varepsilon_2)}$$

可得

$$\varphi=\frac{Q}{2\pi(\varepsilon_1+\varepsilon_2)r}\quad(\mathrm{V})$$

$$\boldsymbol{E}=\frac{Q}{2\pi(\varepsilon_1+\varepsilon_2)r^2}\boldsymbol{e}_r\quad(\mathrm{V/m})$$

2.7 静电场中的储能

2.7.1 电场能量

当电荷放入电场中，电场就会做功使电荷位移，这说明电场中具有能量。电场越强，对电荷的作用力就越大，做功的能力就越强，说明电场具有的能量越大。外力做功将电荷从很远处移到某空间区域中，在该空间区域建立起电场，从而也使该区域具有了电场能量。根据能量守恒定律，电场能量等于在建立起电场的过程中外力移动电荷使电荷达到一定的分布所做的功。

下面计算由 n 个带电体组成的系统的静电能量。设每个带电体的最终电位分别为 φ_1，φ_2，…，φ_n，最终电荷分别为 q_1，q_2，…，q_n。带电系统的能量与建立系统的过程无关，仅仅与系统的最终状态有关。假设在建立系统过程中的任一时刻，各个带电体的电量均是各自终值的 α 倍（$\alpha<1$），即带电量为 αq_i，电位为 $\alpha\varphi_i$。经过一段时间，带电体 i 的电量增量为 $\mathrm{d}(\alpha q_i)$，外源对它所做的功为 $\alpha\varphi_i\mathrm{d}(\alpha q_i)$。外源对 n 个带电体所做的功为

$$\mathrm{d}A=\sum_{i=1}^{n}q_i\varphi_i\alpha\,\mathrm{d}\alpha \tag{2.82}$$

因而，电场能量的增量为

$$\mathrm{d}W_{\mathrm{e}}=\sum_{i=1}^{n}q_i\varphi_i\alpha\,\mathrm{d}\alpha \tag{2.83}$$

在整个过程中，电场的储能为

$$W_{\mathrm{e}}=\int \mathrm{d}W_{\mathrm{e}}=\sum_{i=1}^{n}q_i\varphi_i\int_0^1\alpha\,\mathrm{d}\alpha=\frac{1}{2}\sum_{i=1}^{n}q_i\varphi_i \tag{2.84}$$

电场能量的表达式可以推广到分布电荷的情形。对于体分布电荷，可将其分割为一系列体积元 ΔV，每一体积元的电量为 $\rho\Delta V$，当 ΔV 趋于零时，得到体分布电荷的能量为

$$W_e = \int_V \frac{1}{2}\rho_V(r)\varphi(r)\mathrm{d}V \tag{2.85}$$

式中，φ 为电荷所在点的电位。同理，面电荷和线电荷的电场能量分别为

$$W_e = \int_S \frac{1}{2}\rho_S(r)\varphi(r)\mathrm{d}S \tag{2.86}$$

$$W_e = \int_l \frac{1}{2}\rho_l(r)\varphi(r)\mathrm{d}l \tag{2.87}$$

式(2.84)也适用于计算带电导体系统的能量。带电导体系统的能量也可以用电位系数或电容系数来表示，即

$$W_e = \sum_{i=1}^{n}\sum_{j=1}^{n}\frac{1}{2}p_{ij}q_iq_j \tag{2.88}$$

$$W_e = \sum_{i=1}^{n}\sum_{j=1}^{n}\frac{1}{2}\beta_{ij}\varphi_i\varphi_j \tag{2.89}$$

如果电容器极板上的电量为 $\pm q$，电压为 U，则电容器内储存的静电能量为

$$W_e = \frac{1}{2}qU = \frac{1}{2}CU^2 = \frac{q^2}{2C} \tag{2.90}$$

例如，在两个导体极板构成的电容器中，经外电源充电后，最终极板上的电量分别为 $+Q$ 与 $-Q$，对应电位分别为 φ_1 和 φ_2，则该电容器储存的电场能量为

$$W_e = \frac{1}{2}Q\varphi_1 - \frac{1}{2}Q\varphi_2 = \frac{1}{2}Q(\varphi_1-\varphi_2) = \frac{1}{2}QU = \frac{1}{2}CU^2 = \frac{Q^2}{2C}$$

2.7.2　能量密度

式(2.85)计算的是静电场的总能量，这个公式容易造成电场储存在电荷分布空间的印象。事实上，只要有电场的地方，移动带电体都要做功。这说明电场能量储存于电场所在的空间。以下分析电场能量的分布并引入能量密度的概念。

设在空间某区域有体电荷分布和面电荷分布，体电荷分布在 S 和 S' 限定的区域 V 内，面电荷分布在导体表面上，如图 2.35 所示，该系统的能量为

$$W_e = \frac{1}{2}\int_V \rho_V\varphi\mathrm{d}V + \frac{1}{2}\int_S \rho_S\varphi\mathrm{d}S \tag{2.91}$$

将 $\nabla\cdot\boldsymbol{D}=\rho$ 和 $\boldsymbol{D}\cdot\boldsymbol{n}=\rho_S$ 代入上式，有

$$W_e = \frac{1}{2}\int_V \varphi\nabla\cdot\boldsymbol{D}\mathrm{d}V + \frac{1}{2}\int_S \varphi\boldsymbol{D}\cdot\boldsymbol{n}\mathrm{d}S \tag{2.92}$$

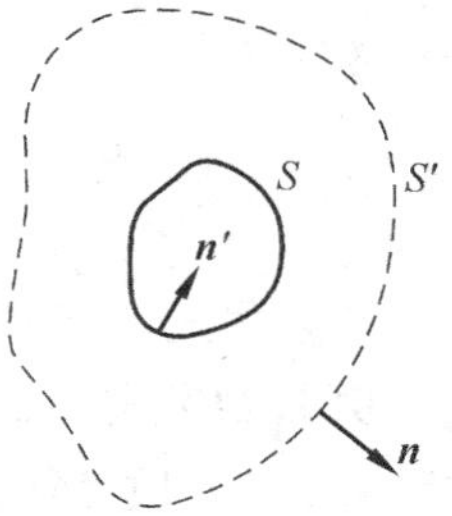

图 2.35　能量密度

考虑到区域 V 以外没有电荷，故可以将体积分扩展到整个空间，而面积分仍在导体表面进行。利用矢量恒等式，得

$$\varphi\nabla\cdot\boldsymbol{D} = \nabla\cdot(\varphi\boldsymbol{D}) - \nabla\varphi\cdot\boldsymbol{D} = \nabla\cdot(\varphi\boldsymbol{D}) + \boldsymbol{E}\cdot\boldsymbol{D}$$

则

$$\begin{aligned}\frac{1}{2}\int_V \varphi\nabla\cdot\boldsymbol{D}\mathrm{d}V &= \frac{1}{2}\int_V \nabla\cdot(\varphi\boldsymbol{D})\mathrm{d}V + \frac{1}{2}\int_V \boldsymbol{E}\cdot\boldsymbol{D}\mathrm{d}V \\ &= \frac{1}{2}\int_{S+S'}\varphi\boldsymbol{D}\cdot\mathrm{d}\boldsymbol{S} + \frac{1}{2}\int_V \boldsymbol{E}\cdot\boldsymbol{D}\mathrm{d}V \\ &= \frac{1}{2}\int_{S'}\varphi\boldsymbol{D}\cdot\boldsymbol{n}\mathrm{d}S + \frac{1}{2}\int_S \varphi\boldsymbol{D}\cdot\boldsymbol{n}'\mathrm{d}S + \frac{1}{2}\int_V \boldsymbol{E}\cdot\boldsymbol{D}\mathrm{d}V\end{aligned}$$

将上式代入式(2.92),并且注意到在导体表面 S 上 $\boldsymbol{n}=-\boldsymbol{n}'$,得

$$W_e=\frac{1}{2}\int_V \boldsymbol{E}\cdot\boldsymbol{D}\mathrm{d}V+\frac{1}{2}\int_{S'}\varphi\boldsymbol{D}\cdot\boldsymbol{n}\mathrm{d}S \tag{2.93}$$

式中,V 已经扩展到无穷大,故 S' 在无穷远处。对于分布在有限区域的电荷,$\varphi\propto 1/R$,$D\propto 1/R^2$,$S'\propto R^2$,因此当 $R\to\infty$ 时,上式中的面积分为零,于是有

$$W_e=\frac{1}{2}\int_V \boldsymbol{E}\cdot\boldsymbol{D}\mathrm{d}V \tag{2.94}$$

特别要说明的是,上式的积分范围是全空间或存在电场的空间。

式(2.94)说明,凡是静电场不为零的空间中都储存着静电能。静电能是以电场的形式存在于空间的,而不是以电荷或电位的形式存在于空间中的。场中任一点的能量密度为

$$w_e=\frac{1}{2}\boldsymbol{E}\cdot\boldsymbol{D} \tag{2.95}$$

对于各向同性介质,有

$$w_e=\frac{1}{2}\varepsilon E^2 \tag{2.96}$$

例 2.20 若真空中电荷 q 均匀分布在半径为 a 的球体内,计算电场能量。

解:用高斯定理可以得到电场强度为

$$\boldsymbol{E}=\frac{qr}{4\pi\varepsilon_0 a^3}\boldsymbol{e}_r \quad (r<a)$$

$$\boldsymbol{E}=\frac{q}{4\pi\varepsilon_0 r^2}\boldsymbol{e}_r \quad (r>a)$$

所以

$$\begin{aligned}W_e&=\frac{1}{2}\int_V\varepsilon_0 E^2\mathrm{d}V\\&=\frac{1}{2}\varepsilon_0\left(\frac{q}{4\pi\varepsilon_0}\right)^2\left[\int_0^a\left(\frac{r}{a^3}\right)^2 4\pi r^2\mathrm{d}r+\int_a^\infty\frac{1}{r^4}4\pi r^2\mathrm{d}r\right]\\&=\frac{3q^2}{20\pi\varepsilon_0 a}\end{aligned}$$

如果用式(2.85)在电荷分布空间积分,其结果与此一致。

例 2.21 若一同轴线内导体的半径为 a,外导体的内半径为 b,内、外导体之间填充介电常数为 ε 的介质,当内、外导体间的电压为 U(外导体的电位为零)时,求单位长度的电场能量。

解:设内、外导体间电压为 U 时,内导体单位长度带电量为 ρ_l,则导体间的电场强度为

$$\boldsymbol{E}=\frac{\rho_l}{2\pi\varepsilon r}\boldsymbol{e}_r \quad (a<r<b)$$

两导体间的电压为

$$U=\frac{\rho_l}{2\pi\varepsilon}\ln\frac{b}{a}$$

即

$$\rho_l=\frac{2\pi\varepsilon U}{\ln\dfrac{b}{a}}$$

$$\boldsymbol{E} = \frac{U}{r\ln\dfrac{b}{a}}\boldsymbol{e}_r \quad (a < r < b)$$

单位长度的电场能量为

$$W_e = \frac{1}{2}\int_V \varepsilon E^2 \mathrm{d}V = \int_a^b \frac{\varepsilon U^2}{2r^2\ln^2\dfrac{b}{a}} 2\pi r \mathrm{d}r = \frac{\pi\varepsilon U^2}{\ln\dfrac{b}{a}}$$

2.8　电场力

第 2 章第 4 讲

点电荷 q 放在电场 $\boldsymbol{E}$ 中受到的电场力为 $q\boldsymbol{E}$，但这里的电场不应包含受力点电荷本身产生的电场。在一些场合，已知的电场是总的电场，也包括要计算的受力带电体产生的电场，使直接利用上述方法计算电场有一定的困难。这里介绍一种利用电场能量的可能变化计算电场力的方法，称为虚位移法或虚功法。

对任一个带电系统，如果其中的某个带电体受到该系统的电场力为 $\boldsymbol{F}$，假设这个受力带电体在电场力作用下沿力的方向的位移为 $\mathrm{d}\boldsymbol{r}$，电场为此做功为 $\boldsymbol{F}\cdot\mathrm{d}\boldsymbol{r}$，并且在这一过程中电场能量变化了 $\mathrm{d}W_e$；再根据能量守恒定律，电场力做功以及场能增量之和应该等于外源供给带电系统的能量 $\mathrm{d}W_b$，即

$$\mathrm{d}W_b = \boldsymbol{F}\cdot\mathrm{d}\boldsymbol{r} + \mathrm{d}W_e \tag{2.97}$$

下面分别按导体上的电荷不变和导体上的电位不变两种情形进行讨论。

1. 常电荷系统

常电荷系统是指带电体在假设的位移过程中各带电体上电量不变，即维持系统电量为常数，那么外源就没有向该系统提供电荷，也就没有做功，即

$$\boldsymbol{F}\cdot\mathrm{d}\boldsymbol{r} + \mathrm{d}W_e = 0 \tag{2.98}$$

因此，在位移方向上，电场力为

$$F_r = -\left.\frac{\partial W_e}{\partial r}\right|_{q=\mathrm{const}} \tag{2.99}$$

分别取虚位移的方向在 x、y 和 z 方向，就可以得出电场力的矢量形式为

$$\boldsymbol{F} = -\nabla W_e \big|_{q=\mathrm{const}} \tag{2.100}$$

2. 常电位系统

常电位系统是指带电体在假设的位移过程中，各带电体上电位不变，即维持系统电位为常数，那么系统电量就会改变，需要外源向该系统提供电荷，对系统做功。设各导体的电位分别为 $\varphi_1,\varphi_2,\cdots,\varphi_n$，各导体的电荷增量分别为 $\mathrm{d}q_1,\mathrm{d}q_2,\cdots,\mathrm{d}q_n$，则电源做功为

$$\mathrm{d}W_b = \sum_{i=1}^{n}\varphi_i \mathrm{d}q_i \tag{2.101}$$

由式(2.84)，系统的电场能量为

$$W_e = \frac{1}{2}\sum_{i=1}^{n}\varphi_i q_i \tag{2.102}$$

则系统能量的增量为

$$dW_e = \frac{1}{2}\sum_{i=1}^{n}\varphi_i dq_i \tag{2.103}$$

代入式(2.97),得

$$dW_b = \boldsymbol{F}\cdot d\boldsymbol{r} + dW_e = 2dW_e \tag{2.104}$$

$$\boldsymbol{F}\cdot d\boldsymbol{r} = dW_e \tag{2.105}$$

因此在位移的方向上,电场力为

$$F_r = \left.\frac{\partial W_e}{\partial r}\right|_{\varphi=\text{const}} \tag{2.106}$$

与其相应的矢量形式为

$$\boldsymbol{F} = \nabla W_e \left.\right|_{\varphi=\text{const}} \tag{2.107}$$

最后应说明的是,在电荷不变和电位不变的条件下,电场力的表达式不同,但最终得到的结果是相同的。因为实际上带电体并没有位移,电场也并没有做功,所以称为虚位移法或虚功法。在实际计算带电系统中的电场力时,可根据具体情况选用两种情况之一。

例 2.22 若平板电容器极板面积为 A,间距为 x,电极之间的电压为 U,求极板间的作用力。

解:设一个极板在 yOz 平面,第二个极板的坐标为 x,两极板的电量分别为 $\pm q$。则导体间的电场强度为 $\boldsymbol{E}=-\frac{\rho_S}{\varepsilon_0}\boldsymbol{e}_x$,其中 $\rho_S=\frac{q}{A}$,所以有

$$U = -\int_0^x \boldsymbol{E}\cdot d\boldsymbol{x} = \frac{\rho_S}{\varepsilon_0}\int_0^x dx = \frac{qx}{\varepsilon_0 A}$$

即

$$q = \frac{U\varepsilon_0 A}{x}$$

此时,电容器储能为

$$W_e = \frac{1}{2}qU = \frac{U^2\varepsilon_0 A}{2x}$$

当电位不变时,第二个极板的受力为

$$F_x = \left.\frac{\partial W_e}{\partial x}\right|_{\varphi=\text{const}} = -\frac{U^2\varepsilon_0 A}{2x^2}$$

当电荷不变时,考虑到

$$U = \frac{qx}{\varepsilon_0 A}$$

将能量表达式改写为

$$W_e = \frac{q^2 x}{2\varepsilon_0 A}$$

$$F_x = -\left.\frac{\partial W_e}{\partial x}\right|_{q=\text{const}} = -\frac{q^2}{2\varepsilon_0 A} = -\frac{U^2\varepsilon_0 A}{2x^2}$$

式中,负号表示极板间的作用力为吸引力。

可见,两种情况下的计算结果相同。

将距离位移法推广到角度变化、面积变化、体积变化等这些广义坐标的变化,将力推广到力矩、表面张力、体积压力等广义力,只要使广义力乘以广义坐标的变化等于功,就可以将

虚功法中的力推广为广义力，将位移推广为对应的广义位移。也就是说，在虚功法中，计算电场能量对角度的导数，对应的是力矩；计算电场能量对面积的导数，对应的是表面张力；计算电场能量对体积的导数，对应的是压力。

2.9 导体系统的电容

当一个导体系统施加一定电位分布时，此导体系统便对应着一种确定的电荷分布。因此，导体系统具有储存电荷的能力。

一个孤立导体存储的电荷量一方面取决于此导体的形状、大小和周围介质，另一方面取决于导体上的电位。一般来说，导体表面上电位越高，导体上存储的电荷越多。为了描述这种关系，引入电位系数、电容系数及部分电容的概念。

2.9.1 电容

相互接近而又绝缘的两块任意形状的导体构成一个电容器(capacitor)，如图 2.36 所示。在外部能量的作用下可以把电荷从一个导体传输到另一个导体，或者说，通过外电源给电容器充电。在整个充电过程中，这两块导体上有着等量的异性电荷。分隔开的电荷在介质中产生电场，并使导体间存在电位差。若继续充电，显然会有更多电荷从一个导体传输到另一个导体，它们之间的电位差也将越大。不难发现，导体间的电位差与传输的电荷量之间呈正比关系。一个导体上的电荷量与此导体相对于另一导体的电位之比定义为电容，即

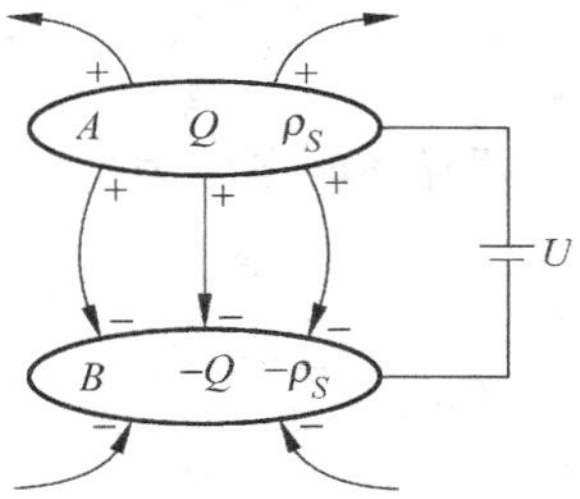

图 2.36 两个导体构成的电容器示意图

$$C = \frac{Q}{U} \tag{2.108}$$

式中，C 为电容，单位为 F(法拉)；Q 为导体 A 的电荷，单位为 C(库仑)；U 为导体 A 相对于导体 B 的电位，单位为 V。1F=1C/V。

如果两个导体之一(如图 2.36 中的导体 B)以无穷远处为参考点的电位 $\varphi=U$，那么 C 是一孤立导体的电容。例如真空中一个半径为 r 的孤立带电导体球，其表面电荷量为 Q，其电位为

$$\varphi = \frac{Q}{4\pi\varepsilon_0 r}$$

所以此球孤立电容为

$$C = 4\pi\varepsilon_0 r$$

地球半径约为 6378km，若把它视为一个导体球，其电容量为

$$C = 4\pi \times 8.854 \times 10^{-12} \times 6378 \times 10^3 = 7.096 \times 10^{-4}(\text{F}) = 709.6(\mu\text{F})$$

F(法拉)是一个很大的单位，常用更小的单位即 μF(微法)或 pF(皮法，又称微微法)，它们之间的换算关系如下：

$$1\mu\text{F} = 10^{-6}\text{F}, \quad 1\text{pF} = 10^{-12}\text{F}$$

在式(2.108)中，若导体上的电量 Q 等于导体表面电荷 ρ_S 的面积分，则

$$\boldsymbol{Q} = \int_S \rho_S \mathrm{d}S = \int_S \varepsilon \boldsymbol{e}_n \cdot \boldsymbol{E}\mathrm{d}S = \int_S \varepsilon \boldsymbol{E} \cdot \mathrm{d}\boldsymbol{S} \tag{2.109}$$

电压U为

$$U=\int_A^B \boldsymbol{E}\cdot \mathrm{d}\boldsymbol{l}=\int_l \boldsymbol{E}\cdot \mathrm{d}\boldsymbol{l} \tag{2.110}$$

式中,A、B分别为导体A、B上的任意两点;l为由A(高电位)至B(低电位)的任意路径。于是将以上两式代入式(2.108)得

$$C=\frac{\int_S \varepsilon \boldsymbol{E}\cdot \mathrm{d}\boldsymbol{S}}{\int_l \boldsymbol{E}\cdot \mathrm{d}\boldsymbol{l}} \tag{2.111}$$

此式中分子和分母上都有$\boldsymbol{E}$,因此任何电容器的C值总是与$\boldsymbol{E}$的大小无关,但与$\boldsymbol{E}$的分布有关。电容C取决于两导体的形状、尺寸、相对位置及导体间的介质参数。

计算两导体之间的电容有两条途径:一是先假定两导体带等量异号的电量Q,通过计算电场由式(2.110)得出两导体间的电压U,从而算出电容,这是较常用的途径;二是先假定两导体间电压U,然后得出电场,从而由式(2.109)求得电量Q,再求电容。

例 2.23 同轴线内、外导体半径分别为a(m)、b(m),其中介质层的介电常数为ε,求该同轴线长度为l时的电容C。

解:设内、外导体分别带电荷$+Q$、$-Q$,忽略边缘效应,则介质层中电场由高斯定理可得

$$\boldsymbol{E}=E\boldsymbol{e}_\rho=\frac{Q}{2\pi\varepsilon\rho l}\boldsymbol{e}_\rho$$

两导体间电压为

$$U=\int_a^b E\boldsymbol{e}_\rho\cdot \mathrm{d}\rho\boldsymbol{e}_\rho=\frac{Q}{2\pi\varepsilon l}\int_a^b\frac{\mathrm{d}\rho}{\rho}=\frac{Q}{2\pi\varepsilon l}\ln\frac{b}{a}$$

故

$$C=\frac{Q}{U}=\frac{2\pi\varepsilon l}{\ln\frac{b}{a}}\quad(\mathrm{F}) \tag{2.112}$$

2.9.2 电位系数

在n个导体组成的系统中,空间任一点的电位由导体表面的电荷产生。同样,任一导体的电位也由各个导体的表面电荷产生。由叠加原理可知,每一点的电位由n部分组成。导体j对电位的贡献正比于它的电荷面密度ρ_{sj},而ρ_{sj}又正比于导体j的带电量q_j,因而,导体j对导体i的电位贡献为

$$\varphi_{ij}=p_{ij}q_j$$

导体i的总电位应该是整个系统内所有导体对它的贡献的叠加,即导体i的电位为

$$\varphi_i=\sum_{j=1}^{n}\varphi_{ij}=\sum_{j=1}^{n}p_{ij}q_j\quad(i=1,2,\cdots,n) \tag{2.113}$$

将其写成线性方程组,有

$$\left.\begin{aligned}\varphi_1&=p_{11}q_1+p_{12}q_2+\cdots+p_{1n}q_n\\ \varphi_2&=p_{21}q_1+p_{22}q_2+\cdots+p_{2n}q_n\\ &\vdots\\ \varphi_n&=p_{n1}q_1+p_{n2}q_2+\cdots+p_{nn}q_n\end{aligned}\right\} \tag{2.114}$$

或写成矩阵形式为

$$\boldsymbol{\varphi} = \boldsymbol{p}\boldsymbol{q} \tag{2.115}$$

式中，$\boldsymbol{\varphi}=[\varphi_1,\varphi_2,\cdots,\varphi_n]^{\mathrm{T}}$和$\boldsymbol{q}=[q_1,q_2,\cdots,q_n]^{\mathrm{T}}$是$n\times 1$矩阵；$\boldsymbol{p}$是$n\times n$方阵，这一方阵的元素$p_{ij}$称为电位系数。电位系数$p_{ij}$的物理意义是，导体$j$带1库仑的正电荷且其余导体均不带电时导体$i$上的电位。

由电位系数的定义可知，导体j带正电，电力线自导体j出发，终止于导体i或终止于地面。又由于导体i不带电，有多少电力线终止于它，就有多少电力线自它出发，所发出的电力线不是终止于其他导体，就是终止于地面。电位沿电力线下降，其他导体的电位一定介于导体j的电位和地面的电位之间，所以

$$p_{jj} > p_{ij} \geqslant 0 \quad (i \neq j, \quad j = 1,2,\cdots,n) \tag{2.116}$$

电位系数具有互易性质，即

$$p_{ij} = p_{ji} \tag{2.117}$$

2.9.3　电容系数和部分电容

多导体系统的电荷可以用各个导体的电位来表示，即将式(2.115)改写为

$$\boldsymbol{q} = \boldsymbol{p}^{-1}\boldsymbol{\varphi} = \boldsymbol{\beta}\boldsymbol{\varphi} \tag{2.118}$$

式中，$\boldsymbol{\beta}$为$\boldsymbol{p}$的逆矩阵，其矩阵元素为

$$\beta_{ij} = \frac{M_{ij}}{\Delta} \tag{2.119}$$

式中，Δ为矩阵$\boldsymbol{p}$的行列式；M_{ij}为行列式中p_{ij}的代数余子式。将式(2.118)写成方程组，即

$$\left.\begin{aligned} q_1 &= \beta_{11}\varphi_1 + \beta_{12}\varphi_2 + \cdots + \beta_{1n}\varphi_n \\ q_2 &= \beta_{21}\varphi_1 + \beta_{22}\varphi_2 + \cdots + \beta_{2n}\varphi_n \\ &\vdots \\ q_n &= \beta_{n1}\varphi_1 + \beta_{n2}\varphi_2 + \cdots + \beta_{nn}\varphi_n \end{aligned}\right\} \tag{2.120}$$

称β_{ij}为电容系数，它的物理意义是，导体j的电位为1V，其余导体均接地，这时导体i上的感应电荷量为β_{ij}。由电容系数的定义可知，导体j的电位比其余导体的电位都高，所以电力线从导体j发出，终止于其他导体或地面，也就是说导体j带正电，其余导体带负电。根据电荷守恒定律，n个导体上的电荷再加上地面的电荷应为零，这样其余$n-1$个导体所带电荷总和的绝对值必定不大于导体j的电荷量，由此可以推出

$$\beta_{ij} \leqslant 0 \quad (i \neq j) \tag{2.121}$$

$$\beta_{ii} > 0 \tag{2.122}$$

$$\sum_j \beta_{ij} \geqslant 0 \tag{2.123}$$

将式(2.120)写为

$$\left.\begin{aligned} q_1 &= (\beta_{11} + \beta_{12} + \cdots + \beta_{1n})\varphi_1 - \beta_{12}(\varphi_1 - \varphi_2) - \cdots - \beta_{1n}(\varphi_1 - \varphi_n) \\ q_2 &= -\beta_{21}(\varphi_2 - \varphi_1) + (\beta_{21} + \beta_{22} + \cdots + \beta_{2n})\varphi_2 - \cdots - \beta_{2n}(\varphi_2 - \varphi_n) \\ &\vdots \\ q_n &= -\beta_{n1}(\varphi_n - \varphi_1) - \beta_{n2}(\varphi_n - \varphi_2) - \cdots + (\beta_{n1} + \beta_{n2} + \cdots + \beta_{nn})\varphi_n \end{aligned}\right\} \tag{2.124}$$

令

$$C_{ii}=\sum_{j=1}^{n}\beta_{ij} \tag{2.125}$$

$$C_{ij}=-\beta_{ij}\quad (i\neq j) \tag{2.126}$$

则式(2.124)变成

$$\left.\begin{aligned} q_1 &= C_{11}\varphi_1+C_{12}(\varphi_1-\varphi_2)+\cdots+C_{1n}(\varphi_1-\varphi_n)\\ q_2 &= C_{21}(\varphi_2-\varphi_1)+C_{22}\varphi_2+\cdots+C_{2n}(\varphi_2-\varphi_n)\\ &\vdots\\ q_n &= C_{n1}(\varphi_n-\varphi_1)+C_{n2}(\varphi_n-\varphi_2)+\cdots+C_{nn}\varphi_n \end{aligned}\right\} \tag{2.127}$$

这表明，每个导体上的电荷均由 n 部分组成，而其中的每一部分都可以在其他导体上找到与之对应的等值异号电荷。如导体 1 上的 $C_{12}(\varphi_1-\varphi_2)$ 这部分电荷，在导体 2 上有一部分电荷 $C_{21}(\varphi_2-\varphi_1)$ 与之对应。仿照电容器电容的定义，比例系数 C_{12} 是导体 1 和导体 2 之间的部分电容。一般而言，C_{ij} 是导体 i 和导体 j 之间的互部分电容，C_{ii} 是导体 i 的自部分电容，也就是导体 i 和地之间的部分电容。部分电容也具有互易性，且为非负值，即

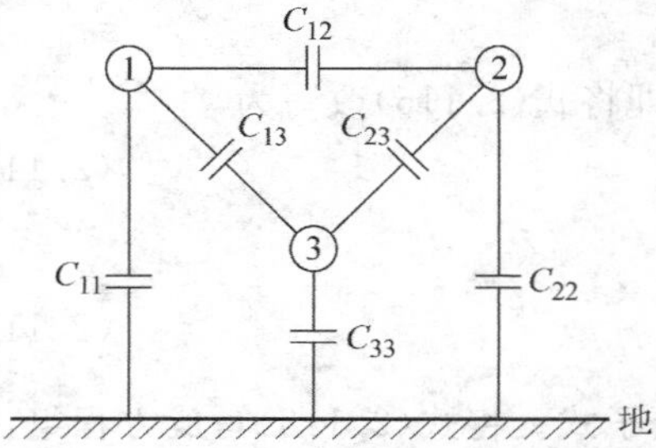

图 2.37　3 个导体与大地的部分电容

$$C_{ij}=C_{ji} \tag{2.128}$$

$$C_{ij}\geqslant 0 \tag{2.129}$$

3 个导体的部分电容如图 2.37 所示。在电子设备的电路板上，导线或引线之间以及它们与地板之间都存在部分电容。不同回路的导体之间的部分电容可以造成不同回路的电耦合，使得电路之间相互影响，可能造成不希望出现的干扰。

两个导体所组成的系统是实际中广泛应用的导体系统。若两个导体分别带电 Q 和 $-Q$，且它们之间的电位差不受外界影响，则此系统构成一个电容器。电容器的电容 C 与电位系数的关系为

$$C=\frac{1}{p_{11}+p_{22}-2p_{12}} \tag{2.130}$$

例 2.24　导体球及与其同心的导体球壳构成一个双导体系统。若导体球的半径为 a，球壳的内半径为 b，壳的厚度很薄可以不计(见图 2.38)，求电位系数、电容系数和部分电容。

解：先求电位系数。设导体球带电量为 q_1，球壳带电量为零，无限远处的电位为零，由对称性可得

$$\varphi_1=\frac{q_1}{4\pi\varepsilon_0 a}=p_{11}q_1$$

$$\varphi_2=\frac{q_1}{4\pi\varepsilon_0 b}=p_{21}q_1$$

因此有

$$p_{11}=\frac{1}{4\pi\varepsilon_0 a}$$

$$p_{21}=\frac{1}{4\pi\varepsilon_0 b}$$

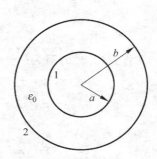

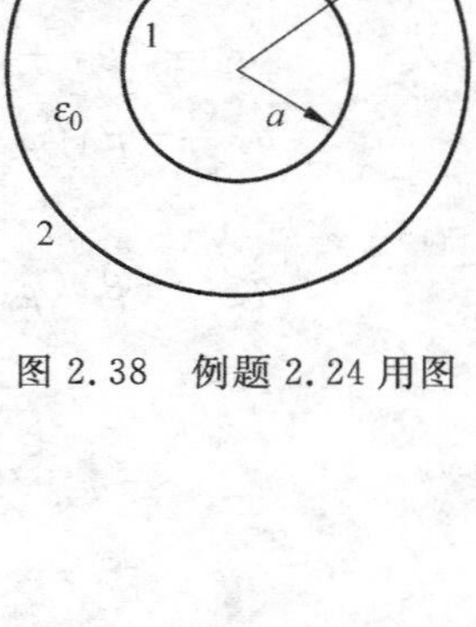

图 2.38　例题 2.24 用图

再设导体球的带电量为零，球壳带电量为 q_2，可得

$$\varphi_1 = \frac{q_2}{4\pi\varepsilon_0 b} = p_{12} q_2$$

$$\varphi_2 = \frac{q_2}{4\pi\varepsilon_0 b} = p_{22} q_2$$

因此

$$p_{22} = p_{12} = \frac{1}{4\pi\varepsilon_0 b}$$

电容系数矩阵等于电位系数矩阵的逆矩阵，故有

$$\beta_{11} = \frac{4\pi\varepsilon_0 ab}{b-a}$$

$$\beta_{12} = \beta_{21} = -\frac{4\pi\varepsilon_0 ab}{b-a}$$

$$\beta_{22} = \frac{4\pi\varepsilon_0 b^2}{b-a}$$

部分电容为

$$C_{11} = \beta_{11} + C_{12} = 0$$

$$C_{12} = C_{21} = -\beta_{12} = \frac{4\pi\varepsilon_0 ab}{b-a}$$

$$C_{22} = \beta_{21} + \beta_{22} = 4\pi\varepsilon_0 b$$

例 2.25　假设真空中两个导体球的半径都为 a，两球心之间的距离为 d，且 $d \gg a$，求两个导体球之间的电容。

解：因为两个导体球球心间的距离远大于导体球的半径，球面的电荷可以看作是均匀分布的，再由电位系数的定义，可得

$$p_{11} = p_{22} = \frac{1}{4\pi\varepsilon_0 a}$$

$$p_{12} = p_{21} = \frac{1}{4\pi\varepsilon_0 d}$$

$$C = \frac{2\pi\varepsilon_0 ad}{d-a}$$

例 2.26　一同轴线内导体的半径为 a，外导体的内半径为 b，内、外导体之间填充了两种绝缘材料，$a<r<r_0$ 的介电常数为 ε_1，$r_0<r<b$ 的介电常数为 ε_2，如图 2.39 所示。求单位长度的电容。

解：设内、外导体单位长度带电量分别为 ρ_l、$-\rho_l$，内、外导体间的场分布具有轴对称性。由高斯定理可求出内、外导体间的电位移矢量为

$$\boldsymbol{D} = \frac{\rho_l}{2\pi r}\boldsymbol{e}_r$$

各区域的电场强度为

$$\boldsymbol{E}_1 = \frac{\rho_l}{2\pi\varepsilon_1 r}\boldsymbol{e}_r \quad (a < r < r_0)$$

$$\boldsymbol{E}_2 = \frac{\rho_l}{2\pi\varepsilon_2 r}\boldsymbol{e}_r \quad (r_0 < r < b)$$

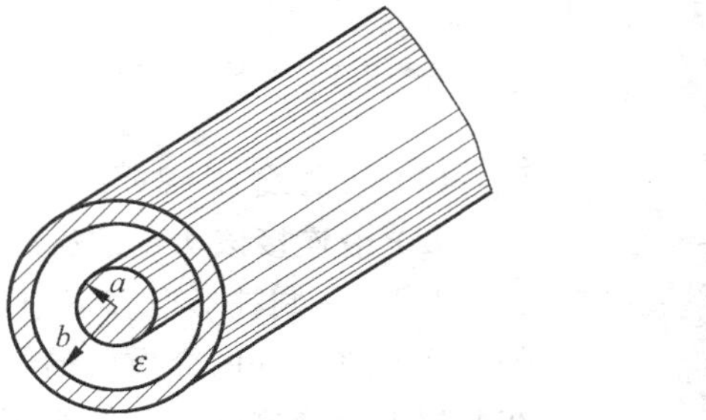

图 2.39　同轴线

内、外导体间的电压为

$$U=\int_a^b \boldsymbol{E}\cdot \mathrm{d}\boldsymbol{r}=\int_a^{r_0}\boldsymbol{E}_1\cdot \mathrm{d}\boldsymbol{r}+\int_{r_0}^b \boldsymbol{E}_2\cdot \mathrm{d}\boldsymbol{r}=\frac{\rho_l}{2\pi}\left(\frac{1}{\varepsilon_2}\ln\frac{b}{r_0}+\frac{1}{\varepsilon_1}\ln\frac{r_0}{a}\right)$$

因此单位长度的电容为

$$C=\frac{\rho_l}{U}=\frac{2\pi}{\dfrac{1}{\varepsilon_2}\ln\dfrac{b}{r_0}+\dfrac{1}{\varepsilon_1}\ln\dfrac{r_0}{a}}$$

习题

2.1 一个平行板真空二极管内的电荷体密度为 $\rho=-\frac{4}{9}\varepsilon_0U_0(d^{-\frac{4}{3}})x^{-\frac{2}{3}}$，其阴极板位于 $x=0$ 处，阳极板位于 $x=d$ 处，极间电压为 U_0。如果 $U_0=40\mathrm{V}$，$d=1\mathrm{cm}$，横截面面积 $S=10\mathrm{cm}^2$，试求：

(1) $x=0$ 和 $x=d$ 区域内的总电荷量；

(2) $x=\frac{d}{2}$ 和 $x=d$ 区域内的总电荷量。

2.2 两点电荷 $q_1=8\mathrm{C}$，位于 z 轴上 $z=4$ 处；$q_2=-4\mathrm{C}$，位于 y 轴上 $y=4$ 处。求(4,0,0)处的电场强度。

2.3 有两根长度均为 l 的平行均匀带电直线，分别带等量异号的电荷 $\pm q$，它们相隔距离为 l。试求此带电系统中心处的电场强度。

2.4 三根长度均为 L，均匀线电荷密度分别为 ρ_{l1}、ρ_{l2}、ρ_{l3} 的线电荷构成等边三角形。设 $\rho_{l1}=\rho_{l2}=\rho_{l3}$，计算三角形中心处的电场强度。

2.5 真空中半径为 a 的一个球面，球的两极点处分别放置电荷 $+q$ 和 $-q$。试计算赤道平面上电位移矢量的通量(见题图 2.1)。

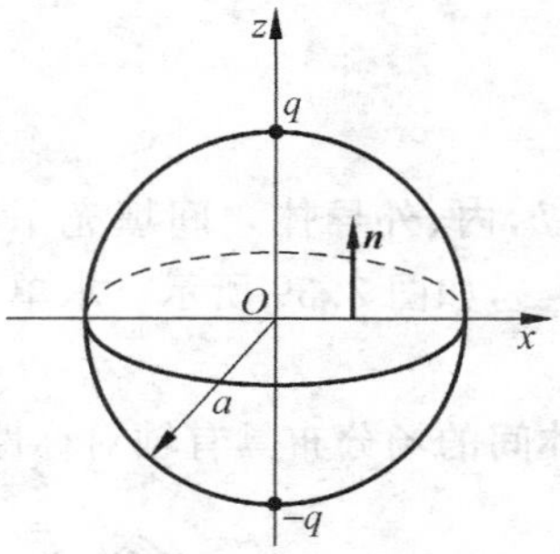

题图 2.1 习题 2.5 用图

2.6 一个半径为 a 的薄导体球壳在其内表面涂敷了一薄层绝缘膜，球内充满了总电荷量为 Q 的电荷，球壳上又充了电荷量 Q。已知内部的电场为 $\boldsymbol{E}=(r/a)^4\boldsymbol{e}_r$，设球内介质为真空，试计算：

(1) 球内电荷分布；

(2) 球的外壳面电荷分布；

(3) 球壳的电位；

(4) 球心的电位。

2.7 计算在电场 $\boldsymbol{E}=y\boldsymbol{e}_x+x\boldsymbol{e}_y$ 中把带电量为 $-2\mu\mathrm{C}$ 的电荷从(2,2,−1)移到(8,2,−1)时电场所做的功：

(1) 沿曲线 $x=2y^2$；

(2) 沿连接该两点的直线。

2.8 一圆柱形电容器中，同轴地放有两层电介质，已知内极板的直径为 2cm，外板的直径为 8cm，内、外两介质层的厚度分别为 1cm 和 2cm。设内、外极板间的电压为 1000V。今在两层电介质之间放一层很薄的金属圆柱片，要使每种电介质中的最大场强相等，如以外导体为参考点，问金属圆柱片的电位应为何值。

2.9　内、外半径分别为 a 和 b 的同心导体球壳之间的介质的介电常数随与球心的距离 r 变化的规律是 $\varepsilon=1+\dfrac{K}{r}$，其中 K 为常数。若以球壳为电位参考点，且球壳间某点的电位为内导体电位的一半时，求该点的 ε。

2.10　有一内、外半径分别为 a 和 b 的空心介质球，介质的介电常数为 ε，使介质内均匀带电，且电荷体密度为 ρ。试求：

(1) 空间各点的电场；

(2) 束缚电荷体密度和束缚电荷面密度。

2.11　已知半径为 r，介电常数为 ε 的介质球，带电荷 q。求下列情况下空间各点的电场、束缚电荷分布和总的束缚电荷。

(1) 电荷 q 均匀分布于球体内；

(2) 电荷 q 集中于球心上；

(3) 电荷 q 均匀分布于球面上。

2.12　一个半径为 R 的介质球内极化强度为 $\boldsymbol{P}=\dfrac{K}{r}\boldsymbol{e}_r$，其中 K 是常数。试求：

(1) 束缚电荷的体密度和面密度；

(2) 自由电荷体密度；

(3) 球内、外的电位分布。

2.13　内、外半径分别为 a 和 b 的球形电容器，上半部分填充介电常数为 ε_1 的介质，下半部分填充介电常数为 ε_2 的另一种介质。今在两极板上加电压 U，试求：

(1) 球形电容器内部的电位和电场强度；

(2) 极板上和介质分界面上的电荷分布；

(3) 电容器的电容。

2.14　证明：同轴线单位长度的静电储能等于 $\dfrac{q_l^2}{2C_0}$，q_l 为单位长度电量。

2.15　把一电量为 q、半径为 a 的导体球切成两半，求两半球之间的电场力。

2.16　在真空中有一个半径为 a 的带电球，电荷密度为 ρ_0。试求带电球内、外的电场强度。

2.17　求均匀带电球体产生的电位。

2.18　若半径为 a 的导体球面的电位为 U_0，球外无电荷。求空间的电位。

2.19　设有两块很大的平行导体板，板间距离为 d，且 d 比平板的长和宽均小得很多。两板接上直流电压源 U，充电后又断开电源；然后在两板间插入一块均匀介质板，其相对介电常数 $\varepsilon_r=9$。假设介质板的厚度比 d 略小一点，留下一空气隙，如题图 2.2 所示。试求：

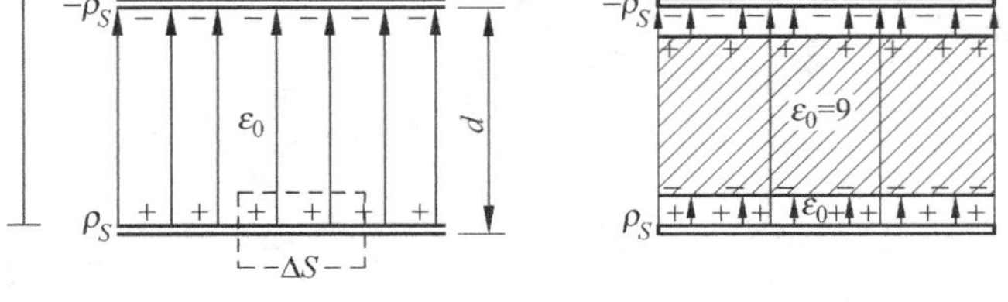

题图 2.2　习题 2.19 用图

(1) 放入介质板前后平行板间各点的电场强度；

(2) 介质板表面的束缚面电荷密度和介质板内的束缚体电荷密度。

2.20 一个半径为 a 的导体球，带电量为 Q，在导体球外套有外半径为 b 的同心介质球壳，壳外是空气，如题图 2.3 所示。求空间任一点的 $\boldsymbol{D}$、$\boldsymbol{E}$、$\boldsymbol{P}$ 以及束缚电荷密度。

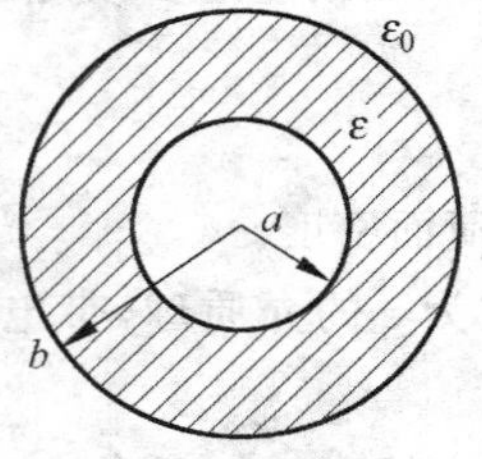

题图 2.3 习题 2.20 用图

第3章 恒定电场

静电场中导体内部的电场强度为零。在非静电场中，当导体内存在电场时，电荷在电场作用下定向运动，导体中会形成电流。不随时间变化的电流称为恒定电流或直流电流，随时间变化的电流称为时变电流或交流电流。

对于恒定电流的情形，导体表面电荷的分布和它产生的电场都不随时间变化，所以电场的性质与静电场是相同的，都是位场。在静电场中得出的许多重要概念和分析方法，可以同样地应用于恒定电场。

本章将研究恒定电场的基本性质及分析方法。

第 3 章第 1 讲

3.1 电流密度

本节先介绍两种类型的电流，即传导电流(conduction current)和运流电流(convection current)，以及导体的电阻，然后讨论电流在单位面积上的值和电流密度(current density)。

3.1.1 电流的性质

1. 传导电流

金属中，如铜、铁、铝等，载流子主要是电子。更确切地说，起导电作用的是原子的价电子。不属于某个特定原子的电子称为自由电子，它具有在晶格中自由运动的能力。不过，金属中质量较大的正离子，在晶格中的正常位置是相对固定的，无助于形成电流。因此，金属导体中的电流称为传导电流，其实质是电子的流动。

放置在电场中的孤立导体，电荷的运动只能持续很短的时间。要在导体中维持恒定电流，就必须在导体的一端连续提供向另一端移动的电子。在一个孤立导体中，电子朝着所有可能的方向，以大约 10^6m/s 的速度作随机热运动。如图 3.1 所示，考察一沿 z 方向延伸的圆导线，对任一与导线轴线相垂直的假想平面，会发现电子沿 z 方向和 $-z$ 方向穿过该平面的速率相同，即电子的净速率为零，即孤立导体中的净电流为零。

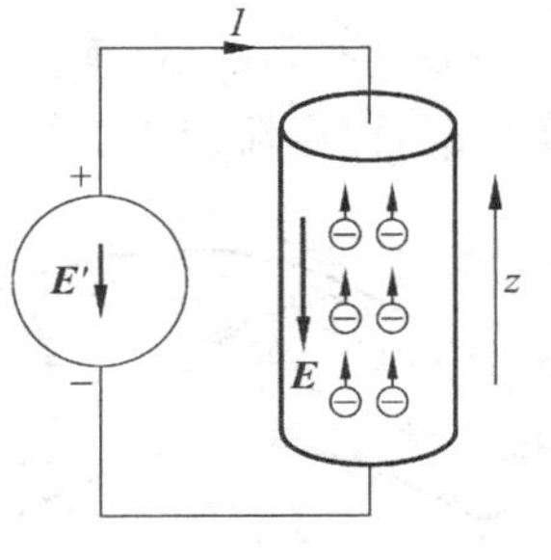

图 3.1 两端施加了电压的导体

现在将该孤立导体两端与电池相连，则两端的电位差使导体内部存在电场，如图 3.1 所示，该电场对自由电子施加了 z 方向的作用力。电子在电场力作用下作加速运动，但只持续很短的时间。这是因为，电子每次运动最终都将和离子发生碰撞。碰撞前后的速度是完全不同的。例如，电子在铜导体内运动时，每秒碰撞次数高达 10^{14} 次之多。每经历一次碰撞，电子的运动速度都要减慢，或者使它停下来，或者改变它的运动方向。要恢复电子的速度，电场就必须重新开始上述过程。因此，z 方向电场力引起的速度变化是电子随机速度的一个很小的百分数。然而，电场会产生随机速度的一有序分量，称为漂移速度。漂移速度使电子沿 z 方向逐渐漂移。电子沿 z 方向的漂移就构成了导体中的电流。然而，电流在导体中是以光速进行的，其过程是进入导线下端的电子，由于电场作用推动相邻电子并在导线内产生一种压缩波。压缩波以光速在导线中传播，因此几乎在同时，导线的另一端就会释放出电子。

按照传统的惯例，把电流看成是正电荷流动形成的，并且规定正电荷流动的方向为电流的方向。这样，在导体中电流的方向总是沿着电场的方向，从高电位指向低电位处。也就是说，电子运动方向与电流的规定方向相反。即使导体的横截面积在不同的位置可能不同，但流过导体中所有截面的电流是相同的。电流的这种恒定性是由电荷守恒定律决定的。

2. 运流电流

在自由空间(即真空)中带电粒子的运动形成运流电流。真空管中电子从阴极向阳极运动就是一个很典型的例子。刚从阴极释放出来的电子运动非常缓慢，而那些靠近阳极板的电子却能达到很高的速率。这是因为沿阴极至阳极路径运动的电子不会发生任何碰撞。然而，对于恒定电流，通过任意截面的电荷必须是相等的。因此，随着电子运动速率的增加，电荷密度在减小。于是，运流电流和传导电流之间的明显区别就是：运流电流不能达到静电上的中性，并且它的静电荷必须考虑；运流电流不需要导体维持电荷的流动，也不服从欧姆定律。

3.1.2 电流密度

大量电荷的定向运动形成电流。导体媒质中的电流称做传导电流，气体中大量电荷的定向运动称做运流电流。电流的大小用电流强度表示，电流强度定义为单位时间内通过导电体任一横截面的电荷量，单位为 A(安培)。

$$I=\lim_{\Delta t\to 0}\frac{\Delta Q}{\Delta t}=\frac{\mathrm{d}Q}{\mathrm{d}t} \tag{3.1}$$

电流强度是标量，它只能描述导体中通过某一截面电流的整体特征。在通常的电路问题中，一般引入电流强度概念就可以了。但是，在实际中有时会遇到电流在大块导体中流动的情形，这时导体的不同部分电流的大小和方向都不一样，形成一定的电流分布。电流在穿过任一截面时，在该截面上有确定的方向和分布，因此电流强度并不能描述电流在电场中的分布情况，而电流产生的场与电流的分布有关。

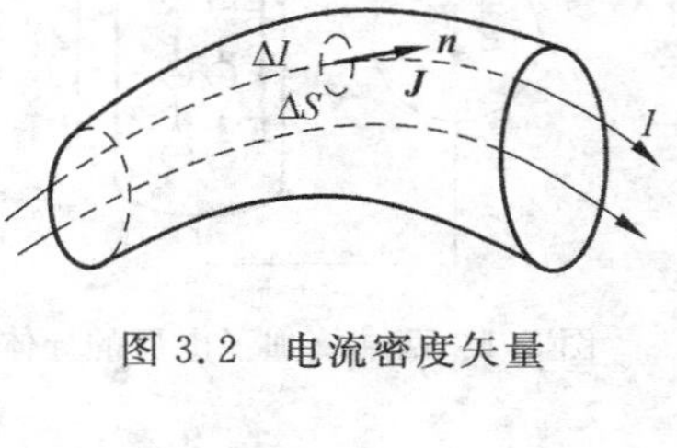

图 3.2 电流密度矢量

为了描述电荷在空间的流动情况(即电流分布)，引入了电流密度的概念。电流密度是一个矢量，它的方向与导体中某点的正电荷运动方向(即电流方向)相同，大小等于与正电荷方向垂直的单位面积上的电流强度(即单位时间里通过单位垂直截面的电量)。如图 3.2 所示，若用 $\boldsymbol{n}$ 表示某点处的正电荷运动方向，取与 $\boldsymbol{n}$ 垂直的面

积元 ΔS。设通过 ΔS 的电流为 ΔI，则该点处的电流密度 $\boldsymbol{J}$ 为

$$\boldsymbol{J}=\lim_{\Delta S\to 0}\frac{\Delta I}{\Delta S}\boldsymbol{n}=\frac{\mathrm{d}I}{\mathrm{d}S}\boldsymbol{n} \tag{3.2}$$

电流密度的单位是 $\mathrm{A/m^2}$（安培/米²）。因为电流是在一定体积内流动的，所以电流密度 $\boldsymbol{J}$ 也被称为体电流的面密度或者体电流密度，简称为电流密度。

导体内每一点都有一个电流密度，电流密度在导体各点处有不同的方向和数值，因而构成一个矢量场，称这一矢量场为电流场。像电场分布可以用电力线来形象地描绘一样，电流场也可以用电流线来描绘。所谓电流线，就是这样一些曲线，其上每点的切线方向都和该点的电流密度矢量方向一致。可以从电流密度 $\boldsymbol{J}$ 求出流过任意面积 S 的电流强度。根据电流密度的定义，在电场中，如果已知电流密度 $\boldsymbol{J}$，则通过面元 $\mathrm{d}S$ 的电流强度为

$$\mathrm{d}I=\boldsymbol{J}\cdot\mathrm{d}\boldsymbol{S} \tag{3.3}$$

穿过任一曲面 S 的电流强度为

$$I=\int_S\boldsymbol{J}\cdot\mathrm{d}\boldsymbol{S}=\int_S|\boldsymbol{J}|\cos\theta\mathrm{d}S \tag{3.4}$$

从式(3.4)可看出，穿过任意截面的电流强度 I 是电流密度 $\boldsymbol{J}$ 穿过该截面的通量，如图3.3所示。

对电流分布在曲面附近很薄的一层中的情况，当不需分析计算这一薄层中的场时，可忽略薄层的厚度，将电流近似看成是面电流。面电流用电流面密度表示，记为 $\boldsymbol{J}_S$。任一点面电流密度的方向是该点正电荷运动的方向，大小等于通过垂直于电流方向的单位长度上的电流。若用 $\boldsymbol{n}$ 表示某点处的正电荷运动方向，取与 $\boldsymbol{n}$ 垂直的线元 Δl，如图3.4所示。设通过 Δl 的电流为 ΔI，则该点的面电流密度 $\boldsymbol{J}_S$ 为

$$\boldsymbol{J}_S=\lim_{\Delta l\to 0}\frac{\Delta I}{\Delta l}\boldsymbol{n}=\frac{\mathrm{d}I}{\mathrm{d}l}\boldsymbol{n} \tag{3.5}$$

面电流密度 $\boldsymbol{J}_S$ 的单位是 A/m(安培/米)。

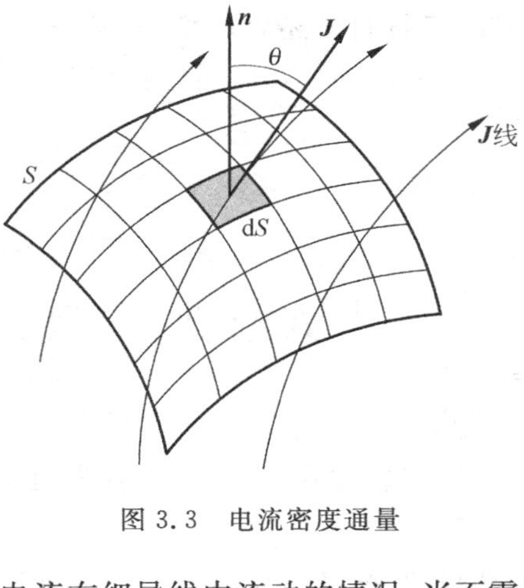

图3.3　电流密度通量

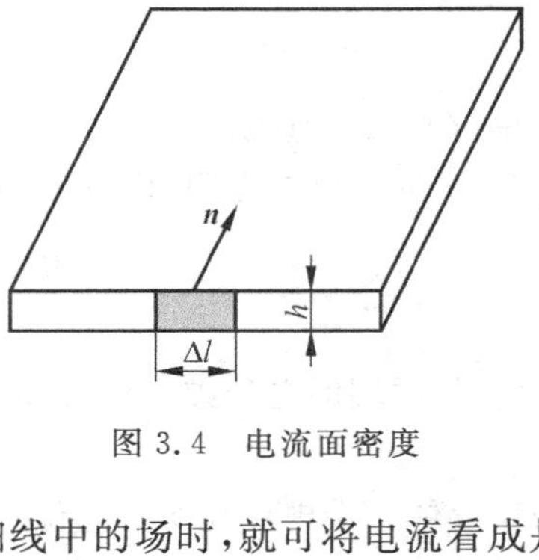

图3.4　电流面密度

对于电流在细导线中流动的情况，当不需计算细线中的场时，就可将电流看成是线分布的。线电流密度 $\boldsymbol{J}_l$ 就是电流强度 I，方向为电流的方向 $\boldsymbol{n}$，即

$$\boldsymbol{J}_l=I\boldsymbol{n} \tag{3.6}$$

带电粒子在真空中或气体中运动时形成运流电流。当体密度为 ρ 的带电粒子以速度 $\boldsymbol{v}$

运动时，运流电流密度为

$$\boldsymbol{J}=\rho\boldsymbol{v} \tag{3.7}$$

3.2 导体的电阻

导体中由于存在自由电子，在电场的作用下，这些自由电子作定向运动，就形成了电流。实验表明，对于各向同性的导体，任意一点的电流密度与该点的电场强度成正比，即

$$\boldsymbol{J}=\sigma\boldsymbol{E} \tag{3.8}$$

上式叫做欧姆定律的微分形式，σ 是电导率(conductivity)，其单位是 S/m(西门子/米)。

表 3.1 列出了几种材料在常温(20℃)下的电导率。

表 3.1 常用材料的电导率

材　料	电导率 σ(S/m)	材　料	电导率 σ(S/m)
铁(99.98%)	10^7	铅	4.55×10^7
黄铜	1.46×10^7	铜	5.7×10^7
铝	3.54×10^7	银	6.2×10^7
金	3.1×10^7	硅	1.56×10^{-3}

通常的欧姆定律 $U=IR$，也叫做欧姆定律的积分形式。积分形式的欧姆定律描述一段导线上的导电规律，而微分形式的欧姆定律描述导体内任一点的 $\boldsymbol{J}$ 与 $\boldsymbol{E}$ 的关系，所以它比积分形式更能细致地描述导体的导电规律。

在电路理论中，只要电阻不随电压和电流变化，欧姆定律就一定成立。类似地，如果媒质的电导率不随电场强度变化，则导电媒质也一定服从欧姆定律。然而必须注意的是，欧姆定律并不像高斯定律那样是电磁学的普遍定律。欧姆定律是对某些材料电特性的表述。满足式(3.8)的材料称为线性材料或欧姆材料。还要注意，运流电流不遵从欧姆定律。

电导率的倒数称为电阻率(resistivity)，即

$$\rho=\frac{1}{\sigma} \tag{3.9}$$

电阻率的单位是 Ω·m(欧姆·米)。

长度为 $\mathrm{d}l$ 的导体的电阻(resistance)可以由欧姆定律用场强 $\boldsymbol{E}$ 和 $\boldsymbol{J}$ 表示为

$$\mathrm{d}R=\frac{\mathrm{d}U}{I}=\frac{-\boldsymbol{E}\cdot\mathrm{d}\boldsymbol{l}}{\int_S\boldsymbol{J}\cdot\mathrm{d}\boldsymbol{S}} \tag{3.10}$$

式中，$\mathrm{d}U$ 为 $\mathrm{d}l$ 两端的电位差；$\boldsymbol{E}$ 为导体内的电场强度；$\boldsymbol{J}=\sigma\boldsymbol{E}$ 为体电流密度；I 为导体电流强度。

现假设导体 a 端电位比 b 端电位高，则导体的总电阻为

$$R=\int_b^a\frac{-\boldsymbol{E}\cdot\mathrm{d}\boldsymbol{l}}{\int_S\boldsymbol{J}\cdot\mathrm{d}\boldsymbol{S}} \tag{3.11}$$

此式可用于求出电导率在电流方向变化的导电媒质的电阻。在电导率为常数的均匀媒质的

情况,式(3.11)可简化为

$$R=\frac{-\int_b^a \boldsymbol{E}\cdot \mathrm{d}\boldsymbol{l}}{\int_S \boldsymbol{J}\cdot \mathrm{d}\boldsymbol{S}}=\frac{U_{ab}}{I} \tag{3.12}$$

如果均匀导电媒质中电场强度已知,可用式(3.12)求出其电阻。对于任意形状的导电体,其中的电场强度 $\boldsymbol{E}$ 并不是总能确定的,在这种情况下,要借助于近似方法或数值技术来确定电场强度。

电阻的单位是电位差和电流强度的单位之比,即伏特/安培,这个单位叫做欧姆,写作欧或者希腊字母 Ω。电阻的倒数叫做电导,用 G 表示,即

$$G=\frac{1}{R} \tag{3.13}$$

电导的单位是 S(西门子),$\mathrm{S}=\Omega^{-1}$。

例 3.1 长度为 l 的铜线两端的电位差为 U_0(V),设导线的截面面积为 $A(\mathrm{m}^2)$,求导线电阻的表达式。如果 $U_0=2\mathrm{kV}$,$l=200\mathrm{km}$,$A=40\times10^{-6}\mathrm{m}^2$,求导线电阻。

解:设导线沿 z 轴延伸,上端相对于下端的电位为 U_0,则导线内的电场强度为

$$\boldsymbol{E}=-\frac{U_0}{l}\boldsymbol{e}_z \quad (\mathrm{V/m})$$

若 σ 为该铜线的电导率,导线任一截面的体电流密度为

$$\boldsymbol{J}=\sigma\boldsymbol{E}=-\frac{\sigma U_0}{l}\boldsymbol{e}_z \quad (\mathrm{A/m^2})$$

通过导线的电流为

$$I=\int_S \boldsymbol{J}\cdot \mathrm{d}\boldsymbol{S}=\frac{\sigma U_0}{l}\int_S \mathrm{d}S=\frac{\sigma U_0 A}{l} \quad (\mathrm{A})$$

因此,由式(3.12)可得导线电阻为

$$R=\frac{U_0}{I}=\frac{l}{\sigma A}=\frac{\rho l}{A} \quad (\Omega)$$

此方程给出了用导电体物理参数表示的计算电阻的理论表达式。代入参数值,得

$$R=\frac{1.7\times10^{-8}\times200\times10^3}{40\times10^{-6}}=85 \quad (\Omega)$$

3.3 电流连续性方程

导电区域内任取一闭合面 S,如图 3.5 所示。设区域内的体电荷密度为 ρ_V,且离开曲面的电流可用体电流密度 $\boldsymbol{J}$ 表示,则经闭合面 S 流出的总电流为

$$i(t)=\oint_S \boldsymbol{J}\cdot \mathrm{d}\boldsymbol{S} \tag{3.14}$$

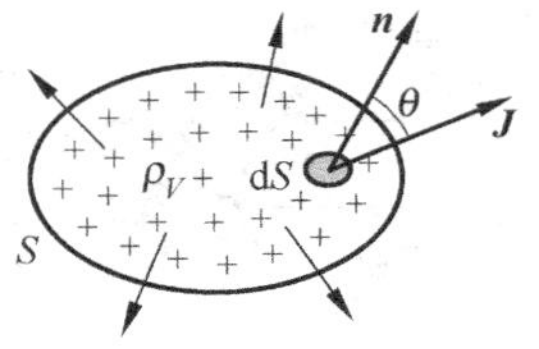

图 3.5 电流的连续性

由于电流就是每秒的电荷流量,所以向外流出的电荷量必须与 S 包围区域内减少的电荷量相等,亦即根据电荷守恒原理,单位时间内由闭合面流出的电荷应等于单位时间内闭合面内电荷的减少量。也就是说,任意一个体积 V 内的电荷

增量必定等于流进这个体积的电荷量。因此,可把电流表示为

$$i(t) = -\frac{\mathrm{d}q}{\mathrm{d}t} \tag{3.15}$$

式中,q 为时刻 t 曲面内包围的总电量,用体电荷密度 ρ_V 表示为

$$q = \int_V \rho_V \mathrm{d}V \tag{3.16}$$

因而,在体电流密度为 $\boldsymbol{J}$ 的空间内,任取一个封闭的曲面 S,通过 S 面流出的电流应该等于以 S 为边界的体积 V 内单位时间内电荷减少的量,即

$$\oint_S \boldsymbol{J} \cdot \mathrm{d}\boldsymbol{S} = -\frac{\mathrm{d}q}{\mathrm{d}t} = -\frac{\mathrm{d}}{\mathrm{d}t}\int_V \rho_V \mathrm{d}V \tag{3.17}$$

式中,V 为边界 S 所限定的体积;ρ_V 为自由体电荷密度。式(3.17)就是电流连续性方程的积分形式,是电荷守恒原理的数学表达式。它表明,区域内电荷的任何变化都必须伴随着穿越区域表面的电荷流动。也就是说,电荷既不能被创造,也不能被消灭,只能转移。因积分是在固定体积内进行的,即积分限与时间无关,所以上式微分可以移到积分内。一般情况下 $\boldsymbol{J}$ 是空间点 $\boldsymbol{r}$ 和时间 t 的函数,故而要写成偏导的形式,从而有

$$\oint_S \boldsymbol{J} \cdot \mathrm{d}\boldsymbol{S} = -\int_V \frac{\partial \rho_V}{\partial t} \mathrm{d}V \tag{3.18}$$

对其应用散度定理,则有

$$\int_V \left(\nabla \cdot \boldsymbol{J} + \frac{\partial \rho_V}{\partial t}\right) \mathrm{d}V = 0 \tag{3.19}$$

要使这个积分对任意的体积 V 均成立,必须使被积函数为零,即

$$\nabla \cdot \boldsymbol{J} + \frac{\partial \rho_V}{\partial t} = 0$$

$$\nabla \cdot \boldsymbol{J} = -\frac{\partial \rho_V}{\partial t} \tag{3.20}$$

此式是电流连续性方程的微分形式。它表示在空间任意点,电流密度矢量的散度等于该点的电荷密度减少率。式(3.20)有以下 3 种情况:

(1) 电流密度的散度 $\nabla \cdot \boldsymbol{J} > 0$,也就是在该点电荷密度的变化率为负,表明在给定时间内有净电荷从该点向外流出,如图 3.6(a)所示;

(2) 电流密度的散度 $\nabla \cdot \boldsymbol{J} < 0$,也就是在该点电荷密度的变化率为正,表明在给定时间内有净电荷流入该点,如图 3.6(b)所示;

(3) 电流密度的散度 $\nabla \cdot \boldsymbol{J} = 0$,也就是在该点电荷密度的变化率为零,表明流入该点和流出该点的电荷量相等,如图 3.6(c)所示。

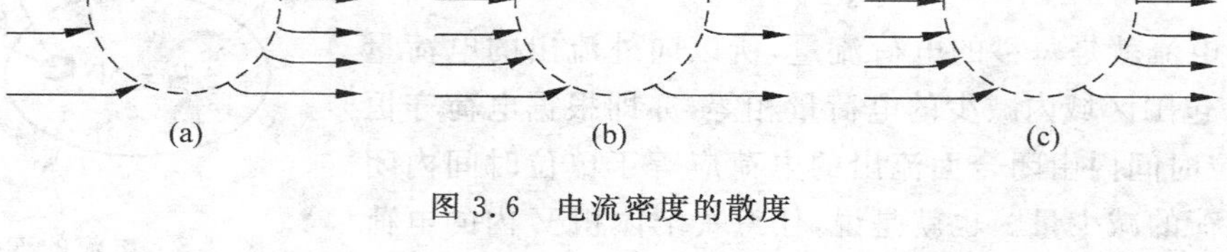

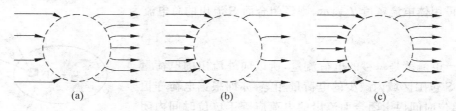

图 3.6 电流密度的散度

在恒定电流的情况下，虽然带电粒子不断地运动，但是从宏观上看，可认为某点的带电粒子离开以后，立即由相邻的带电粒子来补偿，以便保证电流的恒定。因而，恒定电场中的任一闭合面 S 内都不能有电荷的增减。也就是说，导电媒质内，任意点的电荷分布不随时间变化，即

$$\frac{\partial \rho}{\partial t} = 0 \tag{3.21}$$

因此，恒定电流场的电流连续性方程变为

$$\nabla \cdot \boldsymbol{J} = 0 \tag{3.22}$$

式(3.22)是保证恒定电流场的条件，也叫做恒定电流场方程。该式表明导电媒质通过恒定的电流时，其内部电流密度是无散或连续的。恒定的电流场是一个无源场。式(3.22)的积分形式是

$$\oint_S \boldsymbol{J} \cdot \mathrm{d}\boldsymbol{S} = 0 \tag{3.23}$$

它的物理意义是，单位时间内流入任一闭合面的电荷等于流出该面的电荷，因而恒定电流 $\boldsymbol{J}$ 的矢量线总是无起始点无终止点的连续闭合曲线。

如果收缩闭合面 S 为一个点，则式(3.23)便可解释为

$$\sum I = 0 \tag{3.24}$$

这就是基尔霍夫电流定律，表示流经一点(连接点或节点)的电流的代数和等于零。

因为在导体内部电荷量保持恒定，电场是由导体内不随时间变化的电荷产生，电场分布也为恒定，所以恒定电场与静电场具有相同的性质，也是一个保守场，即

$$\oint_l \boldsymbol{E} \cdot \mathrm{d}\boldsymbol{l} = 0 \tag{3.25}$$

由斯托克斯定理，从式(3.25)可得

$$\nabla \times \boldsymbol{E} = \boldsymbol{0} \tag{3.26}$$

恒定电场也是位场。恒定电场这个特性只在电源外的导体中满足。在电源内部，不仅有电荷产生的电场，还有其他局外电场，因此不满足守恒定理。

在电源外的导体内，恒定电场的基本方程为

$$\nabla \cdot \boldsymbol{J} = 0$$

$$\nabla \times \boldsymbol{E} = \boldsymbol{0}$$

与其相应的积分形式为

$$\oint_S \boldsymbol{J} \cdot \mathrm{d}\boldsymbol{S} = 0 \tag{3.27}$$

$$\oint_l \boldsymbol{E} \cdot \mathrm{d}\boldsymbol{l} = 0 \tag{3.28}$$

电流密度 $\boldsymbol{J}$ 与电场强度 $\boldsymbol{E}$ 之间满足欧姆定律 $\boldsymbol{J}=\sigma\boldsymbol{E}$。

以上的电场是指库仑场，因为在电源外的导体中，非库仑场为零。

由于恒定电场的旋度为零，因而可以引入电位 φ，$\boldsymbol{E}=-\nabla\varphi$。在均匀导体(电导率 σ 为常数)内部，有

$$\nabla \cdot \boldsymbol{E} = \nabla \cdot (-\nabla\varphi) = -\nabla^2\varphi = 0 \tag{3.29}$$

所以电源外的导体内，电位函数也满足拉普拉斯方程。注意：条件是导电媒质均匀且电流

分布是时不变的。

例 3.2 在坐标原点附近区域内，传导电流密度为 $\boldsymbol{J}=10r^{-1.5}\boldsymbol{e}_r(\mathrm{A/m^2})$。求：

(1) 通过半径 $r=1\mathrm{mm}$ 的球表面的电流值；

(2) 在 $r=1\mathrm{mm}$ 的球表面电荷密度的增加率；

(3) 在 $r=1\mathrm{mm}$ 的球内总电荷的增加率。

解：(1) 根据定义，有

$$I=\oint_S \boldsymbol{J}\cdot \mathrm{d}\boldsymbol{S}$$

式中

$$\boldsymbol{J}=10r^{-1.5}\boldsymbol{e}_r$$

$$\mathrm{d}\boldsymbol{S}=r^2\sin\theta\mathrm{d}\theta\mathrm{d}\phi\boldsymbol{e}_r$$

则

$$\begin{aligned}I&=\int_0^{2\pi}\int_0^{\pi}10r^{-1.5}\boldsymbol{e}_r\cdot r^2\sin\theta\mathrm{d}\theta\mathrm{d}\phi\boldsymbol{e}_r\\&=10r^{0.5}\cdot 2\pi(-\cos\theta)\big|_0^{\pi}\\&=40\pi r^{05}=40\pi\sqrt{0.001}=3.97(\mathrm{A})\end{aligned}$$

(2) 由电流连续性方程

$$\nabla\cdot\boldsymbol{J}=-\frac{\partial\rho_V}{\partial t}$$

按题意，$J_r=10r^{-1.5}$，$J_\phi=0$，$J_\theta=0$，根据散度公式，得

$$\begin{aligned}\nabla\cdot\boldsymbol{J}&=\frac{1}{r^2}\cdot\frac{\partial(r^2\cdot 10r^{-1.5})}{\partial r}=\frac{1}{r^2}\cdot\frac{\partial(10r^{0.5})}{\partial r}=5r^{-2.5}\\&=5\times(10^{-3})^{-2.5}=1.58\times10^8\quad(\mathrm{A/m^3})\end{aligned}$$

所以球表面电荷密度的增加率为

$$\frac{\partial\rho_V}{\partial t}=-1.58\times10^8\quad\mathrm{A/m^3}$$

(3) 由于

$$I=\oint_S\boldsymbol{J}\cdot\mathrm{d}\boldsymbol{S}=3.97\quad\mathrm{A}$$

为总电荷的减少率，故总电荷的增加率为

$$\frac{\mathrm{d}q}{\mathrm{d}t}=-3.97\mathrm{A}$$

例 3.3 两电导率无穷大的平行板，每块截面面积为 $A(\mathrm{m^2})$，相距为 $l(\mathrm{m})$，两板间电位差为 $U(\mathrm{V})$，如图 3.7 所示。板间媒质均匀且有有限的电导率 $\sigma(\mathrm{S/m})$，求板间区域的电阻。

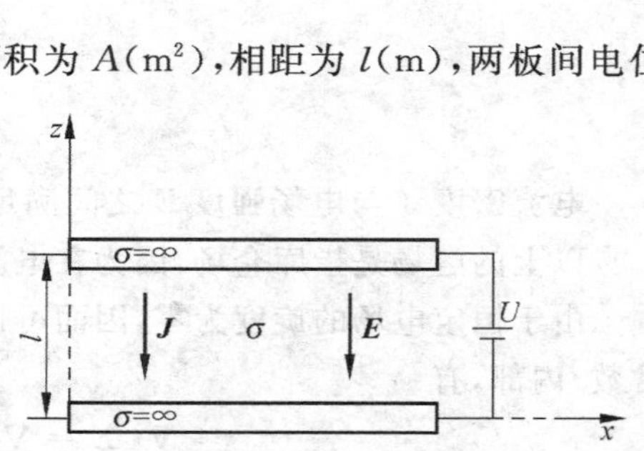

图 3.7 由导电媒质隔开的两平行板

解：因为两平行板的电导率为无穷大，则两板的电阻为零。由式(3.29)求均匀导电媒质中的电位分布。根据已知条件可知电位分布仅为 z 的函数，由式(3.29)有

$$\frac{\mathrm{d}^2\varphi}{\mathrm{d}z^2}=0$$

积分两次，得 $\varphi=az+b$，其中 a、b 为积分常数。

由边界条件 $\varphi|_{z=0}=0$，$\varphi|_{z=l}=U$，可得

$$b=0,\quad a=\frac{U}{l}$$

板间导电媒质中的电位分布为

$$\varphi=\frac{z}{l}U\quad(\mathrm{V})$$

导电媒质中的电场强度为

$$\boldsymbol{E}=-\nabla\varphi=-\frac{\partial\varphi}{\partial z}\boldsymbol{e}_z=-\frac{U}{l}\boldsymbol{e}_z\quad(\mathrm{V/m})$$

媒质中的体电流密度为

$$\boldsymbol{J}=\sigma\boldsymbol{E}=-\frac{\sigma U}{l}\boldsymbol{e}_z\quad(\mathrm{A/m^2})$$

通过垂直于 $\boldsymbol{J}$ 的表面的电流为

$$I=\int_S\boldsymbol{J}\cdot\mathrm{d}\boldsymbol{S}=\frac{\sigma AU}{l}\quad(\mathrm{A})$$

导电媒质的电阻为

$$R=\frac{U}{I}=\frac{l}{\sigma A}\quad(\Omega)\tag{3.30}$$

这与导体电阻的表达式相同。事实上，可用式(3.30)求任何具有相同截面的均匀导电媒质的电阻。

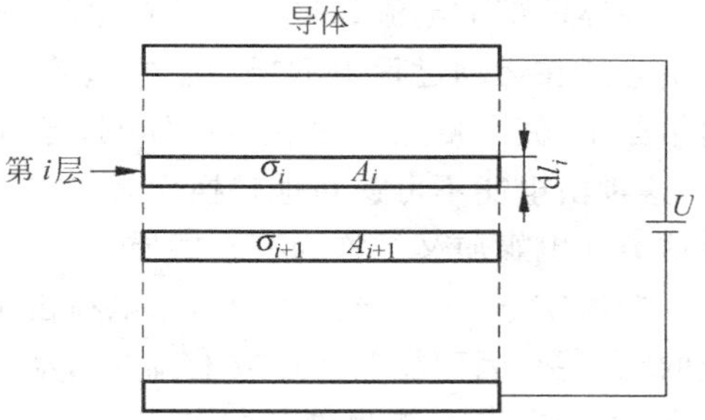

图 3.8　分为 n 层的非均匀导电媒质（仅标出第 i 层）

对于非均匀导电媒质，不能直接用式(3.30)求它的电阻。但如果把区域分成 n 层，每层的厚度为 $\mathrm{d}l$，当 $n\to\infty$ 时，$\mathrm{d}l\to 0$，则可假定每一层的电导率为一常数，如图 3.8 所示。

由式(3.30)可知，第 i 层电阻为

$$R_i=\frac{\mathrm{d}l_i}{\sigma_i A_i}\quad(\Omega)$$

式中，$\mathrm{d}l_i$、σ_i 和 A_i 分别为第 i 层的厚度、电导率及面积。因此，n 层串联总电阻为

$$R=\sum_{i=1}^{n}R_i=\sum_{i=1}^{n}\frac{\mathrm{d}l_i}{\sigma_i A_i}\quad(\Omega)\tag{3.31}$$

当取极限 $\mathrm{d}l\to 0$，$n\to\infty$，式(3.31)变为

$$R=\int\frac{\mathrm{d}l}{\sigma A}\quad(\Omega)\tag{3.32}$$

如果电导率的变化是离散的，由式(3.31)可求出导电媒质的总电阻。若电导率为媒质厚度的函数，可用式(3.32)或式(3.11)计算非均匀导电媒质的电阻。

例 3.4　某种材料的电导率 $\sigma=m/\rho+k(\mathrm{S/m})$，$m$ 和 k 均为常数，填充在两半径分别为 $a(\mathrm{m})$ 和 $b(\mathrm{m})$ 的同轴圆筒导体之间，如图 3.9 所示。U_0 为两导体间的电位差，L 为导体长度。求材料电阻、电流密度及电场强度的表达式。

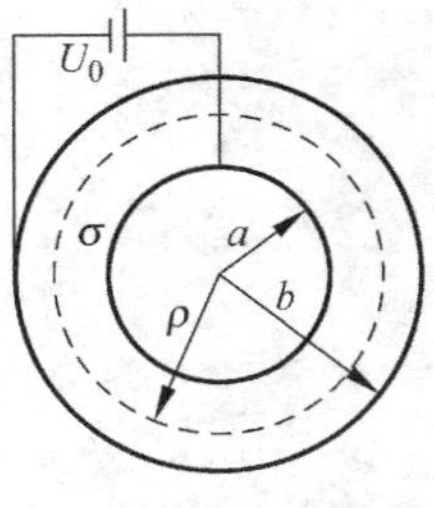

图 3.9 同轴圆筒导体

解：用式(3.32)计算电阻。在任意半径 ρ 处，作厚度为 $\mathrm{d}\rho$ 的薄圆筒，截面面积为 $2\pi\rho L$，则材料的电阻为

$$R=\int_a^b \frac{\mathrm{d}\rho}{(m+k\rho)2\pi L}=\frac{1}{2\pi Lk}\ln\frac{m+kb}{m+ka}\quad(\Omega)$$

令 $C=\ln\dfrac{m+kb}{m+ka}$，则有

$$R=\frac{C}{2\pi Lk}\quad(\Omega)$$

$$I=\frac{U_0}{R}=\frac{2\pi LkU_0}{C}\quad(\mathrm{A})$$

通过任一截面的总电流是相同的，因此

$$\boldsymbol{J}=\frac{I}{2\pi\rho L}\boldsymbol{e}_\rho=\frac{kU_0}{\rho C}\boldsymbol{e}_\rho\quad(\mathrm{A/m^2})$$

媒质中的电场强度为

$$\boldsymbol{E}=\frac{\boldsymbol{J}}{\sigma}=\frac{kU_0}{\sigma\rho C}\boldsymbol{e}_\rho=\frac{kU_0}{(m/\rho+k)\rho C}\boldsymbol{e}_\rho=\frac{kU_0}{(m+k\rho)C}\boldsymbol{e}_\rho\quad(\mathrm{V/m})$$

3.4 焦耳定律

第 3 章第 2 讲

导体内部的电流是自由电子在电场力的作用下定向运动而形成的。自由电子在运动过程中不断与晶格点阵上的原子碰撞，把自身的能量传递给原子，使晶格点阵的热运动加剧，导致导体的温度上升。这就是通常所说的电流热效应，这种由电能不可逆转地转换而来的热能称为焦耳热。因为这种能量转换消耗了电能，所以这类导电媒质又被称为有耗媒质。

在恒定电场中，导体中的运动电荷由于碰撞而失去的动能被恒定电场的电场力对其所做的功平衡，因而能保持形成电流的运动电荷的总动能恒定而继续运动，也即伴随着电流的恒定，恒定电场储能也要持续地将电能转换成焦耳热而耗散掉，这部分能量会由电源来提供。

当导体两端的电压为 U，当电荷 q 通过该导体时，电场力对电荷所做的功为

$$W=qU \tag{3.33}$$

有恒定电流 I 时，在时间 t 内流过的电量为 $q=It$，所以式(3.33)变为

$$W=ItU \tag{3.34}$$

电场在单位时间内所做的功，叫做电功率(简称功率)。用 P 表示电功率，那么根据式(3.34)可得

$$P=\frac{W}{t}=\frac{ItU}{t}=IU \tag{3.35}$$

即电功率等于导体两端的电压和通过导体的电流强度的乘积。

电压的单位是 V，电流强度的单位是 A，时间的单位是 s，根据式(3.34)和式(3.35)求出电功和电功率的单位分别是 J(焦耳)和 W(瓦特)。在电力工程上，通常用 kW(千瓦)作为电功率的单位，用 kW · h(千瓦 · 小时)作为电功的单位。平时所说的 1 度电，就是指 1kW · h。kW · h 和 J 的换算关系是

$$1\mathrm{kW\cdot h}=1000\mathrm{W}\times 3600\mathrm{s}=3.6\times 10^6\mathrm{J}$$

如果电路中只包含电阻，而不包含其他转换能量的装置，那么电场所做的功就全部转化成热。这时，根据能量转化和守恒定律，式(3.34)也就表示电流通过这段电路所发的热。由欧姆定律 $U=IR$ 或 $I=U/R$，可把式(3.34)写成

$$W = I^2Rt \quad 或 \quad W = \frac{U^2}{R}t \tag{3.36}$$

式中，热量 W 的单位是 J(焦耳)。式(3.36)最初是焦耳直接根据实验结果确定的，叫做焦耳定律。

如图 3.10 所示，在导体中沿电流线方向取一长度为 Δl、截面积为 ΔS 的体积元 ΔV，电流是恒定的，故该体积元内消耗的功率为

$$\Delta P = \Delta U\Delta I = E\Delta l\Delta I = EJ\Delta l\Delta S = EJ\Delta V$$

当 $\Delta V\to 0$，取 $\Delta P/\Delta V$ 的极限，就得出导体内任一点处单位体积中的热功率，表示为

$$p = \lim_{\Delta V\to 0}\frac{\Delta P}{\Delta V} = \boldsymbol{E}\cdot\boldsymbol{J} \tag{3.37}$$

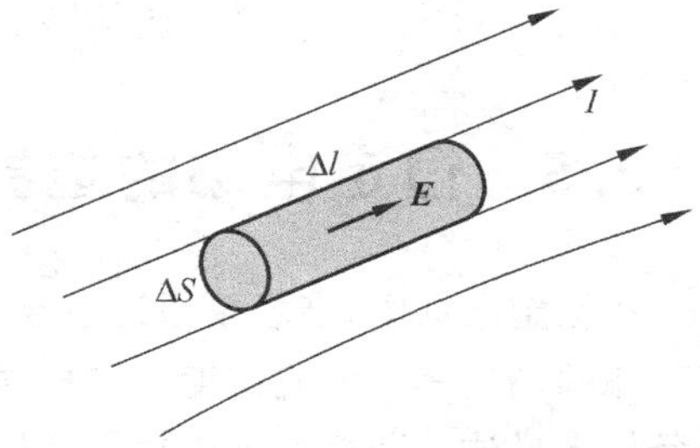

图 3.10　在恒定电流场中的体积元

式中，p 为标量，称为热功率密度，单位是 W/m^3(瓦特/米^3)。式(3.37)表明，电场在任意点消耗在焦耳热上的功率体密度为该点的电场强度与体电流密度的点积。在各向同性的导电媒质中，$\boldsymbol{J}=\sigma\boldsymbol{E}$，所以式(3.37)可以表示为

$$p = \boldsymbol{J}\cdot\boldsymbol{E} = \sigma E^2 \tag{3.38}$$

此式就是焦尔定律的微分形式。由于在式(3.37)的推导过程中，$\boldsymbol{E}$、$\boldsymbol{J}$ 均为点函数，时间间隔取得足够小，故式(3.37)和式(3.38)在恒定电流和时变电流的情况下都成立，但对运流电流不适用，因为运流电流中电场力对电荷所做的功不变成热量，而变成电荷的动能。

电流的热效应在日常生活、生产和科研中有广泛的应用，例如白炽灯、电炉、电烙铁、电烘箱和其他许多仪器设备都是利用这种效应制成的。

但是，电流的热效应也有不利的一面，在许多场合中它会造成危害。例如，在输电线路中，电流所发的热无益地散失到周围的空间，因而降低了电能的传输效率，而且如果通过的电流过强，发热过多散不出去，还会烧坏导线的绝缘层，引起漏电、触电。发电机、电动机、变压器等电气设备的绕组都是用铜导线绕成的，电流通过绕组时发热，使绕组的温度升高，如果散热不好，就会烧坏绕组的绝缘层，造成事故。电流的热效应在短路时危害最大，为了避免短路事故，在电路中通常要安装保险丝，所选用保险丝的额定电流一般应该接近于或略大于电路中的正常总电流。

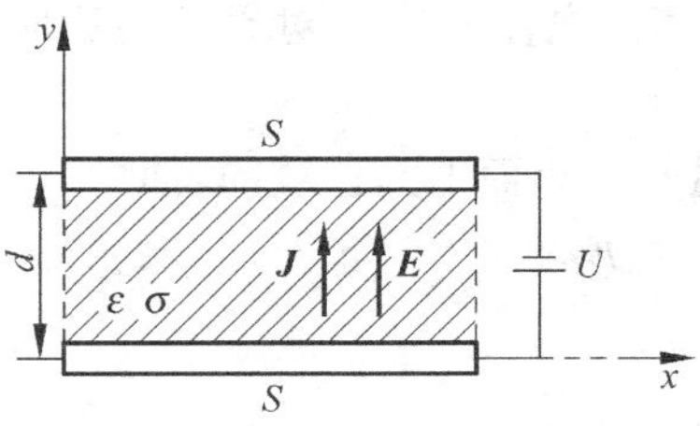

图 3.11　非理想介质的平板电容器

例 3.5　如图 3.11 所示的平板电容器，其板面积 $S=16\text{cm}^2$，板间距离 $d=0.2\text{cm}$；两板间为非理想介质，其介电常数为 $3\varepsilon_0$，电导率 $\sigma=4\times10^{-6}\,\text{S/m}$。若在两板间加恒定电压 $U=100\text{V}$，求非理想介质中的电场强度、体电流密度、热功率密度、总电流及总的热功率损耗。

解：由已知的介电常数和电导率可知，平板电容器两板之间的介质是均匀、线性、各向同性的非理想介质，

在略去边缘效应后，两板间的电场为

$$\boldsymbol{E}=\frac{U}{d}\boldsymbol{e}_y=\frac{100}{0.2\times10^{-2}}\boldsymbol{e}_y=5\times10^4\boldsymbol{e}_y\quad(\mathrm{V/m})$$

体电流密度为

$$\boldsymbol{J}=\sigma\boldsymbol{E}=4\times10^{-6}\times5\times10^4\boldsymbol{e}_y=0.2\boldsymbol{e}_y\quad(\mathrm{A/m^2})$$

因此，热功率密度为

$$p=\boldsymbol{J}\cdot\boldsymbol{E}=5\times10^4\times0.2=10^4\quad(\mathrm{W/m^3})$$

板间介质中的总电流 I 和总的热功率损耗 P 分别为

$$I=\int_S\boldsymbol{J}\cdot\mathrm{d}\boldsymbol{S}=JS=0.2\times16\times10^{-4}=3.2\times10^{-4}\quad(\mathrm{A})$$

$$P=\int_V p\,\mathrm{d}V=10^4\times16\times10^{-4}\times0.2\times10^{-2}=0.032\quad(\mathrm{W})$$

3.5 恒定电场的边界条件

在恒定电场中，当场量通过电导率分别为 σ_1 和 σ_2 的两种不同导电媒质的分界面时，界面两侧的场量——电流密度 $\boldsymbol{J}$ 和电场强度 $\boldsymbol{E}$ 一般会发生变化，其变化规律由分界面上的边界条件来描述。和静电场中边界条件的推导过程相似，恒定电场的分界面上的边界条件也是由场的积分形式的基本方程导出的。

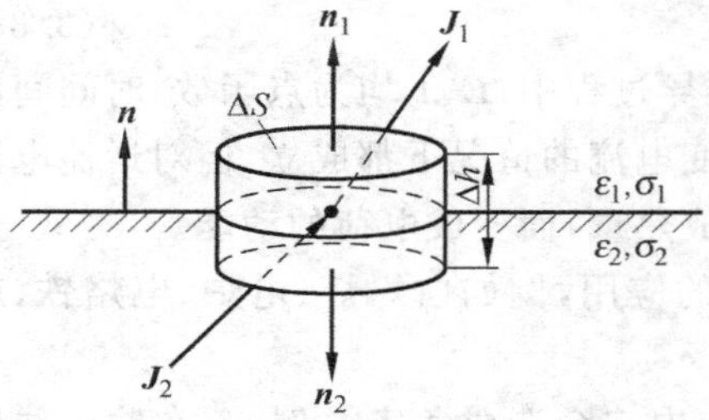

图 3.12　$\boldsymbol{J}$ 的边界条件

在这两种导电媒质分界面处作一小柱形闭合面。如图 3.12 所示，其高度 $\Delta h\to0$，上、下底面位于分界面两侧，且与分界面平行，底面面积 ΔS 很小。$\boldsymbol{n}$ 为从媒质 2 指向媒质 1 的法线方向矢量。由于该闭合面的高度非常小，以至于该闭合面侧面流过的电流可以忽略不计。根据式(3.23)得

$$\oint_S\boldsymbol{J}\cdot\mathrm{d}\boldsymbol{S}=0\tag{3.39}$$

对柱形闭合面积分，得

$$\boldsymbol{J}_1\cdot\boldsymbol{n}_1\Delta S+\boldsymbol{J}_2\cdot\boldsymbol{n}_2\Delta S=\boldsymbol{J}_1\cdot\boldsymbol{n}\Delta S-\boldsymbol{J}_2\cdot\boldsymbol{n}\Delta S=0$$

即

$$\boldsymbol{J}_1\cdot\boldsymbol{n}=\boldsymbol{J}_2\cdot\boldsymbol{n}\tag{3.40}$$

或

$$J_{1n}=J_{2n}\tag{3.41}$$

式中，下标 n 表示场量的法向分量。式(3.41)表明在分界面上电流密度 $\boldsymbol{J}$ 对界面的法向分量是连续的。

仿图 2.32，由式(3.28)可求得电场强度 $\boldsymbol{E}$ 的切向分量在分界面上是连续的，即

$$\boldsymbol{n}\times(\boldsymbol{E}_2-\boldsymbol{E}_1)=0\quad 或\quad E_{1t}=E_{2t}\tag{3.42}$$

式中，下标 t 表示场量的切向分量。

因此，在恒定电场中，不同导电媒质的分界面边界条件为

$$\begin{cases} \boldsymbol{n} \cdot (\boldsymbol{J}_1 - \boldsymbol{J}_2) = 0 \\ \boldsymbol{n} \times (\boldsymbol{E}_1 - \boldsymbol{E}_2) = 0 \end{cases} \quad 或 \quad \begin{cases} J_{1n} = J_{2n} \\ E_{1t} = E_{2t} \end{cases}$$

用电位 φ 表示的边界条件为

$$\sigma_1 \frac{\partial \varphi_1}{\partial n} = \sigma_2 \frac{\partial \varphi_2}{\partial n} \tag{3.43}$$

$$\varphi_1 = \varphi_2 \tag{3.44}$$

因为 $\boldsymbol{J}=\sigma\boldsymbol{E}$，如图 3.13 所示的分界面上电流密度 $\boldsymbol{J}$ 的切向分量方程为

$$\boldsymbol{n} \times \left(\frac{\boldsymbol{J}_1}{\sigma_1} - \frac{\boldsymbol{J}_2}{\sigma_2}\right) = 0 \tag{3.45}$$

$$\frac{J_{1t}}{J_{2t}} = \frac{\sigma_1}{\sigma_2} \tag{3.46}$$

上式表明，分界面上电流密度的切向分量之比等于电导率之比。

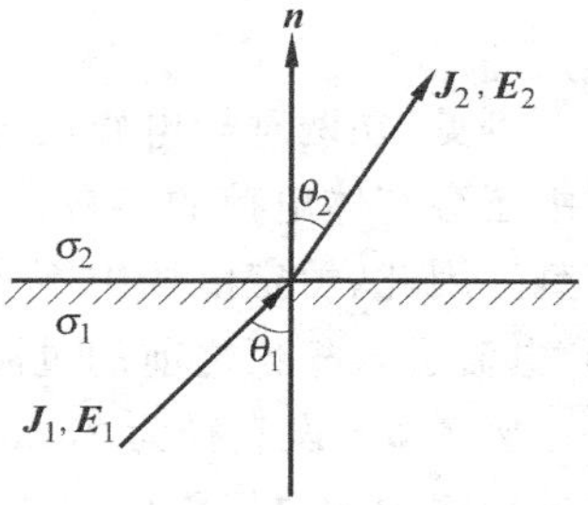

图 3.13　$\boldsymbol{J}$ 和 $\boldsymbol{E}$ 在边界的变化

由式(3.41)、式(3.46)及图 3.13，有

$$\frac{J_{1n}\sigma_1}{J_{1t}} = \frac{J_{2n}\sigma_2}{J_{2t}}$$

或

$$\frac{\tan\theta_1}{\tan\theta_2} = \frac{\sigma_1}{\sigma_2} \tag{3.47}$$

从以上的边界条件可知，在恒定电场的不同导电媒质的分界面上，电流密度 $\boldsymbol{J}$ 的法向分量和电场强度 $\boldsymbol{E}$ 的切向分量是连续的，而 $\boldsymbol{J}$ 的切向分量与 $\boldsymbol{E}$ 的法向分量是不连续的，故 $\boldsymbol{J}$ 和 $\boldsymbol{E}$ 通过界面时其大小和方向一般都会发生变化。进一步的分析还可得出以下结论。

(1) 良导体与不良导体分界面两侧的电流密度

当一种导电媒质为不良导体($\sigma_1 \neq 0$)，另一种导电媒质为良导体，若电导率 $\sigma_1 \ll \sigma_2$，例如同轴导线的内、外导体柱面通常是由电导率很高(10^7 数量级)的铜或铝制成，填充在两导体间的材料的电导率很小，如聚乙烯的电导率为 10^{-10} 数量级，由式(3.46)可知，聚乙烯里电场强度 $\boldsymbol{E}_1$ 和电流密度 $\boldsymbol{J}_1$ 与同轴线内、外导体柱面的法线夹角 θ_1 为

$$\tan\theta_1 = \frac{\sigma_1}{\sigma_2}\tan\theta_2 = \frac{10^{-10}}{10^7}\tan\theta_2 = 10^{-17}\tan\theta_2 \to 0 \quad \left(若\ \theta_2 \neq \frac{\pi}{2}\right)$$

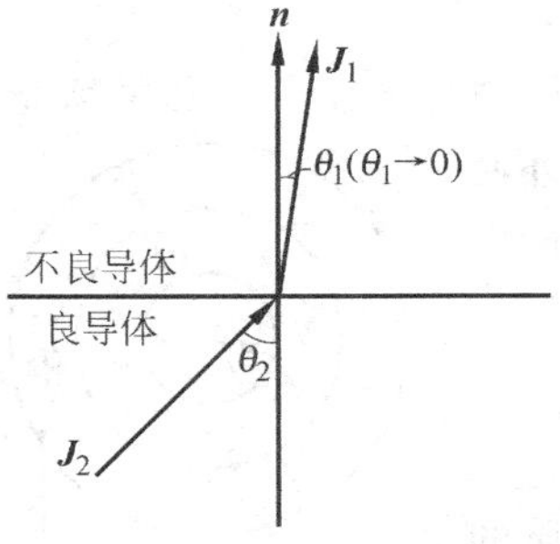

图 3.14　良导体与不良导体分界面示意图

如图 3.14 所示，亦即除非 $\theta_2=\pi/2$($\boldsymbol{J}_2$ 平行于界面)，否则 θ_1 都会非常小，可近似等于 0。因此，电流由良导体进入不良导体时，在不良导体里的电流线近似地与良导体表面垂直，即良导体表面可以近似地看作等位面，这与静电场中的导体形似。注意：如果没有 $\sigma_1 \ll \sigma_2$ 的条件，这种相似是不成立的，因为在恒定电场中，导体内的电场不为零，导体也不是等位体，其表面更不会是等位面。$\sigma_1 \ll \sigma_2$ 会令良导体的表面近似为等位面的结论很有用。例如，在计算接地设备的接地电阻时，土壤是不良导体，而接地设备一般是由良导体制成的，则土壤中的接地设备表面可近似看作是等位面而使计算简化。

(2) 两种不同导电媒质的分界面上的自由面电荷分布

当恒定电流通过电导率不同的两种导电媒质时，其电流密度和电场强度要发生突变，故分界面上一般是有自由面电荷存在的。

在两种非理想介质(σ_1,ε_1)与(σ_2,ε_2)的分界面上，自由面电荷 ρ_S 为

$$\rho_S = D_{1n} - D_{2n} = \varepsilon_1 E_{1n} - \varepsilon_2 E_{2n}$$

由于 $J_{1n}=J_{2n}$，即 $\sigma_1 E_{1n}=\sigma_2 E_{2n}$，得

$$\rho_S = \left(\varepsilon_1 \frac{\sigma_2}{\sigma_1} - \varepsilon_2\right) E_{2n} \tag{3.48}$$

可见，在两种导电媒质分界面上一般有一层自由电荷分布。如果导电媒质不均匀，在媒质中还会有体电荷的存在。当 $\varepsilon_1/\sigma_1=\varepsilon_2/\sigma_2$ 时，分界面上的面电荷密度为零，但该条件比较苛刻。因此，恒定电场中不同导电媒质的分界面上常有自由面电荷存在，这些电荷是在电场、电流进入稳恒之前的过渡过程中积累的。

例 3.6 设直径为 2mm 的导线，每 100m 长的电阻为 1Ω，当导线中通过电流 20A 时，试求导线中的电场强度。如果导线中除有上述电流通过外，导线表面还均匀分布着面电荷密度为 $\rho_S=5\times10^{-12}$(C/m²)的电荷，导线周围的介质为空气，试求导线表面上电场强度的大小和方向。

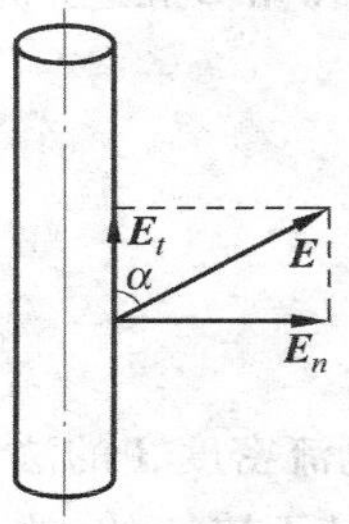

图 3.15 导线表面的电场

解：在均匀导体内电流沿导体表面流动，如图 3.15 所示，在导体内部只存在 E_t，即

$$\int_l \boldsymbol{E} \cdot \mathrm{d}\boldsymbol{l} = E_t l = IR$$

$$E_t = \frac{IR}{l} = \frac{20\times1}{100} = 0.2 \quad (\text{V/m})$$

在导体表面均匀分布着面电荷，则导体外产生的电场强度为

$$E_n = \frac{D_n}{\varepsilon_0} = \frac{\rho_S}{\varepsilon_0} = \frac{5\times10^{-12}}{8.85\times10^{-12}} = 0.565 \quad (\text{V/m})$$

导体表面上总的电场强度大小为

$$E = \sqrt{E_t^2 + E_n^2} = \sqrt{0.2^2 + 0.565^2} = 0.6 \quad (\text{V/m})$$

电场强度与导体表面的夹角为

$$\alpha = \arctan\frac{E_t}{E_n} = 19.5°$$

例 3.7 如图 3.16 所示，同轴电缆的内导体半径为 a，外导体的内半径为 c，其中填充两种漏电媒质，媒质分界面是同轴圆柱面，分界面的半径为 b，内、外两层媒质的介电常数分别为 ε_1、ε_2，电导率分别为 σ_1、σ_2。当外加恒定电压 U_0 时(内导体接正极)，求：

(1) 媒质内的电场强度；

(2) 分界面上的自由电荷面密度。

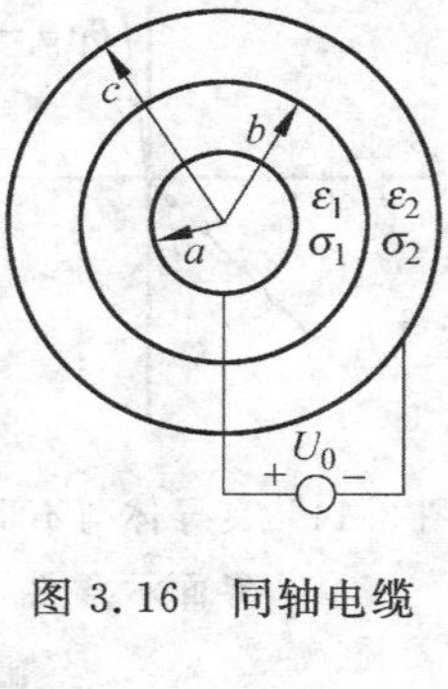

图 3.16 同轴电缆

解：由于电缆内、外电极的电导率远大于其间填充导电媒质的电导率，所以在计算内、外导体间导电媒质中的恒定电场时，可以把内、外导体各视为等位体。由对称性可知，媒质中恒定电场仅有径

向分量，且 $\boldsymbol{E}$、$\boldsymbol{J}$ 只与 ρ 有关。

(1) 解法 1：设单位长度电缆中，由内导体流向外导体的电流为 I，则

$$\boldsymbol{J} = \frac{I}{2\pi\rho}\boldsymbol{e}_\rho$$

在分界上，即 $\rho=b$ 时，$J_{1n}=J_{2n}$，得

$$\boldsymbol{J}_1 = J_{1n}\boldsymbol{e}_\rho = J_{2n}\boldsymbol{e}_\rho = \boldsymbol{J}_2 = \boldsymbol{J}$$

因此两种媒质中的电场强度为

$$\boldsymbol{E}_1 = \frac{\boldsymbol{J}}{\sigma_1} = \frac{I}{2\pi\sigma_1\rho}\boldsymbol{e}_\rho \quad (a \leqslant \rho \leqslant b)$$

$$\boldsymbol{E}_2 = \frac{\boldsymbol{J}}{\sigma_2} = \frac{I}{2\pi\sigma_2\rho}\boldsymbol{e}_\rho \quad (b \leqslant \rho \leqslant c)$$

利用 $U_0 = \int_l \boldsymbol{E} \cdot \mathrm{d}\boldsymbol{l}$ 得

$$U_0 = \int_a^b E_1 \mathrm{d}\rho + \int_b^c E_2 \mathrm{d}\rho = \frac{I}{2\pi}\left(\frac{1}{\sigma_1}\ln\frac{b}{a} + \frac{1}{\sigma_2}\ln\frac{c}{b}\right)$$

$$I = \frac{2\pi U_0}{\dfrac{1}{\sigma_1}\ln\dfrac{b}{a} + \dfrac{1}{\sigma_2}\ln\dfrac{c}{b}}$$

由此得

$$\boldsymbol{E}_1 = \frac{\sigma_2 U_0}{\rho\left(\sigma_2\ln\dfrac{b}{a} + \sigma_1\ln\dfrac{c}{b}\right)}\boldsymbol{e}_\rho \quad (a \leqslant \rho \leqslant b)$$

$$\boldsymbol{E}_2 = \frac{\sigma_1 U_0}{\rho\left(\sigma_2\ln\dfrac{b}{a} + \sigma_1\ln\dfrac{c}{b}\right)}\boldsymbol{e}_\rho \quad (b \leqslant \rho \leqslant c)$$

解法 2：设两种导电媒质中的电位函数分别为 φ_1 和 φ_2，它们满足的边值问题为

$$\frac{1}{\rho} \cdot \frac{\partial}{\partial\rho}\left(\rho\frac{\partial\varphi_1}{\partial\rho}\right) = 0 \quad (a \leqslant \rho \leqslant b)$$

$$\frac{1}{\rho} \cdot \frac{\partial}{\partial\rho}\left(\rho\frac{\partial\varphi_2}{\partial\rho}\right) = 0 \quad (b \leqslant \rho \leqslant c)$$

其通解为

$$\varphi_1 = A_1\ln\rho + B_1 \quad (a \leqslant \rho \leqslant b)$$

$$\varphi_2 = A_2\ln\rho + B_2 \quad (b \leqslant \rho \leqslant c)$$

边界条件为

$$\varphi_1\big|_{\rho=a} = U_0$$

$$\varphi_2\big|_{\rho=c} = 0$$

$$\varphi_1\big|_{\rho=b} = \varphi_2\big|_{\rho=b}$$

$$\sigma_1\frac{\partial\varphi_1}{\partial\rho}\bigg|_{\rho=b} = \sigma_2\frac{\partial\varphi_2}{\partial\rho}\bigg|_{\rho=b}$$

代入确定待定系数，得

$$\varphi_1 = -\frac{\sigma_2 U_0 \ln\rho}{\sigma_2\ln\dfrac{b}{a} + \sigma_1\ln\dfrac{c}{b}} + \frac{\sigma_2 U_0 \ln a}{\sigma_2\ln\dfrac{b}{a} + \sigma_1\ln\dfrac{c}{b}} + U_0$$

$$\varphi_2 = -\frac{\sigma_1 U_0 \ln\rho}{\sigma_2 \ln\frac{b}{a} + \sigma_1 \ln\frac{c}{b}} + \frac{\sigma_1 U_0 \ln c}{\sigma_2 \ln\frac{b}{a} + \sigma_1 \ln\frac{c}{b}}$$

$$\boldsymbol{E}_1 = -\nabla\varphi_1 = \frac{\sigma_2 U_0}{\rho\left(\sigma_2 \ln\frac{b}{a} + \sigma_1 \ln\frac{c}{b}\right)}\boldsymbol{e}_\rho \quad (a \leqslant \rho \leqslant b)$$

$$\boldsymbol{E}_2 = -\nabla\varphi_2 = \frac{\sigma_1 U_0}{\rho\left(\sigma_2 \ln\frac{b}{a} + \sigma_1 \ln\frac{c}{b}\right)}\boldsymbol{e}_\rho \quad (b \leqslant \rho \leqslant c)$$

(2) 两种媒质分界面上自由电荷的面密度为

$$\rho_S = (D_{2n} - D_{1n})\big|_{\rho=b} = (\varepsilon_2 E_{2n} - \varepsilon_1 E_{1n})\big|_{\rho=b} = \frac{(\sigma_1\varepsilon_2 - \sigma_2\varepsilon_1)U_0}{b\left(\sigma_2 \ln\frac{b}{a} + \sigma_1 \ln\frac{c}{b}\right)}$$

例 3.8 媒质 1($z \geqslant 0$)的介电常数为 $2\varepsilon_0$,电导率为 $40\mu S/m$;媒质 2($z \leqslant 0$)的介电常数为 $5\varepsilon_0$,电导率为 50nS/m。如果 $\boldsymbol{J}_2$ 大小为 $2A/m^2$,与分界面法线夹角 $\theta_2 = 60°$,求:

(1) $\boldsymbol{J}_1$ 和 θ_1 的大小;

(2) 分界面上的面电荷密度。

解:(1) 由已知条件得

$$J_{2n} = 2\cos 60° = 1 \quad (A/m^2)$$

$$J_{2t} = 2\sin 60° = 1.732 \quad (A/m^2)$$

由边界条件式(3.41)得

$$J_{1n} = J_{2n} = 1A/m^2$$

应用边界条件式(3.46),得

$$J_{1t} = \frac{\sigma_1}{\sigma_2} J_{2t} = \frac{40 \times 10^{-6}}{50 \times 10^{-9}} \times 1.732 = 1385.6 \quad (A/m^2)$$

因此

$$J_1 = \sqrt{J_{1n}^2 + J_{1t}^2} = \sqrt{1^2 + 1385.6^2} \approx 1385.6 \quad (A/m^2)$$

$$\theta_1 = \arctan\frac{J_{1t}}{J_{1n}} = \arctan\frac{1385.6}{1} = 89.96°$$

(2) 由式(3.48),面电荷密度为

$$\rho_S = \left(\frac{\varepsilon_1}{\sigma_1} - \frac{\varepsilon_2}{\sigma_2}\right) J_{1n} = \left(\frac{2}{40 \times 10^{-6}} - \frac{5}{50 \times 10^{-9}}\right) \times \frac{10^{-9}}{36\pi} \times 1 = -0.88 \quad (mC/m^2)$$

3.6 恒定电场与静电场的比拟

物理学中,具有相同数学描述的不同物理场有相同或相似形式的解。因此,可用一种物理场的解来类比与其有相同数学描述的另一种物理场的解,这种方法称为比拟法。

从前面的分析中可以看出,电源以外的导电媒质中的恒定电场与无源区内电介质中的静电场在很多方面存在相似之处。将恒定电场强度 $\boldsymbol{E}$ 和电流密度 $\boldsymbol{J}$ 所满足的基本方程,与静电场强度 $\boldsymbol{E}$ 及电位移矢量 $\boldsymbol{D}$ 所满足的基本方程相比较,容易看出它们之间的相似性以及各量之间的对应关系。为了便于比较,把它们归纳在表 3.2 中。

表 3.2 恒定电场(电源外)与静电场(无源区)的比较

对比内容	导电媒质中恒定电场(电源外)	电介质中的静电场($\rho_V=0$)	对应量
微分形式基本方程	$\nabla\times\boldsymbol{E}=0$ $\nabla\cdot\boldsymbol{J}=0$ $\boldsymbol{E}=-\nabla\varphi$	$\nabla\times\boldsymbol{E}=0$ $\nabla\cdot\boldsymbol{D}=0$ $\boldsymbol{E}=-\nabla\varphi$	$\boldsymbol{E}\leftrightarrow\boldsymbol{E}$ $\boldsymbol{J}\leftrightarrow\boldsymbol{D}$
边界条件	$E_{1t}=E_{2t}$ $J_{1n}=J_{2n}$ $\sigma_1\dfrac{\partial\varphi_1}{\partial n}=\sigma_2\dfrac{\partial\varphi_2}{\partial n}$ $\varphi_1=\varphi_2$	$E_{1t}=E_{2t}$ $D_{1n}=D_{2n}$ $\varepsilon_1\dfrac{\partial\varphi_1}{\partial n}=\varepsilon_2\dfrac{\partial\varphi_2}{\partial n}$ $\varphi_1=\varphi_2$	
电位方程	$\nabla^2\varphi=0$	$\nabla^2\varphi=0$	$\varphi\leftrightarrow\varphi$
通量关系	$\int_S\boldsymbol{J}\cdot d\boldsymbol{S}=I$ $G=\dfrac{I}{U}$	$\int_S\boldsymbol{D}\cdot d\boldsymbol{S}=\int_S\rho_S dS=q$ $C=\dfrac{q}{U}$	$I\leftrightarrow q$ $G\leftrightarrow C$
场与介质	$\boldsymbol{J}=\sigma\boldsymbol{E}$	$\boldsymbol{D}=\varepsilon\boldsymbol{E}$	$\sigma\leftrightarrow\varepsilon$

从表中可见,这两个场的相同数学表达式中的场量之间有一一对应的关系,即恒定电场中的 $\boldsymbol{E}$、φ、$\boldsymbol{J}$、I 和 σ 分别与静电场中的 $\boldsymbol{E}$、φ、$\boldsymbol{D}$、q 和 ε 是相互对应的,它们在方程和边界中处于相同的地位,因而它们是对偶量。由于二者的电位都满足拉普拉斯方程,只要两种情况下的边界条件相同,二者的电位必定是相同的。因此,当某一特定的静电场问题的解已知时,与其相应的恒定电场的解可以通过对偶量的代换(将静电场中的 $\boldsymbol{D}$、q 和 ε 换为 $\boldsymbol{J}$、I 和 σ)直接得出,这种计算恒定电场的方法称为静电比拟法。

应用静电比拟法可方便地由静电场中两导体间的电容 C,得出恒定电场中两导体间的电导 G。例如,将金属导体 1、2 作为正、负极板置于无限大电介质或无限大导电媒质中,如图 3.17所示,可以用静电比拟法从电容计算极板间的电导。

因为电容为

$$C=\frac{q}{U}=\frac{\varepsilon\int_S\boldsymbol{E}\cdot d\boldsymbol{S}}{\int_1^2\boldsymbol{E}\cdot d\boldsymbol{l}}$$

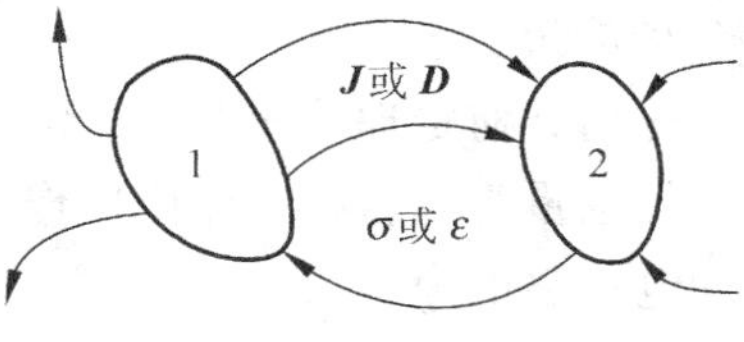

图 3.17 静电场与电流场的比拟

式中的面积分是沿正极板进行的,线积分从正极到负极。极板间的电导为

$$G=\frac{I}{U}=\frac{\sigma\int_S\boldsymbol{E}\cdot d\boldsymbol{S}}{\int_1^2\boldsymbol{E}\cdot d\boldsymbol{l}}$$

比较上两式,得

$$\frac{C}{G}=\frac{\varepsilon}{\sigma} \tag{3.49}$$

也就是说,恒定电场中的电导 G 和静电场中的电容也是对偶量。如对于线间距离为 d、线半径为 a 的平行双线,周围媒质的介电常数为 ε,电导率为 σ。当 $d\gg a$ 时,若已知平行双线单

位长度的电容为

$$C_0 = \frac{\pi\varepsilon}{\ln\left(\dfrac{d}{a}\right)} \quad (\mathrm{F})$$

通过参量置换，直接写出其单位长度的电导为

$$G_0 = \frac{\pi\sigma}{\ln\left(\dfrac{d}{a}\right)} \quad (\mathrm{S/m})$$

例 3.9 如图 3.18 所示的两组同心的金属导体球，尺寸相同，而且都在内外球间加上相同的直流电压 U_0。图 3.18(a)中内外球之间均匀地充满一种介电常数为 ε 的电介质，图 3.18(b)中内外球之间均匀地充满一种电导率为 σ 的导电媒质，但 σ 远小于金属球的电导率。求上述两种情况下的场分布。

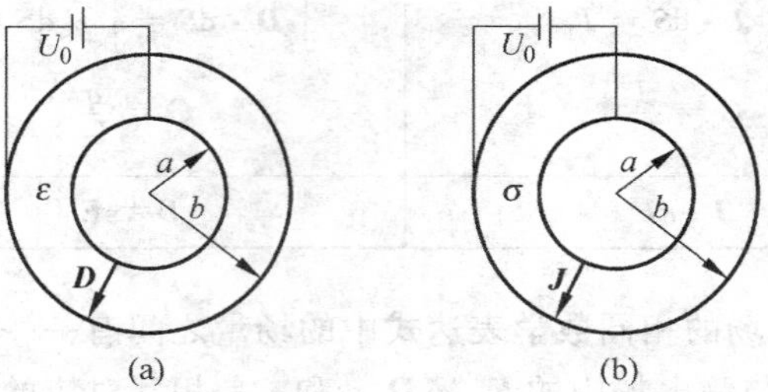

图 3.18 同心金属导体球

(a) 静电场；(b) 恒定电流场

解：图 3.18(a)所示是简单的静电场问题，电介质中的电位移矢量垂直于金属球面。图 3.18(b)所示，内外金属球间充满导电媒质，在直流电压 U_0 的作用下，将有恒定电流从内球通过导电媒质流向外球，这是一个恒定电场问题。同时，由于金属球的电导率远大于内外球间的导电媒质的电导率 σ，因此导电媒质中的电流线垂直于金属球面。上述两个场的边界条件相同，只需要求出其中任何一个场的解，根据静电比拟法，就可以得出另一个场的解。

先用高斯定理求解图 3.18(a)所示的静电场。设内金属球带电量为 $+q$，外金属球壳内表面带电量为 $-q$，在电介质中作一个与金属球同心、半径为 r 的高斯球面，则求得电位移矢量和电场强度为

$$\boldsymbol{D} = \frac{q}{4\pi r^2}\boldsymbol{e}_r, \quad \boldsymbol{E} = \frac{\boldsymbol{D}}{\varepsilon} = \frac{q}{4\pi\varepsilon r^2}\boldsymbol{e}_r$$

因为内、外金属球之间的电压 U_0 可表示为

$$U_0 = \int_a^b \boldsymbol{E}\cdot \mathrm{d}\boldsymbol{l} = \int_a^b \frac{q}{4\pi\varepsilon r^2}\mathrm{d}r = \frac{q}{4\pi\varepsilon}\left(\frac{1}{a} - \frac{1}{b}\right)$$

所以

$$q = \frac{4\pi\varepsilon U_0}{\dfrac{1}{a} - \dfrac{1}{b}}, \quad \boldsymbol{D} = \frac{\varepsilon U_0}{\left(\dfrac{1}{a} - \dfrac{1}{b}\right)r^2}\boldsymbol{e}_r, \quad \boldsymbol{E} = \frac{U_0}{\left(\dfrac{1}{a} - \dfrac{1}{b}\right)r^2}\boldsymbol{e}_r$$

取外金属球壳为电位参考点，则内、外球间电介质中任一点的电位为

$$\varphi=\int_r^b E\mathrm{d}r=\int_r^b \frac{U_0}{\left(\frac{1}{a}-\frac{1}{b}\right)r^2}\mathrm{d}r=\frac{U_0}{\frac{1}{a}-\frac{1}{b}}\left(\frac{1}{r}-\frac{1}{b}\right)$$

根据表 3.2 中各物理量的对应关系，将上述各式进行置换便得到图 3.18(b)所示的恒定电场的解，即

$$\boldsymbol{J}=\frac{I}{4\pi r^2}\boldsymbol{e}_r,\quad \boldsymbol{E}=\frac{\boldsymbol{J}}{\sigma}=\frac{I}{4\pi\sigma r^2}\boldsymbol{e}_r,\quad \varphi=\frac{U_0}{\frac{1}{a}-\frac{1}{b}}\left(\frac{1}{r}-\frac{1}{b}\right)$$

由于 $\boldsymbol{E}=\frac{U_0}{\left(\frac{1}{a}-\frac{1}{b}\right)r^2}\boldsymbol{e}_r$，得

$$I=\frac{4\pi\sigma U_0}{\frac{1}{a}-\frac{1}{b}}$$

所以

$$\boldsymbol{J}=\frac{\sigma U_0}{\left(\frac{1}{a}-\frac{1}{b}\right)r^2}\boldsymbol{e}_r$$

也可以先解恒定电场问题。根据电流连续性原理，即通过内、外金属球间的任一同心球面的电流 I 相同。由于球对称性，即同一同心球面上的电流密度也相同，方向是径向。因此，内、外金属球间导电媒质中任一点的电流密度 $\boldsymbol{J}=\frac{I}{4\pi r^2}\boldsymbol{e}_r$，由 $\boldsymbol{E}=\frac{\boldsymbol{J}}{\sigma}$ 求得 $\boldsymbol{E}$，然后求得 I、φ 等。

例 3.10　如图 3.19 所示的同轴电缆线，内导体外半径 $a=5\text{mm}$，外导体内半径 $b=10\text{mm}$，内外导体柱面之间填充非理想介质，其介电常数为 $4\varepsilon_0$，电导率为 $\sigma=4\times10^{-5}\text{S/m}$。若在内外导体之间加电压 $U=120\text{V}$，求非理想介质中的电场强度 $\boldsymbol{E}$、电流密度 $\boldsymbol{J}$、电通密度 $\boldsymbol{D}$ 及 1km 长该电缆的电导率。

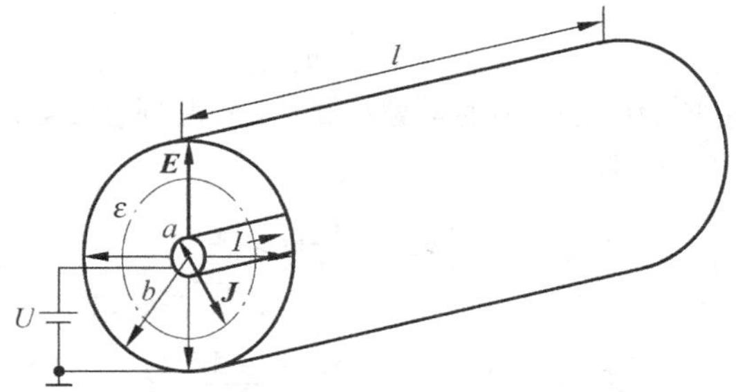

图 3.19　填充非理想介质的同轴线

解：解法 1：直接在恒定电流场中计算。

因为场具有轴对称性，设 l 长的内导体中流出的总电流为 I，则半径为 r 的柱面上的体电流密度 $\boldsymbol{J}$ 为

$$\boldsymbol{J}=\frac{I}{2\pi rl}\boldsymbol{e}_r$$

根据 $\boldsymbol{J}=\sigma\boldsymbol{E}$，$U_{ab}=\int_a^b\boldsymbol{E}\cdot\mathrm{d}\boldsymbol{l}$，得

$$\boldsymbol{E}=\frac{I}{2\pi r\sigma l}\boldsymbol{e}_r,\quad U=U_{ab}=\int_a^b\frac{I}{2\pi r\sigma l}\mathrm{d}r=\frac{I}{2\pi\sigma l}\ln\frac{b}{a}$$

即$\dfrac{I}{2\pi\sigma l}=\dfrac{U}{\ln\dfrac{b}{a}}$,代入 $\boldsymbol{J}$ 和 $\boldsymbol{E}$ 表达式,可得

$$\boldsymbol{J}=\frac{\sigma U}{r\ln\dfrac{b}{a}}\boldsymbol{e}_r=\frac{6.92\times10^{-3}}{r}\boldsymbol{e}_r,\quad \boldsymbol{E}=\frac{U}{r\ln\dfrac{b}{a}}\boldsymbol{e}_r=\frac{173}{r}\boldsymbol{e}_r$$

根据 $\boldsymbol{D}=\varepsilon\boldsymbol{E}$,得

$$\boldsymbol{D}=\frac{4\varepsilon_0U}{r\ln\dfrac{b}{a}}\boldsymbol{e}_r=\frac{6.13\times10^{-9}}{r}\boldsymbol{e}_r$$

由于$U=\dfrac{I}{2\pi\sigma l}\ln\dfrac{b}{a}$,故 1km 长电缆的电导率为

$$G=\frac{I}{U}=\frac{2\pi\sigma l}{\ln\dfrac{b}{a}}=0.36\mathrm{S}$$

解法 2：静电比拟法。

同轴电缆的内外导体柱面满足良导体与不良导体分界面的条件,故非理想介质中的电场强度 $\boldsymbol{E}$、电流密度 $\boldsymbol{J}$ 垂直导体柱面,并且分布呈轴对称性,其与填充理想介质时的静电场有可比拟性。

若 $a<r<b$ 中填充介电常数为 ε 的理想介质,用高斯定理可求得静电场中的场量为

$$\boldsymbol{E}'=\frac{U}{r\ln\dfrac{b}{a}}\boldsymbol{e}_r,\quad \boldsymbol{D}'=\frac{\varepsilon U}{r\ln\dfrac{b}{a}}\boldsymbol{e}_r$$

电容为

$$C=\frac{2\pi\varepsilon l}{\ln\dfrac{b}{a}}$$

根据静电比拟法,将 $\boldsymbol{E}'$、$\boldsymbol{D}'$ 及 C 中的 ε 替换成 σ,则得到在 $a<r<b$ 中填充非理想介质时的恒定电场的 $\boldsymbol{E}$、$\boldsymbol{J}$ 及 G,分别为

$$\boldsymbol{E}=\frac{U}{r\ln\dfrac{b}{a}}\boldsymbol{e}_r=\frac{173}{r}\boldsymbol{e}_r$$

$$\boldsymbol{J}=\frac{\sigma U}{r\ln\dfrac{b}{a}}\boldsymbol{e}_r=\frac{6.92\times10^{-3}}{r}\boldsymbol{e}_r$$

$$G=\frac{2\pi\sigma l}{\ln\dfrac{b}{a}}=0.36\mathrm{S}$$

恒定电场中的 $\boldsymbol{D}$ 没有静电场的场量与之比拟,可根据 $\boldsymbol{D}=\varepsilon\boldsymbol{E}$ 求得

$$\boldsymbol{D}=4\varepsilon_0\boldsymbol{E}=\frac{4\varepsilon_0U}{r\ln\dfrac{b}{a}}\boldsymbol{e}_r=\frac{6.13\times10^{-9}}{r}\boldsymbol{e}_r$$

两种方法计算出的结果相同。

3.7 电动势

欧姆定律是电源外部的情形，现在讨论电源内部的情况。在电源内部，一定有非静电力的存在，这个非静电力使正电荷从电源负极向正极运动，不断补充极板上的电荷，从而使得电荷分布保持不变，这样便可以维持恒定电流。所以说，非静电力是维持导体内电流恒定流动的必要条件。所谓非静电力，是指不是由静止电荷产生的力。例如，在电池内，非静电力指的是化学反应产生的使正、负电荷分离的化学力；发电机内，非静电力是指电磁感应产生的作用于电荷上的洛伦兹力。

将非静电力对电荷的影响等效为一个非保守电场（也叫非库仑场），其电场强度只存在于电源内部。在电源外部只存在由恒定分布的电荷产生的电场，称为库仑场，以 $\boldsymbol{E}$ 表示。在电源内部既有库仑场 $\boldsymbol{E}$，也有非保守场 $\boldsymbol{E}'$，二者方向相反。为了定量描述电源的特性，引入物理量电动势（electromotive force，EMF）。其定义为：把单位正电荷从负极通过电源内部移到正极时，非静电力所做的功，用 $\mathscr{E}$ 表示，如图 3.20 所示。电动势的数学表达式为

$$\mathscr{E} = \int_B^A \boldsymbol{E}' \cdot \mathrm{d}\boldsymbol{l} \tag{3.50}$$

对于恒定电流而言，与之对应的库仑场 $\boldsymbol{E}$ 是不随时间变化的恒定电场，它是由不随时间变化的电荷产生的，因而其性质与静止电荷产生的静电场相同，即

$$\oint_l \boldsymbol{E} \cdot \mathrm{d}l = 0$$

式中，积分路径 l 是电源之内或之外的导体中的任意闭合回路。

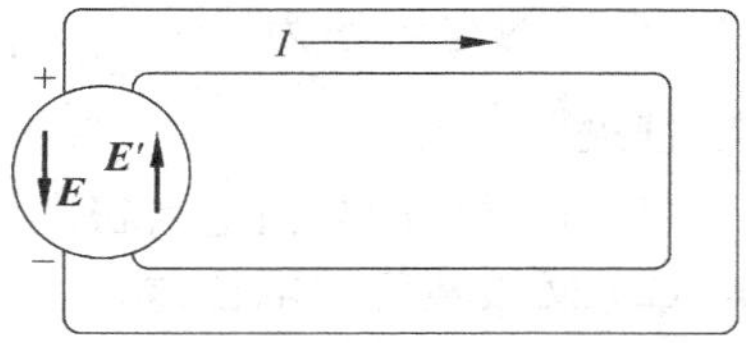

图 3.20 电动势

可以将电动势用总电场（库仑场与非库仑场之和）的回路积分表示

$$\mathscr{E} = \int_B^A \boldsymbol{E}' \cdot \mathrm{d}\boldsymbol{l} = \oint_l (\boldsymbol{E} + \boldsymbol{E}') \cdot \mathrm{d}\boldsymbol{l} \tag{3.51}$$

式中的积分是沿整个电流回路进行的。

习题

3.1 一个体密度为 $2.32\times10^{-7}\mathrm{C/m^3}$ 的质子束，通过 10000V 的电压加速后形成等速的质子束，质子束内的电荷均匀分布，束直径为 2mm，束外没有电荷分布。求电流密度和电流。

3.2 一个半径为 a 的球内均匀分布着总电荷为 Q 的电荷，球体以匀角速度 ω 绕一个直径旋转。求球内的电流密度。

3.3 一个半径为 a 的导体球带电荷量为 Q，以匀角速度 ω 绕一个直径旋转。求球表面的电流密度。

3.4 流过细丝的电流 I 沿 z 轴向下且流到中心在 $z=0$ 且与 z 轴垂直的导体薄层上，试求此薄层上的电流密度的表达式。

3.5 已知电流密度矢量 $\boldsymbol{J}=10y^2z\boldsymbol{e}_x-2x^2y\boldsymbol{e}_y+2x^2z\boldsymbol{e}_z\,\mathrm{A/m^2}$，试求：

(1) 穿过面积 $x=3, 2\leqslant y\leqslant 3, 3.8\leqslant z\leqslant 5.2$，沿 $\boldsymbol{e}_x$ 方向的总电流（见题图 3.1）；

(2) 在上述面积中心处电流密度的大小；

(3) 在上述面积上电流密度 x 方向的分量 J_x 的平均值。

3.6 流过细导线的电流强度 I 沿 z 轴向下流到中心在 $z=0$ 与 z 轴垂直的导体薄片上，如题图 3.2 所示。求在平面的 60°扇形区域内的电流强度。

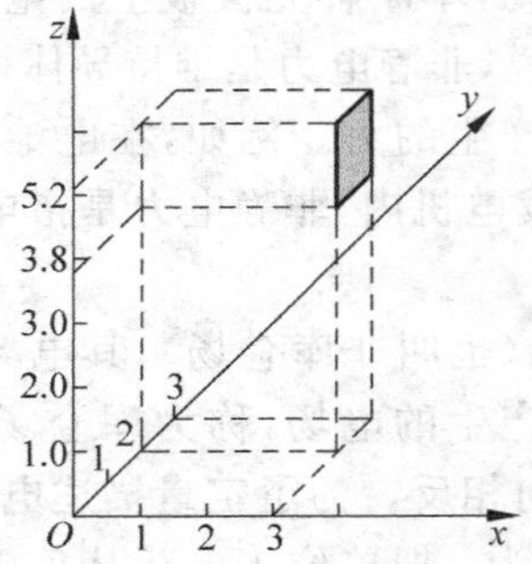

题图 3.1 习题 3.5 用图

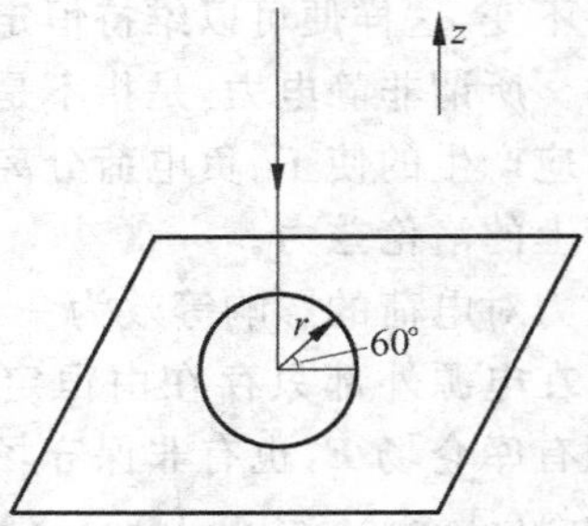

题图 3.2 习题 3.6 用图

3.7 有一非均匀导电媒质板，厚度为 d，其两侧面为良导体电极，下板表面与坐标 $z=0$ 重合，介质的电阻率为 $\rho_R=\dfrac{1}{\sigma}=\rho_{R1}+\dfrac{\rho_{R1}-\rho_{R2}}{d}z$，介电常数为 ε_0，其中有 $\boldsymbol{J}=J_0\boldsymbol{e}_z$ 的均匀电流。试求：

(1) 介质中的自由电荷密度；

(2) 两极板间的电位差；

(3) 面积为 A 的一块介质板中的功率损耗。

3.8 大气中由于存在少量的自由电子和正离子而具有微弱的导电性。

(1) 地表附近，晴天大气平均场强为 120V/m，大气平均电流密度约为 $4\times10^{-12}\text{A/m}^2$。试求大气电阻率。

(2) 电离层和地球表面之间的电位差为 $4\times10^5\text{V}$，试求大气的总电阻(地球半径 $R_{地}=6375\text{km}$)。

3.9 一铜棒的横截面面积为 20mm×80mm，长为 2m，两端的电位差为 50mV。已知铜的电导率为 $\sigma=5.7\times10^7\text{S/m}$，铜内自由电子的电荷密度为 $1.36\times10^{10}\text{C/m}^3$。求：

(1) 电阻；

(2) 电流强度；

(3) 电流密度；

(4) 棒内的电场强度；

(5) 所消耗的功率。

3.10 在电导率为 σ 的均匀导电媒质中有半径为 a_1 和 a_2 的两个理想导体小球，两球心之间的距离为 d，且有 $d\geqslant a_1$ 和 $d\geqslant a_2$。试计算两导体球之间的电阻。

3.11 媒质 1 中($x\geqslant0,\varepsilon_1=\varepsilon_0,\sigma_1=20\mu\text{S/m}$)的体电流密度 $\boldsymbol{J}_1=100\boldsymbol{e}_x+20\boldsymbol{e}_y-50\boldsymbol{e}_z(\text{A/m}^2)$，试求：

(1) 媒质 2 中($x\leqslant0,\varepsilon_2=5\varepsilon_0,\sigma_1=80\mu\text{S/m}$)的体电流密度 $\boldsymbol{J}_2$；

(2) 分界面上的 θ_1、θ_2 及 ρ_S；

(3) 分界面两侧的 $\boldsymbol{E}$ 和 $\boldsymbol{D}$。

3.12　如题图 3.3 所示的一对无限大接地平行导体板，板间有一与 z 轴平行的线电荷 ρ_l，其位置为 $(0,d)$。求板间电位函数。

3.13　半径分别为 a 和 b 的同轴线，外加电压 U，如题图 3.4 所示，圆柱面电极间在图示 θ_1 角部分充满介电常数为 ε 的介质，其余部分为空气。求介质与空气中的电场与单位长度上的电容量。

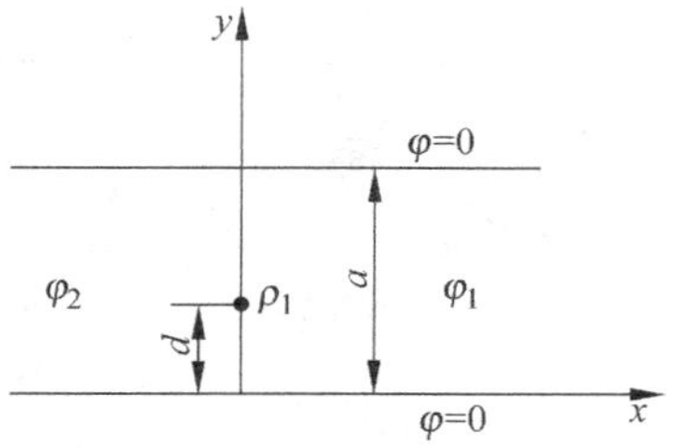

题图 3.3　习题 3.12 用图

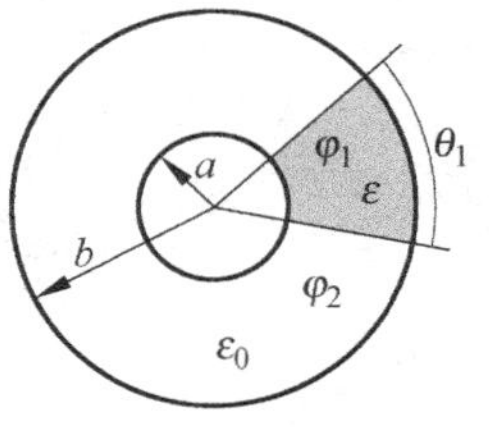

题图 3.4　习题 3.13 用图

3.14　如题图 3.5 所示，厚度为 h 的导体板做成半圆环，内半径为 r_1，外半径为 r_2，导体的电导率为 σ。若在截面 A、B 上加上电压，求半圆环的电阻和功率损耗。

3.15　两半球形接地体埋在地下(见题图 3.6)，球的半径为 a，土壤的电导率为 σ，球心间的距离为 d，且 $d \geqslant a$。请计算两球间的电阻。

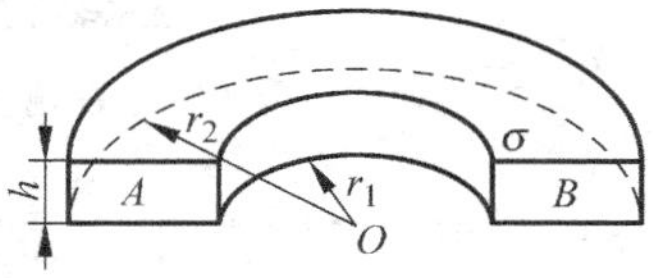

题图 3.5　习题 3.14 用图

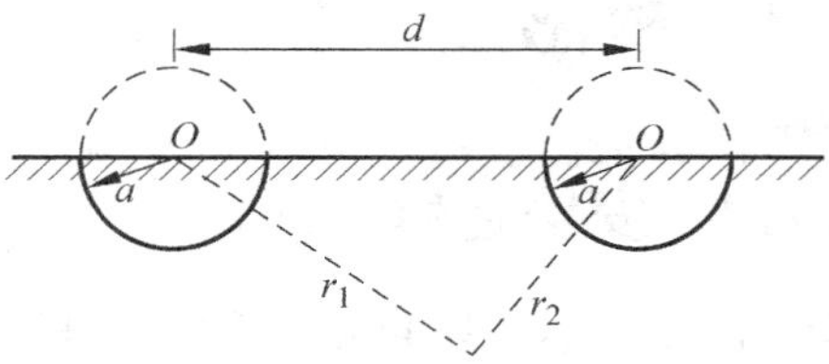

题图 3.6　习题 3.15 用图

3.16　半径分别为 r_1、r_2，厚度为 h，张角为 α_0 的扇形电阻片(其电导率为 σ)，如题图 3.7 所示。试求两种不同的极板(金属极板，不计算其电阻)放置方法，该扇形片的电阻为 R。

(1) 两极板分别置于 A、B 面(平面)上。

(2) 两极板分别置于 C、D 面(圆弧面)上。

3.17　设一扇形电阻片的尺寸如题图 3.8 所示，材料的电导率为 σ。试计算 A、B 面之间的电阻。

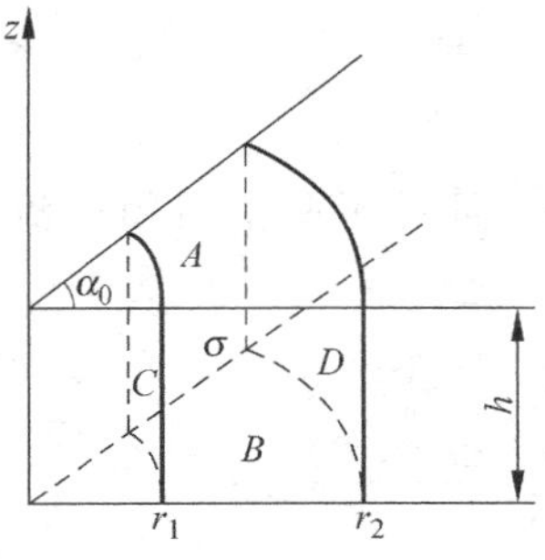

题图 3.7　习题 3.16 用图

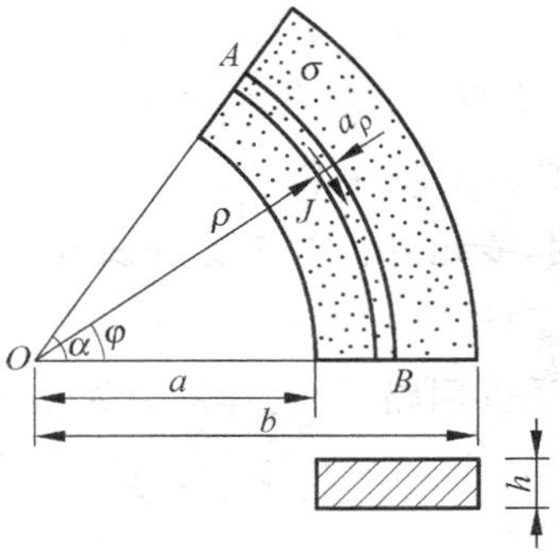

题图 3.8　习题 3.17 用图

第4章 恒定磁场

导体中有恒定电流(电流分布不随时间变化)通过时，在导体内部和它的周围媒质中，不仅有恒定电场，同时还存在不随时间变化的磁场，称它为恒定电流的磁场。由恒定电流或永久磁铁产生的磁场被称为恒定磁场，也叫静磁场。恒定磁场和静电场是物理性质完全不同的场，但在分析方法上却有许多共同之处。

4.1 磁感应强度

第4章第1讲

4.1.1 安培定律

库仑定律表明，有库仑力作用的空间就是存在电场的空间。但实验又表明，一条直流电流回路除受到另一条直流回路的库仑力作用之外，还将受到另一种特性完全不同于库仑力的力的作用，这个力称为安培力。恒定磁场的重要定律是安培定律。安培定律是法国物理学家安培根据实验结果总结出来的一个基本定律。该实验定律可以用图4.1和式(4.1)来说明：在真空中载有电流 I_1 的回路 C_1 上任一线元 $\mathrm{d}\boldsymbol{l}_1$ 对另一载有电流 I_2 的回路 C_2 上任一线元 $\mathrm{d}\boldsymbol{l}_2$ 的作用力表示为

$$\mathrm{d}\boldsymbol{F}_{12}=\frac{\mu_0}{4\pi}\cdot\frac{I_2\mathrm{d}\boldsymbol{l}_2\times(I_1\mathrm{d}\boldsymbol{l}_1\times\boldsymbol{R})}{R^3} \tag{4.1}$$

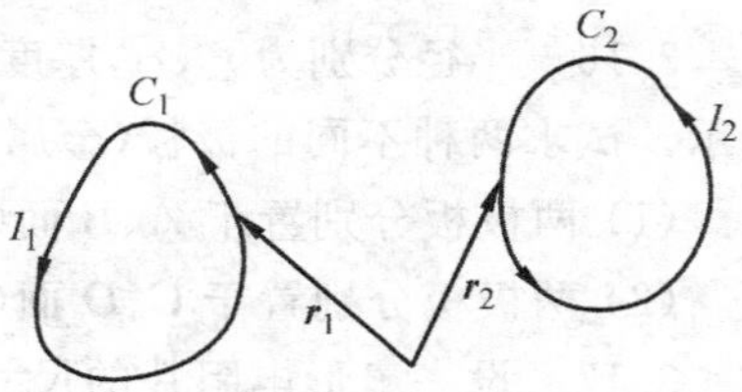

图4.1 载流回路之间的作用力

式中，$I_1\mathrm{d}\boldsymbol{l}_1$ 和 $I_2\mathrm{d}\boldsymbol{l}_2$ 称为电流元矢量；$\boldsymbol{R}$ 为 $\mathrm{d}\boldsymbol{l}_1$ 到 $\mathrm{d}\boldsymbol{l}_2$ 的距离矢量，$R=|\boldsymbol{R}|$；$\mu_0=4\pi\times10^{-7}\,\mathrm{H/m}$ 为真空的磁导率。

可以证明，线元 $\mathrm{d}\boldsymbol{l}_1$ 同样受到线元 $\mathrm{d}\boldsymbol{l}_2$ 的作用力，且对于两个封闭电流回路来讲，有 $\mathrm{d}\boldsymbol{F}_{12}=-\mathrm{d}\boldsymbol{F}_{21}$。

回路 C_2 受到回路 C_1 的作用力为

$$\boldsymbol{F}_{12}=\frac{\mu_0}{4\pi}\oint_{C_2}\oint_{C_1}\frac{I_2\mathrm{d}\boldsymbol{l}_2\times(I_1\mathrm{d}\boldsymbol{l}_1\times\boldsymbol{R})}{R^3} \tag{4.2}$$

式(4.1)和式(4.2)称为安培定律。安培定律说明，两电流元之间相互作用力的大小与

电流 I_1 和 I_2 的乘积成正比，与它们之间的距离 $\boldsymbol{R}$ 的平方成反比，这些特点与库仑定律相似。但是，$\mathrm{d}\boldsymbol{F}_{12}$的方向与 $I_2\mathrm{d}\boldsymbol{l}_2\times(I_1\mathrm{d}\boldsymbol{l}_1\times\boldsymbol{R})$的方向相同，这是与库仑定律不同之处。该力是有别于库仑力的另一种力，又被称为磁力或磁场力。

4.1.2 毕奥-萨伐尔定律

对安培定律，用场的观点来分析，可以认为图 4.1 中的电流回路之间的相互作用力是通过磁场来传递的，即电流 I_1 在空间产生了磁场，而该磁场对电流 I_2 有力的作用，其大小及方向就是$\boldsymbol{F}_{12}$。同理，$\boldsymbol{F}_{21}$是电流 I_2 产生的磁场对电流 I_1 的作用力。所以，力$\boldsymbol{F}_{12}$应理解为第一个回路 C_1 在空间产生磁场，第二个回路在这一磁场中受力，即将式(4.2)改写为

$$\boldsymbol{F}_{12}=\oint_{C_2}I_2\mathrm{d}\boldsymbol{l}_2\times\left(\frac{\mu_0}{4\pi}\oint_{C_1}\frac{I_1\mathrm{d}\boldsymbol{l}_1\times\boldsymbol{R}}{R^3}\right)\tag{4.3}$$

式中，括号内的量与 $I_2\mathrm{d}\boldsymbol{l}_2$ 无关，它与回路 C_1 的电流元分布有关，也与场点$\boldsymbol{r}_2$ 的位置有关。可见，括号内的量反映了 C_1 中电流 I_1 产生的磁场效应。令

$$\boldsymbol{B}=\frac{\mu_0}{4\pi}\oint_{C_1}\frac{I_1\mathrm{d}\boldsymbol{l}_1\times\boldsymbol{R}}{R^3}\tag{4.4}$$

上式表示电流回路 C_1 在 $\boldsymbol{r}_2$ 点处产生的磁场矢量，称之为磁感应强度(也称磁通密度)。磁感应强度 $\boldsymbol{B}$ 是描述磁场的基本物理量，在国际单位制中，它的单位是 T(特斯拉，简称特)，也可用 $\mathrm{Wb/m^2}$(韦伯/米^2)表示。工程上，常因为 T 太大而选用 Gs(高斯)作为单位，$1\mathrm{T}=10^4\mathrm{Gs}$，这个公式也叫做毕奥-萨伐尔定律。以后用 $\boldsymbol{r}'$表示此式中的$\boldsymbol{r}_1$，称其为源点；用 $\boldsymbol{r}$ 表示此式中的$\boldsymbol{r}_2$，称其为场点。如图 4.1 所示，由于 $\mathrm{d}\boldsymbol{B}=\frac{\mu_0}{4\pi}\cdot\frac{I_1\mathrm{d}\boldsymbol{l}_1\times\boldsymbol{R}}{R^3}$，可知电流元$I_1\mathrm{d}\boldsymbol{l}_1$ 产生的磁感应强度 $\mathrm{d}\boldsymbol{B}$ 与 $I_1\mathrm{d}\boldsymbol{l}_1$ 和 $\boldsymbol{R}$ 均垂直，并遵守右手螺旋定则。

毕奥-萨伐尔定律是实验定律，它定量地给出了电流和它产生的磁场(或磁感应强度)之间的计算公式，可计算由任何已知电流分布所建立的磁场(或磁感应强度)。

与静电场中应用电荷元概念的处理方法一样，在磁场中也定义并应用了电流元的概念。电流元的概念定义为：若有 $\mathrm{d}q$ 库仑的电荷以速度 $\boldsymbol{v}$(m/s)运动，则 $\mathrm{d}q\cdot\boldsymbol{v}$ 称为电流元。在国际单位制中，电流元的单位为 C·m/s(库仑·米/秒)或 A·m(安培·米)。以此概念，与体电流 $\boldsymbol{J}$、面电流 $\boldsymbol{J}_S$ 和线电流 I 相应的电流元形式分别为$\boldsymbol{J}\mathrm{d}V'$、$\boldsymbol{J}_S\mathrm{d}S'$和 $I\mathrm{d}\boldsymbol{l}'$。

若产生磁场的电流不是线电流，而是具体分布的体分布电流 $\boldsymbol{J}$ 或面分布电流 $\boldsymbol{J}_S$，可将式(4.4)中的电流元 $I_1\mathrm{d}\boldsymbol{l}_1$ 相应地换成 $\boldsymbol{J}\mathrm{d}V'$或 $\boldsymbol{J}_S\mathrm{d}S'$，则可得到相应的毕奥-萨伐尔定律计算公式，即

$$\boldsymbol{B}(\boldsymbol{r})=\frac{\mu_0}{4\pi}\int_V\frac{\boldsymbol{J}(\boldsymbol{r}')\times\boldsymbol{R}}{R^3}\mathrm{d}V'\tag{4.5}$$

$$\boldsymbol{B}(\boldsymbol{r})=\frac{\mu_0}{4\pi}\int_S\frac{\boldsymbol{J}_S(\boldsymbol{r}')\times\boldsymbol{R}}{R^3}\mathrm{d}S'\tag{4.6}$$

例 4.1 如图 4.2 所示，求载流 I 的有限长直导线外任一点的磁场。

解：取直导线的中心为坐标原点，导线和 z 轴重合，在圆柱坐标中计算。将式(4.4)改写为

$$\boldsymbol{B}=\frac{\mu_0}{4\pi}\int_{-l/2}^{l/2}\frac{I\mathrm{d}\boldsymbol{l}'\times\boldsymbol{R}}{R^3}$$

从对称关系能够看出磁场与坐标 ϕ 无关。不失一般性,将场点取在 $\phi=0$ 处,即场点坐标为 $(\rho,0,z)$,源点坐标为 $(0,0,z')$,则有

$$\boldsymbol{r}=\rho\boldsymbol{e}_\rho+z\boldsymbol{e}_z,\quad \boldsymbol{r}'=z'\boldsymbol{e}_z,\quad \boldsymbol{R}=\boldsymbol{r}-\boldsymbol{r}'$$

$$z'=z-\rho\tan\alpha,\quad \mathrm{d}z'=-\rho\sec^2\alpha\mathrm{d}\alpha$$

$$\mathrm{d}\boldsymbol{l}'=\mathrm{d}z'\boldsymbol{e}_z=-\rho\sec^2\alpha\mathrm{d}\alpha\boldsymbol{e}_z,\quad R=\rho\sec\alpha$$

$$\begin{aligned}\mathrm{d}\boldsymbol{l}'\times\boldsymbol{R}&=\mathrm{d}z'\boldsymbol{e}_z\times[\rho\boldsymbol{e}_\rho+(z-z')\boldsymbol{e}_z]\\&=\rho\mathrm{d}z'\boldsymbol{e}_\phi=-\rho^2\sec^2\alpha\mathrm{d}\alpha\boldsymbol{e}_\phi\end{aligned}$$

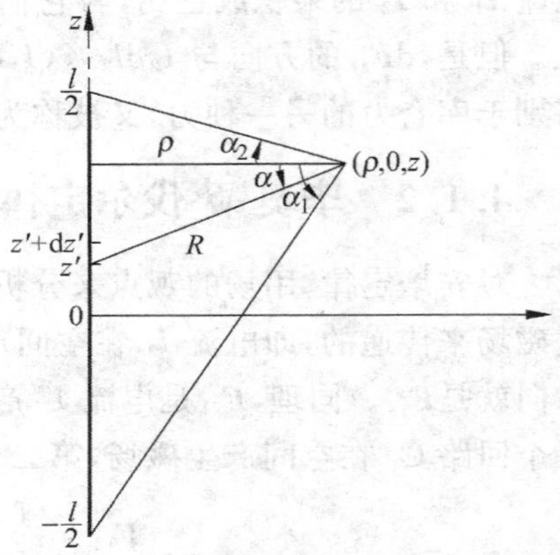

图 4.2 有限长直导线

所以

$$\begin{aligned}\boldsymbol{B}&=\frac{\mu_0 I}{4\pi}\int_{-l/2}^{l/2}\frac{\mathrm{d}\boldsymbol{l}'\times\boldsymbol{R}}{R^3}=\frac{\mu_0 I}{4\pi\rho}\int_{\alpha_1}^{\alpha_2}-\cos\alpha\mathrm{d}\alpha\boldsymbol{e}_\phi\\&=\frac{\mu_0 I}{4\pi\rho}(\sin\alpha_1-\sin\alpha_2)\boldsymbol{e}_\phi\end{aligned}$$

式中

$$\sin\alpha_1=\frac{z+l/2}{\sqrt{\rho^2+(z+l/2)^2}},\quad \sin\alpha_2=\frac{z-l/2}{\sqrt{\rho^2+(z-l/2)^2}}$$

对于无限长直导线 $(l\to\infty)$,$\alpha_1=\frac{\pi}{2}$,$\alpha_2=-\frac{\pi}{2}$,其产生的磁场为

$$\boldsymbol{B}=\frac{\mu_0 I}{2\pi\rho}\boldsymbol{e}_\phi \tag{4.7}$$

上式中的磁感应强度 $\boldsymbol{B}$ 矢量线(也称磁力线)是一些以 ρ 为半径的闭合圆,$\boldsymbol{B}$ 的大小与 ρ 成反比,其方向与电流的方向遵循右手螺旋定则。

例 4.2 真空中单匝圆线圈(圆电流)半径为 R,电流为 I,如图 4.3 所示。求其轴线上离圆心 O 距离为 x 处点的磁通密度 $\boldsymbol{B}$ 的大小。

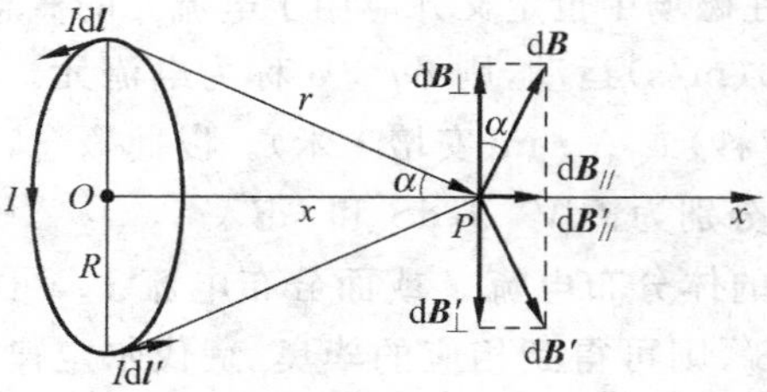

图 4.3 圆电流的磁场

解:由 $\mathrm{d}\boldsymbol{B}=\frac{\mu_0}{4\pi}\cdot\frac{I_1\mathrm{d}\boldsymbol{l}_1\times\boldsymbol{R}}{R^3}$ 得

$$\mathrm{d}B=\frac{\mu_0}{4\pi}\cdot\frac{I\mathrm{d}l}{r^2}$$

$\mathrm{d}B$ 的水平分量为 $\mathrm{d}B_{/\!/}=\mathrm{d}B\sin\alpha$,垂直分量为 $\mathrm{d}B_\perp=\mathrm{d}B\cos\alpha$。

由于电流分布对轴线上的场点具有对称性,当积分一周时,$\mathrm{d}B$ 的垂直分量将相互抵消,只有沿 x 方向的分量存在,从而得

$$B=\oint_l\mathrm{d}B_{/\!/}=\oint_l\mathrm{d}B\sin\alpha=\oint_l\frac{\mu_0}{4\pi}\cdot\frac{I\mathrm{d}l}{r^2}\sin\alpha=\frac{\mu_0 I\sin\alpha}{4\pi r^2}2\pi R=\frac{\mu_0}{2}\cdot\frac{RI\sin\alpha}{r^2}$$

其中

$$\sin\alpha=\frac{R}{r},\quad r=\sqrt{x^2+R^2}$$

得

$$B = \frac{\mu_0}{2} \cdot \frac{R^2 I}{(x^2 + R^2)^{3/2}}$$

当 $x=0$，即在圆心处，上式简化为 $B=\frac{\mu_0 I}{2R}$，方向为圆电流的轴向。

上述结果表明，圆电流的磁场有集中的趋势，半径越小，磁场越集中，场强越大。若采用多匝线圈构成螺线管，其轴向磁场必将进一步加强。

在定义了磁感应强度 $\boldsymbol{B}$ 以后，从式(4.3)可以得出电流元 $I\mathrm{d}\boldsymbol{l}$ 在外磁场 $\boldsymbol{B}$ 中受的力为

$$\mathrm{d}\boldsymbol{F} = I\mathrm{d}\boldsymbol{l} \times \boldsymbol{B} \tag{4.8}$$

可以用上式计算各种形状的载流回路在外磁场中受到的力和力矩。

当电荷元 $\mathrm{d}q$ 在磁场中运动时，$\mathrm{d}q \cdot \boldsymbol{v}$ 与 $I\mathrm{d}\boldsymbol{l}$ 是等效的，故 $\mathrm{d}q$ 受到的磁场力为

$$\mathrm{d}\boldsymbol{F} = \mathrm{d}q\boldsymbol{v} \times \boldsymbol{B} \tag{4.9}$$

因此，对以速度 $\boldsymbol{v}$ 运动的点电荷 q，其在外磁场 $\boldsymbol{B}$ 中受的力为

$$\boldsymbol{F} = q\boldsymbol{v} \times \boldsymbol{B} \tag{4.10}$$

式中，$\boldsymbol{F}$ 称为洛伦兹力。式(4.10)说明，运动电荷受到的磁场力总是与电荷运动的速度的方向垂直。因此，磁场力无法改变电荷运动速度的大小，而只能改变其运动的方向。

带电量为 q 库仑，以速度 $\boldsymbol{v}$(m/s)运动的点电荷在外电磁场($\boldsymbol{E}$,$\boldsymbol{B}$)中受到的电磁力为

$$\boldsymbol{F} = q(\boldsymbol{E} + \boldsymbol{v} \times \boldsymbol{B}) \tag{4.11}$$

该式也被称为洛伦兹力方程。可见，运动电荷在电磁场中受到的洛伦兹力包括磁场力 $q\boldsymbol{v}\times\boldsymbol{B}$ 和电场力 $q\boldsymbol{E}$ 两部分，其中磁场力可以改变电荷运动的方向，而电场力可以改变电荷的速度大小。例如，在显像管中，用来控制电子束上下、左右扫描方向的分别是由垂直和水平偏转线圈所产生的磁场，而用来加速电子束中的运动电荷的则是阴极和阳极之间的高压电场。

4.2 恒定磁场的基本方程

毕奥-萨伐尔定律是恒定磁场的一个基本实验定律，由它可以导出恒定磁场的其他重要性质。首先讨论恒定磁场的通量特性。

磁感应强度在有向曲面上的通量简称为磁通量(或磁通)，单位是 Wb(韦伯)，用 Φ 表示，即

$$\Phi = \int_S \boldsymbol{B} \cdot \mathrm{d}S \tag{4.12}$$

如 S 是一个闭曲面，则

$$\Phi = \oint_S \boldsymbol{B} \cdot \mathrm{d}\boldsymbol{S} \tag{4.13}$$

现在以载流回路 C 产生的磁感应强度为例，计算恒定磁场在一个闭曲面上的通量。将式(4.4)代入式(4.13)，得

$$\oint_S \boldsymbol{B} \cdot \mathrm{d}\boldsymbol{S} = \oint_S \frac{\mu_0}{4\pi} \oint_C \frac{I\mathrm{d}\boldsymbol{l}' \times \boldsymbol{R}}{R^3} \cdot \mathrm{d}\boldsymbol{S} = \oint_C \frac{\mu_0 I\mathrm{d}\boldsymbol{l}'}{4\pi} \cdot \oint_S \frac{\boldsymbol{R} \times \mathrm{d}\boldsymbol{S}}{R^3} \tag{4.14}$$

式中，$\frac{\boldsymbol{R}}{R^3} = -\nabla\left(\frac{1}{R}\right)$，故可将上式改写为

$$\oint_S \boldsymbol{B} \cdot \mathrm{d}\boldsymbol{S} = \oint_C \frac{\mu_0 I\mathrm{d}\boldsymbol{l}'}{4\pi} \cdot \oint_S \left[-\nabla\left(\frac{1}{R}\right) \times \mathrm{d}\boldsymbol{S}\right] \tag{4.15}$$

由矢量恒定式

$$\int_V \nabla\times \boldsymbol{A}\mathrm{d}V = -\oint_S \boldsymbol{A}\times \mathrm{d}\boldsymbol{S}$$

则有

$$\oint_S \boldsymbol{B}\cdot \mathrm{d}\boldsymbol{S} = \oint_C \frac{\mu_0 I\mathrm{d}\boldsymbol{l}'}{4\pi}\cdot \int_V \nabla\times\nabla\left(\frac{1}{R}\right)\mathrm{d}V$$

而梯度场是无旋的，即

$$\nabla\times\nabla\left(\frac{1}{R}\right) = 0$$

所以

$$\oint_S \boldsymbol{B}\cdot \mathrm{d}\boldsymbol{S} = 0 \tag{4.16}$$

上式表明，磁感应强度 $\boldsymbol{B}$ 穿过任意闭合曲面的通量恒为零，这一性质叫做磁通连续性原理。

使用散度定理，得到

$$\oint_S \boldsymbol{B}\cdot \mathrm{d}\boldsymbol{S} = \int_V \nabla\cdot \boldsymbol{B}\mathrm{d}V = 0$$

由于上式中积分区域 V 是任意的，所以对空间的各点，有

$$\nabla\cdot \boldsymbol{B} = 0 \tag{4.17}$$

此式是磁通连续性原理的微分形式，它表明磁感应强度 $\boldsymbol{B}$ 是一个无源(散度源)场。

以上讨论了磁场的通量特性和散度特性，现在研究它的环量特性和旋度特性。考虑载有电流 I 的回路 C' 产生的磁场 $\boldsymbol{B}$，研究任意一条闭曲线 C 上 $\boldsymbol{B}$ 的环量。设 P 是 C 上的一点。先作磁感应强度 $\boldsymbol{B}$ 与线元 $\mathrm{d}\boldsymbol{l}$ 的点积，有

$$\boldsymbol{B}\cdot \mathrm{d}\boldsymbol{l} = \frac{\mu_0 I}{4\pi}\oint_{C'} \frac{\mathrm{d}\boldsymbol{l}'\times \boldsymbol{R}}{R^3}\cdot \mathrm{d}\boldsymbol{l} = \frac{\mu_0 I}{4\pi}\oint_{C'} \frac{-\boldsymbol{R}}{R^3}\cdot(-\mathrm{d}\boldsymbol{l}\times \mathrm{d}\boldsymbol{l}') \tag{4.18}$$

假设回路 C' 对 P 点的立体角为 Ω，同时 P 点位移 $\mathrm{d}\boldsymbol{l}$ 引起的立体角增量为 $\mathrm{d}\Omega$，那么点 P 固定而回路 C' 位移 $\mathrm{d}\boldsymbol{l}$ 所引起的立体角增量也为 $\mathrm{d}\Omega$。$-\mathrm{d}\boldsymbol{l}\times \mathrm{d}\boldsymbol{l}'$ 是 $\mathrm{d}\boldsymbol{l}'$ 位移 $-\mathrm{d}\boldsymbol{l}$ 所形成的有向面积。注意到 $\boldsymbol{R}=\boldsymbol{r}-\boldsymbol{r}'$，这个立体角为 $\mathrm{d}\Omega' = \dfrac{(-\mathrm{d}\boldsymbol{l}\times \mathrm{d}\boldsymbol{l}')\cdot(-\boldsymbol{R})}{R^3}$。把其对回路 C' 积分，就得到点 P 对回路 C' 移动 $\mathrm{d}\boldsymbol{l}$ 时所扫过的面积张的立体角，即 $\mathrm{d}\Omega$，则以上的磁场环量可以表示为

$$\oint_C \boldsymbol{B}\cdot \mathrm{d}\boldsymbol{l} = \frac{\mu_0 I}{4\pi}\oint_C \mathrm{d}\Omega \tag{4.19}$$

可以证明，当载流回路 C' 和积分回路 C 相交链时，有

$$\oint_C \mathrm{d}\Omega = 4\pi$$

当载流回路 C' 和积分回路 C 不交链时，有

$$\oint_C \mathrm{d}\Omega = 0$$

这样，当积分回路 C 和电流 I 相交链时，可得

$$\oint_C \boldsymbol{B}\cdot \mathrm{d}\boldsymbol{l} = \mu_0 I \tag{4.20}$$

当穿过积分回路 C 的电流是多个电流时，可以将式(4.20)改写为一般形式，即

$$\oint_C \boldsymbol{B}\cdot \mathrm{d}\boldsymbol{l}=\mu_0\sum I \tag{4.21}$$

此式就是真空中的安培环路定律。它表明在真空中，磁感应强度沿任意回路的环量等于真空磁导率乘以与该回路相交链的电流的代数和。电流的正负由积分回路的绕行方向与电流方向是否符合右手螺旋关系来确定，如符合则取正，不符合则取负。这个公式是安培环路定律的积分形式。根据斯托克斯定理，可以导出安培环路定律的微分形式为

$$\oint_C \boldsymbol{B}\cdot \mathrm{d}\boldsymbol{l}=\int_S(\nabla\times \boldsymbol{B})\cdot \mathrm{d}\boldsymbol{S} \tag{4.22}$$

由于 $\sum I=\int_S \boldsymbol{J}\cdot \mathrm{d}\boldsymbol{S}$，因而可将式(4.21)写为

$$\int_S(\nabla\times \boldsymbol{B})\cdot \mathrm{d}\boldsymbol{S}=\mu_0\int_S \boldsymbol{J}\cdot \mathrm{d}\boldsymbol{S}$$

因积分区域 S 是任意的，因而有

$$\nabla\times \boldsymbol{B}=\mu_0\boldsymbol{J} \tag{4.23}$$

此式是安培环路定律的微分形式，它说明磁场的旋涡源是电流。可以应用此式从磁场求出电流分布。对于对称分布的电流，可以用安培环路定律的积分形式，从电流求出磁场。

例 4.3 半径为 a 的无限长直导线，载有电流 I。计算导体内、外的磁感应强度 $\boldsymbol{B}$。

解：在圆柱坐标系中计算，取导体中轴线和 z 轴重合。由对称性知道，磁场与 z 和 ϕ 无关，只是 ρ 的函数，且只有 ϕ 分量，即磁感应强度是圆心在导体中轴线上的圆。沿磁感应线取半径为 ρ 的积分路径 C，依安培环路定律得 $\oint_C \boldsymbol{B}\cdot \mathrm{d}\boldsymbol{l}=2\pi\rho B=\mu_0\int_S \boldsymbol{J}\cdot \mathrm{d}\boldsymbol{S}$，在导线内电流均匀分布，导线外电流为零，即

$$\boldsymbol{J}=\begin{cases}\dfrac{I}{\pi a^2}\boldsymbol{e}_z, & \rho\leqslant a\\ 0, & \rho>a\end{cases}$$

当 $\rho>a$ 时，积分回路包围的电流为 I；$\rho\leqslant a$ 时，积分回路包围的电流为 $I\rho^2/a^2$。所以，$\rho\leqslant a$ 时，有

$$B2\pi\rho=\frac{\mu_0 I\rho^2}{a^2}$$

$$B=\frac{\mu_0 I\rho}{2\pi a^2}$$

$\rho>a$ 时，有

$$B2\pi\rho=\mu_0 I$$

$$B=\frac{\mu_0 I}{2\pi\rho}$$

写成矢量形式为

$$\boldsymbol{B}=\begin{cases}\dfrac{\mu_0 I\rho}{2\pi a^2}\boldsymbol{e}_\phi, & \rho\leqslant a\\ \dfrac{\mu_0 I}{2\pi\rho}\boldsymbol{e}_\phi, & \rho>a\end{cases} \tag{4.24}$$

4.3 矢量磁位

已知恒定磁场是无散场，即

$$\nabla \cdot \boldsymbol{B} = 0$$

由矢量恒等式可知，一个无源(散度源)场 $\boldsymbol{B}$ 总能表示为另一个矢量场的旋度，因此可以令

$$\boldsymbol{B} = \nabla \times \boldsymbol{A} \tag{4.25}$$

称式中的 $\boldsymbol{A}$ 为矢量磁位(简称磁矢位)，其单位是 T·m(特斯拉·米)或 Wb/m(韦伯/米)。矢量磁位是一个辅助量。式(4.25)仅仅规定了矢量磁位 $\boldsymbol{A}$ 的旋度，而 $\boldsymbol{A}$ 的散度可以任意假定。因为若 $\boldsymbol{B}=\nabla\times\boldsymbol{A}$，另一矢量 $\boldsymbol{A}'=\boldsymbol{A}+\nabla\psi$，其中 ψ 是一个任意标量函数，则

$$\nabla \times \boldsymbol{A}' = \nabla \times \boldsymbol{A} + \nabla \times \nabla\psi = \nabla \times \boldsymbol{A} = \boldsymbol{B}$$

即 $\boldsymbol{A}$ 和 $\boldsymbol{A}'$ 的旋度都为 $\boldsymbol{B}$，但它们具有不同的散度。指定一个矢量磁位的散度，称为一种规范。在恒定磁场中，选取矢量磁位的散度为零较为方便，即令

$$\nabla \cdot \boldsymbol{A} = 0$$

上式称为库仑规范。

下面推导矢量磁位的微分方程。将矢量磁位代入式(4.23)，得到

$$\nabla \times \nabla \times \boldsymbol{A} = \mu_0 \boldsymbol{J}$$

使用矢量恒等式 $\nabla\times\nabla\times\boldsymbol{A}=-\nabla^2\boldsymbol{A}+\nabla\nabla\cdot\boldsymbol{A}$，并且代入库仑规范，有

$$\nabla^2 \boldsymbol{A} = -\mu_0 \boldsymbol{J} \tag{4.26}$$

上式是矢量磁位满足的微分方程，称为矢量磁位的泊松方程。对无源区(即 $\boldsymbol{J}=\boldsymbol{0}$)，矢量磁位满足矢量拉普拉斯方程，即

$$\nabla^2 \boldsymbol{A} = 0$$

式中，∇^2 为矢量拉普拉斯算符。在任意坐标系中，其展开较复杂。但在直角坐标系中，其可以写成对各个分量运算，即

$$\nabla^2 \boldsymbol{A} = \nabla^2 A_x \boldsymbol{e}_x + \nabla^2 A_y \boldsymbol{e}_y + \nabla^2 A_z \boldsymbol{e}_z$$

从而，可得到方程式(4.26)的分量形式为

$$\nabla^2 A_x = -\mu_0 J_x$$
$$\nabla^2 A_y = -\mu_0 J_y$$
$$\nabla^2 A_z = -\mu_0 J_z$$

将这 3 个方程与静电场中电位的泊松方程对比，可以写出矢量磁位的解为

$$A_x = \frac{\mu_0}{4\pi}\int_V \frac{J_x}{R}\mathrm{d}V$$

$$A_y = \frac{\mu_0}{4\pi}\int_V \frac{J_y}{R}\mathrm{d}V$$

$$A_z = \frac{\mu_0}{4\pi}\int_V \frac{J_z}{R}\mathrm{d}V$$

将其写成矢量形式为

$$\boldsymbol{A} = \frac{\mu_0}{4\pi}\int_V \frac{\boldsymbol{J}}{R}\mathrm{d}V \tag{4.27}$$

若磁场由面电流 $\boldsymbol{J}_S$ 产生，容易写出其矢量磁位为

$$\boldsymbol{A}=\frac{\mu_0}{4\pi}\int_S\frac{\boldsymbol{J}_S}{R}\mathrm{d}S \tag{4.28}$$

同理，线电流产生的矢量磁位为

$$\boldsymbol{A}=\frac{\mu_0}{4\pi}\int_l\frac{I\mathrm{d}\boldsymbol{l}}{R} \tag{4.29}$$

注意，以上 3 个计算矢量磁位的公式，即式(4.27)、式(4.28)、式(4.29)均假定电流分布在有限区域且矢量磁位的零点取在无穷远处(和静电位的积分公式类似)。

磁通的计算也可以通过矢量磁位表示，即

$$\Phi=\int_S\boldsymbol{B}\cdot\mathrm{d}\boldsymbol{S}=\int_S(\nabla\times\boldsymbol{A})\cdot\mathrm{d}\boldsymbol{S}=\oint_C\boldsymbol{A}\cdot\mathrm{d}\boldsymbol{l} \tag{4.30}$$

式中，C 为曲面 S 的边界。

例 4.4 电流为 I、长度为 l 的载流直导线，求空间一点的矢量磁位 $\boldsymbol{A}$ 及磁感应强度 $\boldsymbol{B}$。

解：取如图 4.4 所示的圆柱坐标系，使导线 l 与 z 轴重合，导线中点位于坐标原点。场点坐标是(ρ,ϕ,z)。

由电流分布可知，矢量磁位 $\boldsymbol{A}$ 只有 z 分量，即

$$A_z=\frac{\mu_0 I}{4\pi}\int_{-l/2}^{l/2}\frac{\mathrm{d}z'}{[\rho^2+(z-z')^2]^{1/2}}$$

$$=\frac{\mu_0 I}{4\pi}\ln\frac{(l/2-z)+[(l/2-z)^2+\rho^2]^{1/2}}{-(l/2+z)+[(l/2+z)^2+\rho^2]^{1/2}}$$

当 $l\gg z$ 时，有

$$A_z=\frac{\mu_0 I}{4\pi}\ln\frac{l/2+[(l/2)^2+\rho^2]^{1/2}}{-l/2+[(l/2)^2+\rho^2]^{1/2}}$$

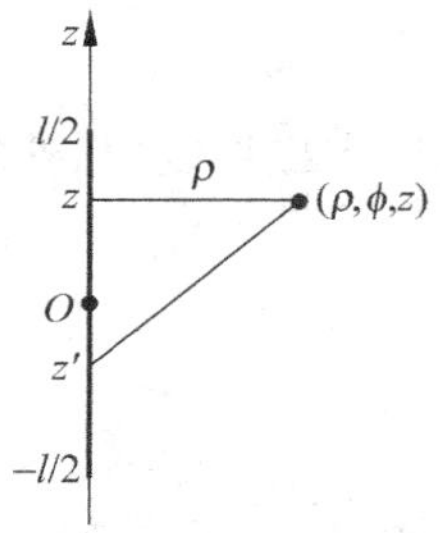

图 4.4 载流直导线

若再取 $l\gg\rho$，则有

$$A_z=\frac{\mu_0 I}{4\pi}\ln\left(\frac{l}{\rho}\right)^2=\frac{\mu_0 I}{2\pi}\ln\frac{l}{\rho}$$

当 $l\to\infty$时，上式为无穷大。这是因为当电流分布在无限区域时，矢量磁位的参考点不能取在无穷远处。上面的计算均基于矢量磁位的参考点在无穷远处。实际上，当电流分布在无限区域时，矢量磁位的参考点取在有限区域内，矢量磁位就不为无穷大。若取 $\rho=\rho_0$ 处为矢量磁位的零点，可以得出

$$A_z=\frac{\mu_0 I}{4\pi}\left(\ln\frac{l}{\rho}-\ln\frac{l}{\rho_0}\right)=\frac{\mu_0 I}{2\pi}\ln\frac{\rho_0}{\rho}$$

参考点的改变，使得矢量磁位的表达式相差一个常数，这个常数在取旋度求磁感应强度 $\boldsymbol{B}$ 时并不影响 $\boldsymbol{B}$ 的解。采用圆柱坐标的旋度公式，则有

$$\boldsymbol{B}=\nabla\times\boldsymbol{A}=-\frac{\partial A_z}{\partial\rho}\boldsymbol{e}_\phi=\frac{\mu_0 I}{2\pi\rho}\boldsymbol{e}_\phi$$

这与前面求出的无限长直载流导线的磁场相同。

例 4.5 用矢量磁位重新计算载流无限长直导线的磁场。

解：在导线内电流均匀分布，导线外电流为零，即

$$\boldsymbol{J}=\begin{cases}\dfrac{I}{\pi a^2}\boldsymbol{e}_z, & \rho\leqslant a\\ 0, & \rho>a\end{cases}$$

由电流分布可知，矢量磁位只有 z 分量，且只是 ρ 的函数，即

$$\boldsymbol{A} = A(\rho)\boldsymbol{e}_z$$

设导线内矢量磁位为$\boldsymbol{A}_1$，导线外矢量磁位为$\boldsymbol{A}_2$，由式(4.26)，$\rho \leqslant a$ 时，有

$$\nabla^2 A_1 = \frac{1}{\rho} \cdot \frac{\partial}{\partial \rho}\left(\rho \frac{\partial A_1}{\partial \rho}\right) = \frac{\mu_0 I}{\pi a^2}$$

$\rho > a$ 时，有

$$\nabla^2 A_2 = \frac{1}{\rho} \cdot \frac{\partial}{\partial \rho}\left(\rho \frac{\partial A_2}{\partial \rho}\right) = 0$$

考虑到矢量磁位只是 ρ 的函数，以上两个偏微分方程变为常微分方程，积分得

$$A_1 = -\frac{\mu_0 I \rho^2}{4\pi a^2} + C_1 \ln\rho + C_2$$

$$A_2 = C_3 \ln\rho + C_4$$

式中，C_1、C_2、C_3、C_4 为待定常数。首先确定常数 C_1。由于 $\rho = a$ 处矢量磁位不应是无穷大，则 $C_1 = 0$。将矢量磁位代入，得

$$\boldsymbol{B} = -\frac{\partial A_z}{\partial \rho}\boldsymbol{e}_\phi$$

可以求出导线内、外的磁场分别为

$$\boldsymbol{B}_1 = \frac{\mu_0 I \rho}{2\pi a^2}\boldsymbol{e}_\phi$$

$$\boldsymbol{B}_2 = -\frac{C_3}{\rho}\boldsymbol{e}_\phi$$

式中，C_3 可以根据无面电流时磁感应强度切向分量在分界面上连续的边界条件确定(相关内容见 4.7 节)，即

$$C_3 = -\frac{\mu_0 I}{2\pi}$$

则导体外部的磁感应强度为

$$\boldsymbol{B}_2 = \frac{\mu_0 I}{2\pi\rho}\boldsymbol{e}_\phi$$

可见，引入矢量磁位后，计算简化了。虽然矢量磁位依然是矢量，但它的计算要比直接计算磁感应强度容易。特别是对许多问题，在给定的坐标下，矢量磁位只有一个分量，而磁感应强度却不止一个。此外，用求解微分方程的方法计算矢量磁位，可以用标量函数表示它，把矢量方程简化为标量方程。求出矢量磁位后求其旋度，即为磁感应强度。

4.4 磁偶极子

一个任意形状的小平面载流回路称做磁偶极子。真空中一个载流为 I、半径为 a 的圆形平面回路在远离回路的区域产生的磁场，如图 4.5 所示。

取载流回路位于 xOy 平面，并且中心在原点。因为本问题的电流分布的对称性，所以矢量磁位在球面坐标系只有 A_ϕ 分量。A_ϕ 是 r 和 θ 的函数，与 ϕ 无关。根据这一性质，可以

将场点 P 取在 xOz 平面，即在 $\phi=0$ 的平面上。在此平面里，A_ϕ 为电流元矢量 $I\mathrm{d}\boldsymbol{l}'$ 对 P 点 ϕ 方向的分量 $Ia\mathrm{d}\phi\cos\phi$ 在 P 点所产生的矢量磁位分量总和。根据式(4.29)有

$$A_\phi=\frac{\mu_0}{4\pi}\int_0^{2\pi}\frac{Ia\cos\phi}{R}\mathrm{d}\phi \tag{4.31}$$

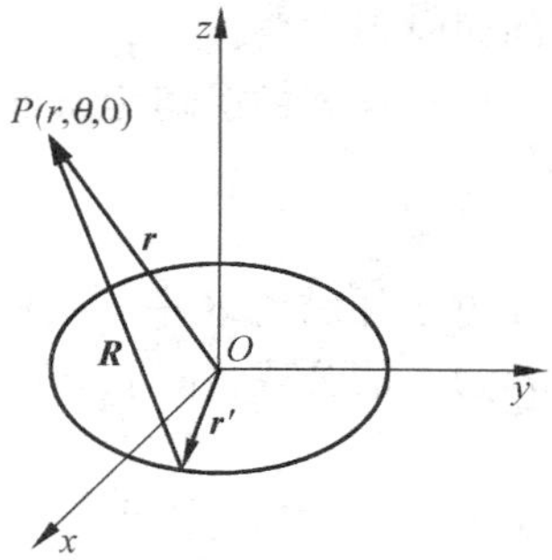

图 4.5 磁偶极子

式中

$$R=(r^2+a^2-2\boldsymbol{r}\cdot\boldsymbol{r}')^{1/2}$$
$$=r\left[1+\left(\frac{a}{r}\right)^2-\frac{2\boldsymbol{r}\cdot\boldsymbol{r}'}{r^2}\right]^{1/2},\qquad |\boldsymbol{r}'|=a$$

如果 $r\gg a$，则

$$\frac{1}{R}=\frac{1}{r}\left[1+\left(\frac{a}{r}\right)^2-\frac{2\boldsymbol{r}\cdot\boldsymbol{r}'}{r^2}\right]^{-1/2}\approx\frac{1}{r}\left(1-\frac{2\boldsymbol{r}\cdot\boldsymbol{r}'}{r^2}\right)^{-1/2}\approx\frac{1}{r}\left(1+\frac{\boldsymbol{r}\cdot\boldsymbol{r}'}{r^2}\right)$$

从图 4.5 可知

$$\boldsymbol{r}=r(\sin\theta\boldsymbol{e}_x+\cos\theta\boldsymbol{e}_z),\quad \boldsymbol{r}'=a(\cos\phi\,\boldsymbol{e}_x+\sin\phi\boldsymbol{e}_y)$$

所以

$$\frac{1}{R}\approx\frac{1}{r}\left(1+\frac{a}{r}\sin\theta\cos\phi\right)$$

将上式代入式(4.31)，积分后得

$$A_\phi=\frac{\mu_0}{4\pi}\cdot\frac{I\pi a^2}{r^2}\sin\theta=\frac{\mu_0 m}{4\pi r^2}\sin\theta\quad(r\gg a) \tag{4.32}$$

式中，$m=I\pi a^2$ 为圆形回路磁矩的模值。一个载流回路的磁矩是一个矢量，其方向与环路的法线方向一致并与电流方向成右手螺旋关系，大小等于电流乘以回路面积，即其定义为

$$\boldsymbol{m}=I\boldsymbol{S} \tag{4.33}$$

式中，$\boldsymbol{S}$ 是以回路为边界的有向面面积。注意，这一定义并不局限于平面回路，可以是三维空间的任意闭曲线。这时，$\boldsymbol{S}=\int_S\mathrm{d}\boldsymbol{S}'$，$\mathrm{d}\boldsymbol{S}'$ 是有向面积元，积分区域是以电流环为周界的任意曲面，这个任意性并不影响所得有向面积的矢量值。

可以将式(4.32)改写为

$$\boldsymbol{A}=\frac{\mu_0}{4\pi}\cdot\frac{\boldsymbol{m}\times\boldsymbol{r}}{r^3}\quad(r\gg a) \tag{4.34}$$

把式(4.34)在球面坐标系中求旋度，得出磁场为

$$\boldsymbol{B}=\nabla\times\boldsymbol{A}=\frac{1}{r^2\sin\theta}\begin{vmatrix}\boldsymbol{e}_r & r\boldsymbol{e}_\theta & r\sin\theta\boldsymbol{e}_\phi\\ \dfrac{\partial}{\partial r} & \dfrac{\partial}{\partial\theta} & \dfrac{\partial}{\partial\phi}\\ A_r & rA_\theta & r\sin\theta A_\phi\end{vmatrix}=\frac{\mu_0 m}{4\pi r^3}(2\cos\theta\boldsymbol{e}_r+\sin\theta\boldsymbol{e}_\theta) \tag{4.35}$$

这一磁场与电偶极子的电场相似，所以将载有恒定电流的小回路称为磁偶极子。应注意，对于任一载流回路，不论其电流及形状如何，只要其磁矩 $\boldsymbol{m}$ 给定，远区的磁场表达式均相同。在远区(观察点到导线的距离远大于回路的尺度)，磁偶极子的磁力线与电偶极子的电力线具有相同的分布。但是应注意，在近区，二者并不相同。因为电力线从正电荷出发到负电荷终止，而磁力线总是没有头尾的闭合曲线。磁偶极子的磁位和磁场，在讨论介质的磁

化问题时很重要。

位于点 $\boldsymbol{r}'$的磁矩为 $\boldsymbol{m}$ 的磁偶极子，在点 $\boldsymbol{r}$ 处产生的矢量磁位为

$$\boldsymbol{A}(\boldsymbol{r}) = \frac{\mu_0}{4\pi} \cdot \frac{\boldsymbol{m} \times (\boldsymbol{r} - \boldsymbol{r}')}{|\boldsymbol{r} - \boldsymbol{r}'|^3}$$

位于外磁场 $\boldsymbol{B}$ 中的磁偶极子 $\boldsymbol{m}$，会受到外磁场的作用力及其力矩，这里仅仅给出作用力及力矩的公式，作用力为

$$\boldsymbol{F} = (\boldsymbol{m} \cdot \nabla)\boldsymbol{B} \tag{4.36}$$

力矩为

$$\boldsymbol{T} = \boldsymbol{m} \times \boldsymbol{B} \tag{4.37}$$

4.5 磁介质中的场方程

第 4 章第 2 讲

4.5.1 磁场强度

磁介质材料中电子的自旋和电子绕原子核的旋转形成微观电流，称为分子电流或束缚电流。每个分子电流可以视为一个磁偶极子。微观电流也要产生磁场，一般情况下，由于热运动的结果，材料中的磁偶极子的取向是杂乱无章的，因此，各单元束缚电流的磁矩互相抵消，对外不显磁性。在外磁场作用下，材料中各单元磁矩的取向趋于一致，对外呈现宏观的磁效应，影响磁场的分布，这种现象称为磁化现象。正如极化的电介质要产生电场一样，磁化的磁介质也产生磁场，它产生的磁场叠加在原来的磁场上，引起磁场的改变。下面讨论磁介质内部恒定磁场的基本规律。

在普通物理课程中学习过，任何物质原子内部的电子总是沿轨道作公转运动，同时作自旋运动。电子运动时所产生的效应与回路电流所产生的效应相同。物质分子内所有电子对外部所产生的磁效应总和可用一个等效回路电流表示，这个等效回路电流称为分子电流，分子电流的磁矩叫做分子磁矩。

在外磁场的作用下，电子的运动状态要产生变化，这种现象称为物质的磁化。能被引起磁化的物质叫磁介质。磁介质分为 3 类：抗磁性磁介质(如金、银、铜、石墨、氯化钠等)、顺磁性磁介质(如氮气、硫酸亚铁等)和铁磁性磁介质(如铁、镍、钴等)。这 3 类磁介质在外磁场的作用下都要产生感应磁矩，且物质内部的固有磁矩沿外磁场方向取向，即物质被磁化。磁化介质可以看作是真空中沿一定方向排列的磁偶极子的集合。为了定量描述介质磁化程度的强弱，引入一个宏观物理量——磁化强度 $\boldsymbol{M}$，其定义为介质中单位体积内的分子磁矩，即

$$\boldsymbol{M} = \lim_{\Delta V \to 0} \frac{\sum \boldsymbol{m}}{\Delta V} \tag{4.38}$$

式中，$\boldsymbol{m}$ 为分子磁矩；求和是对体积元 ΔV 内的所有分子进行的。磁化强度 $\boldsymbol{M}$ 的单位是 A/m(安培/米)。如在磁化介质中的体积元 ΔV 内，每一个分子磁矩的大小和方向全相同，单位体积内分子数是 N，则磁化强度为

$$\boldsymbol{M} = \frac{N\Delta V \boldsymbol{m}}{\Delta V} = N\boldsymbol{m} \tag{4.39}$$

磁介质被磁场磁化以后，就可以看作是真空中的一系列磁偶极子。磁化介质产生附加磁场实际上就是这些磁偶极子在真空中产生的磁场。磁化介质中由于分子磁矩的有序排列，在介质内部要产生某一个方向的净电流，在介质的表面也要产生宏观面电流。

下面计算磁化电流强度。如图 4.6 所示，设 P 为磁化介质外部的一点，磁介质内部 $\boldsymbol{r}'$ 处体积 $\Delta V'$ 内的磁偶极矩为 $\boldsymbol{M}\Delta V'$，它在 $\boldsymbol{r}$ 处产生的矢量磁位为

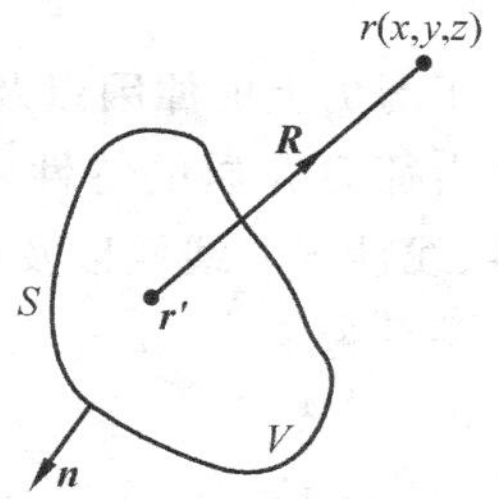

图 4.6 磁化介质的场

$$\Delta \boldsymbol{A} = \frac{\mu_0}{4\pi} \cdot \frac{\boldsymbol{M}(\boldsymbol{r}')\Delta V' \times \boldsymbol{R}}{R^3} \tag{4.40}$$

全部磁介质在 $\boldsymbol{r}$ 处产生的矢量磁位为

$$\boldsymbol{A} = \frac{\mu_0}{4\pi}\int_V \frac{\boldsymbol{M}(\boldsymbol{r}') \times \boldsymbol{R}}{R^3}\mathrm{d}V' = \frac{\mu_0}{4\pi}\int_V \boldsymbol{M} \times \nabla' \frac{1}{R}\mathrm{d}V' \tag{4.41}$$

可以将上式改写为

$$\boldsymbol{A} = \frac{\mu_0}{4\pi}\int_V \frac{\nabla' \times \boldsymbol{M}}{R}\mathrm{d}V' - \frac{\mu_0}{4\pi}\int_V \nabla' \times \frac{\boldsymbol{M}}{R}\mathrm{d}V' \tag{4.42}$$

再利用恒等式 $\int_V \nabla\times \boldsymbol{F}\mathrm{d}V = -\oint_S \boldsymbol{F} \times \mathrm{d}\boldsymbol{S}$，可将矢量磁位的表示式变形为

$$\boldsymbol{A} = \frac{\mu_0}{4\pi}\int_V \frac{\nabla' \times \boldsymbol{M}}{R}\mathrm{d}V' + \frac{\mu_0}{4\pi}\oint_S \frac{\boldsymbol{M} \times \boldsymbol{n}'}{R}\mathrm{d}S' \tag{4.43}$$

式中，$\boldsymbol{n}'$ 是磁介质表面的单位外法向矢量；第一项与体分布电流产生的矢量磁位表达式相同，第二项与面分布电流产生的矢量磁位表达式相同，因此，磁化介质所产生的矢量磁位可以看作是等效体电流和面电流在真空中共同产生的。等效体电流和面电流分别为

$$\boldsymbol{J}_{\mathrm{m}} = \nabla\times \boldsymbol{M} \tag{4.44}$$

$$\boldsymbol{J}_{\mathrm{mS}} = \boldsymbol{M} \times \boldsymbol{n} \tag{4.45}$$

式(4.45)中，$\boldsymbol{n}$ 为磁介质表面的外法向。这个等效电流也称为磁化电流或束缚电流。

在外磁场的作用下，磁介质内部有磁化电流 $\boldsymbol{J}_{\mathrm{m}}$。磁化电流 $\boldsymbol{J}_{\mathrm{m}}$ 和外加的电流 $\boldsymbol{J}$ 都产生磁场，这时应将真空中的安培环路定律修正为下面的形式：

$$\oint_C \boldsymbol{B} \cdot \mathrm{d}\boldsymbol{l} = \mu_0(I + I_{\mathrm{m}}) = \mu_0\int_S (\boldsymbol{J} + \boldsymbol{J}_{\mathrm{m}}) \cdot \mathrm{d}\boldsymbol{S} \tag{4.46}$$

将式(4.44)代入式(4.46)，得

$$\oint_C \boldsymbol{B} \cdot \mathrm{d}\boldsymbol{l} = \mu_0 I + \mu_0\oint_C \boldsymbol{M} \cdot \mathrm{d}\boldsymbol{l}$$

将上式改写为

$$\oint_C \left(\frac{\boldsymbol{B}}{\mu_0} - \boldsymbol{M}\right) \cdot \mathrm{d}\boldsymbol{l} = I$$

令

$$\boldsymbol{H} = \frac{\boldsymbol{B}}{\mu_0} - \boldsymbol{M} \tag{4.47}$$

式中，$\boldsymbol{H}$ 称为磁场强度，单位是 A/m(安培/米)。于是有

$$\oint_C \boldsymbol{H} \cdot \mathrm{d}\boldsymbol{l} = I \tag{4.48}$$

与上式相应的微分形式为

$$\nabla\times \boldsymbol{H} = \boldsymbol{J} \tag{4.49}$$

式(4.48)称为磁介质中积分形式的安培环路定律，式(4.49)是其微分形式。

由于在磁介质中引入了辅助量 $\boldsymbol{H}$，因此必须知道 $\boldsymbol{B}$ 与 $\boldsymbol{H}$ 之间的关系，才能最后解出磁感应强度 $\boldsymbol{B}$。$\boldsymbol{B}$ 和 $\boldsymbol{H}$ 的关系称为本构关系，它表示磁介质的磁化特性。将式(4.47)改写为

$$\boldsymbol{B} = \mu_0(\boldsymbol{H} + \boldsymbol{M}) \tag{4.50}$$

由于历史上的原因以及方便测量的因素，常常使用磁化强度 $\boldsymbol{M}$ 与磁场强度 $\boldsymbol{H}$ 之间的关系来表征磁介质的特性，并按照 $\boldsymbol{M}$ 和 $\boldsymbol{H}$ 之间的不同关系，将磁介质分为各向同性与各向异性、线性与非线性以及均匀与非均匀等类别。对于线性、各向同性、均匀的磁介质，$\boldsymbol{M}$ 与 $\boldsymbol{H}$ 的关系为

$$\boldsymbol{M} = \chi_m \boldsymbol{H} \tag{4.51}$$

式中，χ_m 是一个无量纲常数，称为磁化率。非线性磁介质的磁化率与磁场强度有关，非均匀介质的磁化率是空间位置的函数，各向异性介质的 $\boldsymbol{M}$ 和 $\boldsymbol{H}$ 的方向不在同一方向上。顺磁介质的 χ_m 为正，抗磁介质的 χ_m 为负。这两类介质的 χ_m 约为 10^{-5} 量级。将式(4.51)代入式(4.50)，得

$$\boldsymbol{B} = \mu_0(\boldsymbol{H} + \boldsymbol{M}) = \mu_0(1 + \chi_m)\boldsymbol{H} = \mu_r\mu_0\boldsymbol{H} = \mu\boldsymbol{H} \tag{4.52}$$

式中，$\mu_r = 1 + \chi_m$，是介质的相对磁导率，是一个无量纲数；$\mu = \mu_0\mu_r$，是介质的磁导率，单位和真空磁导率相同，为 H/m(亨/米)。

铁磁材料的 $\boldsymbol{B}$ 和 $\boldsymbol{H}$ 的关系是非线性的，并且 $\boldsymbol{B}$ 不是 $\boldsymbol{H}$ 的单值函数，会出现磁滞现象，其磁化率 χ_m 的变化范围很大，可以达到 10^6 量级。

例 4.6 真空中一半径为 a、厚度为 h 的圆盘磁铁均匀磁化，磁化强度为 $\boldsymbol{M} = M\boldsymbol{e}_z$，如图 4.7 所示，圆盘磁铁的中心位于原点 O 处。求 z 轴上任意点的磁场强度 $\boldsymbol{H}$。

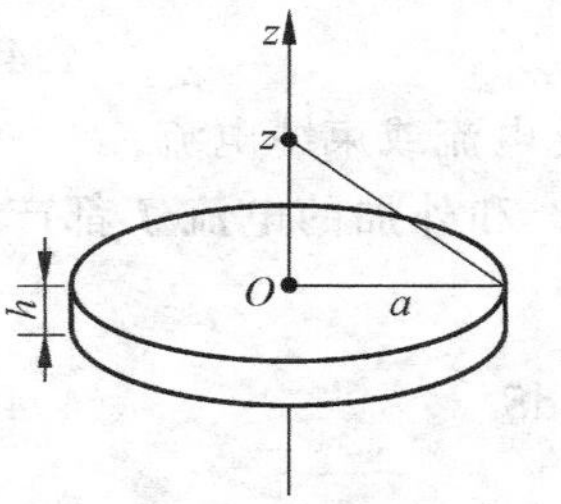

图 4.7 圆盘磁体轴上的场

解：以圆盘轴线为 z 轴建立柱坐标系。在圆盘内部，磁化电流体密度为

$$\boldsymbol{J}_m = \nabla \times \boldsymbol{M} = \boldsymbol{0}$$

在圆盘侧面，磁化电流面密度为

$$\boldsymbol{J}_{mS} = \boldsymbol{M} \times \boldsymbol{n} = M\boldsymbol{e}_z \times \boldsymbol{e}_\rho = M\boldsymbol{e}_\phi$$

圆柱上下表面，磁化电流面密度为

$$\boldsymbol{J}_{mS} = \boldsymbol{M} \times \boldsymbol{n} = M\boldsymbol{e}_z \times (\pm \boldsymbol{e}_z) = \boldsymbol{0}$$

取 $\mathrm{d}z'$ 的一段磁铁，则它等效为一半径为 a 的环形电流，即

$$\mathrm{d}I = J_{mS}\mathrm{d}z' = M\mathrm{d}z'$$

先求任意一点处由此环形电流 $\mathrm{d}I$ 产生的磁感应强度 $\boldsymbol{B}'$。取 $\mathrm{d}\boldsymbol{l}$ 对应的夹角为 $\mathrm{d}\phi$，因为

$$\mathrm{d}\boldsymbol{l} = a\mathrm{d}\phi\boldsymbol{e}_\phi, \quad \boldsymbol{R} = -a\boldsymbol{e}_\rho + z\boldsymbol{e}_z$$

于是

$$\mathrm{d}\boldsymbol{l} \times \boldsymbol{R} = (a^2\boldsymbol{e}_z + az\boldsymbol{e}_\rho)\mathrm{d}\phi$$

根据毕奥-萨伐尔定律有

$$\mathrm{d}\boldsymbol{B}' = \frac{\mu_0 \mathrm{d}I\mathrm{d}\boldsymbol{l} \times \boldsymbol{R}}{4\pi R^3} = \frac{\mu_0 \mathrm{d}I}{4\pi R^3}(a^2\boldsymbol{e}_z + az\boldsymbol{e}_\rho)\mathrm{d}\phi$$

$$\boldsymbol{B}' = \int_0^{2\pi} \frac{\mu_0 \mathrm{d}I}{4\pi R^3}(a^2\boldsymbol{e}_z + az\boldsymbol{e}_\rho)\mathrm{d}\phi = \frac{\mu_0 \mathrm{d}I a^2}{4\pi\,(a^2+z^2)^{3/2}}\int_0^{2\pi}\boldsymbol{e}_z\mathrm{d}\phi + \frac{\mu_0 \mathrm{d}I a z}{4\pi\,(a^2+z^2)^{3/2}}\int_0^{2\pi}\boldsymbol{e}_\rho\,\mathrm{d}\phi$$

式中，第二项是对 $\boldsymbol{B}'$ 的 $\boldsymbol{e}_\rho$ 分量 $\boldsymbol{B}'_\rho$ 的积分，在 $0 \sim 2\pi$ 的积分中 $\boldsymbol{B}'_\rho$ 分量相互抵消，故此项积分

为零，则

$$\boldsymbol{B}'=\frac{\mu_0\,\mathrm{d}Ia^2}{2\,(a^2+z^2)^{3/2}}\boldsymbol{e}_z$$

代入 $\mathrm{d}I$，得

$$\boldsymbol{B}'=\frac{\mu_0 a^2 M}{2\,(a^2+z^2)^{3/2}}\mathrm{d}z'\boldsymbol{e}_z$$

整个磁化电流产生的磁感应强度为

$$\boldsymbol{B}=\int_0^h\frac{\mu_0 a^2 M}{2\,(a^2+z^2)^{3/2}}\mathrm{d}z'\boldsymbol{e}_z=\frac{\mu_0 a^2 hM}{2\,(a^2+z^2)^{3/2}}\boldsymbol{e}_z$$

所以轴线上任意一点处的磁场强度为

$$\boldsymbol{H}=\frac{\boldsymbol{B}}{\mu_0}=\frac{a^2 hM}{2\,(a^2+z^2)^{3/2}}\boldsymbol{e}_z$$

4.5.2 磁介质中的基本方程

综上所述，得到磁介质中描述磁场的基本方程为

$$\nabla\times\boldsymbol{H}=\boldsymbol{J} \tag{4.53}$$

$$\nabla\cdot\boldsymbol{B}=0 \tag{4.54}$$

$$\boldsymbol{B}=\mu\boldsymbol{H} \tag{4.55}$$

式(4.53)和式(4.54)是介质中恒定磁场方程的微分形式，其相应的积分形式为

$$\oint_S\boldsymbol{B}\cdot\mathrm{d}\boldsymbol{S}=0 \tag{4.56}$$

$$\oint_C\boldsymbol{H}\cdot\mathrm{d}\boldsymbol{l}=\int_S\boldsymbol{J}\cdot\mathrm{d}\boldsymbol{S} \tag{4.57}$$

式(4.57)是介质中安培环路定律的积分形式，说明磁场强度 $\boldsymbol{H}$ 沿任意闭合路径的线积分等于闭合路径所包围的传导电流的代数和，与 I 的环绕方向成右手螺旋关系的电流取正值，反之取负值。在线性、均匀、各向同性介质中，如采用库仑规范($\nabla\cdot\boldsymbol{A}=0$)，那么矢量磁位的微分方程为

$$\nabla^2\boldsymbol{A}=-\mu\boldsymbol{J} \tag{4.58}$$

例 4.7 同轴线的内导体半径为 a，外导体的内半径为 b、外半径为 c，如图 4.8 所示。设内、外导体分别流过反向电流 I，两导体之间介质的磁导率为 μ，求各区域的 $\boldsymbol{H}$、$\boldsymbol{B}$、$\boldsymbol{M}$。

解：对良导体(不包括铁等磁性物质)一般取其磁导率为 μ_0。因同轴线无限长，则其磁场沿轴线无变化，该磁场只有 ϕ 分量，其大小只是 ρ 的函数。分别在各区域使用介质中的安培环路定律 $\oint_C\boldsymbol{H}\cdot\mathrm{d}\boldsymbol{l}=\int_S\boldsymbol{J}\cdot\mathrm{d}\boldsymbol{S}$，求出各区的磁场强度 $\boldsymbol{H}$，然后由 $\boldsymbol{H}$ 求出 $\boldsymbol{B}$ 和 $\boldsymbol{M}$。

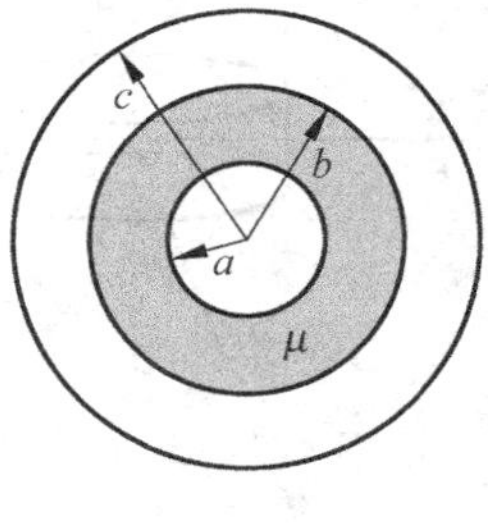

图 4.8 同轴线

当 $\rho\leqslant a$ 时，电流 I 在导体内均匀分布，且流向 $+z$ 方向，由安培环路定律得

$$\boldsymbol{H}=\frac{I\rho}{2\pi a^2}\boldsymbol{e}_\phi\quad(\rho\leqslant a)$$

考虑这一区域的磁导率为 μ_0，可得

$$\boldsymbol{B}=\frac{\mu_0 I\rho}{2\pi a^2}\boldsymbol{e}_\phi \quad (\rho\leqslant a)$$

$$\boldsymbol{M}=\boldsymbol{0} \quad (\rho\leqslant a)$$

当 $a<\rho\leqslant b$ 时，与积分回路交链的电流为 I，该区磁导率为 μ，可得

$$\boldsymbol{H}=\frac{I}{2\pi\rho}\boldsymbol{e}_\phi \quad (a<\rho\leqslant b)$$

$$\boldsymbol{B}=\frac{\mu I}{2\pi\rho}\boldsymbol{e}_\phi \quad (a<\rho\leqslant b)$$

$$\boldsymbol{M}=\frac{\mu-\mu_0}{\mu_0}\cdot\frac{I}{2\pi\rho}\boldsymbol{e}_\phi \quad (a<\rho\leqslant b)$$

当 $b<\rho\leqslant c$ 时，考虑到外导体电流均匀分布，可得出与积分回路交链的电流为

$$I'=I-\frac{\rho^2-b^2}{c^2-b^2}I$$

$$\boldsymbol{H}=\frac{I}{2\pi\rho}\cdot\frac{c^2-\rho^2}{c^2-b^2}\boldsymbol{e}_\phi \quad (b<\rho\leqslant c)$$

$$\boldsymbol{B}=\frac{\mu_0 I}{2\pi\rho}\cdot\frac{c^2-\rho^2}{c^2-b^2}\boldsymbol{e}_\phi \quad (b<\rho\leqslant c)$$

$$\boldsymbol{M}=\boldsymbol{0} \quad (b<\rho\leqslant c)$$

当 $\rho>c$ 时，这一区域的 $\boldsymbol{B}$、$\boldsymbol{H}$、$\boldsymbol{M}$ 为零。

4.6 恒定磁场的边界条件

在不同磁介质的分界面上，由于磁介质的磁导率存在突变，而且在磁介质表面上一般还存在着束缚电流，因此 $\boldsymbol{B}$ 和 $\boldsymbol{H}$ 在经过分界面时要发生突变。$\boldsymbol{B}$ 和 $\boldsymbol{H}$ 在分界面两侧的变化关系称为 $\boldsymbol{B}$ 和 $\boldsymbol{H}$ 在分界面上的边界条件。

与静电场一样，恒定磁场基本方程的微分形式只适用于介质连续的区域，因为进行微分运算的基本要求是函数应是连续的。因此在不同介质的分界面上 $\boldsymbol{B}$ 和 $\boldsymbol{H}$ 的关系必须用基本方程的积分形式来讨论。

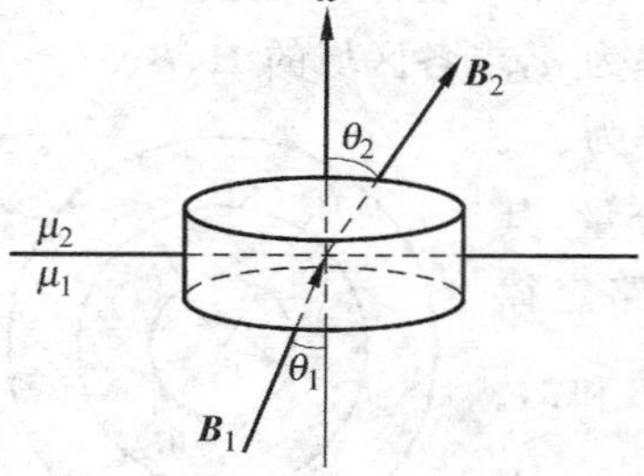

图 4.9 B_n 的边界条件

先推导 $\boldsymbol{B}$ 的法向分量的边界条件。在分界面上作一圆柱状小闭合面，圆柱的顶面和底面分别在分界面的两侧，且都与分界面平行，如图 4.9 所示。设底面和顶面的面积均等于 ΔS。将积分形式的磁通连续性原理（即 $\oint_S \boldsymbol{B}\cdot d\boldsymbol{S}=0$）应用到此闭合面上，假设圆柱体的高度 h 趋于零，得

$$-\boldsymbol{B}_1\cdot\boldsymbol{n}\Delta S+\boldsymbol{B}_2\cdot\boldsymbol{n}\Delta S=0$$

$$B_{2n}=B_{1n} \tag{4.59}$$

写成矢量形式为

$$\boldsymbol{n}\cdot(\boldsymbol{B}_2-\boldsymbol{B}_1)=0 \tag{4.60}$$

式(4.60)称为磁感应强度矢量法向分量的边界条件，它说明磁感应强度的法向分量在两种磁介质的界面上是连续的。

再来推导 $\boldsymbol{H}$ 切向分量的边界条件。在分界面上作一小矩形回路，回路的两边分别位于分界面两侧，回路的高 $h\to 0$，令 $\boldsymbol{n}$ 表示界面上 Δl 中点处的法向单位矢量，$\boldsymbol{l}^{\circ}$ 表示该点的切向单位矢量，$\boldsymbol{b}$ 为垂直于 $\boldsymbol{n}$、$\boldsymbol{l}^{\circ}$ 的单位矢量（注意，$\boldsymbol{b}$ 也是界面的切向单位矢量，$\boldsymbol{b}$ 与积分回路 C 垂直，而 $\boldsymbol{l}^{\circ}$ 位于积分回路 C 内），如图 4.10 所示。将介质中积分形式的安培环路定律 $\oint_C \boldsymbol{H}\cdot \mathrm{d}\boldsymbol{l}=\int_S \boldsymbol{J}\cdot \mathrm{d}\boldsymbol{S}$ 应用在这一回路，得

$$(\boldsymbol{H}_2\cdot\boldsymbol{l}^{\circ}-\boldsymbol{H}_1\cdot\boldsymbol{l}^{\circ})\Delta l=\int_S \boldsymbol{J}\cdot \mathrm{d}\boldsymbol{S} \tag{4.61}$$

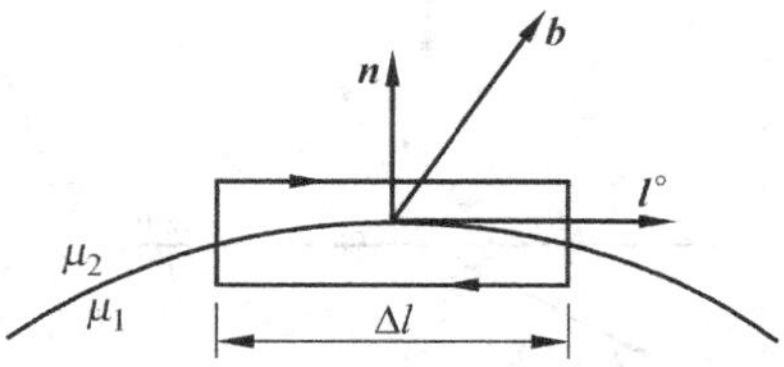

图 4.10　H_t 的边界条件

若界面上的电流可以看成面电流，则

$$\int_S \boldsymbol{J}\cdot \mathrm{d}\boldsymbol{S}=\boldsymbol{J}_S\cdot\boldsymbol{b}\Delta l$$

于是有

$$\boldsymbol{l}^{\circ}\cdot(\boldsymbol{H}_2-\boldsymbol{H}_1)\Delta l=\boldsymbol{J}_S\cdot\boldsymbol{b}\Delta l$$

考虑到 $\boldsymbol{l}^{\circ}=\boldsymbol{b}\times\boldsymbol{n}$，得

$$(\boldsymbol{b}\times\boldsymbol{n})\cdot(\boldsymbol{H}_2-\boldsymbol{H}_1)=\boldsymbol{J}_S\cdot\boldsymbol{b}$$

使用矢量恒等式 $(\boldsymbol{A}\times\boldsymbol{B})\cdot\boldsymbol{C}=(\boldsymbol{B}\times\boldsymbol{C})\cdot\boldsymbol{A}$，可得

$$[\boldsymbol{n}\times(\boldsymbol{H}_2-\boldsymbol{H}_1)]\cdot\boldsymbol{b}=\boldsymbol{J}_S\cdot\boldsymbol{b} \tag{4.62}$$

式中，$\boldsymbol{b}$ 是位于切面内的任意矢量（$\boldsymbol{l}^{\circ}$ 也是切面内的任意矢量），$\boldsymbol{J}_S$ 和 $\boldsymbol{n}\times(\boldsymbol{H}_2-\boldsymbol{H}_1)$ 都位于切面内。因此由式(4.62)可得

$$\boldsymbol{n}\times(\boldsymbol{H}_2-\boldsymbol{H}_1)=\boldsymbol{J}_S \tag{4.63}$$

式(4.63)就是两种介质边界上磁场强度 $\boldsymbol{H}$ 的边界条件。它说明磁场强度的切向分量在界面两侧不连续。如果无面电流（$\boldsymbol{J}_S=0$），这一边界条件便成为

$$\boldsymbol{n}\times(\boldsymbol{H}_2-\boldsymbol{H}_1)=0 \tag{4.64}$$

用下标 t 表示切向分量，上式可以写成标量形式

$$H_{2t}=H_{1t} \tag{4.65}$$

假设磁场 $\boldsymbol{B}_2$ 与法向矢量 $\boldsymbol{n}$ 的夹角为 θ_2，$\boldsymbol{B}_1$ 与 $\boldsymbol{n}$ 的夹角为 θ_1（见图 4.9），则式(4.65)和式(4.59)可写成

$$H_2\sin\theta_2=H_1\sin\theta_1$$

$$B_2\cos\theta_2=B_1\cos\theta_1$$

上两式相除，并注意 $B_2=\mu_2H_2$，$B_1=\mu_1H_1$，则得

$$\frac{\tan\theta_1}{\tan\theta_2}=\frac{\mu_1}{\mu_2} \tag{4.66}$$

这就是所研究的两个区域之间角度与磁导率的关系。式(4.66)表明：

(1)如果 $\theta_1=0$，则 $\theta_2=0$。此时，磁场线垂直与每个区域的分界面，且其数量相等。

(2)如果区域 2 的磁导率远大于区域 1 的磁导率，$\theta_2<90^{\circ}$，则 θ_1 将非常小。即当磁场进入高磁导率区域时，磁场线垂直于分界面。假如 $\mu_1=1000\mu_0$，$\mu_2=\mu_0$，在这种情况下，当 $\theta_1=87^{\circ}$时，$\theta_2=1.09^{\circ}$，$B_2/B_1=0.052$。由此可见，铁磁材料内部的磁感应强度远大于外部的磁感应强度，同时外部的磁力线几乎与铁磁材料表面垂直。

例 4.8 如图 4.11 所示，$x=0$ 平面为空气与导磁介质的分界面。在空气中，$B_1=0.1\mathrm{T}$，它与 x 轴的夹角为 $\theta_1=0.5°$。若导磁介质中 $B_2=1.2\mathrm{T}$，求 $\boldsymbol{B}_2$ 与 x 轴的夹角 θ_2 及导磁介质的相对磁导率 μ_{r2}。

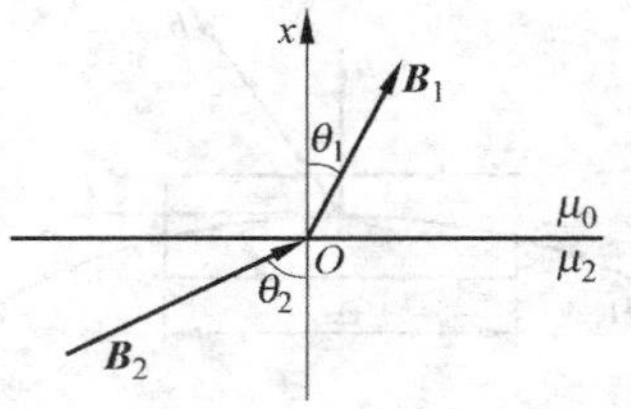

图 4.11　空气与导磁介质分界面

解：给出的已知条件为 $B_1=0.1\mathrm{T}$，$B_2=1.2\mathrm{T}$，$\theta_1=0.5°$。根据分界面边界条件 $B_{2n}=B_{1n}$，有

$$B_2\cos\theta_2 = B_1\cos\theta_1$$

故

$$\cos\theta_2 = \frac{B_1\cos\theta_1}{B_2} = \frac{0.1\times\cos 0.5°}{1.2} = 0.0833$$

可得 $\theta_2=85.2°$。根据 $H_{2t}=H_{1t}$，有

$$\frac{B_2}{\mu_0\mu_{r2}}\sin\theta_2 = \frac{B_1}{\mu_0}\sin\theta_1$$

可得

$$\mu_{r2} = \frac{B_2\sin\theta_2}{B_1\sin\theta_1} = \frac{1.2\times\sin 85.2°}{0.1\times\sin 0.5°} \approx 1370$$

4.7 标量磁位

恒定磁场和静电场不同，它是有旋场，因而不能用标量位函数来表示。但是在没有传导电流的区域中，$\boldsymbol{H}$ 的旋度等于零，在这种无传导电流的区域中，可写为

$$\boldsymbol{H} = -\nabla\varphi_{\mathrm{m}} \tag{4.67}$$

式中，φ_{m} 称为磁场的标量位，简称标量磁位或磁标位；负号是为了与静电场相对应而人为地引入的。但是 φ_{m} 没有物理意义，它的引入仅是为了在某些情况下使磁场的计算得以简化，这和静电场中电场与电场力做功相关联而具有明显物理意义是不同的。

在均匀介质中，根据 $\nabla\cdot\boldsymbol{B}=0$，$\boldsymbol{B}=\mu\boldsymbol{H}$ 及 $\boldsymbol{H}=-\nabla\varphi_{\mathrm{m}}$，可得

$$\nabla\cdot\boldsymbol{B} = \nabla\cdot(\mu\boldsymbol{H}) = \mu\nabla\cdot\boldsymbol{H} = 0 \tag{4.68}$$

将式(4.67)代入式(4.68)中，可得磁标位满足拉普拉斯方程，即

$$\nabla^2\varphi_{\mathrm{m}} = 0 \tag{4.69}$$

所以用微分方程求磁标位时，也同静电位一样，是求拉普拉斯方程的解。磁场的边界条件用磁标位表示时，为

$$B_{2n} = B_{1n} \to \mu_2\frac{\partial\varphi_{\mathrm{m2}}}{\partial n} = \mu_1\frac{\partial\varphi_{\mathrm{m1}}}{\partial n} \tag{4.70}$$

$$H_{2t} = H_{1t} \to \varphi_{\mathrm{m2}} = \varphi_{\mathrm{m1}} \tag{4.71}$$

磁标位在求解永磁体的磁场问题时比较方便(因其内无自由电流)。永磁体的磁导率远大于空气的磁导率，因而永磁体表面是一个等位(磁标位)面，这时可以用静电比拟法来计算永磁体的磁场。

以上讨论的是均匀磁介质中无自由电流时的磁标位的微分方程。对于非均匀介质，在无源区($\boldsymbol{J}=\boldsymbol{0}$)，引入磁荷的概念后，磁标位满足泊松方程，即

$$\nabla^2\varphi_{\mathrm{m}} = -\rho_{\mathrm{m}} \tag{4.72}$$

$\rho_m = -\nabla \cdot \boldsymbol{M}$ 是等效磁荷体密度。此时，边界条件式(4.71)不变，而式(4.70)要作相应的修改。

磁化强度 $\boldsymbol{M}$ 的负散度 ρ_m 在方程中的作用类似磁荷概念，故引入假想的磁荷体密度 ρ_m 的概念。到目前为止，还未能用实验证明自然界中有磁荷存在。ρ_m 的引入完全是假想的和形式上的，并不代表物理的真实存在，它只不过表示磁化强度 $\boldsymbol{M}$ 的负散度是磁场强度 $\boldsymbol{H}$ 的散度源，即

$$-\nabla \cdot \boldsymbol{M} = \rho_m = \nabla \cdot \boldsymbol{H} \tag{4.73}$$

例 4.9　真空中一根沿 z 轴放置的无限长直导线，沿 z 轴方向通过均匀分布的电流 I。试求在空间两点间的磁标位差表示式。

解：包围直导线的区域磁感应强度 $\boldsymbol{B} = \frac{\mu_0 I}{2\pi\rho}\boldsymbol{e}_\phi$。由式(4.52)得此区域的磁场强度为

$$\boldsymbol{H} = \frac{I}{2\pi\rho}\boldsymbol{e}_\phi$$

$$\boldsymbol{H} \cdot \mathrm{d}\boldsymbol{l} = H_\phi \boldsymbol{e}_\phi \cdot [\mathrm{d}\rho \boldsymbol{e}_\rho + \rho \mathrm{d}\phi \boldsymbol{e}_\phi + \mathrm{d}z \boldsymbol{e}_z] = \rho H_\phi \mathrm{d}\phi = \frac{I}{2\pi}\mathrm{d}\phi$$

若在空间的两点为 $P(\rho_P, \phi_P, z_P)$ 和 $Q(\rho_Q, \phi_Q, z_Q)$，则 P 点相对于 Q 点的磁标位为

$$\varphi_{PQ} = \varphi_P - \varphi_Q = -\int_{\phi_Q}^{\phi_P} \boldsymbol{H} \cdot \mathrm{d}\boldsymbol{l} = -\int_{\phi_Q}^{\phi_P} \frac{I}{2\pi}\mathrm{d}\phi = -\frac{I}{2\pi}(\phi_P - \phi_Q) \tag{4.74}$$

若式中，$\phi_P > \phi_Q$，则式(4.74)表示由 P 点至 Q 点的磁位降。

4.8　互感和自感

在线性媒质中，一条电流回路在空间任一点产生的磁感应强度的大小与其电流成正比，因而穿过回路的磁通量也与回路电流成正比。如果一条回路是由一根导线密绕成 N 匝，则穿过这条回路的总磁通(称为全磁通)等于各匝磁通之和；即一个密绕线圈的全磁通等于与单匝线圈交链的磁通和匝数的乘积，所以，全磁通又称为磁链，用 Ψ 表示。

若当穿过回路的磁链 Ψ 是由回路本身的电流 I 产生的，则磁链 Ψ 与电流 I 的比值

$$L = \frac{\Psi}{I} \tag{4.75}$$

称为自感，单位是 H(亨利)。自感的大小取决于回路的尺寸、形状以及介质的磁导率。

Ψ_{12} 表示载流回路 C_1 的磁场在回路 C_2 上产生的磁链。显然 Ψ_{12} 与电流 I_1 成正比，这一比值称为互感，如图 4.12 所示，即

$$M_{12} = \frac{\Psi_{12}}{I_1} \tag{4.76}$$

互感的单位与自感相同。同样，可以用载流回路 C_2 的磁场在回路 C_1 上产生的磁链 Ψ_{21} 与电流 I_2 的比来定义互感 M_{21}，即

$$M_{21} = \frac{\Psi_{21}}{I_2}$$

互感的大小也取决于回路的尺寸、形状以及介质的磁导率和回路的匝数。

下面推导互感的计算公式。如图 4.12 所示,当导线的直径远小于回路的尺寸而且也远小于两个回路之间的最近距离时,两回路都可以用轴线的几何回路代替。设两个回路都只有 1 匝,当回路 C_1 载有电流 I_1 时,C_2 上的磁链为

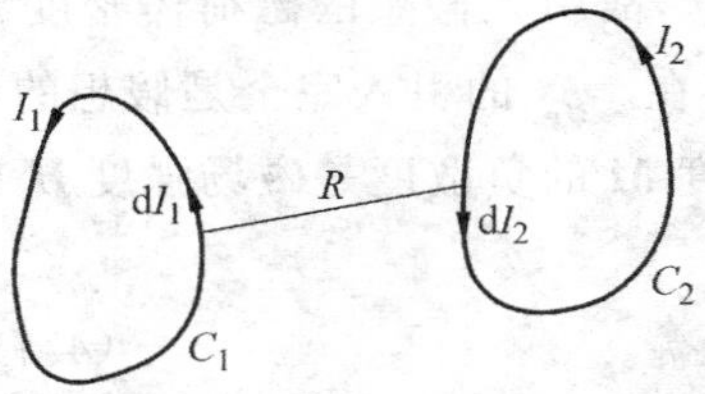

图 4.12 两导线回路的电感

$$\boldsymbol{\Psi}_{12}=\boldsymbol{\Phi}_{12}=\int_{S_2}\boldsymbol{B}_1\cdot\mathrm{d}\boldsymbol{S}_2=\oint_{C_2}\boldsymbol{A}_{12}\cdot\mathrm{d}\boldsymbol{l}_2 \tag{4.77}$$

式中,$\boldsymbol{A}_{12}$ 为电流 I_1 在 C_2 上的磁矢位,即

$$\boldsymbol{A}_{12}=\frac{\mu_0 I_1}{4\pi}\oint_{C_1}\frac{\mathrm{d}\boldsymbol{l}_1}{R}$$

因而

$$\Psi_{12}=\frac{\mu_0 I_1}{4\pi}\oint_{C_2}\oint_{C_1}\frac{\mathrm{d}\boldsymbol{l}_1\cdot\mathrm{d}\boldsymbol{l}_2}{R}$$

$$M_{12}=\frac{\Psi_{12}}{I_1}=\frac{\mu_0}{4\pi}\oint_{C_2}\oint_{C_1}\frac{\mathrm{d}\boldsymbol{l}_1\cdot\mathrm{d}\boldsymbol{l}_2}{R} \tag{4.78}$$

由上式可以看出

$$M_{12}=M_{21}=M \tag{4.79}$$

这说明互感具有互易性质。互感的计算公式(4.78)称为诺伊曼公式。互感 M 可以为正,也可以为负,取决于回路正向的选择。若 I_1 在 C_2 中的磁通为正,则 $M>0$;反之,$M<0$。

对于自感,也能写成式(4.78)的形式,即

$$L=\frac{\mu_0}{4\pi}\oint_C\oint_C\frac{\mathrm{d}\boldsymbol{l}_1\cdot\mathrm{d}\boldsymbol{l}_2}{R} \tag{4.80}$$

式中,$\mathrm{d}\boldsymbol{l}_1$、$\mathrm{d}\boldsymbol{l}_2$ 都是沿回路 C 的线元,它们之间的距离为 R,如图 4.13 所示。

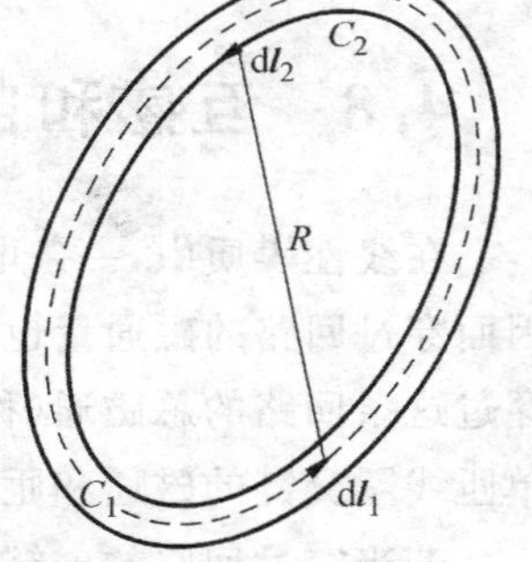

图 4.13 内自感

当两个线元重合($R=0$)时,积分值趋于无穷大。这是由于忽略了回路导线的截面所致。为了保证收敛,必须考虑导线的横截面面积。将自磁链分为外磁链 Ψ_e 和内磁链 Ψ_i 两部分,相应的自感也分为外自感 L_e 和内自感 L_i。Ψ_e 是通过导体外部的与回路的全部电流交链的磁链,而 Ψ_i 为通过导体内部因而只与部分电流交链的磁链。

计算外磁链时,可近似认为全部电流 I 集中在导体回路的轴线 C_1 上,并将此电流的磁场与导体回路的内缘 C_2 所交链的磁链作为外磁链,这样得出外自感为

$$L_e=\frac{\mu_0}{4\pi}\oint_{C_2}\oint_{C_1}\frac{\mathrm{d}\boldsymbol{l}_1\cdot\mathrm{d}\boldsymbol{l}_2}{R} \tag{4.81}$$

如图 4.14 所示,闭合管 a 的磁通与载流导体电流 I 完全交链,构成外磁链 Ψ_e 的一部分;而闭合管 b 则仅与载流导体的部分电流 I' 交链,构成内磁链 Ψ_i。对于这种部分交链的情况,其匝数以载流 I 为基数,以 I' 计应为分数,其匝比为 I'/I,于是,内磁链为

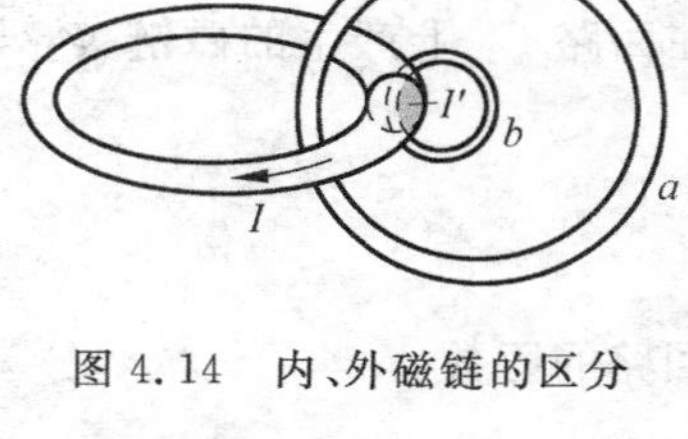

图 4.14 内、外磁链的区分

$$\Psi_i=\int_S\frac{I'}{I}\mathrm{d}\Phi$$

此时，自感 L 为内自感 L_i 与外自感 L_e 之和，即

$$L=\frac{\Psi}{I}=\frac{\Psi_i+\Psi_e}{I}=\frac{\Psi_i}{I}+\frac{\Psi_e}{I}=L_i+L_e \tag{4.82}$$

例 4.10　同轴线的截面图如图 4.15 所示，设同轴线内导体半径为 a(m)，外导体内半径为 b(m)、外半径为 c(m)，同轴线所用材料磁导率均为 μ_0(H/m)。试计算同轴线单位长度的总自感。

解：设内导体电流 I 为 $\boldsymbol{e}_z$ 方向，外导体电流为 $-\boldsymbol{e}_z$ 方向。全部磁链 Ψ 包括 3 部分：内导体中的内磁链 Ψ_i、导磁媒质中的磁链 Ψ_e 和外导体的内磁链 Ψ_{i2}。

由例 4.7 的结论可计算出同轴线内导体单位长度的内自感为

$$L_{i1}=\frac{\Psi_i}{I\cdot l}=\frac{1}{I\cdot l}\int \mathrm{d}\Psi_i=\frac{1}{I\cdot l}\int_0^a NBl\,\mathrm{d}\rho$$

$$=\frac{1}{I\cdot l}\int_0^a\frac{\rho^2}{a^2}\left(\frac{\mu_0 I\rho}{2\pi a^2}\right)l\,\mathrm{d}\rho=\frac{\mu_0}{8\pi} \tag{4.83}$$

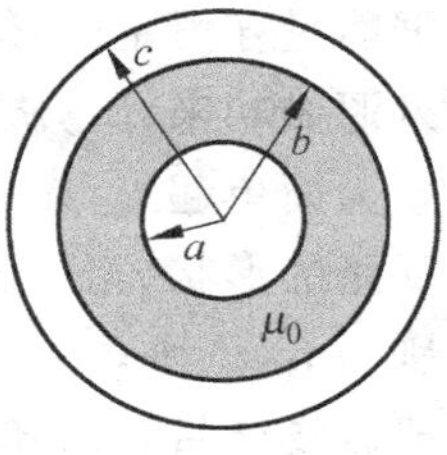

图 4.15　同轴线

可见长直导体的内自感与导体截面半径无关。对于非长直导体，当曲率半径比截面半径大很多时，常可用式(4.83)近似地计算其内自感。由于

$$\Psi_e=\int_a^b\frac{\mu_0 Il}{2\pi\rho}\mathrm{d}\rho=\frac{\mu_0 Il}{2\pi}\ln\frac{b}{a}$$

所以导磁媒质中的单位长度外自感为

$$L_e=\frac{\Psi_e}{Il}=\frac{\mu_0}{2\pi}\ln\frac{b}{a}$$

最后计算外导体的内自感。首先计算外导体中的磁感应强度 $\boldsymbol{B}$，及穿过其单位长度纵截面的磁通量，由安培环路定律得

$$2\pi\rho B=\mu_0 I\left(1-\frac{\rho^2-b^2}{c^2-b^2}\right)$$

$$\boldsymbol{B}=\frac{\mu_0 I}{2\pi\rho}\left(1-\frac{\rho^2-b^2}{c^2-b^2}\right)\boldsymbol{e}_\phi$$

所以

$$N\mathrm{d}\Psi_{i2}=\left(1-\frac{\rho^2-b^2}{c^2-b^2}\right)\frac{\mu_0 I}{2\pi\rho}\left(1-\frac{\rho^2-b^2}{c^2-b^2}\right)$$

式中，N 为交链匝数，这里为单匝即 $N=1$。穿过外导体纵截面单位长度磁通量为

$$\Psi_{i2}=\int\mathrm{d}\Psi_{i2}=\int_b^c\left(1-\frac{\rho^2-b^2}{c^2-b^2}\right)^2\frac{\mu_0 I}{2\pi\rho}\mathrm{d}\rho=\frac{\mu_0 I}{2\pi(c^2-b^2)^2}\int_b^c\frac{(c^2-\rho^2)^2}{\rho}\mathrm{d}\rho$$

$$=\frac{\mu_0 I}{8\pi(c^2-b^2)^2}\left[(c^4-b^4)-4c^2(c^2-b^2)+4c^4\ln\frac{c}{b}\right]$$

$$L_{i2}=\frac{\Psi_{i2}}{I}=\frac{\mu_0}{8\pi(c^2-b^2)^2}\left[(c^4-b^4)-4c^2(c^2-b^2)+4c^4\ln\frac{c}{b}\right]$$

同轴线单位长度总自感为

$$L=L_{i1}+L_0+L_{i2}\quad(\mathrm{H/m})$$

注意，虽然诺伊曼公式提供了计算回路互感的一般方法，但是实际应用起来常常导致十分繁难的积分。当由电流分布可较容易地求出磁场时，使用式(4.76)和式(4.75)求互感和

自感较为方便。诺伊曼公式证明了两个回路互感的互易性；也证明了电感与回路的几何结构有关，与介质的磁导率有关，而与电流无关。

4.9 磁场能量

磁场与电场一样也具有能量。载流回路中的电流与其磁场的建立过程中，外源做功。根据能量守恒定律，外源做的功转化为电流回路的磁场能量。下面通过载流回路建立过程中外源做功来计算磁场能量。

为简单起见，先计算两个载流分别为 I_1 和 I_2 的电流回路系统所储存的磁场能量。假定回路的形状、相对位置不变，同时忽略焦耳热损耗。在建立磁场的过程中，两回路的电流分别为 $i_1(t)$ 和 $i_2(t)$，最初，$i_1=0$、$i_2=0$，最终，$i_1=I_1$、$i_2=I_2$。在这一过程中，电源做的功转变成磁场能量。已知系统的总能量只与系统最终的状态有关，而与建立状态的方式无关。为计算这个能量，先假定回路 2 的电流为零，求出回路 1 中的电流 i_1 从零增加到 I_1 时，电源做的功为 W_1；其次，回路 1 中的电流 I_1 不变，求出回路 2 中的电流 i_2 从零增加到 I_2 时，电源做的功为 W_2。从而得出这一过程中，电源对整个回路系统做的总功为

$$W_m = W_1 + W_2$$

当保持回路 2 的电流 $i_2=0$ 时，回路 1 中的电流 i_1 在 dt 时间内有一个增量 di_1，周围空间的磁场将发生改变，回路 1 和回路 2 的磁通分别有增量 $d\Psi_{11}$ 和 $d\Psi_{12}$；由第 6 章中将给出的法拉第电磁感应定律可知，在两个回路中会相应产生感应电动势 $\mathscr{E}_1=-d\Psi_{11}/dt$ 和 $\mathscr{E}_2=-d\Psi_{12}/dt$。感应电动势的方向总是阻止电流增加。因而，为使回路 1 中的电流得到增量 di_1，必须在回路 1 中外加电压 $U_1=-\mathscr{E}_1$；为使回路 2 电流为零，也必须在回路 2 加上电压 $U_2=-\mathscr{E}_2$，以抵消 U_1 在回路 2 中产生的电流。所以在 dt 时间里，电源做功为

$$dW_1 = U_1 i_1 dt + U_2 i_2 dt = U_1 i_1 dt = -\mathscr{E}_1 i_1 dt = i_1 d\Psi_{11} = L_1 i_1 di_1$$

在回路 1 的电流从零到 I_1 的过程中，电源做功为

$$W_1 = \int_0^{I_1} dW_1 = \int_0^{I_1} L_1 i_1 di_1 = \frac{1}{2} L_1 I_1^2$$

下面计算当回路 1 的电流 I_1 保持不变时，使回路 2 的电流从零增到 I_2，电源做的功 W_2。若在 dt 时间内，电流 i_2 有增量 di_2，这时回路 1 中感应电势为 $\mathscr{E}_1=-d\Psi_{21}/dt$，回路 2 中的感应电势为 $\mathscr{E}_2=-d\Psi_{22}/dt$。为克服感应电势，必须在两个回路上加上与感应电势反向的电压。在 dt 时间内，电源做功为

$$dW_2 = M_{21} I_1 di_2 + L_2 i_2 di_2$$

积分得回路 1 电流保持不变时，电源做功总量为

$$W_2 = \int_0^{I_2} dW_2 = \int_0^{I_2} (M_{21} I_1 + L_2 i_2) di_2 = M_{21} I_1 I_2 + \frac{1}{2} L_2 I_2^2$$

最后得到电源对整个电流回路系统所做的总功为

$$W_m = W_1 + W_2 = \frac{1}{2} L_1 I_1^2 + M_{21} I_1 I_2 + \frac{1}{2} L_2 I_2^2 \tag{4.84}$$

式中，$\frac{1}{2} L_1 I_1^2$ 和 $\frac{1}{2} L_2 I_2^2$ 分别为回路 C_1 和 C_2 的自能；$M_{21} I_1 I_2$ 是两回路的相互作用能。式(4.84)可以用磁通来表示，即

$$W_m = \frac{1}{2}(L_1I_1 + M_{21}I_2)I_1 + \frac{1}{2}(M_{12}I_1 + L_2I_2)I_2$$

$$= \frac{1}{2}(\Psi_{11} + \Psi_{21})I_1 + \frac{1}{2}(\Psi_{12} + \Psi_{22})I_2 = \frac{1}{2}\Psi_1 I_1 + \frac{1}{2}\Psi_2 I_2 \tag{4.85}$$

式中，$\Psi_1 = \Psi_{11} + \Psi_{21}$，为与回路 C_1 交链的总磁通；$\Psi_2 = \Psi_{12} + \Psi_{22}$，为与回路 C_2 交链的总磁通(均假设回路为 1 匝)。这个结果可推广到 N 个电流回路系统，其磁能为

$$W_m = \frac{1}{2}\sum_{i=1}^{N}\Psi_i I_i \tag{4.86}$$

式中

$$\Psi_i = \sum_{j=1}^{N}\Psi_{ji} = \sum_{j=1}^{N}M_{ji}I_j \tag{4.87}$$

式中，Ψ_i 为回路 i 的总磁通；Ψ_{ji} 为回路 j 在回路 i 上的磁通。

将回路 i 上的总磁通 Ψ_i 用磁矢位表示，即

$$\Psi_i = \oint_{C_i}\boldsymbol{A}\cdot \mathrm{d}\boldsymbol{l}_i \tag{4.88}$$

式中，$\boldsymbol{A}$ 为 N 个回路在 $\mathrm{d}\boldsymbol{l}_i$ 处的总磁矢位。将式(4.88)代入式(4.87)得

$$W_m = \frac{1}{2}\sum_{i=1}^{N}I_i\oint_{C_i}\boldsymbol{A}\cdot \mathrm{d}\boldsymbol{l}_i \tag{4.89}$$

对于分布电流，将 $I_i\mathrm{d}\boldsymbol{l}_i = \boldsymbol{J}\mathrm{d}V$ 代入上式，得

$$W_m = \frac{1}{2}\int_V \boldsymbol{J}\cdot\boldsymbol{A}\mathrm{d}V \tag{4.90}$$

上式的积分区域是有电流的空间，可将积分区域扩展为全空间而不影响积分值。

类似于静电场的能量可以用电场矢量 $\boldsymbol{D}$ 和 $\boldsymbol{E}$ 表示，磁场能量也可用磁场矢量 $\boldsymbol{B}$ 和 $\boldsymbol{H}$ 表示，并由此得出磁场能量密度的概念。将 $\nabla\times\boldsymbol{H} = \boldsymbol{J}$ 代入式(4.90)，得

$$W_m = \frac{1}{2}\int_V A\cdot(\nabla\times\boldsymbol{H})\mathrm{d}V = \frac{1}{2}\int_V[\boldsymbol{H}\cdot(\nabla\times\boldsymbol{A}) - \nabla\cdot(\boldsymbol{A}\times\boldsymbol{H})]\mathrm{d}V$$

$$= \frac{1}{2}\int_V\boldsymbol{H}\cdot\boldsymbol{B}\mathrm{d}V - \frac{1}{2}\oint_S(\boldsymbol{A}\times\boldsymbol{H})\cdot\mathrm{d}\boldsymbol{S}$$

注意，上式中当积分区域 V 趋于无穷时，面积分项为零(理由与静电场能量里的类似)，于是得到

$$W_m = \frac{1}{2}\int_V\boldsymbol{H}\cdot\boldsymbol{B}\mathrm{d}V \tag{4.91}$$

磁场能量密度为

$$w_m = \frac{1}{2}\boldsymbol{B}\cdot\boldsymbol{H} \tag{4.92}$$

利用磁场能量密度，可求出磁场中某一局部区域中的磁场能量。

例 4.11 计算内、外导体半径分别为 a、b 的同轴电缆单位长度的电感。

解：设同轴电缆单位长度的内自感为 L，由式(4.84)有

$$L = \frac{2W_m}{I^2}$$

为此，设同轴电缆中的电流为 I，如果电流在导线截面上均匀分布，则利用安培环路定律可

以计算出同轴电缆中的磁场分布为

$$\boldsymbol{H}=\begin{cases}\dfrac{I\rho}{2\pi a^2}\boldsymbol{e}_\phi, & \rho<a\\ \dfrac{I}{2\pi\rho}\boldsymbol{e}_\phi, & a<\rho<b\end{cases}$$

单位长度的同轴线中的磁场能量为

$$\begin{aligned}W_\mathrm{m}&=\int_V\frac{1}{2}\mu H^2\mathrm{d}V=\frac{1}{2}\mu_0\int_0^a\left(\frac{I\rho}{2\pi a^2}\right)^2 2\pi\rho\,\mathrm{d}\rho+\frac{1}{2}\mu\int_a^b\left(\frac{I}{2\pi\rho}\right)^2 2\pi\rho\,\mathrm{d}\rho\\&=\frac{\mu_0 I^2}{16\pi}+\frac{\mu I^2}{4\pi}\ln\frac{b}{a}\end{aligned}$$

式中，第一项为内导体中的磁场能量；第二项为内外导体之间的磁场能量。单位长度同轴线的电感为

$$L=\frac{2W_\mathrm{m}}{I^2}=\frac{\mu_0}{8\pi}+\frac{\mu}{2\pi}\ln\frac{b}{a}$$

如果电流仅分布在导线表面上，内导体中的磁场以及磁场能量均为零，这种情况下，单位长度同轴线的电感为

$$L=\frac{\mu}{2\pi}\ln\frac{b}{a}$$

4.10 磁场力

原则上讲，一条回路在磁场中受到的力，可以用安培定律来计算，但是许多问题用虚位移法较为方便。用虚位移法求磁场力时，假设某一条电流回路在磁场力的作用下发生一个虚位移，这时回路的互感要发生变化，磁场能量也要产生变化，然后根据能量守恒定律，求出磁场力。

为了简单起见，以下仅讨论两条回路的情形，但得到的结果可以推广到一般情形。假设回路 C_1 在磁场力的作用下发生了一个小位移 $\Delta\boldsymbol{r}$，回路 C_2 不动。以下分磁链不变和电流不变两种情形进行讨论。

1. 磁链不变

当磁链不变时，各条回路中的感应电势为零，所以电源不做功。磁场力做的功必来自磁场能量的减少。如将回路 C_1 受到的磁场力记为 $\boldsymbol{F}$，它做的功为 $\boldsymbol{F}\cdot\Delta\boldsymbol{r}$，则

$$\boldsymbol{F}\cdot\Delta\boldsymbol{r}=-\Delta W_\mathrm{m},\quad F_r=-\left.\frac{\partial W_\mathrm{m}}{\partial r}\right|_{\Psi=\mathrm{const}}\tag{4.93}$$

写成矢量形式，有

$$\boldsymbol{F}=-\nabla W_\mathrm{m}\big|_{\Psi=\mathrm{const}}\tag{4.94}$$

2. 电流不变

当各条回路的电流不变时，各回路的磁链要发生变化，在各回路中会产生感应电势，电源要做功。在回路 $\Delta\boldsymbol{r}$ 产生位移时，电源做功为

$$\Delta W_\mathrm{b}=I_1\Delta\Psi_1+I_2\Delta\Psi_2\tag{4.95}$$

由式(4.86)得磁场能量的变化为

$$\Delta W_{m} = \frac{1}{2}(I_{1}\Delta\Psi_{1} + I_{2}\Delta\Psi_{2}) = \frac{1}{2}\Delta W_{b}$$

根据能量守恒定律，电源做的功等于磁场能量的增量与磁场力对外做功之和，即

$$\Delta W_{b} = \Delta W_{m} + \boldsymbol{F}\cdot\Delta\boldsymbol{r}$$

$$\boldsymbol{F}\cdot\Delta\boldsymbol{r} = \Delta W_{m}$$

$$\boldsymbol{F} = \nabla W_{m}\big|_{I=\mathrm{const}} \tag{4.96}$$

习题

4.1　一个边长为 $2a$ 的立方体，中心为原点。一根沿 z 轴放置的非常长的直线，通过电流为 I。求通过 $x=a$ 平面的磁通。

4.2　设 $\boldsymbol{B}=B\boldsymbol{e}_z$，计算位于 $z=0$ 平面上、半径为 R、中心为原点的半球面(见题图 4.1)所通过的磁通。

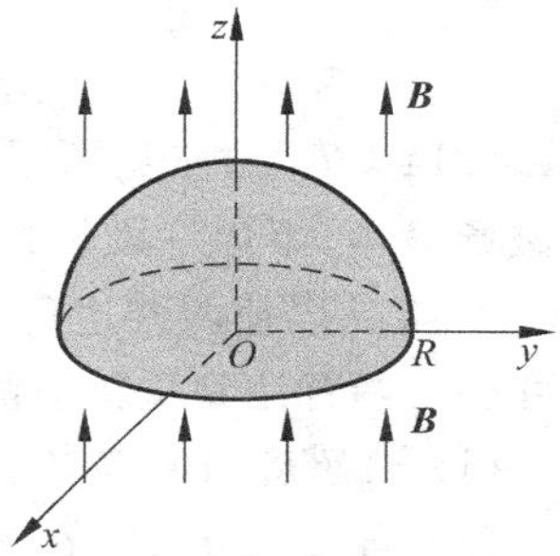

题图 4.1　习题 4.2 用图

4.3　两无限长直导线，放置于 $x=1, y=0$ 和 $x=-1, y=0$ 处，与 z 轴平行，通过电流 I，方向相反。求此两线电流在 xOy 平面上任意点的 $\boldsymbol{B}$。

4.4　均匀分布面电荷为 ρ_S 的球，半径为 a，以角速度 ω 绕其一直径旋转。试求磁矩。

4.5　一条 K 边形线圈，通过电流为 I。求证线圈中心的磁感应强度为

$$B = \frac{\mu_0 KI}{2\pi a}\tan\frac{\pi}{K}$$

其中，a 为 K 边形外接圆半径。并证明当 K 很大时，B 和一个圆线圈的结果相同。

4.6　在一个半径为 R 的无限长半圆筒状的金属薄片中，电流 I 沿圆筒的轴向从下而上流动。若 A 为该金属薄片的两条竖边所确定的平面上的一点(A 点在竖边之间，如题图 4.2 所示)，试证明 A 点的磁感应强度 $\boldsymbol{B}$ 的方向一定平行于该平面。

4.7　如题图 4.3 所示，一多层密绕螺线管内半径为 R_1、外半径为 R_2，长为 $2L$。设总匝数为 N，导线中通过的电流为 I，求这螺线管中心 O 点的磁感应强度。

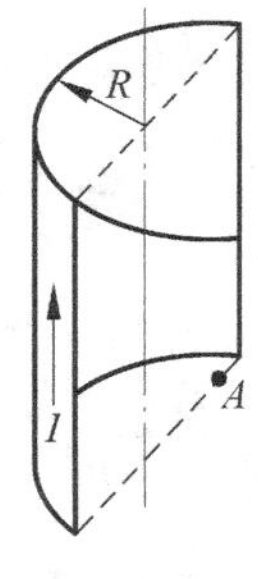

题图 4.2　习题 4.6 用图

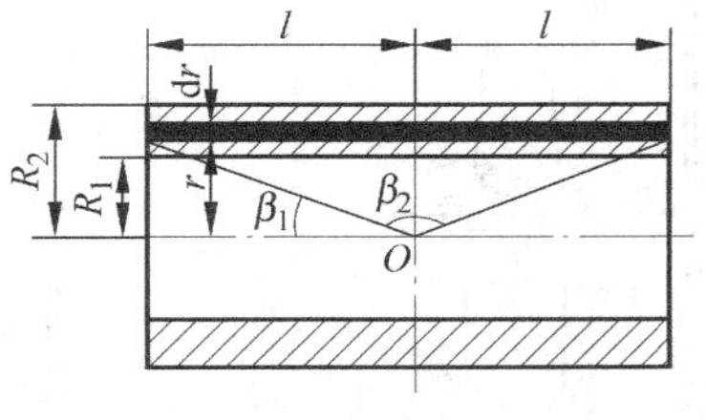

题图 4.3　习题 4.7 用图

4.8　一个半径为 a，磁导率为 μ 的介质球体，置于均匀磁场 $\boldsymbol{B}$ 中。求球内、外的矢量磁位和磁感应强度。

4.9 半径为 a 的无限长圆柱导体上有恒定电流 J 均匀分布于截面上，试解矢量磁位 $\boldsymbol{A}$ 的微分方程，设导体的磁导率为 μ_0，导体外的磁导率为 μ。

4.10 设无限长圆柱体内电流分布为 $\boldsymbol{J}=-\rho J_0\boldsymbol{e}_z(\rho\leqslant a)$，求矢量磁位 $\boldsymbol{A}$ 和磁感应强度 $\boldsymbol{B}$。

4.11 空气绝缘的同轴线，内导体半径为 a，外导体半径为 b，通过电流 I，设外导体厚度很薄，因而其中储能可以忽略不计。计算同轴线单位长度储存的磁能，并计算单位长度的电感。

4.12 已知两个相互平行、相隔距离为 d 的共轴圆线圈，其中一个线圈的半径为 $a(a<d)$，另一个线圈的半径为 b。试求两线圈之间的互感系数。

4.13 已知半径分别为 a 和 b 的两个同轴圆线圈，它们分别载电流 I_1 和 I_2，两线圈平面间的距离为 d，并设 $a\ll d$。证明两线圈的相互作用力为

$$F_z=-\frac{3}{2}\mu_0\pi I_1I_2a^2b^2d\,(d^2+b^2)^{-5/2}$$

4.14 安培秤(见题图 4.4)一臂挂一个矩形线圈，线圈共有 9 匝。线圈的下部处在均匀磁场 $\boldsymbol{B}$ 内，下边一段长为 L，方向与天平底座平面平行，且与 $\boldsymbol{B}$ 垂直。当线圈中通过电流 I 时，调节砝码使两臂达到平衡，然后再使电流反向，这时需要在一臂上添加质量为 m 的砝码才能使两臂达到重新平衡。试求：

(1) 磁感应强度 $\boldsymbol{B}$ 的大小；

(2) 当 $L=100\text{cm}$，$I=0.1\text{A}$，$m=9.18\text{g}$ 时，$\boldsymbol{B}$ 的大小(取 $g=9.8\text{m/s}^2$)；

(3) 在上述使用安培秤的操作程序中，为什么要使电流反向？

(4) 利用这种装置是否能测量电流？

4.15 一边长为 a 的正方形线圈载有电流 I，处在均匀而沿水平方向的外磁场 $\boldsymbol{B}$ 中，线圈可以绕通过中心的竖直轴 OO'(见题图 4.5)转动，转动惯量为 J。求线圈在平衡位置附近作微小摆动的周期 T。

4.16 将一均匀分布着面电流的无限大载流平面放入均匀磁场中，平面两侧的磁感应强度分别为$\boldsymbol{B}_1$ 与$\boldsymbol{B}_2$(见题图 4.6)。求该载流平面上单位面积所受的磁场力的大小及方向。

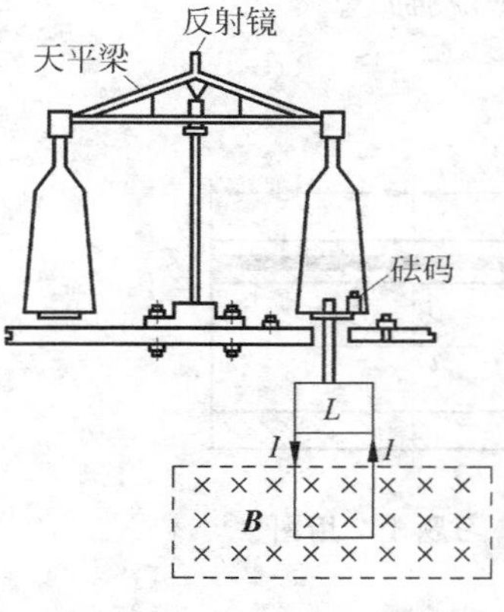

题图 4.4 习题 4.14 用图

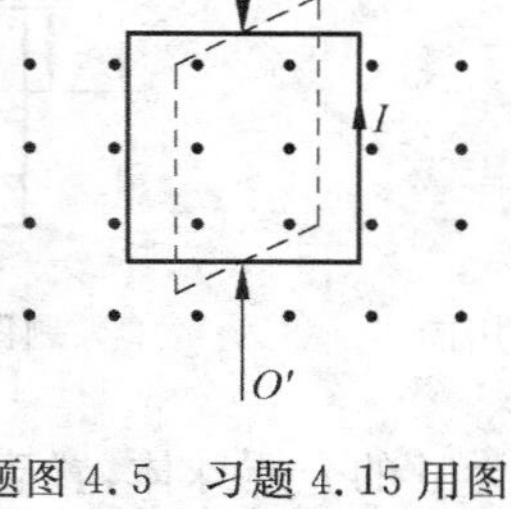

题图 4.5 习题 4.15 用图

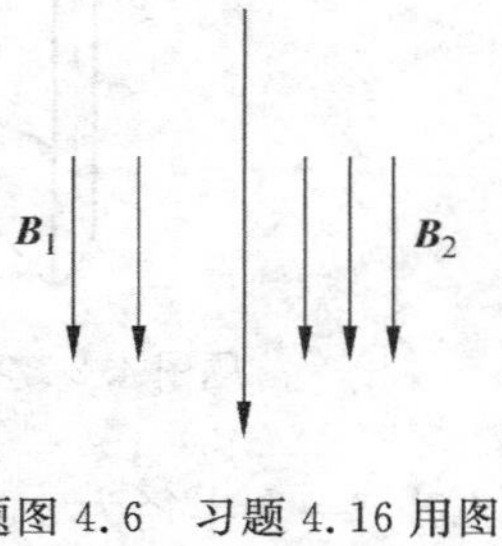

题图 4.6 习题 4.16 用图

4.17　如题图 4.7 所示，两根半径为 a、距离为 d 的无限长平行细导线，$a \ll d$，通有大小相等、方向相反的电流 I。试求二导线的相互作用力。

4.18　设两导体平面的长为 l，宽为 b，间隔为 d，上、下面分别有方向相反的面电流 J_{S0}（见题图 4.8）。设 $b \gg d$，$l \gg d$，求上面一片导体板面电流所受的力。

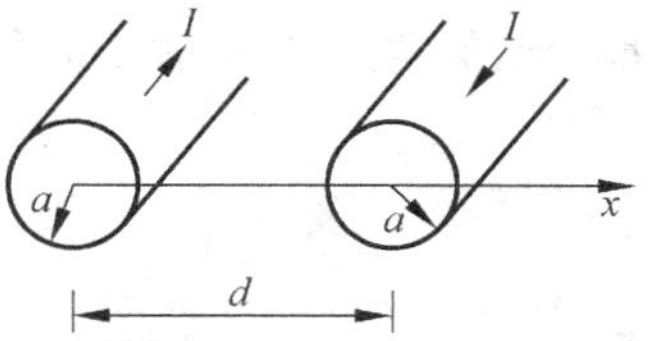

题图 4.7　习题 4.17 用图

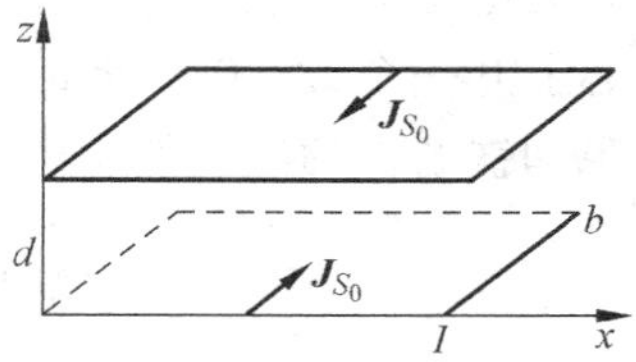

题图 4.8　习题 4.18 用图

4.19　设有两根距离为 d 的无限长平行细线，通有大小相等、方向相反的电流 I。试应用安培环路定律计算该平行双线的磁感应强度 $\boldsymbol{B}$。

4.20　试计算磁偶极子在远处产生的矢量磁位和磁感应强度。

4.21　半径为 a、高为 L 的磁化介质柱（见题图 4.9），磁化强度为 $\boldsymbol{M}_0$（$\boldsymbol{M}_0$ 为常矢量，且与圆柱的轴线平行）。求磁化电流 $\boldsymbol{J}_{\mathrm{m}}$ 和磁化面电流 $\boldsymbol{J}_{\mathrm{mS}}$。

4.22　一半径为 a(m)的圆形截面的无限长直铜线，通有电流 I(A)，在铜线外套一个与之同轴的磁性材料制成的圆筒。圆筒内、外半径分别为 c(m)和 b(m)，相对磁导率 $\mu_r = 2000$。试求：

(1) 圆筒内的磁场强度和磁感应强度；

(2) 通过圆筒中每单位长度的总磁通量；

(3) 圆筒中的磁化强度 $\boldsymbol{M}$；

(4) 圆筒中的束缚电流密度；

(5) 圆筒壁外的磁场。

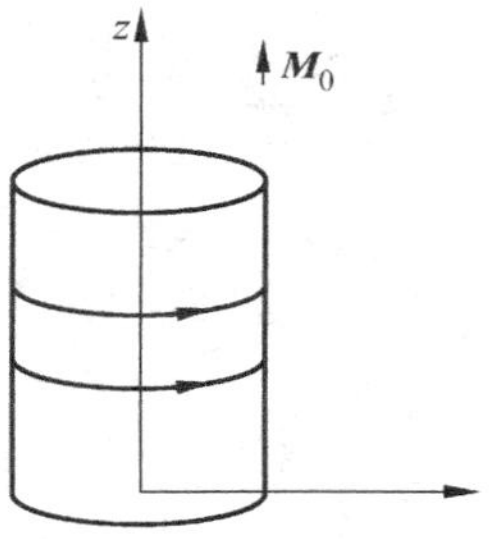

题图 4.9　习题 4.21 用图

4.23　设无限长同轴线内导体半径是 a(m)，外导体内半径是 b(m)，外导体厚度忽略不计，内外导体间填充磁导率为 μ 的均匀磁介质（$\mu > \mu_0$），内外导体分别通有大小相等、方向相反的电流 I。试用矢量磁位计算各区域的磁场。

4.24　求无限长平行双导线（见题图 4.7）单位长外自感。

4.25　长直导线附近有一矩形回路，回路与导线不共面，如题图 4.10 所示。证明：直导线与矩形回路间的互感为

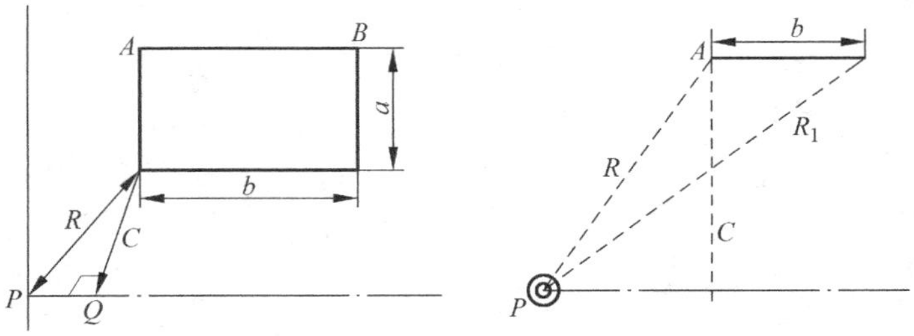

题图 4.10　习题 4.25 用图

$$M = \frac{\mu_0 a}{2\pi} \ln \frac{R}{[2b(R^2 - C^2)^{1/2} + b^2 + R^2]^{1/2}}$$

4.26　一环形螺线管的平均半径 $r_0 = 15\text{cm}$，其圆形截面的半径 $a = 2\text{cm}$，铁芯的相对磁导率 $\mu_r = 1400$，环上绕 $N = 1000$ 匝线圈，通过电流 $I = 0.7\text{A}$。求：

(1) 螺线管的电感 L；

(2) 在铁芯上开一个 $l_0 = 0.1\text{cm}$ 的空气隙，再计算电感(假设开口后铁芯的 μ_r 不变)；

(3) 空气隙和铁芯内的磁场能量的比值。

第5章 静态场的解

静电场、恒定电流的电场和恒定电流的磁场的场源及场量均不随时间变化，此类场统称为静态电磁场，简称为静态场。

静态场的计算问题大体上分为两种类型，即分布型问题和边值型问题。

工程中所遇到的大多数是边值型问题。边值问题就是已知给定区域中电荷分布和边界上的电位或电荷分布，求解区域中电位或电场分布。对边值问题的求解可归结为在给定区域中的电荷分布和边界条件下，求满足边界条件的泊松方程或拉普拉斯方程。

求解静态场边值问题的方法主要有解析法和数值法两大类。本章主要介绍镜像法、分离变量法、复变函数法和有限差分法。

5.1 边值问题的分类

第5章第1讲

静电场的计算通常是求解场内任一点的电位，一旦电位确定，电场强度和其他物理量都可由电位来求得。在无界空间中，如果已知分布电荷的体密度，可以通过积分公式计算任意点的电位。但计算有限区域的电位时，必须使用所讨论区域边界上电位的指定值(称为边值)来确定积分常数；此外，当场域中有不同介质时，还要用到电位在边界上的边界条件。这些用来决定常数的条件，常统称为边界条件。把通过微分方程及相关边界条件描述的问题，称为边值问题。

实际上，边界条件(即边值)除了给定电位在边界上的数值以外，也可以是电位在边界上的法向导数。根据不同形式的边界条件，边值问题通常分为以下3类。

(1) 已知场域边界面上各点电位的值，称为第一类边界条件或狄里赫利条件。这类问题称为第一类边值问题。例如静电场中已知各导体表面的电位，求解空间的电位问题。

(2) 已知场域边界面上各点电位的法向导数的值，称为第二类边界条件或诺伊曼条件。这类问题称为第二类边值问题。例如静电场中已知导体表面上的面电荷密度分布。

(3) 给定一部分边界上每一点的电位，同时给定另一部分边界上每一点的电位法向导数，称为第三类边界条件或混合边界条件。这类问题称为第三类边值问题。

如果场域伸展到无限远处，必须提出无限远处的边界条件。对于电荷分布在有限区域的情况，则在无限远处电位为有限值，即

$$\lim_{r\to\infty}\varphi = \text{有限值} \tag{5.1}$$

式(5.1)称为自然边界条件。

5.2 唯一性定理

5.2.1 格林公式

格林公式是场论中的一个重要公式,可以由散度定理导出,散度定理可以表示为

$$\int_V \nabla\cdot \boldsymbol{F}\mathrm{d}V = \oint_S \boldsymbol{F}\cdot \mathrm{d}S \tag{5.2}$$

在上式中,令 $\boldsymbol{F}=\varphi\nabla\psi$,则

$$\nabla\cdot \boldsymbol{F} = \nabla\cdot(\varphi\nabla\psi) = \varphi\nabla^2\psi + \nabla\varphi\cdot\nabla\psi \tag{5.3}$$

$$\int_V \nabla\cdot \boldsymbol{F}\mathrm{d}V = \int_V(\varphi\nabla^2\psi + \nabla\varphi\cdot\nabla\psi)\mathrm{d}V = \oint_S(\varphi\nabla\psi)\cdot \mathrm{d}\boldsymbol{S} = \oint_S\varphi\frac{\partial\psi}{\partial n}\mathrm{d}S$$

即

$$\int_V(\varphi\nabla^2\psi + \nabla\varphi\cdot\nabla\psi)\mathrm{d}V = \oint_S\varphi\frac{\partial\psi}{\partial n}\mathrm{d}S \tag{5.4}$$

这就是格林第一恒等式。$\boldsymbol{n}$ 是面元的正法向,即闭合面的外法向。

将式(5.3)中的 φ 和 ψ 交换,可得

$$\int_V(\psi\nabla^2\varphi + \nabla\psi\cdot\nabla\varphi)\mathrm{d}V = \oint_S\psi\frac{\partial\varphi}{\partial n}\mathrm{d}S \tag{5.5}$$

将式(5.4)和式(5.5)相减,可得

$$\int_V(\varphi\nabla^2\psi - \psi\nabla^2\varphi)\mathrm{d}V = \oint_S\left(\varphi\frac{\partial\psi}{\partial n} - \psi\frac{\partial\varphi}{\partial n}\right)\mathrm{d}S \tag{5.6}$$

该式称为格林第二恒等式。

5.2.2 唯一性定理

边值问题的求解,可归结为在给定边界条件下,对拉普拉斯方程或泊松方程的求解。简而言之,边值问题的求解就是偏微分方程的求解。对于偏微分方程,通常和常微分方程相似,要考虑其解的存在性、唯一性和稳定性。

在静电场中,在每一类边界条件下,泊松方程或拉普拉斯方程的解是唯一的,这称为静电场的唯一性定理。边值问题的唯一性定理十分重要,它表明,对任意的静电场,当空间各点的电荷分布与整个边界上的边界条件已知时,空间各部分的场就唯一地确定了。以拉普拉斯方程的第一类边值问题为例,对唯一性定理加以证明。这里采用反证法证明唯一性定理,证明思路是先假设特定的边值问题有两个解,然后再证明两者相等。

设在区域 V 内,φ_1 和 φ_2 满足泊松方程,即

$$\nabla^2\varphi_1 = -\frac{\rho(r)}{\varepsilon},\quad \nabla^2\varphi_2 = -\frac{\rho(r)}{\varepsilon}$$

在 V 的边界 S 上,φ_1 和 φ_2 满足同样的边界条件,即

$$\varphi_1|_S = f(r),\quad \varphi_2|_S = f(r)$$

令 $\varphi=\varphi_1-\varphi_2$，则在 V 内 $\nabla^2\varphi=0$，在边界面 S 上 $\varphi|_S=0$。在格林第一恒等式中，令 $\psi=\varphi$，则

$$\int_V(\varphi\nabla^2\varphi+\nabla\varphi\cdot\nabla\varphi)\mathrm{d}V=\oint_S\varphi\frac{\partial\varphi}{\partial n}\mathrm{d}S$$

由于 $\nabla^2\varphi=0$，所以有

$$\int_V|\nabla\varphi|^2\mathrm{d}V=\oint_S\varphi\frac{\partial\varphi}{\partial n}\mathrm{d}S$$

在 S 上 $\varphi=0$，因而上式右边为零，因而有

$$\int_V|\nabla\varphi|^2\mathrm{d}V=0$$

由于对任意函数 φ，$|\nabla\varphi|\geqslant0$，所以得 $\nabla\varphi=0$。于是 φ 只能是常数，再使用边界上 $\varphi=0$，可知在整个区域内 $\varphi\equiv0$，即 $\varphi_1=\varphi_2$。

关于第二、三类边值问题，唯一性定理的证明和第一类边值问题类似，在此略去。

但必须指出，如果给定边界上的电位，则该给定边界上的法向导数也就确定了。因为在任意边界上，它的电位和它上面的电荷密度是相互制约的，若给定了边界上的电位后，电位的法向导数就不能再任意给定了，反之亦然。

唯一性定理明确了边值问题定解的充分必要条件，这个定理说明，不管采用什么方法，只要能找到一个既能满足给定的边界条件，又能满足拉普拉斯方程（或泊松方程）的电位函数，则这个解就是正确的，任何另一种方法求得的同一问题的解必然是完全相同的。这个定理为采用多种方法求解边值问题提供了理论依据，镜像法就是这个理论最典型的应用。

5.3　镜像法

镜像法是解静电场问题的一种间接方法，它巧妙地应用唯一性定理，使某些看来难解决的边值问题可以较容易地解决。

当实际电荷（或电荷分布）靠近导体表面时，由于导体表面上出现感应电荷，它们必然会对实际电荷的场产生影响。例如地球对架空传输线产生的电场的影响就不可忽略；类似地，发射或接收天线的场分布会因支撑它们的金属导电体的出现而显著地改变。也就是说，为了计算空间的场，不仅要考虑原电荷的电场，还要考虑感应电荷产生的电场，这就必须知道导体表面的电荷分布，而要直接分析这些问题往往是复杂而困难的。

所谓镜像法，就是暂时忽略边界的存在，在所求的区域之外放置虚拟电荷来代替实际导体表面上复杂的电荷分布来进行计算，这个虚拟的电荷被称为实际电荷的镜像。根据唯一性定理，只要镜像电荷与实际电荷一起产生的电位能满足给定的边界条件，又在所求的区域内满足方程，则这个结果就是正确的。

使用镜像法时要注意以下三点：

（1）镜像电荷是虚拟电荷；

（2）镜像电荷置于所求区域之外的附近区域，将有边界的不均匀空间处理为无限大均匀空间，该均匀空间中媒质特性与待求场域中一致；

（3）导体是等位面，实际电荷或电流和镜像电荷或镜像电流共同作用保持原边界处的边界条件不变。

镜像法是应用唯一性定理的典型范例。

5.3.1 导体平面上方点电荷的电场

例 5.1 在无限大接地平面导体上方，距导体面为 h 处放一点电荷 q。求空间任一点 $P(x,y,z)$ 处的电位。

解：如图 5.1(a)所示，取直角坐标系。设 $z=0$ 为导体面，点电荷 q 位于 $(0,0,h)$，待求的是 $z>0$ 中的电位。

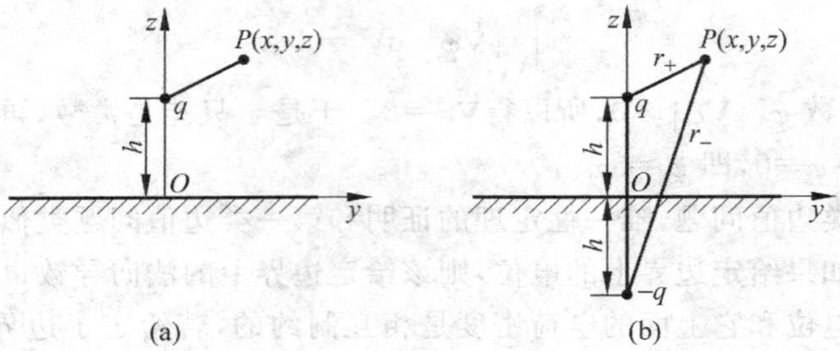

图 5.1 导体平面上方的点电荷及其镜像

由于导体板接地，当 $z\geqslant 0$ 时电位必须满足以下条件：

(1)在导体表面上，即 $z=0$ 时，$\varphi=0$；

(2) 在上半空间，即 $z>0$ 时，除点电荷所在的点外，电位 φ 处处满足拉普拉斯方程；

(3) 在半径趋于无穷大的半球面上电位为零，即 $z\to\infty$、$|x|\to\infty$、$|y|\to\infty$时，$\varphi\to 0$。

可以把上半空间的电位看作是点电荷产生的电位 φ_q 与感应电荷产生的电位 φ_S 之和，即 $\varphi=\varphi_q+\varphi_S$。

下面考虑图 5.1(b)所示的电荷分布。容易求得这一组电荷分布的电位为

$$\varphi'=\frac{q}{4\pi\varepsilon_0}\left(\frac{1}{r_+}-\frac{1}{r_-}\right)$$

式中，$r_+=\sqrt{x^2+y^2+(z-h)^2}$，$r_-=\sqrt{x^2+y^2+(z+h)^2}$。

比较图 5.1(a)和图 5.1(b)后可以看出两点：

(1) 在 $z>0$ 的区域，二者电荷分布相同，即在点 $(0,0,h)$ 有一个点电荷 q；

(2) 在区域的边界上有相同的边界条件，即在 $z=0$ 的平面上电位为零，在半径趋于无穷大的半球面上电位为零。

根据边值问题的唯一性定理可知，图 5.1(a)和图 5.1(b)两种情形的上半空间电位分布相同。也就是说，可以用图 5.1(b)中的点电荷 $-q$ 等效图 5.1(a)中的感应面电荷。

称图 5.1(b)所示的问题是图 5.1(a)所示问题的等效镜像问题。

称位于 $(0,0,-h)$ 的点电荷 $-q$ 是原电荷 q 的镜像电荷。

因此，图 5.1(a)中 $z>0$ 的区域电位分布为

$$\begin{aligned}\varphi=\varphi'&=\frac{q}{4\pi\varepsilon_0}\left(\frac{1}{r_+}-\frac{1}{r_-}\right)\\&=\frac{q}{4\pi\varepsilon_0}\left(\frac{1}{\sqrt{x^2+y^2+(z-h)^2}}-\frac{1}{\sqrt{x^2+y^2+(z+h)^2}}\right)\end{aligned}\tag{5.7}$$

由式(5.7)，可得 $z>0$ 区域的电场为

$$\boldsymbol{E}=-\nabla\varphi=\frac{q}{4\pi\varepsilon_0}\left[\left(\frac{x}{r_+^3}-\frac{x}{r_-^3}\right)\boldsymbol{e}_x+\left(\frac{y}{r_+^3}-\frac{y}{r_-^3}\right)\boldsymbol{e}_y+\left(\frac{z-h}{r_+^3}-\frac{z+h}{r_-^3}\right)\boldsymbol{e}_z\right]$$

其电场分布如图 5.2 所示。

可见，在导体表面 $z=0$ 处，$E_x=E_y=0$，只有 E_z 存在，即导体表面上法向电场存在。导体表面感应电荷分布可由边界条件 $\rho_S=D_n=\varepsilon_0E_z|_{z=0}$ 决定，即

$$\rho_S=\varepsilon_0E_z|_{z=0}=-\frac{qh}{2\pi(x^2+y^2+h^2)^{3/2}}$$

$$=-\frac{qh}{2\pi(\rho^2+h^2)^{3/2}} \tag{5.8}$$

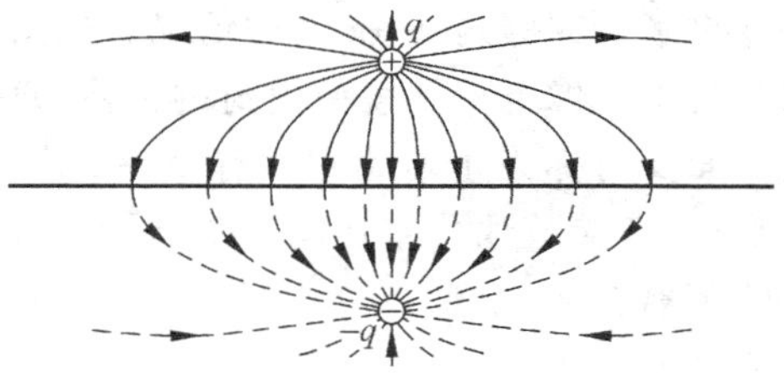

图 5.2　导体平面上方的点电荷及其镜像的电场分布

式中，$\rho^2=x^2+y^2$。由式(5.8)可以看出，导体表面上感应电荷分布是不均匀的。

在柱面坐标系中，$dS_z=\rho d\rho d\phi$，则导体表面总的感应电荷为

$$q_i=\int\rho_S dS_z=-\frac{qh}{2\pi}\int_0^{2\pi}d\phi\int_0^{\infty}\frac{\rho}{(\rho^2+h^2)^{3/2}}d\rho$$

$$=-qh\int_0^{\infty}\frac{\rho}{(\rho^2+h^2)^{3/2}}d\rho=\left.\frac{qh}{\sqrt{\rho^2+h^2}}\right|_0^{\infty}=-q$$

可见，导体平面上的总感应电荷恰好与所设置的镜像电荷相等。接地导体平面好像一面镜子，电荷 $-q$ 就是原电荷 q 的镜像，故称之为镜像电荷。

若在无限大接地导体平面附近有多个点电荷存在，则可给出每个点电荷对应的镜像电荷的位置和大小，空间电场将是所有点电荷及其镜像电荷产生的电场的叠加。

当一点电荷置于两平行导电平面之中时，其镜像电荷数趋于无穷。然而，对于两相交平面，只要两平面的夹角为360°的约数，则镜像电荷数是有限的。满足上述要求的两导体面所夹的角称为劈角。若两平面的劈角为 θ，而 $180°/\theta=n$（n 为整数）时，镜像电荷数为 $N=2n-1$。对于平面边界，镜像电荷位于与实际电荷关于边界对称的位置上，且两者大小相等、符号相反。图 5.3 所示为自由空间垂直放置的两个无限大导电接地平面组成的直角壁的电荷及其镜像电荷。

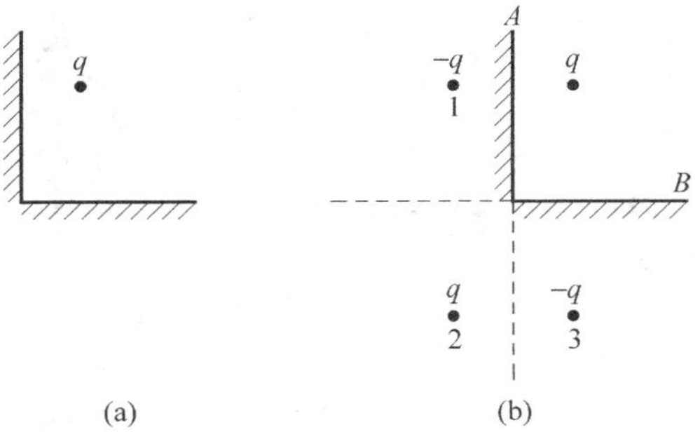

图 5.3　两垂直平面间的点电荷及其镜像

如图 5.3 所示，劈角 $\theta=\pi/2$。为使 A 面为零电位，可在位置 1 处放置镜像电荷 $-q$，从而与电荷 q 对 A 面形成反对称。同理，要使 B 面为零电位，应在位置 3 处放置镜像电荷 $-q$

以便对 B 面与电荷 q 反对称。此外，还需在位置 2 处设置镜像电荷 q 以求对 B 面与位置 1 处镜像电荷 $-q$ 形成反对称。此镜像电荷 q 正好与位置 3 处已有的镜像电荷 $-q$ 对 A 面反对称。因此，A 面此时仍能保持为零电位。这样，共引入 $N=3$ 个镜像电荷。

再来研究劈角 $\theta=\pi/3$ 的情况。如图 5.4 所示，为保证 A 面和 B 面均为零电位，此时可依次找出镜像电荷及镜像电荷的镜像，直到最后的镜像电荷与已有的镜像电荷又形成对零电位面反对称为止。此时共有 $N=5$ 个镜像电荷，大小和位置如图 5.4 所示。所有镜像电荷都正、负交替地分布在同一个圆周上，该圆的圆心位于劈角域的顶点，半径为点电荷到顶点的距离。

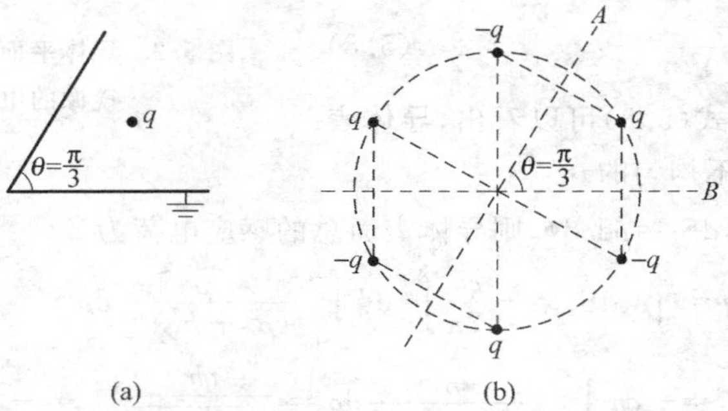

图 5.4　劈角 $\theta=\pi/3$ 的点电荷及其镜像

无限大平面可看成是 $\theta=180°$，即 $n=1$ 的特殊情况，此时有 $N=2-1=1$ 个镜像电荷。这种处理方法有一限制条件，即 n 必须为整数，否则将出现镜像电荷无限多的情况，甚至镜像还会进入 θ 角区域内，因而不能再使用镜像法求解。

5.3.2　导体球附近点电荷的电场

对于曲面边界情形，镜像电荷的量值与原电荷量值不一定相等，且其位置一般也不与实际电荷关于边界对称。

第 5 章第 2 讲

例 5.2　如图 5.5(a)所示，一个半径为 a 的接地导体球，一点电荷 q 位于距球心 d 处。求球外任一点的电位和感应电荷面密度。

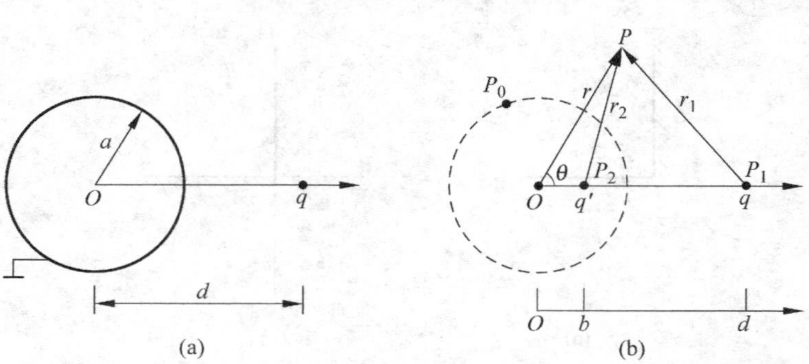

图 5.5　点电荷与接地导体球

解：当点电荷 q 置于导体球附近时，导体球表面感应出极性相反的面电荷，球外任意一点的电位应由点电荷 q 和感应电荷共同产生。

用一个镜像电荷 q' 等效球面上的感应电荷，为了不改变导体球外的电荷分布，镜像电荷 q' 应在导体球内，从对称性考虑，镜像电荷 q' 应置于球心与电荷 q 所在点的连线上。

取球面坐标系 (r,θ,ϕ)，坐标原点在导体球心处。设 q 在 $P_1(d,0,0)$ 处，q' 在 $P_2(b,0,0)$ 处，其中 $b<a$。则球外任一点 $P(r,\theta,\phi)$ 的电位是点电荷 q 产生的电位与镜像电荷 q' 产生的电位之和，即

$$\varphi = \frac{q}{4\pi\varepsilon_0 r_1} + \frac{q'}{4\pi\varepsilon_0 r_2} = \frac{1}{4\pi\varepsilon_0}\left(\frac{q}{\sqrt{r^2+d^2-2rd\cos\theta}} + \frac{q'}{\sqrt{r^2+b^2-2rb\cos\theta}}\right) \tag{5.9}$$

式中，q' 和 b 是待求量。导体球面上任意一点 $P_0(a,\theta,\phi)$ 的电位为零，即

$$\varphi_0 = \frac{1}{4\pi\varepsilon_0}\left[\frac{q}{\sqrt{a^2+d^2-2ad\cos\theta}} + \frac{q'}{\sqrt{a^2+b^2-2ab\cos\theta}}\right] = 0$$

则

$$q'^2(a^2+d^2-2ad\cos\theta) = q^2(a^2+b^2-2ab\cos\theta)$$

显然，上式对任意的 θ 值都应成立，即该式为关于 θ 的恒等式。由等式两边 $\cos\theta$ 相应项的系数分别相等，得

$$q'^2(a^2+d^2) = q^2(a^2+b^2)$$
$$q'^2 d = q^2 b$$

解之，且考虑到 $b<a$，得

$$\begin{cases} q' = -\dfrac{a}{d}q \\ b = \dfrac{a^2}{d} \end{cases} \tag{5.10}$$

式(5.10)确定了镜像点电荷的大小和位置，则球外 $P(r,\theta,\phi)$ 点的电位为

$$\varphi = \frac{q}{4\pi\varepsilon_0}\left(\frac{1}{r_1} - \frac{a}{r_2 d}\right) = \frac{q}{4\pi\varepsilon_0}\left[\frac{1}{\sqrt{r^2+d^2-2rd\cos\theta}} - \frac{a}{\sqrt{r^2d^2+a^4-2rda^2\cos\theta}}\right] \tag{5.11}$$

电场为 $\boldsymbol{E} = -\nabla\varphi$，即

$$\boldsymbol{E} = \frac{q}{4\pi\varepsilon_0}\left[\left(\frac{r-d\cos\theta}{r_1^3} - \frac{dar-a^3\cos\theta}{d^2r_2^3}\right)\boldsymbol{e}_r + \left(\frac{d}{r_1^3} - \frac{a^3}{d^2r_2^3}\right)\sin\theta\boldsymbol{e}_\theta\right]$$

由于在 $r=a$ 的球面上有 $r_2 = \dfrac{a}{d}r_1$，所以球面上 $E_\theta = 0$，且

$$E_r = E_n = -\frac{q}{4\pi\varepsilon_0}\cdot\frac{d^2-a^2}{a(a^2+d^2-2ad\cos\theta)^{3/2}}$$

由边界条件 $\rho_S = D_n = \varepsilon_0 E_n$ 可以求出球面上感应电荷面密度为

$$\rho_S = \varepsilon_0 E_n = \varepsilon_0 E_r = -\frac{q}{4\pi}\cdot\frac{d^2-a^2}{a(a^2+d^2-2ad\cos\theta)^{3/2}}$$

球面坐标系中球面上的面微分元为 $\mathrm{d}\boldsymbol{S}_r = r^2\sin\theta\mathrm{d}\theta\mathrm{d}\phi\boldsymbol{e}_r$，则球面上感应电荷的总量为

$$\begin{aligned} q_i &= \oint_S \rho_S \mathrm{d}S = -\frac{q(d^2-a^2)}{4\pi a}\int_0^{2\pi}\int_0^{\pi}\frac{1}{(a^2+d^2-2ad\cos\theta)^{3/2}}a^2\sin\theta\mathrm{d}\theta\mathrm{d}\phi \\ &= -\frac{qa(d^2-a^2)}{2}\int_{-1}^{1}\frac{1}{(a^2+d^2-2ad\cos\theta)^{3/2}}\mathrm{d}(\cos\theta) \\ &= -\frac{qa(d^2-a^2)}{2}\cdot\frac{2}{d(d^2-a^2)} = -\frac{a}{d}q = q' \end{aligned}$$

可见,感应电荷的总量与镜像电荷 q' 相等。

如果导体球不接地且不带电,则其电位不为零,是一个常数;球面上感应电荷的总和为零。为满足导体表面感应电荷总和为零的边界条件,除在 P_2 位置上放一个镜像电荷 q' 外,还需要增加一个镜像电荷 $q''=-q'$。为了保证球面为等位面,q'' 必须置于球心,如图 5.6 所示。此时,导体球外 P 点的电位应是这 3 个点电荷所产生电位的总和,即

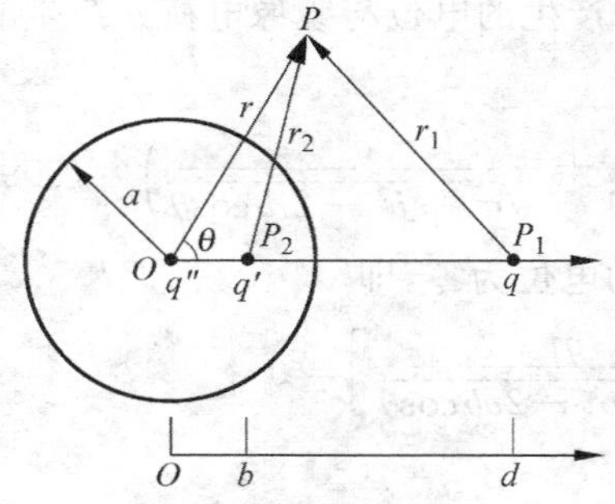

图 5.6 点电荷与不接地导体球

$$\varphi=\frac{q}{4\pi\varepsilon_0 r_1}+\frac{q'}{4\pi\varepsilon_0 r_2}+\frac{q''}{4\pi\varepsilon_0 r}=\frac{q}{4\pi\varepsilon_0}\left(\frac{1}{r_1}-\frac{a}{r_2 d}+\frac{a}{rd}\right)$$

式中,r 为球心到 P 点的距离。这时球面的电位为

$$\varphi_0=\frac{q''}{4\pi\varepsilon_0 a}=\frac{q}{4\pi\varepsilon_0 d}$$

如果导体球不接地且带电荷 Q,类似地可得,q' 位置和大小同上,q'' 的位置也在原点,但 $q''=Q-q'$,即 $q''=Q+\frac{a}{d}q$。

例 5.3 有一接地导体球壳,内、外半径分别为 a_1 和 a_2,在球壳内、外各有一点电荷 q_1 和 q_2,与球心距离分别为 d_1 和 d_2,如图 5.7(a)所示。求球壳外、球壳中和球壳内的电位分布。

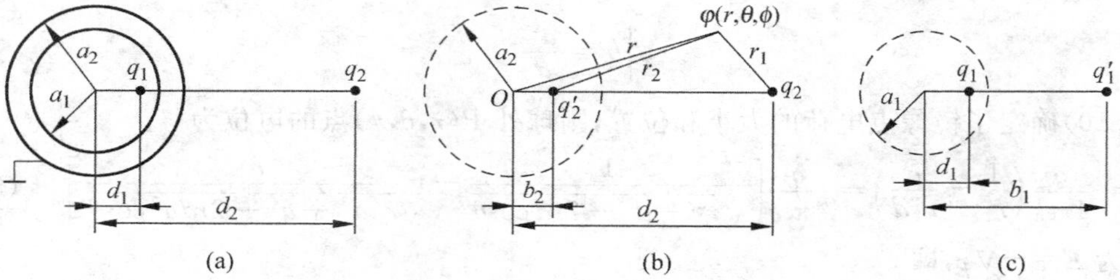

图 5.7 接地导体球壳

(a) 接地导体球壳;(b) 外球壳的镜像电荷;(c) 内球壳的镜像电荷

解:取球面坐标系,将球心与点电荷 q_1 和 q_2 所在点的连线设在 $\theta=0$ 的直线上。

(1) 取球壳外区域为待求区域(即 $r>a_2$),该区域边界为 $r=a_2$ 的导体球面,且边界条件为 $\varphi(a_2,\theta,\phi)=0$,如图 5.7 (b)所示。根据球面镜像原理,由式(5.10)和式(5.11)可得,镜像电荷 q_2' 的位置和大小分别为

$$b_2=\frac{a_2^2}{d_2},\quad q_2'=-\frac{a_2}{d_2}q_2$$

球壳外区域任一点的电位为

$$\varphi_2=\frac{q_2}{4\pi\varepsilon_0}\left(\frac{1}{r_1}-\frac{a_2}{r_2 d_2}\right)=\frac{q_2}{4\pi\varepsilon_0}\left[\frac{1}{(r^2-2d_2 r\cos\theta+d_2^2)^{1/2}}-\frac{a_2}{(d_2^2 r^2-2d_2 r a_2^2\cos\theta+a_2^4)^{1/2}}\right]$$

(2) 球壳中为导体区域,根据导体为等位体特性,球壳中的电位为零。

(3) 取球壳内为待求区域(即 $r<a_1$),该区域边界为 $r=a_1$ 的导体球面,且边界条件为 $\varphi(a_1,\theta,\phi)=0$,如图 5.7(c)所示。应用同样的方法,镜像电荷 q_1' 的位置和大小分别为

$$b_1=\frac{a_1^2}{d_1},\quad q_1'=-\frac{a_1}{d_1}q_1$$

也可以写为

$$d_1=\frac{a_1^2}{b_1},\quad q_1=-\frac{a_1}{b_1}q_1'$$

则球壳内区域任一点的电位为

$$\varphi_1=\frac{q_1}{4\pi\varepsilon_0}\left[\frac{1}{(r^2-2d_1r\cos\theta+d_1^2)^{1/2}}-\frac{a_1}{(d_1^2r^2-2d_1ra_1^2\cos\theta+a_1^4)^{1/2}}\right]$$

5.3.3　导体平面与平行线电荷的电场

例 5.4　线密度为 ρ_l 的无限长线电荷平行置于接地无限大导体平面前，两者相距 d，如图 5.8(a)所示。求电位及等位面方程。

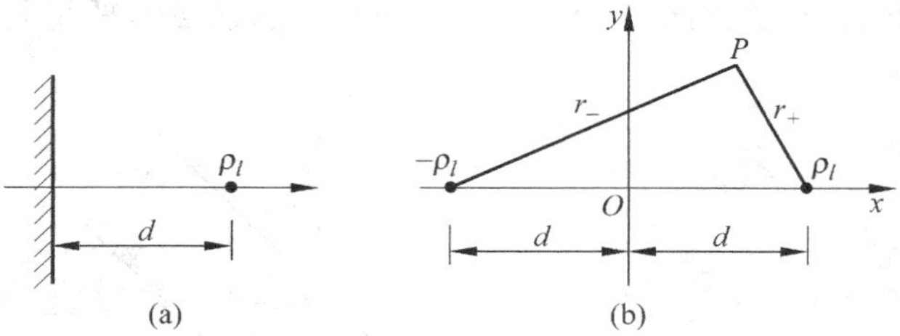

图 5.8　导体平面附近放置线电荷

解：仿照点电荷的平面镜像法，可知线电荷的镜像电荷为 $-\rho_l$，位于原电荷的对应点。取图 5.8(b)所示的坐标系，以原点为电位参考点，由例 2.13 的结论得到线电荷 ρ_l 电位为

$$\varphi_+=\frac{\rho_l}{2\pi\varepsilon_0}\ln\frac{r_0}{r_+}\tag{5.12}$$

同理，得镜像电荷 $-\rho_l$ 的电位为

$$\varphi_-=-\frac{\rho_l}{2\pi\varepsilon_0}\ln\frac{r_0}{r_-}\tag{5.13}$$

则任一点 $P(x,y)$ 的总电位为

$$\varphi=\varphi_++\varphi_-=\frac{\rho_l}{2\pi\varepsilon_0}\ln\frac{r_-}{r_+}$$

用直角坐标表示为

$$\varphi(x,y)=\frac{\rho_l}{4\pi\varepsilon_0}\ln\frac{(x+d)^2+y^2}{(x-d)^2+y^2}\tag{5.14}$$

上式表示图 5.8(b)中两平行线电荷的电位，其右半空间($x>0$)就是图 5.8(a)的电位。

下面讨论式(5.14)所示电位在 xOy 平面的等位线方程

$$\frac{(x+d)^2+y^2}{(x-d)^2+y^2}=m^2\tag{5.15}$$

式中，m 为常数(写成平方仅是为了方便)。上式可化成

$$\left(x-\frac{m^2+1}{m^2-1}d\right)^2+y^2=\left(\frac{2md}{m^2-1}\right)^2\tag{5.16}$$

这个方程表示一簇圆，圆心在(x_0, y_0)，半径是R_0，其中

$$R_0 = \frac{2md}{|m^2-1|}, \quad x_0 = \frac{m^2+1}{m^2-1}d, \quad y_0 = 0 \tag{5.17}$$

每一个给定的$m(m>0)$值，对应一个等位圆，此圆的电位为

$$\varphi = \frac{\rho_l}{2\pi\varepsilon_0}\ln m \tag{5.18}$$

当$m>1$时电位为正，对应右半空间$(x>0)$的等位圆，如图5.9所示。

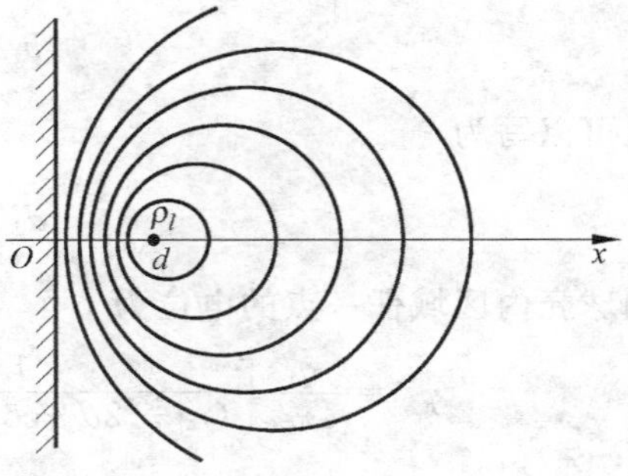

图5.9 导体平面附近放置线电荷的等位圆

例5.5 线电荷密度为$\rho_l=30\times10^{-9}$C/m的无限长直导线位于无限大导体平面$(z=0$处)的上方$z=3$m处，沿y轴方向，如图5.10(a)所示。求该导体平面上的点$P(2,5,0)$处的感应电荷密度。

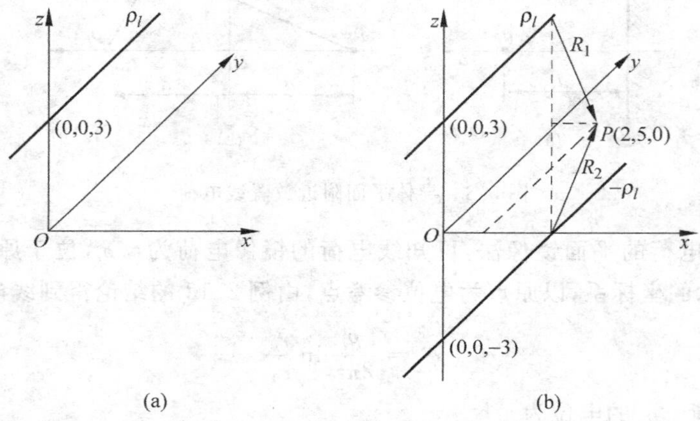

图5.10 导体平面上方的线电荷及其镜像

解：根据线电荷镜像原理，在$z=-3$m处放置线电荷密度为$\rho_l'=-30\times10^{-9}$C/m的镜像线电荷，如图5.10 (b)所示。这样，P点的电场强度为

$$\boldsymbol{E}_P = \boldsymbol{E}_1 + \boldsymbol{E}_2$$

式中，$\boldsymbol{E}_1$为线电荷密度$\rho_l=30\times10^{-9}$C/m的无限长直导线在P点的电场强度；$\boldsymbol{E}_2$为线电荷密度$\rho_l'=-30\times10^{-9}$C/m的镜像线电荷在P点的电场强度。

设R_1和R_2分别为P点到长直导线及其镜像的垂直距离，由例2.4的结论，可得

$$\boldsymbol{E}_1 = \frac{\rho_l}{2\pi\varepsilon_0 R_1}\boldsymbol{e}_{R_1} = \frac{30\times10^{-9}}{2\pi\varepsilon_0\sqrt{2^2+3^2}}\left(\frac{2}{\sqrt{2^2+3^2}}\boldsymbol{e}_x - \frac{3}{\sqrt{2^2+3^2}}\boldsymbol{e}_z\right)$$

$$= \frac{30\times10^{-9}}{2\pi\varepsilon_0\times13}(2\boldsymbol{e}_x - 3\boldsymbol{e}_z)$$

$$\boldsymbol{E}_2 = \frac{\rho_l'}{2\pi\varepsilon_0 R_2}\boldsymbol{e}_{R_2} = \frac{-30\times10^{-9}}{2\pi\varepsilon_0\sqrt{2^2+3^2}}\left(\frac{2}{\sqrt{2^2+3^2}}\boldsymbol{e}_x + \frac{3}{\sqrt{2^2+3^2}}\boldsymbol{e}_z\right)$$

$$= \frac{30\times10^{-9}}{2\pi\varepsilon_0\times13}(-2\boldsymbol{e}_x - 3\boldsymbol{e}_z)$$

则 P 点的电场强度为

$$\boldsymbol{E}_P=\boldsymbol{E}_1+\boldsymbol{E}_2=-\frac{30\times10^{-9}\times6}{2\pi\varepsilon_0\times13}\boldsymbol{e}_z=E_P\boldsymbol{e}_z$$

根据边界条件，P 点的感应电荷面密度为

$$\rho_S=\boldsymbol{e}_n\cdot\boldsymbol{D}\big|_{(2,5,0)}=\boldsymbol{e}_z\cdot(\varepsilon_0E_P\boldsymbol{e}_z)=-\frac{180\times10^{-9}}{2\pi\times13}=-2.2\times10^{-9}\quad(\text{C/m}^2)$$

5.3.4 介质平面上方点电荷的电场

镜像法不但适合计算上述的几种导体边界的情形，也适用于如图 5.11(a)所示介质平面边界的情形，图中两种不同介质中的电场是由点电荷 q 和介质分界面上的束缚电荷产生的。

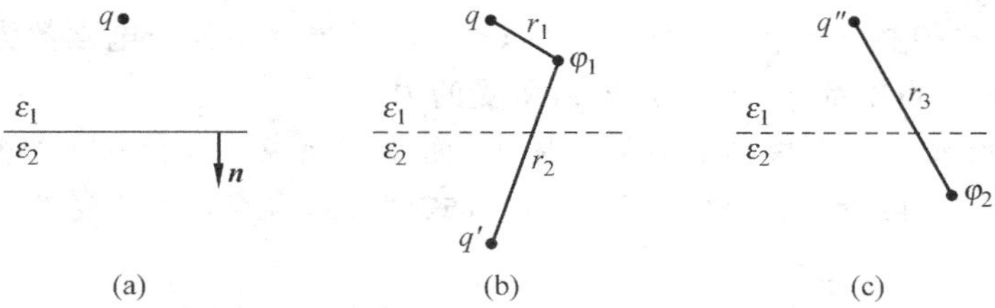

图 5.11　介质界面上方的点电荷的镜像

利用镜像法，计算介质 1 中的电位 φ_1 时，可将界面上的束缚电荷用放在点电荷镜像位置的镜像电荷 q' 来等效，如图 5.11(b)所示。计算介质 2 中的电位 φ_2 时，可将界面上的束缚电荷和点电荷用放在点电荷 q 位置的镜像电荷 q'' 来等效，如图 5.11(c)所示。如果能求出镜像电荷 q' 和等效电荷 q''，则电位为

$$\varphi_1=\frac{1}{4\pi\varepsilon_1}\left(\frac{q}{r_1}+\frac{q'}{r_2}\right)\tag{5.19}$$

$$\varphi_2=\frac{q''}{4\pi\varepsilon_2r_3}\tag{5.20}$$

式中，r_1、r_2 和 r_3 分别为点电荷 q、q' 和 q'' 到场点的距离。等效电荷 q' 和 q'' 的值应使两种介质中的电场在介质分界面满足边界条件，即在边界上有

$$\varphi_1=\varphi_2$$

$$\varepsilon_1\frac{\partial\varphi_1}{\partial n}=\varepsilon_2\frac{\partial\varphi_2}{\partial n}$$

将式(5.19)和式(5.20)代入边界条件，考虑到在边界上任一点 r_1、r_2 和 r_3 相等，且表示为 r，得

$$\frac{1}{4\pi\varepsilon_1}\left(\frac{q}{r}+\frac{q'}{r}\right)=\frac{q''}{4\pi\varepsilon_2r}\tag{5.21}$$

$$\frac{1}{4\pi}\left(\frac{q}{r^2}-\frac{q'}{r^2}\right)\cos\theta=\frac{q''}{4\pi r^2}\cos\theta\tag{5.22}$$

式中，θ 为分界面上的电场方向与界面法线方向的夹角(设界面法线指向介质 2 中)。以上两式可简化为

$$\frac{1}{\varepsilon_1}(q+q')=\frac{1}{\varepsilon_2}q''$$

$$q-q'=q''$$

联立求解，可得

$$q'=\frac{\varepsilon_1-\varepsilon_2}{\varepsilon_1+\varepsilon_2}q \tag{5.23}$$

$$q''=\frac{2\varepsilon_2}{\varepsilon_1+\varepsilon_2}q \tag{5.24}$$

将式(5.23)与式(5.24)代入式(5.19)与式(5.20)中，得介质中的电位为

$$\varphi_1=\frac{1}{4\pi\varepsilon_1}\left(\frac{q}{r_1}+\frac{q'}{r_2}\right)=\frac{q}{4\pi\varepsilon_1}\left(\frac{1}{r_1}+\frac{1}{r_2}\cdot\frac{\varepsilon_1-\varepsilon_2}{\varepsilon_1+\varepsilon_2}\right)$$

$$\varphi_2=\frac{q''}{4\pi\varepsilon_2 r_3}=\frac{q}{2\pi(\varepsilon_1+\varepsilon_2)r_3}$$

例 5.6 在 $z>0$ 的上半空间为空气，在 $z<0$ 的下半空间为介电常数为 ε 的介质，在空气中 $z=h$ 处有一个点电荷 q。求此点电荷所受的力。

解：点电荷受到界面上束缚电荷的作用力，而界面上束缚电荷在上半空间产生的场可通过镜像电荷计算。因 $R=2h$，将式(5.23)代入式(2.1)，得点电荷所受的力为

$$\boldsymbol{F}=\frac{qq'}{4\pi\varepsilon_0(2h)^2}\boldsymbol{e}_z=-\frac{q^2}{16\pi\varepsilon_0 h^2}\cdot\frac{\varepsilon-\varepsilon_0}{\varepsilon+\varepsilon_0}\boldsymbol{e}_z$$

由于 $\varepsilon>\varepsilon_0$，因此点电荷受到向下的吸引力。

从以上例题可以看出，采用镜像法时，必须将原问题分成不同的区域求解，对各个区域使用镜像电荷代替求解区域边界上的面电荷。镜像电荷应放在待求区域以外。总之，镜像法是一种有效方法，这一方法的关键是找出镜像电荷的大小和位置。

5.4 分离变量法

分离变量法是求解边值问题的一种常用方法，此法可以分两步进行：

第一步，根据给定的边界形状选择适当的坐标系，并在此坐标系下将待求的电位函数表示成 3 个一元函数乘积的形式，每个函数仅是一个坐标变量的函数，将其代入电位的偏微分方程，就可通过分离变量将偏微分方程的求解化成 3 个常微分方程的求解。

第二步，根据给定的边界条件确定常微分方程解的形式、分离常数及通解中的待定系数，以求得给定问题的唯一解。

本节将分别介绍在直角坐标系、圆柱坐标系和球坐标系中解拉普拉斯方程的分离变量法。

分离变量法要求给定的边界与坐标系的坐标面相合或平行，或者至少分段地与坐标面相合或平行。这样，偏微分方程的解才可表示为坐标系中 3 个函数的乘积，其中每个函数分别仅是一个坐标的函数。

5.4.1 直角坐标系中的分离变量法

当边界面形状适合选用直角坐标系时，可在直角坐标系中求解电位的拉普拉斯方程。在直角坐标系中，电位的拉普拉斯方程为

$$\frac{\partial^2\varphi}{\partial x^2}+\frac{\partial^2\varphi}{\partial y^2}+\frac{\partial^2\varphi}{\partial z^2}=0 \tag{5.25}$$

设 φ 可以表示为 3 个函数的乘积,即

$$\varphi(x,y,z)=X(x)Y(y)Z(z) \tag{5.26}$$

式中,X 只是 x 的函数;Y 只是 y 的函数;Z 只是 z 的函数。将式(5.26)代入式(5.25),得

$$YZ\frac{\mathrm{d}^2X}{\mathrm{d}x^2}+XZ\frac{\mathrm{d}^2Y}{\mathrm{d}y^2}+XY\frac{\mathrm{d}^2Z}{\mathrm{d}z^2}=0$$

然后用 XYZ 去除上式,得

$$\frac{X''}{X}+\frac{Y''}{Y}+\frac{Z''}{Z}=0 \tag{5.27}$$

要使式(5.27)对任一组(x,y,z)成立,这 3 项必须分别为常数,即

$$\frac{X''}{X}=\alpha^2 \tag{5.28}$$

$$\frac{Y''}{Y}=\beta^2 \tag{5.29}$$

$$\frac{Z''}{Z}=\gamma^2 \tag{5.30}$$

这样就将偏微分方程化为 3 个常微分方程。α、β、γ 是分离常数,且都是待定常数,与边界条件有关。它们可以是实数,也可以是虚数。由方程式(5.27),应有

$$\alpha^2+\beta^2+\gamma^2=0 \tag{5.31}$$

以上 3 个常微分方程即式(5.28)、式(5.29)和式(5.30)解的形式,与边界条件有关。

这里以式(5.28)为例说明 $X(x)$与 α 的关系,$Y(y)$与 $Z(z)$的情况与此类似。当 $\alpha^2=0$ 时,则

$$X(x)=a_0x+b_0 \tag{5.32}$$

当 $\alpha^2<0$ 时,令 $\alpha=\mathrm{j}k_x$(k_x 为正实数),则

$$X(x)=a_1\sin k_xx+a_2\cos k_xx,\quad X(x)=b_1\mathrm{e}^{-\mathrm{j}k_xx}+b_2\mathrm{e}^{\mathrm{j}k_xx} \tag{5.33}$$

当 $\alpha^2>0$ 时,令 $\alpha=k_x$,则

$$X(x)=c_1\sinh k_xx+c_2\cosh k_xx,\quad X(x)=d_1\mathrm{e}^{-k_xx}+d_2\mathrm{e}^{k_xx} \tag{5.34}$$

以上各式中的 a、b、c 和 d 称为积分常数,也由边界条件决定。

在用分离变量法求解静态场的边值问题时,常需要根据边界条件来确定分离常数是实数、虚数或零。

若在某一个方向(如 x 方向)的边界条件是周期的,则该坐标的分离常数必是虚数,其解要选三角函数。

若在某一个方向的边界条件是非周期的,则该坐标的分离常数必是实数,其解要选双曲函数或指数函数,在有限区域选双曲函数,无限区域选指数衰减函数。

若位函数与某一坐标无关,则沿该方向的分离常数为零,其解为常数。

由上求出了拉普拉斯方程的特解形式 $\varphi=X(x)Y(y)Z(z)$,然后再将所有可能的特解叠加起来并使其满足边界条件,即可确定该边值问题的真解。

例 5.7　横截面如图 5.12 所示的导体长槽,上方有一块与槽相互绝缘的导体盖板,截面尺寸为 $a\times b$,槽体的电位为零,盖板的电位为 U_0。求此区域内的电位。

第 5 章第 3 讲

解:本题的电位与 z 无关,只是 x、y 的函数,即

$$\varphi=\varphi(x,y)$$

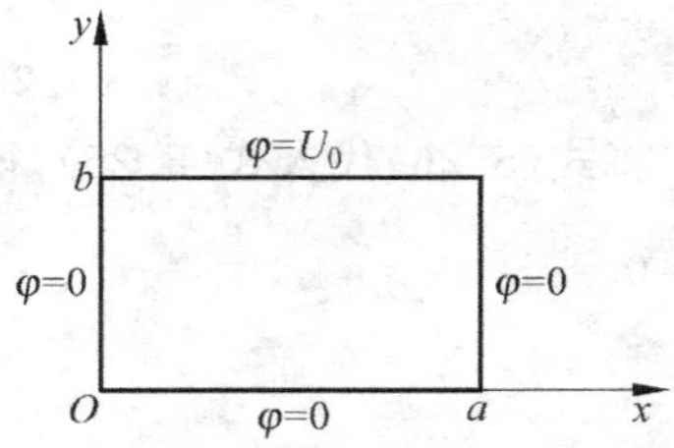

图 5.12 矩形导体截面

在区域 $0<x<a$、$0<y<b$ 内,有

$$\nabla^2\varphi = 0 \tag{5.35}$$

边界条件为

① $x=0$, $\varphi(0,y)=0$

② $x=a$, $\varphi(a,y)=0$

③ $y=0$, $\varphi(x,0)=0$

④ $y=b$, $\varphi(x,b)=U_0$

设式(5.35)的解为

$$\varphi(x,y) = X(x)Y(y)$$

则 $X(x)$、$Y(y)$由式(5.28)和式(5.29)确定,且 $\alpha^2+\beta^2=0$。

由边界条件决定分离常数 α,即决定解 $X(x)$的形式。边界条件①和②要求电位在 $x=0$、$x=a$ 处为零,从式(5.33)和式(5.34)可见,$X(x)$的合理形式为三角函数形式,即 $\alpha^2<0$。令 $\alpha=\mathrm{j}k_x$(k_x 为正实数),则

$$X(x) = a_1\sin k_x x + a_2\cos k_x x$$

将边界条件①代入上式,得

$$a_2 = 0$$

再将边界条件②代入,有 $\sin k_x a=0$,即

$$k_x a = n\pi \quad 或 \quad k_x = \frac{n\pi}{a} \quad (n=1,2,3,\cdots)$$

这样得到

$$X(x) = a_1\sin\frac{n\pi}{a}x$$

由于 $\alpha^2+\beta^2=0$,$\beta=\sqrt{-(\mathrm{j}k_x)^2}=k_x$,所以 $Y(y)$为指数函数或双曲函数形式,即

$$Y(y) = c_1\sinh k_x y + c_2\cosh k_x y$$

考虑到边界条件③有

$$c_2 = 0$$

则

$$Y(y) = c_1\sinh\frac{n\pi}{a}y$$

这样就得到基本乘积解 $X(x)Y(y)$,记作

$$\varphi_n = X_n(x)Y_n(y) = C_n\sin\frac{n\pi}{a}x\sinh\frac{n\pi}{a}y \tag{5.36}$$

上式满足拉普拉斯方程式(5.35)和边界条件①、②、③。其中 C_n 是待定常数($C_n=a_1c_1$)。

为了满足边界条件④,取不同的 n 值对应的 φ_n 并叠加,即

$$\varphi(x,y) = \sum_{n=1}^{\infty}\varphi_n = \sum_{n=1}^{\infty}C_n\sin\frac{n\pi}{a}x\sinh\frac{n\pi}{a}y \tag{5.37}$$

由边界条件④,有 $\varphi(x,b)=U_0$,即

$$U_0 = \sum_{n=1}^{\infty}C_n\sinh\frac{n\pi b}{a}\sin\frac{n\pi}{a}x = \sum_{n=1}^{\infty}B_n\sin\frac{n\pi}{a}x \tag{5.38}$$

式中

$$B_n = C_n \sinh \frac{n\pi b}{a}$$

将式(5.38)左右两边同乘以 $\sin \frac{m\pi}{a}x$，并在区间(0,a)积分，有

$$\int_0^a U_0 \sin \frac{m\pi}{a}x\,dx = \sum_{n=1}^{\infty} \int_0^a B_n \sin \frac{n\pi}{a}x \sin \frac{m\pi}{a}x\,dx \tag{5.39}$$

使用三角函数的正交归一性，得

$$\int_0^a \sin \frac{n\pi}{a}x \sin \frac{m\pi}{a}x\,dx = \begin{cases} \frac{a}{2} & (n = m) \\ 0 & (n \neq m) \end{cases}$$

在式(5.39)中只有 $n=m$ 项存在，其他项都为零，即

$$\int_0^a U_0 \sin \frac{n\pi}{a}x\,dx = \int_0^a B_n \sin^2 \frac{n\pi}{a}x\,dx = \frac{B_n a}{2}$$

因而

$$B_n = \frac{2U_0}{a}\int_0^a \sin \frac{n\pi}{a}x\,dx = \frac{2U_0}{n\pi}(1-\cos n\pi)$$

$$B_n = \begin{cases} 0, & n = 2,4,6,\cdots \\ \frac{4U_0}{n\pi}, & n = 1,3,5,\cdots \end{cases} \tag{5.40}$$

所以，当 $n=1,3,5,\cdots$ 时，有

$$C_n = \frac{4U_0}{n\pi \sinh \frac{n\pi b}{a}}$$

当 $n=2,4,6,\cdots$ 时，有

$$C_n = 0$$

这样得到待求区域的电位为

$$\varphi(x,y) = \frac{4U_0}{\pi}\sum_{n=1,3,5,\cdots}^{\infty} \frac{1}{n\sinh \frac{n\pi b}{a}} \sin \frac{n\pi}{a}x \sinh \frac{n\pi}{a}y \tag{5.41}$$

例 5.8 如图 5.13 所示，一个长方形导体盒，各边尺寸分别是 a、b、c，其四周和底部为零电位，顶部与其他周界相互绝缘，电位函数是 $U(x,y)$。试求导体盒内部的电位函数。

解：由题意，已知整个边界上的位函数，所以既是直角坐标中的狄里赫利问题，又是一个求解三维场的问题，即求 $\varphi(x,y,z)$。

(1) 设 φ 可以表示为 3 个函数的乘积，即

$$\varphi(x,y,z) = X(x)Y(y)Z(z)$$

三维拉普拉斯方程可表示为

$$\frac{X''}{X} + \frac{Y''}{Y} + \frac{Z''}{Z} = 0$$

这 3 项分别为常数 α^2、β^2、γ^2，则 $\alpha^2+\beta^2+\gamma^2=0$，令 $\alpha^2=-k_x^2$，$\beta^2=-k_y^2$，$\gamma^2=-k_z^2$，即

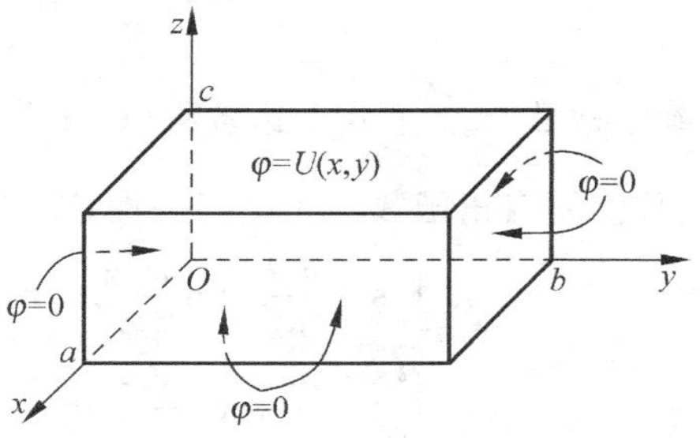

图 5.13 长方形导体盒边界的电位

$$k_x^2 + k_y^2 + k_z^2 = 0$$

(2) 边界条件如下：

$$①\ \varphi(0,y,z)=0$$
$$②\ \varphi(a,y,z)=0$$
$$③\ \varphi(x,0,z)=0$$
$$④\ \varphi(x,b,z)=0$$
$$⑤\ \varphi(x,y,0)=0$$
$$⑥\ \varphi(x,y,c)=U(x,y)$$

(3) 根据边值写出电位函数的表示式。为满足 $x=0$、a，$y=0$、b 的边值，x 及 y 向必须选择正弦或余弦形式，α、β 为虚数，即 k_x、k_y 为实数，则 γ 必为实数，即 k_z 为虚数，故得

$$\varphi(x,y,z)=\sum(A\cos k_x x+B\sin k_x x)(C\cos k_y y+D\sin k_y y)(F\cosh|k_z|z+G\sinh|k_z|z)$$

(4) 由边界条件确定常数：

① 由 $\varphi(0,y,z)=0$，得 $A=0$；由 $\varphi(a,y,z)=0$，得 $k_x=\dfrac{m\pi}{a}(m=1,2,3,\cdots)$

② 由 $\varphi(x,0,z)=0$，得 $C=0$；由 $\varphi(x,b,z)=0$，得 $k_y=\dfrac{n\pi}{b}(n=1,2,3,\cdots)$

则

$$|k_z|=\left|\sqrt{-(k_x^2+k_y^2)}\right|=\left|\sqrt{-\left[\left(\frac{m\pi}{a}\right)^2+\left(\frac{n\pi}{b}\right)^2\right]}\right|=\sqrt{\left(\frac{m\pi}{a}\right)^2+\left(\frac{n\pi}{b}\right)^2}$$

③ 由 $\varphi(x,y,0)=0$，得 $F=0$。由上述计算，电位的解可表示为

$$\varphi(x,y,z)=\sum_{m=1}^{\infty}\sum_{n=1}^{\infty}B_mD_nG\sin\frac{m\pi}{a}x\sin\frac{n\pi}{b}y\sinh\left[\sqrt{\left(\frac{m\pi}{a}\right)^2+\left(\frac{n\pi}{b}\right)^2}\right]z$$

④由 $\varphi(x,y,c)=U(x,y)$，得

$$U(x,y)=\sum_{m=1}^{\infty}\sum_{n=1}^{\infty}B_mD_nG\sinh\left[\sqrt{\left(\frac{m\pi}{a}\right)^2+\left(\frac{n\pi}{b}\right)^2}\right]c\sin\frac{m\pi}{a}x\sin\frac{n\pi}{b}y$$

令

$$C_{mn}=B_mD_nG\sinh\left[\sqrt{\left(\frac{m\pi}{a}\right)^2+\left(\frac{n\pi}{b}\right)^2}\right]c$$

则

$$U(x,y)=\sum_{m=1}^{\infty}\sum_{n=1}^{\infty}C_{mn}\sin\frac{m\pi}{a}x\sin\frac{n\pi}{b}y$$

为确定常数 C_{mn}，上式两边各乘以 $\sin\dfrac{m'\pi}{a}x\sin\dfrac{n'\pi}{b}y$，并从 0 到 a 对 x 积分，从 0 到 b 对 y 积分，且使用三角函数的正交归一性，即

$$\int_0^a\sin\frac{m\pi}{a}x\sin\frac{m'\pi}{a}x\,\mathrm{d}x=0\quad(m\neq m')$$

$$\int_0^b\sin\frac{n\pi}{b}y\sin\frac{n'\pi}{b}y\,\mathrm{d}y=0\quad(n\neq n')$$

$$\int_0^a\sin\frac{m\pi}{a}x\sin\frac{m'\pi}{a}x\,\mathrm{d}x=\int_0^a\sin^2\frac{m'\pi}{a}x\,\mathrm{d}x=\frac{a}{2}\quad(m=m')$$

$$\int_0^b\sin\frac{n\pi}{b}y\sin\frac{n'\pi}{b}y\,\mathrm{d}y=\int_0^b\sin^2\frac{n'\pi}{b}y\,\mathrm{d}y=\frac{b}{2}\quad(n=n')$$

使得 $m\neq m'$，$n\neq n'$ 的项积分都等于零，所以

$$
\begin{aligned}
&\int_0^a\int_0^b U(x,y)\sin\frac{m'\pi}{a}x\sin\frac{n'\pi}{b}y\,\mathrm{d}x\mathrm{d}y \\
&=\sum_{m=1}^{\infty}\sum_{n=1}^{\infty}\int_0^a\int_0^b C_{mn}\sin\frac{m\pi}{a}x\sin\frac{m'\pi}{a}x\sin\frac{n\pi}{b}y\sin\frac{n'\pi}{b}y\,\mathrm{d}x\mathrm{d}y \\
&=\int_0^a\int_0^b C_{m'n'}\sin^2\frac{m'\pi}{a}x\sin^2\frac{n'\pi}{b}y\,\mathrm{d}x\mathrm{d}y = C_{m'n'}\left(\int_0^a\sin^2\frac{m'\pi}{a}x\,\mathrm{d}x\right)\left(\int_0^b\sin^2\frac{n'\pi}{b}y\,\mathrm{d}y\right) \\
&=\frac{ab}{4}C_{m'n'}
\end{aligned}
$$

由于 m'、n' 取值为任意正整数，不失一般性可将 m'、n' 写为 m、n，得

$$
C_{mn}=\frac{4}{ab}\int_0^a\int_0^b U(x,y)\sin\frac{m\pi}{a}x\sin\frac{n\pi}{b}y\,\mathrm{d}x\mathrm{d}y
$$

则导体盒内部的电位函数为

$$
\varphi(x,y,z)=\sum_{m=1}^{\infty}\sum_{n=1}^{\infty}\frac{C_{mn}}{\sinh\left[\sqrt{\left(\frac{m\pi}{a}\right)^2+\left(\frac{n\pi}{b}\right)^2}\right]c}\sin\frac{m\pi}{a}x\sin\frac{n\pi}{b}y\sinh\left[\sqrt{\left(\frac{m\pi}{a}\right)^2+\left(\frac{n\pi}{b}\right)^2}\right]z
$$

如果

$$
U(x,y)=U_0\sin\frac{\pi}{a}x
$$

显然所有 C_{mn} 中除 $m=1$ 的项外都等于零，所以

$$
C_{1n}=\frac{4U_0}{n\pi}\quad(n=1,3,5,\cdots)
$$

导体盒内 φ 的解是

$$
\varphi(x,y,z)=\sum_{n=1,3,5,\cdots}^{\infty}\frac{4U_0}{n\pi\sinh\left[\sqrt{\left(\frac{\pi}{a}\right)^2+\left(\frac{n\pi}{b}\right)^2}\right]c}\sin\frac{\pi}{a}x\sin\frac{n\pi}{b}y\sinh\left[\sqrt{\left(\frac{\pi}{a}\right)^2+\left(\frac{n\pi}{b}\right)^2}\right]z
$$

如果 $U(x,y)=U_0$，则

$$
C_{mn}=\frac{4}{ab}\int_0^a\int_0^b U_0\sin\frac{m\pi}{a}x\sin\frac{n\pi}{b}y\,\mathrm{d}x\mathrm{d}y=\frac{16U_0}{mn\pi^2}\quad(m=1,3,5,\cdots;\ n=1,3,5,\cdots)
$$

此时导体盒中 φ 的解是

$$
\begin{aligned}
\varphi(x,y,z)=&\sum_{m=1,3,\cdots}^{\infty}\ \sum_{n=1,3,\cdots}^{\infty}\frac{16U_0}{mn\pi^2\sinh\left[\sqrt{\left(\frac{m\pi}{a}\right)^2+\left(\frac{n\pi}{b}\right)^2}\right]c} \\
&\cdot\sin\frac{m\pi}{a}x\sin\frac{n\pi}{b}y\sinh\left[\sqrt{\left(\frac{m\pi}{a}\right)^2+\left(\frac{n\pi}{b}\right)^2}\right]z
\end{aligned}
$$

从以上两例可以看出，用分离变量法解题时，用一部分边界条件确定基本解的形式（即分离常数取实数还是虚数），用剩余的一部分边界条件确定待定系数。

5.4.2　圆柱坐标系中的分离变量法

电位的拉普拉斯方程在圆柱坐标系中（为了不与电荷体密度混淆，取坐标 (r,ϕ,z)）表示为

$$\frac{1}{r}\cdot\frac{\partial}{\partial r}\left(r\frac{\partial\varphi}{\partial r}\right)+\frac{1}{r^2}\cdot\frac{\partial^2\varphi}{\partial\phi^2}+\frac{\partial^2\varphi}{\partial z^2}=0 \tag{5.42}$$

运用分离变量法解之,令

$$\varphi(r,\phi,z)=R(r)\Phi(\phi)Z(z) \tag{5.43}$$

式中,R 只是 r 的函数;Φ 只是 ϕ 的函数;Z 只是 z 的函数。

将式(5.43)代入式(5.42),有

$$\Phi Z\frac{1}{r}\cdot\frac{\partial}{\partial r}\left(r\frac{\partial R}{\partial r}\right)+RZ\frac{1}{r^2}\cdot\frac{\partial^2\Phi}{\partial\phi^2}+R\Phi\frac{\partial^2 Z}{\partial z^2}=0 \tag{5.44}$$

用$\frac{r^2}{R\Phi Z}$乘以式(5.44)两边,得

$$\frac{r}{R}\cdot\frac{\partial}{\partial r}\left(r\frac{\partial R}{\partial r}\right)+\frac{1}{\Phi}\cdot\frac{\partial^2\Phi}{\partial\phi^2}+\frac{r^2}{Z}\cdot\frac{\partial^2 Z}{\partial z^2}=0 \tag{5.45}$$

式中,第二项只是 ϕ 的函数。因第一、三项均与 ϕ 无关,将式(5.45)对 ϕ 求一次微分,得

$$\frac{\partial}{\partial\phi}\left(\frac{1}{\Phi}\cdot\frac{\mathrm{d}^2\Phi}{\mathrm{d}\phi^2}\right)=0$$

则

$$\frac{1}{\Phi}\cdot\frac{\mathrm{d}^2\Phi}{\mathrm{d}\phi^2}=-v^2$$

$$\frac{\mathrm{d}^2\Phi}{\mathrm{d}\phi^2}+v^2\Phi=0 \tag{5.46}$$

式中,v^2 为分离常数。通常,许多问题所研究的区域中,ϕ 的变化为 $0\sim 2\pi$,且 ϕ 是单值,即 $\Phi(\phi)=\Phi(\phi+2\pi)$,则 $\Phi(v\phi)=\Phi(v\phi+2v\pi)$,所以 v 必须取整数,即 $v=n(n=1,2,3,\cdots)$。

将 $-n^2$ 代入式(5.45),且用$\frac{1}{r^2}$乘以等式两边,得

$$\left[\frac{1}{rR}\cdot\frac{\mathrm{d}}{\mathrm{d}r}\left(r\frac{\mathrm{d}R}{\mathrm{d}r}\right)-\frac{n^2}{r^2}\right]+\frac{1}{Z}\cdot\frac{\mathrm{d}^2 Z}{\mathrm{d}z^2}=0 \tag{5.47}$$

式(5.47)中每一项只是一个变量的函数,要使式(5.47)成立,式中两项必须都为常数。令第一项为 k_z^2,则第二项为 $-k_z^2$,且将 $v^2=n^2$ 代入式(5.46),得

$$\frac{1}{r}\cdot\frac{\mathrm{d}}{\mathrm{d}r}\left(r\frac{\mathrm{d}R}{\mathrm{d}r}\right)-\left(\frac{n^2}{r^2}+k_z^2\right)R=0 \tag{5.48a}$$

$$\frac{\mathrm{d}^2\Phi}{\mathrm{d}\phi^2}+n^2\Phi=0 \tag{5.48b}$$

$$\frac{\mathrm{d}^2 Z}{\mathrm{d}z^2}+k_z^2 Z=0 \tag{5.48c}$$

可见,这是 3 个常微分方程。这 3 个方程的解比较复杂,下面分别讨论。

式(5.48a)是一个贝塞尔方程。当 $k_z=0,n=0$ 时,方程为

$$\frac{1}{r}\cdot\frac{\mathrm{d}}{\mathrm{d}r}\left(r\frac{\mathrm{d}R}{\mathrm{d}r}\right)=0$$

其解为

$$R_0(r)=A_0\ln r+B_0 \tag{5.49a}$$

当 $k_z=0,n\neq0$，即其解与 z 无关时，方程为

$$\frac{1}{r}\cdot\frac{\mathrm{d}}{\mathrm{d}r}\left(r\frac{\mathrm{d}R}{\mathrm{d}r}\right)-\frac{n^2}{r^2}R=0$$

这是一个欧拉方程，其解为

$$R(r)=Ar^n+Br^{-n} \tag{5.49b}$$

当 $k_z^2>0$ 时，式(5.48a)的解为

$$R(r)=AJ_n(k_zr)+BN_n(k_zr) \tag{5.49c}$$

式中，$n=1,2,3,\cdots$；$J_n(k_zr)$是第一类 n 阶贝塞尔函数；$N_n(k_zr)$是第二类 n 阶贝塞尔函数，或称诺伊曼函数。

当 $k_z^2<0$ 时，k_z 为虚数，式(5.48a)的解为

$$R(r)=AI_n(|k_z|r)+BK_n(|k_z|r) \tag{5.49d}$$

式中，$n=1,2,3,\cdots$；$I_n(k_zr)$是第一类 n 阶变型贝塞尔函数；$K_n(k_zr)$是第二类 n 阶变型贝塞尔函数。

由于 $n\geqslant0$，所以方程(5.48b)的解如下：

当 $n=0$ 时，为

$$\Phi_0(\phi)=C_0\phi+D_0 \tag{5.50a}$$

当 $n>0$ 时，为

$$\Phi(\phi)=C\cos n\phi+D\sin n\phi \tag{5.50b}$$

方程(5.48c)的解如下：

当 $k_z=0$ 时，为

$$Z_0(z)=E_0z+F_0 \tag{5.51a}$$

当 $k_z^2>0$ 时，为

$$Z(z)=E\cos k_zz+F\sin k_zz \tag{5.51b}$$

当 $k_z^2<0$ 时，k_z 为虚数，则

$$Z(z)=E\cosh|k_z|z+F\sinh|k_z|z \tag{5.51c}$$

式中，A、B、C、D、E 和 F 都是待定常数，这些常数由问题给出的边界条件和函数的正交性来确定。

根据边界条件确定 k_z 的取值，从而确定各解的形式，再将式(5.49)、式(5.50)和式(5.51)得到的基本解叠加，构成一般解(即通解)。

当电位与坐标变量 z 无关时，$k_z=0$。则二维(r,ϕ)拉普拉斯方程为

$$r\frac{\partial}{\partial r}\left(r\frac{\partial\varphi}{\partial r}\right)+\frac{\partial^2\varphi}{\partial\phi^2}=0$$

此时的通解为

$$\varphi(r,\phi)=(A_0\ln r+B_0)(C_0\phi+D_0)+\sum_{n=1}^{\infty}(Ar^n+Br^{-n})(C\cos n\phi+D\sin n\phi) \tag{5.52}$$

例 5.9　将半径为 a 的无限长导体圆柱置于真空中的均匀静电场 $\boldsymbol{E}_0$ 中，柱轴与 $\boldsymbol{E}_0$ 垂直。求任意点的电位。

解：令圆柱的轴线与 z 轴重合，$\boldsymbol{E}_0$ 的方向与 x 方向一致，如图 5.14 所示。

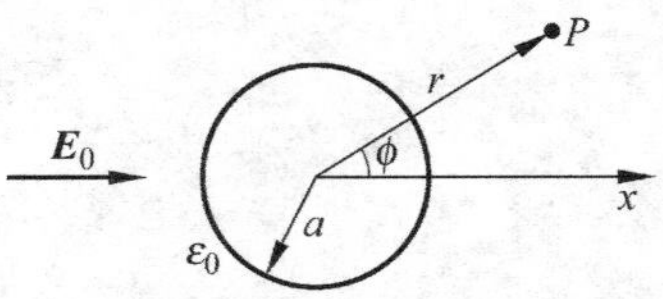

图 5.14 均匀静电场中的导体柱

由于导体柱是一个等位体，不妨令其为零，即在柱内($r<a$)时 $\varphi_1=0$，柱外电位 φ_2 满足拉普拉斯方程。φ_2 的形式就是圆柱坐标系拉普拉斯方程的通解。以下由边界条件确定待定系数。本例的边界条件是：

① $r\to\infty$，柱外电场 $\boldsymbol{E}_2\to E_0\boldsymbol{e}_x$，这样 $\varphi_2\to -E_0x$，即 $\varphi_2\to -E_0r\cos\phi$。

② $r=a$，导体柱内、外电位连续，即 $\varphi_2=0$。

除此之外，电位关于轴对称，即在通解中只取余弦项，于是有

$$\varphi_2=\sum_{n=1}^{\infty}(A_nr^n+C_nr^{-n})\cos n\phi \quad (r>a)$$

由边界条件①可知

$$A_1=-E_0,\quad A_n=0 \quad (n>1)$$

则

$$\varphi_2=-E_0r\cos\phi+\sum_{n=1}^{\infty}C_nr^{-n}\cos n\phi$$

由边界条件②，有

$$-E_0a\cos\phi+\sum_{n=1}^{\infty}C_na^{-n}\cos n\phi=0$$

因这一表达式对任意的 ϕ 成立，所以

$$C_1=E_0a^2,\quad C_n=0 \quad (n>1)$$

于是有

$$\varphi_2=E_0\left(-r+\frac{a^2}{r}\right)\cos\phi$$

例 5.10 若在电场强度为 $\boldsymbol{E}_0$ 的均匀静电场中放入一个半径为 a 的电介质圆柱，柱的轴线与电场互相垂直，介质柱的介电常数为 ε，柱外为真空，如图 5.15 所示。求柱内、外的电场。

解：设柱内电位为 φ_1，柱外电位为 φ_2，φ_1 和 φ_2 与 z 无关。取坐标原点为电位参考点，边界条件如下：

① $r\to\infty$，$\varphi_2=-E_0r\cos\phi$

② $r=0$，$\varphi_1=0$

③ $r=a$，$\varphi_1=\varphi_2$

④ $r=a$，$\varepsilon\dfrac{\partial\varphi_1}{\partial r}=\varepsilon_0\dfrac{\partial\varphi_2}{\partial r}$

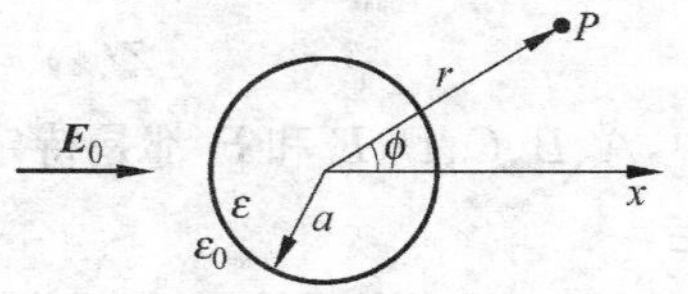

图 5.15 均匀静电场中的介质柱

于是，柱内、外电位的通解为

$$\varphi_1(r,\phi)=\sum_{n=1}^{\infty}r^n(A_n\cos n\phi+B_n\sin n\phi)+\sum_{n=1}^{\infty}r^{-n}(C_n\cos n\phi+D_n\sin n\phi)$$

$$\varphi_2(r,\phi)=\sum_{n=1}^{\infty}r^n(A'_n\cos n\phi+B'_n\sin n\phi)+\sum_{n=1}^{\infty}r^{-n}(C'_n\cos n\phi+D'_n\sin n\phi)$$

考虑本题的外加电场、极化面电荷均关于 x 轴对称，柱内、外电位的解只有余弦项，即

$$B_n=D_n=B'_n=D'_n=0 \quad (n\geqslant 1)$$

由边界条件②，有

$$C_n = 0 \quad (n \geqslant 1)$$

由边界条件①，得

$$A'_1 = -E_0, \quad A'_n = 0 \quad (n \geqslant 2)$$

于是

$$\varphi_1(r,\phi) = \sum_{n=1}^{\infty} r^n A_n \cos n\phi$$

$$\varphi_2(r,\phi) = -E_0 r\cos\phi + \sum_{n=1}^{\infty} C'_n r^{-n} \cos n\phi$$

由边界条件③和条件④，可得

$$\begin{cases} \sum_{n=1}^{\infty} A_n a^n \cos n\phi = -E_0 a\cos\phi + \sum_{n=1}^{\infty} C'_n a^{-n} \cos n\phi \\ \varepsilon \sum_{n=1}^{\infty} nA_n a^{n-1} \cos n\phi = -\varepsilon_0 E_0 \cos\phi - \varepsilon_0 \sum_{n=1}^{\infty} nC'_n a^{-n-1} \cos n\phi \end{cases}$$

解之，得

$$A_1 = -\frac{2E_0}{\varepsilon_r + 1}, \quad C'_1 = E_0 a^2 \frac{\varepsilon_r - 1}{\varepsilon_r + 1}$$

$$A_n = 0, \quad C'_n = 0 \quad (n \geqslant 2)$$

其中，$\varepsilon_r = \varepsilon/\varepsilon_0$ 是介质圆柱的相对介电常数。于是柱内、外的电位为

$$\varphi_1 = -\frac{2}{\varepsilon_r + 1} E_0 r\cos\phi$$

$$\varphi_2 = -\left(1 - \frac{\varepsilon_r - 1}{\varepsilon_r + 1} \cdot \frac{a^2}{r^2}\right) r\cos\phi$$

由此得柱内、外的电场为

$$\boldsymbol{E}_1 = \frac{2}{\varepsilon_r + 1} E_0 (\cos\phi \boldsymbol{e}_r - \sin\phi \boldsymbol{e}_\phi) = \frac{2}{\varepsilon_r + 1} E_0 \boldsymbol{e}_x$$

$$\boldsymbol{E}_2 = \left(1 + \frac{\varepsilon_r - 1}{\varepsilon_r + 1} \cdot \frac{a^2}{r^2}\right) E_0 \cos\phi \boldsymbol{e}_r + \left(-1 + \frac{\varepsilon_r - 1}{\varepsilon_r + 1} \cdot \frac{a^2}{r^2}\right) E_0 \sin\phi \boldsymbol{e}_\phi$$

即圆柱内的场是一个均匀场，且比外加均匀场小；圆柱外的场同电偶极子的场。

5.4.3 球坐标系中的分离变量法

在求解具有球面边界的边界问题时，采用球坐标系较方便，球坐标系中的拉普拉斯方程为

$$\frac{1}{r^2} \cdot \frac{\partial}{\partial r}\left(r^2 \frac{\partial \varphi}{\partial r}\right) + \frac{1}{r^2 \sin\theta} \cdot \frac{\partial}{\partial \theta}\left(\sin\theta \frac{\partial \varphi}{\partial \theta}\right) + \frac{1}{r^2 \sin^2\theta} \cdot \frac{\partial^2 \varphi}{\partial \phi^2} = 0 \tag{5.53}$$

这里只讨论轴对称场，即电位 φ 与坐标 ϕ 无关的场，此时拉普拉斯方程为

$$\frac{1}{r^2} \cdot \frac{\partial}{\partial r}\left(r^2 \frac{\partial \varphi}{\partial r}\right) + \frac{1}{r^2 \sin\theta} \cdot \frac{\partial}{\partial \theta}\left(\sin\theta \frac{\partial \varphi}{\partial \theta}\right) = 0 \tag{5.54}$$

令 $\varphi = R(r)\Theta(\theta)$，将其代入式(5.54)，并用 $r^2/(R\Theta)$ 乘该式的两边，得

$$\frac{1}{R} \cdot \frac{\mathrm{d}}{\mathrm{d}r}\left(r^2 \frac{\mathrm{d}R}{\mathrm{d}r}\right) + \frac{1}{\Theta \sin\theta} \cdot \frac{\mathrm{d}}{\mathrm{d}\theta}\left(\sin\theta \frac{\mathrm{d}\Theta}{\mathrm{d}\theta}\right) = 0 \tag{5.55}$$

式中，第一项只是 r 的函数；第二项只是 θ 的函数。若要式(5.55)对空间任意点成立，必须使每一项为常数。令第一项等于 k，于是有

$$\frac{1}{R}\cdot\frac{\mathrm{d}}{\mathrm{d}r}\left(r^2\frac{\mathrm{d}R}{\mathrm{d}r}\right)=k \tag{5.56}$$

$$\frac{1}{\Theta\sin\theta}\cdot\frac{\mathrm{d}}{\mathrm{d}\theta}\left(\sin\theta\frac{\mathrm{d}\Theta}{\mathrm{d}\theta}\right)=-k \tag{5.57}$$

将式(5.57)化为标准形式，令

$$x=\cos\theta \tag{5.58}$$

代换后式(5.57)变为

$$\frac{\mathrm{d}}{\mathrm{d}x}\left[(1-x^2)\frac{\mathrm{d}\Theta}{\mathrm{d}x}\right]+k\Theta=0 \tag{5.59}$$

方程式(5.59)称为勒让德方程，它的解具有幂级数形式，且在 $-1<x<1$ 收敛。如果选择 $k=n(n+1)$，其中 n 为正整数，则解的收敛域扩展为 $-1\leqslant x\leqslant 1$。当 $k=n(n+1)$ 时，勒让德方程的解为 n 阶勒让德多项式 $P_n(x)$。

$$P_n(x)=\frac{1}{2^n n!}\cdot\frac{\mathrm{d}^n}{\mathrm{d}x^n}[(x^2-1)^n] \tag{5.60}$$

勒让德多项式前几项为

$$\begin{cases}P_0(\cos\theta)=1\\ P_1(\cos\theta)=\cos\theta\\ P_2(\cos\theta)=\dfrac{1}{2}(3\cos^2\theta-1)\\ P_3(\cos\theta)=\dfrac{1}{2}(5\cos^3\theta-3\cos\theta)\end{cases} \tag{5.61}$$

勒让德多项式也是正交函数系，正交关系为

$$\int_{-1}^{1}P_m(x)P_n(x)\mathrm{d}x=\int_0^{\pi}P_m(\cos\theta)P_n(\cos\theta)\sin\theta\mathrm{d}\theta=\begin{cases}\dfrac{2}{2n+1}, & m=n\\ 0, & m\neq n\end{cases} \tag{5.62}$$

将 $k=n(n+1)$ 代入 $R(r)$ 的方程式(5.56)，解之得

$$R_n(r)=A_n r^n+B_n r^{-n-1} \tag{5.63}$$

式中，A_n、B_n 为待定系数。将不同的 n 值对应的基本解进行叠加，得到球坐标系中二维拉普拉斯方程的通解为

$$\varphi(r,\theta)=\sum_{n=0}^{\infty}(A_n r^n+B_n r^{-n-1})P_n(\cos\theta) \tag{5.64}$$

例 5.11 真空中半径为 a 的球面上有面密度为 $\rho_0\cos\theta$ 的表面电荷，其中 ρ_0 是常数。求任意点的电位。

解：设球内、外的电位分别为 φ_1 和 φ_2。由题意知，在无穷远处，电位为零；在球心处，电位为有限值。所以在球坐标系中取球内、外的电位为

$$\varphi_1(r,\theta)=\sum_{n=0}^{\infty}A_n r^n P_n(\cos\theta) \tag{5.65}$$

$$\varphi_2(r,\theta)=\sum_{n=0}^{\infty}B_n r^{-n-1}P_n(\cos\theta) \tag{5.66}$$

球面上的边界条件为

$$①\ r=a, \varphi_1=\varphi_2$$

$$②\ r=a, -\varepsilon_0\left(\frac{\partial\varphi_2}{\partial r}-\frac{\partial\varphi_1}{\partial r}\right)=\rho_S=\rho_0\cos\theta$$

将式(5.65)和式(5.66)代入边界条件，得

$$\sum_{n=0}^{\infty}A_n a^n P_n(\cos\theta)=\sum_{n=0}^{\infty}B_n a^{-n-1}P_n(\cos\theta) \tag{5.67}$$

$$\sum_{n=0}^{\infty}nA_n a^{n-1}P_n(\cos\theta)+\sum_{n=0}^{\infty}(n+1)B_n a^{-n-2}P_n(\cos\theta)=\frac{\rho_0\cos\theta}{\varepsilon_0} \tag{5.68}$$

比较式(5.67)两边，得

$$B_n=A_n a^{2n+1} \tag{5.69}$$

将式(5.69)代入式(5.68)，整理以后变为

$$\sum_{n=0}^{\infty}(2n+1)A_n a^{n-1}P_n(\cos\theta)=\frac{\rho_0\cos\theta}{\varepsilon_0}$$

使用勒让德多项式的唯一性，即区间[−1,1]内的函数可以唯一地用勒让德多项式展开，并考虑 $P_1(\cos\theta)=\cos\theta$，得

$$A_1=\frac{\rho_0}{3\varepsilon_0},\quad A_n=0\quad(n\neq 1)$$

则球内、外的电位分别是

$$\varphi_1=\frac{\rho_0}{3\varepsilon_0}r\cos\theta\quad(r\leqslant a)$$

$$\varphi_2=\frac{\rho_0}{3\varepsilon_0}\cdot\frac{a^3}{r^2}\cos\theta\quad(r\geqslant a)$$

5.5　复变函数法

复变函数法可用于求解复杂边界的二维边值问题，且在一般条件下，它的解具有比较简单的形式，并能方便地计算电容。

5.5.1　复电位函数

如果复变函数 $w(z)=u(x,y)+\mathrm{j}v(x,y)$ 是解析函数，则它的实部和虚部之间应满足柯希-黎曼条件，即

$$\frac{\partial u}{\partial x}=\frac{\partial v}{\partial y},\quad \frac{\partial v}{\partial x}=-\frac{\partial u}{\partial y} \tag{5.70}$$

利用柯希-黎曼条件，可以证明解析函数的实部和虚部都满足二维拉普拉斯方程，即

$$\frac{\partial^2 u}{\partial x^2}+\frac{\partial^2 u}{\partial y^2}=0 \tag{5.71}$$

$$\frac{\partial^2 v}{\partial x^2}+\frac{\partial^2 v}{\partial y^2}=0 \tag{5.72}$$

由于在无源区，二维静电场的电位满足拉普拉斯方程，可见二维静电场的电位可以用解

析函数的实部或虚部表示。

另外又知道，对解析函数 $w(z)=u(x,y)+\mathrm{j}v(x,y)$，曲线簇 $u(x,y)=C_1$ 和曲线簇 $v(x,y)=C_2$ 处处相互正交。这个性质可以用下面的公式来表示：

$$\nabla u \cdot \nabla v = 0 \tag{5.73}$$

也就是说，任意一个解析函数的实部 u 和 v 均满足二维拉普拉斯方程，并且 u 和 v 的等值线相互垂直。

二维静电场问题的等位线和电力线相互垂直。若用虚部 $v(x,y)$ 表示电位，则实部的等值线 $u(x,y)=C_1$ 就表示电通量线（亦称电力线）；同理，若用实部 $u(x,y)$ 表示电位，则虚部 $v(x,y)$ 加上一个负号表示通量函数，称 $w(z)$ 为复电位函数。

5.5.2 用复电位解二维边值问题

当取某一解析函数的虚部表示二维电场的电位时，有

$$E_x=-\frac{\partial v}{\partial x},\quad E_y=-\frac{\partial v}{\partial y}$$

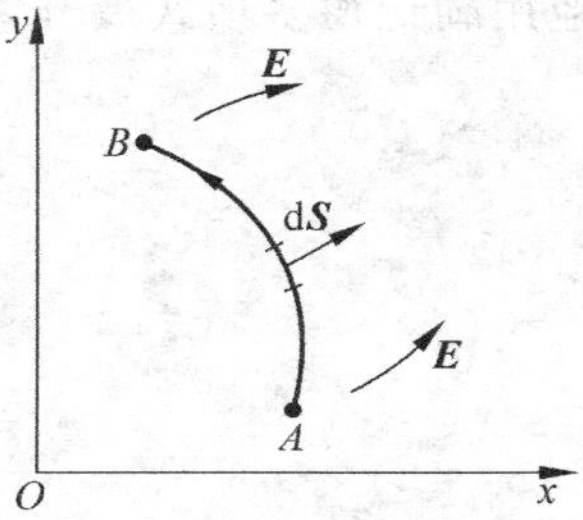

图 5.16 电通量函数

设 xOy 平面上任意一条曲线 l，以 l 为底、以 z 方向单位长为高构成一个曲面，如图 5.16 所示，计算通过这一曲面的电通量 Φ_e。

曲线 l 从 A 点到 B 点，则

$$\Phi_\mathrm{e}=\int_S \boldsymbol{D}\cdot\mathrm{d}\boldsymbol{S}=\varepsilon\int_S \boldsymbol{E}\cdot\mathrm{d}\boldsymbol{S}$$

由图可得

$$\boldsymbol{E}=E_x\boldsymbol{e}_x+E_y\boldsymbol{e}_y$$

$$\mathrm{d}\boldsymbol{S}=\mathrm{d}\boldsymbol{l}\times\boldsymbol{e}_z=(\mathrm{d}x\boldsymbol{e}_x+\mathrm{d}y\boldsymbol{e}_y)\times\boldsymbol{e}_z=\mathrm{d}y\boldsymbol{e}_x-\mathrm{d}x\boldsymbol{e}_y$$

所以

$$\begin{aligned}\Phi_\mathrm{e}&=\varepsilon\int_S \boldsymbol{E}\cdot\mathrm{d}\boldsymbol{S}=\varepsilon\int_A^B(E_x\mathrm{d}y-E_y\mathrm{d}x)\\&=\varepsilon\int_A^B\left(-\frac{\partial v}{\partial x}\mathrm{d}y+\frac{\partial v}{\partial y}\mathrm{d}x\right)=\varepsilon\int_A^B\left(\frac{\partial u}{\partial y}\mathrm{d}y+\frac{\partial u}{\partial x}\mathrm{d}x\right)\\&=\varepsilon\int_A^B\mathrm{d}u=\varepsilon[u(B)-u(\mathrm{A})]=\varepsilon(\Phi_B-\Phi_A)\end{aligned}$$

显然，如果在 xOy 平面上指定 A 点作为计算通量的起点，则 B 点的通量函数 Φ_B 是指在 AB 间的一条曲线 l 和 z 方向单位长度构成的一个曲面上的电通量。

若在图 5.17 中 φ_1、φ_2 两条等位线是电容器的两个极板表面（极板在 z 方向无限长），则正极板单位长电荷为

$$q=\int_S\rho_S\mathrm{d}S=\int_S\boldsymbol{D}\cdot\mathrm{d}\boldsymbol{S}=\varepsilon(\Phi_B-\Phi_A)$$

这样得到单位长电容为

$$C=\frac{q}{\varphi_2-\varphi_1}=\varepsilon\frac{\Phi_B-\Phi_A}{\varphi_2-\varphi_1} \tag{5.74}$$

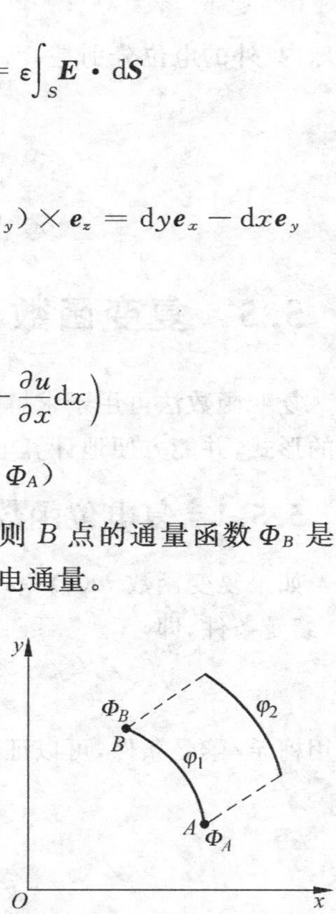

图 5.17 电容的计算

综上所述，用复变函数法解二维边值问题的关键是要找一个解析函数，若其虚部表示电位函数 φ，则其实部表示通量

函数 Φ,即

$$\omega(x,y)=\Phi(x,y)+\mathrm{j}\varphi(x,y) \tag{5.75}$$

也可以用实部表示电位函数 φ,此时虚部是通量函数 Φ 的负值,即

$$\omega(x,y)=\varphi(x,y)-\mathrm{j}\Phi(x,y) \tag{5.76}$$

在一般情况下,寻求相应的复电位函数并没有固定的方法,而且往往极为困难。所以通常采取相反的途径,就是先研究一些常用解析函数的实部和虚部的等值线分布。对于实际的边界形状,从以上函数中找出其实部(或虚部)的等值线与边界相重合的函数,再根据已知的边界条件确定该解析函数中的待定常数。对于一些形状较复杂的边界,常常需要进行两次或多次变换。

例 5.12　分析解析函数 $w=A\ln z$ 所表示的场(A 为实常数)。

解:用极坐标(r,ϕ)表示 z,则

$$w(z)=A\ln(re^{\mathrm{j}\phi})=A\ln r+\mathrm{j}A\phi=Au+\mathrm{j}Av$$

式中,实部的等值线是圆心在原点的圆,虚部的等值线是幅角 ϕ 为常数的射线,如图 5.18 所示。

可见,实部 u 为常数与线电荷的等位面相合,虚部 v 为常数与电力线相合。对于线电荷密度为 ρ_l 的无限长均匀线电荷,则由高斯定理,穿过半径为 r、沿 z 方向长度为 1 的圆柱面的 $\boldsymbol{E}$ 的通量为

$$A(v_{(2\pi)}-v_{(0)})=A(2\pi-0)=2\pi A=\frac{\rho_l}{\varepsilon_0}$$

故

$$A=\frac{\rho_l}{2\pi\varepsilon_0}$$

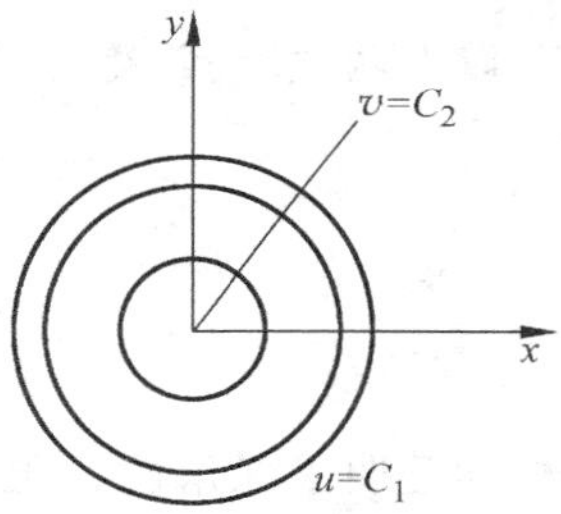

图 5.18　对数函数

得到复电位 $w(z)$为

$$w(z)=\frac{\rho_l}{2\pi\varepsilon_0}\ln z=\frac{\rho_l}{2\pi\varepsilon_0}\ln r+\mathrm{j}\,\frac{\rho_l}{2\pi\varepsilon_0}\phi$$

用相同的方法可以描绘其他类似的场,比如表示线电流的磁场中磁场强度 $\boldsymbol{H}$ 的磁力线和标量磁位 φ_{m} 的等位面。

实际计算时,因 u 和 v 都是无量纲的量,为了便于确定电位参考点,在对数函数中加上一个常数,即

$$w=A\ln z+B$$

5.5.3　保角变换

当 $w=f(z)$变换为单值函数时,对于 Z 平面上的一个点 z_0,在 W 平面就有一点 w_0 与之对应;对于 Z 平面上的一条曲线 C,W 平面就有一条曲线 C'与之对应;同样,在 Z 平面上的一个图形 D,也在 W 平面就有一个图形 D'与之对应,这种对应关系称为映射,或称为变换,如图 5.19 所示。

在这种变换中,尽管图形的形状要发生变化,但是相应的两条曲线之间的夹角却保持不变,所以该变换也叫做保角变换。为了证明保角性,设 Z 平面的 z_0 点,沿曲线 C_1 有一个增

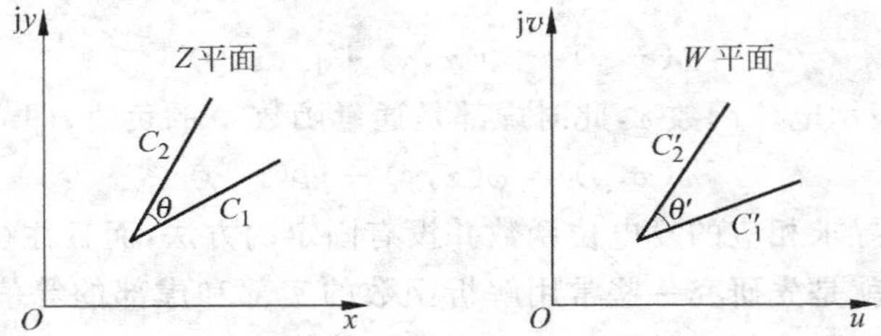

图 5.19 保角变换

量 dz_1，沿曲线 C_2 有一个增量 dz_2；相应的 W 平面的 w_0 点，沿曲线 C_1' 有一个增量 dw_1，沿曲线 C_2' 有一个增量 dw_2，于是

$$\begin{aligned} dw_1 &= f'(z_0)dz_1 \\ dw_2 &= f'(z_0)dz_2 \end{aligned} \tag{5.77}$$

当 $f'(z_0)$ 不等于零时，它们之间的辐角关系为

$$\begin{aligned} \arg dw_1 &= \arg dz_1 + \arg f'(z_0) \\ \arg dw_2 &= \arg dz_2 + \arg f'(z_0) \end{aligned}$$

以上两式相减，得

$$\arg dw_1 - \arg dw_2 = \arg dz_1 - \arg dz_2 \tag{5.78}$$

即

$$\theta' = \theta \tag{5.79}$$

这样就证明了保角性。在变换前后，图形的形状要产生旋转和伸缩，但是两条曲线之间的夹角保持不变。使用保角变换法求解静态场问题的关键是选择适当的变换函数，将 Z 平面上比较复杂的边界变换成 W 平面上较易求解的边界。使用保角变换应注意以下几点。

(1) 如果变换以前势函数满足拉普拉斯方程，则在变换以后势函数也满足拉普拉斯方程。如果变换以前势函数满足泊松方程，即

$$\frac{\partial^2 \varphi}{\partial x^2} + \frac{\partial^2 \varphi}{\partial y^2} = -\frac{\rho}{\varepsilon} \tag{5.80}$$

则在变换以后，势函数满足以下泊松方程：

$$\frac{\partial^2 \varphi}{\partial u^2} + \frac{\partial^2 \varphi}{\partial v^2} = -\frac{\rho^*}{\varepsilon} \tag{5.81}$$

式中，$\rho^*(u,v) = |f'(z)|^{-2}\rho(x,y)$。这表明，二维平面场的电荷密度经过变换以后要发生变化，但是电荷总量不变，其理由是

$$\int_S \rho^*(u,v)dudv = \int_S |f'(z)|^{-2}\rho(x,y)\left|\frac{\partial(u,v)}{\partial(x,y)}\right|dxdy \tag{5.82}$$

而

$$\frac{\partial(u,v)}{\partial(x,y)} = \frac{\partial u}{\partial x}\cdot\frac{\partial v}{\partial y} - \frac{\partial u}{\partial y}\cdot\frac{\partial v}{\partial x} = \left(\frac{\partial u}{\partial x}\right)^2 + \left(\frac{\partial u}{\partial y}\right)^2 = |f'(z)|^2 \tag{5.83}$$

所以

$$\int_S \rho^*(u,v)dudv = \int_S \rho(x,y)dxdy \tag{5.84}$$

(2) 在变换前后，Z 平面和 W 平面对应的电场强度要发生变化，它们之间的关系为

$$E(x,y)=|f'(z)|E(u,v) \tag{5.85}$$

这是因为，从 Z 平面变换到 W 平面时，线元的长度要伸长 $|f'(z)|$ 倍，相应的电场强度要减小 $|f'(z)|$ 倍。

(3) 变换前后，两导体之间的电容量不变。这里的电容是指单位长度的电容。因为变换前后两个导体之间的电位差不变，两导体面上的电场和电荷密度发生了变化，但是，导体上的电荷总量不变。如取 C_1 为 Z 平面上导体表面，C_1' 为变换以后 W 平面上的导体表面，则沿轴线方向单位长度的 C_1 上的总电荷为

$$Q=\int_{C_1}\varepsilon E_n(z)\mathrm{d}C_1$$

则沿轴线方向单位长度的 C_1' 上的总电荷为

$$Q'=\int_{C_1'}\varepsilon E_n(w)\mathrm{d}C_1'$$

因为

$$E_n(z)=\left|\frac{\mathrm{d}w}{\mathrm{d}z}\right|E_n(w),\quad \mathrm{d}C_1=\left|\frac{\mathrm{d}w}{\mathrm{d}z}\right|^{-1}\mathrm{d}C_1'$$

所以有

$$Q=Q' \tag{5.86}$$

可以使用这个性质方便地计算两个导体之间的电容量。

例 5.13　设无限长同轴线的内导体半径为 a，电位为 U_0；外导体内半径为 b，电位为零。内、外导体间充满介电常数为 ε 的均匀介质。试计算同轴线的电位分布及单位长度的分布电容。

解：应用对数形式的复变函数计算电位分布。因为是二维平面场，在 Z 平面上导体边界形状是圆，所以选择 u 为等位线。

设 $z=\rho\mathrm{e}^{\mathrm{j}\phi}$，令

$$w=(A\ln\rho+B_1)+\mathrm{j}(A\phi+B_2)=u+\mathrm{j}v$$

由边界条件确定常数 A 和 B_1，即

$$\rho=a,\quad u=A\ln a+B_1=U_0$$
$$\rho=b,\quad u=A\ln b+B_1=0$$

于是

$$B_1=-A\ln b,\quad A=\frac{U_0}{\ln(a/b)}$$

则

$$u=\frac{U_0}{\ln(a/b)}(\ln\rho-\ln b)$$

令 $B_2=0$，得

$$v=\frac{U_0}{\ln(a/b)}\phi$$

因此，Z 平面上 u 是以轴心为圆心、以 ρ 为半径的一簇同心圆。

Z 平面上内、外导体间的介质区域，通过保角变换变为 W 平面上一长方形区域。

在 W 平面上计算单位长度电容 C_0，只需求出距离为 U_0、宽度为 $2\pi U_0/\ln(a/b)$ 的平板电容器的单位长度电容，所以计算要简单得多。

$$C_0 = \frac{\varepsilon S}{d} = \frac{\varepsilon \cdot 2\pi U_0 \cdot 1}{U_0 \left| \ln(a/b) \right|} = \frac{2\pi\varepsilon}{\ln(b/a)} \quad (\mathrm{F/m})$$

5.6 有限差分法

有限差分法是一种静电场的数值计算方法，其思路为：将求解区域划分为网格，将求解区域内的连续分布场用网格节点上的离散场值来代替，将边界上连续分布的边界条件用离散的边界值来代替，这样可将被求解区域中的解微分方程的边值问题用差分方程的迭代求解来代替。随着计算机技术的飞速发展，数值计算方法得到越来越广泛的应用，并在电磁场计算方法中占有重要的地位。

由于有限差分法是通过对被求解区域进行分格，实现了将连续场的离散化。因此，有限差分法不仅能用于解静电场的问题，还能解任意静态场和时变场问题；不仅能处理线性问题，还能处理非线性问题。特别要注意的是，不管被求解区域的边界形状如何复杂，只要把网格分得足够细，都可以得到足够精确的解。

下面介绍有限差分法的基本原理。

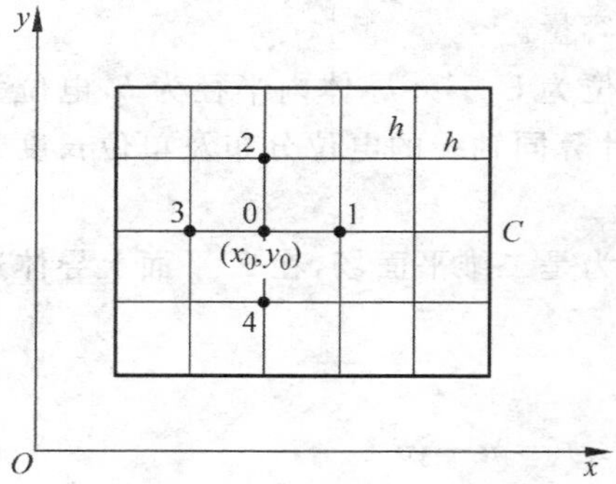

图 5.20 二维矩形区域的正方形网格

如图 5.20 所示，在一个边界为 C 的二维矩形区域内，电位的边值问题可表示为

$$\nabla^2 \varphi = \frac{\partial^2 \varphi}{\partial x^2} + \frac{\partial^2 \varphi}{\partial y^2} = -\frac{\rho_S}{\varepsilon_0} \tag{5.87}$$

$$\varphi \mid_C = f(x, y) \tag{5.88}$$

即给定二维区域中的电荷分布和电位在边界上的值，求区域中各点的电位。有限差分法的第一步将场域分成足够多的正方形网格，网格线之间的距离为 h，网格线的交点称为节点。现在来讨论 5 个相邻节点上电位之间的关系，即节点 0 上 φ_0 与节点 1、2、3、4 上电位 φ_1、φ_2、φ_3、φ_4 之间的关系。设节点 0 的坐标为(x_0, y_0)，由于网格的边长 h 很小，因此在通过节点 0 且平行于 x 轴的直线上的相邻点 x 的电位值 $\varphi(x, y_0)$可用二维函数的泰勒公式在节点 0 展开为

$$\varphi_x = \varphi_0 + \left(\frac{\partial \varphi}{\partial x}\right)_0 (x - x_0) + \frac{1}{2!}\left(\frac{\partial^2 \varphi}{\partial x^2}\right)_0 (x - x_0)^2 + \frac{1}{3!}\left(\frac{\partial^3 \varphi}{\partial x^3}\right)_0 (x - x_0)^3 + \frac{1}{4!}\left(\frac{\partial^4 \varphi}{\partial x^4}\right)_0 (x - x_0)^4 + \cdots \tag{5.89}$$

在节点 1，$x = x_0 + h$，这一点的电位为

$$\varphi_1 = \varphi_0 + \left(\frac{\partial \varphi}{\partial x}\right)_0 h + \frac{1}{2!}\left(\frac{\partial^2 \varphi}{\partial x^2}\right)_0 h^2 + \frac{1}{3!}\left(\frac{\partial^3 \varphi}{\partial x^3}\right)_0 h^3 + \frac{1}{4!}\left(\frac{\partial^4 \varphi}{\partial x^4}\right)_0 h^4 + \cdots \tag{5.90}$$

在节点 3，$x = x_0 - h$，这一点的电位为

$$\varphi_3 = \varphi_0 - \left(\frac{\partial \varphi}{\partial x}\right)_0 h + \frac{1}{2!}\left(\frac{\partial^2 \varphi}{\partial x^2}\right)_0 h^2 - \frac{1}{3!}\left(\frac{\partial^3 \varphi}{\partial x^3}\right)_0 h^3 + \frac{1}{4!}\left(\frac{\partial^4 \varphi}{\partial x^4}\right)_0 h^4 + \cdots \tag{5.91}$$

因此

$$\varphi_1+\varphi_3=2\varphi_0+\left(\frac{\partial^2\varphi}{\partial x^2}\right)_0 h^2+\frac{2}{4!}\left(\frac{\partial^4\varphi}{\partial x^4}\right)_0 h^4+\cdots \tag{5.92}$$

当正方形网格分得足够多时，网格的边长 h 足够小，则式(5.92)中的 h^4 以上的项都可以忽略，则式(5.92)可近似为

$$\left(\frac{\partial^2\varphi}{\partial x^2}\right)_0 h^2=\varphi_1+\varphi_3-2\varphi_0 \tag{5.93}$$

同理可写出

$$\left(\frac{\partial^2\varphi}{\partial y^2}\right)_0 h^2=\varphi_2+\varphi_4-2\varphi_0 \tag{5.94}$$

将上面两式相加可得

$$\left(\frac{\partial^2\varphi}{\partial x^2}+\frac{\partial^2\varphi}{\partial y^2}\right)_0 h^2=\varphi_1+\varphi_2+\varphi_3+\varphi_4-4\varphi_0 \tag{5.95}$$

而在节点 0 的泊松方程又可以写为

$$\left(\frac{\partial^2\varphi}{\partial x^2}+\frac{\partial^2\varphi}{\partial y^2}\right)_0=-\left(\frac{\rho_S}{\varepsilon_0}\right)_0 \tag{5.96}$$

将式(5.96)代入式(5.95)可得

$$\varphi_0=\frac{1}{4}\left[\varphi_1+\varphi_2+\varphi_3+\varphi_4+\left(\frac{\rho_S}{\varepsilon_0}\right)_0 h^2\right] \tag{5.97}$$

这是一个二维区域中一点的泊松方程的有限差分形式，它描述了该节点与周围 4 个节点的电位和该点电荷密度之间的关系。对于无源区域，$\rho_S=0$，则式(5.97)变为

$$\varphi_0=\frac{1}{4}(\varphi_1+\varphi_2+\varphi_3+\varphi_4) \tag{5.98}$$

这是二维拉普拉斯方程的有限差分形式，它描述了无源区域中任意一点的电位等于围绕它的 4 个节点的电位的平均值。

对于给定的区域和电荷分布，当用网格将区域划分后，对每一个节点可以写出一个式(5.97)或式(5.98)那样的差分方程，于是就可以得到一个方程数与未知电位的网点数相等的线性差分方程组。对于给定的连续边界条件，当用网格将区域划分后，可以给出它在边界节点上的离散值。余下的问题就是在已知边界节点电位的条件下，用迭代法求解区域内各节点上的电位。

方程的个数等于区域内的节点数。如果区域划分的网格粗，即节点少，则差分方程组的个数少，求解方程组简单，需要的时间短，但精度低；如果区域划分的网格细，即节点多，则差分方程组的个数也多，求解方程组所需的时间较长，但精度较高。

用有限差分法求解电位的精度主要取决于两个因素，一是划分的网格数的多少，二是迭代次数的多少。如果区域划分的网格较细，则网格的边长 h 较小。如将式(5.90)减去式(5.91)，并忽略 h^3 以上的项，可得

$$\left(\frac{\partial\varphi}{\partial x}\right)_0\approx\frac{\varphi_1-\varphi_3}{2h} \tag{5.99}$$

这说明节点 0 的平均中心差商近似等于该点的偏导数。h 越小，近似的精度就越高，因此，差分方程组的精度就越高。另外，对于迭代次数的要求可由下面 3 个条件来决定：①余数都降到大约电位平均值的 0.1%；②所有余数的代数和与各个余数同数量级；③所用余数

均匀地混合(关于符号和数值)遍及整个区域。

对于差分方程组,选用有效的算法是十分重要的,下面用一个简单的例子来说明有限差分法的应用。

例 5.14 一个正方形截面的无限长金属盒如图 5.21 所示,盒子的两侧及底面的电位为零,顶部电位为 100V。求盒内的电位分布。

解:先将区域进行分格,用 3 条水平和 3 条垂直的等间距直线将正方形区域划分为 16 个网格,25 个节点。其中边界节点 16 个,内节点 9 个。边界节点上的电位是已知的,而 9 个内节点的电位是未知电位。由于这里是为了说明解题方法,故只进行了很粗的分格,实际问题中,网格必须分得较细才能得到较高的精度。

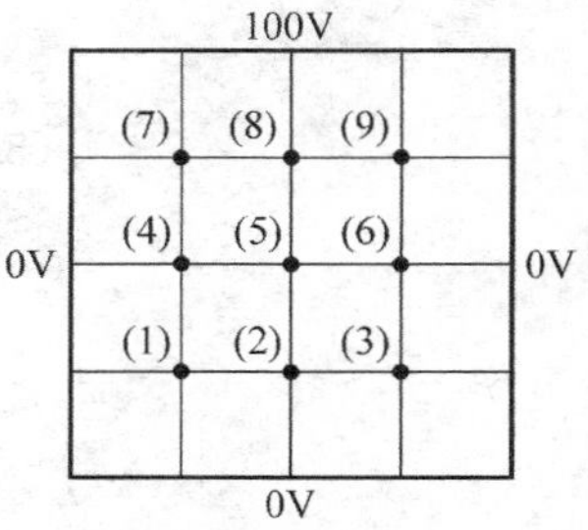

图 5.21 金属盒内的电位分布

由给定的边界条件可知,16 个边界节点中,已知

$$\varphi_{11}=\varphi_{12}=\varphi_{13}=\varphi_{14}=\varphi_{15}=100\text{V}$$

$$\varphi_{51}=\varphi_{52}=\varphi_{53}=\varphi_{54}=\varphi_{55}=0\text{V}$$

$$\varphi_{21}=\varphi_{31}=\varphi_{41}=\varphi_{25}=\varphi_{35}=\varphi_{45}=0\text{V}$$

设 φ_{ij}^{n} 为第 i 行第 j 列上的第 n 个迭代的电位,则

$$\varphi_{i,j}^{n+1}=\frac{1}{4}(\varphi_{i-1,j}^{n}+\varphi_{i,j-1}^{n}+\varphi_{i+1,j}^{n}+\varphi_{i,j+1}^{n}) \tag{5.100}$$

对于每一个未知电位节点,可以列出一个这样的迭代方程,于是得到 9 个未知电位节点的迭代方程组。若对 9 个未知电位赋予初值(在计算机程序求解迭代方程时,9 个未知电位的初值通常赋予 0 值),则可通过在计算机上运行一个简单的程序完成解迭代方程组。若将各未知节点电位的初值赋予 0 值,当 $n=10$ 时,有

$$\varphi_{22}^{10}=42.2932,\quad \varphi_{23}^{10}=51.8905,\quad \varphi_{24}^{10}=42.2932$$

$$\varphi_{32}^{10}=17.9880,\quad \varphi_{33}^{10}=23.8280,\quad \varphi_{34}^{10}=17.9880$$

$$\varphi_{42}^{10}=6.5352,\quad \varphi_{43}^{10}=9.1382,\quad \varphi_{44}^{10}=6.5352$$

若要进一步提高精度,则必须将区域划分得更细,网格数更多。但随着网格数的增多,未知电位节点数和方程组的个数也增多,这样会导致解式(5.100)构成的迭代方程组收敛速度较慢,为此,可以将刚才计算得到的邻近点的电位新值代入,即在计算(j,k)点的第 $n+1$ 迭代电位时,可以将它左边点$(j-1,k)$和它上面点的$(j,k-1)$的第 $n+1$ 迭代电位作为第 n 次电位代入式(5.100),即此时的迭代关系变为

$$\varphi_{j,k}^{n+1}=\frac{1}{4}(\varphi_{j+1,k}^{n}+\varphi_{j,k+1}^{n}+\varphi_{j-1,k}^{n+1}+\varphi_{j,k-1}^{n+1}) \tag{5.101}$$

上式给出的方法称为松弛法或赛德尔法。同样,如果对各未知节点电位赋予零初值,当 $n=8$ 时,就可以使电位收敛。关于改善收敛速度的进一步讨论,可参阅有关文献。

习题

5.1 如题图 5.1 所示的一对无限大接地平行导体板,板间有一与 z 轴平行的线电荷 q_l,其位置为$(0,d)$。求板间的电位函数。

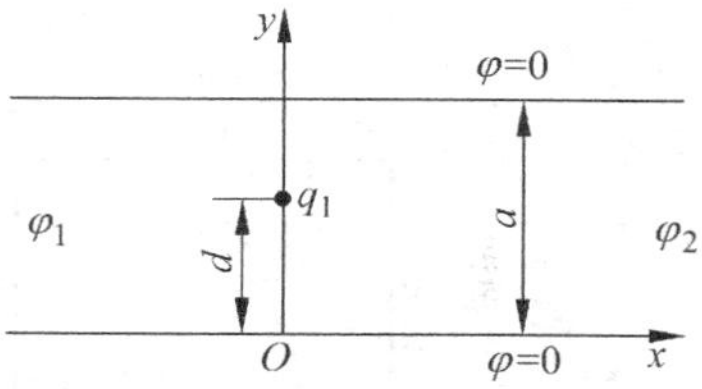

题图 5.1　习题 5.1 用图

5.2　将一个半径为 a 的无限长导体管平分两半，两部分之间相互绝缘，上半部($0<\varphi<\pi$)接电压 U_0，下半部($\pi<\varphi<2\pi$)电位为零。求管内的电位。

5.3　一接地导电面位于 $z=0$，点电荷位于 z 轴且在导电面上方 0.4m 处，电量为 18μC。求：

(1) 点(0.3,0.4,0)的电荷密度；

(2) 点(0,0.2,0.2)的 $|\boldsymbol{D}|$。

5.4　两个电量均为 $-100\pi\mu C$ 的点电荷分别位于点(2,−1,0)和点(2,1,0)，$x=0$ 的表面是接地导体平面。求：

(1) 原点的表面电荷密度；

(2) 点 $P(0,h,0)$处的 ρ_S。

5.5　一带电量为 q、质量为 $m=2g$ 的小带电体，置于无限大导体平面下，与导体面距离为 $h=2cm$。问电荷 q 值为多少时，带电体上受到的静电力与重力平衡。

5.6　如题图 5.2 所示，点电荷位于平面 xOy 上方 $z=h$(m)处，$z>0$ 区域充满空气，而 $z<0$ 区域充满介电常数为 $\varepsilon_r\varepsilon_0$ 的介质。求：

(1) 点电荷在 $z>0$ 区域的电场强度；

(2) 点电荷在 $z<0$ 区域的电场强度。

5.7　将一个半径为 a 的导体球置于均匀电场 $\boldsymbol{E}_0$ 中，求球外的电场和电位。

5.8　在半径为 a 的接地金属圆柱管内，有两条平行放置且极性相反的线电荷。如题图 5.3 所示。求：

(1) 圆柱管内的电场；

(2) 当两电荷线间作用力为零时，它们之间的距离。

5.9　考虑一介电常数为 ε 的无限大的介质，在介质中沿 z 轴方向开一个半径为 a 的圆柱形空腔，沿 x 轴方向加以均匀电场 $\boldsymbol{E}_0$。求空腔内和空腔外的电位。

5.10　一个点电荷 Q 与无穷大导体平面相距 d，如果把它移动到无穷远处，需要做多少功？

5.11　一个半径为 b，无限长的薄导体圆柱面，分割成 4 个"1/4 的圆柱面"，第二、四象限的圆柱面接地，第一、三象限的圆柱面分别保持电位 U_0 和 $-U_0$。求圆柱内的电位分布。

5.12　利用分离变量法求解题图 5.4 所示矩形场域内的位函数 φ。

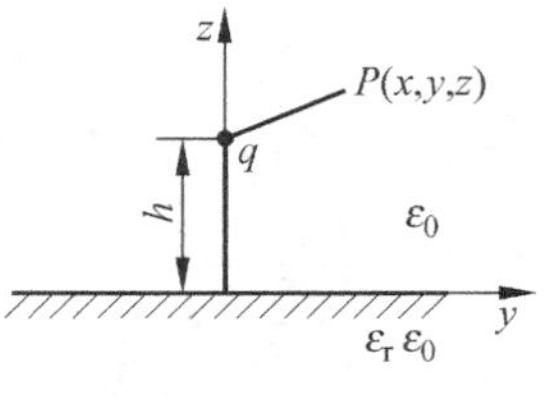

题图 5.2　习题 5.6 用图

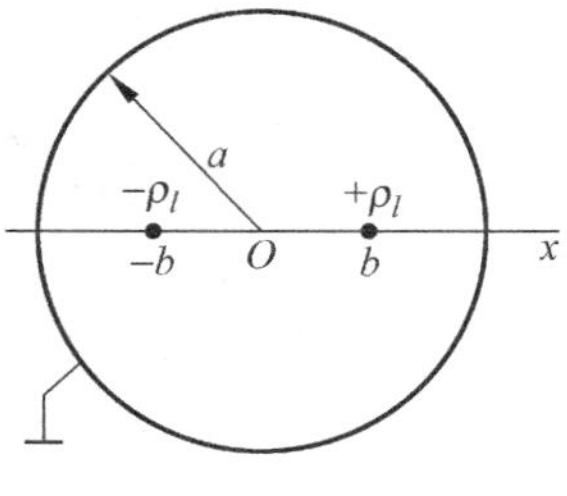

题图 5.3　习题 5.8 用图

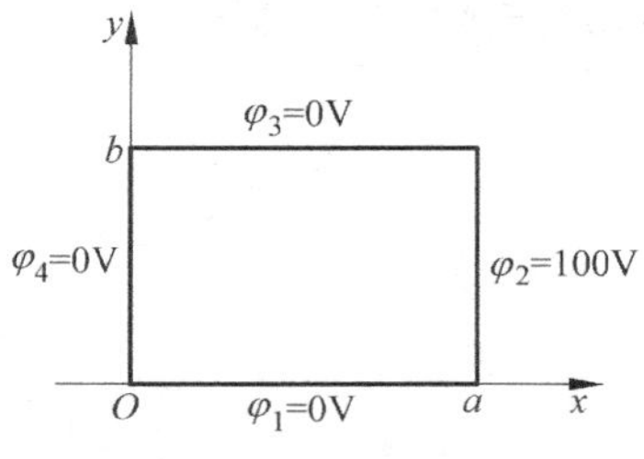

题图 5.4　习题 5.12 用图

5.13　利用分离变量法求解题图 5.5 所示矩形场域内的电位函数 φ。

5.14　如题图 5.6 所示的二维槽，$y=0$ 和 $y=b$ 两壁电位为零，$x=a$ 和 $x=-a$ 两壁电位为 V_0。求二维槽中位函数 φ。

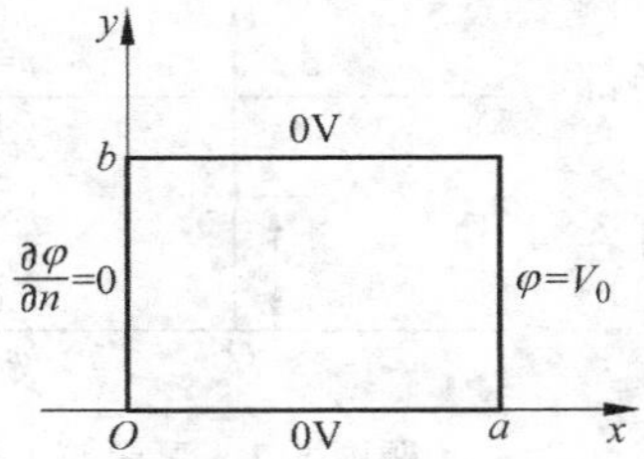

题图 5.5 习题 5.13 用图

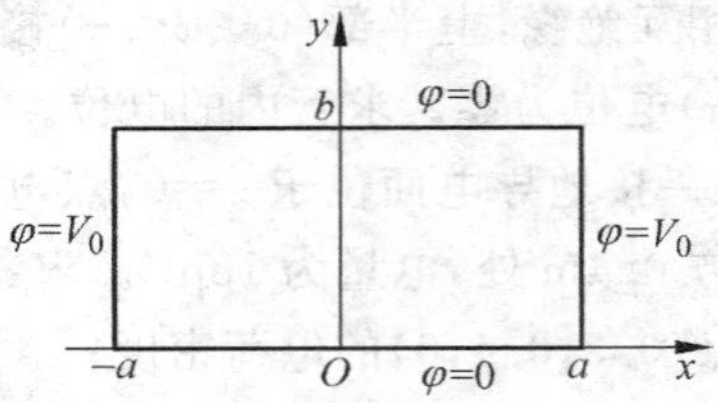

题图 5.6 习题 5.14 用图

5.15 如题图 5.7 所示的矩形腔，已知$\varphi|_{y=b}=V_0$，其余 5 个面的电位皆为零。求矩形腔内电位分布。

5.16 在均匀电场 $\boldsymbol{E}_0$ 中放入半径为 a 的导体球，假设：

(1) 导体球充电至 U_0；

(2) 导体球带电 Q。

试分别计算这两种情形下球外的电位分布。

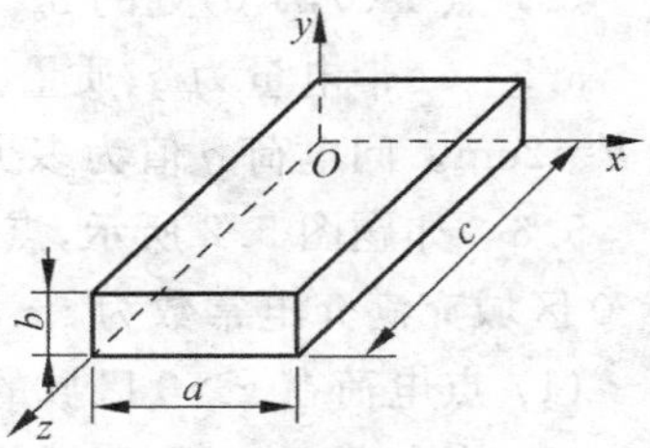

题图 5.7 习题 5.15 用图

5.17 一个半径为 a 的介质球带有均匀极化强度 $\boldsymbol{P}$。证明：球内电场强度是均匀的，且等于$-\boldsymbol{P}/3\varepsilon_0$。

5.18 半径为 a 的接地导体球，离球心 r 处($r>a$)放置一点电荷 q。用分离变量法求电位分布。

5.19 半径为 a 的长导线架在空中，导线与墙和地面都相互平行，且距墙和地面分别为 d_1 和 d_2，设墙和地面都视为理想导体，且 $d_1\gg a$，$d_2\gg a$。求此导线对地的单位长度的电容。

5.20 一与地面平行架设的圆截面导线，半径为 a，悬挂高度为 h。求导线与地间单位长度的电容。

5.21 两平行圆柱形导体的半径都为 a，导体轴线之间的距离为 $2d$。求导体单位长度的电容。

5.22 设一平行大地的双导体传输线，距地面高度为 h，导体半径为 a，二轴线间的距离为 $d(a\ll d, a\ll h)$。考虑地面影响时，试计算两导线的电位分布。

5.23 如题图 5.8 所示，两块半无限大平行导体板的电位为零，与之垂直的底面电位为 $\varphi(x,0)$，已知

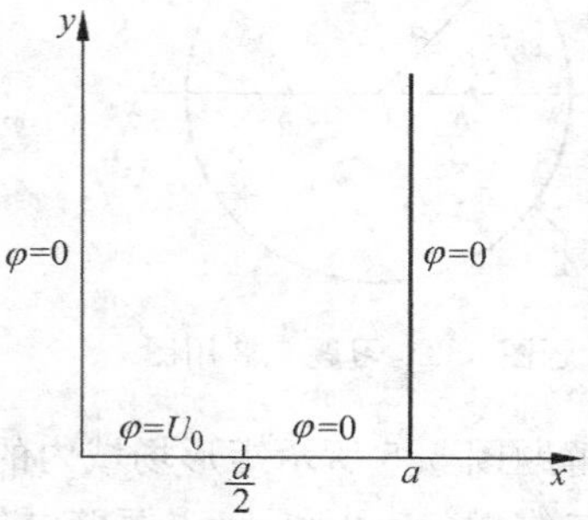

题图 5.8 习题 5.23 用图

$$\varphi(x,0)=\begin{cases}U_0, & 0<x<\dfrac{a}{2}\\[2ex] 0, & \dfrac{a}{2}<x<a\end{cases}$$

求此半无限槽中的电位。

5.24　在一个半径为 a 的圆柱面上，给定其电位分布为

$$\varphi=\begin{cases}U_0, & 0<\phi<\pi\\[2ex] 0, & -\pi<\phi<0\end{cases}$$

求圆柱内、外的电位分布。

5.25　分析解析函数 $\omega(z)=A\ln\dfrac{z+b}{z-b}$ 所表示的场，并用此求半径为 a 的导体圆柱与无限大导体板（导体圆柱与平板平行，轴线距离导体平面为 b）之间单位长度的电容。

5.26　两个共焦椭圆柱面导体组成的电容器，其外柱的长、短半轴分别是 a_2、b_2，内柱的长、短半轴分别是 a_1、b_1。求单位长度的电容。

第6章

时变电磁场

静止电荷或恒定电流产生的电场和磁场是静态的，电场和磁场是相互独立的，两者的基本方程之间没有联系。当电荷和电流随时间变化时，空间的电场和磁场就是时变场。在恒定场情形，电场和磁场相互间是没有作用和影响的，可以分开研究。而时变场则不一样，电场和磁场之间存在相互作用，即磁场变化时会感应出电场(电磁感应)，而电场变化时也会产生磁场。这样，电场和磁场相互影响成为电磁场的两个不可分割的部分。电场与磁场的相互作用与它们变化的快慢有密切的关系。当缓慢变化时，时变场称为准恒定场。在准恒定场中没有辐射现象，电场和磁场分别主要由电荷和电流决定，它们间的相互作用是次要的因素。当变化很快时，电场与磁场的相互作用变为主要因素，电磁波的产生就是这种相互作用的结果。

法拉第(M. Faraday)首先发现电磁感应现象，得出电磁感应定律。麦克斯韦(James Clerk Maxwell)提出变化的电场产生磁场的假设，全面地研究了电与磁的相互作用，总结成为麦克斯韦方程组。麦克斯韦方程的解表示了一个空间传播的波，麦克斯韦预言了电磁波的存在。此后，赫兹用实验方法产生了电磁波，从实践上证明了麦克斯韦理论的正确性。麦克斯韦方程组是宏观电磁现象的一个全面总结，是经典电磁理论的基础。

本章主要介绍法拉第电磁感应定律、麦克斯韦关于位移电流的假设、麦克斯韦方程组、能流、波动方程等。

6.1 法拉第电磁感应定律

第6章第1讲

法拉第在1831年发现电磁感应现象。当一个导体回路中的电流变化时，在附近的另一导体回路中将出现感应电流。把一个磁铁在一个闭合导体回路附近移动时，回路中也将出现感应电流。两种情形表示一个相同的现象，即穿过一个回路的磁通发生变化时，在这个回路中将有感应电动势出现，并在回路中产生电流。

法拉第电磁感应定律的数学表达式为

$$\mathscr{E}=-\frac{\mathrm{d}\Phi}{\mathrm{d}t} \tag{6.1}$$

式中，$\mathscr{E}$ 为感应电动势；Φ 为穿过曲面 S 和回路 l 铰链的磁通。即感应电动势等于磁通变化率的负值。这里规定感应电动势的正方向和其产生的磁通正方向之间存在右手螺旋关系，如图 6.1 所示。

式(6.1)表示任何时刻回路中感应电动势的大小和方向。感应电动势的方向总是企图阻止回路中的磁通的变化。当穿过回路的磁通增大时，感应电动势的方向是将以它自己产生的电流引起磁通来抵消原来的磁通；而当穿过回路的磁通减小时，感应电动势将以它自己产生的电流引起的磁通来补充原来的磁通。

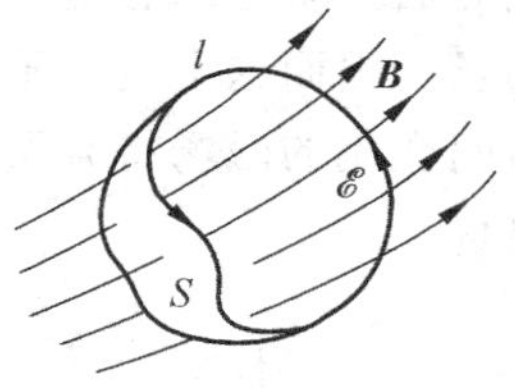

图 6.1　法拉第电磁感应定律

当回路为 N 匝时，可以看成 N 个一匝的线圈相串联，其感应电动势为

$$\mathscr{E}=-\frac{\mathrm{d}\Phi}{\mathrm{d}t}=-\frac{\mathrm{d}}{\mathrm{d}t}\left(\sum_{i=1}^{N}\Phi_i\right) \tag{6.2}$$

式中，$\sum_{i=1}^{N}\Phi_i$ 是各匝包围磁通的总和，称为磁链。

在回路中出现感应电动势是在回路中出现感应电场的结果。感应电动势等于感应电场沿回路的线积分，即

$$\mathscr{E}=\oint_l \boldsymbol{E}\cdot\mathrm{d}\boldsymbol{l} \tag{6.3}$$

穿过回路的磁通量为

$$\Phi=\int_S \boldsymbol{B}\cdot\mathrm{d}\boldsymbol{S} \tag{6.4}$$

则法拉第电磁感应定律可以写成

$$\oint_l \boldsymbol{E}\cdot\mathrm{d}\boldsymbol{l}=-\frac{\partial}{\partial t}\int_S \boldsymbol{B}\cdot\mathrm{d}\boldsymbol{S}=-\int_S \frac{\partial \boldsymbol{B}}{\partial t}\cdot\mathrm{d}\boldsymbol{S} \tag{6.5}$$

这里假设变化磁场引起感应电场是发生在导体构成的回路中。麦克斯韦把这个定律推广到包括真空在内的任意介质中，他认为变化磁场引起感应电场的现象不仅发生在导体回路中，而且在一切介质中，只要磁场随时间变化，就有感应电场出现。也就是说，当回路 l 是在任意介质中任取的一个闭合回路时，式(6.5)同样成立。电磁波的发现证明了这一假设的正确性。

式(6.5)还可以进一步写成

$$\oint_l \boldsymbol{E}\cdot\mathrm{d}\boldsymbol{l}=-\frac{\partial}{\partial t}\int_S \nabla\times\boldsymbol{A}\cdot\mathrm{d}\boldsymbol{S}=-\frac{\partial}{\partial t}\oint_l \boldsymbol{A}\cdot\mathrm{d}\boldsymbol{l} \tag{6.6}$$

这里应用了斯托克斯定理，将面积分变为线积分。利用式(6.6)可以直接由矢量位计算感应电动势。

法拉第电磁感应定律的微分形式可以由式(6.5)导出，即

$$\oint_l \boldsymbol{E}\cdot\mathrm{d}\boldsymbol{l}=\int_S \nabla\times\boldsymbol{E}\cdot\mathrm{d}\boldsymbol{S}=-\frac{\partial}{\partial t}\int_S \boldsymbol{B}\cdot\mathrm{d}\boldsymbol{S}$$

$$\int_S\left(\nabla\times\boldsymbol{E}+\frac{\partial \boldsymbol{B}}{\partial t}\right)\cdot\mathrm{d}\boldsymbol{S}=0$$

由于 S 是以 l 为边界的任意曲面，因此上式中被积函数必须等于零，即

$$\nabla \times \boldsymbol{E} = -\frac{\partial \boldsymbol{B}}{\partial t} \tag{6.7}$$

此式为法拉第电磁感应定律的微分形式。可见,该电场和静电场的性质完全不同,它是有旋度的场。因而这个电场不能用一个标量的梯度去代替,即不能应用标量位的概念。它表明随时间变化的磁场将激发电场,随时间变化的磁场是该时变电场的源。一般称该电场为感应电场。

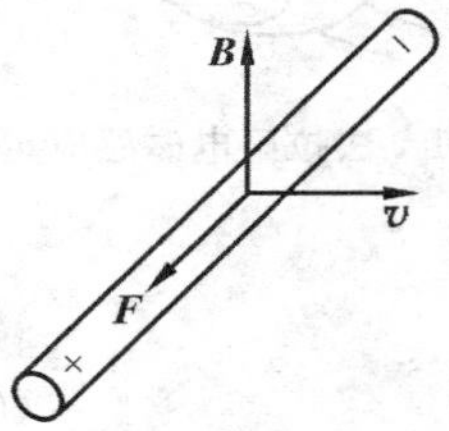

图 6.2 导体在磁场中运动的感应电动势

如果导体在磁场中运动,在导体中也将产生感应电动势。如图 6.2 所示,当导体以速度 $\boldsymbol{v}$ 在磁场中运动时,导体中的电荷以速度 $\boldsymbol{v}$ 相对于磁场运动,从而受到一个磁场力,即洛伦兹(H. A. Lorentz)力。洛伦兹力的计算公式为

$$\boldsymbol{F} = q\boldsymbol{v} \times \boldsymbol{B} \tag{6.8}$$

它与运动方向和磁场方向垂直。

电荷在磁场力作用下对导体发生相对运动,其结果是在导体的一端聚积正电荷,另一端聚积负电荷,说明在导体中出现了感应电场,则有

$$\boldsymbol{E} = \frac{\boldsymbol{F}}{q} = \boldsymbol{v} \times \boldsymbol{B} \tag{6.9}$$

一段长为 l 的导体的感应电动势为

$$\mathscr{E} = \int_l \boldsymbol{E} \cdot \mathrm{d}\boldsymbol{l} = \int_l \boldsymbol{v} \times \boldsymbol{B} \cdot \mathrm{d}\boldsymbol{l} \tag{6.10}$$

若导体构成闭合回路,并以速度 v 在磁场中运动,如图 6.3 所示,则在回路中感应电动势为

$$\mathscr{E} = \oint_l \boldsymbol{v} \times \boldsymbol{B} \cdot \mathrm{d}\boldsymbol{l}$$

另外,从磁通的角度,导体回路在磁场中运动的感应电动势也可以解释为由于穿过回路的磁通变化而感应的电动势。事实上,回路 l 运动时,回路的一个长度元 $\mathrm{d}l$ 在时间 $\mathrm{d}t$ 内扫过一个面元,则有

$$\mathrm{d}\boldsymbol{S} = \mathrm{d}\boldsymbol{l} \times \boldsymbol{v}\mathrm{d}t = -\boldsymbol{v} \times \mathrm{d}\boldsymbol{l}\mathrm{d}t$$

面元的方向为外法线方向。当 $\mathrm{d}t$ 很小时,可以近似认为面元的磁场是均匀的,于是,穿进此面元的磁通为

$$-\boldsymbol{B} \cdot \mathrm{d}\boldsymbol{S} = \boldsymbol{B} \cdot (\boldsymbol{v} \times \mathrm{d}\boldsymbol{l})\mathrm{d}t = -\boldsymbol{v} \times \boldsymbol{B} \cdot \mathrm{d}\boldsymbol{l}\mathrm{d}t$$

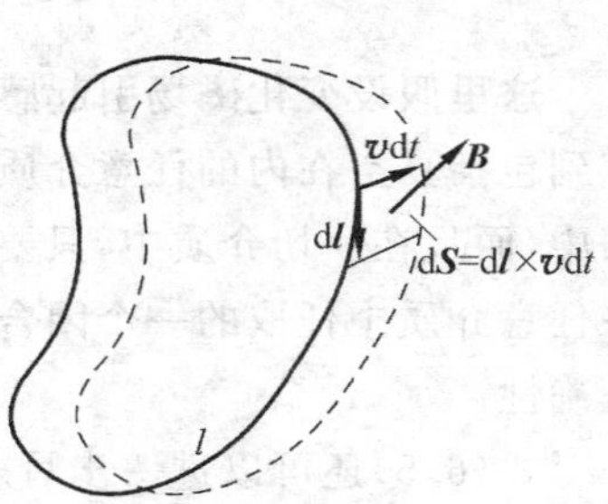

图 6.3 导体回路在磁场中运动的感应电动势

根据磁通连续性原理,由于回路 l 运动,在 $\mathrm{d}t$ 时间内穿过回路 l 的磁通的增量应等于穿进该回路所扫过面积的通量,即

$$\mathrm{d}\Phi = \oint_l \boldsymbol{B} \cdot (\boldsymbol{v} \times \mathrm{d}\boldsymbol{l})\mathrm{d}t = -\oint_l \boldsymbol{v} \times \boldsymbol{B} \cdot \mathrm{d}\boldsymbol{l}\mathrm{d}t \tag{6.11}$$

同样得到

$$\mathscr{E} = -\frac{\mathrm{d}\Phi}{\mathrm{d}t} = \oint_l \boldsymbol{v} \times \boldsymbol{B} \cdot \mathrm{d}\boldsymbol{l}$$

6.2 位移电流

在 6.1 节中看到，随时间变化的磁场将激发电场。那么，当电场随时间变化时，能否感应出磁场，即发生与电磁感应相类似的现象？回答是肯定的。这里通过考查时变场的一些基本关系来给予分析。

对于时变场，其电场和磁场矢量以及 $\boldsymbol{J}$ 和 ρ 都是时间的函数。如果变化电场不产生磁场，那么磁场仍然只能由传导电流产生，仍然有

$$\nabla\times \boldsymbol{H}=\boldsymbol{J} \tag{6.12}$$

式中，$\boldsymbol{J}$ 为传导电流体密度。因为一个矢量的旋度是没有散度的，所以

$$\nabla\cdot\nabla\times \boldsymbol{H}=\nabla\cdot \boldsymbol{J}=0 \tag{6.13}$$

即传导电流密度的散度为零。但是，对于时变场，电荷是随时间变化的。法拉第在 1843 年实验证实，电荷守恒定律在任何时刻都成立，即有电流连续性方程

$$\oint_S \boldsymbol{J}\cdot \mathrm{d}\boldsymbol{S}=-\frac{\mathrm{d}Q}{\mathrm{d}t} \tag{6.14}$$

成立。对于静止体积，利用散度定理有

$$\oint_S \boldsymbol{J}\cdot \mathrm{d}\boldsymbol{S}=\int_V \nabla\cdot \boldsymbol{J}\mathrm{d}V=-\frac{\partial}{\partial t}\int_V \rho\,\mathrm{d}V=-\int_V \frac{\partial \rho}{\partial t}\mathrm{d}V$$

此式对任意体积 V 都成立，故有

$$\nabla\cdot \boldsymbol{J}=-\frac{\partial \rho}{\partial t} \tag{6.15}$$

该式为电流连续性方程的微分形式。因此，对于时变场，电荷是随时间变化的，$\boldsymbol{J}$ 的散度不再等于零，而等于该点电荷密度的减小率。这样，式(6.13)和式(6.15)互相矛盾。其中式(6.15)是电荷守恒定律的结果，无疑是正确的。因此，不得不认为方程(6.12)已不再适合时变场情形。也就是说，变化的电场将感应出磁场，而成为磁场的一个“源”。方程(6.12)的右边应增加一个反映电场变化的项。事实上，如果考虑到

$$\nabla\cdot \boldsymbol{D}=\rho$$

则

$$\frac{\partial}{\partial t}\nabla\cdot \boldsymbol{D}=\nabla\cdot\frac{\partial \boldsymbol{D}}{\partial t}=\frac{\partial \rho}{\partial t}=-\nabla\cdot \boldsymbol{J}$$

即

$$\nabla\cdot\left(\boldsymbol{J}+\frac{\partial \boldsymbol{D}}{\partial t}\right)=0 \tag{6.16}$$

如果令

$$\nabla\times \boldsymbol{H}=\boldsymbol{J}+\frac{\partial \boldsymbol{D}}{\partial t} \tag{6.17}$$

则与式(6.16)相一致。$\frac{\partial \boldsymbol{D}}{\partial t}$是麦克斯韦首先引入 $\boldsymbol{H}$ 的旋度方程中，并称它为位移电流密度，因为它具有电流密度的量纲。一般表示为

$$\boldsymbol{J}_{\mathrm{d}}=\frac{\partial \boldsymbol{D}}{\partial t} \tag{6.18}$$

式(6.17)说明传导电流和位移电流都是磁场的“源”。位移电流没有通常由运动电荷产生的电流的概念,它是为了说明变化电场产生磁场的现象而引入的一个假想概念。式(6.17)称为微分形式的全电流定律。对于式(6.17)应用斯托克斯定理,有

$$\oint_l \boldsymbol{H} \cdot \mathrm{d}\boldsymbol{l} = \int_S \left(\boldsymbol{J} + \frac{\partial \boldsymbol{D}}{\partial t}\right) \cdot \mathrm{d}\boldsymbol{S} \tag{6.19}$$

该式为全电流定律的积分形式。此式表明,磁场强度沿任意闭合路径的积分等于该路径所包围曲面上的全电流。

引入位移电流后,电流的范围扩大了。通常把包括传导电流、位移电流和运流电流在内的电流称为全电流。即

$$\boldsymbol{J}_\mathrm{t} = \boldsymbol{J}_\mathrm{c} + \boldsymbol{J}_\mathrm{d} + \boldsymbol{J}_\mathrm{v} \tag{6.20}$$

式中,$\boldsymbol{J}_\mathrm{t}$ 为全电流密度;$\boldsymbol{J}_\mathrm{c}$ 为传导电流密度;$\boldsymbol{J}_\mathrm{d}$ 为位移电流密度;$\boldsymbol{J}_\mathrm{v}$ 为运流电流密度。

所谓运流电流就是真空或气体中自由电荷运动引起的电流。可见,式(6.17)中的 $\boldsymbol{J}$ 应包括 $\boldsymbol{J}_\mathrm{c}$ 和 $\boldsymbol{J}_\mathrm{v}$,不过 $\boldsymbol{J}_\mathrm{c}$ 和 $\boldsymbol{J}_\mathrm{v}$ 分别存在于不同的媒质中。

式(6.16)表示全电流是连续的。因为只要电场随时间变化,便会有位移电流,所以位移电流存在于真空及一切介质中。而且它与频率有关,即频率越高,位移电流密度越大。

虽然位移电流的假设不能由实验直接验证,但是根据这一假设推导出来的麦克斯韦方程已为实践所证明。

例 6.1 无界空间理想介质中磁场强度 $\boldsymbol{H} = H_0 \sin(\omega t - kz)\boldsymbol{e}_y$ (A/m),其中 k 为常数。求位移电流密度与电场强度。

解:无界空间理想介质中的传导电流为零,由全电流定律得位移电流密度为

$$\begin{aligned}\boldsymbol{J}_\mathrm{d} &= \frac{\partial \boldsymbol{D}}{\partial t} = \nabla \times \boldsymbol{H} \\ &= -\frac{\partial}{\partial z}[H_0 \sin(\omega t - kz)]\boldsymbol{e}_x + \frac{\partial}{\partial x}[H_0 \sin(\omega t - kz)]\boldsymbol{e}_z \\ &= kH_0 \cos(\omega t - kz)\boldsymbol{e}_x \quad (\mathrm{A/m^2})\end{aligned}$$

上式对时间积分,且略去与时间无关的常数项,得电位移矢量为

$$\boldsymbol{D} = \int kH_0 \cos(\omega t - kz)\mathrm{d}t\boldsymbol{e}_x = \frac{kH_0}{\omega}\sin(\omega t - kz)\boldsymbol{e}_x \quad (\mathrm{C/m^2})$$

电场强度为

$$\boldsymbol{E} = \frac{\boldsymbol{D}}{\varepsilon} = \frac{kH_0}{\varepsilon\omega}\sin(\omega t - kz)\boldsymbol{e}_x \quad (\mathrm{V/m})$$

6.3 麦克斯韦方程组

麦克斯韦方程组是电磁场的基本方程,是麦克斯韦在他提出的位移电流的假设下,全面总结以往的电磁学实践和理论后,于 1864 年 12 月在他发表的划时代著作《电磁场的动力学理论》(*A Dynamical Theory of Electromagnetic Field*)中,提出了电磁场的完整方程组,并预言了电磁波的存在和电磁波与光波的同一性。该方程组既适用于时变电磁场,也适用于静态场,是宏观电磁现象基本规律的正确总结。

麦克斯韦方程组微分形式如下:

法拉第电磁感应定律

$$\nabla\times\boldsymbol{E}=-\frac{\partial\boldsymbol{B}}{\partial t}\tag{6.21a}$$

全电流定律

$$\nabla\times\boldsymbol{H}=\boldsymbol{J}+\frac{\partial\boldsymbol{D}}{\partial t}\tag{6.21b}$$

高斯定理

$$\nabla\cdot\boldsymbol{D}=\rho\tag{6.21c}$$

磁通连续性原理

$$\nabla\cdot\boldsymbol{B}=0\tag{6.21d}$$

对应的积分形式如下：

法拉第电磁感应定律

$$\oint_l\boldsymbol{E}\cdot\mathrm{d}\boldsymbol{l}=-\int_S\frac{\partial\boldsymbol{B}}{\partial t}\cdot\mathrm{d}\boldsymbol{S}\tag{6.22a}$$

全电流定律

$$\oint_l\boldsymbol{H}\cdot\mathrm{d}\boldsymbol{l}=\int_S\left(\boldsymbol{J}+\frac{\partial\boldsymbol{D}}{\partial t}\right)\cdot\mathrm{d}\boldsymbol{S}\tag{6.22b}$$

高斯定理

$$\oint_S\boldsymbol{D}\cdot\mathrm{d}\boldsymbol{S}=Q\tag{6.22c}$$

磁通连续性原理

$$\oint_S\boldsymbol{B}\cdot\mathrm{d}\boldsymbol{S}=0\tag{6.22d}$$

式(6.21a)是式(6.7)的推广，式(6.22a)是式(6.5)的推广。式(6.7)中的 $\boldsymbol{E}$ 是指时变磁场所激发的感应电场，而这里它也包括自由电荷所激发的库仑电场，因为对库仑电场来说 $\frac{\partial\boldsymbol{B}}{\partial t}=0$，因而变为 $\nabla\times\boldsymbol{E}=0$；式(6.21b)就是式(6.17)，式(6.22b)就是式(6.19)，对于静态场来说有 $\frac{\partial\boldsymbol{D}}{\partial t}=0$，即为安培环路定律；式(6.21c)是式(2.62)的推广，式(6.22c)是式(2.64)的推广，这里 $\boldsymbol{D}$ 既包括库仑电场也包括感应电场，感应电场不是起源于电荷，取 $\rho=0$ 得 $\nabla\cdot\boldsymbol{D}=0$，是一个无散场；式(6.21d)是式(4.16)的推广，式(6.22d)是式(4.17)的推广，无论是静态场和时变场，磁通量连续性原理都普遍成立。对于时变场，又增加了一个旋涡源，但并不影响磁场的散度，其磁场依然无散。至今为止尚未发现有单独的磁荷或磁极存在，已证明了磁通是连续的。

麦克斯韦方程组是宏观电磁场普遍适用的基本方程。静电场和静磁场的基本方程是麦克斯韦方程组的特殊情况。麦克斯韦方程组的物理意义非常明确，总结如下：

(1) 时变磁场将产生电场；

(2) 电流和时变电场都会产生磁场，即变化电场和传导电流是磁场的旋涡源；

(3) 电场是有通量源的场，穿过任一封闭面的电通量等于此面所包围的自由电荷电量；

(4) 磁场无通量源，即磁场不可能由磁荷产生，穿过任一封闭面的磁通量恒等于零。

由(1)和(2)可见，时变磁场将产生时变电场，而时变电场又将产生时变磁场。这样，时变电场和时变磁场互相激发，犹如波浪由近向远进行传播，在空间中形成电磁波。由此麦克斯韦导出了电磁场的波动方程，发现电磁波的传播速度与光速一样。认为光也是一种电磁波，预言可能存在波长与可见光不同的其他电磁波。后来被赫兹(H. R. Hertz)的实验所证实，从而使得马可尼(G. Marconi)和波波夫(A. C. Popov)成功地进行了无线电报传送实验，开始了人类应用无线电波的历史。

麦克斯韦方程组描述了电磁场的基本性质，给出了电场与磁场相互间的联系，并给出了电磁场与电荷、电流之间的关系。而电荷与电流相互间的联系由电流连续性方程式(6.14)和式(6.15)给出。电磁场对电荷与电流的作用力由洛伦兹力公式给出，洛伦兹力公式为

$$\boldsymbol{F} = q(\boldsymbol{E} + \boldsymbol{v} \times \boldsymbol{B}) \tag{6.23}$$

其表示点电荷 q(速度为 $\boldsymbol{v}$)在静止电荷和电流附近所受到的总力。这些方程一起构成了经典电动力学的基础。与牛顿第二定律一起就完全确定了电磁场和带电粒子的宏观运动。麦克斯韦方程组在经典电动力学中所起的作用，与牛顿力学在经典力学中所起的作用相同。麦克斯韦电磁理论用来描述宏观电磁运动的波动性是正确的，但它并不能反映电磁运动的微粒性，不能解决电磁辐射与物质间的相互作用问题，因此有了量子电动力学，所以说麦克斯韦电磁理论的真理性也是相对的。

麦克斯韦方程组中的4个方程并不都是独立的，两个散度方程即方程(6.21c)和方程(6.21d)可由两个旋度方程即方程(6.21a)和方程(6.21b)导出，因此只有两个旋度方程即方程(6.21a)和方程(6.21b)是独立方程。

麦克斯韦方程组中的初始场源是 $\boldsymbol{J}$ 和 ρ，但是 $\boldsymbol{J}$ 和 ρ 是相关的，其关系式就是电流连续性方程式(6.14)和式(6.15)，所以两者中只有一个是独立的。

为了求解麦克斯韦方程组，还应有场矢量间相互关系的方程，这些方程与媒质特性有关，称为本构关系。对于一般媒质，其本构关系为

$$\boldsymbol{D} = \varepsilon_0 \boldsymbol{E} + \boldsymbol{P} \tag{6.24a}$$

$$\boldsymbol{B} = \mu_0(\boldsymbol{H} + \boldsymbol{M}) \tag{6.24b}$$

$$\boldsymbol{J} = \sigma \boldsymbol{E} \tag{6.24c}$$

对于简单媒质，本构关系为

$$\boldsymbol{D} = \varepsilon \boldsymbol{E} \tag{6.25a}$$

$$\boldsymbol{B} = \mu \boldsymbol{H} \tag{6.25b}$$

$$\boldsymbol{J} = \sigma \boldsymbol{E} \tag{6.25c}$$

所谓简单媒质是指均匀、线性、各向同性的媒质。各种媒质的定义如下：

若媒质参数与空间位置无关，称为均匀媒质；

若媒质参数与场强大小无关，称为线性媒质；

若媒质参数与场强方向无关，称为各向同性媒质；

若媒质参数与场强频率无关，称为非色散媒质；反之，称为色散媒质。

媒质为真空(或空气)时，$\varepsilon=\varepsilon_0$，$\mu=\mu_0$，$\sigma=0$。称 $\sigma=0$ 的媒质为理想介质，$\sigma=\infty$ 的媒质为理想导体，σ 介于二者之间的媒质为导电媒质。

对于简单媒质，利用式(6.25)可将式(6.21)变为

$$\nabla \times \boldsymbol{E} = -\mu \frac{\partial \boldsymbol{H}}{\partial t} \tag{6.26a}$$

$$\nabla\times \boldsymbol{H} = \boldsymbol{J} + \varepsilon \frac{\partial \boldsymbol{E}}{\partial t} \tag{6.26b}$$

$$\nabla\cdot \boldsymbol{E} = \frac{\rho}{\varepsilon} \tag{6.26c}$$

$$\nabla\cdot \boldsymbol{H} = 0 \tag{6.26d}$$

由于这 4 个方程仅适用于特定的媒质，因此称为麦克斯韦方程组的限定形式。若场源 $\boldsymbol{J}$ 给定，就可以解出独立方程(6.26a)和方程(6.26b)中的两个未知场矢量 $\boldsymbol{E}$、$\boldsymbol{H}$。

例 6.2　证明导电媒质内部 $\rho=0$。

第 6 章第 2 讲

解：利用电流连续性方程 $\nabla\cdot\boldsymbol{J}=-\frac{\partial\rho}{\partial t}$，并考虑到 $\boldsymbol{J}=\sigma\boldsymbol{E}$，有

$$\sigma\,\nabla\cdot \boldsymbol{E} = -\frac{\partial\rho}{\partial t}$$

在简单媒质中，$\nabla\cdot\boldsymbol{E}=\frac{\rho}{\varepsilon}$，故上式化为

$$\frac{\partial\rho}{\partial t}+\frac{\sigma}{\varepsilon}\rho = 0$$

解其得

$$\rho = \rho_0\exp\left(-\frac{\sigma}{\varepsilon}t\right)\quad (\mathrm{C/m^2})$$

可见，ρ 随时间按指数减小。衰减至 ρ_0 的 1/e 即 36.8%的时间(称为弛豫时间)为 $\tau=\frac{\varepsilon}{\sigma}$。若导体为铜，由表 3.1 知 $\sigma=5.7\times10^7\,\mathrm{S/m}$，$\varepsilon=\varepsilon_0$，则得 $\tau=1.5\times10^{-19}\,\mathrm{s}$。显然，导体内的电荷衰减极快，使导体内的 ρ 趋近零。

例 6.3　在无源的理想介质中电场强度 $\boldsymbol{E}=E\cos(\omega t-kz)\boldsymbol{e}_x$(V/m)，其中 k 为常数。试确定该场存在的条件和其他场量。

解：场存在的条件是要满足麦克斯韦方程。由题意知 $\rho=0$，$\boldsymbol{J}=\boldsymbol{0}$，$\sigma=0$，据法拉第电磁感应定律

$$\nabla\times \boldsymbol{E} = -\mu\frac{\partial \boldsymbol{H}}{\partial t}$$

得

$$\begin{aligned}\frac{\partial \boldsymbol{H}}{\partial t} &= -\frac{1}{\mu}\nabla\times\boldsymbol{E}\\ &= -\frac{1}{\mu}\cdot\frac{\partial}{\partial z}[E\cos(\omega t-kz)]\boldsymbol{e}_y+\frac{1}{\mu}\cdot\frac{\partial}{\partial y}[E\cos(\omega t-kz)]\boldsymbol{e}_z\\ &= -\frac{kE}{\mu}\sin(\omega t-kz)\boldsymbol{e}_y\end{aligned}$$

上式对时间积分，且略去与时间无关的常数项，得磁场强度为

$$\boldsymbol{H} = -\int\frac{kE}{\mu}\sin(\omega t-kz)\mathrm{d}t\boldsymbol{e}_y = \frac{kE}{\mu\omega}\cos(\omega t-kz)\boldsymbol{e}_y\quad(\mathrm{A/m})$$

根据本构关系知

$$\boldsymbol{D} = \varepsilon\boldsymbol{E} = \varepsilon E\cos(\omega t-kz)\boldsymbol{e}_x\quad(\mathrm{C/m^2})$$

$$\boldsymbol{B} = \mu\boldsymbol{H} = \frac{kE}{\omega}\cos(\omega t-kz)\boldsymbol{e}_y\quad(\mathrm{Wb/m^2})$$

对 $\boldsymbol{D}$ 和 $\boldsymbol{B}$ 求散度，即

$$\nabla\cdot\boldsymbol{D}=\frac{\partial}{\partial x}[\varepsilon E\cos(\omega t-kz)]=0$$

$$\nabla\cdot\boldsymbol{B}=\frac{\partial}{\partial y}\left[\frac{kE}{\omega}\cos(\omega t-kz)\right]=0$$

因为 $\rho=0$，所以该场满足高斯定理和磁通连续性原理。由于

$$\begin{aligned}\nabla\times\boldsymbol{H}&=-\frac{\partial}{\partial z}\left[\frac{kE}{\mu\omega}\cos(\omega t-kz)\right]\boldsymbol{e}_x+\frac{\partial}{\partial x}\left[\frac{kE}{\mu\omega}\cos(\omega t-kz)\right]\boldsymbol{e}_z\\&=-\frac{k^2E}{\mu\omega}\sin(\omega t-kz)\boldsymbol{e}_x\end{aligned}$$

$$\frac{\partial\boldsymbol{D}}{\partial t}=\frac{\partial}{\partial t}[\varepsilon E\cos(\omega t-kz)]\boldsymbol{e}_x=-\omega\varepsilon E\sin(\omega t-kz)\boldsymbol{e}_x$$

且 $\boldsymbol{J}=\boldsymbol{0}$，要满足全电流定律

$$\nabla\times\boldsymbol{H}=\boldsymbol{J}+\frac{\partial\boldsymbol{D}}{\partial t}$$

则

$$-\frac{k^2E}{\mu\omega}\sin(\omega t-kz)\boldsymbol{e}_x=-\omega\varepsilon E\sin(\omega t-kz)\boldsymbol{e}_x$$

整理得

$$k^2=\omega^2\mu\varepsilon$$

即

$$k=\pm\omega\sqrt{\mu\varepsilon}$$

上式即为该场存在的条件。

6.4 电磁场的边界条件

在实际问题中总是存在不同媒质的分界面，因而常常需要求解麦克斯韦方程组在不同区域的特解。为此需要知道两种分界面处电磁场应满足的关系，即边界条件。由于分界面两侧媒质性质不同，媒质参数 ε、μ、σ 不连续，因此在边界上麦克斯韦方程组的微分形式失去意义。可以用与静态场相似的方法从积分形式导出边界两侧电磁场间的关系。

如图 6.4 所示，跨越边界两侧作小回路 l，其边长 Δl 紧贴边界，其高度 Δh 为一高阶微量，小回路所包围的面积 $\Delta S_l=\Delta l\cdot\Delta h$ 也是高阶微量。

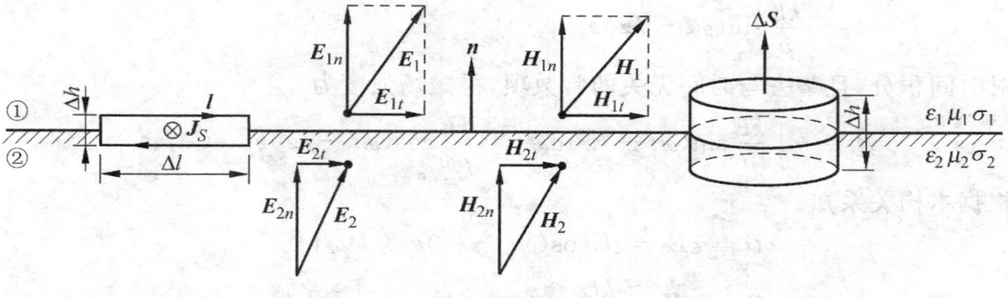

图 6.4 电磁场的边界条件

小回路面积 $\Delta S_l=\Delta l \cdot \Delta h$ 垂直方向的单位矢量为 $\boldsymbol{e}_S$，由式(6.22a)得

$$\lim_{\Delta h\to 0}\oint_l \boldsymbol{E}\cdot \mathrm{d}\boldsymbol{l}=\boldsymbol{E}_1\cdot\Delta\boldsymbol{l}+\boldsymbol{E}_2\cdot(-\Delta\boldsymbol{l})=E_{1t}\Delta l-E_{2t}\Delta l=-\lim_{\Delta h\to 0}\int_{\Delta S_l}\frac{\partial \boldsymbol{B}}{\partial t}\cdot \mathrm{d}\boldsymbol{S}$$

$$=-\lim_{\Delta h\to 0}\frac{\partial \boldsymbol{B}}{\partial t}\cdot\boldsymbol{e}_S\Delta S_l=-\lim_{\Delta h\to 0}\frac{\partial \boldsymbol{B}}{\partial t}\cdot\boldsymbol{e}_S\Delta h\cdot\Delta l$$

其中，忽略了回路积分中的 Δh 项。等式两边同除以 Δl，得

$$E_{1t}-E_{2t}=-\lim_{\Delta h\to 0}\frac{\partial \boldsymbol{B}}{\partial t}\cdot\boldsymbol{e}_S\Delta h=0$$

当分界面上有面电流时，小回路包围电流 $I=J_S\Delta l$，J_S 是与小回路面积 $\Delta S_l=\Delta l\cdot\Delta h$ 垂直方向 $\boldsymbol{e}_S$ 上的传导电流面密度(A/m)。因此，由式(6.22b)得

$$\lim_{\Delta h\to 0}\oint_l \boldsymbol{H}\cdot \mathrm{d}\boldsymbol{l}=\boldsymbol{H}_1\cdot\Delta\boldsymbol{l}+\boldsymbol{H}_2\cdot(-\Delta\boldsymbol{l})=H_{1t}\Delta l-H_{2t}\Delta l$$

$$=\lim_{\Delta h\to 0}\int_{\Delta S_l}\left(\boldsymbol{J}+\frac{\partial \boldsymbol{D}}{\partial t}\right)\cdot \mathrm{d}\boldsymbol{S}=\lim_{\Delta h\to 0}\left(\boldsymbol{J}+\frac{\partial \boldsymbol{D}}{\partial t}\right)\cdot\boldsymbol{e}_S\Delta S_l$$

$$=\lim_{\Delta h\to 0}\left(\boldsymbol{J}+\frac{\partial \boldsymbol{D}}{\partial t}\right)\cdot\boldsymbol{e}_S\Delta l\cdot\Delta h=\left(\lim_{\Delta h\to 0}\boldsymbol{J}\cdot\boldsymbol{e}_S\Delta h+\lim_{\Delta h\to 0}\frac{\partial \boldsymbol{D}}{\partial t}\cdot\boldsymbol{e}_S\Delta h\right)\Delta l$$

$$=J_S\Delta l$$

其中，忽略了回路积分中的 Δh 项，且

$$\lim_{\Delta h\to 0}\boldsymbol{J}\cdot\boldsymbol{e}_S\Delta h=\lim_{\Delta h\to 0}\frac{I}{\Delta S_l}\boldsymbol{e}_S\cdot\boldsymbol{e}_S\Delta h=\lim_{\Delta h\to 0}\frac{I}{\Delta l\cdot\Delta h}\Delta h=\frac{I}{\Delta l}=J_S$$

等式两边同除以 Δl，得

$$H_{1t}-H_{2t}=J_S$$

由此得到 $\boldsymbol{E}$ 和 $\boldsymbol{H}$ 的切向分量边界条件为

$$E_{1t}=E_{2t}\quad 或\quad \boldsymbol{e}_n\times(\boldsymbol{E}_1-\boldsymbol{E}_2)=0 \tag{6.27a}$$

$$H_{1t}-H_{2t}=J_S\quad 或\quad \boldsymbol{e}_n\times(\boldsymbol{H}_1-\boldsymbol{H}_2)=\boldsymbol{J}_S \tag{6.27b}$$

式中，$\boldsymbol{e}_n$ 为分界面的法向单位矢量，由媒质②指向媒质①。

在图 6.4 中，边界两侧各取小面元 ΔS，两者相距 Δh，为高阶无穷小量。在计算穿出小体积元 $\Delta S\times\Delta h$ 表面的 $\boldsymbol{D}$、$\boldsymbol{B}$ 的通量时，考虑到 ΔS 很小，其上的 $\boldsymbol{D}$、$\boldsymbol{B}$ 可看作常数，而 Δh 为高阶无穷小量，因此穿出侧面的通量可忽略。由式(6.22c)和式(6.22d)可得

$$\lim_{\Delta h\to 0}\oint_S \boldsymbol{D}\cdot \mathrm{d}\boldsymbol{S}=\boldsymbol{D}_1\cdot\boldsymbol{e}_n\Delta S+\boldsymbol{D}_2\cdot(-\boldsymbol{e}_n\Delta S)=D_{1n}\Delta S-D_{2n}\Delta S=\rho_S\Delta S$$

$$\lim_{\Delta h\to 0}\oint_S \boldsymbol{B}\cdot \mathrm{d}\boldsymbol{S}=\boldsymbol{B}_1\cdot\boldsymbol{e}_n\Delta S+\boldsymbol{B}_2\cdot(-\boldsymbol{e}_n\Delta S)=B_{1n}\Delta S-B_{2n}\Delta S=0$$

式中，ρ_S 是分界面上自由电荷的面密度(C/m^2)。于是得到 $\boldsymbol{D}$ 和 $\boldsymbol{B}$ 法向分量的边界条件为

$$D_{1n}-D_{2n}=\rho_S\quad 或\quad \boldsymbol{e}_n\cdot(\boldsymbol{D}_1-\boldsymbol{D}_2)=\rho_S \tag{6.27c}$$

$$B_{1n}=B_{2n}\quad 或\quad \boldsymbol{e}_n\cdot(\boldsymbol{B}_1-\boldsymbol{B}_2)=0 \tag{6.27d}$$

由上述边界条件可以看到：

(1) 任何分界面上 $\boldsymbol{E}$ 的切向分量是连续的；

(2) 在分界面上若存在面电流(仅在理想导体表面上存在)，$\boldsymbol{H}$ 的切向分量不连续，其差等于面电流密度；否则，$\boldsymbol{H}$ 的切向分量是连续的；

(3) 在分界面上有面电荷(在理想导体表面上)时，$\boldsymbol{D}$ 的法向分量不连续，其差等于面电

荷密度；否则，$\boldsymbol{D}$ 的法向分量是连续的；

(4) 任何分界面上 $\boldsymbol{B}$ 的法向分量是连续的。

由于麦克斯韦方程组中两个散度方程可由两个旋度方程导出，因而，基于两个散度方程得出的边界条件式(6.27c)和式(6.27d)与基于两个旋度方程得出的边界条件式(6.27a)和式(6.27b)并不是完全相独立的。可以证明，在时变场情况下，只要 $\boldsymbol{E}$ 的切向分量边界条件式(6.27a)满足，则 $\boldsymbol{B}$ 的法向分量边界条件式(6.27d)必然成立；而若 $\boldsymbol{H}$ 的切向分量边界条件式(6.27b)满足，则 $\boldsymbol{D}$ 的法向分量边界条件式(6.27c)也必然成立。因此，在求解时变场时，只需要应用 $\boldsymbol{E}$ 和 $\boldsymbol{H}$ 在分界面上的切向分量边界条件就可以了。

在各种媒质的边界中有两种重要的特殊情况，即两种理想介质间的边界和理想介质与理想导体间的边界。

理想介质是指 $\sigma=0$，即无损耗的简单媒质。在两种理想介质的分界面上不存在面电流和自由电荷，即 $J_S=0$，$\rho_S=0$。因此，这时的边界条件为

$$E_{1t}=E_{2t} \quad 或 \quad \boldsymbol{e}_n\times\boldsymbol{E}_1=\boldsymbol{e}_n\times\boldsymbol{E}_2 \tag{6.28a}$$

$$H_{1t}=H_{2t} \quad 或 \quad \boldsymbol{e}_n\times\boldsymbol{H}_1=\boldsymbol{e}_n\times\boldsymbol{H}_2 \tag{6.28b}$$

$$D_{1n}=D_{2n} \quad 或 \quad \boldsymbol{e}_n\cdot\boldsymbol{D}_1=\boldsymbol{e}_n\cdot\boldsymbol{D}_2 \tag{6.28c}$$

$$B_{1n}=B_{2n} \quad 或 \quad \boldsymbol{e}_n\cdot\boldsymbol{B}_1=\boldsymbol{e}_n\cdot\boldsymbol{B}_2 \tag{6.28d}$$

理想介质与理想导体间的边界如图 6.5 所示，图中媒质①为理想介质，媒质②为理想导体。

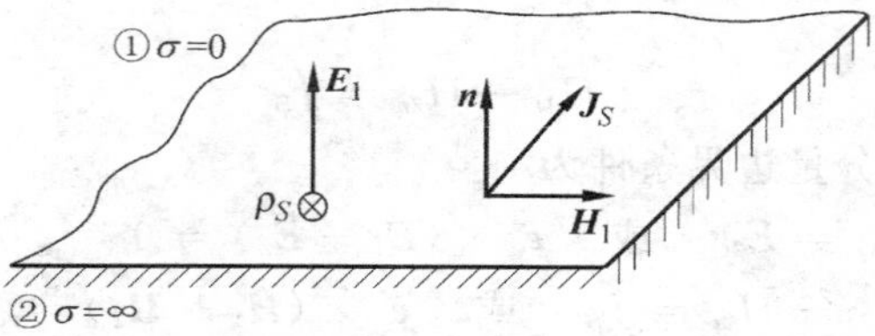

图 6.5 理想导体表面的电磁场

对于理想导体，$\sigma=\infty$，其内部不存在电场，否则它将产生无限大的电流密度 $\boldsymbol{J}=\sigma\boldsymbol{E}$，其电荷只存在于理想导体表面，形成面电荷 ρ_S，且 $\boldsymbol{D}_2=\boldsymbol{E}_2=\boldsymbol{0}$。另外，对于时变场，理想导体内也不存在磁场，否则它们将产生感应电动势，形成极大的电流，所以 $\boldsymbol{B}_2=\boldsymbol{H}_2=\boldsymbol{0}$，此时的边界条件为

$$E_{1t}=0 \quad 或 \quad \boldsymbol{e}_n\times\boldsymbol{E}_1=\boldsymbol{0} \tag{6.29a}$$

$$H_{1t}=J_S \quad 或 \quad \boldsymbol{e}_n\times\boldsymbol{H}_1=\boldsymbol{J}_S \tag{6.29b}$$

$$D_{1n}=\rho_S \quad 或 \quad \boldsymbol{e}_n\cdot\boldsymbol{D}_1=\rho_S \tag{6.29c}$$

$$B_{1n}=0 \quad 或 \quad \boldsymbol{e}_n\cdot\boldsymbol{B}_1=0 \tag{6.29d}$$

可见，在导体表面处，介质中的电场只有法向分量而磁场只有切向分量。

例 6.4 设 $z=0$ 的平面为空气与理想导体的分界面，$z<0$ 一侧为理想导体，分界面处的磁场强度为

$$\boldsymbol{H}(x,y,0,t)=H_0\sin ax\cos(\omega t-ay)\boldsymbol{e}_x$$

试求理想导体表面上的电流分布、电荷分布以及分界面处的电场强度。

解：根据理想导体分界面上的边界条件，可求得理想导体表面上的电流分布为

$$\boldsymbol{J}_S = \boldsymbol{e}_n \times \boldsymbol{H} = H_0 \sin ax \cos(\omega t - ay)\boldsymbol{e}_z \times \boldsymbol{e}_x = H_0 \sin ax \cos(\omega t - ay)\boldsymbol{e}_y$$

由电流连续性方程$\nabla \cdot \boldsymbol{J} = -\frac{\partial \rho}{\partial t}$,有

$$-\frac{\partial \rho_S}{\partial t} = \frac{\partial}{\partial y}[H_0 \sin ax \cos(\omega t - ay)] = aH_0 \sin ax \sin(\omega t - ay)$$

$$\rho_S = \frac{aH_0}{\omega}\sin ax \cos(\omega t - ay) + c(x,y)$$

若 $t=0$ 时 $\rho_S=0$,则

$$c(x,y) = -\frac{aH_0}{\omega}\sin ax \cos ay$$

由边界条件 $\boldsymbol{e}_n \cdot \boldsymbol{D} = \rho_S$ 可得

$$\boldsymbol{D}(x,y,0,t) = \frac{aH_0}{\omega}\sin ax[\cos(\omega t - ay) - \cos ay]\boldsymbol{e}_z$$

即

$$\boldsymbol{E}(x,y,0,t) = \frac{aH_0}{\omega\varepsilon_0}\sin ax[\cos(\omega t - ay) - \cos ay]\boldsymbol{e}_z$$

例 6.5　设区域①($z<0$)的媒质参数 $\varepsilon_{r1}=1,\mu_{r1}=1,\sigma_1=0$；区域②($z>0$)的媒质参数 $\varepsilon_{r2}=5,\mu_{r2}=20,\sigma_2=0$。区域①中的电场强度为

$$\boldsymbol{E}_1 = [60\cos(15\times 10^8 t - 5z) + 20\cos(15\times 10^8 t + 5z)]\boldsymbol{e}_x \quad (\text{V/m})$$

区域②中的电场强度为

$$\boldsymbol{E}_2 = A \cdot \cos(15\times 10^8 t - 5z)\boldsymbol{e}_x \quad (\text{V/m})$$

试求：

(1) 常数 A；

(2) 磁场强度$\boldsymbol{H}_1$ 和$\boldsymbol{H}_2$；

(3) 证明在 $z=0$ 处$\boldsymbol{H}_1$ 和$\boldsymbol{H}_2$ 满足边界条件。

解：(1) 在无耗媒质的分界面 $z=0$ 处,有

$$\boldsymbol{E}_1 = [60\cos(15\times 10^8 t) + 20\cos(15\times 10^8 t)]\boldsymbol{e}_x = 80\cos(15\times 10^8 t)\boldsymbol{e}_x$$

$$\boldsymbol{E}_2 = A \cdot \cos(15\times 10^8 t)\boldsymbol{e}_x$$

由于 $\boldsymbol{E}_1$ 和 $\boldsymbol{E}_2$ 恰好为切向电场,根据边界条件(6.27a)有

$$A = 80 \text{ V/m}$$

(2) 根据麦克斯韦方程

$$\nabla \times \boldsymbol{E}_1 = -\mu_1 \frac{\partial \boldsymbol{H}_1}{\partial t}$$

得

$$\frac{\partial \boldsymbol{H}_1}{\partial t} = -\frac{1}{\mu_1}\nabla \times \boldsymbol{E}_1 = -\frac{1}{\mu_0}\cdot\frac{\partial E_1}{\partial z}\boldsymbol{e}_y = \frac{1}{\mu_0}[300\sin(15\times 10^8 t - 5z) - 100\sin(15\times 10^8 t + 5z)]\boldsymbol{e}_y$$

将上式积分,并略去与时间无关的常数项,得

$$\boldsymbol{H}_1 = [0.1592 \cdot \cos(15\times 10^8 t - 5z) - 0.0531 \cdot \cos(15\times 10^8 t + 5z)]\boldsymbol{e}_y \quad (\text{A/m})$$

同样可以求得

$$\boldsymbol{H}_2=[0.1061\cdot\cos(15\times10^8t-50z)]\boldsymbol{e}_y\quad(\text{A/m})$$

(3) 在(2)中取 $z=0$,得

$$\boldsymbol{H}_1=[0.1061\cdot\cos(15\times10^8t)]\boldsymbol{e}_y$$

$$\boldsymbol{H}_2=[0.1061\cdot\cos(15\times10^8t)]\boldsymbol{e}_y$$

可见,$\boldsymbol{H}_1$ 和$\boldsymbol{H}_2$ 为分界面上的切向分量,且$\boldsymbol{H}_1=\boldsymbol{H}_2$,因此$\boldsymbol{H}_1$ 和$\boldsymbol{H}_2$ 满足边界条件。

6.5 坡印廷定理

电磁场是具有能量的。时变电磁场中能量守恒定律的表达式称为坡印廷定理。这个表达式可以由麦克斯韦方程组中的两个旋度方程(6.21a)和方程(6.21b)导出。

将式(6.21a)、式(6.21b)代入矢量恒等式

$$\nabla\cdot(\boldsymbol{E}\times\boldsymbol{H})=\boldsymbol{H}\cdot(\nabla\times\boldsymbol{E})-\boldsymbol{E}\cdot(\nabla\times\boldsymbol{H})$$

得

$$\nabla\cdot(\boldsymbol{E}\times\boldsymbol{H})=\boldsymbol{H}\cdot\left(-\frac{\partial\boldsymbol{B}}{\partial t}\right)-\boldsymbol{E}\cdot\left(\boldsymbol{J}+\frac{\partial\boldsymbol{D}}{\partial t}\right)$$

即

$$-\nabla\cdot(\boldsymbol{E}\times\boldsymbol{H})=\boldsymbol{H}\cdot\frac{\partial\boldsymbol{B}}{\partial t}+\boldsymbol{E}\cdot\frac{\partial\boldsymbol{D}}{\partial t}+\boldsymbol{E}\cdot\boldsymbol{J}$$

将上式两端对封闭面 S 所包围的体积 V 进行积分,并利用散度定理后得

$$-\oint_S(\boldsymbol{E}\times\boldsymbol{H})\cdot\mathrm{d}\boldsymbol{S}=\int_V\left(\boldsymbol{H}\cdot\frac{\partial\boldsymbol{B}}{\partial t}+\boldsymbol{E}\cdot\frac{\partial\boldsymbol{D}}{\partial t}+\boldsymbol{E}\cdot\boldsymbol{J}\right)\mathrm{d}V\tag{6.30}$$

此式为适用于一般媒质的坡印廷定理。

利用矢量函数求导公式,得

$$\frac{\partial}{\partial t}(\boldsymbol{A}\cdot\boldsymbol{B})=\frac{\partial\boldsymbol{A}}{\partial t}\cdot\boldsymbol{B}+\boldsymbol{A}\cdot\frac{\partial\boldsymbol{B}}{\partial t}$$

$$\frac{\partial}{\partial t}(\boldsymbol{A}\cdot\boldsymbol{A})=2\boldsymbol{A}\cdot\frac{\partial\boldsymbol{A}}{\partial t}$$

对于简单媒质的情形,有

$$\boldsymbol{H}\cdot\frac{\partial\boldsymbol{B}}{\partial t}=\mu\boldsymbol{H}\cdot\frac{\partial\boldsymbol{H}}{\partial t}=\frac{\mu}{2}\cdot\frac{\partial}{\partial t}(\boldsymbol{H}\cdot\boldsymbol{H})=\frac{\partial}{\partial t}\left(\frac{1}{2}\mu H^2\right)$$

同理

$$\boldsymbol{E}\cdot\frac{\partial\boldsymbol{D}}{\partial t}=\frac{\partial}{\partial t}\left(\frac{1}{2}\boldsymbol{D}\cdot\boldsymbol{E}\right)=\frac{\partial}{\partial t}\left(\frac{1}{2}\varepsilon E^2\right)$$

则式(6.30)化为

$$-\oint_S(\boldsymbol{E}\times\boldsymbol{H})\cdot\mathrm{d}\boldsymbol{S}=\frac{\partial}{\partial t}\int_V\left(\frac{1}{2}\varepsilon E^2+\frac{1}{2}\mu H^2\right)\mathrm{d}V+\int_V\boldsymbol{E}\cdot\boldsymbol{J}\mathrm{d}V\tag{6.31}$$

可以看出,上式的右端各项被积函数的物理意义为:

$w_e=\dfrac{1}{2}\varepsilon E^2$,是电场能量密度,单位为(F/m)($\text{V}^2/\text{m}^2$)=$\text{J/m}^3$;

$w_m=\dfrac{1}{2}\mu H^2$,是磁场能量密度,单位为(H/m)(A^2/m^2)=J/m^3;

$p_\sigma = \boldsymbol{E}\cdot\boldsymbol{J} = \sigma E^2$，是传导电流引起的热损耗功率密度，单位为 $\mathrm{W/m^3}$。

因此，式(6.31)右端代表体积 V 中电磁场能量随时间的增加率和热损耗功率。根据能量守恒原理，这两项能量之和，只有靠流入体积的能量来补偿，因此左端是单位时间内流入封闭面 S 的能量。式(6.31)是时变电磁场中的能量守恒定律，称为坡印廷(J. H. Poynting)定理。此式清楚地表明，电磁场是能量的传递者和携带者。

单位时间内穿过与传播方向垂直的单位面积的能量称为功率流密度。功率流密度是一个矢量，其方向是该点能量流动的方向。式(6.31) 左端表示单位时间内流入封闭面 S 的能量，那么，去掉负号的 $\oint_S (\boldsymbol{E}\times\boldsymbol{H})\cdot \mathrm{d}\boldsymbol{S}$ 就代表单位时间内流出封闭面 S 的能量，即流出 S 面的功率。令

$$\boldsymbol{S} = \boldsymbol{E}\times\boldsymbol{H} \tag{6.32}$$

式中，$\boldsymbol{S}$ 称为坡印廷矢量。可见，坡印廷矢量 $\boldsymbol{S}$ 代表流出 S 面的功率流密度，单位是 $\mathrm{W/m^2}$，其方向就是功率流的方向，它与矢量 $\boldsymbol{E}$ 和 $\boldsymbol{H}$ 相垂直，三者成右手螺旋关系，如图 6.6 所示。

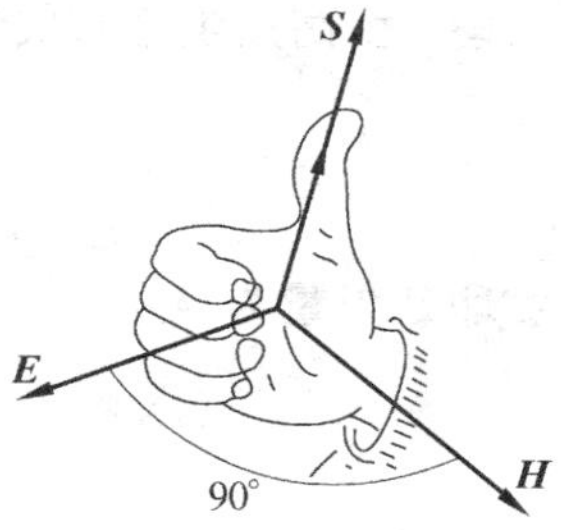

图 6.6　坡印廷矢量

式(6.31)可简写为

$$-\oint_S \boldsymbol{S}\cdot \mathrm{d}\boldsymbol{S} = \frac{\partial}{\partial t}\int_V (w_\mathrm{e} + w_\mathrm{m})\mathrm{d}V + \int_V p_\sigma \mathrm{d}V \tag{6.33}$$

通过下面的例子可以看到，用坡印廷矢量可以解释许多电磁现象。

例 6.6　一段长直导线 l，半径为 a，电导率为 σ。设沿线通过直流 I，试求其表面处的坡印廷矢量，并证明坡印廷定理。

解：取导线轴为圆柱坐标的 z 轴，如图 6.7 所示。

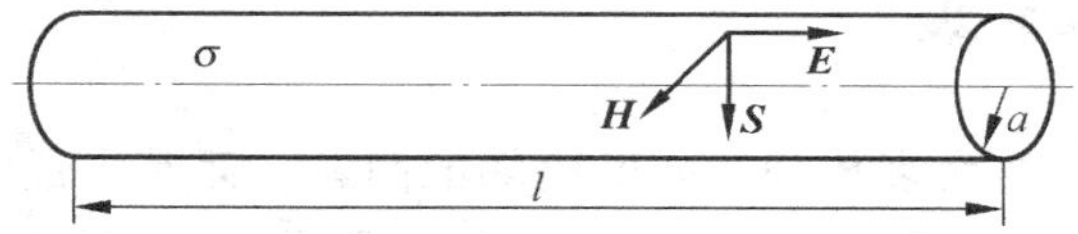

图 6.7　直流导线段

直流电流将均匀分布在导线的横截面上，导线截面积为 πa^2，导体表面处的场强为

$$\boldsymbol{E} = \frac{\boldsymbol{J}}{\sigma} = \frac{I}{\pi a^2 \sigma}\boldsymbol{e}_z, \quad \boldsymbol{H} = \frac{I}{2\pi a}\boldsymbol{e}_\varphi$$

故表面处坡印廷矢量为

$$\boldsymbol{S} = \boldsymbol{E}\times\boldsymbol{H} = -\frac{I^2}{2\sigma\pi^2 a^3}\boldsymbol{e}_\rho$$

它的方向垂直于导体表面，指向导体里面。

为证明坡印廷定理，需将坡印廷矢量 $\boldsymbol{S}$ 沿圆柱表面积分，即

$$-\oint_S \boldsymbol{S}\cdot \mathrm{d}\boldsymbol{S} = -\oint_S \boldsymbol{S}\cdot \boldsymbol{e}_\rho \mathrm{d}S = \left(\frac{I^2}{2\sigma\pi^2 a^3}\right)2\pi a l = I^2\left(\frac{l}{\sigma\pi a^2}\right) = I^2 R$$

导体内的热损耗功率为

$$\int_V p_\sigma \mathrm{d}V = \int_V \sigma E^2 \mathrm{d}V = \int_V \frac{J^2}{\sigma}\mathrm{d}V = \frac{I^2}{\sigma\pi^2 a^4}\cdot \pi a^2 l = I^2\left(\frac{l}{\sigma\pi a^2}\right) = I^2 R$$

可见，流入导线表面的电磁功率正好等于导线内部的热损耗功率。由于是静态场，

$\frac{\partial}{\partial t}=0$,式(6.33)右端第一项不存在,故坡印廷定理成立。这里从场的角度导出了电路理论中的焦耳定理。其微分形式为

$$p_\sigma = \boldsymbol{E}\cdot\boldsymbol{J} = \sigma E^2 = \frac{J^2}{\sigma} \tag{6.34}$$

表示场点处单位体积的热损耗功率。

例 6.7 一同轴线的内导体半径为 a,外导体半径为 b,内、外导体间为空气,内、外导体均为理想导体,载有直流电流 I,内、外导体间的电压为 U。求同轴线的传输功率和坡印廷矢量。

解:由高斯定理和安培环路定律,可以求出同轴线内、外导体间的电场和磁场,即

$$\boldsymbol{E} = \frac{U}{\rho\ln\frac{b}{a}}\boldsymbol{e}_\rho,\quad \boldsymbol{H} = \frac{I}{2\pi\rho}\boldsymbol{e}_\varphi\quad (a<\rho<b)$$

其坡印廷矢量为

$$\boldsymbol{S} = \boldsymbol{E}\times\boldsymbol{H} = \frac{UI}{2\pi\rho^2\ln\frac{b}{a}}\boldsymbol{e}_z$$

可见,电磁能量沿 z 轴方向流动,由电源向负载传输。通过同轴线内、外导体间任一横截面的功率为

$$P = \int_{S'}\boldsymbol{S}\cdot\mathrm{d}\boldsymbol{S}' = \int_a^b \frac{UI}{2\pi\rho^2\ln\frac{b}{a}}\cdot 2\pi\rho\,\mathrm{d}\rho = UI$$

这与电路理论中的结论一样。

6.6 正弦电磁场

第 6 章第 3 讲

实际中的电磁问题,绝大多数是时变电磁场的问题。而其中最常见的又是随时间按正弦律(或余弦律)作简谐变化的电磁场,当电荷和电流是时间的正弦函数时,空间任一点的电场和磁场的每一个分量都是时间的正弦函数,称这类电磁场为时谐电磁场或正弦电磁场。

时谐电磁场的场矢量如 $\boldsymbol{E}$、$\boldsymbol{H}$ 的每一坐标分量都随时间以相同的频率作简谐变化。这些量和交流电路中的电压和电流一样,用复数表示将带来很大的方便。

6.6.1 正弦电磁场的复数表示

设时谐电磁场电场强度矢量 $\boldsymbol{E}(t)$ 的一般表达式为

$$\boldsymbol{E}(x,y,z,t) = E_x(x,y,z,t)\boldsymbol{e}_x + E_y(x,y,z,t)\boldsymbol{e}_y + E_z(x,y,z,t)\boldsymbol{e}_z \tag{6.35}$$

它的坐标分量为

$$\begin{aligned} E_x(x,y,z,t) &= E_{xm}(x,y,z)\cos[\omega t+\phi_x(x,y,z)] \\ E_y(x,y,z,t) &= E_{ym}(x,y,z)\cos[\omega t+\phi_y(x,y,z)] \\ E_z(x,y,z,t) &= E_{zm}(x,y,z)\cos[\omega t+\phi_z(x,y,z)] \end{aligned}$$

式中,E_{xm}、E_{ym}、E_{zm} 为空间坐标的函数;ϕ_x、ϕ_y、ϕ_z 为初始相位;E_x、E_y、E_z 为时间的周期函数。以 $E_x(x,y,z,t)$ 为例,设 $\omega T=2\pi$,则经过时间 T,$E_x(x,y,z,t)$ 的值与 $t=0$ 时相同。

T 称为周期，$f=\frac{1}{T}$称为频率，$\omega=2\pi f$ 称为角频率。时谐函数如图 6.8 所示。

与交流电路中的处理相似，可将 $E_x(x,y,z,t)$写成

$$E_x(x,y,z,t)=\mathrm{Re}[E_{xm}(x,y,z)\mathrm{e}^{\mathrm{j}[\omega t+\phi_x(x,y,z)]}]$$
$$=\mathrm{Re}(E_{xm}\mathrm{e}^{\mathrm{j}\phi_x}\mathrm{e}^{\mathrm{j}\omega t})$$
$$=\mathrm{Re}(\dot{E}_{xm}\mathrm{e}^{\mathrm{j}\omega t}) \tag{6.36}$$

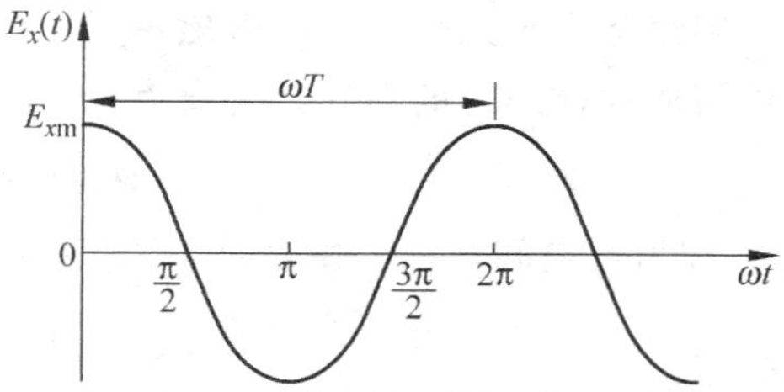

图 6.8　时谐函数

式中，Re[ ]表示对括号中的量取实部。为了简化，符号 $\mathrm{Re}[(\cdot)\mathrm{e}^{\mathrm{j}\omega t}]$一般都不重复列出，这样则有

$$E_x(t)\underset{\text{等效于}}{\Longleftrightarrow}\dot{E}_{xm}=E_{xm}\mathrm{e}^{\mathrm{j}\phi_x} \tag{6.37}$$

式中，复数$\dot{E}_{xm}$称为复振幅，又称为相量。$E_x(t)$是时间 t 的函数，而$\dot{E}_{xm}$不再是 t 的函数，而只是空间坐标的函数。$E_x(t)$是实数，而$\dot{E}_{xm}$是复数，但只要取其实部便可得出 $E_x(t)$。并有

$$\frac{\partial E_x(x,y,z,t)}{\partial t}=-E_{xm}(x,y,z)\cdot\omega\cdot\sin[\omega t+\phi_x(x,y,z)]=\mathrm{Re}(\mathrm{j}\omega\dot{E}_{xm}\mathrm{e}^{\mathrm{j}\omega t})$$

可见

$$\frac{\partial E_x(x,y,z,t)}{\partial t}\Longleftrightarrow\mathrm{j}\omega\dot{E}_{xm}(x,y,z) \tag{6.38}$$

这就是说，$E_x(t)$对时间 t 的微分运算可化为对复振幅$\dot{E}_{xm}$乘以 $\mathrm{j}\omega$ 的代数运算。

将时谐电场 $E(t)$的 3 个分量都用复数表示，则有

$$\boldsymbol{E}(x,y,z,t)=\mathrm{Re}[(E_{xm}\mathrm{e}^{\mathrm{j}\phi_x}\boldsymbol{e}_x+E_{ym}\mathrm{e}^{\mathrm{j}\phi_y}\boldsymbol{e}_y+E_{zm}\mathrm{e}^{\mathrm{j}\phi_z}\boldsymbol{e}_z)\mathrm{e}^{\mathrm{j}\omega t}]$$
$$=\mathrm{Re}[(\dot{E}_{xm}\boldsymbol{e}_x+\dot{E}_{ym}\boldsymbol{e}_y+\dot{E}_{zm}\boldsymbol{e}_z)\mathrm{e}^{\mathrm{j}\omega t}]$$
$$=\mathrm{Re}(\dot{\boldsymbol{E}}\mathrm{e}^{\mathrm{j}\omega t}) \tag{6.39}$$

于是

$$\boldsymbol{E}(x,y,z,t)\Longleftrightarrow\dot{\boldsymbol{E}}(x,y,z)=\dot{E}_{xm}\boldsymbol{e}_x+\dot{E}_{ym}\boldsymbol{e}_y+\dot{E}_{zm}\boldsymbol{e}_z \tag{6.40}$$

式中，$\dot{\boldsymbol{E}}$称为电场强度复矢量，它的 3 个分量分别是复振幅$\dot{E}_{xm}$、$\dot{E}_{ym}$和$\dot{E}_{zm}$。因此，$\dot{\boldsymbol{E}}$不再是时间 t 的函数而只是空间坐标的函数。把四维(x,y,z,t)问题简化成了三维(x,y,z)问题。若要得出瞬时关系式，只要记住下列变化关系即可：

$$\boldsymbol{E}(x,y,z,t)=\mathrm{Re}[\dot{\boldsymbol{E}}(x,y,z)\mathrm{e}^{\mathrm{j}\omega t}] \tag{6.41}$$

特别指出，只有当 $\phi_x=\phi_y=\phi_z$ 时，复矢量$\dot{\boldsymbol{E}}$才能用单一的模和单一的初始相位表示。这是因为，如果$\dot{\boldsymbol{E}}$的各分量的初始相位不一致，当乘上 $\mathrm{e}^{\mathrm{j}\omega t}$后，合成的瞬时矢量 $\boldsymbol{E}(t)$的方向将随 t 的变化而变化。这一点在 7.5 节中会有进一步的理解。

6.6.2　麦克斯韦方程组的复数形式

时谐电磁场在实际中获得了广泛的应用。由傅里叶变换理论可知，任何周期性的或非

周期性的时变电磁场都可看成是许多具有不同频率的时谐电磁场的叠加或积分。因此，研究时谐电磁场是研究一切时变电磁场的基础。

用复数表示来分析时谐电磁场时，首先要给出复数形式的麦克斯韦方程组，为此将场矢量都写成式(6.41)的形式。对麦克斯韦方程组的式(6.21a)有

$$\nabla\times \mathrm{Re}(\dot{\boldsymbol{E}}\mathrm{e}^{\mathrm{j}\omega t}) = -\mathrm{Re}(\mathrm{j}\omega\dot{\boldsymbol{B}}\mathrm{e}^{\mathrm{j}\omega t})$$

式中，∇为对空间坐标的微分算子，它和取实部符号 Re 可以调换次序。因此

$$\nabla\times\dot{\boldsymbol{E}} = -\mathrm{j}\omega\dot{\boldsymbol{B}} \tag{6.42a}$$

同理，麦克斯韦方程组的式(6.21b)、式(6.21c)、式(6.21d)分别对应有

$$\nabla\times\dot{\boldsymbol{H}} = \dot{\boldsymbol{J}} + \mathrm{j}\omega\dot{\boldsymbol{D}} \tag{6.42b}$$

$$\nabla\cdot\dot{\boldsymbol{D}} = \dot{\rho} \tag{6.42c}$$

$$\nabla\cdot\dot{\boldsymbol{B}} = 0 \tag{6.42d}$$

式中，$\dot{\boldsymbol{E}}$、$\dot{\boldsymbol{H}}$、$\dot{\boldsymbol{D}}$、$\dot{\boldsymbol{B}}$、$\dot{\boldsymbol{J}}$都为复矢量，$\dot{\rho}$ 为复数。电流连续性方程的复数形式为

$$\nabla\cdot\dot{\boldsymbol{J}} = -\mathrm{j}\omega\dot{\rho} \tag{6.43}$$

6.6.3 复数形式的本构关系和边界条件

对于简单媒质，电磁场复矢量的关系为

$$\dot{\boldsymbol{D}} = \varepsilon\dot{\boldsymbol{E}} \tag{6.44a}$$

$$\dot{\boldsymbol{B}} = \mu\dot{\boldsymbol{H}} \tag{6.44b}$$

$$\dot{\boldsymbol{J}} = \sigma\dot{\boldsymbol{E}} \tag{6.44c}$$

据此，麦克斯韦方程组的复数形式简化为

$$\nabla\times\dot{\boldsymbol{E}} = -\mathrm{j}\omega\mu\dot{\boldsymbol{H}} \tag{6.45a}$$

$$\nabla\times\dot{\boldsymbol{H}} = \dot{\boldsymbol{J}} + \mathrm{j}\omega\varepsilon\dot{\boldsymbol{E}} \tag{6.45b}$$

$$\nabla\cdot\dot{\boldsymbol{E}} = \frac{\dot{\rho}}{\varepsilon} \tag{6.45c}$$

$$\nabla\cdot\dot{\boldsymbol{H}} = 0 \tag{6.45d}$$

边界条件的复数形式与瞬时形式相同，只是各物理量不是瞬时值而是复数值，即

$$\boldsymbol{e}_n\times(\dot{\boldsymbol{E}}_1 - \dot{\boldsymbol{E}}_2) = 0 \tag{6.46a}$$

$$\boldsymbol{e}_n\times(\dot{\boldsymbol{H}}_1 - \dot{\boldsymbol{H}}_2) = \dot{\boldsymbol{J}}_S \tag{6.46b}$$

$$\boldsymbol{e}_n\cdot(\dot{\boldsymbol{D}}_1 - \dot{\boldsymbol{D}}_2) = \dot{\rho}_S \tag{6.46c}$$

$$\boldsymbol{e}_n\cdot(\dot{\boldsymbol{B}}_1 - \dot{\boldsymbol{B}}_2) = 0 \tag{6.46d}$$

为了书写方便，以后不再在复矢量上加点，直接用 $\boldsymbol{E}$、$\boldsymbol{H}$ 等表示复矢量。由于复数公式中都带有 j 和 ω，因此不难辨认复数公式和瞬时值公式。另外，为了更好地区别，一般将瞬时矢量写作 $\boldsymbol{E}(t)$、$\boldsymbol{H}(t)$等。

6.6.4 复坡印廷矢量

坡印廷矢量 $\boldsymbol{S}(t)=\boldsymbol{E}(t)\times\boldsymbol{H}(t)$代表瞬时的电磁功率流密度。对于时谐电磁场，$\boldsymbol{E}(t)$和$\boldsymbol{H}(t)$都随时间作周期性的变化，所以坡印廷矢量 $\boldsymbol{S}(t)$也是随时间作周期性变化的矢量场，$\boldsymbol{S}(t)$在一个周期内的时间平均值为平均功率密度。

由复数公式有

$$\boldsymbol{E}(t)=\mathrm{Re}(\boldsymbol{E}\mathrm{e}^{\mathrm{j}\omega t})=\frac{1}{2}(\boldsymbol{E}\mathrm{e}^{\mathrm{j}\omega t}+\boldsymbol{E}^{*}\mathrm{e}^{-\mathrm{j}\omega t})$$

$$\boldsymbol{H}(t)=\mathrm{Re}(\boldsymbol{H}\mathrm{e}^{\mathrm{j}\omega t})=\frac{1}{2}(\boldsymbol{H}\mathrm{e}^{\mathrm{j}\omega t}+\boldsymbol{H}^{*}\mathrm{e}^{-\mathrm{j}\omega t})$$

因此，坡印廷矢量瞬时值为

$$\begin{aligned}\boldsymbol{S}(t)=\boldsymbol{E}(t)\times\boldsymbol{H}(t)&=\frac{1}{2}(\boldsymbol{E}\mathrm{e}^{\mathrm{j}\omega t}+\boldsymbol{E}^{*}\mathrm{e}^{-\mathrm{j}\omega t})\times\frac{1}{2}(\boldsymbol{H}\mathrm{e}^{\mathrm{j}\omega t}+\boldsymbol{H}^{*}\mathrm{e}^{-\mathrm{j}\omega t})\\&=\frac{1}{2}\cdot\frac{1}{2}(\boldsymbol{E}\times\boldsymbol{H}^{*}+\boldsymbol{E}^{*}\times\boldsymbol{H})+\frac{1}{2}\cdot\frac{1}{2}(\boldsymbol{E}\times\boldsymbol{H}\mathrm{e}^{\mathrm{j}2\omega t}+\boldsymbol{E}^{*}\times\boldsymbol{H}^{*}\mathrm{e}^{-\mathrm{j}2\omega t})\\&=\frac{1}{2}\mathrm{Re}(\boldsymbol{E}\times\boldsymbol{H}^{*})+\frac{1}{2}\mathrm{Re}(\boldsymbol{E}\times\boldsymbol{H}\mathrm{e}^{\mathrm{j}2\omega t})\end{aligned}$$

它在一个周期 $T=\dfrac{2\pi}{\omega}$内的平均值为

$$\begin{aligned}\boldsymbol{S}_{\mathrm{av}}&=\frac{1}{T}\int_0^T\boldsymbol{S}(t)\mathrm{d}t=\frac{1}{T}\int_0^T\mathrm{Re}\left(\frac{1}{2}\boldsymbol{E}\times\boldsymbol{H}^{*}\right)\mathrm{d}t+\frac{1}{T}\int_0^T\mathrm{Re}\left(\frac{1}{2}\boldsymbol{E}\times\boldsymbol{H}\mathrm{e}^{\mathrm{j}2\omega t}\right)\mathrm{d}t\\&=\mathrm{Re}\left(\frac{1}{2}\boldsymbol{E}\times\boldsymbol{H}^{*}\right)\frac{1}{T}\int_0^T\mathrm{d}t+\mathrm{Re}\left(\frac{1}{2T}\boldsymbol{E}\times\boldsymbol{H}\int_0^T\mathrm{e}^{\mathrm{j}2\omega t}\mathrm{d}t\right)\\&=\mathrm{Re}\left(\frac{1}{2}\boldsymbol{E}\times\boldsymbol{H}^{*}\right)=\mathrm{Re}(S)\end{aligned}\tag{6.47}$$

式中

$$\int_0^T\mathrm{d}t=T,\quad\int_0^T\mathrm{e}^{\mathrm{j}2\omega t}\mathrm{d}t=0$$

$$\boldsymbol{S}=\frac{1}{2}\boldsymbol{E}\times\boldsymbol{H}^{*}\tag{6.48}$$

式中，$\boldsymbol{S}$ 称为复坡印廷矢量，代表复功率密度，其实部为平均功率流密度，即有功功率密度；“1/2”是因为这里 $\boldsymbol{E}$、$\boldsymbol{H}$ 都对应于振幅最大值而不是有效值。

由上述可得

$$\boldsymbol{S}(t)-\boldsymbol{S}_{\mathrm{av}}=\frac{1}{2}\mathrm{Re}(\boldsymbol{E}\times\boldsymbol{H}\mathrm{e}^{\mathrm{j}2\omega t})\tag{6.49}$$

可见，$\boldsymbol{E}\mathrm{e}^{\mathrm{j}\omega t}$与 $\boldsymbol{H}\mathrm{e}^{\mathrm{j}\omega t}$的矢量积所得实部代表电磁功率流密度瞬时值与其平均值之差，不过其在一周内的平均值为零。

下面讨论复坡印廷矢量的散度。由矢量恒等式$\nabla\cdot(\boldsymbol{A}\times\boldsymbol{B})=\boldsymbol{B}\cdot(\nabla\times\boldsymbol{A})-\boldsymbol{A}\cdot(\nabla\times\boldsymbol{B})$有

$$\nabla\cdot\left(\frac{1}{2}\boldsymbol{E}\times\boldsymbol{H}^{*}\right)=\frac{1}{2}\boldsymbol{H}^{*}\cdot(\nabla\times\boldsymbol{E})-\frac{1}{2}\boldsymbol{E}\cdot(\nabla\times\boldsymbol{H}^{*})$$

对于简单媒质，将式(6.45a)和式(6.45b)代入上式，得

$$-\nabla\cdot\left(\frac{1}{2}\boldsymbol{E}\times\boldsymbol{H}^*\right)=\frac{1}{2}\mathrm{j}\omega\mu\boldsymbol{H}\cdot\boldsymbol{H}^*+\frac{1}{2}\boldsymbol{E}\cdot\boldsymbol{J}^*-\frac{1}{2}\mathrm{j}\omega\varepsilon\boldsymbol{E}\cdot\boldsymbol{E}^*$$

$$=\mathrm{j}2\omega\left(\frac{1}{4}\mu H^2-\frac{1}{4}\varepsilon E^2\right)+\frac{1}{2}\sigma E^2 \tag{6.50}$$

该式表示微分形式的功率密度关系。对该式两端取体积分，可得相应的积分形式为

$$-\oint_S\left(\frac{1}{2}\boldsymbol{E}\times\boldsymbol{H}^*\right)\cdot\mathrm{d}\boldsymbol{S}=\mathrm{j}2\omega\int_V\left(\frac{1}{4}\mu H^2-\frac{1}{4}\varepsilon E^2\right)\mathrm{d}V+\int_V\frac{1}{2}\sigma E^2\,\mathrm{d}V \tag{6.51}$$

此式是用复矢量表达的坡印廷定理，称为复坡印廷定理。分别取其实部和虚部，得

$$-\oint_S\mathrm{Re}\left(\frac{1}{2}\boldsymbol{E}\times\boldsymbol{H}^*\right)\cdot\mathrm{d}\boldsymbol{S}=\int_V\frac{1}{2}\sigma E^2\,\mathrm{d}V \tag{6.52}$$

$$-\oint_S\mathrm{Im}\left(\frac{1}{2}\boldsymbol{E}\times\boldsymbol{H}^*\right)\cdot\mathrm{d}\boldsymbol{S}=2\omega\int_V\left(\frac{1}{4}\mu H^2-\frac{1}{4}\varepsilon E^2\right)\mathrm{d}V \tag{6.53}$$

式(6.52)表示输入封闭面的有功功率等于体积中热损耗功率的平均值，即表示有功功率的平衡。式(6.53)表示无功功率的平衡，它说明输入封闭面的无功功率等于体积中电磁场储能的最大时间变化率。其中 $2\omega\left(\frac{1}{4}\mu H^2-\frac{1}{4}\varepsilon E^2\right)$ 代表单位体积中电磁场储能的最大时间变化率。

例 6.8 已知无源($\rho=0,\boldsymbol{J}=\boldsymbol{0}$)的自由空间中，时变电磁场的电场强度复矢量为

$$\boldsymbol{E}(z)=E_0\mathrm{e}^{-\mathrm{j}kz}\boldsymbol{e}_y\quad(\mathrm{V/m})$$

式中，k、E_0 为常数。求：

(1) 磁场强度复矢量；

(2) 坡印廷矢量的瞬时值；

(3) 平均坡印廷矢量。

解：(1) 由 $\nabla\times\boldsymbol{E}=-\mathrm{j}\omega\mu_0\boldsymbol{H}$ 得

$$\boldsymbol{H}(z)=-\frac{1}{\mathrm{j}\omega\mu_0}\nabla\times\boldsymbol{E}(z)=-\frac{1}{\mathrm{j}\omega\mu_0}\boldsymbol{e}_z\frac{\partial}{\partial z}\times(E_0\mathrm{e}^{-\mathrm{j}kz}\boldsymbol{e}_y)=-\frac{kE_0}{\omega\mu_0}\mathrm{e}^{-\mathrm{j}kz}\boldsymbol{e}_x$$

(2) 电场、磁场的瞬时值为

$$\boldsymbol{E}(z,t)=\mathrm{Re}[\boldsymbol{E}(z)\mathrm{e}^{\mathrm{j}\omega t}]=E_0\cos(\omega t-kz)\boldsymbol{e}_y$$

$$\boldsymbol{H}(z,t)=\mathrm{Re}[\boldsymbol{H}(z)\mathrm{e}^{\mathrm{j}\omega t}]=-\frac{kE_0}{\omega\mu_0}\cos(\omega t-kz)\boldsymbol{e}_x$$

所以，坡印廷矢量的瞬时值为

$$\boldsymbol{S}(z,t)=\boldsymbol{E}(z,t)\times\boldsymbol{H}(z,t)=\frac{kE_0^2}{\omega\mu_0}\cos^2(\omega t-kz)\boldsymbol{e}_z$$

(3) 平均坡印廷矢量为

$$\boldsymbol{S}_{\mathrm{av}}=\frac{1}{2}\mathrm{Re}[\boldsymbol{E}(z)\times\boldsymbol{H}^*(z)]$$

$$=\frac{1}{2}\mathrm{Re}\left[E_0\mathrm{e}^{-\mathrm{j}kz}\boldsymbol{e}_y\times\left(-\frac{kE_0}{\omega\mu_0}\mathrm{e}^{-\mathrm{j}kz}\boldsymbol{e}_x\right)^*\right]$$

$$=\frac{1}{2}\mathrm{Re}\left(\frac{kE_0^2}{\omega\mu_0}\boldsymbol{e}_z\right)=\frac{kE_0^2}{2\omega\mu_0}\boldsymbol{e}_z$$

6.6.5 复介电常数与复磁导率

前面讨论的电介质都假设是理想介质，即当电场变化时，不会发生能量的不可逆过程。也就是说，电场增强时，电场储存能量；电场减弱时，电场释放能量。一个周期中释放的能量和储存的能量是相等的，即没有能量损耗。磁介质也是这样，磁场变化时，理想磁介质中没有能量损耗。在理想电介质和理想磁介质情形，ε 和 μ 都是实数。

实际中，介质都是有损耗的。电介质只有在频率不很高时，才可以忽略其损耗；在微波频率下许多介质都由于损耗太大而不能使用，而必须选择损耗较小的介质。磁介质如铁氧体等在高频下其电损耗和磁损耗都不能忽略。

电介质在高频下产生损耗可以解释为由于介质中存在阻尼力的作用，极化强度 $\boldsymbol{P}$ 的变化在相位上总是落后于 $\boldsymbol{E}$，可以表示为

$$\boldsymbol{P} = \varepsilon_0 \alpha \mathrm{e}^{-\mathrm{j}\varphi} \boldsymbol{E}$$

式中，α 为一个正的实常数；φ 为 $\boldsymbol{P}$ 落后于 $\boldsymbol{E}$ 的相位角。则极化率为

$$\chi = \alpha \mathrm{e}^{-\mathrm{j}\varphi} = \alpha\cos\varphi - \mathrm{j}\alpha\sin\varphi$$

而介质的介电常数 ε_c 为

$$\varepsilon_c = \varepsilon_0(1+\chi) = \varepsilon_0(1+\alpha\cos\varphi - \mathrm{j}\alpha\sin\varphi) = \varepsilon' - \mathrm{j}\varepsilon'' = |\varepsilon_c|\mathrm{e}^{-\mathrm{j}\delta_\varepsilon} \tag{6.54}$$

同理，磁介质的磁导率也是复数，即

$$\mu_c = \mu' - \mathrm{j}\mu'' = |\mu_c|\mathrm{e}^{-\mathrm{j}\delta_\mu} \tag{6.55}$$

ε_c、μ_c 分别称为复介电常数和复磁导率。

复介电常数和复磁导率的辐角 δ_ε、δ_μ 称为损耗角，并称

$$\tan\delta_\varepsilon = \frac{\varepsilon''}{\varepsilon'}, \quad \tan\delta_\mu = \frac{\mu''}{\mu'} \tag{6.56}$$

为损耗角正切。

对于具有复介电常数的导电媒质，考虑到传导电流 $\boldsymbol{J}=\sigma\boldsymbol{E}$，麦克斯韦方程式(6.21b)变为

$$\begin{aligned}\nabla\times\boldsymbol{H} &= \sigma\boldsymbol{E} + \mathrm{j}\omega(\varepsilon' - \mathrm{j}\varepsilon'')\boldsymbol{E} \\ &= (\sigma + \omega\varepsilon'')\boldsymbol{E} + \mathrm{j}\omega\varepsilon'\boldsymbol{E} \\ &= \mathrm{j}\omega\left[\varepsilon' - \mathrm{j}\left(\varepsilon'' + \frac{\sigma}{\omega}\right)\right]\boldsymbol{E} \\ &= \mathrm{j}\omega\varepsilon_c\boldsymbol{E}\end{aligned} \tag{6.57}$$

上式表明，导电媒质中的传导电流和位移电流可以用一个等效的位移电流代替。导电媒质的电导率和介电常数的总效应可用一个等效复介电常数表示，即

$$\varepsilon_c = \varepsilon' - \mathrm{j}\left(\varepsilon'' + \frac{\sigma}{\omega}\right) \tag{6.58}$$

可见，介电常数的虚部和电导率的作用相同，它将引起能量损耗。相似地，磁导率的虚部也要引起能量损耗。能量损耗一般随频率的增高而增加，所以 ε''、μ'' 也是随频率增高而增大的。

引入复介电常数和复磁导率后，有耗媒质和理想介质的麦克斯韦方程组在形式上就完全相同了，因此可以采用同一种方法分析有耗媒质和理想介质中的电磁场特性，只需用 ε_c、μ_c 分别代替理想介质情况下的 ε、μ 即可。

6.7 波动方程

在无源的空间($\rho=0,\boldsymbol{J}=\boldsymbol{0}$)中，当媒质是均匀、线性、各向同性且$\sigma=0$时，麦克斯韦方程变为

$$\nabla\times\boldsymbol{E}=-\mu\frac{\partial\boldsymbol{H}}{\partial t}\tag{6.59a}$$

$$\nabla\times\boldsymbol{H}=\varepsilon\frac{\partial\boldsymbol{E}}{\partial t}\tag{6.59b}$$

$$\nabla\cdot\boldsymbol{E}=0\tag{6.59c}$$

$$\nabla\cdot\boldsymbol{H}=0\tag{6.59d}$$

对式(6.59a)两端取旋度，并进行变换得

$$\nabla\times\nabla\times\boldsymbol{E}=-\mu\nabla\times\frac{\partial\boldsymbol{H}}{\partial t}$$

应用矢量恒等式

$$\nabla\times\nabla\times\boldsymbol{E}=\nabla(\nabla\cdot\boldsymbol{E})-\nabla^2\boldsymbol{E}$$

有

$$\nabla(\nabla\cdot\boldsymbol{E})-\nabla^2\boldsymbol{E}=-\mu\frac{\partial}{\partial t}(\nabla\times\boldsymbol{H})$$

再将式(6.59b)和式(6.59c)代入上式，得

$$\nabla^2\boldsymbol{E}-\mu\varepsilon\frac{\partial^2\boldsymbol{E}}{\partial t^2}=0\tag{6.60a}$$

此方程称为电场强度 $\boldsymbol{E}$ 的矢量波动方程或波动方程。

同理，可以得到磁场强度 $\boldsymbol{H}$ 的波动方程为

$$\nabla^2\boldsymbol{H}-\mu\varepsilon\frac{\partial^2\boldsymbol{H}}{\partial t^2}=0\tag{6.60b}$$

这两个波动方程是无源空间的齐次波动方程。显然，在无源空间中通过求解方程(6.60a)和方程(6.60b)可以得到 $\boldsymbol{E}$ 和 $\boldsymbol{H}$。波动方程的解描绘了一个在空间传播的波。

矢量波动方程包括3个标量波动方程。在直角坐标系内，每一标量方程只包含矢量的一个分量，电场强度 $\boldsymbol{E}$ 的3个标量波动方程为

$$\frac{\partial^2 E_x}{\partial x^2}+\frac{\partial^2 E_x}{\partial y^2}+\frac{\partial^2 E_x}{\partial z^2}-\mu\varepsilon\frac{\partial^2 E_x}{\partial t^2}=0$$

$$\frac{\partial^2 E_y}{\partial x^2}+\frac{\partial^2 E_y}{\partial y^2}+\frac{\partial^2 E_y}{\partial z^2}-\mu\varepsilon\frac{\partial^2 E_y}{\partial t^2}=0$$

$$\frac{\partial^2 E_z}{\partial x^2}+\frac{\partial^2 E_z}{\partial y^2}+\frac{\partial^2 E_z}{\partial z^2}-\mu\varepsilon\frac{\partial^2 E_z}{\partial t^2}=0$$

在正弦时变场情形，由复数麦克斯韦方程容易得到复矢量波动方程，也称为亥姆霍兹方程，即

$$\nabla^2\boldsymbol{E}+k^2\boldsymbol{E}=0\tag{6.61a}$$

$$\nabla^2\boldsymbol{H}+k^2\boldsymbol{H}=0\tag{6.61b}$$

其中

$$k = \omega \sqrt{\mu\varepsilon} \tag{6.62}$$

对于简单媒质中的有源区域，即 $\boldsymbol{J} \neq \boldsymbol{0}$，$\rho \neq 0$，用类似的方法推得

$$\nabla^2 \boldsymbol{E} - \mu\varepsilon \frac{\partial^2 \boldsymbol{E}}{\partial t^2} = \mu \frac{\partial \boldsymbol{J}}{\partial t} + \frac{\nabla \rho}{\varepsilon} \tag{6.63a}$$

$$\nabla^2 \boldsymbol{H} - \mu\varepsilon \frac{\partial^2 \boldsymbol{H}}{\partial t^2} = -\nabla \times \boldsymbol{J} \tag{6.63b}$$

这两个方程分别称为 $\boldsymbol{E}$ 和 $\boldsymbol{H}$ 的非齐次矢量波动方程。这里场强与场源的关系很复杂，一般不直接求解这两个方程，而是引入位函数，间接地求解 $\boldsymbol{E}$ 和 $\boldsymbol{H}$。

在无源空间中，若媒质为各向同性、线性、均匀的导电媒质，即 $\sigma \neq 0$。由麦克斯韦方程同样可以求得电场强度和磁场强度满足的波动方程。由式(6.59a)有

$$\nabla \times \nabla \times \boldsymbol{E} = \nabla \times \left(-\mu \frac{\partial \boldsymbol{H}}{\partial t}\right)$$

应用矢量恒等式得

$$\nabla(\nabla \cdot \boldsymbol{E}) - \nabla^2 \boldsymbol{E} = -\mu \frac{\partial}{\partial t}(\nabla \times \boldsymbol{H})$$

$$\nabla(\nabla \cdot \boldsymbol{E}) - \nabla^2 \boldsymbol{E} = -\mu \frac{\partial}{\partial t}\left(\sigma \boldsymbol{E} + \varepsilon \frac{\partial \boldsymbol{E}}{\partial t}\right)$$

因此，电场强度 $\boldsymbol{E}$ 满足的波动方程为

$$\nabla^2 \boldsymbol{E} - \mu\varepsilon \frac{\partial^2 \boldsymbol{E}}{\partial t^2} - \mu\sigma \frac{\partial \boldsymbol{E}}{\partial t} = 0 \tag{6.64a}$$

同样，磁场强度 $\boldsymbol{H}$ 满足的波动方程为

$$\nabla^2 \boldsymbol{H} - \mu\varepsilon \frac{\partial^2 \boldsymbol{H}}{\partial t^2} - \mu\sigma \frac{\partial \boldsymbol{H}}{\partial t} = 0 \tag{6.64b}$$

波动方程(6.64a)和方程(6.64b)的复数形式为

$$\nabla^2 \boldsymbol{E} + k_c^2 \boldsymbol{E} = 0 \tag{6.65a}$$

$$\nabla^2 \boldsymbol{H} + k_c^2 \boldsymbol{H} = 0 \tag{6.65b}$$

其中

$$k_c = \omega \sqrt{\mu_c \varepsilon_c} \tag{6.66}$$

6.8 标量位和矢量位

引入标量位函数和矢量位函数后，可以使对式(6.63a)和式(6.63b)的求解改为对比较简单的位函数方程的求解，解出位函数后就可以很容易地得到场量 $\boldsymbol{E}$ 和 $\boldsymbol{H}$。

由麦克斯韦方程组有 $\nabla \cdot \boldsymbol{B} = 0$。由于 $\nabla \cdot (\nabla \times \boldsymbol{A}) = 0$，因此，定义矢量位函数 $\boldsymbol{A}$ 为

$$\boldsymbol{B} = \nabla \times \boldsymbol{A} \tag{6.67}$$

简称 $\boldsymbol{A}$ 为矢位或磁矢位，单位为 Wb/m(韦伯/米)。由麦克斯韦方程知

$$\nabla \times \boldsymbol{E} + \frac{\partial \boldsymbol{B}}{\partial t} = 0$$

把式(6.67)代入上式，得

$$\nabla \times \boldsymbol{E} + \frac{\partial}{\partial t}(\nabla \times \boldsymbol{A}) = 0$$

$$\nabla\times\left(\boldsymbol{E}+\frac{\partial\boldsymbol{A}}{\partial t}\right)=0$$

由于$\nabla\times\nabla\varphi=0$,因此引入标量位函数$\varphi$为

$$\boldsymbol{E}+\frac{\partial\boldsymbol{A}}{\partial t}=-\nabla\varphi$$

即

$$\boldsymbol{E}=-\nabla\varphi-\frac{\partial\boldsymbol{A}}{\partial t}\tag{6.68}$$

简称φ为标位或电标位,单位为V。其中,$\nabla\varphi$前加负号是为了当$\frac{\partial\boldsymbol{A}}{\partial t}=0$时与静电场的$\boldsymbol{E}=-\nabla\varphi$相一致。

将式(6.67)和式(6.68)代入麦克斯韦方程组,可得$\boldsymbol{A}$的方程为

$$\nabla\times\nabla\times\boldsymbol{A}=\mu\boldsymbol{J}+\mu\varepsilon\frac{\partial}{\partial t}\left(-\nabla\varphi-\frac{\partial\boldsymbol{A}}{\partial t}\right)$$

由矢量恒等式$\nabla\times\nabla\times\boldsymbol{A}=\nabla(\nabla\cdot\boldsymbol{A})-\nabla^2\boldsymbol{A}$,可将上式写为

$$\nabla^2\boldsymbol{A}-\mu\varepsilon\frac{\partial^2\boldsymbol{A}}{\partial t^2}=-\mu\boldsymbol{J}+\nabla\left(\nabla\cdot\boldsymbol{A}+\mu\varepsilon\frac{\partial\varphi}{\partial t}\right)\tag{6.69}$$

根据亥姆霍兹定理,仅规定$\boldsymbol{A}$的旋度,$\boldsymbol{A}$还不是唯一的,还必须规定$\boldsymbol{A}$的散度。这样矢量位$\boldsymbol{A}$才是确定的。这个附加条件又称为规范条件。对不同的场合可以选用不同的规范条件。为使方程(6.69)具有最简单的形式,令$\boldsymbol{A}$的散度为

$$\nabla\cdot\boldsymbol{A}=-\mu\varepsilon\frac{\partial\varphi}{\partial t}\tag{6.70}$$

此式称为洛伦兹规范(Lorentz gauge)。将它代入式(6.69),得

$$\nabla^2\boldsymbol{A}-\mu\varepsilon\frac{\partial^2\boldsymbol{A}}{\partial t^2}=-\mu\boldsymbol{J}\tag{6.71}$$

另外,将式(6.68)代入麦克斯韦方程组,得φ的方程为

$$\nabla^2\varphi+\frac{\partial}{\partial t}(\nabla\cdot\boldsymbol{A})=-\frac{\rho}{\varepsilon}\tag{6.72}$$

应用洛伦兹规范后为

$$\nabla^2\varphi-\mu\varepsilon\frac{\partial^2\varphi}{\partial t^2}=-\frac{\rho}{\varepsilon}\tag{6.73}$$

称式(6.71)和式(6.73)为$\boldsymbol{A}$和φ的非齐次波动方程。可见,在洛伦兹规范下,矢量位$\boldsymbol{A}$仅由电流分布$\boldsymbol{J}$决定,而标量位φ仅由电荷分布ρ决定。而且,两个方程形式相同,都比式(6.63a)和式(6.63b)简单。

应用不同的规范条件会得到$\boldsymbol{A}$和φ的不同方程及$\boldsymbol{A}$和φ的不同解,但最终求得的$\boldsymbol{E}$和$\boldsymbol{H}$是一样的。

时谐电磁场在洛伦兹规范$\nabla\cdot\boldsymbol{A}=-\mathrm{j}\omega\mu\varepsilon\varphi$下,$\boldsymbol{A}$和$\varphi$的方程的复数形式为

$$\nabla^2\boldsymbol{A}+k^2\boldsymbol{A}=-\mu\boldsymbol{J}\tag{6.74}$$

$$\nabla^2\varphi+k^2\varphi=-\frac{\rho}{\varepsilon}\tag{6.75}$$

式中,$k^2=\omega^2\mu\varepsilon$。这样,使原来需要求解$\boldsymbol{B}$和$\boldsymbol{E}$的6个标量分量,变成求解$\boldsymbol{A}$和$\varphi$的4个标量分量。另外,标量位$\varphi$还可以由洛伦兹条件求得,即

$$\varphi = \frac{\nabla \cdot \boldsymbol{A}}{-\mathrm{j}\omega\mu\varepsilon} \tag{6.76}$$

因此，只需要求解 $\boldsymbol{A}$ 的 3 个标量分量，就可以确定 $\boldsymbol{B}$ 和 $\boldsymbol{E}$。

习题

6.1　一空心的直长铜管通过直流电流 I，管子内、外半径分别为 a 和 b。求磁场强度 $\boldsymbol{H}$ 沿径向 ρ 的分布，并画出 $H=f(\rho)$ 曲线，求各区的 $\nabla\times\boldsymbol{H}$ 和 $\nabla\cdot\boldsymbol{B}$。

6.2　一矩形线圈平行于一根长直导线，如题图 6.1 所示，直导线中通过电流为 I。当矩形线圈以角速度 ω 旋转时，求线圈中的感应电动势。

6.3　设空气中半径为 a 的球形区域均匀充满着电荷，其体密度为 ρ。求球内和球外的 $\boldsymbol{D}$ 和 $\boldsymbol{E}$，并求其 $\nabla\cdot\boldsymbol{D}$ 和 $\nabla\times\boldsymbol{E}$。

6.4　厚为 t 的介质片以速度 $\boldsymbol{v}$ 垂直于外加均匀磁场 $\boldsymbol{B}$ 运动，如题图 6.2 所示。求介质内的束缚电荷密度和表面的束缚电荷密度。

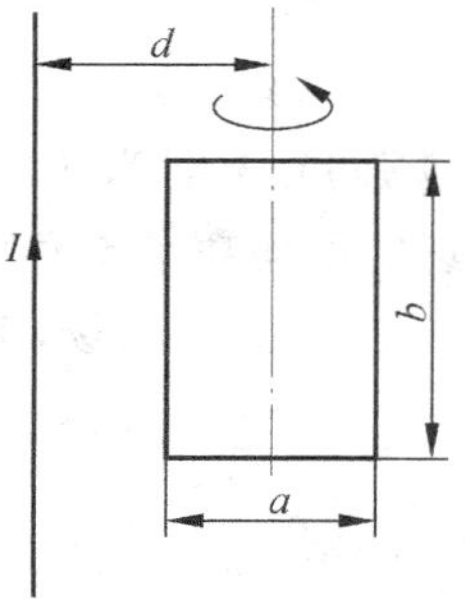

题图 6.1　习题 6.2 用图

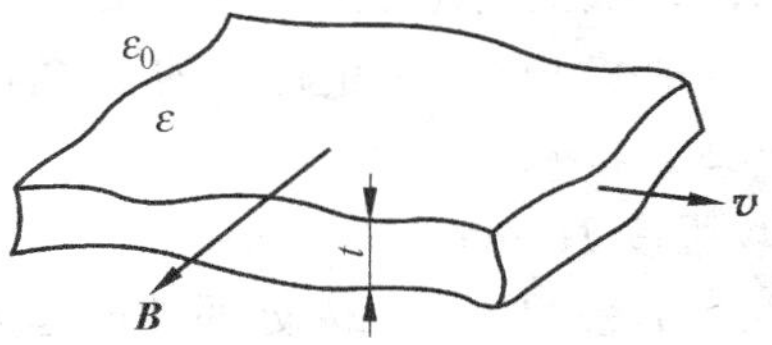

题图 6.2　习题 6.4 用图

6.5　一块乌云带有负电荷，它与地面之间形成一电场，其场强为 $E=2000\mathrm{V/cm}$。当乌云与地面间发生闪电时，在 $1\mu\mathrm{s}$ 内将乌云上的电荷全部放走。求此时云下空间的位移电流密度 J_{d}，它的指向是否由地面指向乌云？

6.6　一圆柱形电容器，内导体半径为 a，外导体半径为 b，长为 l。外加一正弦电压 $V\sin\omega t$，且 ω 不大，故电场分布和静态场情形相同。计算介质中的位移电流密度及穿过半径 $r(a<r<b)$ 的圆柱形表面的总位移电流，并证明后者等于电容器引线中的传导电流。

6.7　对于内导体半径为 a、外导体半径为 b 的球形电容器，重复习题 6.6 中的计算，并求穿过半径为 $r(a<r<b)$ 的球面的总位移电流。

6.8　平行板电容器由两块导体圆片构成，圆片半径为 a，间距为 d，且 $d\ll a$，其间填充介电常数为 ε、磁导率为 μ_0 的介质。设电容器中心处加一正弦电压 $U=U_0\sin\omega t$。试求：

(1) 介质中的电场强度和磁场强度；

(2) 介质中的位移电流总值，并证明它等于电容器的充电电流；

(3) 介质中传导电流与位移电流振幅之比，设介质电导率为 σ。若 $\varepsilon_{\mathrm{r}}=5.5$，$\sigma=10^{-3}\mathrm{S/m}$，$f=10^6\mathrm{Hz}$，此比值多大？

6.9　麦克斯韦方程组为什么不是完全对称的？

6.10 设场源 $\boldsymbol{J}_1$、ρ_1 产生场 $\boldsymbol{E}_1$、$\boldsymbol{D}_1$、$\boldsymbol{B}_1$、$\boldsymbol{H}_1$，而场源 $\boldsymbol{J}_2$、ρ_2 产生场 $\boldsymbol{E}_2$、$\boldsymbol{D}_2$、$\boldsymbol{B}_2$、$\boldsymbol{H}_2$，那么由 $\boldsymbol{J}_t=\boldsymbol{J}_1+\boldsymbol{J}_2$、$\rho_t=\rho_1+\rho_2$ 产生的电磁场 $\boldsymbol{E}_t$、$\boldsymbol{D}_t$、$\boldsymbol{B}_t$、$\boldsymbol{H}_t$ 如何？已知前面给定的两组场满足麦克斯韦方程组，请证明所建议的解满足麦克斯韦方程组，并给出所证理论的合适名称。

6.11 (1) 设在某点处 $\boldsymbol{A}=\boldsymbol{0}$，是否该点处必有 $\nabla\times\boldsymbol{A}=\boldsymbol{0}$？若回答不，请给出例子；

(2) 若一线上 $\boldsymbol{E}=\boldsymbol{0}$，是否该线上必有 $\nabla\times\boldsymbol{E}=\boldsymbol{0}$？若回答不，请给出例子；

(3) 设在一表面上 $\boldsymbol{E}=\boldsymbol{0}$，则该面上 $\partial\boldsymbol{B}/\partial t=0$ 吗？

6.12 已知真空中无源区域有时变电场 $\boldsymbol{E}=E_0\cos(\omega t-kz)\boldsymbol{e}_x$。

(1) 由麦克斯韦方程(6.21a)求时变磁场强度 $\boldsymbol{H}$；

(2) 证明 $k=\omega\sqrt{\mu_0\varepsilon_0}$ 及 $\boldsymbol{E}$ 与 $\boldsymbol{H}$ 振幅比为 $\sqrt{\mu_0/\varepsilon_0}=377\Omega$。

6.13 设 $\boldsymbol{E}=E_x\boldsymbol{e}_x+E_y\boldsymbol{e}_y+E_z\boldsymbol{e}_z$，$\boldsymbol{B}=B_x\boldsymbol{e}_x+B_y\boldsymbol{e}_y+B_z\boldsymbol{e}_z$，试写出麦克斯韦方程(6.21a)的 3 个标量方程。

6.14 在同一空间中存在静止电荷的静电场和永久磁铁的磁场，此时，可能存在矢量 $\boldsymbol{E}\times\boldsymbol{H}=\boldsymbol{S}$，但没有能流。证明对于任一闭合表面 S 有

$$\oint_S \boldsymbol{S}\cdot \mathrm{d}\boldsymbol{S}=0$$

6.15 验证习题 6.4 中 $r=a$ 处的电场边界条件。

6.16 设真空中同时存在两个时谐电磁场，其电场强度分别为 $\boldsymbol{E}_1=E_{10}\mathrm{e}^{-\mathrm{j}k_1z}\boldsymbol{e}_x$，$\boldsymbol{E}_2=E_{20}\mathrm{e}^{-\mathrm{j}k_2z}\boldsymbol{e}_y$。试证明总平均功率流密度等于两个时谐场的平均功率流密度之和。

6.17 在理想导体平面上方的空气区域($z>0$)存在时谐电磁场，其电场强度为 $\boldsymbol{E}(t)=E_0\sin kz\cos\omega t\boldsymbol{e}_x$。试求：

(1) 磁场强度 $\boldsymbol{H}(t)$；

(2) 在 $z>0$，$\pi/4k$ 和 $\pi/2k$ 处的坡印廷矢量瞬时值及平均值；

(3) 导体表面的面电流密度。

6.18 设时谐电磁场瞬时值为 $\boldsymbol{E}(t)=\mathrm{Im}[\dot{E}\mathrm{e}^{\mathrm{j}\omega t}]$，$\boldsymbol{H}(t)=\mathrm{Im}[\dot{H}\mathrm{e}^{\mathrm{j}\omega t}]$。试求坡印廷矢量瞬时值 $\boldsymbol{S}(t)=\boldsymbol{E}(t)\times\boldsymbol{H}(t)$，并求其一周内平均值 $\boldsymbol{S}_{\mathrm{av}}$。

6.19 设 $\boldsymbol{E}=E_x\boldsymbol{e}_x+E_y\boldsymbol{e}_y+E_z\boldsymbol{e}_z$，试导出矢量波动方程(6.60a)的 3 个标量方程。

6.20 试证：在简单媒质中，电场强度 $\boldsymbol{E}$ 和磁场强度 $\boldsymbol{H}$ 分别满足非齐次矢量波动方程(6.63a)和方程(6.63b)。

6.21 半径为 a 的圆形平行板电容器间距为 $d\ll a$，其间填充电导率为 σ 的媒质，极板间加直流电压 U_0。试求：

(1) 媒质中的电场强度和磁场强度。

(2) 媒质中的能流密度。

6.22 已知时变电磁场中矢量位 $\boldsymbol{A}=A_{\mathrm{m}}\sin(\omega t-kz)\boldsymbol{e}_x$，其中 A_{m}、k 为常数。求电场强度、磁场强度和坡印廷矢量。

第7章

平面电磁波

在第 6 章中，从麦克斯韦方程出发，得出电场强度 $\boldsymbol{E}$ 和磁场强度 $\boldsymbol{H}$ 应满足的波动方程，并且推论有电磁波存在。为了研究电磁波的传播规律和特点，本章首先从最简单的均匀平面波开始，讨论在无界空间理想介质中均匀平面波的传播特性和各项参量的物理意义，其次讨论有损耗媒质以及各向异性媒质中均匀平面波的传播特点，最后讨论当电磁波遇到不同媒质分界面时发生反射与折射的问题。

7.1 理想介质中的平面波

第 7 章第 1 讲

7.1.1 均匀平面波的分析

时谐电磁场在理想介质（$\sigma=0$，且 ε、μ 为实常数）的无源（$\rho=0$，$\boldsymbol{J}=\boldsymbol{0}$）区域中，电场强度矢量 $\boldsymbol{E}$ 的波动方程为(6.60a)。选择坐标使 $\boldsymbol{E}$ 为 x 轴的正方向，即 $\boldsymbol{E}=E_x\boldsymbol{e}_x$，则由式(6.60a)可得标量波动方程为

$$\nabla^2 E_x-\mu\varepsilon\frac{\partial^2 E_x}{\partial t^2}=0 \tag{7.1}$$

设 E_x 仅为坐标 z 和时间 t 的函数，即与坐标 x、y 无关，则

$$\nabla^2 E_x(z,t)=\frac{\partial^2 E_x(z,t)}{\partial x^2}+\frac{\partial^2 E_x(z,t)}{\partial y^2}+\frac{\partial^2 E_x(z,t)}{\partial z^2}=\frac{\partial^2 E_x(z,t)}{\partial z^2}$$

使式(7.1)成为

$$\frac{\partial^2 E_x(z,t)}{\partial z^2}-\mu\varepsilon\frac{\partial^2 E_x(z,t)}{\partial t^2}=0 \tag{7.2}$$

对应的复数方程为

$$\frac{\mathrm{d}^2 E_x(z)}{\mathrm{d}z^2}+k^2E_x(z)=0 \tag{7.3}$$

式中，$k=\omega\sqrt{\mu\varepsilon}$。解方程(7.3)，得

$$E_x(z)=E_0^+\mathrm{e}^{-\mathrm{j}kz}+E_0^-\mathrm{e}^{+\mathrm{j}kz} \tag{7.4}$$

对应的瞬时值为

$$E_x(z,t)=E_0^+\cos(\omega t-kz)+E_0^-\cos(\omega t+kz) \tag{7.5}$$

式中，右端第一项的相位随 z 增大而逐渐落后，代表向 $+z$ 方向传播的波。因为，若 t 增加，只要 $\omega t-kz$ 为常数，其值不变。如图 7.1 所示，当 $t_1\to t_2$，则相应地 $z_1\to z_2$，在这两点处场的总相位 $\omega t-kz$ 保持不变，从而使场值不变。这表明，z_1 处的状态沿 $+z$ 方向移动到了 z_2 处。同理，右端第二项的相位随 z 增加而逐渐超前，代表向 $-z$ 方向行波。因此，称第一项为正向行波，称第二项为反向行波。

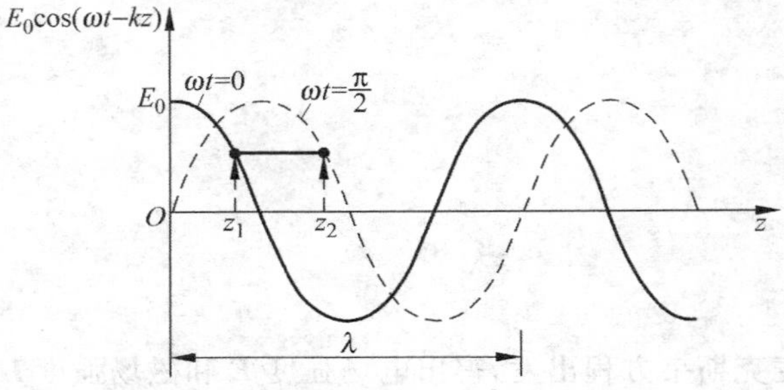

图 7.1　电磁波的瞬时波形

下面以正向行波为例讨论行波的传播参数。正向行波的电场强度复振幅可表示为

$$E_x(z)=E_0\mathrm{e}^{-\mathrm{j}kz} \tag{7.6}$$

瞬时值可表示为

$$E_x(z,t)=E_0\cos(\omega t-kz) \tag{7.7}$$

式中，E_0 为 $z=0$ 处电场强度的振幅；ωt 称为时间相位；kz 称为空间相位。空间相位相同的场点所组成的曲面称为等相位面，或称为波前、波面。显然，这里的等相位面是 z 为常数的平面，因此称这种电磁波为平面电磁波。又因 E_x 与 x、y 无关，在 z 为常数的等相位面上各点场强相等，这种在等相位面上场强均匀分布的平面波称为均匀平面波，这是一种最基本的电磁波形式。

空间相位 kz 变化 2π 所经过的距离称为波长或相位波长，以 λ 表示。由 $k\lambda=2\pi$ 可得

$$k=\frac{2\pi}{\lambda} \tag{7.8}$$

式中，k 称为波数，因为，空间相位变化 2π 相当于一个全波，k 表示单位长度内所具有的全波数目。

时间相位 ωt 变化 2π 所经历的时间称为周期，以 T 表示。每一秒内相位变化 2π 的次数称为频率，用 f 表示。因为 $\omega T=2\pi$，则

$$f=\frac{1}{T}=\frac{\omega}{2\pi} \tag{7.9}$$

等相位面传播的速度称为相速。等相位面上的某一个点，该点对应于 $\cos(\omega t-kz)$ 为常数，即 $\omega t-kz$ 为常数，$\omega\mathrm{d}t-k\mathrm{d}z=0$，故相速为

$$v_{\mathrm{p}}=\frac{\mathrm{d}z}{\mathrm{d}t}=\frac{\omega}{k}=\frac{1}{\sqrt{\mu\varepsilon}} \tag{7.10}$$

在真空中有

$$v_{\mathrm{p}}=\frac{1}{\sqrt{\mu_0\varepsilon_0}}=\frac{1}{\sqrt{4\pi\times10^{-7}\times\frac{1}{36\pi}\times10^{-9}}}\approx2.99792458\times10^{8}\approx3\times10^{8}\,(\mathrm{m/s})$$

即 $v_p=c$。也就是说，电磁波在真空中的相速等于真空中的光速。

对于一般媒质，$\varepsilon>\varepsilon_0$，$\mu\approx\mu_0$，因此 $v_p<c$，称为慢波。其波长也比真空中的波长短，这是因为 $\lambda=\frac{2\pi}{k}=\frac{2\pi v_p}{\omega}=\frac{v_p}{f}<\frac{c}{f}$。

均匀平面波的磁场强度可由麦克斯韦方程组的式(6.45a)得出，即

$$
\begin{aligned}
\boldsymbol{H} &= \frac{\mathrm{j}}{\omega\mu}\nabla\times\boldsymbol{E}=\frac{\mathrm{j}}{\omega\mu}\begin{vmatrix}\boldsymbol{e}_x & \boldsymbol{e}_y & \boldsymbol{e}_z\\ \frac{\partial}{\partial x} & \frac{\partial}{\partial y} & \frac{\partial}{\partial z}\\ E_x & 0 & 0\end{vmatrix}=\frac{\mathrm{j}}{\omega\mu}\cdot\frac{\partial E_x}{\partial z}\boldsymbol{e}_y\\
&= \frac{\mathrm{j}}{\omega\mu}(-\mathrm{j}k)E_0\mathrm{e}^{-\mathrm{j}kz}\boldsymbol{e}_y=\frac{1}{\eta}E_0\mathrm{e}^{-\mathrm{j}kz}\boldsymbol{e}_y=H_0\mathrm{e}^{-\mathrm{j}kz}\boldsymbol{e}_y
\end{aligned}
\tag{7.11}
$$

式中

$$
\eta=\frac{E_0}{H_0}=\frac{\omega\mu}{k}=\sqrt{\frac{\mu}{\varepsilon}} \tag{7.12}
$$

η 具有阻抗的量纲，单位为 Ω(欧姆)，其值取决于媒质的参数，所以称 η 为媒质的波阻抗。在真空中波阻抗为

$$
\eta_0=\sqrt{\mu_0/\varepsilon_0}=120\pi\approx 376.73035\approx 377\quad(\Omega)
$$

7.1.2 均匀平面波的传播特性

由以上分析可知，沿正向传播的均匀平面波的电场强度和磁场强度的复矢量可以表示为

$$
\boldsymbol{E}=E_0\mathrm{e}^{-\mathrm{j}kz}\boldsymbol{e}_x \tag{7.13}
$$

$$
\boldsymbol{H}=H_0\mathrm{e}^{-\mathrm{j}kz}\boldsymbol{e}_y \tag{7.14}
$$

对于这样的场可将算子∇化作

$$
\nabla=\boldsymbol{e}_x\frac{\partial}{\partial x}+\boldsymbol{e}_y\frac{\partial}{\partial y}+\boldsymbol{e}_z\frac{\partial}{\partial z}=-\mathrm{j}k\boldsymbol{e}_z \tag{7.15}
$$

那么，在无源区，麦克斯韦方程组的式(6.45)变为

$$
-\mathrm{j}k\boldsymbol{e}_z\times\boldsymbol{E}=-\mathrm{j}\omega\mu\boldsymbol{H} \tag{7.16a}
$$

$$
-\mathrm{j}k\boldsymbol{e}_z\times\boldsymbol{H}=\mathrm{j}\omega\varepsilon\boldsymbol{E} \tag{7.16b}
$$

$$
-\mathrm{j}k\boldsymbol{e}_z\cdot\boldsymbol{E}=0 \tag{7.16c}
$$

$$
-\mathrm{j}k\boldsymbol{e}_z\cdot\boldsymbol{H}=0 \tag{7.16d}
$$

整理后为

$$
\boldsymbol{H}=\frac{1}{\eta}\boldsymbol{e}_z\times\boldsymbol{E} \tag{7.17a}
$$

$$
\boldsymbol{E}=-\eta\boldsymbol{e}_z\times\boldsymbol{H} \tag{7.17b}
$$

$$
\boldsymbol{e}_z\cdot\boldsymbol{E}=0 \tag{7.17c}
$$

$$
\boldsymbol{e}_z\cdot\boldsymbol{H}=0 \tag{7.17d}
$$

这组方程明确地表示了均匀平面波的电场强度 $\boldsymbol{E}$ 和磁场强度 $\boldsymbol{H}$ 之间的关系和均匀平面波的重要特性。下面讨论理想介质中传播的均匀平面波的基本性质。

(1) 理想介质中传播的均匀平面波的电场强度 $\boldsymbol{E}$ 和磁场强度 $\boldsymbol{H}$ 处处同相，$\boldsymbol{E}$ 和 $\boldsymbol{H}$ 振幅

之比为媒质的波阻抗 η，且 η 为实数。

(2) $\boldsymbol{E}$ 和 $\boldsymbol{H}$ 互相垂直，且 $\boldsymbol{E}$ 和 $\boldsymbol{H}$ 都与传播方向 $\boldsymbol{e}_z$ 互相垂直，也就是说，$\boldsymbol{E}$ 和 $\boldsymbol{H}$ 都无纵向分量，所以这种波是横波，称为横电磁波，或称为 TEM(transverse electro-magnetic)波。

以上两点由方程组(7.17)很容易看出来，其空间分布如图 7.2 所示。

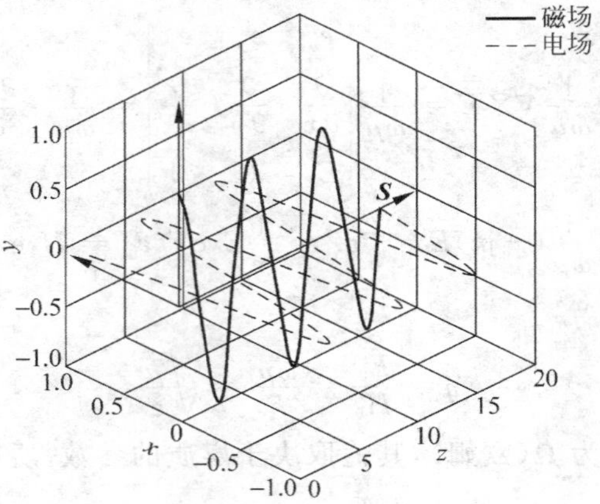

图 7.2 均匀平面波的电磁场分布

(3) 复坡印廷矢量为

$$\boldsymbol{S}=\frac{1}{2}\boldsymbol{E}\times\boldsymbol{H}^{*}=\frac{1}{2}E_0\mathrm{e}^{-\mathrm{j}kz}\boldsymbol{e}_x\times\frac{E_0}{\eta}\mathrm{e}^{\mathrm{j}kz}\boldsymbol{e}_y=\frac{E_0^2}{2\eta}\boldsymbol{e}_z \tag{7.18}$$

则坡印廷矢量的时间平均值为

$$\boldsymbol{S}_{\mathrm{av}}=\mathrm{Re}[\boldsymbol{S}]=\frac{E_0^2}{2\eta}\boldsymbol{e}_z \tag{7.19}$$

可见，均匀平面波沿传播方向传输实功率。平均功率密度为常数，表明与传播方向垂直的所有平面上，每单位面积通过的平均功率都相同，电磁波在传播过程中没有能量损失，即沿传播方向电磁波无衰减。因此理想媒质中的均匀平面波是等振幅波。

(4) 电场能量密度和磁场能量密度的瞬时值为

$$w_{\mathrm{e}}(t)=\frac{1}{2}\boldsymbol{D}\cdot\boldsymbol{E}=\frac{1}{2}\varepsilon E^2(t)=\frac{1}{2}\varepsilon E_0^2\cos^2(\omega t-kz+\phi_0)$$

$$\begin{aligned}w_{\mathrm{m}}(t)&=\frac{1}{2}\mu H^2(t)=\frac{1}{2}\mu H_0^2\cos^2(\omega t-kz+\phi_0)\\&=\frac{1}{2}\mu\frac{E_0^2}{\mu/\varepsilon}\cos^2(\omega t-kz+\phi_0)\\&=w_{\mathrm{e}}(t)\end{aligned}$$

可见，任一时刻电场能量密度与磁场能量密度相等，各为总电磁场能量密度的一半。总电磁能量密度的时间平均值为

$$w_{\mathrm{av,e}}=\frac{1}{4}\varepsilon E_0^2,\quad w_{\mathrm{av,m}}=\frac{1}{4}\mu H_0^2$$

$$w_{\mathrm{av}}=w_{\mathrm{av,e}}+w_{\mathrm{av,m}}=\frac{1}{2}\varepsilon E_0^2$$

均匀平面电磁波的能量传播速度为

$$v_e = \frac{|\boldsymbol{S}_{av}|}{w_{av}} = \frac{E_0^2/2\eta}{\varepsilon E_0^2/2} = \frac{1}{\sqrt{\mu\varepsilon}} = v_p$$

即均匀平面波的能量传播速度等于其相速。这也说明,电磁场是电磁能量的携带者。

需要说明的是,平面波是一个理想化的简化模型。一般的电磁波都不是平面波,但多数情况下可以近似看成是均匀平面波。

例 7.1　已知无界理想介质($\varepsilon=9\varepsilon_0,\mu=\mu_0,\sigma=0$)中,正弦均匀平面电磁波的频率 $f=10^8$ Hz,电场强度为

$$\boldsymbol{E} = 4\mathrm{e}^{-\mathrm{j}kz}\boldsymbol{e}_x + 3\mathrm{e}^{-\mathrm{j}kz+\mathrm{j}\frac{\pi}{3}}\boldsymbol{e}_y \quad (\mathrm{V/m})$$

试求:

(1) 均匀平面电磁波的相速度 v_p、波长 λ、相移常数 k 和波阻抗 η;

(2) 电场强度和磁场强度的瞬时值表达式;

(3) 与电磁波传播方向垂直的单位面积上通过的平均功率。

解:(1) 均匀平面电磁波的相速度、波长、相移常数和波阻抗分别为

$$v_p = \frac{1}{\sqrt{\mu\varepsilon}} = \frac{c}{\sqrt{\mu_r\varepsilon_r}} = \frac{3\times10^8}{\sqrt{9}} = 10^8 \quad (\mathrm{m/s})$$

$$\lambda = \frac{v_p}{f} = 1 \quad (\mathrm{m})$$

$$k = \omega\sqrt{\mu\varepsilon} = \frac{\omega}{v_p} = 2\pi \quad (\mathrm{rad/m})$$

$$\eta = \sqrt{\frac{\mu}{\varepsilon}} = \eta_0\sqrt{\frac{u_r}{\varepsilon_r}} = 120\pi\sqrt{\frac{1}{9}} = 40\pi \quad (\Omega)$$

(2) 由法拉第电磁感应定律得

$$\boldsymbol{H} = \frac{\mathrm{j}}{\omega\mu}\nabla\times\boldsymbol{E} = \frac{1}{\eta}(4\mathrm{e}^{-\mathrm{j}kz}\boldsymbol{e}_y - 3\mathrm{e}^{-\mathrm{j}kz+\mathrm{j}\frac{\pi}{3}}\boldsymbol{e}_x) \quad (\mathrm{A/m})$$

电场强度和磁场强度的瞬时值为

$$\begin{aligned}\boldsymbol{E}(t) &= \mathrm{Re}[\boldsymbol{E}\mathrm{e}^{\mathrm{j}\omega t}] \\ &= 4\cos(2\pi\times10^8 t - 2\pi z)\boldsymbol{e}_x + 3\cos\left(2\pi\times10^8 t - 2\pi z + \frac{\pi}{3}\right)\boldsymbol{e}_y \quad (\mathrm{V/m})\end{aligned}$$

$$\begin{aligned}\boldsymbol{H}(t) &= \mathrm{Re}[\boldsymbol{H}\mathrm{e}^{\mathrm{j}\omega t}] \\ &= -\frac{3}{40\pi}\cos\left(2\pi\times10^8 t - 2\pi z + \frac{\pi}{3}\right)\boldsymbol{e}_x + \frac{1}{10\pi}\cos(2\pi\times10^8 t - 2\pi z)\boldsymbol{e}_y \quad (\mathrm{A/m})\end{aligned}$$

(3) 复坡印廷矢量为

$$\begin{aligned}\boldsymbol{S} &= \frac{1}{2}\boldsymbol{E}\times\boldsymbol{H}^* = \frac{1}{2}[4\mathrm{e}^{-\mathrm{j}kz}\boldsymbol{e}_x + 3\mathrm{e}^{-\mathrm{j}(kz-\frac{\pi}{3})}\boldsymbol{e}_y]\times\left[-\frac{3}{40\pi}\mathrm{e}^{\mathrm{j}(kz-\frac{\pi}{3})}\boldsymbol{e}_x + \frac{1}{10\pi}\mathrm{e}^{\mathrm{j}kz}\boldsymbol{e}_y\right] \\ &= \frac{5}{16\pi}\boldsymbol{e}_z \quad (\mathrm{W/m^2})\end{aligned}$$

坡印廷矢量的时间平均值为

$$\boldsymbol{S}_{av} = \mathrm{Re}[\boldsymbol{S}] = \frac{5}{16\pi}\boldsymbol{e}_z \quad (\mathrm{W/m^2})$$

与电磁波传播方向垂直的单位面积($S=1\mathrm{m}^2$)上通过的平均功率为

$$P_{av} = \int_S \boldsymbol{S}_{av} \cdot d\boldsymbol{S} = \frac{5}{16\pi} \quad (W)$$

已知的电磁波频谱范围很宽，麦克斯韦方程组对电磁波的频率并没有限制。红外线、可见光、紫外线、X射线、γ射线等都属于电磁波。随着人们对电磁波广泛地开发应用，电磁波谱已成为一项宝贵的资源。

实验表明，在自由空间中，所有这些波有许多基本的共同点，比如它们都以光速传播，都是横波等。当然，也有许多不同特点，比如无线电波呈现明显的波动性，而光波则较强地呈现粒子性等。

7.2 导电媒质中的平面波

称 $\sigma \neq 0$ 的媒质为导电媒质，又称为有损耗媒质。电磁波在导电媒质中传播时将出现传导电流 $\boldsymbol{J}_c = \sigma \boldsymbol{E}$。那么，麦克斯韦方程组的式(6.45b)中，$\boldsymbol{J} = \boldsymbol{J}_e + \boldsymbol{J}_c$，其中 $\boldsymbol{J}_e$ 是外加的源电流。对于无源区域 $\boldsymbol{J}_e = 0$，则式(6.45b)变为

$$\nabla \times \boldsymbol{H} = j\omega\left(\varepsilon - j\frac{\sigma}{\omega}\right)\boldsymbol{E} = j\omega\varepsilon_c \boldsymbol{E} \tag{7.20}$$

式中

$$\varepsilon_c = \varepsilon - j\frac{\sigma}{\omega} = \varepsilon\left(1 - j\frac{\sigma}{\omega\varepsilon}\right) \tag{7.21}$$

称 ε_c 为导电媒质的等效复介电常数。这样，导电媒质就可看成是一种等效的电介质，只要将理想介质时场方程中的 ε 换成等效复介电常数 ε_c，就可以得到导电媒质中的场方程，其形式与理想介质时相同。ε_c 与 ε 不同的是，ε_c 多了一项虚部，它的大小由比值$\frac{\sigma}{\omega\varepsilon}$决定。实际上，$\frac{\sigma}{\omega\varepsilon}$是导电媒质中传导电流密度振幅与位移电流密度振幅的比，即$\frac{|\sigma E|}{|j\omega\varepsilon E|}$。

通常按照$\frac{\sigma}{\omega\varepsilon}$的大小把导电媒质分为3类，即$\frac{\sigma}{\omega\varepsilon} \ll 1$时为电介质，$\frac{\sigma}{\omega\varepsilon} \approx 1$时为不良导体，$\frac{\sigma}{\omega\varepsilon} \gg 1$时为良导体。

可见，媒质属于电介质还是良导体，不仅与媒质参数 ε 和 σ 有关，而且与频率有关。另外需要注意的是，媒质的参数也随频率的变化而变化，尤其在比较高的频率上更为明显。

7.2.1 导电媒质中平面波的传播特性

引用等效复介电常数后，导电媒质中的麦克斯韦方程组和理想介质中的麦克斯韦方程组具有完全相同的形式，传播参数也可仿照理想介质情况得出。设在无源区域时谐电磁场的电场强度复矢量为 $\boldsymbol{E} = E_x \boldsymbol{e}_x$，则 $\boldsymbol{E}$ 的波动方程为

$$\nabla^2 E_x + k_c^2 E_x = 0 \tag{7.22}$$

其中

$$k_c^2 = \omega^2 \mu\varepsilon_c = \omega^2\mu\left(\varepsilon - j\frac{\sigma}{\omega}\right) \tag{7.23}$$

直角坐标系中，对于沿 $+z$ 方向传播的均匀平面电磁波，式(7.22)的一个解为

$$\boldsymbol{E} = E_0 \mathrm{e}^{-\mathrm{j}k_c z} \boldsymbol{e}_x \tag{7.24}$$

磁场强度复矢量为

$$\boldsymbol{H} = \frac{\mathrm{j}}{\omega\mu} \nabla \times \boldsymbol{E} = \frac{1}{\eta_c} \boldsymbol{e}_z \times \boldsymbol{E} = \frac{E_0}{\eta_c} \mathrm{e}^{-\mathrm{j}k_c z} \boldsymbol{e}_y \tag{7.25}$$

式中

$$\eta_c = \sqrt{\frac{\mu}{\varepsilon_c}} = \sqrt{\frac{\mu}{\varepsilon - \mathrm{j}\dfrac{\sigma}{\omega}}} \tag{7.26}$$

式中，k_c 是一个复数，称为传播常数。令

$$k_c = \beta - \mathrm{j}\alpha \tag{7.27}$$

式中，β 称为相位常数；α 称为衰减常数。将上式两边平方后，得

$$k_c^2 = \omega^2 \mu \left(\varepsilon - \mathrm{j} \frac{\sigma}{\omega} \right) = (\beta - \mathrm{j}\alpha)^2$$

即

$$\beta^2 - \alpha^2 - \mathrm{j}2\alpha\beta = \omega^2 \mu\varepsilon - \mathrm{j}\omega\mu\sigma$$

上式两边的实部和虚部应分别相等，即

$$\beta^2 - \alpha^2 = \omega^2 \mu\varepsilon$$

$$2\alpha\beta = \omega\mu\sigma$$

由以上两方程解得

$$\alpha = \omega \sqrt{\frac{\mu\varepsilon}{2} \left[\sqrt{1 + \left(\frac{\sigma}{\omega\varepsilon} \right)^2} - 1 \right]} \tag{7.28}$$

$$\beta = \omega \sqrt{\frac{\mu\varepsilon}{2} \left[\sqrt{1 + \left(\frac{\sigma}{\omega\varepsilon} \right)^2} + 1 \right]} \tag{7.29}$$

将式(7.27)代入式(7.24)有

$$\boldsymbol{E} = E_0 \mathrm{e}^{-\alpha z} \mathrm{e}^{-\mathrm{j}\beta z} \boldsymbol{e}_x \tag{7.30}$$

设 E_0 为实数，则其瞬时表示式为

$$\boldsymbol{E}(t) = E_0 \mathrm{e}^{-\alpha z} \cos(\omega t - \beta z) \boldsymbol{e}_x \tag{7.31}$$

显然，电场强度的复振幅以因子 $\mathrm{e}^{-\alpha z}$ 随 z 的增大而不断衰减，α 是体现每单位距离衰减程度的常数。这种衰减是传播过程中部分电磁能转变为热能的结果，也就是热损耗。衰减的大小可以用场量衰减值的自然对数来表示，若经过 l 距离传播后电磁波电场强度的振幅由 $|E_1|$ 衰减为 $|E_2|$，则

$$\alpha l = \ln \frac{|E_1|}{|E_2|} \quad (\mathrm{Np}) \tag{7.32}$$

也可以用 dB 来计算衰减量，即

$$\alpha l = 10\lg \frac{P_1}{P_2} = 20\lg \frac{|E_1|}{|E_2|} \quad (\mathrm{dB}) \tag{7.33}$$

二者的关系为

$$1\mathrm{Np} = 8.686\mathrm{dB} \tag{7.34}$$

衰减常数 α 的单位为 Np/m(奈比/米)或 dB/m(分贝/米)。

场强相位随 z 的增加按 βz 滞后，就是说波沿 z 方向传播。

导电媒质中均匀平面波的相速为

$$v_{\mathrm{p}}=\frac{\mathrm{d}z}{\mathrm{d}t}=\frac{\omega}{\beta}=\frac{1}{\sqrt{\mu\varepsilon}}\left[\frac{2}{1+\sqrt{1+\left(\frac{\sigma}{\omega\varepsilon}\right)^{2}}}\right]^{\frac{1}{2}}<\frac{1}{\sqrt{\mu\varepsilon}} \tag{7.35}$$

其波长为

$$\lambda=\frac{2\pi}{\beta}=\frac{v_{\mathrm{p}}}{f} \tag{7.36}$$

由此可见，在导电媒质中传播时，波的相速比 ε、μ 相同的理想介质情况慢，且 σ 越大，相速越慢，波长越短。另外，相速还随频率的变化而变化，频率低，则相速慢。这样，携带信号的电磁波其不同的频率分量将以不同的相速传播。经过一段距离后，它们的相位关系将发生变化，从而导致信号失真，这种现象称为色散。导电媒质是色散媒质。

导电媒质的波阻抗为

$$\eta_{\mathrm{c}}=\sqrt{\frac{\mu}{\varepsilon-\mathrm{j}\frac{\sigma}{\omega}}}=\sqrt{\frac{\mu}{\varepsilon}}\left(1-\mathrm{j}\frac{\sigma}{\omega\varepsilon}\right)^{-\frac{1}{2}}=|\eta_{\mathrm{c}}|\mathrm{e}^{\mathrm{j}\theta} \tag{7.37}$$

即

$$|\eta_{\mathrm{c}}|=\sqrt{\frac{\mu}{\varepsilon}}\left[1+\left(\frac{\sigma}{\omega\varepsilon}\right)^{2}\right]^{-\frac{1}{4}}<\sqrt{\frac{\mu}{\varepsilon}} \tag{7.38}$$

$$\theta=\frac{1}{2}\arctan\frac{\sigma}{\omega\varepsilon}=0\sim\frac{\pi}{4} \tag{7.39}$$

可见，导电媒质的本征阻抗是一个复数，其模小于理想介质的本征阻抗，幅角在 $0\sim\pi/4$ 之间变化，具有感性相角。这意味着电场强度和磁场强度在空间上虽然仍互相垂直，但在时间上有相位差，两者不再同相，电场强度相位超前磁场强度相位。此时，磁场强度复矢量为

$$\boldsymbol{H}=\frac{E_0}{\eta_{\mathrm{c}}}\mathrm{e}^{-k_{\mathrm{c}}z}\boldsymbol{e}_y=\frac{E_0}{\eta_{\mathrm{c}}}\mathrm{e}^{-\alpha z}\mathrm{e}^{-\mathrm{j}\beta z}\boldsymbol{e}_y=\frac{E_0}{|\eta_{\mathrm{c}}|}\mathrm{e}^{-\alpha z}\mathrm{e}^{-\mathrm{j}\beta z}\mathrm{e}^{-\mathrm{j}\theta}\boldsymbol{e}_y \tag{7.40}$$

其瞬时值为

$$\boldsymbol{H}(z,t)=\frac{E_0}{|\eta_{\mathrm{c}}|}\mathrm{e}^{-\alpha z}\cos(\omega t-\beta z-\theta)\boldsymbol{e}_y \tag{7.41}$$

磁场强度的相位比电场强度滞后 θ，σ 越大则滞后越多。其振幅也随 z 的增加按指数衰减，如图 7.3 所示。

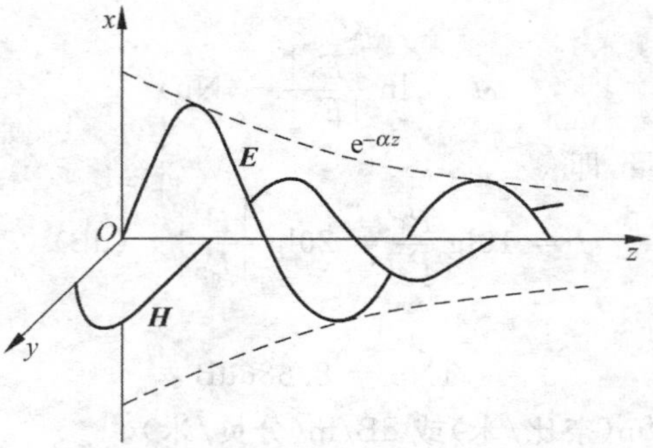

图 7.3 导电媒质中平面电磁波的电磁场

由图 7.3 可见，磁场强度的方向与电场强度相垂直，并都垂直于传播方向 $\boldsymbol{e}_z$，因此导电媒质中的平面波是横电磁波。这个性质与理想介质中的平面电磁波是相同的。导电媒质中的复坡印廷矢量为

$$\boldsymbol{S}=\frac{1}{2}\boldsymbol{E}\times\boldsymbol{H}^*=\frac{1}{2}\frac{E_0^2}{|\eta_c|}\mathrm{e}^{-2\alpha z}\mathrm{e}^{\mathrm{j}\theta}\boldsymbol{e}_z \tag{7.42}$$

其瞬时坡印廷矢量为

$$\boldsymbol{S}(z,t)=\boldsymbol{E}(z,t)\times\boldsymbol{H}(z,t)=\frac{1}{2}\frac{E_0^2}{|\eta_c|}\mathrm{e}^{-2\alpha z}[\cos\theta+\cos(2\omega t-2\beta z-\theta)]\boldsymbol{e}_z \tag{7.43}$$

式中，第二项是时间的周期函数。一周内沿 $+z$ 方向的时间平均功率流密度为

$$\boldsymbol{S}_{\mathrm{av}}=\frac{1}{2}\frac{E_0^2}{|\eta_c|}\mathrm{e}^{-2\alpha z}\cos\theta\boldsymbol{e}_z \tag{7.44}$$

可以导出式中 $\cos\theta$ 与 σ 的关系为

$$\cos\theta=\frac{1}{\sqrt{2}}\left[1+\frac{1}{\sqrt{1+\left(\frac{\sigma}{\omega\varepsilon}\right)^2}}\right]^{\frac{1}{2}} \tag{7.45}$$

若 $\sigma\neq0$，即 $\cos\theta\neq1$，将使平均功率流密度减小。该平均功率流密度随 z 的增大按 $\mathrm{e}^{-2\alpha z}$ 关系迅速衰减。

导电媒质中平均电能密度和平均磁能密度分别为

$$w_{\mathrm{av,e}}=\frac{1}{4}\varepsilon\,|\boldsymbol{E}|^2=\frac{1}{4}\varepsilon E_0^2\mathrm{e}^{-2\alpha z} \tag{7.46}$$

$$w_{\mathrm{av,m}}=\frac{1}{4}\mu\,|\boldsymbol{H}|^2=\frac{1}{4}\mu\frac{E_0^2}{|\eta_c|^2}\mathrm{e}^{-2\alpha z}=\frac{1}{4}\varepsilon E_0^2\mathrm{e}^{-2\alpha z}\sqrt{1+\left(\frac{\sigma}{\omega\varepsilon}\right)^2} \tag{7.47}$$

可见，在导电媒质中，平均磁能密度大于平均电能密度。

总平均储能密度为

$$\begin{aligned}w_{\mathrm{av}}=w_{\mathrm{av,e}}+w_{\mathrm{av,m}}&=\frac{1}{4}\varepsilon E_0^2\mathrm{e}^{-2\alpha z}+\frac{1}{4}\varepsilon E_0^2\mathrm{e}^{-2\alpha z}\sqrt{1+\left(\frac{\sigma}{\omega\varepsilon}\right)^2}\\&=\frac{1}{4}\varepsilon E_0^2\mathrm{e}^{-2\alpha z}\left[1+\sqrt{1+\left(\frac{\sigma}{\omega\varepsilon}\right)^2}\right]\end{aligned} \tag{7.48}$$

能量传播速度为

$$v_{\mathrm{e}}=\frac{|\boldsymbol{S}_{\mathrm{av}}|}{w_{\mathrm{av}}}=\frac{1}{\sqrt{\mu\varepsilon}}\left[\frac{2}{1+\sqrt{1+\left(\frac{\sigma}{\omega\varepsilon}\right)^2}}\right]^{\frac{1}{2}}=v_{\mathrm{p}} \tag{7.49}$$

可见，导电媒质中均匀平面波的能速与相速相同。

对于电介质，$\frac{\sigma}{\omega\varepsilon}\ll1$。比如聚四氟乙烯、聚苯乙烯、聚乙烯及有机玻璃等材料，在高频和超高频范围内均有 $\frac{\sigma}{\omega\varepsilon}<10^{-2}$。则电介质中均匀平面电磁波的相关参数可以近似为

$$\alpha\approx\frac{\sigma}{2}\sqrt{\frac{\mu}{\varepsilon}},\quad \beta\approx\omega\sqrt{\mu\varepsilon},\quad \eta\approx\sqrt{\frac{\mu}{\varepsilon}}$$

显然，均匀平面波在低损耗介质中的传播特性，除了由微弱的损耗引起的衰减外，与理想介

质中均匀平面波的传播特性几乎相同。

7.2.2 趋肤深度和表面电阻

在良导体中,有关表达式可以近似表达为

$$\alpha \approx \beta \approx \sqrt{\frac{\omega\mu\sigma}{2}} \tag{7.50}$$

$$v_p = \sqrt{\frac{2\omega}{\mu\sigma}} \tag{7.51}$$

$$\lambda = 2\pi\sqrt{\frac{2}{\omega\mu\sigma}} \tag{7.52}$$

$$\eta_c \approx \sqrt{\frac{\omega\mu}{2\sigma}}(1+j) = \sqrt{\frac{\omega\mu}{\sigma}}e^{j\frac{\pi}{4}} \tag{7.53}$$

可见,高频率电磁波传入良导体后,由于良导体的电导率一般为 10^7S/m 量级,所以电磁波在良导体中衰减极快。电磁波往往在微米量级的距离内就衰减得接近于零了。因此高频电磁场只能存在于良导体表面的一个薄层内,这种现象称为集肤效应。电磁波场强振幅衰减到表面处的 1/e 的深度,称为趋肤深度(或穿透深度),以 δ 表示,即

$$E_0 e^{-\alpha\delta} = E_0 \cdot \frac{1}{e}$$

所以

$$\delta = \frac{1}{\alpha} = \sqrt{\frac{2}{\omega\mu\sigma}} = \sqrt{\frac{1}{\pi f\mu\sigma}} \quad (\text{m}) \tag{7.54}$$

可见,导电性能越好(电导率 σ 越大),工作频率越高,则趋肤深度越小。例如银的电导率 $\sigma=6.2\times10^7$S/m,磁导率 $\mu_0=4\pi\times10^{-7}$H/m,则

$$\delta = \sqrt{\frac{2}{2\pi f\times4\pi\times6.2}} = \frac{0.064}{\sqrt{f}} \quad (\text{m})$$

当频率 $f=3$GHz,其趋肤深度为 $\delta=1.17\times10^{-6}=1.17(\mu\text{m})$。因此,虽然微波器件通常用黄铜制成,但只要在其导电层的表面涂上若干微米银,就能保证表面电流主要在银层通过。由于良导体的趋肤深度很小,电磁波大部分能量集中在良导体表面的薄层内,因此很薄的金属片对无线电波有很好的屏蔽作用。

良导体中平面波的电场强度分量、磁场强度分量和电流密度为

$$E_x = E_0 e^{-(1+j)\alpha z} \tag{7.55}$$

$$H_y = \frac{E_x}{\eta_c} = H_0 e^{-(1+j)\alpha z}, \quad H_0 = \frac{E_0}{\eta_c} = E_0\sqrt{\frac{\sigma}{\omega\mu}}e^{-j\frac{\pi}{4}} \tag{7.56}$$

$$J_x = \sigma E_x = J_0 e^{-(1+j)\alpha z}, \quad J_0 = \sigma E_0 \tag{7.57}$$

式中,H_0 和 J_0 是导体表面($z=0$)的磁场强度复振幅和电流密度复振幅。H_y 的相位比 E_x 滞后 45°,因此其复功率流密度将有虚功率。其复功率流密度矢量为

$$\boldsymbol{S} = \frac{1}{2}\boldsymbol{E}\times\boldsymbol{H}^* = \frac{1}{2}E_x H_y^* \boldsymbol{e}_z = \frac{1}{2}E_0^2\sqrt{\frac{\sigma}{2\omega\mu}}(1+j)e^{-2\alpha z}\boldsymbol{e}_z \tag{7.58}$$

平均功率流密度为

$$\boldsymbol{S}_{av} = \mathrm{Re}[\boldsymbol{S}] = \frac{1}{2}E_0^2\sqrt{\frac{\sigma}{2\omega\mu}}\mathrm{e}^{-2\alpha z}\boldsymbol{e}_z$$

在 $z=0$ 处，有

$$\boldsymbol{S}_{av} = \frac{1}{2}E_0^2\sqrt{\frac{\sigma}{2\omega\mu}}\boldsymbol{e}_z \tag{7.59}$$

这代表导体表面每单位面积所吸收的平均功率。另外，单位面积导体内传导电流的热损耗功率为

$$P_c = \frac{1}{2}\int_V \sigma\ |E|^2 \mathrm{d}V = \frac{1}{2}\int_0^\infty \sigma\ |E_0|^2\mathrm{e}^{-2\alpha z}\mathrm{d}z = \frac{\sigma}{4\alpha}\ |E_0|^2$$

$$= \frac{1}{2}\ |E_0|^2\sqrt{\frac{\sigma}{2\omega\mu}} \tag{7.60}$$

可见，传入导体的电磁波实功率全部化为热损耗功率。

导体表面处切向电场强度 E_x 与切向磁场强度 H_y 之比定义为导体的表面阻抗，即

$$Z_S = \left.\frac{E_x}{H_y}\right|_{z=0} = \frac{E_0}{H_0} = \eta_c = (1+\mathrm{j})\sqrt{\frac{\omega\mu}{2\sigma}} = R_S + \mathrm{j}X_S$$

即导体的表面阻抗等于其波阻抗。R_S和 X_S 分别称为表面电阻和表面电抗，并有

$$R_S = X_S = \sqrt{\frac{\omega\mu}{2\sigma}} = \frac{1}{\sigma\delta} = \left.\frac{l}{\sigma(\delta w)}\right|_{l=w=1}$$

这意味着，表面电阻相当于单位长度、单位宽度而厚度 δ 的导体块的直流电阻。如图 7.4 所示，流过单位宽度平面导体的总电流（z 由 0 至∞）为

$$J_S = \int_0^\infty J_x \mathrm{d}z = \int_0^\infty \sigma E_0 \mathrm{e}^{-(1+\mathrm{j})\alpha z}\mathrm{d}z = \frac{\sigma E_0}{(1+\mathrm{j})\alpha} = \frac{\sigma\delta}{1+\mathrm{j}}E_0 = H_0$$

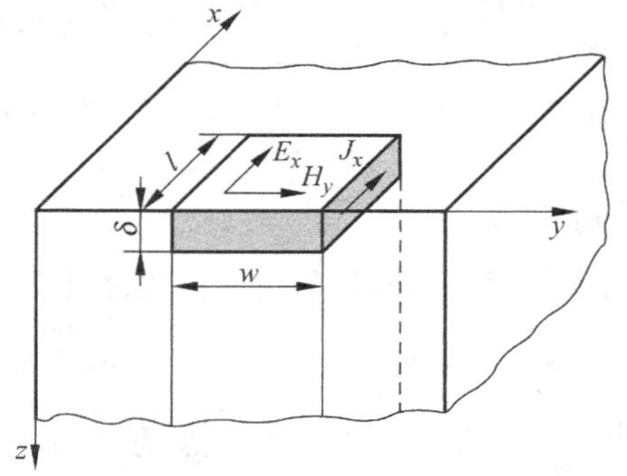

图 7.4 平面导体

由电路理论，该电流通过表面电阻所损耗的功率为

$$P_c = \frac{1}{2}\ |J_S|^2 R_S = \frac{1}{2}\cdot\frac{\sigma\delta}{2}\ |E_0|^2 = \frac{1}{2}\ |E_0|^2\sqrt{\frac{\sigma}{2\omega\mu}} \tag{7.61}$$

此结果与式(7.59)和式(7.60)相同。也就是说，设想面电流 J_S均匀地集中在导体表面 δ 厚度内，此时导体的直流电阻所吸收的功率就等于电磁波垂直传入导体所耗散的热损耗功率。这样，就可以方便地利用式(7.61)由表面电阻 R_S求得导体的损耗功率。R_S是平面导体单位长度、单位宽度上的电阻，因而也称为表面电阻率。对于有限面积的导体，用 R_S乘以长度 L

再除以宽度 W 就得出其总电阻。由 R_S的表达式可见 $R_S\propto\sqrt{f}$，所以高频时导体的电阻远比低频或直流电阻大。这是由于集肤效应，使高频时电流在导体上所流过的截面积减小了，从而使电阻增大。

例 7.2 微波炉利用磁控管输出的 2.45GHz 的微波加热食品，在该频率上，牛排的等效复介电常数 $\varepsilon'=40\varepsilon_0$，$\tan\delta_\varepsilon=0.3$。求：

(1) 微波传入牛排的趋肤深度 δ，牛排内 8mm 处的微波的电场强度是表面处的百分之几。

(2) 微波炉中盛牛排的盘子是用发泡聚苯乙烯制成的，其等效复介电常数和损耗角正切为 $\varepsilon'=1.03\varepsilon_0$，$\tan\delta_\varepsilon=0.3\times10^{-4}$。说明为何用微波加热时牛排被烧熟而盘子并没有被烧毁。

解：根据损耗角正切的定义，由式(6.58)可得

$$\tan\delta_\varepsilon=\frac{\varepsilon''+\dfrac{\sigma}{\omega}}{\varepsilon'}=\frac{\varepsilon''}{\varepsilon'}+\frac{\sigma}{\omega\varepsilon'}$$

对于一般的食品，$\dfrac{\varepsilon''}{\varepsilon'}$项可忽略。则

$$\tan\delta_\varepsilon\approx\frac{\sigma}{\omega\varepsilon'}$$

(1) 取 $\mu=\mu_0$，利用式(7.28)可得牛排的趋肤深度为

$$\begin{aligned}\delta&=\frac{1}{\alpha}=\frac{1}{\omega}\sqrt{\frac{2}{\mu_0\varepsilon'}}\left[\sqrt{1+\left(\frac{\sigma}{\omega\varepsilon'}\right)^2}-1\right]^{-1/2}\\&=\frac{1}{\omega}\sqrt{\frac{2}{\mu_0\varepsilon'}}\left[\sqrt{1+(\tan\delta_\varepsilon)^2}-1\right]^{-1/2}\\&=\frac{1}{2\pi\times2.45\times10^9}\sqrt{\frac{2}{4\pi\times10^{-7}\times40\times\dfrac{1}{36\pi}\times10^{-9}}}\left(\sqrt{1+0.3^2}-1\right)^{-1/2}\\&=0.0208(\mathrm{m})=20.8(\mathrm{mm})\end{aligned}$$

牛排内 $z=8\mathrm{mm}$ 处的微波电场强度与表面处的电场强度之比为

$$\frac{|E|}{|E_0|}=\mathrm{e}^{-z/\delta}=\mathrm{e}^{-8/20.8}=68\%$$

可见，微波加热与其他加热方法相比的一个优点是，微波能直接对食品的内部进行加热。同时，微波场分布在三维空间中，所以加热得均匀而且快。

(2) 发泡聚苯乙烯是低耗介质，取 $\mu=\mu_0$，$\tan\delta_\varepsilon\approx\dfrac{\sigma}{\omega\varepsilon'}$，其趋肤深度为

$$\begin{aligned}\delta&=\frac{1}{\alpha}=\frac{2}{\sigma}\sqrt{\frac{\varepsilon'}{\mu_0}}=\frac{2}{\omega\varepsilon'\tan\delta_\varepsilon}\sqrt{\frac{\varepsilon'}{\mu_0}}=\frac{2}{\omega\tan\delta_\varepsilon}\sqrt{\frac{1}{\mu_0\varepsilon'}}\\&=\frac{2}{2\pi\times2.45\times10^9\times0.3\times10^{-4}}\sqrt{\frac{1}{4\pi\times10^{-7}\times1.03\times\dfrac{1}{36\pi}\times10^{-9}}}\\&=1.28\times10^3(\mathrm{m})\end{aligned}$$

可见，其趋肤深度很大，意味着微波在其中传播的热损耗极小，因此称这种材料对微波

是“透明”的。它所消耗的热极小，所以盘子不会被烧掉。

例 7.3　海水的电磁参数是$\varepsilon_r=81$，$\mu_r=1$，$\sigma=4\text{S/m}$，频率为 3kHz 和 30MHz 的电磁波在海平面处(刚好在海平面下侧的海水中)的电场强度为 1V/m。求：

(1) 电场强度衰减为 $1\mu\text{V/m}$ 处的深度，应选择哪个频率进行潜水艇的水下通信；

(2) 频率 3kHz 的电磁波从海平面下侧向海水中传播的平均功率流密度。

解：(1) $f=3\text{kHz}$ 时。因为

$$\frac{\sigma}{\omega\varepsilon}=\frac{4\times36\pi\times10^9}{2\pi\times3\times10^3\times81}=2.96\times10^5\gg1$$

所以海水对以此频率传播的电磁波呈现为良导体，故

$$\alpha=\sqrt{\frac{\omega\mu\sigma}{2}}=\sqrt{\frac{2\pi\times3\times10^3\times4\pi\times10^{-7}\times4}{2}}=0.218$$

$$l=\frac{1}{\alpha}\ln\frac{|E_0|}{|E|}=\frac{1}{\alpha}\ln10^6=\frac{13.8}{\alpha}=63.3\quad(\text{m})$$

$f=30\text{MHz}$ 时。因为

$$\frac{\sigma}{\omega\varepsilon}=\frac{4\times36\pi\times10^9}{2\pi\times3\times10^7\times81}=29.6$$

所以海水对以此频率传播的电磁波呈现为不良导体，故

$$\alpha=\omega\sqrt{\frac{\mu\varepsilon}{2}\left[\sqrt{1+\left(\frac{\sigma}{\omega\varepsilon}\right)^2}-1\right]}=2\pi\times3\times10^7\sqrt{\frac{4\pi\times10^{-7}\times81}{2\times36\pi\times10^9}\times29}=21.5$$

$$l=\frac{1}{\alpha}\ln\frac{|E_0|}{|E|}=\frac{1}{\alpha}\ln10^6=\frac{13.8}{\alpha}=0.641\quad(\text{m})$$

显然，选高频 30MHz 的电磁波衰减较大，应采用低频 3kHz 的电磁波。在具体的工程应用中，低频电磁波频率的选择还要全面考虑其他因素。

(2) 由式(7.59)可得 $f=3\text{kHz}$ 时其平均功率流密度为

$$|S_{av}|=\frac{1}{2}E_0^2\sqrt{\frac{\sigma}{2\omega\mu}}=\frac{\sigma}{4\alpha}E_0^2=\frac{4}{4\times0.218}\approx4.6\quad(\text{W/m}^2)$$

7.3　等离子体中的平面波

第 7 章第 2 讲

在被电离的气体中，存在有正离子和带负电的自由电子，此时的气体就是等离子体。等离子体中正、负电荷总量相等，因此整体上是呈中性的。地球上空约 80～400km 处的稀薄空气中的氮、氧分子在太阳紫外线和宇宙射线的电离下，形成电离层，它就是等离子体。

电磁波在等离子体中传播时，引起电子运动，从而产生运流电流。因此，电磁波使得等离子体中存在位移电流 $\boldsymbol{J}_d$ 和运流电流 $\boldsymbol{J}_v$。离子的缓慢移动可以忽略。运流电流密度为

$$\boldsymbol{J}_v=-Ne\boldsymbol{v}\tag{7.62}$$

式中，N 为每单位体积中的电子数；$\boldsymbol{v}$ 为电子运动的平均速度；$e=1.602\times10^{-19}\text{C}$，为电子电量。设高频电磁场的电场强度为 $\boldsymbol{E}=E\mathrm{e}^{\mathrm{j}\omega t}\boldsymbol{e}_x$，在它的作用下，单个电子受力为

$$\boldsymbol{F}=-e\boldsymbol{E}\tag{7.63}$$

电子的质量为 $m=9.11\times10^{-31}\text{kg}$，由牛顿第二定律有 $\boldsymbol{F}(t)=m\dfrac{\mathrm{d}\boldsymbol{v}}{\mathrm{d}t}$，则

$$\boldsymbol{F}=m\mathrm{j}\omega\boldsymbol{v}\tag{7.64}$$

若不计电子运动时的碰撞，忽略高频磁场的作用力，则式(7.63)与式(7.64)应相等，可得

$$\boldsymbol{v} = \mathrm{j}\frac{e}{\omega m}\boldsymbol{E} \tag{7.65}$$

因此，等离子体中的全电流为

$$\boldsymbol{J} = \boldsymbol{J}_{\mathrm{d}} + \boldsymbol{J}_{\mathrm{v}} = \mathrm{j}\omega\varepsilon_0\boldsymbol{E} - \mathrm{j}\frac{Ne^2}{\omega m}\boldsymbol{E} = \mathrm{j}\omega\varepsilon_0\left(1 - \frac{Ne^2}{\omega^2 m\varepsilon_0}\right)\boldsymbol{E} \tag{7.66}$$

这样，等离子体可等效为一种介电媒质，其相对介电常数为

$$\begin{aligned}\varepsilon_{\mathrm{r}} &= 1 - \frac{Ne^2}{\omega^2 m\varepsilon_0} = 1 - \frac{N(1.602\times10^{-19})^2}{(2\pi f)^2\times9.11\times10^{-31}\times8.854\times10^{-12}}\\ &= 1 - 80.6\frac{N}{f^2}\end{aligned} \tag{7.67}$$

令 $f_{\mathrm{p}} = \sqrt{80.6N}$，则

$$\varepsilon_{\mathrm{r}} = 1 - \frac{f_{\mathrm{p}}^2}{f^2} \tag{7.68}$$

f_{p} 称为等离子体频率。

在忽略等离子体中电子的碰撞造成的热损耗时，等效介电常数是实数。传播常数为

$$k = \omega\sqrt{\mu_0\varepsilon_0\left(1 - \frac{f_{\mathrm{p}}^2}{f^2}\right)} = k_0\sqrt{1 - \frac{f_{\mathrm{p}}^2}{f^2}} \tag{7.69}$$

可见，当工作频率不同时，平面电磁波在等离子体中有着不同的传播特性。

当 $f > f_{\mathrm{p}}$ 时，$k=\beta$ 为实数，则电场强度为

$$E = E_0\mathrm{e}^{-\mathrm{j}\beta z} \tag{7.70}$$

电磁波将无衰减地传播。

当 $f = f_{\mathrm{p}}$ 时，$k=0$，则 $E=E_0$，电场强度瞬时值为

$$E(t) = E_0\cos\omega t \tag{7.71}$$

E 不是空间位置的函数，不会发生传播。

当 $f < f_{\mathrm{p}}$ 时，$k=-\mathrm{j}\alpha$ 为虚数，其中 $\alpha = k_0\sqrt{\frac{f_{\mathrm{p}}^2}{f^2} - 1}$，故电场强度为

$$E = E_0\mathrm{e}^{-\alpha z} \tag{7.72}$$

这时也没有波的传播，场沿 z 按指数衰减。设电场强度的方向为 $\boldsymbol{e}_x$，即 $E=E_x$，则磁场强度为

$$H_y = \mathrm{j}\frac{1}{\omega\mu_0}\cdot\frac{\partial E_x}{\partial z} = -\mathrm{j}\frac{\alpha}{\omega\mu_0}E_0\mathrm{e}^{-\alpha z} \tag{7.73}$$

平均功率流密度为

$$S_{\mathrm{av}} = \frac{1}{2}\mathrm{Re}[E_x H_y^*] = \frac{1}{2}\mathrm{Re}\left[\mathrm{j}\frac{\alpha}{\omega\mu_0}E_0^2\mathrm{e}^{-2\alpha z}\right] = 0$$

由此可知，当频率高到 $f > f_{\mathrm{p}}$ 时，电磁波将无衰减地在等离子体中传播；而当频率低到 $f < f_{\mathrm{p}}$ 时，电磁波不能在等离子体中传播。

7.4 电磁波的色散和群速

由光学理论可知，当一束阳光射在三棱镜上时，在三棱镜的另一边就可以看到赤、橙、黄、绿、蓝、靛、紫七色光散开的图像。这是光谱段电磁波的色散现象，产生的原因是不同频

率的光在同一媒质中具有不同的折射率,即具有不同的相速。所谓相速,就是单一频率的平面波等相面的传播速度。在良导体中电磁波的相速为

$$v_p = \frac{\omega}{\beta} = \sqrt{\frac{2\omega}{\mu\sigma}}$$

这时的相速是频率的函数。电磁波的相速随频率的变化而变化的现象称为色散。

实际中的电磁波信号总是包含许多不同频率的分量。在色散媒质中,这些不同频率分量的单色波各以不同的相速传播。经过一段距离后,各分量相对相位关系发生了变化,从而引起信号的畸变。

一个简单情况,假定信号由两个振幅相同、角频率分别为 $\omega_0+\Delta\omega$ 和 $\omega_0-\Delta\omega$ 的余弦波组成,其中 $\omega_0 \gg \Delta\omega$。由于角频率不同,两个波的相位常数也有所不同,分别为 $\beta_0+\Delta\beta$ 和 $\beta_0-\Delta\beta$。则电场强度表达式为

$$E_1 = E_0\cos[(\omega_0+\Delta\omega)t-(\beta_0+\Delta\beta)z]$$

$$E_2 = E_0\cos[(\omega_0-\Delta\omega)t-(\beta_0-\Delta\beta)z]$$

合成电磁波的电场强度表达式为

$$\begin{aligned} E(t) &= E_0\cos[(\omega_0+\Delta\omega)t-(\beta_0+\Delta\beta)z]+E_0\cos[(\omega_0-\Delta\omega)t-(\beta_0-\Delta\beta)z] \\ &= 2E_0\cos(\Delta\omega t - z\Delta\beta)\cos(\omega_0 t-\beta_0 z) \end{aligned} \tag{7.74}$$

可见,合成波电场强度的振幅随时间按余弦变化,是一调幅波,调制的频率为 $\Delta\omega$。这个按余弦变化的调制波称为包络。该包络移动的相速度定义为群速 v_g。图 7.5 给出了固定时刻合成波电场强度随距离 z 的分布,其是按一定周期排列的波群,所以群速是包络波上某一恒定相位点推进的速度。

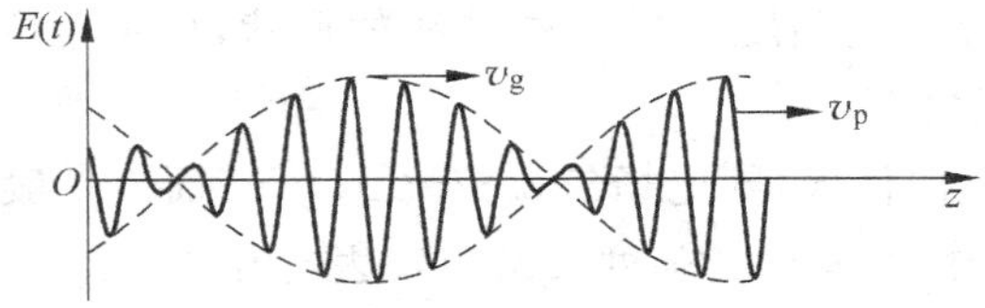

图 7.5　相速和群速

令调制波的相位为常数,即

$$\Delta\omega t - z\Delta\beta = c \quad (c\ 为常数)$$

由此得

$$v_g = \frac{dz}{dt} = \frac{\Delta\omega}{\Delta\beta}$$

当 $\Delta\omega \to 0$ 时,上式可写成

$$v_g = \frac{d\omega}{d\beta} \quad (m/s) \tag{7.75}$$

由于群速是波的包络上一个点的传播速度,只有当包络的形状不随波的传播而变化时,它才有意义。若信号频谱很宽,则信号包络在传播过程中将发生畸变。因此,只是对窄频带信号,群速才有意义。

由群速和相速的定义可知

$$v_g = \frac{d\omega}{d\beta} = \frac{d(v_p\beta)}{d\beta} = v_p + \beta\frac{dv_p}{d\beta} = v_p + \frac{\omega}{v_p}\cdot\frac{dv_p}{d\omega}v_g$$

从而得

$$v_g = \frac{v_p}{1 - \frac{\omega}{v_p} \cdot \frac{dv_p}{d\omega}} \tag{7.76}$$

可见，当$\frac{dv_p}{d\omega}=0$时，则$v_g = v_p$，这是无色散情况，群速等于相速。当$\frac{dv_p}{d\omega}\neq 0$，即相速是频率的函数时，$v_g \neq v_p$，这时又分为两类情况：

(1) $\frac{dv_p}{d\omega}<0$，则$v_g < v_p$，这类色散称为正常色散；

(2) $\frac{dv_p}{d\omega}>0$，则$v_g > v_p$，这类色散称为非正常色散。

导体的色散就是非正常色散。这里"非正常"一词并没有特别的含义，只是表示它与正常色散的类型不同而已。

在许多情况下把群速当作能量传播的速度，但这不具有普遍性。比如一些非正常色散的场合，包括简单的有耗传输线中，二者就是不相等的。

7.5 电磁波的极化

在无界媒质中传播的均匀平面波都是 TEM 波，即电磁波场强所在的平面与传播方向垂直。在前面讨论平面波的传播特性时，总是假定电磁波场强的方向与时间无关。实际上，平面波场强的方向可能随时间按一定的规律变化。电场强度 $\boldsymbol{E}$ 的方向随时间变化的方式称为电磁波的极化。依据电场强度 $\boldsymbol{E}$ 的矢端曲线的形状，可将电磁波的极化分为 3 种，即线极化、圆极化和椭圆极化。

设 TEM 平面波沿 z 向传播，则电场矢量位于 xOy 平面。一般情况下，电场强度 $\boldsymbol{E}$ 同时有沿 x 向和沿 y 向的分量，其电场强度矢量的表达式为

$$\begin{aligned}\boldsymbol{E} &= E_x \boldsymbol{e}_x + E_y \boldsymbol{e}_y = (E_{0x}\boldsymbol{e}_x + E_{0y}\boldsymbol{e}_y)\mathrm{e}^{-\mathrm{j}kz} \\ &= (E_{xm}\mathrm{e}^{\mathrm{j}\phi_x}\boldsymbol{e}_x + E_{ym}\mathrm{e}^{\mathrm{j}\phi_y}\boldsymbol{e}_y)\mathrm{e}^{-\mathrm{j}kz}\end{aligned} \tag{7.77}$$

电场强度矢量的两个分量的瞬时值为

$$\begin{cases} E_x(t) = E_{xm}\cos(\omega t - kz + \phi_x) \\ E_y(t) = E_{ym}\cos(\omega t - kz + \phi_y) \end{cases} \tag{7.78}$$

可从式(7.78)中消去 $\omega t - kz$ 得到 $E_x(t)$ 和 $E_y(t)$ 间的方程，从而确定 $\boldsymbol{E}(t)$ 的矢端曲线。

7.5.1 线极化

设 E_x 和 E_y 同相，即 $\phi_x = \phi_y = \phi_0$。为了讨论方便，在空间任取一固定点 $z=0$，则式(7.78)变为

$$\begin{cases} E_x(t) = E_{xm}\cos(\omega t + \phi_0) \\ E_y(t) = E_{ym}\cos(\omega t + \phi_0) \end{cases}$$

合成电磁波的电场强度矢量的模为

$$E(t) = \sqrt{E_x^2(t) + E_y^2(t)} = \sqrt{E_{xm}^2 + E_{ym}^2}\cos(\omega t + \phi_0) \tag{7.79}$$

合成电磁波的电场强度矢量与 x 轴正向夹角 α 的正切为

$$\tan\alpha = \frac{E_y(t)}{E_x(t)} = \frac{E_{ym}}{E_{xm}} = C \quad (C\text{ 为常数}) \tag{7.80}$$

可见,这时合成电磁波的电场强度矢量与 x 轴正向夹角 α 保持不变,电场强度矢量 $\boldsymbol{E}$ 的矢端轨迹是位于一、三象限的一条直线,故称为线极化,记为 LP(linear polarization),如图 7.6(a)所示。

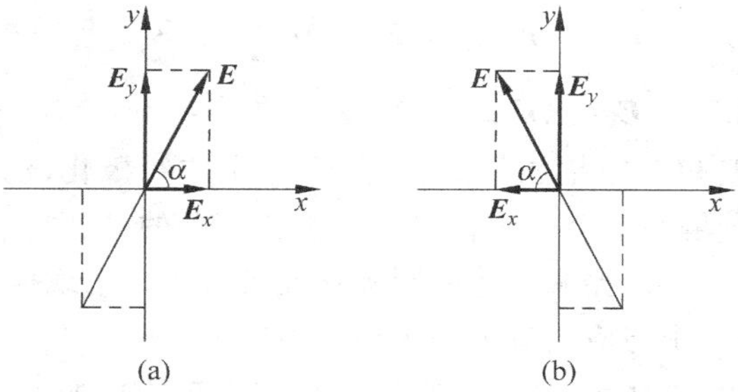

图 7.6 线极化波

同理,当 $\phi_x - \phi_y = \pi$ 时,式(7.80)依然成立。这时合成平面电磁波的电场强度矢量 $\boldsymbol{E}$ 的矢端轨迹是位于二、四象限的一条直线,故也称为线极化,如图 7.6(b)所示。

在工程应用中,一个与地面平行放置的线天线的远区场是电场强度矢量平行于水平面的线极化波,称为水平极化。比如,电视信号的发射一般采用水平极化方式。相反,一个与地面垂直放置的线天线,其远区场的电场强度矢量垂直于水平面,称为垂直极化。比如,调幅广播信号的发射一般采用垂直极化方式。

7.5.2 圆极化

设 $E_{xm} = E_{ym} = E_m, \phi_x - \phi_y = \pm\frac{\pi}{2}, z = 0$,这时式(7.78)变为

$$\begin{cases} E_x(t) = E_m\cos(\omega t + \phi_x) \\ E_y(t) = E_m\cos\left(\omega t + \phi_x \mp \frac{\pi}{2}\right) = \pm E_m\sin(\omega t + \phi_x) \end{cases} \tag{7.81}$$

消去 t,得

$$\left(\frac{E_x(t)}{E_m}\right)^2 + \left(\frac{E_y(t)}{E_m}\right)^2 = 1$$

这是半径为 E_m 的圆,如图 7.7 所示。$\boldsymbol{E}(t)$的大小不随 t 变化,$\boldsymbol{E}(t)$的方向与 x 轴的夹角为

$$\alpha = \arctan\left[\frac{\pm\sin(\omega t + \phi_x)}{\cos(\omega t + \phi_x)}\right] = \pm(\omega t + \phi_x) \tag{7.82}$$

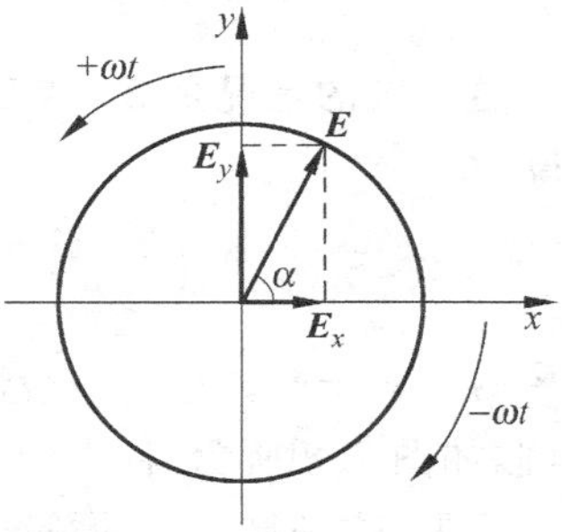

图 7.7 圆极化波

这表明,对于给定 z 值的某点,随时间 t 的增加,$\boldsymbol{E}(t)$的方向以角频率 ω 作等速旋转。$\boldsymbol{E}(t)$矢量端点轨迹为圆,故称

为圆极化，记为 CP(circular polarization)。

当 E_y 相位提前 $E_x 90°$ 时，$\boldsymbol{E}(t)$ 旋向与波的传播方向 $\boldsymbol{e}_z$ 成左手螺旋关系，称为左旋圆极化(LHCP)；而当 E_y 相位落后 $E_x 90°$ 时，$\boldsymbol{E}(t)$ 旋向与传播方向 $\boldsymbol{e}_z$ 成右手螺旋关系，称为右旋圆极化波(RHCP)。这样，y 向和 x 向电场强度分量的复振幅有如下关系：

$$\begin{cases} \text{LHCP}: & E_{0y} = \mathrm{j}E_{0x} = \mathrm{j}E_0 \\ \text{RHCP}: & E_{0y} = -\mathrm{j}E_{0x} = -\mathrm{j}E_0 \end{cases} \tag{7.83}$$

此时电场强度复矢量为

$$\begin{cases} \text{LHCP}: & \boldsymbol{E} = (E_{0x}\boldsymbol{e}_x + E_{0y}\boldsymbol{e}_y)\mathrm{e}^{-\mathrm{j}kz} = E_0\mathrm{e}^{-\mathrm{j}kz}(\boldsymbol{e}_x + \mathrm{j}\boldsymbol{e}_y) \\ \text{RHCP}: & \boldsymbol{E} = (E_{0x}\boldsymbol{e}_x + E_{0y}\boldsymbol{e}_y)\mathrm{e}^{-\mathrm{j}kz} = E_0\mathrm{e}^{-\mathrm{j}kz}(\boldsymbol{e}_x - \mathrm{j}\boldsymbol{e}_y) \end{cases} \tag{7.84}$$

可见，两个相位相差 90°、振幅相等的、空间上正交的线极化波，可合成一个圆极化波；反之，一个圆极化波可分解为两个相位相差 90°、振幅相等的、空间上正交的线极化波。

可以证明，两个旋向相反、振幅相等的圆极化波可合成一个线极化波，反之亦成立。

圆极化波具有以下两个与应用有关的重要特性。

(1) 当圆极化波入射到对称目标上时，反射波变为反旋向的波，即左旋波变为右旋波，右旋波变为左旋波。

(2) 天线若辐射左旋圆极化波，则只接收左旋圆极化波而不接收右旋圆极化波；反之，若天线辐射右旋圆极化波，则只接收右旋圆极化波。这称为圆极化天线的旋向正交性。

根据这些性质，在雨雾天气里，雷达采用圆极化波工作将具有抑制雨雾干扰的能力。因为，水点近似呈球形，对圆极化波的反射是反旋的，不会为雷达天线所接收；而雷达目标(如飞机、船舰、坦克等)一般是非简单对称体，其反射波是椭圆极化波，必有同旋向的圆极化成分，因而仍能收到。同样，若电视台播发的电视信号是由圆极化波载送的(比如由国际通信卫星转发的电视信号)，则它在建筑物墙壁上的反射波是反旋向的，这些反射波不会被接收原旋向波的电视天线所接收，从而可避免因城市建筑物的多次散射所引起的电视图像的重影效应。

由于一个线极化波可分解为两个旋向相反的圆极化波，这样，不同取向的线极化波都可由圆极化天线收到。因此，现代战争中都采用圆极化天线进行电子侦察和实施电子干扰。而大多数的 FM 调频广播都是用圆极化波载送的，因此，用在与来波方向相垂直的平面内其电场任意取向的线极化天线都可以接收到 FM 信号。

7.5.3 椭圆极化

更一般的情况是 E_x 和 E_y 及 ϕ_x 和 ϕ_y 之间为任意关系。在 $z=0$ 处，消去式(7.78)中的 t，得

$$\left(\frac{E_x(t)}{E_{xm}}\right)^2 - 2\frac{E_x(t)}{E_{xm}}\frac{E_y(t)}{E_{ym}}\cos\phi + \left(\frac{E_y(t)}{E_{ym}}\right)^2 = \sin^2\phi \tag{7.85}$$

式中，$\phi=\phi_x-\phi_y$。这是一般形式的椭圆方程，因此合成的电场强度矢量的端点轨迹是一个椭圆，如图 7.8 所示，称之为椭圆极化，记为 EP(elliptical polarization)。

可见，这是最一般的情况，线极化和圆极化都是椭圆极化的特例。

椭圆极化波也有左旋椭圆极化波和右旋椭圆极化波。$\boldsymbol{E}(t)$ 的方向与 x 轴的夹角为

$$\alpha = \arctan \frac{E_{ym}\cos(\omega t + \phi_y)}{E_{xm}\cos(\omega t + \phi_x)}$$

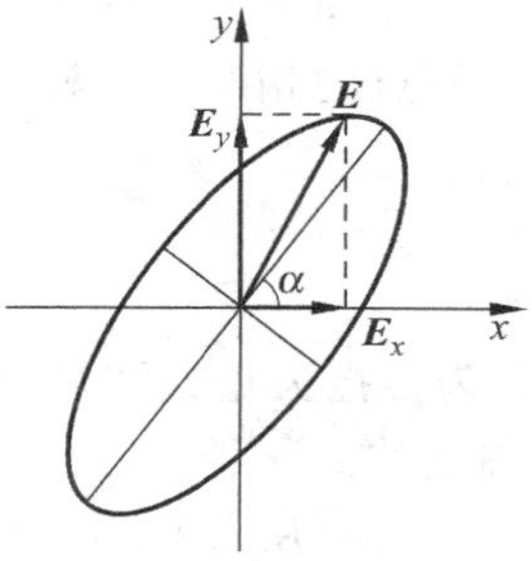

图 7.8　椭圆极化

$\boldsymbol{E}(t)$的旋转角速度为

$$\frac{\mathrm{d}\alpha}{\mathrm{d}t} = \frac{E_{xm}E_{ym}\omega\sin(\phi_x - \phi_y)}{E_{xm}^2\cos^2(\omega t + \phi_x) + E_{ym}^2\cos^2(\omega t + \phi_y)}$$

显然,当 $0<\phi_x-\phi_y<\pi$ 时,$\frac{\mathrm{d}\alpha}{\mathrm{d}t}>0$,此时为右旋椭圆极化;反之,当$-\pi<\phi_x-\phi_y<0$ 时,$\frac{\mathrm{d}\alpha}{\mathrm{d}t}<0$,则为左旋椭圆极化。

另外,还可以看到,两个空间上正交的线极化波可合成一个椭圆极化波,反之亦然。两个旋向相反的圆极化波可合成一个椭圆极化波,反之,一个椭圆极化波可分解为两个旋向相反的圆极化波。

例 7.4　证明任一线极化波总可以分解为两个振幅相等、旋向相反的圆极化波的叠加。

证:假设线极化波沿$+z$方向传播。取 x 轴平行于电场强度矢量 $\boldsymbol{E}$,则

$$\boldsymbol{E}(z) = E_0 \mathrm{e}^{-\mathrm{j}kz}\boldsymbol{e}_x = E_0 \mathrm{e}^{-\mathrm{j}kz}\boldsymbol{e}_x + \frac{1}{2}\mathrm{j}E_0\mathrm{e}^{-\mathrm{j}kz}\boldsymbol{e}_y - \frac{1}{2}\mathrm{j}E_0\mathrm{e}^{-\mathrm{j}kz}\boldsymbol{e}_y$$

$$= \frac{E_0}{2}\mathrm{e}^{-\mathrm{j}kz}(\boldsymbol{e}_x + \mathrm{j}\boldsymbol{e}_y) + \frac{E_0}{2}\mathrm{e}^{-\mathrm{j}kz}(\boldsymbol{e}_x - \mathrm{j}\boldsymbol{e}_y)$$

式中,右边第一项为左旋圆极化波,第二项为右旋圆极化波,两者振幅相等,均为 $E_0/2$。

证毕。

7.6　沿任意方向传播的平面波

在前面讨论中,总是规定均匀平面波的传播方向为 z 方向,因此电场强度复矢量可简单地表示为

$$\boldsymbol{E} = \boldsymbol{E}_0\exp(-\mathrm{j}kz) \tag{7.86}$$

式中,$\boldsymbol{E}_0$ 为垂直于 z 轴的常矢量。波的等相面是 z 为常数的平面,垂直于 $\boldsymbol{e}_z$ 向,如图 7.9(a)所示。设等相面上任意点 $P(x,y,z)$的位置矢量为 $\boldsymbol{r}=x\boldsymbol{e}_x+y\boldsymbol{e}_y+z\boldsymbol{e}_z$,则它相对于原点的相位为$-kz=-k\boldsymbol{e}_z\cdot\boldsymbol{r}$,$P$ 点的电场强度矢量可表示为

$$\boldsymbol{E} = \boldsymbol{E}_0\exp(-\mathrm{j}k\boldsymbol{e}_z\cdot\boldsymbol{r}) \tag{7.87}$$

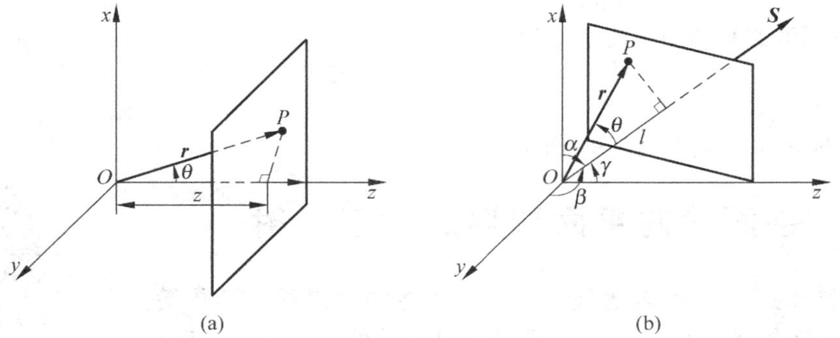

图 7.9　沿 z 轴和沿任意方向传播的平面波

对于向任意方向 $\boldsymbol{e}_S$ 传播的平面波，其等相面垂直于 $\boldsymbol{e}_S$，该等相面上任意点 $P(x,y,z)$ 相对于原点的相位为 $-kl=-k\boldsymbol{e}_S\cdot\boldsymbol{r}$，如图 7.9(b)所示。$P$ 点的电场强度矢量可表示为

$$\boldsymbol{E}=\boldsymbol{E}_0\exp(-\mathrm{j}k\boldsymbol{e}_S\cdot\boldsymbol{r})=\boldsymbol{E}_0\exp(-\mathrm{j}\boldsymbol{k}\cdot\boldsymbol{r}) \tag{7.88}$$

式中

$$\boldsymbol{k}=k_x\boldsymbol{e}_x+k_y\boldsymbol{e}_y+k_z\boldsymbol{e}_z=k\boldsymbol{e}_S \tag{7.89}$$

$\boldsymbol{k}$ 称为传播矢量或波矢量，其大小等于波数 k，方向为传播方向 $\boldsymbol{e}_S$，k_x、k_y、k_z 三者中只有两个是独立的。

磁场强度可利用麦克斯韦方程组得出。对于这种均匀平面波，其∇运算有与式(7.15)类似的简化算法，即

$$\begin{aligned}&\nabla\exp(-\mathrm{j}\boldsymbol{k}\cdot\boldsymbol{r})=-\mathrm{j}\boldsymbol{k}\exp(-\mathrm{j}\boldsymbol{k}\cdot\boldsymbol{r})\\&\nabla\cdot[\boldsymbol{E}_0\exp(-\mathrm{j}\boldsymbol{k}\cdot\boldsymbol{r})]=-\mathrm{j}\boldsymbol{k}\cdot[\boldsymbol{E}_0\exp(-\mathrm{j}\boldsymbol{k}\cdot\boldsymbol{r})]\\&\nabla\times[\boldsymbol{E}_0\exp(-\mathrm{j}\boldsymbol{k}\cdot\boldsymbol{r})]=-\mathrm{j}\boldsymbol{k}\times[\boldsymbol{E}_0\exp(-\mathrm{j}\boldsymbol{k}\cdot\boldsymbol{r})]\end{aligned} \tag{7.90}$$

在无源区域，麦克斯韦方程组(6.42)化为

$$-\mathrm{j}\boldsymbol{k}\times\boldsymbol{E}=-\mathrm{j}\omega\mu\boldsymbol{H} \tag{7.91a}$$

$$-\mathrm{j}\boldsymbol{k}\times\boldsymbol{H}=\mathrm{j}\omega\varepsilon\boldsymbol{E} \tag{7.91b}$$

$$-\mathrm{j}\boldsymbol{k}\cdot\boldsymbol{E}=0 \tag{7.91c}$$

$$-\mathrm{j}\boldsymbol{k}\cdot\boldsymbol{H}=0 \tag{7.91d}$$

整理后为

$$\boldsymbol{H}=\frac{1}{\eta}\boldsymbol{e}_S\times\boldsymbol{E} \tag{7.92a}$$

$$\boldsymbol{E}=-\eta\boldsymbol{e}_S\times\boldsymbol{H} \tag{7.92b}$$

$$\boldsymbol{e}_S\cdot\boldsymbol{E}=0 \tag{7.92c}$$

$$\boldsymbol{e}_S\cdot\boldsymbol{H}=0 \tag{7.92d}$$

式中

$$\eta=\frac{k}{\omega\varepsilon}=\frac{\omega\mu}{k}=\sqrt{\frac{\mu}{\varepsilon}} \tag{7.93}$$

式(7.92a)和式(7.92b)给出了 $\boldsymbol{H}$ 与 $\boldsymbol{E}$ 的互换关系；而式(7.92c)和式(7.92d)表明，均匀平面波的 $\boldsymbol{E}$ 和 $\boldsymbol{H}$ 都与传播方向 $\boldsymbol{e}_S$ 相垂直。

其复坡印廷矢量为

$$\begin{aligned}\boldsymbol{S}&=\frac{1}{2}\boldsymbol{E}\times\boldsymbol{H}^*=\frac{1}{2\eta}\boldsymbol{E}\times\boldsymbol{e}_S\times\boldsymbol{E}^*=\frac{1}{2\eta}[(\boldsymbol{E}\cdot\boldsymbol{E}^*)\boldsymbol{e}_S-(\boldsymbol{E}\cdot\boldsymbol{e}_S)\boldsymbol{E}^*]\\&=\frac{1}{2\eta}|\boldsymbol{E}|^2\boldsymbol{e}_S=\frac{E_0^2}{2\eta}\boldsymbol{e}_S\end{aligned} \tag{7.94}$$

则该均匀平面波的平均功率流密度为

$$\boldsymbol{S}_{\mathrm{av}}=\mathrm{Re}[\boldsymbol{S}]=\frac{E_0^2}{2\eta}\boldsymbol{e}_S \tag{7.95}$$

可见，传播方向 $\boldsymbol{e}_S$ 就是实功率的传输方向。

7.7 平面波向平面边界的垂直入射

第 7 章第 3 讲

前面讨论的都是平面电磁波在不同的无界均匀媒质中的传播。实际上，电磁波在传播过程中经常会遇到不同媒质的分界面。一般地说，

这时在交界面上将有一部分能量被反射回来，形成反射波；另一部分能量可能穿过边界，形成折射波。应用电磁场的边界条件，可以给出这时平面电磁波的传播规律和特性。

7.7.1　平面波向理想导体的垂直入射

如图7.10所示，媒质①是理想介质($\sigma_1=0$)，媒质②是理想导体($\sigma_2=\infty$)，两者的交界面设为$z=0$平面。当均匀平面波沿z轴方向由媒质①向边界垂直入射时，由于电磁波不能穿入理想导体，全部电磁能量都被边界反射回来。设入射波是x向极化的，则反射波也会是x向极化的，因为这样才能满足理想导体表面切向电场强度为零的边界条件。

入射波的场强表示式为

$$\boldsymbol{E}_{\mathrm{i}}=E_{\mathrm{i0}}\mathrm{e}^{-\mathrm{j}k_1 z}\boldsymbol{e}_x \tag{7.96}$$

$$\boldsymbol{H}_{\mathrm{i}}=\frac{1}{\eta_1}E_{\mathrm{i0}}\mathrm{e}^{-\mathrm{j}k_1 z}\boldsymbol{e}_y \tag{7.97}$$

式中，E_{i0}为$z=0$处入射波电场强度的振幅；k_1和η_1为媒质①的相位常数和波阻抗，且有

$$k_1=\omega\sqrt{\mu_1\varepsilon_1},\quad \eta_1=\sqrt{\frac{\mu_1}{\varepsilon_1}}$$

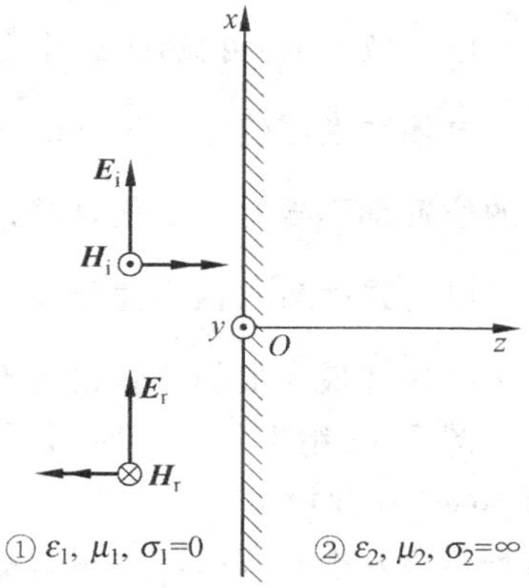

图7.10　向理想导体垂直入射的平面波

为使分界面上的切向边界条件在分界面上任意点、任何时刻均可能满足，设反射波与入射波有相同的频率和极化，且沿$-\boldsymbol{e}_z$方向传播。于是反射波(reflected wave)的电场强度和磁场强度可分别写为

$$\boldsymbol{E}_{\mathrm{r}}=E_{\mathrm{r0}}\mathrm{e}^{\mathrm{j}k_1 z}\boldsymbol{e}_x \tag{7.98}$$

$$\boldsymbol{H}_{\mathrm{r}}=-\frac{1}{\eta_1}E_{\mathrm{r0}}\mathrm{e}^{\mathrm{j}k_1 z}\boldsymbol{e}_y \tag{7.99}$$

式中，E_{r0}为$z=0$处反射波电场强度的振幅。注意，式(7.98)和式(7.99)中的指数均为$\mathrm{j}k_1z$，表示反射波向$-\boldsymbol{e}_z$方向传播；反射波磁场强度矢量指向$-\boldsymbol{e}_y$方向，从而与$\boldsymbol{e}_x$向的反射波电场强度矢量形成向$-\boldsymbol{e}_z$方向传播的反射波功率。

媒质①中总的合成电磁场为

$$\boldsymbol{E}_1=\boldsymbol{E}_{\mathrm{i}}+\boldsymbol{E}_{\mathrm{r}}=(E_{\mathrm{i0}}\mathrm{e}^{-\mathrm{j}k_1 z}+E_{\mathrm{r0}}\mathrm{e}^{\mathrm{j}k_1 z})\boldsymbol{e}_x \tag{7.100}$$

$$\boldsymbol{H}_1=\boldsymbol{H}_{\mathrm{i}}+\boldsymbol{H}_{\mathrm{r}}=\frac{1}{\eta_1}(E_{\mathrm{i0}}\mathrm{e}^{-\mathrm{j}k_1 z}-E_{\mathrm{r0}}\mathrm{e}^{\mathrm{j}k_1 z})\boldsymbol{e}_y \tag{7.101}$$

分界面$z=0$两侧，电场强度$\boldsymbol{E}$的切向分量连续，即$\boldsymbol{e}_z\times(\boldsymbol{E}_2-\boldsymbol{E}_1)=\boldsymbol{0}$，所以

$$\boldsymbol{E}_1(0)=(E_{\mathrm{i0}}+E_{\mathrm{r0}})\boldsymbol{e}_x=\boldsymbol{E}_2(0)=\boldsymbol{0}$$

即

$$E_{\mathrm{i0}}+E_{\mathrm{r0}}=0,\quad E_{\mathrm{i0}}=-E_{\mathrm{r0}} \tag{7.102}$$

则分界面上反射波电场强度与入射波电场强度之比为

$$\Gamma=\frac{E_{\mathrm{r0}}}{E_{\mathrm{i0}}}=-1 \tag{7.103}$$

式中，Γ为分界面上的反射系数。因此，①区的合成场为

$$\boldsymbol{E}_1=E_{\mathrm{i0}}(\mathrm{e}^{-\mathrm{j}k_1 z}-\mathrm{e}^{\mathrm{j}k_1 z})\boldsymbol{e}_x=-2\mathrm{j}E_{\mathrm{i0}}(\sin k_1 z)\boldsymbol{e}_x \tag{7.104}$$

$$\boldsymbol{H}_1 = \frac{1}{\eta_1}E_{i0}(e^{-jk_1z}+e^{jk_1z})\boldsymbol{e}_y = 2\frac{E_{i0}}{\eta_1}(\cos k_1z)\boldsymbol{e}_y \tag{7.105}$$

相应的瞬时值为

$$\boldsymbol{E}_1(z,t) = \mathrm{Re}[\boldsymbol{E}_1 e^{j\omega t}] = 2E_{i0}(\sin k_1z)(\sin\omega t)\boldsymbol{e}_x \tag{7.106}$$

$$\boldsymbol{H}_1(z,t) = \mathrm{Re}[\boldsymbol{H}_1 e^{j\omega t}] = 2\frac{E_{i0}}{\eta_1}(\cos k_1z)(\cos\omega t)\boldsymbol{e}_y \tag{7.107}$$

由于②区中无电磁场,在理想导体表面两侧磁场强度切向分量不连续,所以分界面上存在面电流。根据磁场强度切向分量的边界条件 $\boldsymbol{e}_n\times(\boldsymbol{H}_2-\boldsymbol{H}_1)=\boldsymbol{J}_S$,得面电流密度为

$$\boldsymbol{J}_S = \boldsymbol{e}_z\times\left(0-2\frac{E_{i0}}{\eta_1}(\cos k_1z)\boldsymbol{e}_y\right)\bigg|_{z=0} = \frac{2E_{i0}}{\eta_1}\boldsymbol{e}_x \tag{7.108}$$

由式(7.106)可见,①区中合成电场强度的振幅随 z 按正弦变化。

电场强度零值发生于 $\sin k_1z=0$,即 $k_1z=-n\pi$,故 $z=-\frac{n}{2}\lambda_1$,其中 $n=1,2,\cdots$。这些零值的位置都不随时间变化,称为电场波节点。

电场强度最大值发生于 $\sin k_1z=1$,即 $k_1z=-\frac{2n+1}{2}\pi$,故 $z=-\frac{2n+1}{4}\lambda_1$,其中 $n=1,2,\cdots$。这些最大值的位置也是不随时间而变的,称为电场波腹点。

图 7.11 给出了不同时刻 $E_1(t)$ 与 z 的关系波形。可见,空间各点的电场强度都随时间按 $\sin\omega t$ 作简谐变化。但其波腹点处电场强度振幅总是最大,而波节点处电场强度总是零。这种状态并不随时间沿 z 移动,它是固定不动的。这种波腹点和波节点位置都固定不动的电磁波称为驻波。

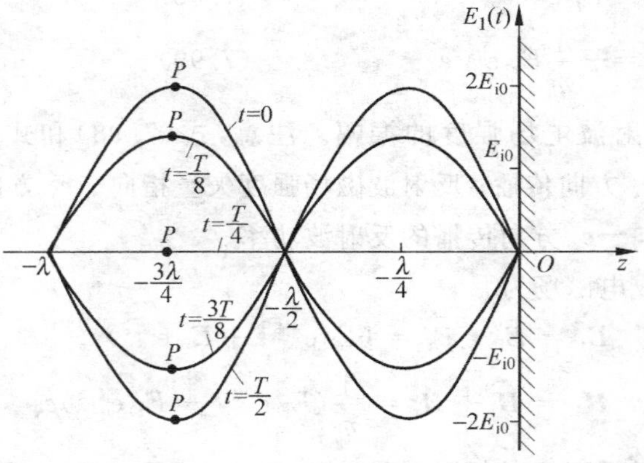

图 7.11 不同时刻的驻波

驻波是振幅相等的两个反向行波(这里就是入射波与反射波)相互叠加的结果。在电场波腹点,两个电场强度同相叠加,故呈现最大振幅;而在电场波节点,两个电场强度反相叠加,故抵消为零。

驻波电场强度振幅曲线如图 7.12 所示。电场波腹点和波节点都每隔 $\lambda_1/4$ 交替出现。两个相邻波节点之间的距离为 $\lambda_1/2$。

由式(7.107)可知,磁场强度振幅也是驻波分布,但磁场强度的波腹点对应于电场强度的波节点,而磁场强度的波节点对应于电场强度的波腹点。

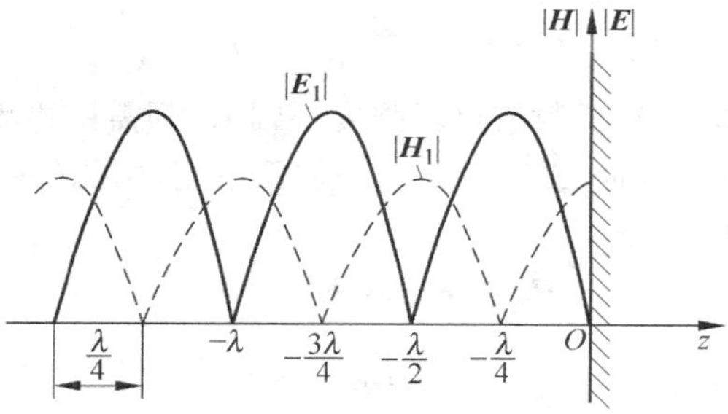

图 7.12　驻波的电场强度和磁场强度振幅分布

由式(7.104)和式(7.105)得

$$\boldsymbol{E}_1 = E_{i0}(1-1)\boldsymbol{e}_x = 0 \tag{7.109}$$

$$\boldsymbol{H}_1 = \frac{1}{\eta_1}E_{i0}(1+1)\boldsymbol{e}_y = 2\frac{E_{i0}}{\eta_1}\boldsymbol{e}_y \tag{7.110}$$

即在 $z=0$ 的导体表面处是电场强度的波节点，磁场强度的波腹点。这是因为该处反射电场强度与入射电场强度反相抵消，而反射磁场强度与入射磁场强度同相叠加，这在图 7.12 中可以看到。

在①区中，电磁场的平均功率流密度为

$$\boldsymbol{S}_{av1} = \mathrm{Re}\left[\frac{1}{2}\boldsymbol{E}_1 \times \boldsymbol{H}_1^*\right] = \mathrm{Re}\left[-\mathrm{j}\frac{4E_{i0}^2}{\eta_1}(\sin k_1 z)(\cos k_1 z)\boldsymbol{e}_z\right] = \boldsymbol{0} \tag{7.111}$$

可见，驻波不传输能量，没有单向流动的实功率，而只有虚功率。其瞬时功率流密度为

$$\boldsymbol{S}_1(z,t) = \boldsymbol{E}_1(z,t) \times \boldsymbol{H}_1(z,t) = \frac{E_{i0}^2}{\eta_1}(\sin 2k_1 z)(\sin 2\omega t)\boldsymbol{e}_z \tag{7.112}$$

这说明，瞬时功率流随时间按周期变化，能量在电能和磁能之间来回交换，没有产生单向的功率传输。

7.7.2　平面波向理想介质的垂直入射

若媒质①与媒质②都是理想介质($\sigma_1=\sigma_2=0$)，则当 x 向极化的平面波由媒质①向交界面($z=0$)垂直入射时，边界处既产生向 $-\boldsymbol{e}_z$ 方向传播的反射波，又有沿 $\boldsymbol{e}_z$ 方向传播的透射波。由于电场强度的切向分量在边界两侧是连续的，反射波和透射波的电场强度也只有 $\boldsymbol{e}_x$ 向分量，如图 7.13 所示。

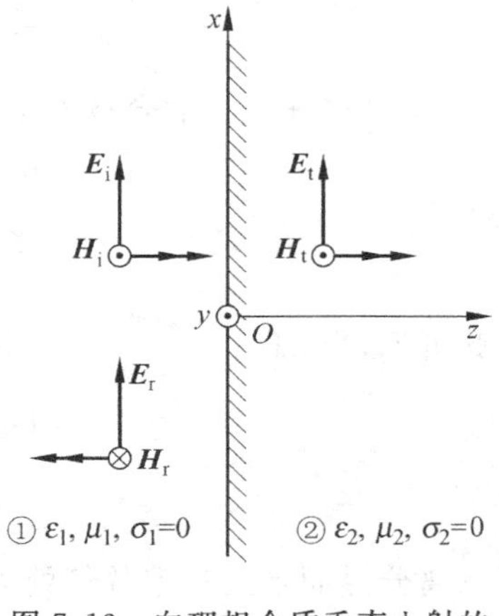

图 7.13　向理想介质垂直入射的平面波

入射波和反射波的电场强度和磁场强度表示式与式(7.96)～式(7.99)相同，其透射波(transmitted wave)场强表示式为

$$\boldsymbol{E}_t = E_{t0}\mathrm{e}^{-\mathrm{j}k_2 z}\boldsymbol{e}_x \tag{7.113}$$

$$\boldsymbol{H}_t = \frac{1}{\eta_2}E_{t0}\mathrm{e}^{-\mathrm{j}k_2 z}\boldsymbol{e}_y \tag{7.114}$$

式中，E_{t0}为 $z=0$ 处透射波电场强度的振幅；k_2 和 η_2 为媒质②的相位常数和波阻抗，且有

$$k_2 = \omega\sqrt{\mu_2\varepsilon_2} = \frac{2\pi}{\lambda_2}, \quad \eta_2 = \sqrt{\frac{\mu_2}{\varepsilon_2}} \tag{7.115}$$

透射波电场强度振幅 E_{t0} 和反射波电场强度振幅 E_{r0} 都需由边界条件决定。边界两侧的电场强度切向分量应连续；同时，因边界上无外加面电流，两侧的磁场强度切向分量也是连续的。因此在 $z=0$ 处有

$$E_{i0} + E_{r0} = E_{t0} \tag{7.116}$$

$$\frac{1}{\eta_1}(E_{i0} - E_{r0}) = \frac{1}{\eta_2}E_{t0} \tag{7.117}$$

整理上面两式得

$$E_{r0} = \frac{\eta_2 - \eta_1}{\eta_2 + \eta_1}E_{i0} = \Gamma E_{i0} \tag{7.118}$$

$$E_{t0} = \frac{2\eta_2}{\eta_2 + \eta_1}E_{i0} = TE_{i0} \tag{7.119}$$

式中，Γ 为边界上反射波电场强度与入射波电场强度之比，称为边界上的反射系数；T 为边界上透射波电场强度与入射波电场强度之比，称为边界上的透射系数。所以有

$$\Gamma = \frac{E_{r0}}{E_{i0}} = \frac{\eta_2 - \eta_1}{\eta_2 + \eta_1} \tag{7.120}$$

$$T = \frac{E_{t0}}{E_{i0}} = \frac{2\eta_2}{\eta_2 + \eta_1} \tag{7.121}$$

并有反射系数和透射系数的关系为

$$1 + \Gamma = T \tag{7.122}$$

那么，①区中任意点的合成电场强度和磁场强度为

$$\boldsymbol{E}_1 = \boldsymbol{E}_i + \boldsymbol{E}_r = E_{i0}(e^{-jk_1z} + \Gamma e^{jk_1z})\boldsymbol{e}_x = E_{i0}e^{-jk_1z}(1 + \Gamma e^{j2k_1z})\boldsymbol{e}_x \tag{7.123}$$

$$\boldsymbol{H}_1 = \boldsymbol{H}_i + \boldsymbol{H}_r = \frac{1}{\eta_1}E_{i0}(e^{-jk_1z} - \Gamma e^{jk_1z})\boldsymbol{e}_y = \frac{1}{\eta_1}E_{i0}e^{-jk_1z}(1 - \Gamma e^{j2k_1z})\boldsymbol{e}_y \tag{7.124}$$

设 $\mu_1=\mu_2=\mu_0$，$\varepsilon_1<\varepsilon_2$，则由式(7.120)和式(7.121)有

$$\Gamma = \frac{\eta_2 - \eta_1}{\eta_2 + \eta_1} = \frac{\sqrt{\mu_2/\varepsilon_2} - \sqrt{\mu_1/\varepsilon_1}}{\sqrt{\mu_2/\varepsilon_2} + \sqrt{\mu_1/\varepsilon_1}} = \frac{1 - \sqrt{\varepsilon_2/\varepsilon_1}}{1 + \sqrt{\varepsilon_2/\varepsilon_1}} = -|\Gamma| \tag{7.125}$$

$$T = \frac{2\eta_2}{\eta_2 + \eta_1} = 1 - |\Gamma| \tag{7.126}$$

于是，①区中任意点的合成电场强度和磁场强度化为

$$\boldsymbol{E}_1 = E_{i0}e^{-jk_1z}(1 - |\Gamma|e^{j2k_1z})\boldsymbol{e}_x \tag{7.127}$$

$$\boldsymbol{H}_1 = \frac{1}{\eta_1}E_{i0}e^{-jk_1z}(1 + |\Gamma|e^{j2k_1z})\boldsymbol{e}_y \tag{7.128}$$

由此可见，当 $2k_1z=-2n\pi$，即 $z=-\frac{n\lambda_1}{2}$ $(n=0,1,2,\cdots)$时，有

$$|\boldsymbol{E}_1| = E_{1\min} = E_{i0}(1 - |\Gamma|)$$

$$|\boldsymbol{H}_1| = H_{1\max} = \frac{1}{\eta_1}E_{i0}(1 + |\Gamma|)$$

即在离分界面半波长整数倍处为电场波节点和磁场波腹点。

当 $2k_1z=-(2n+1)\pi$，即 $z=-\frac{(2n+1)\lambda_1}{4}$ $(n=0,1,2,\cdots)$时，有

$$|\boldsymbol{E}_1| = E_{1\max} = E_{i0}(1 + |\Gamma|)$$

$$|\boldsymbol{H}_1| = H_{1\min} = \frac{1}{\eta_1}E_{i0}(1 - |\Gamma|)$$

即在离分界面 1/4 波长的奇数倍处为电场波腹点和磁场波节点。

在电场波节点处，反射波和入射波的电场强度反相，因而合成场为最小值；而在电场波腹点处，两者同相，从而形成最大值。这些值的位置都不随时间而改变，具有驻波特性。不过，反射波的振幅比入射波振幅小，反射波只与入射波的一部分形成驻波，因而电场强度振幅最小值不为零而其最大值也达不到 $2E_{i0}$。这时既有驻波成分，又有行波成分，故称之为行驻波。同样，磁场强度振幅也随 z 呈行驻波的周期性变化，只是磁场波腹点对应于电场波节点，而磁场波节点对应于电场波腹点。行驻波的电场强度和磁场强度的振幅分布如图 7.14 所示。

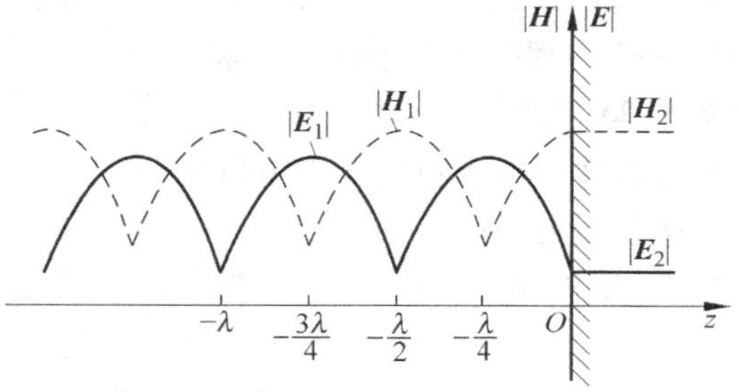

图 7.14　行驻波的电场强度和磁场强度的振幅分布

若 $\mu_1=\mu_2=\mu_0$，$\varepsilon_1>\varepsilon_2$，则电场强度、磁场强度的波腹点、波节点位置与 $\varepsilon_1<\varepsilon_2$ 时相反。

为反映行驻波状态的驻波成分大小，定义电场强度振幅的最大值与最小值之比为驻波比 ρ 或 VSWR(voltage standing wave ratio)，即

$$\rho = \frac{E_{1\max}}{E_{1\min}} = \frac{1+|\Gamma|}{1-|\Gamma|} \tag{7.129}$$

因为 $\Gamma=-1\sim1$，所以 $\rho=1\sim\infty$。当 $|\Gamma|=0$，$\rho=1$ 时，为纯行波状态，无反射波，此时全部入射功率都输入②区，称这种边界状态为匹配状态。

② 区中任一点的电场强度和磁场强度分别为

$$\boldsymbol{E}_2 = \boldsymbol{E}_t = TE_{i0}\mathrm{e}^{-\mathrm{j}k_2 z}\boldsymbol{e}_x \tag{7.130}$$

$$\boldsymbol{H}_2 = \boldsymbol{H}_t = \frac{TE_{i0}}{\eta_2}\mathrm{e}^{-\mathrm{j}k_2 z}\boldsymbol{e}_y \tag{7.131}$$

下面讨论功率的传输。入射波向 z 方向传输的平均功率密度为

$$\boldsymbol{S}_{\mathrm{av,i}} = \mathrm{Re}\left[\frac{1}{2}\boldsymbol{E}_i \times \boldsymbol{H}_i^*\right] = \frac{1}{2}\frac{E_{i0}^2}{\eta_1}\boldsymbol{e}_z \tag{7.132}$$

反射波向 $-z$ 方向传输的平均功率密度为

$$\boldsymbol{S}_{\mathrm{av,r}} = \mathrm{Re}\left[\frac{1}{2}\boldsymbol{E}_r \times \boldsymbol{H}_r^*\right] = -\frac{1}{2}\frac{|\Gamma|^2E_{i0}^2}{\eta_1}\boldsymbol{e}_z = -|\Gamma|^2\boldsymbol{S}_{\mathrm{av,i}} \tag{7.133}$$

① 区合成场向 z 方向传输的平均功率密度为

$$\boldsymbol{S}_{\mathrm{av1}} = \mathrm{Re}\left[\frac{1}{2}\boldsymbol{E}_1 \times \boldsymbol{H}_1^*\right] = \frac{1}{2}\frac{E_{i0}^2}{\eta_1}(1-|\Gamma|^2)\boldsymbol{e}_z = \boldsymbol{S}_{\mathrm{av,i}}(1-|\Gamma|^2) \tag{7.134}$$

这是入射波传输的功率减去反射波向相反方向传输的功率。

② 区中向 z 方向透射的平均功率密度是

$$\boldsymbol{S}_{\mathrm{av2}} = \boldsymbol{S}_{\mathrm{av,t}} = \mathrm{Re}\left[\frac{1}{2}\boldsymbol{E}_{\mathrm{t}} \times \boldsymbol{H}_{\mathrm{t}}^{*}\right] = \frac{1}{2}\frac{|T|^{2}E_{\mathrm{i0}}^{2}}{\eta_2}\boldsymbol{e}_z = \frac{\eta_1}{\eta_2}|T|^{2}\boldsymbol{S}_{\mathrm{av,i}} \tag{7.135}$$

并有

$$\boldsymbol{S}_{\mathrm{av1}} = \boldsymbol{S}_{\mathrm{av,i}}(1-|\Gamma|^{2}) = \frac{\eta_1}{\eta_2}|T|^{2}\boldsymbol{S}_{\mathrm{av,i}} = \boldsymbol{S}_{\mathrm{av2}} \tag{7.136}$$

可见,①区中向 z 方向传输的合成场功率等于②区中向 z 方向透射的功率,其符合能量守恒定律。

如果媒质①和媒质②是有耗媒质,可用等效复介电常数 ε_c 代替实数介电常数 ε,上述结论仍然适用。

例 7.5 频率为 $f=300\mathrm{MHz}$ 的线极化均匀平面电磁波,其电场强度振幅值为 2V/m,从空气垂直入射到 $\varepsilon_r=4,\mu_r=1$ 的理想介质平面上。求:

(1) 反射系数、透射系数、驻波比;

(2) 入射波、反射波和透射波的电场强度和磁场强度;

(3) 入射功率、反射功率和透射功率。

解:设入射波为 x 方向的线极化波,沿 z 方向传播。

(1) 波阻抗为

$$\eta_1 = \sqrt{\frac{\mu_0}{\varepsilon_0}} = 120\pi,\quad \eta_2 = \sqrt{\frac{\mu_0}{\varepsilon}} = \sqrt{\frac{\mu_0}{4\varepsilon_0}} = 60\pi$$

反射系数、透射系数和驻波比为

$$\Gamma = \frac{\eta_2-\eta_1}{\eta_2+\eta_1} = -\frac{1}{3},\quad T = \frac{2\eta_2}{\eta_2+\eta_1} = \frac{2}{3},\quad \rho = \frac{1+|\Gamma|}{1-|\Gamma|} = 2$$

(2) 入射波、反射波和透射波的电场强度和磁场强度为

$$f = 300\mathrm{MHz},\quad \lambda_1 = \frac{c}{f} = 1\mathrm{m},\quad \lambda_2 = \frac{v_2}{f} = \frac{c}{\sqrt{\varepsilon_r}\cdot f} = 0.5\mathrm{m}$$

$$k_1 = \frac{2\pi}{\lambda_1} = 2\pi,\quad k_2 = \frac{2\pi}{\lambda_2} = 4\pi$$

$$\boldsymbol{E}_{\mathrm{i}} = E_{\mathrm{i0}}\mathrm{e}^{-\mathrm{j}k_1 z}\boldsymbol{e}_x = 2\mathrm{e}^{-\mathrm{j}2\pi z}\boldsymbol{e}_x,\quad \boldsymbol{H}_{\mathrm{i}} = \frac{1}{\eta_1}E_{\mathrm{i0}}\mathrm{e}^{-\mathrm{j}k_1 z}\boldsymbol{e}_y = \frac{1}{60\pi}\mathrm{e}^{-\mathrm{j}2\pi z}\boldsymbol{e}_y$$

$$\boldsymbol{E}_{\mathrm{r}} = \Gamma E_{\mathrm{i0}}\mathrm{e}^{\mathrm{j}k_1 z}\boldsymbol{e}_x = -\frac{2}{3}\mathrm{e}^{\mathrm{j}2\pi z}\boldsymbol{e}_x,\quad \boldsymbol{H}_{\mathrm{r}} = -\frac{\Gamma}{\eta_1}E_{\mathrm{i0}}\mathrm{e}^{\mathrm{j}k_1 z}\boldsymbol{e}_y = -\frac{1}{180\pi}\mathrm{e}^{\mathrm{j}2\pi z}\boldsymbol{e}_y$$

$$\boldsymbol{E}_{\mathrm{t}} = TE_{\mathrm{i0}}\mathrm{e}^{-\mathrm{j}k_2 z}\boldsymbol{e}_x = \frac{4}{3}\mathrm{e}^{-\mathrm{j}4\pi z}\boldsymbol{e}_x,\quad \boldsymbol{H}_{\mathrm{t}} = \frac{T}{\eta_2}E_{\mathrm{i0}}\mathrm{e}^{-\mathrm{j}k_2 z}\boldsymbol{e}_y = \frac{1}{45\pi}\mathrm{e}^{-\mathrm{j}4\pi z}\boldsymbol{e}_y$$

(3) 入射波、反射波、透射波的平均功率密度为

$$\boldsymbol{S}_{\mathrm{av,i}} = \frac{E_{\mathrm{i0}}^{2}}{2\eta_1}\boldsymbol{e}_z = \frac{1}{60\pi}\boldsymbol{e}_z \quad (\mathrm{W/m^2})$$

$$\boldsymbol{S}_{\mathrm{av,r}} = -\frac{E_{\mathrm{r0}}^{2}}{2\eta_1}\boldsymbol{e}_z = -\frac{|\Gamma E_{\mathrm{i0}}|^{2}}{2\eta_1}\boldsymbol{e}_z = -\frac{1}{540\pi}\boldsymbol{e}_z \quad (\mathrm{W/m^2})$$

$$\boldsymbol{S}_{\mathrm{av,t}} = \frac{E_{\mathrm{t0}}^{2}}{2\eta_2}\boldsymbol{e}_z = \frac{|TE_{\mathrm{i0}}|^{2}}{2\eta_2}\boldsymbol{e}_z = \frac{2}{135\pi}\boldsymbol{e}_z \quad (\mathrm{W/m^2})$$

7.8 平面波向多层平面边界的垂直入射

在实际应用中常常会遇到电磁波通过多层媒质的情况，本节讨论均匀平面波向多层媒质垂直入射的问题。

当均匀平面波垂直入射到多层媒质中时，在除最后一层外的每层媒质中都存在各自的入射波和反射波，最后一层则只有透射波。这里讨论最简单的情形，即3个电介质区域的情况，如图7.15所示。

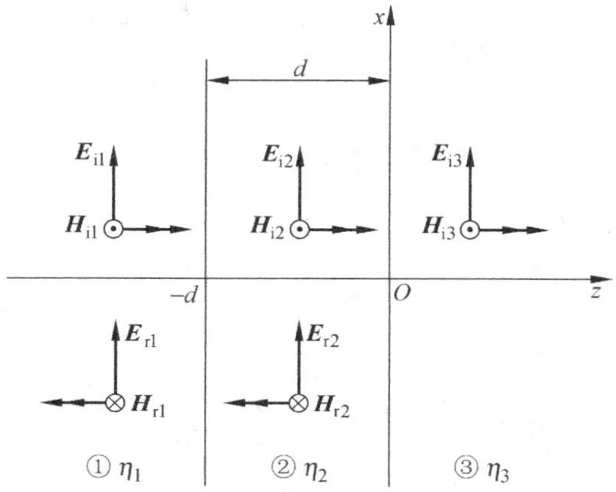

图7.15 垂直入射到3层媒质中的平面波

在图7.15中①区和②区中都有入射波和反射波，③区中只有透射波。设①区中入射波电场强度只有 x 分量，磁场强度只有 y 分量，媒质分界面分别位于 $z=-d$ 和 $z=0$ 处，则各区中的电磁场可表示如下。

①区中的入射波为

$$\boldsymbol{E}_{i1} = E_{i1}\mathrm{e}^{-\mathrm{j}k_1(z+d)}\boldsymbol{e}_x \tag{7.137}$$

$$\boldsymbol{H}_{i1} = \frac{E_{i1}}{\eta_1}\mathrm{e}^{-\mathrm{j}k_1(z+d)}\boldsymbol{e}_y \tag{7.138}$$

①区中的反射波为

$$\boldsymbol{E}_{r1} = E_{r1}\mathrm{e}^{\mathrm{j}k_1(z+d)}\boldsymbol{e}_x \tag{7.139}$$

$$\boldsymbol{H}_{r1} = -\frac{E_{r1}}{\eta_1}\mathrm{e}^{\mathrm{j}k_1(z+d)}\boldsymbol{e}_y \tag{7.140}$$

①区中的合成电磁波为

$$\boldsymbol{E}_1 = (E_{i1}\mathrm{e}^{-\mathrm{j}k_1(z+d)} + E_{r1}\mathrm{e}^{\mathrm{j}k_1(z+d)})\boldsymbol{e}_x \tag{7.141}$$

$$\boldsymbol{H}_1 = \frac{1}{\eta_1}(E_{i1}\mathrm{e}^{-\mathrm{j}k_1(z+d)} - E_{r1}\mathrm{e}^{\mathrm{j}k_1(z+d)})\boldsymbol{e}_y \tag{7.142}$$

②区中的合成电磁波为

$$\boldsymbol{E}_2 = (E_{i2}\mathrm{e}^{-\mathrm{j}k_2 z} + E_{r2}\mathrm{e}^{\mathrm{j}k_2 z})\boldsymbol{e}_x \tag{7.143}$$

$$\boldsymbol{H}_2 = \frac{1}{\eta_2}(E_{i2}\mathrm{e}^{-\mathrm{j}k_2 z} - E_{r2}\mathrm{e}^{\mathrm{j}k_2 z})\boldsymbol{e}_y \tag{7.144}$$

③区中的合成电磁波为

$$\boldsymbol{E}_3 = E_{i3}\mathrm{e}^{-\mathrm{j}k_3 z}\boldsymbol{e}_x \tag{7.145}$$

$$\boldsymbol{H}_3 = \frac{1}{\eta_3}E_{i3}\mathrm{e}^{-\mathrm{j}k_3 z}\boldsymbol{e}_y \tag{7.146}$$

以上各式中，E_{i1}是①区入射波电场强度复振幅，假设是已知的，E_{r1}、E_{i2}、E_{r2}、E_{i3}是 4 个未知量。在两个分界面上，电场强度和磁场强度的切向分量都必须连续。因此有 4 个边界条件，可以解出上述 4 个未知量。在 $z=0$ 处有

$$E_{i2} + E_{r2} = E_{i3}$$

$$\frac{1}{\eta_2}(E_{i2} - E_{r2}) = \frac{1}{\eta_3}E_{i3}$$

二式相除，得

$$\eta_2\frac{E_{i2} + E_{r2}}{E_{i2} - E_{r2}} = \eta_3$$

则 $z=0$ 边界处的反射系数为

$$\Gamma_2 = \frac{E_{r2}}{E_{i2}} = \frac{\eta_3 - \eta_2}{\eta_3 + \eta_2} \tag{7.147}$$

同理，可得 $z=-d$ 处的反射系数为

$$\Gamma_d = \frac{E_{r1}}{E_{i1}} = \frac{\eta_d - \eta_1}{\eta_d + \eta_1} \tag{7.148}$$

其中

$$\eta_d = \left.\frac{E_x}{H_y}\right|_{z=-d} = \eta_2\frac{\mathrm{e}^{\mathrm{j}k_2 d} + \Gamma_1\mathrm{e}^{-\mathrm{j}k_2 d}}{\mathrm{e}^{\mathrm{j}k_2 d} - \Gamma_1\mathrm{e}^{-\mathrm{j}k_2 d}} = \eta_2\frac{\eta_3 + \mathrm{j}\eta_2\tan k_2 d}{\eta_2 + \mathrm{j}\eta_3\tan k_2 d} \tag{7.149}$$

是 $z=-d$ 处的切向电场强度和切向磁场强度之比，称为 $z=-d$ 处的等效波阻抗。引入等效波阻抗 η_d 后，对①区的入射波来说，②区和后续区域的效应相当于是接一个波阻抗为 η_d 的媒质。对于多层结构都可以用这样的等效方法来处理。

7.9 平面波向平面边界的斜入射

第 7 章第 4 讲

为了描述入射波的极化，把入射波射线与平面边界法线所构成的平面称为入射平面。若电场强度矢量与入射平面相垂直，称为垂直于入射面极化，简称垂直极化；若电场强度矢量与入射面平行，称为平行于入射面极化，简称平行极化。任意极化的平面波都可分解为垂直极化波和平行极化波的合成。

7.9.1 平面波向理想导体平面的斜入射

平面波向理想导体平面斜入射的情况如图 7.16 所示。

1. 垂直极化波的斜入射

在图 7.16(a)中，入射面($y=0$)上，①区的入射波传播矢量的单位矢量为

$$\boldsymbol{e}_{ki} = \sin\theta_i\boldsymbol{e}_x + \cos\theta_i\boldsymbol{e}_z$$

式中，θ_i 是入射线与导体平面法线之间的夹角，称为入射角。

入射波电场强度矢量和磁场强度矢量为

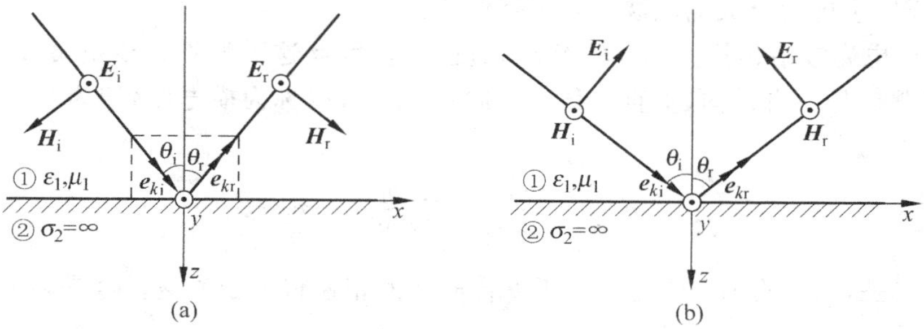

图 7.16　两种极化波对理想导体平面的斜入射

(a) 垂直极化波；(b) 平行极化波

$$\boldsymbol{E}_i = E_{i0}\mathrm{e}^{-\mathrm{j}k_1\boldsymbol{e}_{ki}\cdot\boldsymbol{r}}\boldsymbol{e}_y = E_{i0}\mathrm{e}^{-\mathrm{j}k_1(x\sin\theta_i+z\cos\theta_i)}\boldsymbol{e}_y \tag{7.150}$$

$$\boldsymbol{H}_i = \frac{1}{\eta_1}\boldsymbol{e}_{ki}\times\boldsymbol{E}_i = \frac{1}{\eta_1}E_{i0}\mathrm{e}^{-\mathrm{j}k_1\boldsymbol{e}_{ki}\cdot\boldsymbol{r}}\boldsymbol{e}_{ki}\times\boldsymbol{e}_y$$

$$= \frac{E_{i0}}{\eta_1}\mathrm{e}^{-\mathrm{j}k_1(x\sin\theta_i+z\cos\theta_i)}(-\cos\theta_i\boldsymbol{e}_x+\sin\theta_i\boldsymbol{e}_z) \tag{7.151}$$

①区的反射波传播矢量的单位矢量为

$$\boldsymbol{e}_{kr} = \sin\theta_r\boldsymbol{e}_x - \cos\theta_r\boldsymbol{e}_z$$

式中，θ_r 是反射线与导体平面法线之间的夹角，称为反射角。

反射波电场强度矢量和磁场强度矢量为

$$\boldsymbol{E}_r = E_{r0}\mathrm{e}^{-\mathrm{j}k_1\boldsymbol{e}_{kr}\cdot\boldsymbol{r}}\boldsymbol{e}_y = E_{r0}\mathrm{e}^{-\mathrm{j}k_1(x\sin\theta_r-z\cos\theta_r)}\boldsymbol{e}_y \tag{7.152}$$

$$\boldsymbol{H}_r = \frac{1}{\eta_1}\boldsymbol{e}_{kr}\times\boldsymbol{E}_r = \frac{1}{\eta_1}E_{r0}\mathrm{e}^{-\mathrm{j}k_1\boldsymbol{e}_{ki}\cdot\boldsymbol{r}}\boldsymbol{e}_{kr}\times\boldsymbol{e}_y$$

$$= \frac{E_{r0}}{\eta_1}\mathrm{e}^{-\mathrm{j}k_1(x\sin\theta_r-z\cos\theta_r)}(\cos\theta_r\boldsymbol{e}_x+\sin\theta_r\boldsymbol{e}_z)$$

(7.153)

由于②区为理想导体，其内部无电磁场。由边界条件知，理想导体表面切向电场强度为零，则

$$E_{iy}\big|_{z=0} + E_{ry}\big|_{z=0} = 0$$

由式(7.150)和式(7.152)得

$$E_{i0}\mathrm{e}^{-\mathrm{j}k_1x\sin\theta_i} + E_{r0}\mathrm{e}^{-\mathrm{j}k_1x\sin\theta_r} = 0 \tag{7.154}$$

欲使上式成立，必需两个项的相位因子相等，所以

$$\theta_i = \theta_r = \theta_1 \tag{7.155}$$

即入射角等于反射角。

另外还有

$$E_{r0} = -E_{i0} \tag{7.156}$$

这样就得到①区中入射波和反射波的合成电场强度矢量和磁场强度矢量为

$$\boldsymbol{E}_1 = -\mathrm{j}2E_{i0}\sin[(k_1\cos\theta_1)z]\mathrm{e}^{-\mathrm{j}(k_1\sin\theta_1)x}\boldsymbol{e}_y = E_y\boldsymbol{e}_y \tag{7.157}$$

$$\boldsymbol{H}_1 = -\frac{2E_{i0}}{\eta_1}\{\cos\theta_1\cos[(k_1\cos\theta_1)z]\boldsymbol{e}_x + \mathrm{j}\sin\theta_1\sin[(k_1\cos\theta_1)z]\boldsymbol{e}_z\}\mathrm{e}^{-\mathrm{j}(k_1\sin\theta_1)x}$$

$$= H_x\boldsymbol{e}_x + H_z\boldsymbol{e}_z \tag{7.158}$$

可见，媒质①中的合成电磁波具有下列性质。

(1) 合成电磁波沿传播方向 $\boldsymbol{e}_x$ 有磁场强度分量，因此这种波不是横电磁波(TEM 波)。由于其电场强度仍只有横向(垂直于传播方向)分量，所以称为横电波，记为 TE 波或 H 波。其相速为

$$v_x = \frac{\omega}{k_1 \sin\theta_1} = \frac{v_1}{\sin\theta_1} \geqslant v_1 \tag{7.159}$$

式中，$v_1 = \dfrac{1}{\sqrt{\mu_1 \varepsilon_1}}$，为媒质①中的光速。所以合成波的相速将大于光速。这是因为，在图 7.17 中，当入射平面波沿其传播方向以速度 v_1 前进了距离 λ_1 时，虚线所示的等相位面上一点沿 $\boldsymbol{e}_x$ 方向前进的距离是 $\dfrac{\lambda_1}{\sin\theta_1}$，前进的速度为 $\dfrac{v_1}{\sin\theta_1}$。可见，它是大于光速的。但这个速度不是能量传播速度，能速仍小于光速。由于其相速大于光速，所以称这种波为快波。

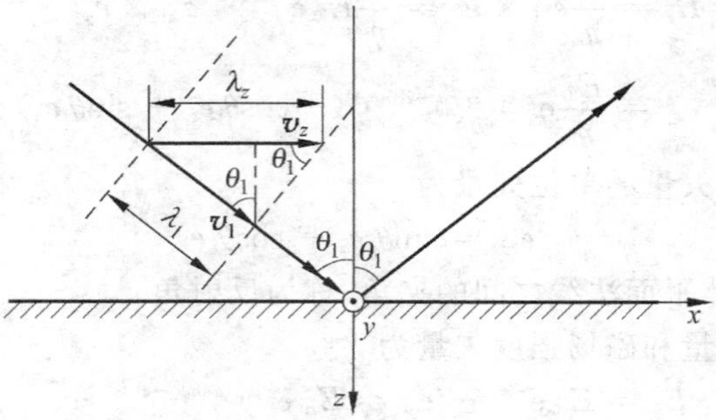

图 7.17 合成电磁波的相速

(2) 合成电磁波的振幅与 z 有关，所以为非均匀平面电磁波，即合成电磁波沿 z 方向的分布是驻波。电场强度的波节点位置离分界面($z=0$)的距离为

$$z = -\frac{n}{2} \cdot \frac{\lambda_1}{\cos\theta_1} \quad (n = 0,1,2,\cdots) \tag{7.160}$$

合成电磁波电场强度在波节点处为零，因此在该处放置一理想导电平板并不会破坏原来的场分布。这表明，在两块平行导体板间可以传播 TE 波，这时的 TE 波可以看成是入射平面波在两块平行导体板间来回反射而形成的。平行板结构起了引导电磁波沿其表面方向传播的作用，称为平行板波导。这样传播的电磁波称为导行电磁波，简称导波。假如再放置两块平行导体板垂直于 y 轴，由于电场强度 E_y 与该表面相垂直，因而仍不会破坏场的边界条件。这样，在这 4 块板所形成的矩形截面空间中也可传播 TE 波。这一导波结构就是微波波段的一种常用传输线，即矩形波导。

(3) 由式(7.157)和式(7.158)可知，坡印廷矢量有 x、z 两个分量，它们的时间平均值为

$$\boldsymbol{S}_{\text{av},z} = \text{Re}\left[\frac{1}{2} E_y \boldsymbol{e}_y \times H_x^* \boldsymbol{e}_x\right] = -0\boldsymbol{e}_z = \boldsymbol{0}$$

$$\boldsymbol{S}_{\text{av},x} = \text{Re}\left[\frac{1}{2} E_y \boldsymbol{e}_y \times H_z^* \boldsymbol{e}_z\right] = \frac{2\,|E_{i0}|^2}{\eta_1} \sin\theta_1 \sin^2[(k_1 \cos\theta_1) z] \boldsymbol{e}_x \tag{7.161}$$

可见，合成电磁波沿 x 向有实功率流，而在 z 向只有虚功率。由上式可以求得能量传播的速度为

$$v_e = v_1 \sin\theta_1 \tag{7.162}$$

即能量沿 x 方向的传播速度是 v_1 沿 x 轴的分量，所以相速大于光速时其能速总是小于光速。

2. 平行极化波的斜入射

若 $\boldsymbol{E}_i$ 平行入射面斜入射到理想导体表面，如图 7.16(b)所示。类似垂直极化的分析，可以知道媒质①中的合成电磁波是沿 x 方向传播的，它在传播方向 $\boldsymbol{e}_x$ 上有电场强度分量 E_x，但磁场强度仍只有横向分量 H_y，故称为横磁波，记为 TM 波或 E 波。如果在 $z=-\frac{n}{2}\cdot\frac{\lambda_1}{\cos\theta_1}(n=0,1,2,\cdots)$ 处放置一无限大理想导电平板，由于此处 $E_x=0$，它不会破坏原来的场分布。这说明，在二平行板波导间可以传播 TM 波。同理，在矩形波导中也可以传播 TM 波。因此在空心波导中既可以传输 TE 波，也可传输 TM 波，它们都是非均匀平面波。垂直理想导体表面的 z 方向合成电磁波仍然是驻波。

7.9.2　平面波对理想介质的斜入射

1. 相位匹配条件和斯奈尔定律

平面波向理想介质分界面 $z=0$ 斜入射时，将产生反射波和透射波，如图 7.18 所示。

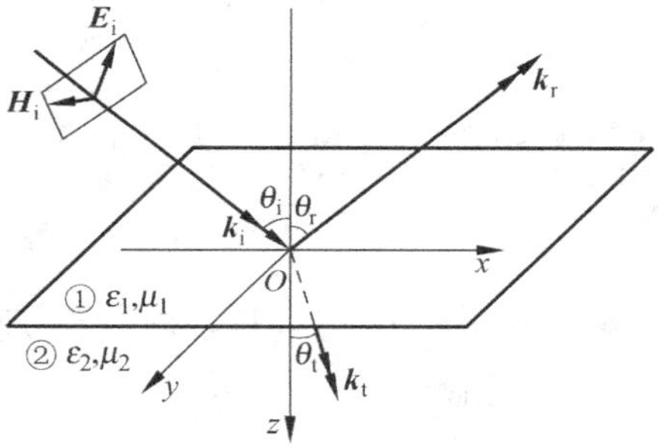

图 7.18　平面波的斜入射

设入射波、反射波和透射波的传播矢量可表示为

$$\begin{aligned}\boldsymbol{k}_i &= k_1\boldsymbol{e}_{ki} = k_1(\cos\alpha_i\boldsymbol{e}_x + \cos\beta_i\boldsymbol{e}_y + \cos\gamma_i\boldsymbol{e}_z)\\ &= k_{ix}\boldsymbol{e}_x + k_{iy}\boldsymbol{e}_y + k_{iz}\boldsymbol{e}_z\end{aligned} \tag{7.163}$$

$$\begin{aligned}\boldsymbol{k}_r &= k_1\boldsymbol{e}_{kr} = k_1(\cos\alpha_r\boldsymbol{e}_x + \cos\beta_r\boldsymbol{e}_y + \cos\gamma_r\boldsymbol{e}_z)\\ &= k_{rx}\boldsymbol{e}_x + k_{ry}\boldsymbol{e}_y + k_{rz}\boldsymbol{e}_z\end{aligned} \tag{7.164}$$

$$\begin{aligned}\boldsymbol{k}_t &= k_2\boldsymbol{e}_{kt} = k_2(\cos\alpha_t\boldsymbol{e}_x + \cos\beta_t\boldsymbol{e}_y + \cos\gamma_t\boldsymbol{e}_z)\\ &= k_{tx}\boldsymbol{e}_x + k_{ty}\boldsymbol{e}_y + k_{tz}\boldsymbol{e}_z\end{aligned} \tag{7.165}$$

式中，$k_1=\omega\sqrt{\mu_1\varepsilon_1}$，$k_2=\omega\sqrt{\mu_2\varepsilon_2}$。

3 种波的电场强度复矢量可写为

$$\boldsymbol{E}_i = \boldsymbol{E}_{i0}\,e^{-j\boldsymbol{k}_i\cdot\boldsymbol{r}} \tag{7.166}$$

$$\boldsymbol{E}_r = E_{r0}\,e^{-j\boldsymbol{k}_r\cdot\boldsymbol{r}} \tag{7.167}$$

$$\boldsymbol{E}_t = \boldsymbol{E}_{t0}\,e^{-j\boldsymbol{k}_t\cdot\boldsymbol{r}} \tag{7.168}$$

根据边界条件，分界面($z=0$)两侧电场强度矢量的切向分量应连续，故有

$$E_{i0}^{t}e^{-j(k_{ix}x+k_{iy}y)}+E_{r0}^{t}e^{-j(k_{rx}x+k_{ry}y)}=E_{t0}^{t}e^{-j(k_{tx}x+k_{ty}y)} \tag{7.169}$$

式中，上标 t 表示切向分量。此式对分界面上任意一点都成立，因而有

$$E_{i0}^{t}+E_{r0}^{t}=E_{t0}^{t} \tag{7.170}$$

$$k_{ix}x+k_{iy}y=k_{rx}x+k_{ry}y=k_{tx}x+k_{ty}y \tag{7.171}$$

由于式(7.171)对不同的 x 和 y 均成立，必有

$$k_{ix}=k_{rx}=k_{tx},\quad k_{iy}=k_{ry}=k_{ty} \tag{7.172}$$

上式表明，3 个传播矢量$\boldsymbol{k}_i$、$\boldsymbol{k}_r$ 和$\boldsymbol{k}_t$ 沿介质分界面的切向分量都相等。这一结论称为相位匹配条件，由它可导出反射定律和斯奈尔折射定律。

取入射面为 $y=0$ 平面，即入射线位于 xOz 面内，应用式(7.172)得

$$k_1\cos\alpha_i=k_1\cos\alpha_r=k_2\cos\alpha_t \tag{7.173}$$

$$0=k_1\cos\beta_r=k_2\cos\beta_t \tag{7.174}$$

则

$$\beta_r=\beta_t=\frac{\pi}{2}$$

这说明，反射线和折射线也位于入射面(xOz 面)内。于是有(见图 7.18)

$$\alpha_i=\frac{\pi}{2}-\theta_i,\quad \alpha_r=\frac{\pi}{2}-\theta_r,\quad \alpha_t=\frac{\pi}{2}-\theta_t$$

代入式(7.173)得

$$k_1\sin\theta_i=k_1\sin\theta_r=k_2\sin\theta_t \tag{7.175}$$

由上式第一等式得

$$\theta_i=\theta_r \tag{7.176}$$

即反射角等于入射角，这就是反射定律。由式(7.175)的后一等式得

$$\frac{\sin\theta_t}{\sin\theta_i}=\frac{k_1}{k_2}=\sqrt{\frac{\mu_1\varepsilon_1}{\mu_2\varepsilon_2}} \tag{7.177}$$

当 $\mu_1=\mu_2$ 时有

$$\frac{\sin\theta_t}{\sin\theta_i}=\sqrt{\frac{\varepsilon_1}{\varepsilon_2}}=\frac{n_1}{n_2} \tag{7.178}$$

这是光学中的斯奈尔(Snell)折射定律，其中 $n=\sqrt{\varepsilon_r}$ 为介质的折射率。式(7.178)说明，折射角正弦与入射角正弦之比等于介质①与介质②的折射率之比。

2. 反射系数和透射系数

斜入射的均匀平面电磁波，不论何种极化方式，都可以分解为两个正交的线极化波：一个极化方向与入射面垂直，为垂直极化波；另一个极化方向在入射面内，为平行极化波。可表示为

$$\boldsymbol{E}=\boldsymbol{E}_{\perp}+\boldsymbol{E}_{\parallel}$$

因此，只要分别求得这两个分量的反射波和透射波，通过叠加，就可以获得电场强度矢量任意取向的入射波的反射波和透射波。

下面分别讨论入射波为垂直极化波和平行极化波时相对振幅的确定。

(1) 垂直极化波

图 7.19 示出了垂直极化波对理想介质平面斜入射的情况,①区的入射波电场强度和磁场强度为

$$\boldsymbol{E}_{\mathrm{i}} = E_{\mathrm{i0}} \mathrm{e}^{-\mathrm{j}k_1(x\sin\theta_{\mathrm{i}}+z\cos\theta_{\mathrm{i}})} \boldsymbol{e}_y \tag{7.179}$$

$$\boldsymbol{H}_{\mathrm{i}} = \frac{E_{\mathrm{i0}}}{\eta_1} \mathrm{e}^{-\mathrm{j}k_1(x\sin\theta_{\mathrm{i}}+z\cos\theta_{\mathrm{i}})} (-\cos\theta_{\mathrm{i}} \boldsymbol{e}_x + \sin\theta_{\mathrm{i}} \boldsymbol{e}_z) \tag{7.180}$$

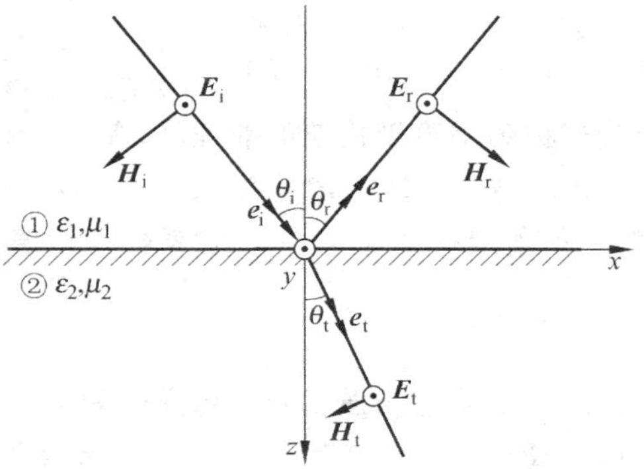

图 7.19　垂直极化波对理想介质平面的斜入射

由反射定律,反射波的电场强度和磁场强度为

$$\boldsymbol{E}_{\mathrm{r}} = E_{\mathrm{r0}} \mathrm{e}^{-\mathrm{j}k_1(x\sin\theta_{\mathrm{i}}-z\cos\theta_{\mathrm{i}})} \boldsymbol{e}_y \tag{7.181}$$

$$\boldsymbol{H}_{\mathrm{r}} = \frac{E_{\mathrm{r0}}}{\eta_1} \mathrm{e}^{-\mathrm{j}k_1(x\sin\theta_{\mathrm{i}}-z\cos\theta_{\mathrm{i}})} (\cos\theta_{\mathrm{i}} \boldsymbol{e}_x + \sin\theta_{\mathrm{i}} \boldsymbol{e}_z) \tag{7.182}$$

透射波的电场强度和磁场强度为

$$\boldsymbol{E}_{\mathrm{t}} = E_{\mathrm{t0}} \mathrm{e}^{-\mathrm{j}k_2(x\sin\theta_{\mathrm{t}}+z\cos\theta_{\mathrm{t}})} \boldsymbol{e}_y \tag{7.183}$$

$$\boldsymbol{H}_{\mathrm{t}} = \frac{E_{\mathrm{t0}}}{\eta_2} \mathrm{e}^{-\mathrm{j}k_2(x\sin\theta_{\mathrm{t}}+z\cos\theta_{\mathrm{t}})} (-\cos\theta_{\mathrm{t}} \boldsymbol{e}_x + \sin\theta_{\mathrm{t}} \boldsymbol{e}_z) \tag{7.184}$$

根据边界条件,在 $z=0$ 平面上①区的合成电场强度切向分量应与②区电场强度切向分量相等,同时①区和②区的磁场强度切向分量也相等。从而由式(7.179)~式(7.184)得

$$(E_{\mathrm{i0}} + E_{\mathrm{r0}}) \mathrm{e}^{-\mathrm{j}k_1 x\sin\theta_{\mathrm{i}}} = E_{\mathrm{t0}} \mathrm{e}^{-\mathrm{j}k_2 x\sin\theta_{\mathrm{t}}} \tag{7.185}$$

$$(-E_{\mathrm{i0}} + E_{\mathrm{r0}}) \frac{1}{\eta_1} \cos\theta_{\mathrm{i}} \cdot \mathrm{e}^{-\mathrm{j}k_1 x\sin\theta_{\mathrm{i}}} = -\frac{1}{\eta_2} \cos\theta_{\mathrm{t}} \cdot E_{\mathrm{t0}} \mathrm{e}^{-\mathrm{j}k_2 x\sin\theta_{\mathrm{t}}} \tag{7.186}$$

考虑到折射定律 $k_1\sin\theta_{\mathrm{i}} = k_2\sin\theta_{\mathrm{t}}$,上两式可简化为

$$E_{\mathrm{i0}} + E_{\mathrm{r0}} = E_{\mathrm{t0}} \tag{7.187}$$

$$(-E_{\mathrm{i0}} + E_{\mathrm{r0}}) \frac{\cos\theta_{\mathrm{i}}}{\eta_1} = -\frac{\cos\theta_{\mathrm{t}}}{\eta_2} E_{\mathrm{t0}} \tag{7.188}$$

解之得

$$\Gamma_{\perp} = \frac{E_{\mathrm{r0}}}{E_{\mathrm{i0}}} = \frac{\eta_2\cos\theta_{\mathrm{i}} - \eta_1\cos\theta_{\mathrm{t}}}{\eta_2\cos\theta_{\mathrm{i}} + \eta_1\cos\theta_{\mathrm{t}}} \tag{7.189}$$

$$T_{\perp} = \frac{E_{\mathrm{t0}}}{E_{\mathrm{i0}}} = \frac{2\eta_2\cos\theta_{\mathrm{i}}}{\eta_2\cos\theta_{\mathrm{i}} + \eta_1\cos\theta_{\mathrm{t}}} \tag{7.190}$$

$\Gamma_{\perp}$ 是边界 $z=0$ 处的反射系数,即分界面处反射波电场强度与入射波电场强度之比;$T_{\perp}$ 是

边界 $z=0$ 处的透射系数，即分界面处透射波电场强度与入射波电场强度之比。

若以 E_{i0} 去除式(7.187)，则有

$$1+\Gamma_{\perp}=T_{\perp} \tag{7.191}$$

对于非磁性媒质，$\mu_1=\mu_2=\mu_0$，式(7.189)和式(7.190)简化为

$$\Gamma_{\perp}=\frac{n_1\cos\theta_i-n_2\cos\theta_t}{n_1\cos\theta_i+n_2\cos\theta_t}=-\frac{\sin(\theta_i-\theta_t)}{\sin(\theta_i+\theta_t)}=\frac{\cos\theta_i-\sqrt{\varepsilon_2/\varepsilon_1-\sin^2\theta_i}}{\cos\theta_i+\sqrt{\varepsilon_2/\varepsilon_1-\sin^2\theta_i}} \tag{7.192}$$

$$T_{\perp}=\frac{2n_1\cos\theta_i}{n_1\cos\theta_i+n_2\cos\theta_t}=\frac{2\cos\theta_i\sin\theta_t}{\sin(\theta_i+\theta_t)}=\frac{2\cos\theta_i}{\cos\theta_i+\sqrt{\varepsilon_2/\varepsilon_1-\sin^2\theta_i}} \tag{7.193}$$

上述反射系数和透射系数公式称为垂直极化波的菲涅耳(A. J. Fresnel)公式。由此可见，垂直入射时，$\theta_i=\theta_t=0$，式(7.189)和式(7.190)简化为式(7.120)和式(7.121)。另外，透射系数总是正值。当 $\varepsilon_1>\varepsilon_2$ 时，由折射定律知，$\theta_i<\theta_t$，反射系数是正值；反之，当 $\varepsilon_1<\varepsilon_2$ 时，反射系数是负值。

(2) 平行极化波

按照图 7.20 所示，①区的入射波电场强度和磁场强度为

$$\boldsymbol{E}_i=E_{i0}\mathrm{e}^{-jk_1(x\sin\theta_i+z\cos\theta_i)}(\cos\theta_i\boldsymbol{e}_x-\sin\theta_i\boldsymbol{e}_z) \tag{7.194}$$

$$\boldsymbol{H}_i=\frac{1}{\eta_1}E_{i0}\mathrm{e}^{-jk_1(x\sin\theta_i+z\cos\theta_i)}\boldsymbol{e}_y \tag{7.195}$$

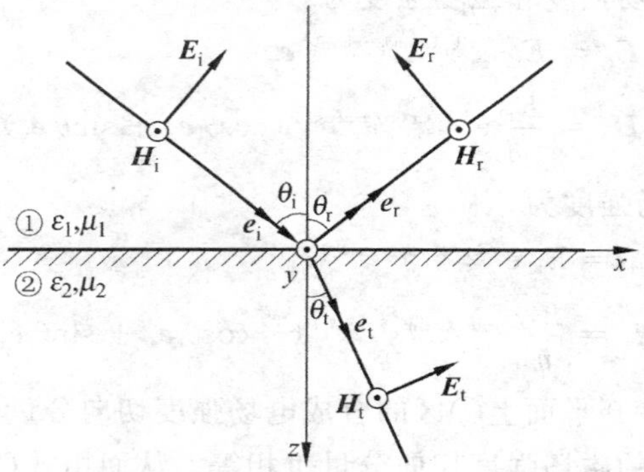

图 7.20 平行极化波对理想介质平面的斜入射

反射波电场强度和磁场强度为

$$\boldsymbol{E}_r=-E_{r0}\mathrm{e}^{-jk_1(x\sin\theta_i-z\cos\theta_i)}(\cos\theta_i\boldsymbol{e}_x+\sin\theta_i\boldsymbol{e}_z) \tag{7.196}$$

$$\boldsymbol{H}_r=\frac{1}{\eta_1}E_{r0}\mathrm{e}^{-jk_1(x\sin\theta_i-z\cos\theta_i)}\boldsymbol{e}_y \tag{7.197}$$

折射波电场强度和磁场强度为

$$\boldsymbol{E}_t=E_{t0}\mathrm{e}^{-jk_2(x\sin\theta_t+z\cos\theta_t)}(\cos\theta_t\boldsymbol{e}_x-\sin\theta_t\boldsymbol{e}_z) \tag{7.198}$$

$$\boldsymbol{H}_t=\frac{1}{\eta_2}E_{t0}\mathrm{e}^{-jk_2(x\sin\theta_t+z\cos\theta_t)}\boldsymbol{e}_y \tag{7.199}$$

在 $z=0$ 平面上①区和②区的电场强度切向分量应相等，同时磁场强度切向分量也相等，并考虑到相位匹配条件 $k_1\sin\theta_i=k_1\sin\theta_r=k_2\sin\theta_t$，由式(7.194)～式(7.199)得

$$E_{i0}\cos\theta_i-E_{r0}\cos\theta_i=E_{t0}\cos\theta_t \tag{7.200}$$

$$\frac{1}{\eta_1}(E_{i0}+E_{r0})=\frac{1}{\eta_2}E_{t0} \tag{7.201}$$

解之得反射系数、透射系数为

$$\Gamma_{\parallel}=\frac{E_{r0}}{E_{i0}}=\frac{\eta_1\cos\theta_i-\eta_2\cos\theta_t}{\eta_1\cos\theta_i+\eta_2\cos\theta_t} \tag{7.202}$$

$$T_{\parallel}=\frac{E_{t0}}{E_{i0}}=\frac{2\eta_2\cos\theta_i}{\eta_1\cos\theta_i+\eta_2\cos\theta_t} \tag{7.203}$$

式(7.202)和式(7.203)称为平行极化波的菲涅耳公式。值得注意的是，当垂直入射时，$\theta_i=\theta_t=0$，由式(7.202)和式(7.192)知，$\Gamma_{\parallel}=-\Gamma_{\perp}$。又由式(7.202)和式(7.203)知，对于平行极化波 $T_{\parallel}\neq1+\Gamma_{\parallel}$。并且，若把 ε 换成复介电常数 ε_c，这些分析也可推广到有耗媒质。

对于非磁性媒质，$\mu_1=\mu_2=\mu_0$，式(7.202)和式(7.203)简化为

$$\Gamma_{\parallel}=\frac{n_2\cos\theta_i-n_1\cos\theta_t}{n_2\cos\theta_i+n_1\cos\theta_t}=\frac{\tan(\theta_i-\theta_t)}{\tan(\theta_i+\theta_t)}=\frac{\frac{\varepsilon_2}{\varepsilon_1}\cos\theta_i-\sqrt{\frac{\varepsilon_2}{\varepsilon_1}-\sin^2\theta_i}}{\frac{\varepsilon_2}{\varepsilon_1}\cos\theta_i+\sqrt{\frac{\varepsilon_2}{\varepsilon_1}-\sin^2\theta_i}} \tag{7.204}$$

$$\begin{aligned}T_{\parallel}&=\frac{2n_1\cos\theta_i}{n_2\cos\theta_i+n_1\cos\theta_t}=\frac{2\cos\theta_i\sin\theta_t}{\sin(\theta_i+\theta_t)\cos(\theta_i-\theta_t)}\\&=\frac{2\sqrt{\frac{\varepsilon_2}{\varepsilon_1}}\cos\theta_i}{\frac{\varepsilon_2}{\varepsilon_1}\cos\theta_i+\sqrt{\frac{\varepsilon_2}{\varepsilon_1}-\sin^2\theta_i}}\end{aligned} \tag{7.205}$$

由此可见，透射系数 $T_{\parallel}$ 总是正值，反射系数 $\Gamma_{\parallel}$ 则可正可负。

7.9.3　全反射和全透射

1. 全反射

由斯耐尔折射定律式(7.178)可看出，当 $\varepsilon_1>\varepsilon_2$，即平面波从光密媒质入射到光疏媒质时，必然有 $\theta_t>\theta_i$。这样，θ_t 随 θ_i 增大而增大，所以总存在一个入射角 θ_i，使 $\theta_t=\frac{\pi}{2}$。此时折射波将贴着分界面传播。若 θ_i 再增大，就不再有折射波产生，也可以说入射波全部被反射了。把对应于产生全反射$\left(\theta_t=\frac{\pi}{2}\right)$时的入射角称为临界角，记为 θ_c。令式(7.178)中的 $\theta_t=\frac{\pi}{2}$，得

$$\sin\theta_c=\sqrt{\frac{\varepsilon_2}{\varepsilon_1}} \tag{7.206}$$

则

$$\theta_c=\arcsin\left(\sqrt{\frac{\varepsilon_2}{\varepsilon_1}}\right) \tag{7.207}$$

从式(7.192)和式(7.204)可以看出，当 $\theta_i=\theta_c$ 时，$|\Gamma_{\parallel}|=|\Gamma_{\perp}|=1$。若 $\theta_i>\theta_c$ 时，则 $\sin\theta_i>\sqrt{\frac{\varepsilon_2}{\varepsilon_1}}$，仍有 $|\Gamma_{\parallel}|=|\Gamma_{\perp}|=1$。可见，无论是平行极化波还是垂直极化波，当入射角 θ_i

等于或大于临界角 θ_c 时，都将产生全反射。当然，$\theta_i > \theta_c$ 时 θ_t 无解，这表示没有电磁能量传入媒质②中。在媒质②中虽然没有电磁波传入，但由于要求在分界面切向场量连续，在媒质②中应有场量存在，这些场量将沿离开分界面的 z 方向作指数规律衰减。

根据以上讨论，全反射情况下媒质①和媒质②中的波都沿界面 x 方向以小于光速的相同相速传播，是慢波。它的振幅在媒质①中沿 z 向呈驻波分布，按正弦（或余弦）规律变化；而在媒质②中随离开界面的距离 z 按指数衰减。若衰减常数 α 足够大，则电磁能只集中于界面附近，因此把这种波称为表面波。

电磁波在介质与空气分界面上全反射是实现表面波传输的基础。图 7.21 所示为放在空气中的一块介质板，当介质板内电磁波的入射方向能使它在介质板的顶面和底面发生全反射时，电磁波将被约束在介质板内，并沿 $\boldsymbol{e}_z$ 方向传播。板外的场量沿垂直于板面的 $(\pm\boldsymbol{e}_x)$ 方向作指数规律衰减，没有辐射。虽然上面是以介质板来讨论的，但其原理同样适用于圆柱形介质棒。当使得介质棒内的电磁波以大于或等于临界角的入射角投射到介质与空气分界面并发生全反射时，就可使电磁波沿介质棒传播，这种传播系统称为介质波导，它是一种表面波传输系统。光纤就是一种介质波导。

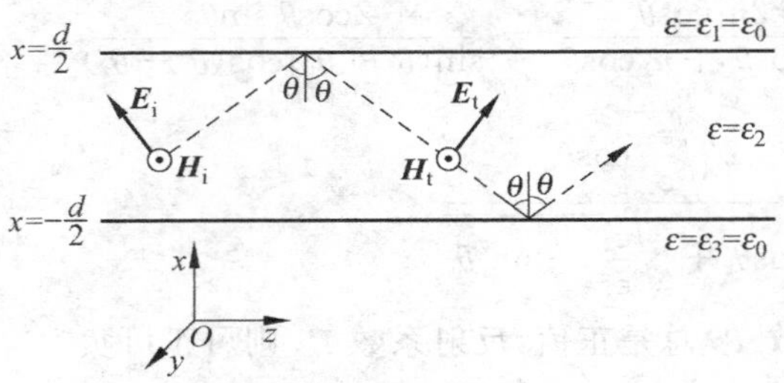

图 7.21 介质板内的全反射

2. 全透射

由式(7.204)可以看出，平行极化波斜入射时的反射系数 $\Gamma_{\parallel}$ 是两项之差，在一定条件下可使 $\Gamma_{\parallel}=0$，发生无反射即全透射现象。当

$$\frac{\varepsilon_2}{\varepsilon_1}\cos\theta_i = \sqrt{\frac{\varepsilon_2}{\varepsilon_1} - \sin^2\theta_i}$$

时，$\Gamma_{\parallel}=0$，可求得

$$\theta_i = \theta_B = \arcsin\left(\sqrt{\frac{\varepsilon_2}{\varepsilon_1+\varepsilon_2}}\right) = \arctan\left(\sqrt{\frac{\varepsilon_2}{\varepsilon_1}}\right) \tag{7.208}$$

这说明当平行极化波以入射角 $\theta_i=\theta_B$ 入射到分界面时，其全部能量将传入②区而没有反射波。

对于垂直极化波，由式(7.192)可以看出，除非 $\varepsilon_1=\varepsilon_2$，否则无法使反射系数 $\Gamma_{\perp}$ 为零。即当垂直极化波投射到两种不同介质的界面上时，任何入射角下都将有反射而不会发生全透射。

所以，一个在任意方向极化的电磁波，当它以 θ_B 角入射到分界面时，反射波中就只剩下垂直极化波分量，而没有平行极化波分量。正是因为这种极化滤波的作用，θ_B 被称为极化角，或布儒斯特(Brewster)角。

对于平行极化波，当由光密媒质斜入射到光疏媒质时，既可能发生全透射，又可能发生全反射，这取决于入射角的大小。平行极化波的布儒斯特角和临界角与$\sqrt{\frac{\varepsilon_1}{\varepsilon_2}}=\frac{n_1}{n_2}$的关系示于图 7.22 中。

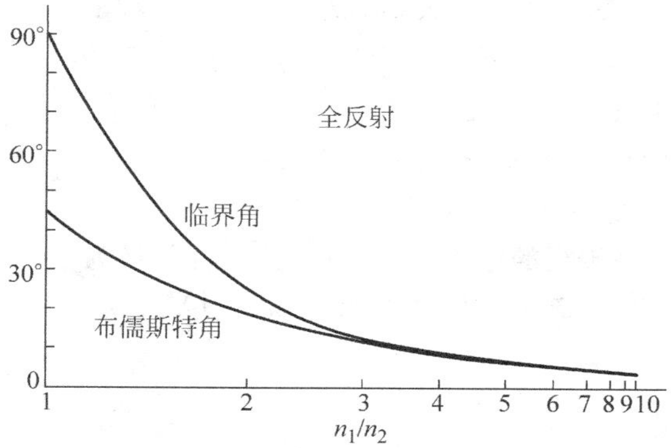

图 7.22　平行极化波的布儒斯特角和临界角

例 7.6　图 7.23 表示光纤的剖面，其中光纤芯线的折射率为 n_1，包层的折射率为 n_2，且 $n_1>n_2$。设光束从折射率为 n_0 的媒质斜入射进入光纤，若在芯线与包层的分界面上发生全反射，则可使光束按图 7.23 所示的方式沿光纤轴向传播。现给定 n_1 和 n_2，试确定能在光纤中产生全反射的进入角 ϕ。

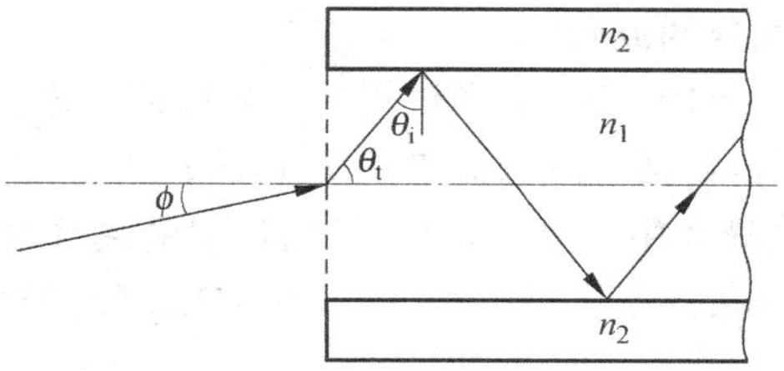

图 7.23　光纤示意图

解：光纤中全反射的进入角 ϕ 可由全反射条件和图 7.23 所示的各角度之间的关系求出，即

$$\theta_i=\frac{\pi}{2}-\theta_t\geqslant\theta_c=\arcsin\sqrt{\frac{\varepsilon_2}{\varepsilon_1}}=\arcsin\frac{n_2}{n_1}$$

则

$$\theta_t\leqslant\frac{\pi}{2}-\theta_c$$

由折射定律知

$$\sin\phi=\frac{n_1}{n_0}\sin\theta_t\leqslant\frac{n_1}{n_0}\sin\left(\frac{\pi}{2}-\theta_c\right)=\frac{n_1}{n_0}\cos\theta_c=\frac{1}{n_0}\sqrt{n_1^2-n_2^2}$$

只要光束进入角 ϕ 满足上式，光束就能在光纤中经过多次全反射沿光纤轴向传播。

习题

7.1 在理想介质中一平面波的电场强度为

$$\boldsymbol{E}(t)=5\cos 2\pi(10^8 t-z)\boldsymbol{e}_x \quad (\mathrm{V/m})$$

试求：

(1) 介质中波长及自由空间波长；

(2) 介质的 ε_r，已知介质 $\mu=\mu_0$，$\varepsilon=\varepsilon_0\varepsilon_r$；

(3) 磁场强度的瞬时表示式。

7.2 某一在自由空间传播的电磁波，其电场强度复矢量为

$$\boldsymbol{E}=\mathrm{e}^{\mathrm{j}\left(\frac{\pi}{4}-kz\right)}(\boldsymbol{e}_x-\boldsymbol{e}_y) \quad (\mathrm{V/m})$$

试求：

(1) 磁场强度复矢量；

(2) 平均功率流密度。

7.3 频率为 550kHz 的广播信号通过一导电媒质，$\varepsilon_r=2.1$，$\mu_r=1$，$\dfrac{\sigma}{\omega\varepsilon}=0.2$。求：

(1) 衰减常数和相位常数；

(2) 相速和相位波长；

(3) 波阻抗。

7.4 平面波在导电媒质中传播，$f=1950\mathrm{MHz}$，媒质 $\varepsilon_r=\mu_r=1$，$\sigma=0.11\mathrm{S/m}$。试求：

(1) 波在该媒质中的相速和波长；

(2) 设在媒质中某点 $E=10^{-2}\mathrm{V/m}$，则该点的磁场强度为多少？

(3) 波行进多大距离后，场强衰减为原来的 1/1000？

7.5 证明电磁波在良导体中传播时，每波长内场强的衰减约为 55dB。

7.6 铜导线的半径 $a=1.5\mathrm{mm}$，求它在 $f=20\mathrm{MHz}$ 时的单位长度电阻和单位长度直流电阻。

7.7 若要求电子仪器的铝外壳至少为 5 个趋肤深度厚，为防止 20kHz～200MHz 的无线电干扰，铝外壳应取多厚？

7.8 若 10MHz 平面波垂直进入铝层，设铝层表面处磁场强度振幅 $H_0=0.5\mathrm{A/m}$，求：

(1) 铝表面处的电场强度 E_0，经 5 个趋肤深度后 E 为多少？

(2) 铝层每单位面积吸收的平均功率。

7.9 证明：在等离子体中 $vB\ll E$，即 $v\ll\dfrac{E}{B}$，v 是电子速度。

7.10 波长为 $\lambda=10\mathrm{m}$ 的波在正常色散的无耗媒质中的相速为 $v_p=2\times10^7\lambda^{2/3}\mathrm{m/s}$，求波的群速。

7.11 以下各式表示的是什么极化波？

(1) $\boldsymbol{E}=E_0\sin(\omega t-kz)\boldsymbol{e}_x+E_0\cos(\omega t-kz)\boldsymbol{e}_y$；

(2) $\boldsymbol{E}=E_0\cos(\omega t-kz)\boldsymbol{e}_x+2E_0\cos(\omega t-kz)\boldsymbol{e}_y$；

(3) $\boldsymbol{E}=E_0\sin\left(\omega t-kz+\dfrac{\pi}{4}\right)\boldsymbol{e}_x+E_0\cos\left(\omega t-kz-\dfrac{\pi}{4}\right)\boldsymbol{e}_y$；

(4) $\boldsymbol{E}=E_0\sin\left(\omega t+kz+\frac{\pi}{4}\right)\boldsymbol{e}_x+E_0\cos\left(\omega t+kz-\frac{\pi}{4}\right)\boldsymbol{e}_y$。

7.12　将下列线极化波分解为圆极化波的叠加：

(1) $\boldsymbol{E}=E_0\mathrm{e}^{-\mathrm{j}kz}\boldsymbol{e}_x$

(2) $\boldsymbol{E}=E_0\mathrm{e}^{-\mathrm{j}kz}\boldsymbol{e}_x-E_0\mathrm{e}^{-\mathrm{j}kz}\boldsymbol{e}_y$

7.13　在 $\varepsilon_r=5,\mu_r=2,\sigma=0$ 的媒质中，一椭圆极化波的磁场强度有两个相互垂直的分量(都垂直于传播方向)，振幅分别为 3A/m 和 4A/m，后者相位引前 45°。试求：

(1) 旋向；

(2) 通过与其传播方向相垂直的 $5\mathrm{m}^2$ 面积的平均功率。

7.14　电场强度振幅为 E_{i0}(V/m)的平面波由空气垂直入射于理想导体平面。试求：

(1) 入射波的电、磁能密度最大值；

(2) 空气中的电、磁场强度最大值；

(3) 空气中的电、磁能密度最大值。

7.15　平面波从空气向理想介质($\mu_r=1,\sigma=0$)垂直入射，在分界面上 $E_0=16\mathrm{V/m}$，$H_0=0.1061\mathrm{A/m}$。试求：

(1) 理想介质(媒质②)的 ε_r；

(2) E_i、H_i、E_r、H_r、E_t、H_t；

(3) 空气中的驻波比 ρ。

7.16　当均匀平面波由空气向理想介质($\mu_r=1,\sigma=0$)垂直入射时，有 96%的入射功率输入此介质。试求介质的相对介电常数 ε_r。

7.17　频率为 30MHz 的平面波从空气向海水($\varepsilon_r=81,\mu_r=1,\sigma=4\mathrm{S/m}$)垂直入射。在该频率上海水可视为良导体。已知入射波电场强度为 10mV/m，试求以下各点的电场强度：

(1) 空气与海水分界面处；

(2) 空气中离海面 2.5m 处；

(3) 海水中离海面 2.5m 处。

7.18　10GHz 平面波透过一层玻璃($\varepsilon_r=9,\mu_r=1$)自室外垂直射入室内，玻璃的厚度为 4mm，室外入射波电场强度为 2V/m。求室内的电场强度。

7.19　电子器件以铜箔作电磁屏蔽，其厚度为 0.1mm。当 300MHz 平面波垂直入射时，透过屏蔽片后的电场强度和功率为入射波的百分之几？衰减了多少(屏蔽片两侧均为空气)？

7.20　电视台发射的电磁波到达某电视天线处的场强用以该接收点为原点的坐标表示为

$$\boldsymbol{E}=E_0(\boldsymbol{e}_x-2\boldsymbol{e}_z),\quad \boldsymbol{H}=H_0\boldsymbol{e}_y$$

已知 $E_0=1\mathrm{mV/m}$，求：

(1) 电磁波的传播方向 $\boldsymbol{e}_S$；

(2) H_0；

(3) 平均功率流密度；

(4) 点 $P(\lambda,\lambda,-\lambda)$处的电场强度和磁场强度复矢量，$\lambda$ 为电磁波波长。

7.21　一均匀平面波从空气入射到 $z=0$ 处理想导体表面，入射波电场强度为

$$\boldsymbol{E}_{\mathrm{i}}=\mathrm{e}^{-\mathrm{j}(3x+4z)}\boldsymbol{e}_y\quad(\mathrm{mV/m})$$

试求：

(1) 波长 λ 和入射角 θ_{i}；

(2) 反射波电场强度和磁场强度；

(3) 空间合成电场强度瞬时式 $\boldsymbol{E}(t)$。

7.22　一垂直极化波从空气向一理想介质（$\varepsilon_{\mathrm{r}}=4,\mu_{\mathrm{r}}=1$）斜入射，分界面为平面，入射角为 60°，入射波电场强度为 5V/m。求每单位面积上透射入理想介质的平均功率。

7.23　4.025MHz 平面波从空气以 60°入射角射入一均匀电离层上，该电离层的临界频率为 $f_{\mathrm{p}}=9\mathrm{MHz}$，界面为 xOy 平面，其法向为 z 轴，指向电离层里面。求：

(1) 对垂直极化波和对平行极化波的反射系数 $\Gamma_{\perp}$、$\Gamma_{\parallel}$；

(2) 对垂直极化波，空气中和电离层中的电场强度为多少？并画出其振幅 $|E|$ 随 z 轴的变化图；

(3) 以 60°入射角入射时，此电离层能产生全反射的最高频率为多少？

7.24　一光束自空气以 $\theta_{\mathrm{i}}=45°$入射到 $\varepsilon_{\mathrm{r}}=4$，厚 5mm 的玻璃板上，从另一侧穿出，如题图 7.1 所示。求：

(1) 光束穿入点与穿出点间的垂直距离 l_1；

(2) 光束的横向偏移量 l_2；

(3) 透过玻璃的功率占入射功率的百分比。

7.25　线极化平面波由自由空间入射于 $\varepsilon_{\mathrm{r}}=4,\mu_{\mathrm{r}}=1$ 的介质分界面。若入射波电场强度与入射面的夹角是 45°，试问：

(1) 入射角 θ_{i} 等于多少时反射波只有垂直极化波？

(2) 此时反射波的实功率是入射波的百分之几？

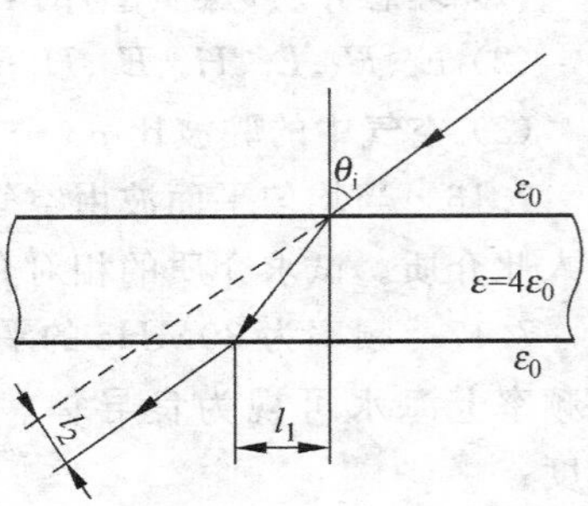

题图 7.1　题 7.24 用图

第 8 章

导行电磁波

第 8 章第 1 讲

在给定的边界条件下，定向传输的电磁波称为导行电磁波。引导电磁波传输的装置称为导波装置，常用的导波装置如图 8.1 所示。这里仅讨论均匀导波装置，即沿纵向的横截面尺寸、形状、媒质分布、材料及边界条件均不变的导波装置。

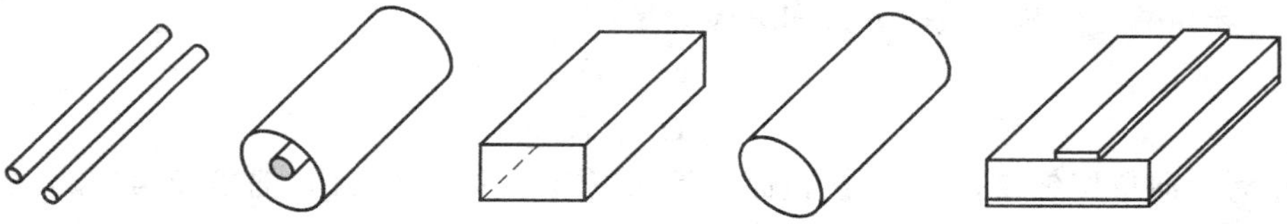

(a)　(b)　(c)　(d)　(e)

图 8.1　几种常用的导波装置

(a) 平行双导线；(b) 同轴线；(c) 矩形波导；(d) 圆形波导；(e) 微带线

几种导波装置的使用波段如下：两根任意形状的导线适用于短波以下的波段；两根平行双导线适合于超短波波段，且导线间的距离必须比波长小得多，否则会造成能量辐射，它一般应用于波长大于 1m 的情况；如果工作波长再缩短，双线间的距离必须更小，导线的直径也必须更小，但直径和距离不可能无限小，因此在微波波段使用同轴线，如图 8.1(b)所示，同轴线把电磁波封闭在内外导体之间，避免了能量辐射；矩形波导和圆形波导使用于波长短于 10cm 的情况，因为随着波长的缩短，同轴线的横截面尺寸已很小，同轴线衰减增大，功率容量降低。关于无线电频段的划分请参考附录 D。

在不同的导波装置上可以传输不同模式的电磁波，该模式的电磁波是求解满足边界条件的亥姆霍兹方程的解。因此，可以得到各种导波装置的各种模式的电磁波，以便确定电磁波的传输功率。

如果把导波装置的两端短路，电磁波在两端来回反射，形成了高频振荡电磁波，把这种装置称为谐振腔。谐振腔在微波技术中具有重要的作用。

8.1　规则波导中导行电磁波的分析

对由均匀填充介质的金属管组成的导波装置，一般采用场分析法。场分析法是用电磁场理论，建立导波装置的一般理论，导出直角坐标系中场分量所满足的方程。

8.1.1 导行波横、纵向分量的关系

均匀导波装置中的电磁波，可以由麦克斯韦方程组导出横、纵向分量间的关系及所满足的方程。对均匀填充介质的金属波导，建立图 8.2 所示的坐标系。

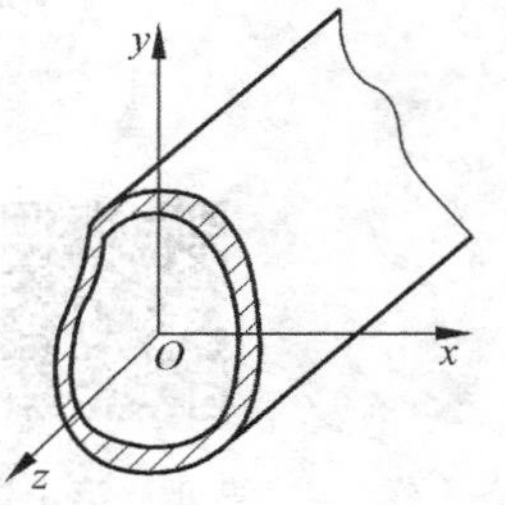

图 8.2 金属波导管结构图

设导波装置由无限长理想导体和各向同性的理想介质组成，且介质均匀填充于金属波导管中，波导管中无自由电荷和传导电流。按正弦规律变化的电磁场，麦克斯韦方程组为

$$\nabla\times\boldsymbol{E}=-\mathrm{j}\omega\mu\boldsymbol{H} \tag{8.1a}$$

$$\nabla\times\boldsymbol{H}=\mathrm{j}\omega\varepsilon\boldsymbol{E} \tag{8.1b}$$

$$\nabla\cdot\boldsymbol{E}=0 \tag{8.1c}$$

$$\nabla\cdot\boldsymbol{H}=0 \tag{8.1d}$$

由此可推出电场 $\boldsymbol{E}$ 和磁场 $\boldsymbol{H}$ 满足以下亥姆霍兹方程：

$$\nabla^2\boldsymbol{E}+k^2\boldsymbol{E}=0 \tag{8.2}$$

$$\nabla^2\boldsymbol{H}+k^2\boldsymbol{H}=0 \tag{8.3}$$

式中，$k^2=\omega^2\mu\varepsilon$。

将电场和磁场分解为横向分量和纵向分量，即

$$\boldsymbol{E}=\boldsymbol{E}_t+E_z\boldsymbol{e}_z \tag{8.4}$$

$$\boldsymbol{H}=\boldsymbol{H}_t+H_z\boldsymbol{e}_z \tag{8.5}$$

式中，$\boldsymbol{e}_z$ 为 z 向单位矢量；t 表示横截面。下面以直角坐标系为例，把式(8.4)和式(8.5)代入式(8.2)和式(8.3)得

$$\nabla^2 E_z+k^2E_z=0 \tag{8.6a}$$

$$\nabla^2 H_z+k^2H_z=0 \tag{8.6b}$$

$$\nabla^2\boldsymbol{E}_t+k^2\boldsymbol{E}_t=0 \tag{8.7a}$$

$$\nabla^2\boldsymbol{H}_t+k^2\boldsymbol{H}_t=0 \tag{8.7b}$$

下面讨论纵向电场 $E_z(x,y,z)$ 所满足的方程。可将微分算子表示为

$$\nabla^2=\nabla_t^2+\frac{\partial^2}{\partial z^2}$$

式中，∇_t^2 为二维拉普拉斯算子。利用分离变量法，令

$$E_z(x,y,z)=E_{zt}(x,y)Z(z)$$

并代入式(8.6a)，可得

$$-\frac{(\nabla_t^2+k^2)E_{zt}(x,y)}{E_{zt}(x,y)}=\frac{\dfrac{\mathrm{d}^2Z(z)}{\mathrm{d}z^2}}{Z(z)}$$

方程的左边为横向坐标 x、y 的函数，与 z 坐标无关；方程的右边是 z 坐标的函数，与 x、y 坐标无关。对一切的 x、y、z 欲使上式成立，只有方程左右两边都等于常数，设该常数为 γ^2，则

$$\nabla_t^2E_{zt}(x,y)+(k^2+\gamma^2)E_{zt}(x,y)=0 \tag{8.8a}$$

$$\frac{\mathrm{d}^2Z(z)}{\mathrm{d}z^2}-\gamma^2Z(z)=0 \tag{8.8b}$$

式(8.8b)的通解为

$$Z(z)=A_+\mathrm{e}^{-\gamma z}+A_-\mathrm{e}^{\gamma z}$$

因为假设均匀金属波导为无限长，所以没有反射波，即 $Z(z)=A_+\mathrm{e}^{-\gamma z}$，则

$$E_z(x,y,z)=A_+E_{zt}(x,y)\mathrm{e}^{-\gamma z}$$

在这个式子中，把 A_+ 记入 $E_{zt}(x,y)$ 的系数中，为了讨论方便还写为 $E_{zt}(x,y)$，则

$$E_z(x,y,z)=E_{zt}(x,y)\mathrm{e}^{-\gamma z} \tag{8.9a}$$

同理

$$H_z(x,y,z)=H_{zt}(x,y)\mathrm{e}^{-\gamma z} \tag{8.9b}$$

在式(8.8a)中，令 $k_c^2=k^2+\gamma^2$，则有

$$\nabla_t^2E_{zt}(x,y)+k_c^2E_{zt}(x,y)=0 \tag{8.10a}$$

同理

$$\nabla_t^2H_{zt}(x,y)+k_c^2H_{zt}(x,y)=0 \tag{8.10b}$$

考虑到正弦电磁波沿纵向按 $\mathrm{e}^{-\gamma z}$ 变化，横向分量同样有

$$\frac{\partial E_x}{\partial z}=\frac{\partial}{\partial z}[E_{xt}(x,y)\mathrm{e}^{-\gamma z}]=-\gamma E_{xt}(x,y)\mathrm{e}^{-\gamma z}=-\gamma E_x$$

及

$$\frac{\partial H_x}{\partial z}=-\gamma H_x$$

$$\frac{\partial E_y}{\partial z}=-\gamma E_y$$

$$\frac{\partial H_y}{\partial z}=-\gamma H_y$$

所以，可以将式(8.1a)和式(8.1b)的麦克斯韦方程组在直角坐标系中展开为

$$\begin{aligned}
&\frac{\partial H_z}{\partial y}+\gamma H_y=\mathrm{j}\omega\varepsilon E_x && \frac{\partial H_z}{\partial y}+\gamma H_y=-\mathrm{j}\omega\mu H_x\\
&-\gamma H_x-\frac{\partial H_z}{\partial x}=\mathrm{j}\omega\varepsilon E_y && -\gamma E_x-\frac{\partial E_z}{\partial x}=-\mathrm{j}\omega\mu H_y\\
&\frac{\partial H_y}{\partial x}-\frac{\partial H_x}{\partial y}=\mathrm{j}\omega\varepsilon E_z && \frac{\partial E_y}{\partial x}-\frac{\partial E_x}{\partial y}=-\mathrm{j}\omega\mu H_z
\end{aligned} \tag{8.11}$$

由上面的方程组得

$$\left(\mathrm{j}\omega\varepsilon-\frac{\gamma^2}{\mathrm{j}\omega\mu}\right)E_x=\frac{\partial H_z}{\partial y}+\frac{\gamma}{\mathrm{j}\omega\mu}\cdot\frac{\partial E_z}{\partial x}$$

对于无耗波导 $\gamma=\mathrm{j}\beta$，则

$$E_x=-\frac{\mathrm{j}}{k_c^2}\left(\omega\mu\frac{\partial H_z}{\partial y}+\beta\frac{\partial E_z}{\partial x}\right) \tag{8.12a}$$

同理

$$E_y=\frac{\mathrm{j}}{k_c^2}\left(\omega\mu\frac{\partial H_z}{\partial x}-\beta\frac{\partial E_z}{\partial y}\right) \tag{8.12b}$$

$$H_x=\frac{\mathrm{j}}{k_c^2}\left(-\beta\frac{\partial H_z}{\partial x}+\omega\varepsilon\frac{\partial E_z}{\partial y}\right) \tag{8.12c}$$

$$H_y=-\frac{\mathrm{j}}{k_c^2}\left(\beta\frac{\partial H_z}{\partial y}+\omega\varepsilon\frac{\partial E_z}{\partial x}\right) \tag{8.12d}$$

通过以上分析可以得出以下结论。

(1) 在均匀波导中场的纵向分量满足式(8.10a)和式(8.10b),结合边界条件可求得纵向分量 $E_z(x,y,z)$ 和 $H_z(x,y,z)$,场的横向分量可由式(8.12)求出,即可用场的纵向分量表示场的横向分量。

(2) 既满足式(8.11)又满足边界条件的解有许多,每一个解对应一个波型,该波型也称为模式,不同的模式具有不同的传输特性。

(3) k_c 称为截止波数,当相移常数 $\beta=0$ 时,表示波导系统不再传播波,称为截止,这时 $k_c=k$。且 $\lambda_c=\dfrac{2\pi}{k_c}$,称为临界波长或截止波长。

为了书写简便,以后将 $E_{zt}(x,y)$ 写为 $E_z(x,y)$,其他分量类似。

8.1.2 导行波波型的分类

导行波波型是指能够在波导中单独存在的电磁场形式,也叫传输模式。由式(8.12)可以看出,导行波的横向分量只与纵向分量有关,因此可根据导行波中有无纵向分量对导行波的波型进行分类。

1. 横电磁波(即 TEM 波)

把 $E_z=0$ 和 $H_z=0$ 的波称为横电磁波。由式(8.12)可知,要使 $\boldsymbol{E}_t$ 和 $\boldsymbol{H}_t$ 不为零,必须使 $k_c=0$,即 $\gamma=\mathrm{j}\beta=\mathrm{j}k$。此时导行波的场可用二维静态场分析法求出,只有能够建立静态场的导波系统才能传输 TEM 波,TEM 波模式只能存在于多导体传输系统中。

2. 横电波(即 TE 波或磁波 H 波)

把 $E_z=0,H_z\neq0$ 的波称为横电波。它的所有场分量可由纵向磁场分量 H_z 求出,在边界上电场分量均为零,由式(8.12)可得 H_z 满足的边界条件为

$$\left.\frac{\partial H_z}{\partial n}\right|_S=0$$

式中,S 表示波导边界导体表面;$\boldsymbol{n}=n\boldsymbol{e}_n$ 为边界导体表面的法向矢量。

3. 横磁波(即 TM 波或电波 E 波)

把 $H_z=0,E_z\neq0$ 的波称为横磁波。它的所有场分量可由纵向电场分量 E_z 求出,在边界上电场分量均为零,E_z 满足的边界条件为

$$E_z\big|_S=0$$

例 8.1 为什么金属波导管中不能传输 TEM 波?

解:由于 TEM 波有 $E_z=0,H_z=0$,且 $\boldsymbol{E}_t$ 和 $\boldsymbol{H}_t$ 不为零,则 $k_c=0$。此时由式(8.7a)采用与讨论纵向电场 $E_z(x,y,z)$ 同样的方法,可推导出 $\nabla_t^2\boldsymbol{E}_t(x,y)=0$,即 $\boldsymbol{E}_t(x,y)$ 和静电场满足同样的二维拉普拉斯方程。对于同样的结构,它们具有相同的边界条件,也就具有相同的解。因此,TEM 波电场在横截面上的分布与二维静电场的分布是一样的。由此可见,只有能建立二维静电场的系统才能传输 TEM 波。

双导线、同轴线和带状线等多导体传输系统能够建立二维静电场,因此它们都能传输 TEM 波。而金属波导管实际上只是一个导体,其横截面上不可能存在静电场,所以金属波导管中不可能传输 TEM 波。

8.1.3 导行波的传输特性

1. 相移常数和截止波数的关系

在均匀媒质中，波数 $k=\omega\sqrt{\mu\varepsilon}$，与电磁波的频率成正比，相移常数 β 和 k 的关系为

$$\beta=\sqrt{k^2-k_c^2}=k\sqrt{1-k_c^2/k^2}=\frac{2\pi}{\lambda}\sqrt{1-\lambda^2/\lambda_c^2} \tag{8.13}$$

2. 相速与波导波长

电磁波在波导中传播，相速定义为等相位面沿传播方向的传播速度，用符号 v_p 表示，TE 波和 TM 波的相速为

$$v_p=\frac{\omega}{\beta}=\frac{\omega}{k}\frac{1}{\sqrt{1-k_c^2/k^2}}=\frac{c/\sqrt{\mu_r\varepsilon_r}}{\sqrt{1-k_c^2/k^2}}=\frac{v}{\sqrt{1-\lambda^2/\lambda_c^2}} \tag{8.14}$$

式中，c 为真空中的光速。对行波来说，$k>k_c$，故 $v_p>v=c/\sqrt{\mu_r\varepsilon_r}$，即在均匀波导中波的相速要比在无界空间中的速度快。

导行波的波长称为波导波长，用 λ_g 表示

$$\lambda_g=\frac{2\pi}{\beta}=\frac{2\pi}{k}\frac{1}{\sqrt{1-k_c^2/k^2}}=\frac{\lambda}{\sqrt{1-\lambda^2/\lambda_c^2}} \tag{8.15}$$

3. 群速与色散

群速是指许多具有相近的 ω 和 β 的波型在传输过程中的共同速度，在许多情况下，这种速度代表能量的传播速度，用符号 v_g 表示，其公式为

$$v_g=\frac{d\omega}{d\beta} \tag{8.16}$$

由式(8.13)可得群速 v_g 为

$$v_g=v\sqrt{1-\lambda^2/\lambda_c^2} \tag{8.17}$$

可见，$v_g<v$，并且

$$v_g\cdot v_p=v^2 \tag{8.18}$$

由 v_g 和 v_p 的表达式可见，TE、TM 波的相速和群速都随频率的变化而变化，这种现象称为色散，因此 TE、TM 波称为色散波。TEM 波的相速和群速相等，且与频率无关，因此 TEM 波称为非色散波。

4. 波阻抗

导波装置中，传输模式的横向电场与横向磁场之比称为导行波的波阻抗，即

$$Z=E_{t'}/H_t$$

式中，t' 垂直于 t；且 $\boldsymbol{E}\times\boldsymbol{H}$ 满足右手螺旋定律。由式(8.12)可得 TE、TM 波的波阻抗为

$$Z_{TE}=\frac{E_x}{H_y}=-\frac{E_y}{H_x}=\frac{\omega\mu}{\beta}=\frac{\eta}{\sqrt{1-\lambda^2/\lambda_c^2}} \tag{8.19}$$

$$Z_{TM}=\frac{E_x}{H_y}=-\frac{E_y}{H_x}=\frac{\beta}{\omega\varepsilon}=\eta\sqrt{1-\lambda^2/\lambda_c^2} \tag{8.20}$$

对于 TEM 波，有

$$Z_{\mathrm{TEM}} = \eta = 120\pi\sqrt{\frac{\mu_r}{\varepsilon_r}} \tag{8.21}$$

5. 传输功率

由坡印廷定理，波导中某个波型的传输功率为

$$\begin{aligned} P &= \frac{1}{2}\mathrm{Re}\int_S (\boldsymbol{E}\times\boldsymbol{H}^*)\cdot \mathrm{d}\boldsymbol{S} \\ &= \frac{1}{2}\mathrm{Re}\int_S (E_x H_y^* - E_y H_x^*)\boldsymbol{e}_z\cdot\boldsymbol{e}_z \mathrm{d}S \\ &= \frac{1}{2}\mathrm{Re}\int_S (\boldsymbol{E}_t\times\boldsymbol{H}_t^*)\cdot\boldsymbol{e}_z \mathrm{d}S \\ &= \frac{1}{2}\mathrm{Re}\int_S (E_x H_y^* - E_y H_x^*)\mathrm{d}S \\ &= \frac{1}{2}\mathrm{Re}\int_S \left(E_x\frac{E_x^*}{Z} - E_y\frac{-E_y^*}{Z}\right)\mathrm{d}S \\ &= \frac{1}{2Z}\mathrm{Re}\int_S (|E_x|^2+|E_y|^2)\mathrm{d}S \\ &= \frac{1}{2Z}\int_S |\boldsymbol{E}_t|^2\mathrm{d}S = \frac{Z}{2}\int_S |\boldsymbol{H}_t|^2\mathrm{d}S \end{aligned} \tag{8.22}$$

式中，Z 为该波型的波阻抗。

8.2 矩形波导

在讨论了导行波的一般传输规律后，首先关注目前应用最多的微波传输系统——矩形波导，矩形波导是由金属材料构成，横截面为矩形，内充空气的均匀金属波导。

设矩形波导的宽边尺寸为 a，窄边尺寸为 b，建立如图 8.3 所示的直角坐标。

8.2.1 矩形波导中的 TE 波

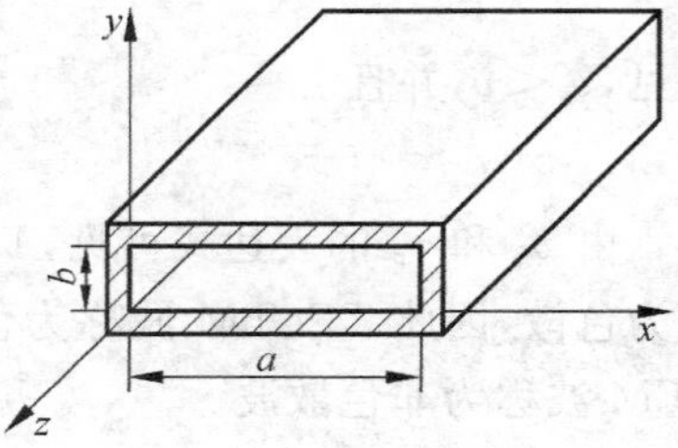

图 8.3 矩形波导及其坐标

由 TE 波的概念可知，$E_z=0$。由式(8.9b)知，$H_z=H_z(x,y)\mathrm{e}^{-\mathrm{j}\beta z}\neq 0$，再由式(8.10b)有

$$\nabla_t^2 H_z(x,y) + k_c^2 H_z(x,y) = 0$$

在直角坐标系中$\nabla_t^2=\frac{\partial^2}{\partial x^2}+\frac{\partial^2}{\partial y^2}$，代入上式有

$$\left(\frac{\partial^2}{\partial x^2}+\frac{\partial^2}{\partial y^2}\right)H_z(x,y) + k_c^2 H_z(x,y) = 0 \tag{8.23}$$

应用分离变量法，令

$$H_z(x,y) = X(x)Y(y)$$

代入式(8.23)，并除以 $X(x)Y(y)$ 得

$$-\frac{1}{X(x)}\cdot\frac{\mathrm{d}^2X(x)}{\mathrm{d}x^2} - \frac{1}{Y(y)}\cdot\frac{\mathrm{d}^2Y(y)}{\mathrm{d}y^2} = k_c^2$$

令

$$k_x^2 = -\frac{1}{X(x)} \cdot \frac{\mathrm{d}^2 X(x)}{\mathrm{d}x^2}, \quad k_y^2 = -\frac{1}{Y(y)} \cdot \frac{\mathrm{d}^2 Y(y)}{\mathrm{d}y^2}$$

则有

$$\frac{\mathrm{d}^2 X(x)}{\mathrm{d}x^2} + k_x^2 X(x) = 0, \quad \frac{\mathrm{d}^2 Y(y)}{\mathrm{d}y^2} + k_y^2 Y(y) = 0 \tag{8.24}$$

$$k_x^2 + k_y^2 = k_c^2$$

式(8.24)中两个方程为齐次方程,它的特征根为一对共轭复根,$X(x)$、$Y(y)$的解为

$$X(x) = A_1 \cos k_x x + A_2 \sin k_x x$$

$$Y(y) = B_1 \cos k_y y + B_2 \sin k_y y$$

$H_z(x,y)$的通解为

$$H_z(x,y) = (A_1 \cos k_x x + A_2 \sin k_x x)(B_1 \cos k_y y + B_2 \sin k_y y) \tag{8.25}$$

式中,A_1、A_2、B_1、B_2为待定常数,由边界条件决定。H_z满足的边界条件如下。

当 $x=0, x=a$ 时,$E_y=0$,即

$$\left.\frac{\partial H_z}{\partial x}\right|_{x=0} = \left.\frac{\partial H_z}{\partial x}\right|_{x=a} = 0 \tag{8.26}$$

当 $y=0, y=b$ 时,$E_x=0$,即

$$\left.\frac{\partial H_z}{\partial y}\right|_{y=0} = \left.\frac{\partial H_z}{\partial y}\right|_{y=b} = 0 \tag{8.27}$$

将式(8.25)代入式(8.26)和式(8.27),得

$$A_2 = 0 \quad k_x = \frac{m\pi}{a} \tag{8.28}$$

$$B_2 = 0 \quad k_y = \frac{n\pi}{b} \tag{8.29}$$

因此,矩形波导 TE 波的纵向磁场分量为

$$H_z = A_1 B_1 \cos\left(\frac{m\pi}{a}x\right)\cos\left(\frac{n\pi}{b}y\right)\mathrm{e}^{-\mathrm{j}\beta z} = H_{mn} \cos\left(\frac{m\pi}{a}x\right)\cos\left(\frac{n\pi}{b}y\right)\mathrm{e}^{-\mathrm{j}\beta z} \tag{8.30}$$

式中,H_{mn}为模式磁场振幅常数,m、$n=0,1,2,\cdots$。

对于不同的 m、n(代表不同的模式)有不同的 H_z。$H_z(x,y,z)$的通解为各个 m、n 的叠加,即

$$H_z = \sum_{m=0}^{\infty}\sum_{n=0}^{\infty} H_{mn} \cos\left(\frac{m\pi}{a}x\right)\cos\left(\frac{n\pi}{b}y\right)\mathrm{e}^{-\mathrm{j}\beta z} \tag{8.31}$$

将上式代入式(8.12),则 TE 波的其他场分量为

$$E_x = \sum_{m=0}^{\infty}\sum_{n=0}^{\infty} \frac{\mathrm{j}\omega\mu}{k_c^2} \cdot \frac{n\pi}{b} H_{mn} \cos\left(\frac{m\pi}{a}x\right)\sin\left(\frac{n\pi}{b}y\right)\mathrm{e}^{-\mathrm{j}\beta z} \tag{8.32a}$$

$$H_y = \sum_{m=0}^{\infty}\sum_{n=0}^{\infty} \frac{\mathrm{j}\beta}{k_c^2} \cdot \frac{n\pi}{b} H_{mn} \cos\left(\frac{m\pi}{a}x\right)\sin\left(\frac{n\pi}{b}y\right)\mathrm{e}^{-\mathrm{j}\beta z} \tag{8.32b}$$

$$E_y = \sum_{m=0}^{\infty}\sum_{n=0}^{\infty} \frac{-\mathrm{j}\omega\mu}{k_c^2} \cdot \frac{m\pi}{a} H_{mn} \sin\left(\frac{m\pi}{a}x\right)\cos\left(\frac{n\pi}{b}y\right)\mathrm{e}^{-\mathrm{j}\beta z} \tag{8.32c}$$

$$H_x = \sum_{m=0}^{\infty}\sum_{n=0}^{\infty} \frac{\mathrm{j}\beta}{k_c^2} \cdot \frac{m\pi}{a} H_{mn} \sin\left(\frac{m\pi}{a}x\right)\cos\left(\frac{n\pi}{b}y\right)\mathrm{e}^{-\mathrm{j}\beta z} \tag{8.32d}$$

$$E_z = 0 \tag{8.32e}$$

式中，$k_c=\sqrt{\left(\frac{m\pi}{a}\right)^2+\left(\frac{n\pi}{b}\right)^2}$，为矩形波导TE波的截止波数，它与波导尺寸、传输波型有关。m表示场沿波导a边有m个驻波分布，n表示场沿波导b边有n个驻波分布，不同的m、n对应不同的TE波，称为TE_{mn}模，其中m和n不能同时为零，否则场分量全部为零。因此矩形波导中能够存在TE_{0n}模和TE_{m0}模及TE_{mn}（$m\neq 0, n\neq 0$）模，TE_{10}模式是最低次模，k_c最小，其他均为高次模。

8.2.2 矩形波导中的TM波

由TM波的概念可知，$H_z=0$，由式(8.9b)知，$E_z=E_z(x,y)e^{-j\beta z}\neq 0$，再由式(8.10b)有

$$\nabla_t^2 E_z(x,y)+k_c^2 E_z(x,y)=0 \tag{8.33}$$

矩形波导TM波纵向电场分量$E_z(x,y)$的通解为

$$E_z(x,y)=(A_1\cos k_x x+A_2\sin k_x x)(B_1\cos k_y y+B_2\sin k_y y) \tag{8.34}$$

式中，A_1、A_2、B_1、B_2为待定常数，由边界条件决定。由于电力线垂直于理想导体表面，导体表面的切向电场为零，因此E_z满足的边界条件为

$$E_z\big|_S=0$$

即

$$E_z(0,y)=E_z(a,y)=0 \tag{8.35a}$$

$$E_z(x,0)=E_z(x,b)=0 \tag{8.35b}$$

TM波的纵向电场分量为

$$E_z=\sum_{m=1}^{\infty}\sum_{n=1}^{\infty}E_{mn}\sin\left(\frac{m\pi}{a}x\right)\sin\left(\frac{n\pi}{b}y\right)e^{-j\beta z} \tag{8.36}$$

将上式代入式(8.12)，则TM波的其他场分量为

$$E_x=\sum_{m=1}^{\infty}\sum_{n=1}^{\infty}\frac{-j\beta}{k_c^2}\cdot\frac{m\pi}{a}E_{mn}\cos\left(\frac{m\pi}{a}x\right)\sin\left(\frac{n\pi}{b}y\right)e^{-j\beta z} \tag{8.37a}$$

$$H_y=\sum_{m=1}^{\infty}\sum_{n=1}^{\infty}\frac{-j\omega\varepsilon}{k_c^2}\cdot\frac{m\pi}{a}E_{mn}\cos\left(\frac{m\pi}{a}x\right)\sin\left(\frac{n\pi}{b}y\right)e^{-j\beta z} \tag{8.37b}$$

$$E_y=\sum_{m=1}^{\infty}\sum_{n=1}^{\infty}\frac{-j\beta}{k_c^2}\cdot\frac{n\pi}{b}E_{mn}\sin\left(\frac{m\pi}{a}x\right)\cos\left(\frac{n\pi}{b}y\right)e^{-j\beta z} \tag{8.37c}$$

$$H_x=\sum_{m=1}^{\infty}\sum_{n=1}^{\infty}\frac{j\omega\varepsilon}{k_c^2}\cdot\frac{n\pi}{b}E_{mn}\sin\left(\frac{m\pi}{a}x\right)\cos\left(\frac{n\pi}{b}y\right)e^{-j\beta z} \tag{8.37d}$$

$$H_z=0 \tag{8.37e}$$

式中，$k_c=\sqrt{\left(\frac{m\pi}{a}\right)^2+\left(\frac{n\pi}{b}\right)^2}$，为矩形波导TM波的截止波数；$E_{mn}$为模式电场振幅常数。

如果m、n有一个为零，则$E_z=0$，所以$m\neq 0$，$n\neq 0$，TM_{11}模是矩形波导TM波的最低次模，其他均为高次模。矩形波导中存在许多模式的波，对一个具体波导，到底存在哪些模式或波型，要在工作频率下由波导尺寸和激励方式决定。

8.2.3 矩形波导的传输特性

矩形波导中TE_{mn}和TM_{mn}模的截止波数都为

$$k_{cmn} = \sqrt{\left(\frac{m\pi}{a}\right)^2 + \left(\frac{n\pi}{b}\right)^2} \tag{8.38}$$

相应的截止波长为

$$\lambda_{cTE_{mn}} = \lambda_{cTM_{mn}} = \frac{2\pi}{k_{cmn}} = \frac{2}{\sqrt{(m/a)^2 + (n/b)^2}} = \lambda_c \tag{8.39}$$

相移常数为

$$\beta = \frac{2\pi}{\lambda}\sqrt{1 - \left(\frac{\lambda}{\lambda_c}\right)^2} \tag{8.40}$$

式中，$\lambda = 2\pi/k$，是无限介质中电磁波的波长。

当 $\lambda < \lambda_c$ 时，$\beta > 0$，此模式能在波导中传输，故称为传导模；当 $\lambda > \lambda_c$ 时，β 为虚数，此模不能在波导中传输，称为截止模。对相同的 m 和 n，TE_{mn} 模和 TM_{mn} 模的截止波长相同，称为简并模，简并模具有相同的传输特性。图 8.4 所示为标准波导 BJ-100 各模式截止波长分布图。

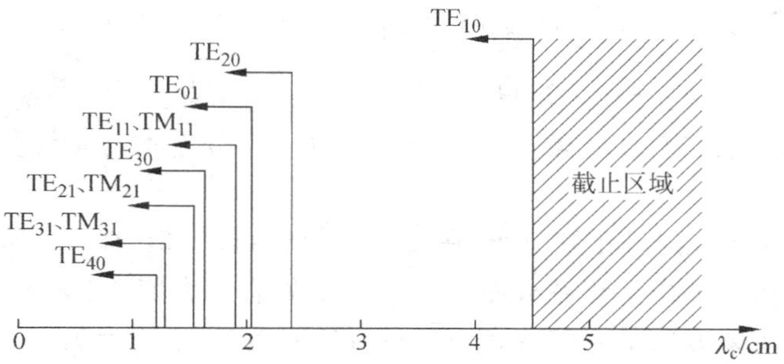

图 8.4　矩形波导 BJ-100 中截止波长分布图

例 8.2　矩形波导的尺寸为 $a = 8$cm，$b = 4$cm，将自由空间波长为 7cm、15cm、20cm 的信号接入此波导，问能否传输？能出现哪些模式。

第 8 章第 2 讲

解：首先计算截止波长，根据式(8.39)得

$$\lambda_{c\,TE_{10}} = 2a = 16\text{cm}$$

$$\lambda_{c\,TE_{01}} = 2b = 8\text{cm}, \quad \lambda_{c\,TE_{20}} = a = 8\text{cm}$$

$$\lambda_{c\,TE_{11}} = \lambda_{c\,TM_{11}} = \frac{2ab}{\sqrt{a^2 + b^2}} = 7.15\text{cm}$$

当 a 和 b 不变时，随着 m、n 的增加，截止波长变小，因此无须计算其他高次模的截止波长。由于只有当波长小于截止波长时的波才能在波导中传输，所以波长为 20cm 的波不能在该波导中传输。可以传输波长为 15cm 的信号，传输模式为 TE_{10} 波；也能传输波长为 7cm 的信号，会出现 TE_{10} 模、TE_{01} 模、TE_{20} 模、TE_{11} 模和 TM_{11} 模。

8.2.4　矩形波导中的 TE_{10} 模

波导中截止波长最长的导行模称为该波导的主模，矩形波导的主模为 TE_{10} 模，也称为 H_{10} 模。TE_{10} 模的优点是场结构简单、稳定、频带宽和损耗小，而且可以实现单模传输。

1. TE_{10} 模的场分布

将 $m=1$，$n=0$ 代入式(8.39)得 $k_c = \pi/a$，并代入式(8.31)和式(8.32)，可得 TE_{10} 模各

场分量为

$$H_z = H_{10}\cos\left(\frac{\pi}{a}x\right)\mathrm{e}^{-\mathrm{j}\beta z} \tag{8.41a}$$

$$E_y = -\mathrm{j}\,\frac{\omega\mu a}{\pi}H_{10}\sin\left(\frac{\pi}{a}x\right)\mathrm{e}^{-\mathrm{j}\beta z} \tag{8.41b}$$

$$H_x = \mathrm{j}\,\frac{\beta a}{\pi}H_{10}\sin\left(\frac{\pi}{a}x\right)\mathrm{e}^{-\mathrm{j}\beta z} \tag{8.41c}$$

$$E_z = E_x = H_y = 0 \tag{8.41d}$$

TE_{10}模各场分量的瞬时值表达式为

$$H_z = H_{10}\cos\left(\frac{\pi}{a}x\right)\cos(\omega t - \beta z) \tag{8.42a}$$

$$E_y = \frac{\omega\mu a}{\pi}H_{10}\sin\left(\frac{\pi}{a}x\right)\cos\left(\omega t - \beta z - \frac{\pi}{2}\right) \tag{8.42b}$$

$$H_x = \frac{\beta a}{\pi}H_{10}\sin\left(\frac{\pi}{a}x\right)\cos\left(\omega t - \beta z + \frac{\pi}{2}\right) \tag{8.42c}$$

$$E_z = E_x = H_y = 0 \tag{8.42d}$$

由此可见，TE_{10}模只有 H_z、E_y、H_x 3 个分量，这 3 个分量均与 y 无关，各分量沿 y 轴均匀分布。

电场 E_y 分量沿 x 方向呈正弦分布，在 $x=a/2$ 处有最大值，在 $x=0$，$x=a$ 处为零。

磁场 H_x 分量在 x 方向呈正弦分布，在 $x=a/2$ 处有最大值，在 $x=0$，$x=a$ 处为零。

磁场 H_z 分量在 x 方向呈余弦分布，在 $x=a/2$ 处为零，在 $x=0$，$x=a$ 处有最大值。

H_x 和 H_z 这两个分量形成与波导宽边平行的闭合磁力线。TE_{10}模的电场分布如图 8.5 所示，磁场分布如图 8.6 所示，完整的电磁场结构如图 8.7 所示。

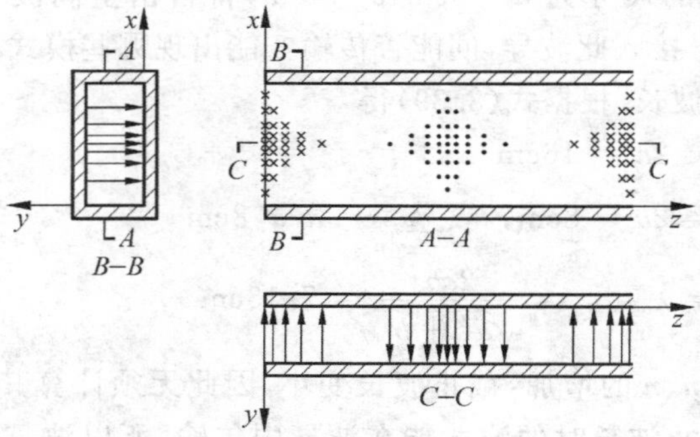

图 8.5 TE_{10}模的电场分布图

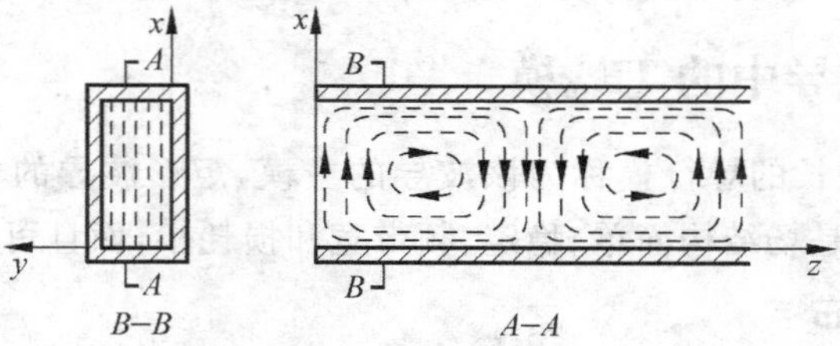

图 8.6 TE_{10}模的磁场分布图

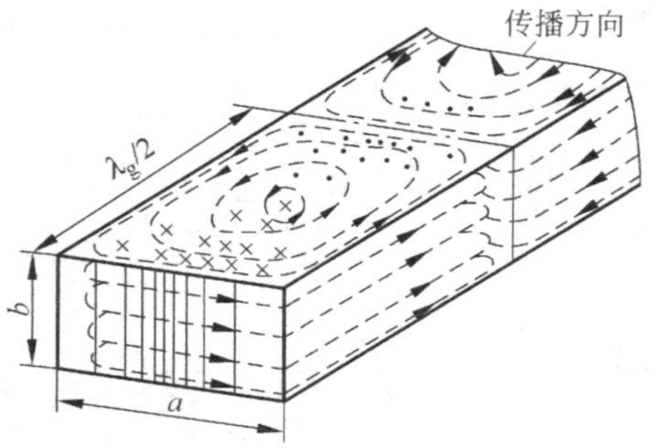

图 8.7　TE_{10}模的电磁场立体图

2. TE_{10}模在矩形波导壁上电荷与电流的分布情况

设 ρ_S 为波导内壁表面电荷密度，则由边界条件可知，在矩形波导的内壁顶面上 $\rho_S=\varepsilon E_y$，内壁底面上 $\rho_S=-\varepsilon E_y$，在内壁两侧面上因为电场为零，所以 $\rho_S=0$。

$\boldsymbol{J}_S$ 为波导内壁表面线电流密度，由边界条件可知

$$\boldsymbol{J}_S=\boldsymbol{e}_n\times\boldsymbol{H}_{\tan}$$

式中，$\boldsymbol{e}_n$ 为波导内壁的单位法线矢量；$\boldsymbol{H}_{\tan}$为磁场的切向分量。从而可求得波导内壁表面线电流密度。

在波导内壁底面($y=0,\boldsymbol{e}_n=\boldsymbol{e}_y$)和顶面($y=b,\boldsymbol{e}_n=-\boldsymbol{e}_y$)，则有

$$\begin{aligned}\boldsymbol{J}_S\big|_{y=0}&=\boldsymbol{e}_y\times(H_x\boldsymbol{e}_x+H_z\boldsymbol{e}_z)=H_z\boldsymbol{e}_x-H_x\boldsymbol{e}_z\\&=\left[H_{10}\cos\left(\frac{\pi}{a}x\right)\boldsymbol{e}_x-\mathrm{j}\frac{\beta a}{\pi}H_{10}\sin\left(\frac{\pi}{a}x\right)\boldsymbol{e}_z\right]\mathrm{e}^{-\mathrm{j}\beta z}\end{aligned}\tag{8.43a}$$

及

$$\begin{aligned}\boldsymbol{J}_S\big|_{y=b}&=-\boldsymbol{e}_y\times(H_x\boldsymbol{e}_x+H_z\boldsymbol{e}_z)=-H_z\boldsymbol{e}_x+H_x\boldsymbol{e}_z\\&=\left[-H_{10}\cos\left(\frac{\pi}{a}x\right)\boldsymbol{e}_x+\mathrm{j}\frac{\beta a}{\pi}H_{10}\sin\left(\frac{\pi}{a}x\right)\boldsymbol{e}_z\right]\mathrm{e}^{-\mathrm{j}\beta z}\end{aligned}\tag{8.43b}$$

在波导内壁左侧面($x=0,\boldsymbol{e}_n=\boldsymbol{e}_x$)和右侧面($x=a,\boldsymbol{e}_n=-\boldsymbol{e}_x$)，则有

$$\boldsymbol{J}_S\big|_{x=0}=\boldsymbol{e}_x\times(H_z\boldsymbol{e}_z)=-(H_z\big|_{x=0})\boldsymbol{e}_y=-H_{10}\mathrm{e}^{-\mathrm{j}\beta z}\boldsymbol{e}_y\tag{8.43c}$$

及

$$\boldsymbol{J}_S\big|_{x=a}=-\boldsymbol{e}_x\times(H_z\boldsymbol{e}_z)=(H_z\big|_{x=a})\boldsymbol{e}_y=-H_{10}\mathrm{e}^{-\mathrm{j}\beta z}\boldsymbol{e}_y\tag{8.43d}$$

图 8.8 给出了传输 TE_{10}波时波导壁面上的电流分布。

3. TE_{10}模的传输特性

(1) 截止波长与相移常数

TE_{10}模的截止波数为 $k_c=\pi/a$，截止波长为

$$\lambda_{c\,TE_{10}}=\frac{2\pi}{k_c}=2a$$

相移常数为

$$\beta=\frac{2\pi}{\lambda}\sqrt{1-\left(\frac{\lambda}{2a}\right)^2}$$

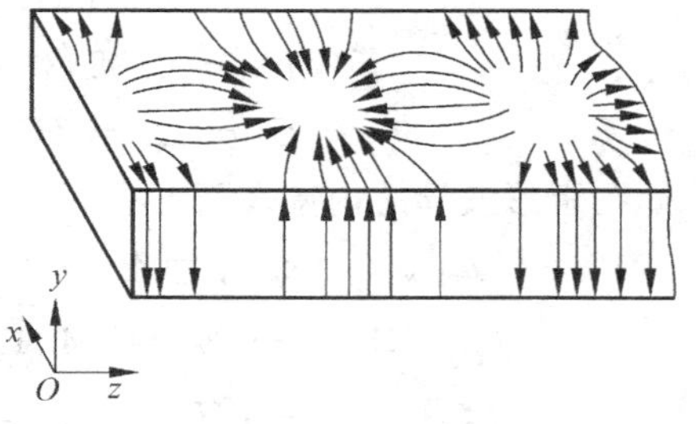

图 8.8　矩形波导 TE_{10}的壁电流分布图

(2) 波导波长与波阻抗

TE_{10}模的波导波长为

$$\lambda_g = \frac{2\pi}{\beta} = \frac{\lambda}{\sqrt{1-\left(\frac{\lambda}{2a}\right)^2}} \tag{8.44}$$

TE_{10}模的波阻抗为

$$Z_{TE_{10}} = \eta \frac{1}{\sqrt{1-\left(\frac{\lambda}{2a}\right)^2}} \tag{8.45}$$

(3) 相速与群速

TE_{10}模的相速 v_p 与群速 v_g 分别为

$$v_p = \frac{\omega}{\beta} = \frac{v}{\sqrt{1-\left(\frac{\lambda}{2a}\right)^2}} \tag{8.46a}$$

$$v_g = \frac{d\omega}{d\beta} = v\sqrt{1-\left(\frac{\lambda}{2a}\right)^2} \tag{8.46b}$$

式中,v 为自由空间的光速。

例 8.3 矩形波导的尺寸为 $a=2$cm,$b=1$cm,波导由理想导体构成。试写出传输频率为 10^{10} Hz 的电磁波表达式,并求波导壁的面电荷密度 ρ_S 及表面线电流密度 $\boldsymbol{J}_S$。

解:因为 $\lambda=\frac{c}{f}=\frac{3\times10^8}{10^{10}}=3(\text{cm})$,且 $\lambda_{c\,TE_{10}}=2a=4\text{cm}$,$\lambda_{c\,TE_{01}}=2b=2\text{cm}$,所以只有 TE_{10} 波能在该波导中传输。

TE_{10} 波的角频率为

$$\omega = 2\pi f = 2\pi\times10^{10}\ \text{rad/s}$$

截止波数为

$$k_c = \frac{\pi}{a} = 50\pi$$

相移常数为

$$\beta = \sqrt{k^2-k_c^2} = \sqrt{\omega^2\mu_0\varepsilon_0-\left(\frac{\pi}{a}\right)^2} = 138.75$$

根据式(8.42),各场分量的表达式分别为

$$H_z = H_{10}\cos(50\pi x)\cos(\omega t-138.75z)$$
$$E_y = 502.65H_{10}\sin(50\pi x)\sin(\omega t-138.75z)$$
$$H_x = 0.8833H_{10}\sin(50\pi x)\cos(\omega t-138.75z)$$
$$E_z = E_x = H_y = 0$$

在矩形波导的内壁表面上有

$$\rho_S\big|_{y=b} = \varepsilon_0 E_y = 4.45\times10^{-9}H_{10}\sin(50\pi x)\sin(\omega t-138.75z)$$

$$\rho_S\big|_{y=0} = -\varepsilon_0 E_y = -4.45\times10^{-9}H_{10}\sin(50\pi x)\sin(\omega t-138.75z)$$

$$\boldsymbol{J}_S\big|_{x=0} = -(H_z\big|_{x=0})\boldsymbol{e}_y = -H_{10}\cos(\omega t-138.75z)\boldsymbol{e}_y$$

$$\boldsymbol{J}_S\big|_{x=a} = (H_z\big|_{x=a})\boldsymbol{e}_y = -H_{10}\cos(\omega t-138.75z)\boldsymbol{e}_y$$

$$\begin{aligned} \boldsymbol{J}_S\big|_{y=0} &= H_z \boldsymbol{e}_x - H_x \boldsymbol{e}_z \\ &= H_{10}\cos(50\pi x)\cos(\omega t - 138.75z)\boldsymbol{e}_x - 0.8833H_{10}\sin(50\pi x)\cos(\omega t - 138.75z)\boldsymbol{e}_z \end{aligned}$$

$$\begin{aligned} \boldsymbol{J}_S\big|_{y=b} &= - H_z \boldsymbol{e}_x + H_x \boldsymbol{e}_z \\ &= - H_{10}\cos(50\pi x)\cos(\omega t - 138.75z)\boldsymbol{e}_x + 0.8833H_{10}\sin(50\pi x)\cos(\omega t - 138.75z)\boldsymbol{e}_z \end{aligned}$$

例 8.4　矩形波导内填充 $\varepsilon_r=4$ 的介质，若信号频率为 10GHz。试确定波导尺寸及单模工作频段。

解：自由空间中的波长为

$$\lambda_0 = \frac{c}{f} = 30\text{mm}$$

介质中的波长为

$$\lambda = \frac{\lambda_0}{\sqrt{\varepsilon_r}} = \frac{30}{2} = 15 \quad (\text{mm})$$

单模工作条件为

$$\lambda < \lambda_{c\,TE_{10}} = 2a \quad 即 \quad a > \frac{\lambda}{2} = 7.5\text{mm}$$

$$\lambda > \lambda_{c\,TE_{20}} = a \quad 即 \quad a < \lambda = 15\text{mm}$$

$$\lambda > \lambda_{c\,TE_{01}} = 2b \quad 即 \quad b < \frac{\lambda}{2} = 7.5\text{mm}$$

所以

$$7.5\text{mm} < a < 15\text{mm}, \quad b < 7.5\text{mm}$$

取 $a=12\text{mm}$，$b=5\text{mm}$，则

$$\lambda_{c\,TE_{10}} = 2a = 24\text{mm}, \quad \lambda_{c\,TE_{20}} = a = 12\text{mm}$$

$$\lambda_{c\,TE_{01}} = 2b = 10\text{mm}, \quad \lambda_{c\,TE_{11}} = \frac{2ab}{\sqrt{a^2+b^2}} = 9.23\text{mm}$$

$$f_{c\,TE_{10}} = \frac{c/\sqrt{\varepsilon_r}}{\lambda_{c\,TE_{10}}} = \frac{c}{4a} = 6.25\text{GHz}$$

$$f_{c\,TE_{20}} = \frac{c}{2a} = 12.5\text{GHz}$$

即单模工作频段为

$$6.25\text{GHz} < f < 12.5\text{GHz}$$

8.3　圆柱形波导

圆柱形波导也称为圆形波导，它是横截面为圆形的空心金属波导管。圆形波导具有加工方便、损耗低等优点，主要应用于远距离通信、双极化馈线及微波圆形谐振器等，是一种较为常用的规则金属波导。设圆形波导的内半径为 a，并建立如图 8.9 所示的圆柱坐标。

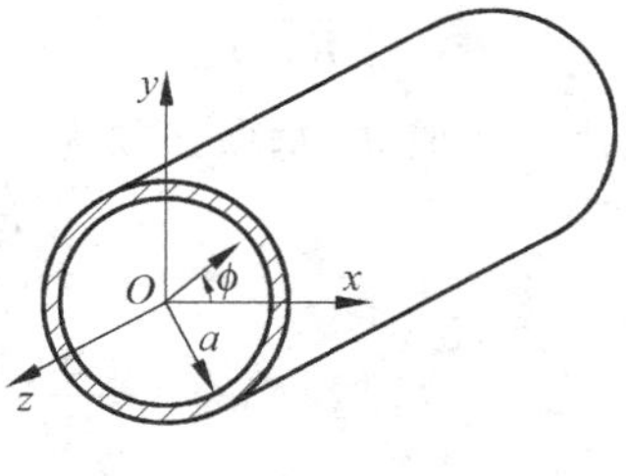

图 8.9　圆形波导及其坐标

求圆柱形波导场分量的方法与求矩形波导场分量的方法完全一样，从麦克斯韦方程式(8.1)出发，采用圆柱坐标时

有以下方程：

$$\left.\begin{aligned}
&\frac{1}{r}\cdot\frac{\partial H_z}{\partial \phi}-\frac{\partial H_\phi}{\partial z}=\mathrm{j}\omega\varepsilon E_r\\
&\frac{\partial H_r}{\partial z}-\frac{\partial H_z}{\partial r}=\mathrm{j}\omega\varepsilon E_\phi\\
&\frac{1}{r}\cdot\frac{\partial}{\partial r}(rH_\phi)-\frac{1}{r}\cdot\frac{\partial H_r}{\partial \phi}=\mathrm{j}\omega\varepsilon E_z\\
&\frac{1}{r}\cdot\frac{\partial E_z}{\partial \phi}-\frac{\partial E_\phi}{\partial z}=-\mathrm{j}\omega\mu H_r\\
&\frac{\partial E_r}{\partial z}-\frac{\partial E_z}{\partial r}=-\mathrm{j}\omega\mu H_\phi\\
&\frac{1}{r}\cdot\frac{\partial}{\partial r}(rH_\phi)-\frac{1}{r}\cdot\frac{\partial E_r}{\partial \phi}=-\mathrm{j}\omega\mu H_z
\end{aligned}\right\}\tag{8.47}$$

用 E_z 和 H_z 表示其他场分量，即

$$\left.\begin{aligned}
E_r&=-\frac{1}{k_c^2}\left(\gamma\frac{\partial E_z}{\partial r}+\mathrm{j}\frac{\omega\mu}{r}\cdot\frac{\partial H_z}{\partial \phi}\right)\\
E_\phi&=\frac{1}{k_c^2}\left(-\frac{\gamma}{r}\cdot\frac{\partial E_z}{\partial \phi}+\mathrm{j}\omega\mu\frac{\partial H_z}{\partial r}\right)\\
H_r&=\frac{1}{k_c^2}\left(\mathrm{j}\frac{\omega\varepsilon}{r}\cdot\frac{\partial E_z}{\partial \phi}-\gamma\frac{\partial H_z}{\partial r}\right)\\
H_\phi&=-\frac{1}{k_c^2}\left(\mathrm{j}\omega\varepsilon\frac{\partial E_z}{\partial r}+\frac{\gamma}{r}\cdot\frac{\partial H_z}{\partial \phi}\right)
\end{aligned}\right\}\tag{8.48}$$

式中，$k_c^2=k^2+\gamma^2$。

圆形波导也只能传输 TE 模和 TM 模。下面分别讨论这两种情况下的场分布。

8.3.1 圆形波导中的 TE 波

对于 TE 波，$E_z=0$，设 $H_z(r,\phi,z)=H_z(r,\phi)\mathrm{e}^{-\mathrm{j}\beta z}\neq 0$，且满足式(8.10b)，即

$$\nabla_t^2 H_z(r,\phi)+k_c^2 H_z(r,\phi)=0$$

式中，$k_c^2=k^2+\gamma^2$。在圆柱坐标中，$\nabla_t^2=\frac{\partial^2}{\partial r^2}+\frac{1}{r}\cdot\frac{\partial}{\partial r}+\frac{1}{r^2}\cdot\frac{\partial^2}{\partial \phi^2}$，于是上式写为

$$\left(\frac{\partial^2}{\partial r^2}+\frac{1}{r}\cdot\frac{\partial}{\partial r}+\frac{1}{r^2}\cdot\frac{\partial^2}{\partial \phi^2}\right)H_z(r,\phi)+k_c^2 H_z(r,\phi)=0\tag{8.49}$$

应用分离变量法，令 $H_z(r,\phi)=R(r)\Phi(\phi)$ 代入上式并除以 $R(r)\Phi(\phi)$ 得

$$\frac{1}{R(r)}\left[r^2\frac{\mathrm{d}^2R(r)}{\mathrm{d}r^2}+r\frac{\mathrm{d}R(r)}{\mathrm{d}r}+r^2k_c^2R(r)\right]+\frac{1}{\Phi(\phi)}\cdot\frac{\mathrm{d}^2\Phi(\phi)}{\mathrm{d}\phi^2}=0\tag{8.50}$$

欲使上式成立，每项必须为常数，设该常数为 m^2，则有

$$r^2\frac{\mathrm{d}^2R(r)}{\mathrm{d}r^2}+r\frac{\mathrm{d}R(r)}{\mathrm{d}r}+(r^2k_c^2-m^2)R(r)=0\tag{8.51}$$

$$\frac{\mathrm{d}^2\Phi(\phi)}{\mathrm{d}\phi^2}+m^2\Phi(\phi)=0\tag{8.52}$$

式(8.51)的通解为

$$R(r) = A_1 J_m(k_c r) + A_2 N_m(k_c r) \tag{8.53}$$

式中，$J_m(x)$、$N_m(x)$分别为第一类、第二类 m 阶贝塞尔函数，图 8.10 和图 8.11 分别给出了与其相应的函数曲线。

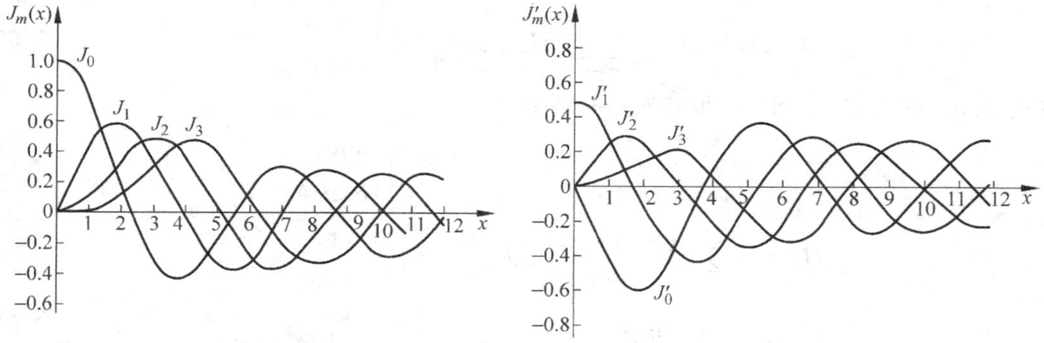

(a) (b)

图 8.10 第一类贝塞尔函数及其导数曲线

(a) 第一类贝塞尔函数 $J_m(x)$的曲线；(b) 第一类贝塞尔函数一阶导数 $J'_m(x)$的曲线

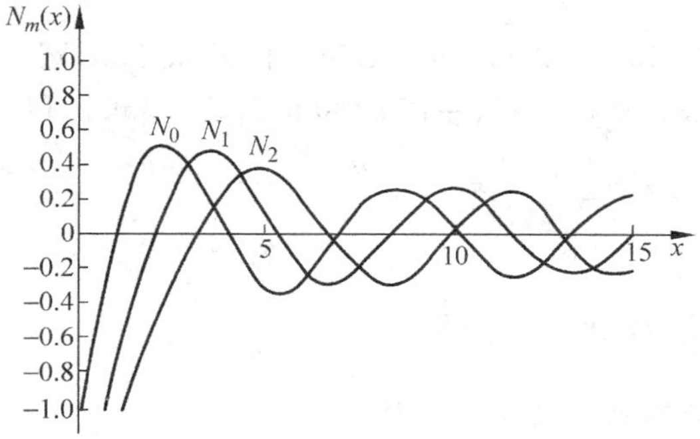

图 8.11 第二类 m 阶贝塞尔函数 $N_m(x)$的曲线

式(8.52)的通解为

$$\Phi(\phi) = B_1 \cos m\phi + B_2 \sin m\phi = B \begin{pmatrix} \cos m\phi \\ \sin m\phi \end{pmatrix} \tag{8.54}$$

由于 $r \to 0$ 时，$N_m(k_c r) \to -\infty$，故式(8.53)中的 $A_2 = 0$，则

$$H_z(r,\phi) = A_1 B J_m(k_c r) \begin{pmatrix} \cos m\phi \\ \sin m\phi \end{pmatrix} \tag{8.55}$$

当 $r=a$ 时，$E_\phi=0$，又由于 $E_z=0$，根据式(8.48)，相应的边界条件可写为

$$\left.\frac{\partial H_z}{\partial r}\right|_{r=a} = 0$$

由式(8.55)可得

$$J'_m(k_c a) = 0$$

m 阶贝塞尔函数的一阶导数为 $J'_m(x)$，它的第 n 个根为 μ_{mn}，n 不为零，则

$$k_c a = \mu_{mn} \quad (n = 1, 2, \cdots)$$

TE 波的纵向场分量为

$$H_z(r,\phi,z) = A_1 B J_m\left(\frac{\mu_{mn}}{a}r\right)\begin{Bmatrix}\cos m\phi \\ \sin m\phi\end{Bmatrix} e^{-j\beta z} \tag{8.56}$$

式中，$m=0,1,2,\cdots$；$n=1,2,\cdots$。令 $H_{mn}=A_1 B$，则 $H_z(r,\phi,z)$的通解为

$$H_z(r,\phi,z) = \sum_{m=0}^{\infty}\sum_{n=1}^{\infty} H_{mn} J_m\left(\frac{\mu_{mn}}{a}r\right)\begin{Bmatrix}\cos m\phi \\ \sin m\phi\end{Bmatrix} e^{-j\beta z} \tag{8.57}$$

将式(8.57)代入式(8.48)，可得其他场分量为

$$\left.\begin{aligned}
E_r &= \pm\sum_{m=0}^{\infty}\sum_{n=1}^{\infty} \frac{j\omega\mu m a^2}{\mu_{mn}^2 r} H_{mn} J_m\left(\frac{\mu_{mn}}{a}r\right)\begin{Bmatrix}\sin m\phi \\ \cos m\phi\end{Bmatrix} e^{-j\beta z} \\
H_\phi &= \pm\sum_{m=0}^{\infty}\sum_{n=1}^{\infty} \frac{j\beta m a^2}{\mu_{mn}^2 r} H_{mn} J_m\left(\frac{\mu_{mn}}{a}r\right)\begin{Bmatrix}\sin m\phi \\ \cos m\phi\end{Bmatrix} e^{-j\beta z} \\
E_\phi &= \sum_{m=0}^{\infty}\sum_{n=1}^{\infty} \frac{j\omega\mu a}{\mu_{mn}} H_{mn} J'_m\left(\frac{\mu_{mn}}{a}r\right)\begin{Bmatrix}\cos m\phi \\ \sin m\phi\end{Bmatrix} e^{-j\beta z} \\
H_r &= \sum_{m=0}^{\infty}\sum_{n=1}^{\infty} \frac{-j\beta a}{\mu_{mn}} H_{mn} J'_m\left(\frac{\mu_{mn}}{a}r\right)\begin{Bmatrix}\cos m\phi \\ \sin m\phi\end{Bmatrix} e^{-j\beta z} \\
E_z &= 0
\end{aligned}\right\} \tag{8.58}$$

式中，正负号分别对应于 $\sin m\phi$ 和 $\cos m\phi$。对于不同的 m 和 n，圆形波导中也存在无穷多种模式，记作 TE_{mn}，TE_{m0} 模式不存在，只存在 $n\neq 0$ 的 TE_{mn} 模式。TE 波的波阻抗为

$$Z_{TE_{mn}} = \frac{E_r}{H_\phi} = \frac{\omega\mu}{\beta_{TE_{mn}}} = \frac{\omega\mu}{\sqrt{k^2-\left(\frac{\mu_{mn}}{a}\right)^2}} \tag{8.59}$$

8.3.2 圆形波导中的 TM 波

同样，可求得 TM 波的纵向电场分量为

$$E_z(r,\phi,z) = \sum_{m=0}^{\infty}\sum_{n=1}^{\infty} E_{mn} J_m\left(\frac{v_{mn}}{a}r\right)\begin{Bmatrix}\cos m\phi \\ \sin m\phi\end{Bmatrix} e^{-j\beta z} \tag{8.60}$$

式中，v_{mn}是 m 阶贝塞尔函数 $J_m(x)$的第 n 个根，且

$$k_{c\,TM_{mn}} = \frac{v_{mn}}{a}$$

TM 波的其他场分量为

$$\left.\begin{aligned}
E_r &= \sum_{m=0}^{\infty}\sum_{n=1}^{\infty} \frac{-j\beta a}{v_{mn}} E_{mn} J'_m\left(\frac{v_{mn}}{a}r\right)\begin{Bmatrix}\cos m\phi \\ \sin m\phi\end{Bmatrix} e^{-j\beta z} \\
H_\phi &= \sum_{m=0}^{\infty}\sum_{n=1}^{\infty} \frac{-j\omega\varepsilon a}{v_{mn}} E_{mn} J'_m\left(\frac{v_{mn}}{a}r\right)\begin{Bmatrix}\cos m\phi \\ \sin m\phi\end{Bmatrix} e^{-j\beta z} \\
E_\phi &= \pm\sum_{m=0}^{\infty}\sum_{n=1}^{\infty} \frac{j\beta m a^2}{v_{mn}^2 r} E_{mn} J_m\left(\frac{v_{mn}}{a}r\right)\begin{Bmatrix}\sin m\phi \\ \cos m\phi\end{Bmatrix} e^{-j\beta z} \\
H_r &= \mp\sum_{m=0}^{\infty}\sum_{n=1}^{\infty} \frac{j\omega\varepsilon m a^2}{v_{mn}^2 r} E_{mn} J_m\left(\frac{v_{mn}}{a}r\right)\begin{Bmatrix}\sin m\phi \\ \cos m\phi\end{Bmatrix} e^{-j\beta z} \\
H_z &= 0
\end{aligned}\right\} \tag{8.61}$$

同样,对于不同的 m 和 n,圆形波导中也存在无穷多种 TM 模式,记作 TM_{mn},TM_{m0} 模式不存在,只存在 $n\neq0$ 的 TM_{mn} 模式。TM 波的波阻抗为

$$Z_{TM_{mn}}=\frac{E_r}{H_\phi}=\frac{\beta_{TM_{mn}}}{\omega\varepsilon}=\frac{\sqrt{k^2-\left(\frac{v_{mn}}{a}\right)^2}}{\omega\varepsilon}\tag{8.62}$$

8.3.3 圆形波导的传输特性

1. 截止波长

圆形波导中 TE_{mn}、TM_{mn} 的截止波数分别为

$$k_{c\,TE_{mn}}=\frac{\mu_{mn}}{a}\tag{8.63}$$

$$k_{c\,TM_{mn}}=\frac{v_{mn}}{a}\tag{8.64}$$

各模式的截止波长分别为

$$\lambda_{c\,TE_{mn}}=\frac{2\pi}{k_{c\,TE_{mn}}}=\frac{2\pi a}{\mu_{mn}}\tag{8.65}$$

$$\lambda_{c\,TM_{mn}}=\frac{2\pi}{k_{c\,TM_{mn}}}=\frac{2\pi a}{v_{mn}}\tag{8.66}$$

$$\lambda_{c\,TE_{11}}=3.4126a,\quad \lambda_{c\,TM_{01}}=2.6127a,\quad \lambda_{c\,TE_{21}}=2.06a$$

因此各模式的截止波长只与半径 a 有关,圆形波导中各模式截止波长的分布图对任意半径的圆形波导,其排列顺序不变,这一点与矩形波导不同。各模式截止波长的分布如图 8.12 所示。

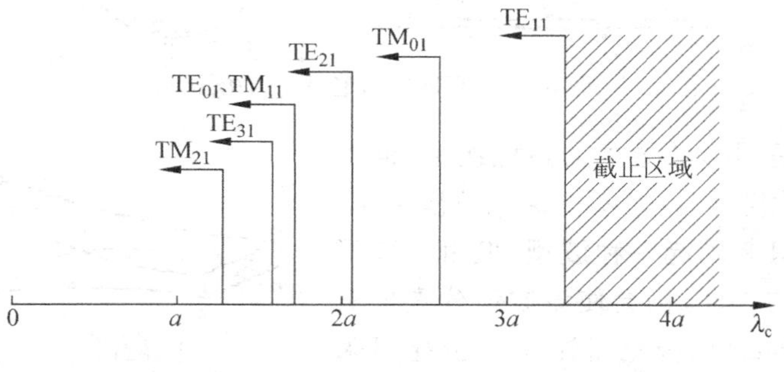

图 8.12　圆形波导中各模式的截止波长分布图

由图 8.12 可见,圆形波导中截止波长最长的波型是 TE_{11} 波,TE_{11} 波是最低波型,其单模工作区为

$$2.6127a<\lambda<3.4126a$$

其次为 TM_{01} 模,接下来是 TE_{21} 模。

2. 简并模

圆形波导中有两种简并模,一种是 E-H 简并,另一种是极化简并。

(1) E-H 简并

把截止波长相同的 E 波(TM 波)和 H 波(TE 波)称为 E-H 简并。由于 $J_0'(x)=-J_1(x)$,一阶贝塞尔函数的根和零阶贝塞尔函数导数的根相等,$\mu_{0n}=v_{1n}$,因此 $\lambda_{c\,TE_{0n}}=\lambda_{c\,TM_{1n}}$,$TE_{0n}$ 模

和 TM_{1n}模形成了 E-H 简并。

(2) 极化简并

对同一 m、n 值，场分量沿 ϕ 方向分布存在着 $\sin m\phi$ 和 $\cos m\phi$ 两种可能。场沿 ϕ 方向可以存在两个独立、线性无关的成分，其截止波长相同，只是极化面相互旋转了90°，这种简并称为极化简并。正因为有极化简并现象，圆形波导可构成极化分离器、极化衰减器。

8.3.4 圆形波导中的几个主要波型

圆形波导中应用较多的是TE_{11}、TE_{01}和TM_{01}这 3 种波型，下面分别介绍。

1. TE_{11} 波型

已知，TE_{11}是圆形波导中最低次模，$\lambda_c=3.4126a$。在式(8.57)和式(8.58)中，令 $m=1$，$n=1$，就得到TE_{11} 波的所有场分量，它有 H_z、H_r、H_ϕ、E_r、E_ϕ 共 5 个分量，其场结构如图 8.13 所示。由图可见，TE_{11}波的场结构与矩形波导中的TE_{10}波相似，利用这一特点可构成方圆波导波型变换器，如图 8.14 所示。

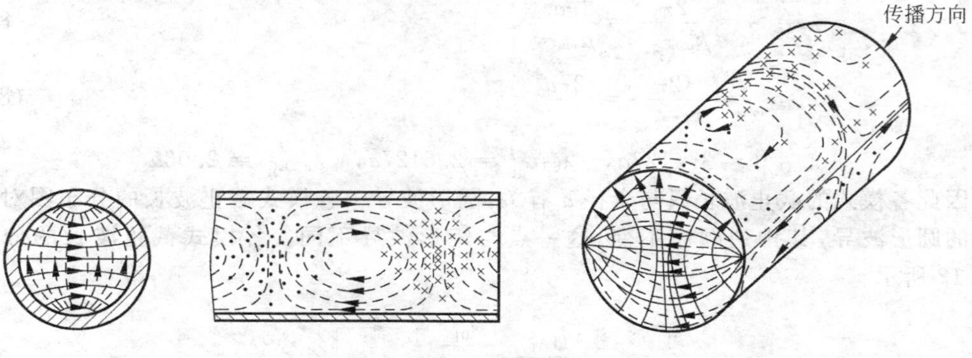

图 8.13 TE_{11}模的电磁场结构图

虽然TE_{11}波是圆形波导中的最低次模，但由于场结构存在极化简并，因而不能保证单模工作。即使圆形波导中只激励起一种波型，但由于圆形波导中难免的不均匀性，仍会使该波型分裂成极化简并波，致使TE_{11}波的极化面旋转，因此宁可采用矩形波导而不采用容易加工的圆形波导。

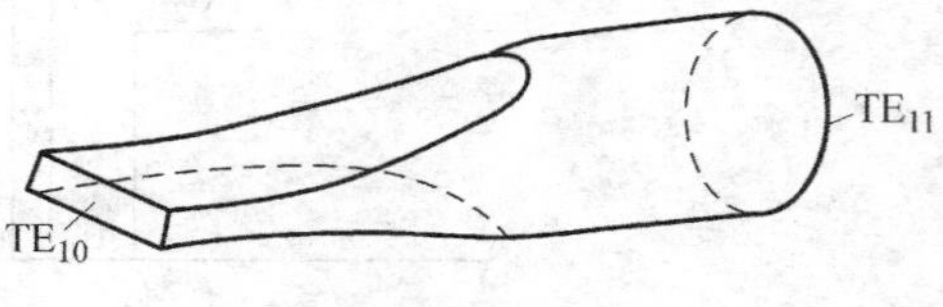

图 8.14 方圆波导变换器

2. TE_{01} 波型

在式(8.57)和式(8.58)中，令 $m=0$，$n=1$，就得到TE_{01} 波的所有场分量，即

$$\left.\begin{aligned}
E_\phi &= -\mathrm{j}\,\frac{\omega\mu a}{3.832}H_{01}J_1\left(\frac{3.832}{a}r\right)\mathrm{e}^{-\mathrm{j}\beta z}\\
H_r &= \mathrm{j}\,\frac{\beta a}{3.832}H_{01}J_1\left(\frac{3.832}{a}r\right)\mathrm{e}^{-\mathrm{j}\beta z}\\
H_z &= H_{01}J_0\left(\frac{3.832}{a}r\right)\mathrm{e}^{-\mathrm{j}\beta z}\\
E_r &= E_z = H_\phi = 0
\end{aligned}\right\} \tag{8.67}$$

其截止波长为 $\lambda_c=\dfrac{2\pi a}{3.832}=1.64a$，场结构如图 8.15 所示。

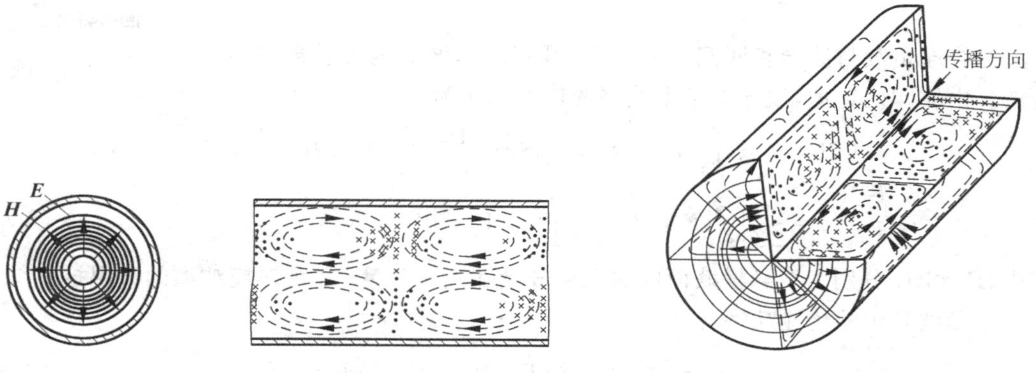

图 8.15　TE_{01}模的电磁场结构图

由图可见，TE_{01}波的特点为：TE_{01}的场沿 ϕ 方向是均匀的，即为轴对称的场结构，不存在极化简并，但它与TM_{11}波构成 E-H 简并；电场只有 E_ϕ 分量，在横截面内形成闭合电力线，因而称为圆电模式；在波导壁上其磁场只有 H_z 分量，其壁电流相应地只有 ϕ 方向的分量，利用这一特性，在壁上沿周向开窄缝来抑制其他波型，而尽量保证TE_{01}波的传输，弥补了TE_{01}波是非最低次波型的缺陷；TE_{01}随着工作频率的升高，其波导壁的热损耗单调地减小，衰减系数随频率的变化关系曲线如图 8.16 所示，因此在毫米波波段，用TE_{01}模实现大容量的多路通信。

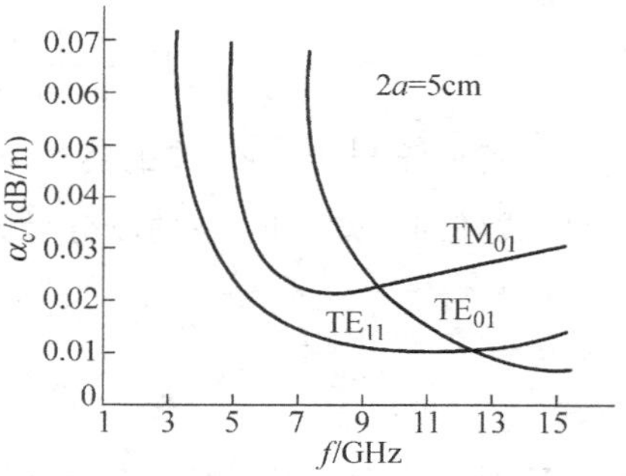

图 8.16　导体衰减随频率的变化曲线

3. TM_{01}波型

TM_{01}波是圆形波导中横磁波的最低次模，没有简并波，其截止波长为 $\lambda_c=2.62a$，其场结构如图 8.17 所示，TM_{01}模的特点为：由于 $m=0$，其电磁场沿 ϕ 方向是均匀的，即场结构是轴对称的，因而常被用作雷达或卫星通信中的重要微波部件。

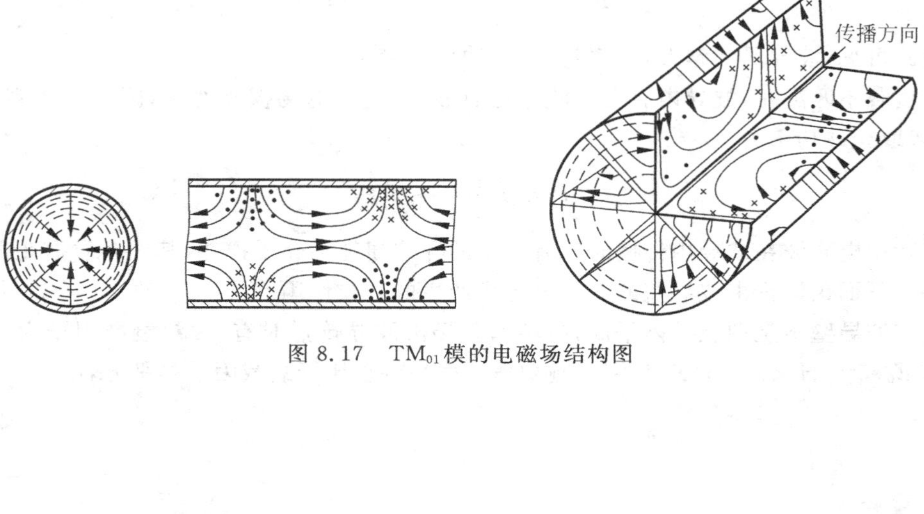

图 8.17　TM_{01}模的电磁场结构图

8.4 波导中的能量传输与损耗

第 8 章第 3 讲

当终端负载与波导相匹配或波导为无限长时，波导内无反射波只有行波。由坡印廷定理，波导中某个波型的传输功率为

$$P=\frac{1}{2}\mathrm{Re}\int_S(\boldsymbol{E}\times\boldsymbol{H}^*)\cdot\mathrm{d}\boldsymbol{S}=\frac{1}{2}\mathrm{Re}\int_S(\boldsymbol{E}\times\boldsymbol{H}^*)\cdot\boldsymbol{e}_z\mathrm{d}S$$
$$=\frac{1}{2Z}\int_S|\boldsymbol{E}_t|^2\mathrm{d}S=\frac{Z}{2}\int_S|\boldsymbol{H}_t|^2\mathrm{d}S \tag{8.68}$$

式中，$\boldsymbol{E}_t$ 和$\boldsymbol{H}_t$ 分别为波导横截面内的电场分量和磁场分量；Z 为对应波型的波阻抗。

矩形波导中的传输功率为

$$P=\frac{1}{2Z}\int_0^b\int_0^a(|E_x|^2+|E_y|^2)\mathrm{d}x\mathrm{d}y \tag{8.69}$$

圆柱形波导的传输功率为

$$P=\frac{1}{2Z}\int_0^{2\pi}\int_0^a(|E_r|^2+|E_\phi|^2)r\mathrm{d}r\mathrm{d}\phi \tag{8.70}$$

1. 矩形波导中 $\mathbf{TE_{10}}$ 波的传输功率

由式(8.42)知 $\mathrm{TE_{10}}$ 波的场分量为

$$\begin{aligned}|E_y|&=\frac{\omega\mu a}{\pi}H_{10}\sin\frac{\pi}{a}x=E_{10}\sin\frac{\pi}{a}x\\E_x&=0\end{aligned} \tag{8.71}$$

式中，$E_{10}=\frac{\omega\mu a}{\pi}H_{10}$，$E_{10}$ 为 E_y 分量在波导宽边中心处的振幅值。将式(8.71)代入式(8.69)，并以 $Z_{\mathrm{TE_{10}}}$ 取代 Z，可得

$$P=\frac{1}{2Z_{\mathrm{TE_{10}}}}\int_0^b\int_0^a E_{10}^2\sin^2\frac{\pi}{a}x\,\mathrm{d}x\mathrm{d}y=\frac{ab}{4Z_{\mathrm{TE_{10}}}}E_{10}^2 \tag{8.72}$$

若波导的击穿电场强度为 E_{b}，$\mathrm{TE_{10}}$ 波在行波状态下沿波导传输的极限功率为

$$P_{\mathrm{b}}=\frac{ab}{4Z_{\mathrm{TE_{10}}}}E_{\mathrm{b}}^2$$

因为空气的击穿电场为 $E_{\mathrm{b}}=30\mathrm{kV/cm}$，故空气矩形波导极限功率为

$$P_{\mathrm{b}}=0.6ab\sqrt{1-\left(\frac{\lambda}{2a}\right)^2}$$

由此可见，波导尺寸越大，频率越高，则功率容量越大。

当负载不匹配时，波导内有反射波存在而形成驻波，电场振幅变大，因此功率容量会变小，一般取允许功率为

$$P\approx\left(\frac{1}{3}\sim\frac{1}{5}\right)P_{\mathrm{b}} \tag{8.73}$$

实际中电磁波在波导内传播时伴有一定的导体损耗和介质损耗，其中介质损耗很小，可以忽略。下面仅讨论由波导壁的有限电导率产生的衰减作用。

假定波导壁不是理想导体平面，电场和磁场沿波导传播时有衰减，衰减因子为 $\mathrm{e}^{-\alpha z}$，即 $E(z)=E_0\mathrm{e}^{-\alpha z}$，$H(z)=H_0\mathrm{e}^{-\alpha z}$，则传输功率的大小将正比于衰减因子的平方，即

$$P = P_0 e^{-2\alpha z}$$

两边对 z 求导，得

$$\frac{\partial P}{\partial z} = -2\alpha P_0 e^{-2\alpha z} = -2\alpha P$$

上式表示单位长度减小的传输功率，它等于单位长度上的损耗功率 P_l，即

$$P_l = 2\alpha P$$

衰减常数为

$$\alpha = \frac{P_l}{2P} = \frac{\text{单位长度的损耗功率}}{2\times\text{传输功率}} \tag{8.74}$$

2. 矩形波导中 TE_{10} 波的衰减常数

由式(8.43)可得矩形波导顶面和底面的分布电流的平方均为

$$|J_d|^2 = |J_{Sz}|^2 + |J_{Sx}|^2 = \left(\frac{\beta a}{\pi}\right)^2 H_{10}^2 \sin^2 \frac{\pi}{a}x + H_{10}^2 \cos^2 \frac{\pi}{a}x$$

顶面和底面的损耗功率的和为

$$P_{la} = 2\int_0^a \frac{1}{2}|J_d|^2 R_S \mathrm{d}x = \frac{aR_S}{2}\left[\left(\frac{\beta a}{\pi}\right)^2 + 1\right] H_{10}^2$$

左、右侧面的损耗功率的和为

$$P_{lb} = 2\int_0^b \frac{1}{2}|J_{Sy}|^2 R_S \mathrm{d}y = bR_S H_{10}^2$$

单位长度的总损耗功率为

$$P_l = P_{la} + P_{lb} = \left\{\frac{a}{2}\left[\left(\frac{\beta a}{\pi}\right)^2 + 1\right] + b\right\} R_S H_{10}^2 \tag{8.75}$$

由式(8.72)知

$$P = \frac{ab}{4Z_{TE_{10}}} E_{10}^2 \tag{8.76}$$

将

$$\beta = \frac{2\pi}{\lambda}\sqrt{1 - \left(\frac{\lambda}{2a}\right)^2}$$

$$E_{10} = \frac{\omega\mu a}{\pi} H_{10}$$

$$Z_{TE_{10}} = \eta \frac{1}{\sqrt{1 - \left(\frac{\lambda}{2a}\right)^2}}$$

代入式(8.75)和式(8.76)，再将 P_l 和 P 代入式(8.74)得

$$\alpha = \frac{R_S}{b\eta\sqrt{1 - \left(\frac{\lambda}{2a}\right)^2}}\left[1 + 2\frac{b}{a}\left(\frac{\lambda}{2a}\right)^2\right] \tag{8.77}$$

图 8.18 给出了矩形波导传输 TE_{10} 模时的衰减常数随频率的变化曲线，由该图可知，如果给出了波导宽边尺寸 a 后，窄边尺寸越大，衰减常数越小。在截止频率附近衰减常数急剧增加，因此在使用矩形波导传输电磁波时，不能把工作频率选在截止频率附近。

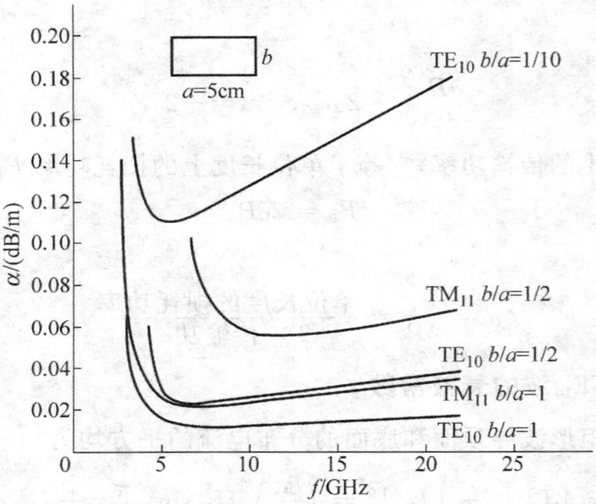

图 8.18 $a=5\text{cm}$ 的矩形波导中 TE_{10} 波与 TM_{11} 波的衰减特性

图 8.19 给出了当直径 $2a=5\text{cm}$ 时圆柱形波导中几种模式的衰减常数随频率的变化曲线，可以看到，TE_{11} 模和 TM_{01} 模各有一最小衰减点，而 TE_{01} 模没有最小衰减点，并且随频率的增大衰减变小，因此 TE_{01} 模广泛应用于远距离传输。

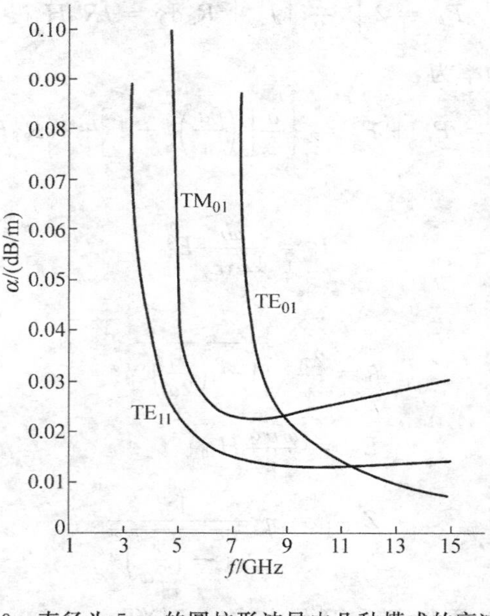

图 8.19 直径为 5cm 的圆柱形波导中几种模式的衰减特性

例 8.5 空气矩形波导的尺寸为 $a=40\text{mm}$，$b=20\text{mm}$，当信号 $\lambda=50\text{mm}$ 的波在该波导中传输时，求：

(1) 极限功率 P_b。已知空气的击穿强度为 $E_b=30\text{kV/cm}$，同轴线的击穿功率约为 400kW，与该功率相比可得出什么结论？

(2) 每米所消耗的功率。已知波导的电导率为 $\sigma=5.8\times10^7\text{S/m}$，传输的平均功率为 1kW。

解：(1) 由式(8.72)可知

$$P_b = 0.6ab\sqrt{1-\left(\frac{\lambda}{2a}\right)^2} = 3747\text{kW}$$

由此可见，波导的极限功率比同轴线的极限功率大许多倍，因此大功率传输时，波导比同轴线好得多。

(2) 信号频率为

$$f = \frac{c}{\lambda} = \frac{3\times10^8}{5\times10^{-2}} = 6\text{GHz}$$

$$R_S = \sqrt{\frac{\omega\mu_0}{2\sigma}} = \sqrt{\frac{\pi f\mu_0}{\sigma}} = 2.02\times10^{-2}\Omega$$

根据式(8.77)得矩形波导传输 TE_{10} 模时的衰减常数为

$$\alpha = \frac{R_S}{b\eta\sqrt{1-\left(\frac{\lambda}{2a}\right)^2}}\left[1+2\frac{b}{a}\left(\frac{\lambda}{2a}\right)^2\right]$$

将 $a=0.04$m，$b=0.02$m，$\lambda=0.05$m 代入上式得

$$\alpha \approx 3.43\times10^{-3}\text{Np/m}$$

每米波导所消耗的功率为

$$P_l = P_0(1-e^{-2\alpha}) = 6.8\text{W}$$

8.5 同轴线

同轴线结构如图 8.20 所示，是一种典型的双导体传输系统，它由内外同轴的两导体柱构成，中间为介质，内、外半径分别为 a 和 b，填充介质的磁导率和介电常数分别为 μ 和 ε。同轴线是一种宽频带传输线，它可以从直流一直工作到毫米波波段，因此广泛应用于微波整机系统和微波测量系统。

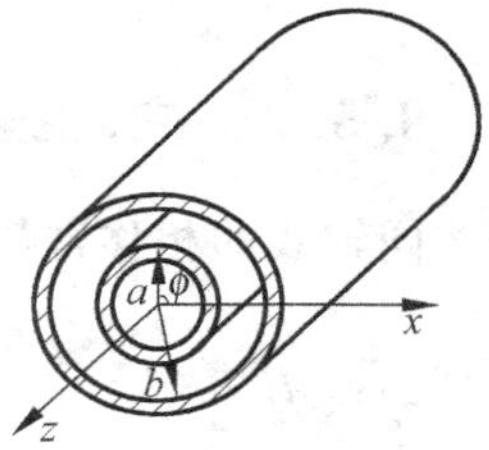

图 8.20 同轴线结构

8.5.1 同轴线的特性阻抗

对于同轴线中的 TEM 波，可以通过在柱坐标系下求解横向分布函数所满足的拉普拉斯方程，也可以通过静态场的方法求出其各场分量，再乘以沿传播方向的传输因子 $e^{-j\beta z}$。

首先求同轴线单位长度的电容。设内、外导体单位长度的电量为 $+\rho_l$ 及 $-\rho_l$，根据高斯定理有

$$\oint_S \boldsymbol{E}\cdot d\boldsymbol{S} = \frac{q}{\varepsilon}$$

由对称性可知，$\boldsymbol{E}$ 沿 $\boldsymbol{e}_\phi$ 方向均匀分布，且介质内电场强度 $\boldsymbol{E}$ 只有 $\boldsymbol{e}_r$ 方向的分量 E_r，则

$$E_r\cdot 2\pi rl = \frac{\rho_l\cdot l}{\varepsilon}$$

得

$$E_r = \frac{\rho_l}{2\pi r\varepsilon} \tag{8.78}$$

电场沿半径方向，两导体间的电压为

$$U = \int_a^b E_r \mathrm{d}r = \frac{\rho_l}{2\pi\varepsilon}\int_a^b \frac{1}{r}\mathrm{d}r = \frac{\rho_l}{2\pi\varepsilon}\ln(b/a) \tag{8.79}$$

单位长度的电容为

$$C = \frac{\rho_l}{U} = \frac{2\pi\varepsilon}{\ln(b/a)} \tag{8.80}$$

其次求同轴线单位长度的电感。设内外导体分别流过反向电流 I，根据安培环路定律有

$$\oint_l \boldsymbol{H}\cdot \mathrm{d}\boldsymbol{l} = I$$

由对称性可知，$\boldsymbol{H}$ 沿 $\boldsymbol{e}_\phi$ 方向均匀分布，且介质内磁场强度 $\boldsymbol{H}$ 只有 $\boldsymbol{e}_\phi$ 方向的分量 H_ϕ，则

$$H_\phi \cdot 2\pi r = I,\quad H_\phi = \frac{I}{2\pi r}$$

则

$$\boldsymbol{B} = \frac{\mu I}{2\pi r}\boldsymbol{e}_\phi \tag{8.81}$$

磁通为

$$\Psi = \int_S \boldsymbol{B}\cdot \mathrm{d}\boldsymbol{S} = \int_a^b \frac{\mu I}{2\pi r}\boldsymbol{e}_\phi \cdot \mathrm{d}r \cdot 1 \cdot \boldsymbol{e}_\phi = \frac{\mu I}{2\pi}\ln(b/a)$$

单位长度的电感为

$$L = \frac{\Psi}{I} = \frac{\mu}{2\pi}\ln(b/a) \tag{8.82}$$

同轴线的特性阻抗为

$$Z_0 = \sqrt{\frac{L}{C}} = \sqrt{\frac{\mu}{\varepsilon}}\cdot\frac{\ln(b/a)}{2\pi} = \eta\frac{\ln(b/a)}{2\pi} \tag{8.83}$$

8.5.2 同轴线的传输参数、功率

同轴线的相移常数为

$$\beta = \omega\sqrt{\mu\varepsilon} \tag{8.84}$$

相速为

$$v_{\mathrm{p}} = \frac{\omega}{\beta} = \frac{c}{\sqrt{\varepsilon_{\mathrm{r}}}} \tag{8.85}$$

波长为

$$\lambda_{\mathrm{g}} = \frac{2\pi}{\beta} = \frac{\lambda_0}{\sqrt{\varepsilon_{\mathrm{r}}}} \tag{8.86}$$

式中，ε_{r} 为同轴线内外导体间填充介质的相对介电常数；c 为光速；λ_0 为自由空间中场的波长。

将式(8.78)代入式(8.22)得 TEM 波的传输功率为

$$P = \frac{1}{2\eta}\int_S |\boldsymbol{E}_t|^2 \mathrm{d}S = \frac{1}{2\eta}\int_a^b |\boldsymbol{E}_r|^2 2\pi r \mathrm{d}r = \frac{\rho_l^2\ln(b/a)}{4\pi\varepsilon^2\eta} = \frac{1}{2}\cdot\frac{\left[\frac{\rho_l}{2\pi\varepsilon}\ln(b/a)\right]^2}{\eta\frac{\ln(b/a)}{2\pi}} = \frac{|U|^2}{2Z_0}$$

8.6　谐振腔

低频谐振回路是由集总参量元件电感和电容串联或并联组成的。在谐振回路中作振荡电路，用以产生振荡频率；在放大器中作滤波电路，用作选频器件。但是到了微波波段，电感和电容已失去了明确的物理意义，采用由金属封闭的谐振腔作为微波谐振电路的主要形式。低频谐振回路和微波谐振腔有一点是相同的，即谐振频率 f_0、固有品质因数 Q_0、等效电导 G_0 都便于分析和测量。由于谐振腔中可以存在很多振荡模式，并且不同的振荡模式所对应的上述 3 个参量不同，因此所对应的参量都是对特定的模式而言。

微波谐振器的常用结构有矩形谐振腔、圆柱形谐振腔、同轴谐振器等，如图 8.21 所示。

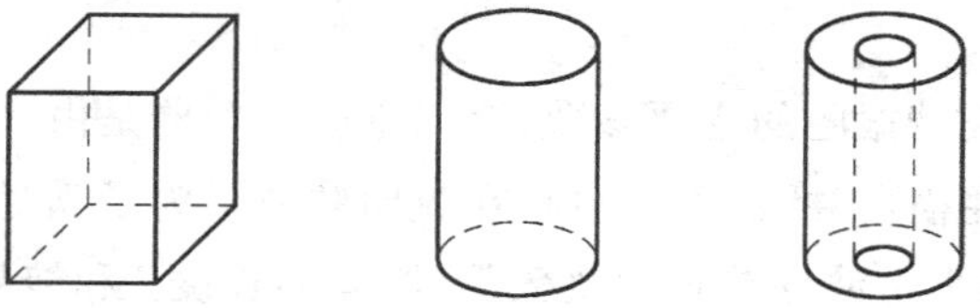

(a)　(b)　(c)

图 8.21　各种微波谐振器

(a) 矩形空腔谐振器；(b) 圆柱形空腔谐振器；(c) 同轴谐振器

8.6.1　谐振腔的基本参数

低频电路中，由平行板电容 C 和电感 L 并联构成的谐振电路如图 8.22(a)所示，它的谐振频率为

$$f_0 = \frac{1}{2\pi\sqrt{LC}}$$

平行板电容器的电容为

$$C = \frac{\varepsilon S}{d}$$

式中，d 为两极板间的距离；S 为极板的面积。当谐振频率增大时，L 和 C 必须减小。电感 L

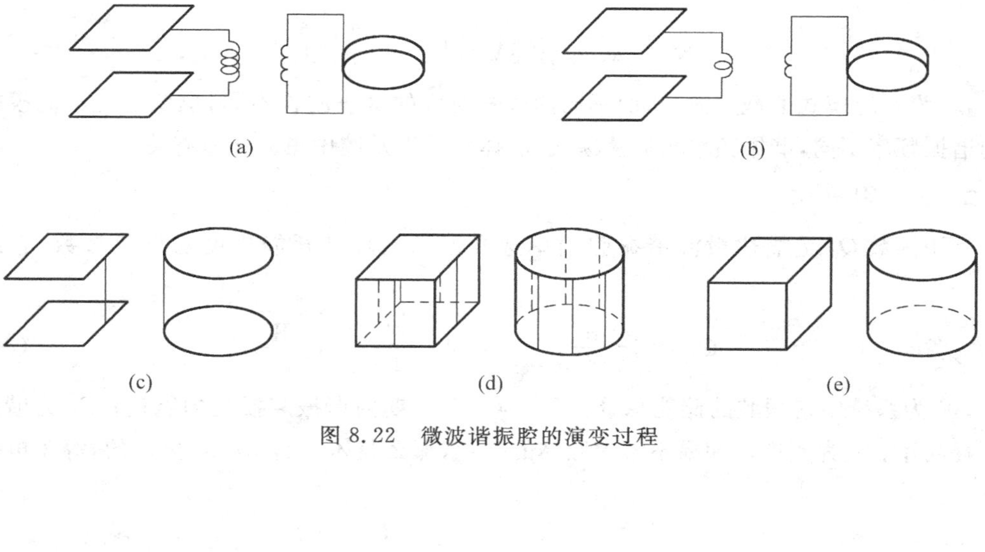

(a)　(b)

(c)　(d)　(e)

图 8.22　微波谐振腔的演变过程

的减小意味着电感线圈匝数的减少，电容 C 的减小意味着增大平行板间的距离，如图 8.22(b)所示；如果谐振频率再增大，电感线圈可以减少为一匝，如图 8.22(c)所示；如果频率还需提高，减小电感 L 就需将多个单匝线圈并联，如图 8.22(d)所示；频率的进一步增加，就要求并联的线圈数目进一步增加，以致相连成片，形成一个封闭的导体空腔，如图 8.22(e)所示；继续把构成电容的两极拉开，则谐振频率会进一步提高。如果平行板电容器的极板面积为长方形，就形成了矩形空腔谐振器；如果平行板电容器的极板面积为圆形，就形成了圆柱形空腔谐振器。矩形空腔谐振器和圆柱形空腔谐振器都是微波空腔谐振器的常用形式。虽然矩形空腔谐振器和圆柱形空腔谐振器的电路形式与低频振荡电路大不相同，但作用完全一样，只是谐振频率不同而已。

下面介绍微波谐振腔的 3 个基本参数。

1. 谐振频率

谐振频率 f_0 是微波谐振腔的主要参数，金属空腔谐振器是由一段金属波导两端短路构成的，因此腔中不仅存在横向驻波，而且也存在纵向驻波。为了满足金属波导两端短路的边界条件，l 的长度应等于半个波导波长的整数倍，腔体的长度 l 和波导波长 λ_g 应满足

$$l = p\frac{\lambda_g}{2} \quad (p = 1, 2, \cdots) \tag{8.87}$$

$$\beta = \frac{2\pi}{\lambda_g} = 2\pi\frac{p}{2l} = \frac{p\pi}{l} \tag{8.88}$$

由规则金属波导理论

$$k^2 + \gamma^2 = k_c^2$$
$$k^2 = k_c^2 + \beta^2$$

得

$$\omega_0^2\mu\varepsilon = \left(\frac{2\pi}{\lambda_c}\right)^2 + \left(\frac{2\pi}{\lambda_g}\right)^2 \tag{8.89}$$

$$\omega_0 = \frac{1}{\sqrt{\mu\varepsilon}}\left[\left(\frac{p\pi}{l}\right)^2 + \left(\frac{2\pi}{\lambda_c}\right)^2\right]^{\frac{1}{2}}$$

则谐振频率为

$$f_0 = \frac{1}{2\pi\sqrt{\mu\varepsilon}}\left[\left(\frac{p\pi}{l}\right)^2 + \left(\frac{2\pi}{\lambda_c}\right)^2\right]^{\frac{1}{2}} \tag{8.90}$$

式中，λ_c 为对应模式的截止波长，而不同的模式对应的截止波长不同，也就是说不同模式对应的谐振频率不同，谐振频率与振荡模式、腔体尺寸以及腔中填充介质有关。

2. 品质因数

品质因数 Q_0 是描述微波谐振腔频率选择性的好坏和耗能程度的重要参数，它的定义为

$$Q_0 = 2\pi\frac{W}{W_T}\bigg|_{\text{谐振时}} = 2\pi\frac{W}{TP_1} = \omega_0\frac{W}{P_1} \tag{8.91}$$

式中，W 为系统中谐振腔的储能总量；W_T 为一个周期内谐振腔损耗的能量；P_1 为谐振腔的损耗功率；T 为周期。如果不考虑腔体的损耗，那么腔体中的储能是恒定的，等于电能和

磁能之和。谐振腔中的总储能为

$$W = W_e + W_m = \frac{1}{2}\int_V \mu\ |\boldsymbol{H}|^2 \mathrm{d}V = \frac{1}{2}\int_V \varepsilon\ |\boldsymbol{E}|^2 \mathrm{d}V \tag{8.92}$$

式中，V 为谐振腔的整个内空间。

谐振腔的平均损耗主要由导体损耗引起，设导体表面电阻为 R_S，则有

$$P_1 = \frac{1}{2}\oint_S |\boldsymbol{J}_S|^2 R_S \mathrm{d}S = \frac{1}{2}R_S\oint_S |\boldsymbol{H}_t|^2 \mathrm{d}S \tag{8.93}$$

式中，$\boldsymbol{J}_S$ 是表面电流密度；$\boldsymbol{H}_t$ 为导体内壁切向磁场；$\boldsymbol{J}_S = \boldsymbol{e}_n \times \boldsymbol{H}_t$，$\boldsymbol{e}_n$ 为法向单位矢量，$\boldsymbol{e}_n$、$\boldsymbol{H}_t$、$\boldsymbol{J}_S$ 存在右手螺旋关系。将式(8.93)和式(8.92)代入式(8.91)得

$$Q_0 = \frac{\omega_0 \mu}{R_S}\frac{\int_V |\boldsymbol{H}|^2 \mathrm{d}V}{\int_S |\boldsymbol{H}_t|^2 \mathrm{d}S} = \frac{2}{\delta}\frac{\int_V |\boldsymbol{H}|^2 \mathrm{d}V}{\int_S |\boldsymbol{H}_t|^2 \mathrm{d}S} \tag{8.94}$$

式中，δ 为导体内壁趋肤深度。因此只要求得谐振腔内场分布，即可求得品质因数 Q_0，不同的模式对应的场分布不同，Q_0 值也不相同。

为粗略估计谐振腔内的 Q_0 值，近似认为 $|\boldsymbol{H}| = |\boldsymbol{H}_t|$，这样式(8.94)可近似为

$$Q_0 \approx \frac{2}{\delta} \cdot \frac{V}{S}$$

式中，S、V 分别表示谐振腔的内表面积和体积。

可见，$Q_0 \propto \frac{V}{S}$，应选择谐振腔形状使其 $\frac{V}{S}$ 大；因谐振腔线尺寸与工作波长成正比，即 $V \propto \lambda_0^3$，$S \propto \lambda_0^2$，故有 $Q_0 \propto \frac{\lambda_0}{\delta}$。对厘米波段的谐振腔，由于 δ 仅为几微米，其 Q_0 值约为 $10^4 \sim 10^5$ 量级。上述讨论的品质因数 Q_0 是未考虑外界激励与耦合的情况，因此称为无载品质因数或固有品质因数。

3. 等效电导 G_0

等效电导 G_0 是表征谐振腔功率损耗特性的参数。为了讨论谐振腔的外部特性，在特定模式的谐振频率附近，将谐振腔等效为并联 LC 回路，如图 8.23 所示。

若加在 G_0 两端的电压值为 U，谐振器的损耗功率为 P_1，则

$$P_1 = \frac{1}{2}G_0 U^2$$

$$G_0 = \frac{2P_1}{U^2} \tag{8.95}$$

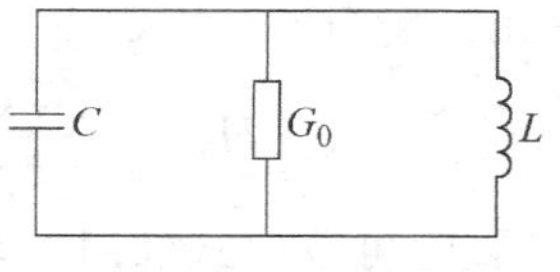

图 8.23　微波谐振腔等效电路

式中，P_1 可由式(8.93)算出。利用波导的办法，在等效参考面的边界上任取两点 A、B，并已知谐振腔内场分布，则

$$U = \int_A^B \boldsymbol{E} \cdot \mathrm{d}\boldsymbol{l}$$

将式(8.93)和上式代入式(8.95)，则等效电导 G_0 可表示为

$$G_0 = R_S \frac{\oint_S |\boldsymbol{H}_t|^2 \mathrm{d}S}{\left(\int_A^B \boldsymbol{E} \cdot \mathrm{d}\boldsymbol{l}\right)^2} \tag{8.96}$$

可见等效电导 G_0 具有多值性，与所选择的点 A 和 B 有关。

上述 f_0、Q_0、G_0 的公式对少数规则形状的谐振腔是可行的，而对于复杂的谐振腔，只能用等效电路的方法，通过测量得到。另外，这 3 个参量是针对某一特定的谐振模式而言的，谐振模式不同它们也不同。

8.6.2 矩形空腔谐振器

矩形空腔谐振器由横截面尺寸为 $a\times b$、长为 l、两端短路的一段矩形波导组成，如图 8.24 所示。与矩形波导类似，它也存在两类振荡模式，即 TE 模式和 TM 模式。其中主模为 TE_{101} 模，下面给出其场分量的分析。

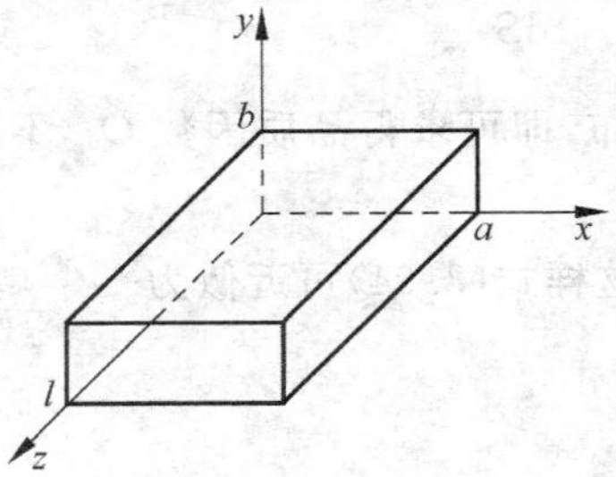

图 8.24 矩形空腔谐振器

将矩形波导中沿 $\pm z$ 向传输的 TE 模的 H_z 分量叠加，再代入边界条件就得到了矩形空腔谐振器中纵向分量 H_z 的场分量表达式。

由式(8.31)知矩形波导 TE 模的纵向场分量为

$$H_z = \sum_{m=0}^{\infty}\sum_{n=0}^{\infty} H_{mn}\cos\left(\frac{m\pi}{a}x\right)\cos\left(\frac{n\pi}{b}y\right)\mathrm{e}^{-\mathrm{j}\beta z} \tag{8.97}$$

矩形空腔谐振器中 TE 模的纵向场分量为

$$H_z = \sum_{m=0}^{\infty}\sum_{n=0}^{\infty}\left[H_{mn}\cos\left(\frac{m\pi}{a}x\right)\cos\left(\frac{n\pi}{b}y\right)\mathrm{e}^{-\mathrm{j}\beta z} + H'_{mn}\cos\left(\frac{m\pi}{a}x\right)\cos\left(\frac{n\pi}{b}y\right)\mathrm{e}^{\mathrm{j}\beta z}\right]$$

根据边界条件 $z=0, H_z=0$ 得到 $H_{mn}=-H'_{mn}$，故上式改写为

$$H_z = \sum_{m=0}^{\infty}\sum_{n=0}^{\infty}\left[-\mathrm{j}2H_{mn}\cos\left(\frac{m\pi}{a}x\right)\cos\left(\frac{n\pi}{b}y\right)\sin\beta z\right] \tag{8.98}$$

将边界条件 $z=l, H_z=0$ 代入上式得 $\sin\beta l=0$。故

$$\beta l = p\pi,\quad \beta = \frac{p\pi}{l}\quad (p=1,2,\cdots)$$

式(8.98)变为

$$H_z = \sum_{m=0}^{\infty}\sum_{n=0}^{\infty}\sum_{p=1}^{\infty}\left[-\mathrm{j}2H_{mn}\cos\left(\frac{m\pi}{a}x\right)\cos\left(\frac{n\pi}{b}y\right)\sin\left(\frac{p\pi}{l}z\right)\right] \tag{8.99}$$

同理，可以由式(8.12)写出矩形空腔谐振器中 TE 模的其他场分量。

将 $m=1, n=0, p=1$ 代入式(8.99)得 TE_{101} 模的场分量为

$$\left.\begin{aligned} H_z &= -\mathrm{j}2H_{10}\cos\left(\frac{\pi}{a}x\right)\sin\left(\frac{\pi}{l}z\right) \\ H_x &= \mathrm{j}2\frac{a}{l}H_{10}\sin\left(\frac{\pi}{a}x\right)\cos\left(\frac{\pi}{l}z\right) \\ E_y &= -\frac{2\omega\mu_0 a}{\pi}H_{10}\sin\left(\frac{\pi}{a}x\right)\sin\left(\frac{\pi}{l}z\right) \\ E_x &= E_z = H_y = 0 \end{aligned}\right\} \tag{8.100}$$

矩形空腔谐振器中的主模 TE_{101} 的主要参量分析如下。

(1) 谐振频率 f_0

根据式(8.39)得 TE_{101} 模的截止波长为 $\lambda_c=2a$,代入式(8.90)得

$$f_0=\frac{c\sqrt{a^2+l^2}}{2al} \tag{8.101}$$

式中,c 为自由空间中的光速。对应的谐振波长为

$$\lambda_0=\frac{2al}{\sqrt{a^2+l^2}} \tag{8.102}$$

(2) 品质因数 Q_0

根据式(8.100)计算下面各式。与储能有关的因子为

$$\begin{aligned}\int_V|\boldsymbol{H}|^2\mathrm{d}V&=\int_V(|H_x|^2+|H_z|^2)\mathrm{d}V\\&=\int_0^a\int_0^b\int_0^l 4H_{10}^2\left[\frac{a^2}{l^2}\sin^2\left(\frac{\pi}{a}x\right)\cos^2\left(\frac{\pi}{l}z\right)+\cos^2\left(\frac{\pi}{a}x\right)\sin^2\left(\frac{\pi}{l}z\right)\right]\mathrm{d}x\mathrm{d}y\mathrm{d}z\\&=H_{10}^2(a^2+l^2)\frac{ab}{l}\end{aligned} \tag{8.103}$$

与腔壁耗能有关的因子要考虑六面壁两两对称,则

$$\begin{aligned}\oint_S|\boldsymbol{H}_t|^2\mathrm{d}S&=2\left\{\int_0^a\int_0^b|H_x(z=0)|^2\mathrm{d}x\mathrm{d}y+\int_0^b\int_0^l|H_z(x=0)|^2\mathrm{d}y\mathrm{d}z\right.\\&\qquad\left.+\int_0^a\int_0^l[|H_x(y=0)|^2+|H_z(y=0)|^2]\mathrm{d}x\mathrm{d}z\right\}\\&=\frac{2H_{10}^2}{l^2}[2b(a^3+l^3)+al(a^2+l^2)]\end{aligned} \tag{8.104}$$

将式(8.103)和式(8.104)代入式(8.94)得

$$Q_0=\frac{abl}{\delta}\cdot\frac{a^2+l^2}{2b(a^3+l^3)+al(a^2+l^2)} \tag{8.105}$$

例 8.6　若波导的电导率 $\sigma=5.8\times10^7\,\mathrm{S/m}$,计算正方体谐振腔工作在 TE_{101} 模式的品质因数,谐振波长分别为 $\lambda_1=9\mathrm{cm}$ 和 $\lambda_2=4\mathrm{cm}$。

解:根据式(8.105),工作在 TE_{101} 谐振模的 Q_0 为

$$Q_0=\frac{abl}{\delta}\cdot\frac{a^2+l^2}{2b(a^3+l^3)+al(a^2+l^2)}$$

对于正方体谐振腔有 $a=b=l$,所以

$$Q_0=\frac{a}{3\delta}$$

趋肤深度为

$$\delta=\sqrt{\frac{2}{\omega\mu_0\sigma}}=\sqrt{\frac{\lambda}{\pi\mu_0\sigma c}}=3.817\times10^{-6}\sqrt{\lambda}$$

根据式(8.102),谐振波长为

$$\lambda=\frac{2al}{\sqrt{a^2+l^2}}=\sqrt{2}a$$

即

$$a=\frac{\lambda}{\sqrt{2}}$$

$$Q_0=\frac{a}{3\delta}=\frac{\lambda}{3\sqrt{2}\delta}=\frac{\lambda}{3\sqrt{2}\times 3.817\times 10^{-6}\sqrt{\lambda}}=6.175\times 10^4\sqrt{\lambda}$$

当 $\lambda_1=9\text{cm}$ 时，$Q_0=18525$；当 $\lambda_2=4\text{cm}$ 时，$Q_0=12350$。

由此可见，谐振波长越短，正方体谐振腔的固有品质因数越低。

8.6.3 圆柱形空腔谐振器

圆柱形空腔谐振器由横截面半径为 a、长为 l、两端短路的一段圆柱形波导组成，如图 8.25 所示。仿矩形空腔谐振器的方法可求得圆柱形空腔谐振器的场方程、谐振频率 f_0 和品质因数 Q_0。

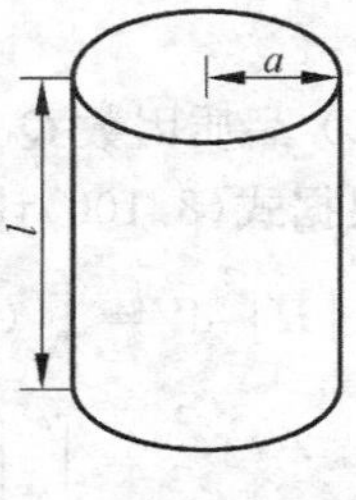

图 8.25 圆柱形空腔谐振器

1. TE 模和 TM 模的场分量

圆柱形空腔谐振器同样存在 TE 模和 TM 模。TE 振荡模的场分量为

$$\left.\begin{aligned}
H_z&=\sum_{m=0}^{\infty}\sum_{n=1}^{\infty}\sum_{p=1}^{\infty}\left[-\mathrm{j}2H_{mn}J_m\left(\frac{\mu_{mn}}{a}r\right)\cos m\phi\sin\left(\frac{p\pi}{l}z\right)\right]\\
H_r&=\sum_{m=0}^{\infty}\sum_{n=1}^{\infty}\sum_{p=1}^{\infty}\left[-\mathrm{j}\frac{2a}{\mu_{mn}}\left(\frac{p\pi}{l}\right)H_{mn}J'_m\left(\frac{\mu_{mn}}{a}r\right)\cos m\phi\cos\left(\frac{p\pi}{l}z\right)\right]\\
H_\phi&=\sum_{m=0}^{\infty}\sum_{n=1}^{\infty}\sum_{p=1}^{\infty}\left[\mathrm{j}\frac{2ma^2}{\mu_{mn}^2 r}\left(\frac{p\pi}{l}\right)H_{mn}J_m\left(\frac{\mu_{mn}}{a}r\right)\sin m\phi\cos\left(\frac{p\pi}{l}z\right)\right]\\
E_r&=\sum_{m=0}^{\infty}\sum_{n=1}^{\infty}\sum_{p=1}^{\infty}\left[\frac{2\omega\mu_0 ma^2}{\mu_{mn}^2 r}H_{mn}J_m\left(\frac{\mu_{mn}}{a}r\right)\sin m\phi\sin\left(\frac{p\pi}{l}z\right)\right]\\
E_\phi&=\sum_{m=0}^{\infty}\sum_{n=1}^{\infty}\sum_{p=1}^{\infty}\left[\frac{2\omega\mu_0 a}{\mu_{mn}}H_{mn}J'_m\left(\frac{\mu_{mn}}{a}r\right)\cos m\phi\sin\left(\frac{p\pi}{l}z\right)\right]\\
E_z&=0
\end{aligned}\right\}\tag{8.106}$$

TM 振荡模的场分量为

$$\left.\begin{aligned}
E_z&=\sum_{m=0}^{\infty}\sum_{n=1}^{\infty}\sum_{p=0}^{\infty}\left[2E_{mn}J_m\left(\frac{v_{mn}}{a}r\right)\cos m\phi\cos\left(\frac{p\pi}{l}z\right)\right]\\
E_r&=\sum_{m=0}^{\infty}\sum_{n=1}^{\infty}\sum_{p=0}^{\infty}\left[-\frac{2a}{v_{mn}}\left(\frac{p\pi}{l}\right)E_{mn}J'_m\left(\frac{v_{mn}}{a}r\right)\cos m\phi\sin\left(\frac{p\pi}{l}z\right)\right]\\
E_\phi&=\sum_{m=0}^{\infty}\sum_{n=1}^{\infty}\sum_{p=0}^{\infty}\left[\frac{2ma^2}{v_{mn}^2 r}\left(\frac{p\pi}{l}\right)E_{mn}J_m\left(\frac{v_{mn}}{a}r\right)\sin m\phi\sin\left(\frac{p\pi}{l}z\right)\right]\\
H_r&=\sum_{m=0}^{\infty}\sum_{n=1}^{\infty}\sum_{p=0}^{\infty}\left[-\mathrm{j}\frac{2m\omega\varepsilon_0 a^2}{v_{mn}^2 r}E_{mn}J_m\left(\frac{v_{mn}}{a}r\right)\sin m\phi\cos\left(\frac{p\pi}{l}z\right)\right]\\
H_\phi&=\sum_{m=0}^{\infty}\sum_{n=1}^{\infty}\sum_{p=0}^{\infty}\left[-\mathrm{j}\frac{2\omega\varepsilon_0 a}{v_{mn}}E_{mn}J'_m\left(\frac{v_{mn}}{a}r\right)\cos m\phi\cos\left(\frac{p\pi}{l}z\right)\right]\\
H_z&=0
\end{aligned}\right\}\tag{8.107}$$

通常用 TE_{mnp}（$m=0,1,2,\cdots$；n、$p=1,2,\cdots$）和 TM_{mnp}（m、$p=0,1,2,\cdots$；$n=1,2,\cdots$）表示圆柱形空腔谐振器中存在的振荡模。

2. 谐振频率 f_0 和品质因数 Q_0

对于 TE 振荡模，圆形波导的截止波长为 $\lambda_c=\dfrac{2\pi a}{\mu_{mn}}$，代入式(8.90)得

$$f_0=\frac{1}{2\pi\sqrt{\mu\varepsilon}}\left[\left(\frac{p\pi}{l}\right)^2+\left(\frac{\mu_{mn}}{a}\right)^2\right]^{\frac{1}{2}} \tag{8.108}$$

对于 TM 振荡模，圆形波导的截止波长为 $\lambda_c=\dfrac{2\pi a}{v_{mn}}$，代入式(8.90)得

$$f_0=\frac{1}{2\pi\sqrt{\mu\varepsilon}}\left[\left(\frac{p\pi}{l}\right)^2+\left(\frac{v_{mn}}{a}\right)^2\right]^{\frac{1}{2}} \tag{8.109}$$

实际的工程设计中常用波型因数 $P=\dfrac{Q_0\delta}{\lambda_0}$($\delta$ 为趋肤深度)表示圆柱形空腔谐振器的品质因数与腔体尺寸、几何形状和振荡模的关系，并用于估算 Q_0 的值。

TE 型和 TM 型振荡模的波型因数公式分别为

$$P_{\mathrm{TE}_{mnp}}=\frac{1}{2\pi}\frac{\left[1-\left(\dfrac{m}{\mu_{mn}}\right)^2\right]\left[\mu_{mn}^2+\left(\dfrac{p\pi}{2}\right)^2\left(\dfrac{2a}{l}\right)^2\right]^{\frac{3}{2}}}{\mu_{mn}+\left(\dfrac{p\pi}{2}\right)^2\left(\dfrac{2a}{l}\right)^3+\left(\dfrac{m}{\mu_{mn}}\right)^2\left(\dfrac{p\pi}{2}\right)^2\left(\dfrac{2a}{l}\right)^2\left(1-\dfrac{2a}{l}\right)} \tag{8.110}$$

$$P_{\mathrm{TM}_{mnp}}=\frac{\left[v_{mn}^2+\left(\dfrac{p\pi}{2}\right)^2\left(\dfrac{2a}{l}\right)^2\right]^{\frac{1}{2}}}{2\pi\left(1+\dfrac{2a}{l}\right)} \tag{8.111}$$

由此可见，只要把 μ_{mn}、v_{mn}、p 值及腔体的几何尺寸代入上式，可求得相应模式的波型因数，从而求得相应模式的 Q_0 值。

3. 圆柱形空腔谐振器的几种常用振荡模式

(1) TM_{010} 振荡模

当圆柱形空腔谐振器的长度 $l<2.1a$ 时，TM_{010} 是圆柱形空腔谐振器的主模，其谐振频率为

$$f_0=\frac{2.405c}{2\pi a}\quad(c\text{ 为光速})$$

Q_0 值为

$$Q_0=\frac{\lambda_0}{\delta}\cdot\frac{2.405}{2\pi\left(1+\dfrac{a}{l}\right)} \tag{8.112}$$

(2) TE_{111} 振荡模

当圆柱形空腔谐振器的长度 $l>2.1a$ 时，TE_{111} 是圆柱形空腔谐振器的主模，其谐振频率为

$$f_0=\frac{c}{2\pi}\sqrt{\left(\frac{1.841}{a}\right)^2+\left(\frac{\pi}{l}\right)^2} \tag{8.113}$$

Q_0 值为

$$Q_0 = \frac{\lambda_0}{\delta} \cdot \frac{1.03\left[0.343 - \left(\frac{a}{l}\right)^2\right]}{1 + 5.82\left(\frac{a}{l}\right)^2 + 0.86\left(\frac{a}{l}\right)^2\left(1 - \frac{a}{l}\right)} \tag{8.114}$$

(3) TE_{011}振荡模

TE_{011}的谐振频率为

$$f_0 = \frac{c}{2\pi}\sqrt{\left(\frac{3.832}{a}\right)^2 + \left(\frac{\pi}{l}\right)^2} \tag{8.115}$$

Q_0 值为

$$Q_0 = \frac{\lambda_0}{\delta} \cdot \frac{0.336\left[1.49 + \left(\frac{a}{l}\right)^2\right]^{\frac{3}{2}}}{1 + 1.34\left(\frac{a}{l}\right)^3} \tag{8.116}$$

TE_{011}振荡模虽不是圆柱形空腔谐振器的最低次模，但它的无载品质因数很高，是TE_{111}振荡模 Q 值的 2～3 倍，波长计一般都采用TE_{011}振荡模。

习题

8.1　为什么使用波导？

8.2　工作波长、截止波长、波导波长有什么区别？三者有何联系？

8.3　波导截止频率是如何定义的？

8.4　为什么波导要保证单模传输？若波长为 8mm、4cm、12cm，如果矩形波导中只传输TE_{10}模，确定波导的尺寸 a 和 b。

8.5　矩形波导中表示波型模式的 m 和 n 的物理意义是什么？TE_{10}波的场结构的规律如何？

8.6　矩形波导的尺寸为 a=82.14mm，b=34.04mm，当工作波长为 5cm 时，波导中能够传输哪些模式？

8.7　矩形波导的尺寸为 a=22.86mm，b=10.16mm，当矩形波导传输TE_{10}波时，若工作频率为 10GHz，求 β 和 $Z_{TE_{10}}$。

8.8　若矩形波导的尺寸为 a=72.14mm，b=34.04mm，工作波长为 10cm。求传输TE_{10}波的最大功率，已知空气击穿电场为 30kV/cm。

8.9　矩形波导的尺寸为 a=22mm，b=11mm，将自由空间波长为 3cm、4cm 的信号接入此波导，问能否传输？若能传输，会出现哪些模式？

8.10　矩形波导的尺寸为 a=22mm，b=11mm，波导内为空气，若信号的频率为 5GHz，确定波导中传输的模式、截止波长、相移常数、波导波长、相速。

8.11　若矩形波导的尺寸为 a=23mm，b=10mm，波导由理想导体构成，信号的频率为 10GHz。试写出该波导的电磁波表达式，并求波导壁的面电荷密度及表面线电流密度。

8.12　矩形波导内填充的介质为 ε_r=7.5，若自由空间的波长为 3cm，试确定波导尺寸及单模工作频段。

8.13　矩形波导的尺寸为 a=23mm，b=10mm，试求单模工作频段。

8.14　若矩形波导的尺寸为 $a=23\text{mm}$，$b=10\text{mm}$，信号的频率为 10GHz 的波在该波导中传输。试求：

(1) 极限功率 P_b；

(2) 若波导的电导率为 $\sigma=5.7\times10^7\text{S/m}$，传输的平均功率为 1kW，计算每米所消耗的功率。

8.15　圆波导中表示波型模式的 m 和 n 的物理意义是什么？为什么不存在 $n=0$ 的模式？

8.16　圆波导中的简并与矩形波导有何不同？

8.17　圆波导的周长为 25.1cm，填充介质为空气，工作频率为 3GHz。试确定能传输哪些波型，并求 TE_{11} 模单模工作频率范围、TE_{11} 模波导波长。当圆波导的周长扩大一倍时，情况如何？

8.18　已知圆波导的半径为 $a=3\text{cm}$，求 TM_{11} 和 TM_{01} 的截止波长。

8.19　已知圆波导的半径为 $a=5\text{cm}$，确定单模工作频段。

8.20　若工作波长为 5cm，确定圆波导单模传输时的半径。

8.21　若同轴线的内、外导体半径分别为 5cm 和 7cm，介电常数为 $\varepsilon_r=4$，工作频率为 800MHz。求同轴线的特性阻抗、相移常数、相速、波导波长。

8.22　已知正方体谐振腔工作在 TE_{101} 模式，波导的电导率 $\sigma=5.7\times10^7\text{S/m}$。试求谐振波长分别为 5cm 和 7cm 时的品质因数。

第9章

电磁波的辐射

第 9 章第 1 讲

电磁波是怎样向外辐射的，这是本章要解决的问题。理论和实践证明，天线不但能向外辐射电磁波，而且还能接收外来的电磁波，它主要应用于无线电通信、卫星通信、广播电视、雷达及导航等系统中。

天线具有如下功能。

(1) 能量转换。在发射端，天线将导波装置送来的高频电流或导波能量转换为电磁波能量发送到空间；在接收端，天线将空间传送来的电磁波能量转换为高频电流能量输入给接收机。

(2) 定向辐射或接收。天线应能使电磁波向某一方向辐射或接收某一方向来的电磁波。

(3) 天线应具有适当的极化，即同一系统收、发天线应具有同一极化形式。

(4) 为了获得足够的辐射功率或一定的信噪比，天线应与导波装置匹配。

天线大致可分为线天线和面天线。线天线是由半径远小于工作波长的金属导线构成的，主要应用于长波、中波、短波波段；面天线是由尺寸大于工作波长的金属面构成的，主要应用于微波波段。有关无线电频段的划分请参考附录 D。

天线在空间产生的电磁场分布是天线要研究的问题。求解电磁场分布的方法是解满足边界条件的麦克斯韦方程，但这种方法往往十分繁琐，甚至无法求解。实际中常常要进行一些理想化处理，这是研究天线最常用的方法。

9.1 滞后位

静态场中，为了方便地计算电场和磁场，引入了标量电位 φ 和矢量磁位 $\boldsymbol{A}$，即

$$\varphi = \frac{1}{4\pi\varepsilon}\int_\tau \frac{\rho}{r}\mathrm{d}\tau,\quad \boldsymbol{A} = \frac{\mu}{4\pi}\int_\tau \boldsymbol{J}\,\frac{\mathrm{d}\tau}{r}$$

对于静电场，有

$$\boldsymbol{E} = -\nabla\varphi$$

对于磁场，有

$$\boldsymbol{H} = \frac{1}{\mu}\nabla\times\boldsymbol{A}$$

时谐场中，也引入了“动态的”标量电位 φ 和矢量磁位 $\boldsymbol{A}$，φ 与电荷源 ρ、$\boldsymbol{A}$ 与电流源 $\boldsymbol{J}$ 的关系分别为

$$\nabla^2\varphi+k^2\varphi=-\frac{\rho}{\varepsilon} \tag{9.1}$$

$$\nabla^2\boldsymbol{A}+k^2\boldsymbol{A}=-\mu\boldsymbol{J} \tag{9.2}$$

式中，$k^2=\omega^2\mu\varepsilon$。在时谐场中，电磁场为

$$\boldsymbol{E}=-\mathrm{j}\omega\boldsymbol{A}-\nabla\varphi$$

$$\boldsymbol{H}=\frac{1}{\mu}\nabla\times\boldsymbol{A}$$

用格林定理的方法解式(9.1)和式(9.2)十分复杂，这里应用较为简单的方法。设体电荷密度为 ρ，有一很小的体积元 $\Delta\tau$，它所带电荷为 $\Delta q=\rho\Delta\tau$，在空间产生的电位为 φ。在 $\Delta\tau$ 之外不存在电荷，于是式(9.1)变为齐次波动方程，即

$$\nabla^2\varphi+k^2\varphi=0$$

可以把 Δq 看作点电荷，点电荷在周围空间产生的场具有球对称性，取球面坐标系。标量电位 φ 只与径向 r 有关，由球面坐标系中$\nabla^2\varphi$ 的表示式得 φ 满足的方程为

$$\frac{1}{r^2}\cdot\frac{\mathrm{d}}{\mathrm{d}r}\left(r^2\frac{\mathrm{d}\varphi}{\mathrm{d}r}\right)+k^2\varphi=0$$

设 $\varphi(r)=\frac{1}{r}U(r)$，则上式变为

$$\frac{\mathrm{d}^2U}{\mathrm{d}r^2}+k^2U=0$$

上式是一维波动方程，其通解为

$$U(r)=c_1\mathrm{e}^{\mathrm{j}kr}+c_2\mathrm{e}^{-\mathrm{j}kr}$$

于是 $U(r)$ 的瞬时值表达式为

$$U(r,t)=\mathrm{Re}\left[c_1\mathrm{e}^{\mathrm{j}(\omega t+kr)}+c_2\mathrm{e}^{\mathrm{j}(\omega t-kr)}\right]$$

式中，$\omega t\pm kr=\omega(t\pm\sqrt{\mu\varepsilon}r)=\omega\left(t\pm\frac{r}{v}\right)$；$c_1$、$c_2$ 为待定常数。则 $U(r,t)$ 可表示为

$$U(r,t)=f_1\left(t+\frac{r}{v}\right)+f_2\left(t-\frac{r}{v}\right)$$

式中，$v=\frac{1}{\sqrt{\mu\varepsilon}}$；$f_1\left(t+\frac{r}{v}\right)$ 和 $f_2\left(t-\frac{r}{v}\right)$ 分别表示以 $t+\frac{r}{v}$ 和 $t-\frac{r}{v}$ 为变量的正弦函数。假设 $U(r,t)$ 仅是 $f_2\left(t-\frac{r}{v}\right)$ 的函数，则

$$\varphi(r,t)=\frac{1}{r}f_2\left(t-\frac{r}{v}\right) \tag{9.3}$$

在静态场中，位于坐标原点的静止电荷 $\rho\Delta\tau$ 产生的标量电位为

$$\Delta\varphi(r)=\frac{\rho\Delta\tau}{4\pi\varepsilon r} \tag{9.4}$$

由于静态场是时谐场的特殊情况，比较式(9.3)和式(9.4)，时谐场的标量电位为

$$\Delta\varphi(r,t)=\frac{\rho\left(t-\frac{r}{v}\right)\Delta\tau}{4\pi\varepsilon r}$$

体积 τ 内分布电荷产生的标量电位为

$$\varphi(r,t) = \frac{1}{4\pi\varepsilon}\int_\tau \frac{\rho\left(t-\frac{r}{v}\right)}{r}\mathrm{d}\tau \tag{9.5}$$

上式表明,观察点 r 处 t 时刻的标量电位不是由 t 时刻体积 τ 内的电荷密度决定的,而是由 $t-\frac{r}{v}$ 时刻的电荷密度决定的。观察点的位场变化滞后于源的变化,滞后的时间 $\frac{r}{v}$ 是电磁波传播 r 距离所需的时间。

矢量位 $\boldsymbol{A}(r,t)$ 可分解为 3 个相互垂直的标量,每个标量都具有与式(9.5)相似的解,矢量滞后位可表示为

$$\boldsymbol{A}(r,t) = \frac{\mu}{4\pi}\int_\tau \boldsymbol{J}\left(t-\frac{r}{v}\right)\frac{\mathrm{d}\tau}{r}$$

$U(r,t)$ 的另一项 $f_1\left(t+\frac{r}{v}\right)$ 表示观察点电位的变化在源未变化之前就已感受到它的变化,这显然是不可能的。

时谐场中 $\rho\left(t-\frac{r}{v}\right)=\mathrm{Re}\left[\rho \mathrm{e}^{\mathrm{j}\omega\left(t-\frac{r}{v}\right)}\right]$,则

$$\varphi(r,t) = \frac{1}{4\pi\varepsilon}\mathrm{Re}\left[\int_\tau \frac{\rho}{r}\mathrm{e}^{\mathrm{j}\omega\left(t-\frac{r}{v}\right)}\mathrm{d}\tau\right] \tag{9.6}$$

且 $\boldsymbol{J}\left(t-\frac{r}{v}\right)=\mathrm{Re}\left[\boldsymbol{J}\mathrm{e}^{\mathrm{j}\omega\left(t-\frac{r}{v}\right)}\right]$ 则

$$\boldsymbol{A}(r,t) = \frac{\mu}{4\pi}\mathrm{Re}\left[\int_\tau \frac{\boldsymbol{J}}{r}\mathrm{e}^{\mathrm{j}\omega\left(t-\frac{r}{v}\right)}\mathrm{d}\tau\right] \tag{9.7}$$

9.2 电基本振子的辐射场

电基本振子是一段载有高频电流的短导线,其长度远小于工作波长,导线上各点的高频电流大小相等、相位相同。

9.2.1 电基本振子电磁场的分析

设有一电基本振子 Idl 沿 z 轴放置,坐标原点位于电基本振子的中间,如图 9.1 所示。下面计算距离原点 r 处 P 点的场强。

根据式(9.7)有

$$\boldsymbol{A}(r,t) = \frac{\mu}{4\pi}\mathrm{Re}\left[\int_\tau \frac{\boldsymbol{J}}{r}\mathrm{e}^{\mathrm{j}\omega\left(t-\frac{r}{v}\right)}\mathrm{d}\tau\right]$$

设导线上各点的电流均为 I,横截面为 S,那么 $\boldsymbol{J}\mathrm{d}\tau=\frac{I}{S}\mathrm{d}\tau\boldsymbol{e}_z$,且 $\tau=Sdl$,于是矢量磁位为

$$\boldsymbol{A}(r,t) = \frac{\mu}{4\pi}\cdot\frac{Idl}{r}\mathrm{Re}\left[\mathrm{e}^{\mathrm{j}\omega\left(t-\frac{r}{v}\right)}\right]\boldsymbol{e}_z$$

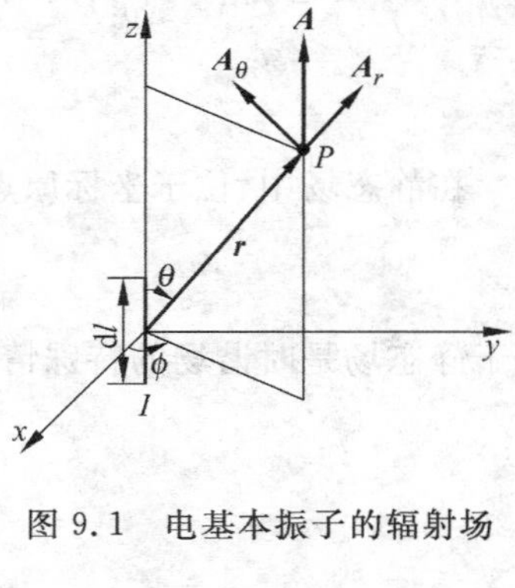

图 9.1 电基本振子的辐射场

表示成复数形式，并将 $k=\frac{\omega}{v}$ 代入得

$$A=\frac{\mu}{4\pi r}I\mathrm{d}l\mathrm{e}^{-\mathrm{j}kr}\boldsymbol{e}_z$$

可见，矢量磁位 $\boldsymbol{A}$ 只有 z 方向的分量 A_z，A_z 在球面坐标系中的分量分别为

$$A_r=A_z\cos\theta,\quad A_\theta=-A_z\sin\theta,\quad A_\phi=0$$

式中，负号表明 A_θ 分量的方向是沿 θ 减小的方向。

根据 $\boldsymbol{A}$ 可求出磁场为

$$\boldsymbol{H}=\frac{1}{\mu}\nabla\times\boldsymbol{A}=\frac{1}{\mu r^2\sin\theta}\begin{vmatrix}\boldsymbol{e}_r & r\boldsymbol{e}_\theta & r\sin\theta\boldsymbol{e}_\phi\\ \frac{\partial}{\partial r} & \frac{\partial}{\partial\theta} & \frac{\partial}{\partial\phi}\\ A_z\cos\theta & -rA_z\sin\theta & 0\end{vmatrix}$$

由此可解得

$$H_\phi=\frac{k^2I\mathrm{d}l\sin\theta}{4\pi}\left[\frac{\mathrm{j}}{kr}+\frac{1}{(kr)^2}\right]\mathrm{e}^{-\mathrm{j}kr}\tag{9.8}$$

$$H_r=H_\theta=0$$

电场可由 $\boldsymbol{E}=\frac{1}{\mathrm{j}\omega\varepsilon}\nabla\times\boldsymbol{H}$ 求得，即

$$E_r=\frac{2I\mathrm{d}lk^3\cos\theta}{4\pi\varepsilon\omega}\left[\frac{1}{(kr)^2}-\frac{\mathrm{j}}{(kr)^3}\right]\mathrm{e}^{-\mathrm{j}kr}\tag{9.9}$$

$$E_\theta=\frac{I\mathrm{d}lk^3\sin\theta}{4\pi\varepsilon\omega}\left[\frac{\mathrm{j}}{kr}+\frac{1}{(kr)^2}-\frac{\mathrm{j}}{(kr)^3}\right]\mathrm{e}^{-\mathrm{j}kr}$$

$$E_\phi=0$$

1. 近区场

近区场就是场点的距离 r 远小于波长 λ 的区域，即 $kr\ll1$ 的区域，这时有

$$\frac{1}{kr}\ll\frac{1}{(kr)^2}\ll\frac{1}{(kr)^3}$$

即

$$\mathrm{e}^{-\mathrm{j}kr}\approx1$$

在式(9.8)和式(9.9)中，留下起主要作用的 $\frac{1}{kr}$ 的高次幂，场的表达式变为

$$H_\phi\approx\frac{1}{4\pi r^2}I\mathrm{d}l\sin\theta\tag{9.10}$$

$$E_r\approx-\mathrm{j}\frac{1}{2\pi\omega\varepsilon r^3}I\mathrm{d}l\cos\theta\tag{9.11}$$

$$E_\theta\approx-\mathrm{j}\frac{1}{4\pi\omega\varepsilon r^3}I\mathrm{d}l\sin\theta\tag{9.12}$$

在式(9.11)和式(9.12)中，令 $I=\mathrm{j}\omega q$，则

$$E_r=\frac{q\mathrm{d}l}{2\pi\varepsilon r^3}\cos\theta\tag{9.13}$$

$$E_\theta=\frac{q\mathrm{d}l}{4\pi\varepsilon r^3}\sin\theta\tag{9.14}$$

式(9.10)与恒定电流产生的磁场强度公式相同，也就是与毕奥-萨伐尔公式相同。

式(9.13)和式(9.14)与电偶极子产生的静电场相同，说明在近区电基本振子的场与静态场有相同的场分布，因此近区又称为似稳区，电流元相当于一电偶极子。

可以看出，场强随 r 的增大而减小，电场和磁场的相位相差90°，坡印廷矢量是虚数，每周平均辐射的功率为零。在这个区域里，电磁能量在源和场之间来回振荡，没有能量向外辐射，这种场称为感应场。

2. 远区场

把 $kr\gg 1$，即 $r\gg\dfrac{\lambda}{2\pi}$ 的区域称为远区。此区域中场点与源点的距离 r 远大于波长 λ，即

$$\frac{1}{kr}\gg\frac{1}{(kr)^2}\gg\frac{1}{(kr)^3}$$

在式(9.8)和式(9.9)中，留下起主要作用的 $\dfrac{1}{kr}$ 低次幂项，远区场的场强表达式为

$$H_\phi = \mathrm{j}\,\frac{Idl}{2\lambda r}\sin\theta \mathrm{e}^{-\mathrm{j}kr} \tag{9.15}$$

$$E_\theta = \mathrm{j}\,\frac{Idl}{2\lambda r}\eta\sin\theta \mathrm{e}^{-\mathrm{j}kr} \tag{9.16}$$

$$E_r = E_\phi = 0$$

$$H_r = H_\theta = 0$$

由式(9.15)和式(9.16)可以得出以下结论：远区场只有 E_θ 和 H_ϕ 两个分量，两者与 $\boldsymbol{r}$ 构成右手螺旋关系，并且都与 r 成反比；其坡印廷矢量为实数，有功功率不为零，有能量沿 $\boldsymbol{r}$ 方向向外辐射；E_θ 和 H_ϕ 的比值为 η，它是一个实数，为波阻抗，$\eta=\sqrt{\mu/\varepsilon}$；远区场具有方向性，场强与 $\sin\theta$ 成正比，在 θ 等于 0°和 180°时，场强为零，也就是沿振子轴方向上辐射为零；在 θ 等于90°时，场强最大，也就是垂直于振子轴并通过振子中心的方向上辐射最大。

离开天线一定的距离，场强随角度变化的函数 $f(\theta,\phi)$ 称为天线的方向图因子。对于电基本振子而言，方向图因子为

$$f(\theta) = \sin\theta$$

它与 ϕ 无关。按照方向图因子画出的曲线称为方向图。通常只绘出两个相互垂直的平面图作为方向图。对电基本振子而言，把与振子轴垂直的平面称为 H 面（θ 为90°），H 面与磁场矢量平行；包含振子轴的平面（ϕ 为常数）称为 E 面，E 面与电场矢量平行。电基本振子的 E 面方向图为倒 8 字形，H 面方向图为圆，如图 9.2 所示。

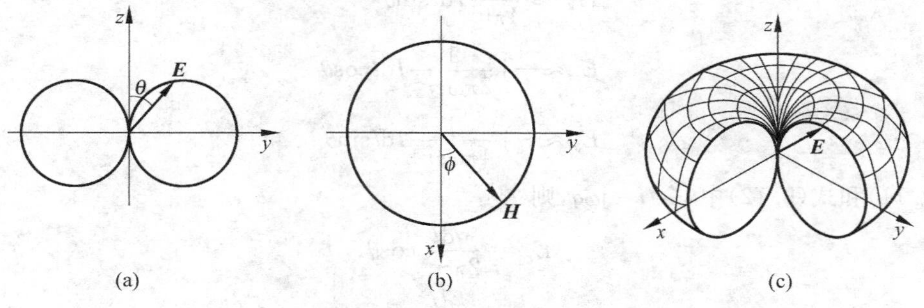

图 9.2 电基本振子的方向图

(a) E 面方向图；(b) H 面方向图；(c) 立体方向图

9.2.2　辐射功率和辐射电阻

如图 9.3 所示，以电基本振子为球心，以 r 为半径作一球面，球面包围整个电基本振子，而且 r 足够大，那么从电基本振子辐射出的能量全部通过这个球面，总辐射功率为

$$P_{\Sigma} = \frac{1}{2}\mathrm{Re}\left[\oint_S (\boldsymbol{E}\times\boldsymbol{H}^*)\cdot \mathrm{d}\boldsymbol{S}\right] = \frac{\eta}{2}\oint_S |H_{\phi}|^2 \boldsymbol{e}_r \cdot \mathrm{d}\boldsymbol{S}$$

在图 9.3 的球面上任取半径为 a 的球带，球带与 z 轴的夹角为 θ，球带的宽度为 $\mathrm{d}\theta$，可以认为球带上的坡印廷矢量相同，则

$$\mathrm{d}S = 2\pi a \cdot r\mathrm{d}\theta = 2\pi r\sin\theta \cdot r\mathrm{d}\theta = 2\pi r^2 \sin\theta \mathrm{d}\theta$$

于是有

$$P_{\Sigma} = \int_0^{\pi} \frac{\eta}{2}\left(\frac{I\mathrm{d}l}{2\lambda r}\right)^2 \sin^2\theta \cdot 2\pi r^2 \sin\theta\mathrm{d}\theta$$

$$= \frac{\eta\pi I^2 \mathrm{d}l^2}{3\lambda^2} \tag{9.17}$$

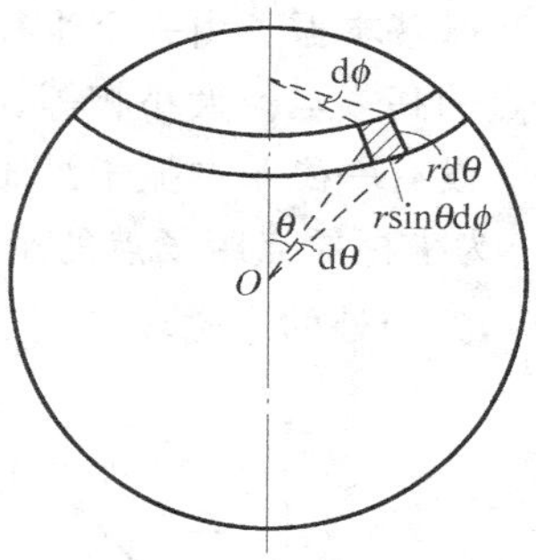

图 9.3　用坡印廷矢量计算辐射功率

空气中 $\eta=120\pi$，则

$$P_{\Sigma} = 40\pi^2 I^2 \left(\frac{\mathrm{d}l}{\lambda}\right)^2 \tag{9.18}$$

这是电基本振子的总的辐射功率，因为 $P_{\Sigma}=\frac{1}{2}I^2 R_{\Sigma}$，于是有

$$R_{\Sigma} = 80\pi^2 \left(\frac{\mathrm{d}l}{\lambda}\right)^2 \tag{9.19}$$

式中，R_{Σ} 称为天线的辐射电阻，单位为 Ω；I 的单位为 A；P_{Σ} 的单位为 W。

例 9.1　已知电基本振子的辐射功率为 P_{Σ}，写出远区任意一点 $P(r,\theta,\phi)$ 的电磁场表达式。

解：根据式(9.18)

$$P_{\Sigma} = 40\pi^2 I^2 \left(\frac{\mathrm{d}l}{\lambda}\right)^2$$

得

$$I\frac{\mathrm{d}l}{\lambda} = \sqrt{\frac{P_{\Sigma}}{40\pi^2}}$$

将上式代入式(9.15)和式(9.16)得

$$E_{\theta} = \mathrm{j}\frac{I\mathrm{d}l}{\lambda}\cdot\frac{\eta_0}{2r}\sin\theta \mathrm{e}^{-\mathrm{j}kr} = \mathrm{j}3\sqrt{10P_{\Sigma}}\cdot\frac{\sin\theta}{r}\cdot \mathrm{e}^{-\mathrm{j}kr}$$

$$H_{\phi} = \frac{E_{\theta}}{\eta_0} = \mathrm{j}\cdot\frac{1}{4\pi}\cdot\sqrt{\frac{P_{\Sigma}}{10}}\cdot\frac{\sin\theta}{r}\mathrm{e}^{-\mathrm{j}kr}$$

例 9.2　电基本振子的长度为 $\mathrm{d}l=0.2\lambda$，计算辐射电阻 R_{Σ}。

解：根据式(9.19)得

$$R_{\Sigma} = 80\pi^2\left(\frac{\mathrm{d}l}{\lambda}\right)^2 = 80\pi^2\cdot 0.2^2 = 31.58\Omega$$

可以看出，辐射电阻只与$\frac{\mathrm{d}l}{\lambda}$的平方有关，$\frac{\mathrm{d}l}{\lambda}$也叫做电长度，辐射电阻仅是电长度的函数。

在讨论天线的电参数时，电长度是一个很重要的量。

9.3 磁基本振子的辐射场与对偶原理

9.3.1 磁基本振子的辐射场

磁基本振子由一个半径为 a 的($a \ll \lambda$)小圆环组成，小圆环的周长远小于波长，小圆环上各点的高频电流大小相等、相位相同。磁基本振子有时也称为磁偶极子。

设有一磁基本振子沿 xOy 平面放置，坐标原点位于小圆环的中心，小圆环上的电流为 I，r 为坐标原点距场点的距离，R 为 $\mathrm{d}l$ 距场点的距离，如图 9.4 所示，下面求空间任意一点 $P(r,\theta,\phi)$ 处的电磁场。

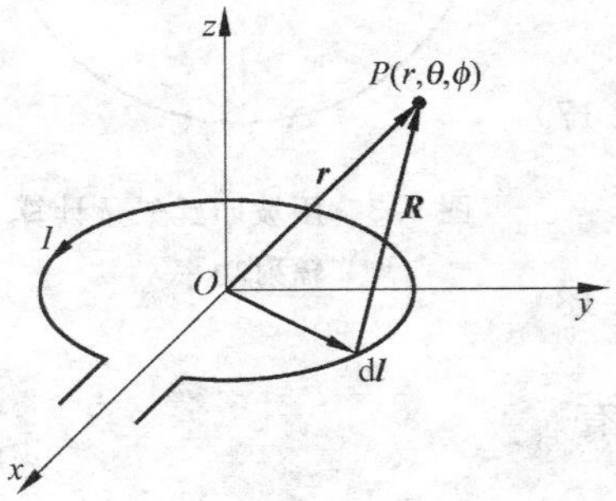

图 9.4 磁基本振子

根据式(9.7)

$$\boldsymbol{A}(r,t)=\frac{\mu}{4\pi}\mathrm{Re}\left[\int_{\tau}\frac{\boldsymbol{J}}{r}\mathrm{e}^{\mathrm{j}\omega\left(t-\frac{r}{v}\right)}\mathrm{d}\tau\right]$$

在小圆环上任取一小段电流元 $I\mathrm{d}\boldsymbol{l}$，用 $I\mathrm{d}\boldsymbol{l}$ 代替上式中的 $\boldsymbol{J}\mathrm{d}\tau$，$R$ 代替 r，用复数形式表示为

$$\boldsymbol{A}=\frac{\mu I}{4\pi}\oint_{l}\frac{1}{R}\mathrm{e}^{-\mathrm{j}kR}\mathrm{d}\boldsymbol{l}$$

其中，指数因子可以近似为

$$\mathrm{e}^{-\mathrm{j}kR}=\mathrm{e}^{-\mathrm{j}k(R-r+r)}=\mathrm{e}^{-\mathrm{j}kr}\cdot\mathrm{e}^{-\mathrm{j}k(R-r)}\approx\mathrm{e}^{-\mathrm{j}kr}[1-\mathrm{j}k(R-r)]$$

则矢量磁位为

$$\boldsymbol{A}\approx\frac{\mu I}{4\pi}\oint_{l}\frac{1}{R}(1+\mathrm{j}kr-\mathrm{j}kR)\mathrm{e}^{-\mathrm{j}kr}\mathrm{d}\boldsymbol{l}=(1+\mathrm{j}kr)\mathrm{e}^{-\mathrm{j}kr}\frac{\mu I}{4\pi}\oint_{l}\frac{1}{R}\mathrm{d}\boldsymbol{l}-\frac{\mathrm{j}k\mu I}{4\pi}\mathrm{e}^{-\mathrm{j}kr}\oint_{l}\mathrm{d}\boldsymbol{l}$$

式中，第二项是一个矢量积分，该积分为零；第一项中的因子 $\frac{\mu I}{4\pi}\oint_{l}\frac{1}{R}\mathrm{d}\boldsymbol{l}$ 与恒定电流环的矢量磁位的表达式相同，其运算结果为

$$\frac{\mu I}{4\pi}\oint_{l}\frac{1}{R}\mathrm{d}\boldsymbol{l}=\frac{\mu SI}{4\pi r^2}\sin\theta\boldsymbol{e}_{\phi}$$

其中，$S=\pi a^2$。于是矢量磁位为

$$\boldsymbol{A}=\frac{\mu SI}{4\pi r^2}(1+\mathrm{j}kr)\sin\theta\cdot\mathrm{e}^{-\mathrm{j}kr}\boldsymbol{e}_{\phi}\tag{9.20}$$

根据 $\boldsymbol{H}=\frac{1}{\mu}\nabla\times\boldsymbol{A}$ 可求出磁基本振子的磁场分量为

$$H_r=\frac{IS}{2\pi}\cos\theta\left(\frac{1}{r^3}+\frac{\mathrm{j}k}{r^2}\right)\mathrm{e}^{-\mathrm{j}kr}\tag{9.21}$$

$$H_\theta=\frac{IS}{4\pi}\sin\theta\left(\frac{1}{r^3}+\frac{\mathrm{j}k}{r^2}-\frac{k^2}{r}\right)\mathrm{e}^{-\mathrm{j}kr}\tag{9.22}$$

$$H_\phi=0$$

再由 $\boldsymbol{E}=\frac{1}{\mathrm{j}\omega\varepsilon}\nabla\times\boldsymbol{H}$ 可求出磁基本振子的电场分量为

$$E_\phi = -\mathrm{j}\frac{ISk}{2\pi}\eta\sin\theta\left(\frac{\mathrm{j}k}{r}+\frac{1}{r^2}\right)\mathrm{e}^{-\mathrm{j}kr} \tag{9.23}$$

$$E_r = 0$$

$$E_\theta = 0$$

仿照电基本振子的讨论方法，磁基本振子也可分成近区场和远区场，这里只讨论远区场，去掉式(9.21)～式(9.23)中含有$\frac{1}{kr}$的高次项，则磁基本振子的远区辐射场为

$$H_\theta = -\frac{ISk^2}{4\pi r}\sin\theta\cdot\mathrm{e}^{-\mathrm{j}kr} \tag{9.24}$$

$$E_\phi = \frac{ISk^2}{4\pi r}\eta\sin\theta\cdot\mathrm{e}^{-\mathrm{j}kr} \tag{9.25}$$

磁基本振子的远区场也只有E_ϕ和H_θ两个分量，E_ϕ和$-H_\theta$两者与r构成右手螺旋关系，并且都与r成反比；其坡印廷矢量为实数，有功功率不为零，有能量沿r方向向外辐射；E_ϕ和$-H_\theta$的比值为η，它是一个实数，为波阻抗，$\eta=\sqrt{\mu/\varepsilon}$；远区场具有方向性，场强与$\sin\theta$成正比，在$\theta$等于0°和180°时，场强为零，也就是沿振子轴方向上辐射为零；在θ等于90°时，场强最大，也就是垂直于振子轴并通过振子中心的方向上辐射最大。

与电基本振子不同的是，与振子轴垂直的平面称为E面(θ为90°)，E面与电场矢量平行；包含振子轴的平面(ϕ为常数)称为H面，H面与磁场矢量平行。用极坐标绘出的磁基本振子的E面方向图为圆形，H面方向图为倒8字形。

因为

$$P_\Sigma = \frac{1}{2}\mathrm{Re}\left[\oint_S(\boldsymbol{E}\times\boldsymbol{H}^*)\cdot\mathrm{d}\boldsymbol{S}\right] = \frac{\eta}{2}\oint_S|H_\theta|^2\boldsymbol{e}_r\cdot\mathrm{d}\boldsymbol{S}$$

于是有

$$P_\Sigma = \frac{\eta}{2}\left(\frac{\pi IS}{\lambda^2}\right)^2\cdot\frac{8\pi}{3} = \frac{4\pi\eta}{3}\left(\frac{\pi IS}{\lambda^2}\right)^2$$

空气中$\eta=120\pi$，则

$$P_\Sigma = 160\pi^6 I^2(a/\lambda)^4 \tag{9.26}$$

这是磁基本振子总的辐射功率，因为$P_\Sigma=\frac{1}{2}I^2R_\Sigma$，于是辐射电阻为

$$R_\Sigma = 320\pi^6(a/\lambda)^4 \tag{9.27}$$

例 9.3　电流为$I=100\cos\left(\omega t-\frac{\pi}{4}\right)$(A)的磁基本振子，其半径为$a=0.1\mathrm{m}$，角频率为$\omega=3\times10^8\mathrm{rad/s}$。写出空气中远区辐射场的表达式，并计算辐射功率和辐射电阻。

解：由电流的瞬时值表达式可写出电流的复振幅为

$$I = 100\mathrm{e}^{-\mathrm{j}\frac{\pi}{4}}$$

电流环的面积为

$$S = \pi a^2 = 0.01\pi$$

则

$$IS = \pi\mathrm{e}^{-\mathrm{j}\frac{\pi}{4}}$$

且

$$k = \frac{\omega}{c} = \frac{3\times10^8}{3\times10^8} = 1(\text{rad/m})$$

由式(9.25)、式(9.24)得

$$E_\phi = \frac{ISk^2}{4\pi r}\eta_0\sin\theta\cdot \mathrm{e}^{-\mathrm{j}kr} = 30\pi\frac{\sin\theta}{r}\mathrm{e}^{-\mathrm{j}\left(r+\frac{\pi}{4}\right)}$$

$$H_\theta = -\frac{\sin\theta}{4r}\mathrm{e}^{-\mathrm{j}\left(r+\frac{\pi}{4}\right)}$$

瞬时值表达式为

$$E_\phi = 30\pi\frac{\sin\theta}{r}\cos\left(\omega t - r - \frac{\pi}{4}\right)$$

$$H_\theta = -\frac{\sin\theta}{4r}\cos\left(\omega t - r - \frac{\pi}{4}\right)$$

因为 $\lambda=2\pi/k=2\pi$，则由式(9.27)得辐射电阻为

$$R_\Sigma = 320\pi^6\left(\frac{a}{\lambda}\right)^4 = 320\pi^6\frac{10^{-4}}{16\pi^4} = 1.974\times10^{-2}(\Omega)$$

总辐射功率为

$$P_\Sigma = \frac{1}{2}I^2R_\Sigma = \frac{1}{2}\times100^2\times1.974\times10^{-2} = 98.7(\text{W})$$

9.3.2 对偶原理

对偶原理是指如果两个方程具有相同的数学形式，这两个方程就称为对偶方程，方程中对应位置的量称为对偶量，知道一个方程的解就能写出另一个方程的解，这一原理就称为对偶原理。

麦克斯韦方程为

$$\nabla\times\boldsymbol{H} = \boldsymbol{J} + \varepsilon\frac{\partial}{\partial t}\boldsymbol{E} \tag{9.28a}$$

$$\nabla\times\boldsymbol{E} = -\mu\frac{\partial}{\partial t}\boldsymbol{H} \tag{9.28b}$$

$$\nabla\cdot\boldsymbol{B} = 0 \tag{9.28c}$$

$$\nabla\cdot\boldsymbol{D} = \rho \tag{9.28d}$$

在上述方程中，电场和磁场是不对称的，即没有磁荷也没有磁流。但如果仅仅从数学方程出发，把电磁场方程表示成对偶性方程，那么就可由电基本振子写出与之对应的磁基本振子的结果。用 $\boldsymbol{J}_\mathrm{m}$ 和 ρ_m 分别表示磁流密度和磁荷密度，则麦克斯韦方程变为

$$\nabla\times\boldsymbol{H} = \boldsymbol{J} + \varepsilon\frac{\partial}{\partial t}\boldsymbol{E} \tag{9.29a}$$

$$\nabla\times\boldsymbol{E} = -\boldsymbol{J}_\mathrm{m} - \mu\frac{\partial}{\partial t}\boldsymbol{H} \tag{9.29b}$$

$$\nabla\cdot\boldsymbol{B} = \rho_\mathrm{m} \tag{9.29c}$$

$$\nabla\cdot\boldsymbol{D} = \rho \tag{9.29d}$$

前面规定电流产生磁场的方向是按右手螺旋定律确定的，而磁流产生的电场方向是按左手螺旋定律确定的，因此式(9.29b)的右端两项有负号。

根据线性叠加原理，式(9.29)中电磁场可分解为电荷 ρ 与电流 $\boldsymbol{J}$ 产生的场 $\boldsymbol{E}_\mathrm{e}$ 和 $\boldsymbol{H}_\mathrm{e}$，磁

荷 ρ_m 与磁流 $\boldsymbol{J}_m$ 产生的场 $\boldsymbol{E}_m$ 和$\boldsymbol{H}_m$。

$$\boldsymbol{E} = \boldsymbol{E}_e + \boldsymbol{E}_m \tag{9.30a}$$

$$\boldsymbol{H} = \boldsymbol{H}_e + \boldsymbol{H}_m \tag{9.30b}$$

将式(9.30)代入式(9.29),得到它们满足的麦克斯韦方程为

$$\nabla\times \boldsymbol{H}_e = \boldsymbol{J} + \varepsilon \frac{\partial}{\partial t}\boldsymbol{E}_e \tag{9.31a}$$

$$\nabla\times \boldsymbol{E}_e = -\mu \frac{\partial}{\partial t}\boldsymbol{H}_e \tag{9.31b}$$

$$\nabla\cdot \boldsymbol{B}_e = 0 \tag{9.31c}$$

$$\nabla\cdot \boldsymbol{D}_e = \rho \tag{9.31d}$$

和

$$\nabla\times \boldsymbol{H}_m = \varepsilon \frac{\partial}{\partial t}\boldsymbol{E}_m \tag{9.32a}$$

$$\nabla\times \boldsymbol{E}_m = -\boldsymbol{J}_m - \mu \frac{\partial}{\partial t}\boldsymbol{H}_m \tag{9.32b}$$

$$\nabla\cdot \boldsymbol{B}_m = \rho_m \tag{9.32c}$$

$$\nabla\cdot \boldsymbol{D}_m = 0 \tag{9.32d}$$

式(9.31)和式(9.32)是对偶方程,其对偶关系为

$$\boldsymbol{E}_e \to \boldsymbol{H}_m,\quad \boldsymbol{J} \to \boldsymbol{J}_m$$

$$\boldsymbol{H}_e \to -\boldsymbol{E}_m,\quad \rho \to \rho_m$$

$$\varepsilon \to \mu$$

如果电场和磁场的边界条件也满足对偶原理,知道式(9.31)的解,就可用对偶关系写出式(9.32)的解。

引入磁荷和磁流以后,利用对偶原理,磁基本振子可等效为相距 $\mathrm{d}l$、两端的磁荷为$+q_m$和$-q_m$ 的磁偶极子。令

$$q_m = \frac{\mu IS}{\mathrm{d}l}$$

式中,I 表示电流环的电流,其计算式为

$$I = I_m \mathrm{e}^{\mathrm{j}\phi} \cdot \mathrm{e}^{\mathrm{j}\omega t}$$

磁流与磁荷之间有以下关系:

$$I_m = \frac{\mathrm{d}q_m}{\mathrm{d}t} = \frac{\mu S}{\mathrm{d}l} \cdot \frac{\mathrm{d}I}{\mathrm{d}t}$$

用复数形式表示为

$$I_m = \frac{\mathrm{j}\omega\mu S}{\mathrm{d}l} I$$

磁偶极子对应的磁流元为

$$I_m \mathrm{d}l = \mathrm{j}\omega\mu SI = \mathrm{j}\,\frac{2\pi}{\lambda}\eta SI$$

即

$$IS = -\mathrm{j}\,\frac{\lambda}{2\pi\eta} I_m \mathrm{d}l$$

将上式代入式(9.24)和式(9.25)得

$$H_\theta = -\frac{ISk^2}{4\pi r}\sin\theta \cdot e^{-jkr} = j\frac{I_m dl}{2\lambda r\eta}\sin\theta \cdot e^{-jkr} \tag{9.33}$$

$$E_\phi = \frac{ISk^2}{4\pi r}\eta\sin\theta \cdot e^{-jkr} = -j\frac{I_m dl}{2\lambda r}\sin\theta \cdot e^{-jkr} \tag{9.34}$$

上两式与直接用电基本振子场强的表达式(9.15)和式(9.16),根据对偶关系写出的磁基本振子的场强表达式相同。

例 9.4 已知电基本振子的场强表达式为式(9.15)和式(9.16),利用对偶关系,写出磁基本振子远区辐射场的场强表达式。

解:式(9.15)和式(9.16)的表达式为

$$H_\phi = j\frac{Idl}{2\lambda r}\sin\theta e^{-jkr}$$

$$E_\theta = j\frac{Idl}{2\lambda r}\eta\sin\theta e^{-jkr}$$

利用对偶关系,得

$$\boldsymbol{E}_e \to \boldsymbol{H}_m, \quad \boldsymbol{J} \to \boldsymbol{J}_m$$

$$\boldsymbol{H}_e \to -\boldsymbol{E}_m, \quad \rho \to \rho_m$$

$$\varepsilon \to \mu$$

由电基本振子的场强表达式可写出磁基本振子的场强表达式,即

$$H_\theta = j\frac{Idl}{2\lambda r}\cdot\frac{1}{\eta}\sin\theta e^{-jkr}, \quad E_\phi = -j\frac{Idl}{2\lambda r}\sin\theta e^{-jkr}$$

以上两式与式(9.33)和式(9.34)相同,即为磁基本振子远区辐射场的场强表达式。

9.4 天线的电参数

为了评价天线性能的好坏,规定了一些定量描述天线性能的电参数,这些电参数有方向图、主瓣宽度、旁瓣电平、方向系数、辐射效率、输入阻抗、增益系数、有效长度等。

1. 辐射方向图

前面讲述了天线的方向图因子和方向图,这里重新定义方向图因子为

$$f(\theta,\phi) = \frac{|E(\theta,\phi)|}{|E_{max}|} \tag{9.35}$$

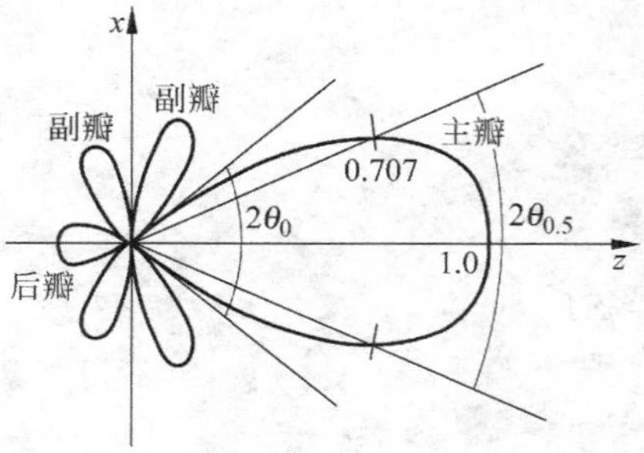

图 9.5 天线方向图的波瓣

式中,E_{max}是$E(\theta,\phi)$的最大值。这个定义和前面并不矛盾,只是用数学表达式来描述。

图 9.5 所示是某天线的方向图,此方向图包含有多个波瓣,分别称为主瓣、副瓣、后瓣。主瓣是指最大辐射方向的波瓣,副瓣是指主瓣之外的波瓣,后瓣是主瓣正后方的副瓣。

(1) 主瓣宽度

场强下降为最大值的 0.707 倍的两矢径之间的夹角称为主瓣宽度,记作 $2\theta_{0.5}$。主瓣的宽度越

小，说明天线的方向性越好。

(2) 副瓣电平

副瓣最大辐射方向上的功率密度 S_1 与主瓣最大辐射方向上的功率密度 S_0 之比的对数值称为副瓣电平，用 P_{sub} 表示，单位为 dB。天线方向图中有许多副瓣，离主瓣最近的副瓣电平最高，称为第一副瓣电平。

$$P_{sub} = 10\lg \frac{S_1}{S_0} \tag{9.36}$$

(3) 前后向抑制比

后瓣最大辐射方向上的功率密度 S_a 与 S_0 之比的对数值称为前后向抑制比，即

$$P_{ab} = 10\lg \frac{S_a}{S_0} \tag{9.37}$$

2. 天线方向系数

假设有方向性天线和无方向性天线的辐射功率 P_Σ 相同(天线的输出功率相同)，有方向性天线在最大辐射方向上某点的功率密度 S_{max} 和无方向性天线在该点辐射的功率密度 S_0 之比称为天线的方向系数，用 D 表示，即

$$D = \frac{S_{max}}{S_0}\bigg|_{P_\Sigma\text{相同}} \tag{9.38}$$

例 9.5　电基本振子沿 z 轴放置，试确定其方向系数。

解：设实际天线和理想天线的辐射功率均为 P_Σ，实际天线在最大辐射方向 r 处的功率密度为 S_{max}，场强为 E_{max}；理想天线在该处的功率密度为 S_0，场强为 E_0。

根据坡印廷矢量有

$$S = \frac{|E|^2}{240\pi}$$

$$S_0 = \frac{P_\Sigma}{4\pi r^2} = \frac{|E_0|^2}{240\pi}$$

其中

$$|E_0|^2 = \frac{60P_\Sigma}{r^2}$$

由方向系数的定义，即式(9.38)得

$$D = \frac{S_{max}}{S_0}\bigg|_{P_\Sigma\text{相同}} = \frac{|E_{max}|^2}{|E_0|^2} = \frac{r^2\ |E_{max}|^2}{60P_\Sigma}$$

下面计算天线的辐射功率 P_Σ。设天线的方向图因子为 $f(\theta,\phi)$，由式(9.35)可得天线在任意方向的电场强度为

$$|E(\theta,\phi)| = |E_{max}| \cdot |f(\theta,\phi)|$$

功率密度为

$$S(\theta,\phi) = \frac{1}{2}\mathrm{Re}[E_\theta H_\phi^*] = \frac{|E(\theta,\phi)|^2}{240\pi} = \frac{|f(\theta,\phi)|^2 \cdot |E_{max}|^2}{240\pi}$$

在半径为 r 的球面上，对功率密度进行面积分就得到辐射功率为

$$P_\Sigma = \frac{r^2\ |E_{max}|^2}{240\pi}\int_0^{2\pi}\int_0^{\pi}|f(\theta,\phi)|^2 \sin\theta \cdot \mathrm{d}\theta\mathrm{d}\phi$$

代入 D 的表达式得

$$D=\frac{4\pi}{\int_0^{2\pi}\int_0^{\pi}\left|f(\theta,\phi)\right|^2\sin\theta\mathrm{d}\theta\mathrm{d}\phi}$$

该式子就是计算天线方向系数的一般表达式。

已知电基本振子的方向图因子为

$$\left|f(\theta,\phi)\right|=\left|\sin\theta\right|$$

电基本振子的方向系数为

$$D=\frac{4\pi}{\int_0^{2\pi}\int_0^{\pi}\sin^2\theta\sin\theta\mathrm{d}\theta\mathrm{d}\phi}=1.5$$

3. 辐射效率

天线的辐射功率(输出功率)P_Σ 与输入到天线上的功率(输入功率)P_{in}之比称为辐射效率,用 η_{A} 表示,它表征天线能量转换的效率。η_{A} 的计算式为

$$\eta_{\text{A}}=\frac{P_\Sigma}{P_{\text{in}}}=\frac{P_\Sigma}{P_\Sigma+P_{\text{d}}} \tag{9.39}$$

式中,P_{d} 表示天线的总损耗功率,包括导体的热损耗、介质损耗、感应损耗。

如果把总损耗功率看作被损耗电阻 R_{d} 所吸收,辐射功率看作被辐射电阻 R_Σ所吸收,则

$$P_{\text{d}}=\frac{1}{2}I^2R_{\text{d}},\quad P_\Sigma=\frac{1}{2}I^2R_\Sigma$$

故

$$\eta_{\text{A}}=\frac{R_\Sigma}{R_\Sigma+R_{\text{d}}} \tag{9.40}$$

可见,为了提高天线效率,应尽可能提高辐射电阻 R_Σ,降低损耗电阻 R_{d}。

4. 输入阻抗

天线的输入阻抗是指天线馈电点的阻抗,是天线输入端的高频电压与输入端的高频电流之比,可表示为

$$Z_{\text{in}}=\frac{U_{\text{in}}}{I_{\text{in}}}=R_{\text{in}}+\mathrm{j}X_{\text{in}} \tag{9.41}$$

如果此输入阻抗等于传输线的特性阻抗,则为匹配状态,天线可获得最大功率。该阻抗对频率变化很敏感,当天线工作频率偏离设计频率时,天线与传输线失配,传输线上电压驻波比增大,天线效率降低。

5. 增益系数

假设有方向性天线和无方向性天线的输入功率相同,有方向性天线在最大辐射方向上(远区)某点的功率密度与无方向性天线在该点产生的功率密度之比称为天线增益系数,用 G 表示,即

$$G=\left.\frac{S_{\max}}{S_0}\right|_{P_{\text{in}}\text{相同}} \tag{9.42}$$

增益系数还可定义为:假设有方向性天线和无方向性天线在天线最大辐射方向上某点产生的场强相同,无方向性天线所需的输入功率 $P_{\text{in}0}$与有方向性天线所需的输入功率 P_{in}之

比，即

$$G=\left.\frac{P_{\text{in}\,0}}{P_{\text{in}}}\right|_{E\text{相同}} \tag{9.43}$$

6. 有效长度

设有一假想的等效基本振子天线，其上沿线电流均匀分布，电流幅度等于实际天线输入点的电流，如果实际天线在最大辐射方向上某点的场强等于假想天线在该点产生的场强，则此假想天线的长度就是实际天线的有效长度。

把 $\eta=120\pi$ 和 $\lambda=\dfrac{2\pi}{k}$ 代入式(9.16)，得

$$E_\theta=\mathrm{j}\,\frac{I\mathrm{d}l}{2\lambda r}\eta\sin\theta\mathrm{e}^{-\mathrm{j}kr}=\mathrm{j}\,\frac{30kI\,\mathrm{d}l}{r}\sin\theta\mathrm{e}^{-\mathrm{j}kr}$$

实际天线可以看成是由电基本振子叠加而成的，$I(l)$是实际天线上的电流分布，l 是其长度，实际天线在最大辐射方向某点产生的电场为

$$E_{\max}=\int_{-l}^{l}\frac{30kI(l)}{r}\mathrm{d}l \tag{9.44}$$

设假想天线的长度为 l_e，其上的电流为 I，I 是实际天线输入点的电流，在 l_e 上 I 大小相等、相位相同，那么假想天线在最大辐射方向某点产生的电场为

$$E_{\max\text{假想}}=\frac{30kIl_\mathrm{e}}{r} \tag{9.45}$$

根据定义有 $E_{\max}=E_{\max\text{假想}}$，则

$$l_\mathrm{e}=\frac{1}{I}\int_{-l}^{l}I(l)\mathrm{d}l \tag{9.46}$$

这就是天线的有效长度。有效长度越长，说明天线的辐射能力越强。

9.5　对称振子天线与天线阵

第 9 章第 2 讲

对称振子天线是一种线天线，所谓线天线是由横截面尺寸远小于纵向尺寸并且远小于波长的金属导线构成。线天线广泛应用于通信、雷达等无线电系统中。线天线的种类很多，这里只介绍对称振子天线和天线阵的特性。

9.5.1　对称振子天线

对称振子天线由终端开路的平行双导线张开180°构成，且平行双导线的粗细和长度都相同，终端为两个馈电端。如果知道对称振子上的电流分布，可把对称振子分成无限多个首尾相接的电基本振子，空间任意一点的场就是由这些电基本振子的场叠加而成的。

确定对称振子上电流分布的方法有很多，但都比较复杂，最简单的方法是工程近似法。如图 9.6 所示，令振子沿 z 轴放置，振子的中心与球坐标的原点重合，大量实验证明振子上的电流分布为

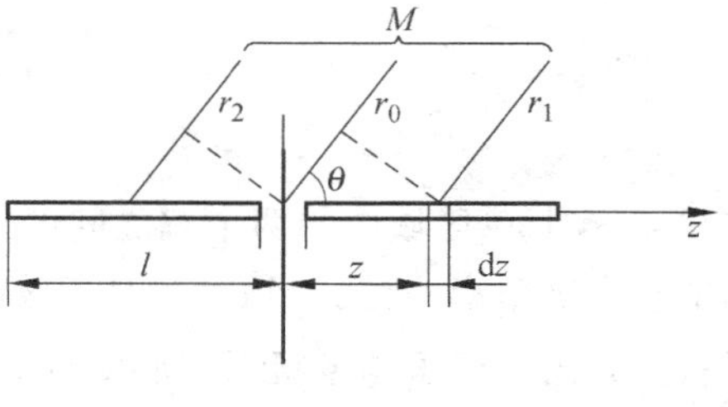

图 9.6　对称振子

$$I(z)=I_m\sin\beta(l-|z|)\quad[-l,l]$$

式中，β 为相移常数。这种分布称为正弦驻波分布。

在对称振子上取线元 dz，由电基本振子辐射场的场强表达式(9.16)，可写出 dz 在远区的辐射场场强为

$$dE_\theta=j\frac{60\pi I_m\sin\beta(l-|z|)}{r\lambda}dz\cdot\sin\theta e^{-j\beta r}\tag{9.47}$$

式中，r_0 为振子中心距观察点 M 的距离；r_1 为线元 dz 距 M 点的距离；r_2 为与线元 dz 对称的线段距 M 点的距离。由于 M 点距天线很远($r_0\gg 2l$)，近似认为 r_0、r_1、r_2 互相平行，则

$$r_1=r_0-|z|\cos\theta,\quad r_2=r_0+|z|\cos\theta\tag{9.48}$$

由于 $r_0\gg 2l$，各线元到观察点的行程差差别不大，行程差对辐射场场强振幅的影响极小，可认为式(9.47)中的振幅 $r=r_1\approx r_0$。又因为行程差引起的相位差很明显，所以指数项中的 r 不能用 r_0 代替。对式(9.47)进行积分，得

$$\begin{aligned}E_\theta&=j\int_{-l}^{l}\frac{60\pi I_m\sin\beta(l-|z|)}{r_1\lambda}\sin\theta e^{-j\beta r_1}\cdot dz\\&=j\frac{60\pi I_m}{r_0\lambda}\sin\theta\int_{-l}^{l}\sin\beta(l-|z|)\cdot e^{-j\beta(r_0-z\cos\theta)}\cdot dz\\&=j\frac{60\pi I_m}{r_0\lambda}\sin\theta\cdot e^{-j\beta r_0}\int_{-l}^{l}\sin\beta(l-|z|)\cdot e^{j\beta z\cos\theta}\cdot dz\\&=j\frac{60I_m}{r_0}\frac{\cos(\beta l\cos\theta)-\cos\beta l}{\sin\theta}e^{-j\beta r_0}\end{aligned}\tag{9.49}$$

方向图因子为

$$f(\theta)=\frac{\cos(\beta l\cos\theta)-\cos\beta l}{\sin\theta}\tag{9.50}$$

式中，$f(\theta)$ 为对称振子的 E 面方向图因子，它描述了 E_θ 随 θ 的变化情况。

这里介绍几个概念。电长度是相对于工作波长的长度，即 $\frac{2l}{\lambda}$。半波对称振子是电长度等于 $\frac{1}{2}$ 的对称振子，即 $\frac{2l}{\lambda}=\frac{1}{2}$。全波对称振子是电长度等于 1 的对称振子，即 $\frac{2l}{\lambda}=1$。

半波振子的方向图因子为

$$f(\theta)=\frac{\cos\left(\frac{\pi}{2}\cos\theta\right)}{\sin\theta}\tag{9.51}$$

按照上式可绘出半波振子的 E 面方向图，它的 E 面方向图为 8 字形。半功率主瓣宽度为

$$\frac{\cos\left(\frac{\pi}{2}\cos\theta\right)}{\sin\theta}=\frac{1}{\sqrt{2}}$$

在 $0°<\theta<180°$ 区域内的两个解之间的夹角，解得此夹角为 $2\theta_{0.5}\approx 78°$，比电基本振子的半功率主瓣宽度略窄一些。当 $\theta=0°$ 时半波振子的辐射为 0，当 $\theta=90°$ 时辐射最大，如图 9.7(a) 所示。方向图因子与 ϕ 无关，所以 H 面上的方向图是以振子为中心的圆。图 9.7(b) 绘出了全波振子的 E 面方向图，也为 8 字形，比半波振子的方向图窄。图 9.8 绘出了电长度为

1.5、2 的 E 面方向图。

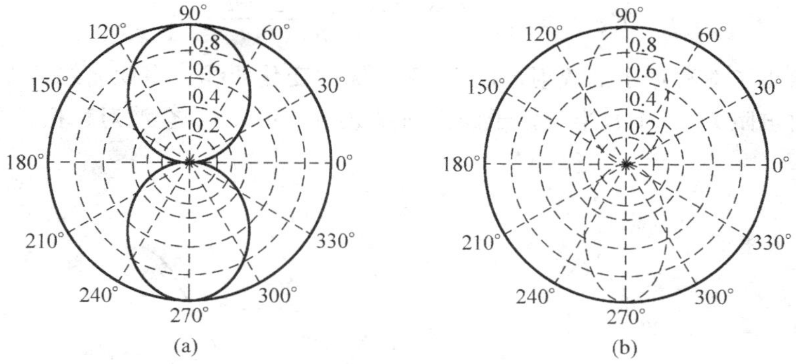

图 9.7　半波对称振子与全波对称振子的 E 面方向图

(a) 半波对称振子的方向图；(b) 全波对称振子的方向图

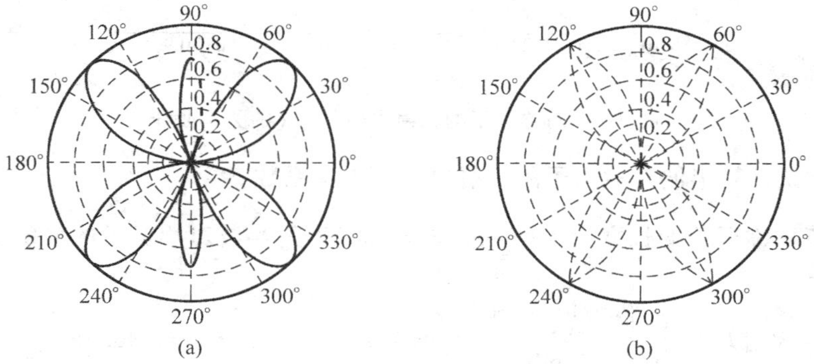

图 9.8　不同电长度的对称振子 E 面方向图

(a) 电长度为 1.5 的对称振子 E 面方向图；(b) 电长度为 2 的对称振子 E 面方向图

由图 9.7 和图 9.8 可以看出，当电长度大于零小于 1 时，最大辐射方向始终在 $\theta=90°$ 的方向上，而且随着电长度的增加，方向图变窄；当电长度大于 1 时，出现副瓣；若电长度继续增加，最大辐射方向将偏离90°。

类似式(9.17)的推导过程，可得对称振子的辐射功率为

$$P_{\Sigma} = \int_0^{2\pi}\int_0^{\pi} \boldsymbol{S} \cdot \boldsymbol{e}_r r^2 \sin\theta \mathrm{d}\theta \mathrm{d}\phi \tag{9.52}$$

$\boldsymbol{S}$ 为平均功率流密度，即

$$\boldsymbol{S} = \frac{1}{2}|E_\theta| \cdot |H_\phi| \boldsymbol{e}_r = \frac{1}{2\eta}|E_\theta|^2 \boldsymbol{e}_r = \frac{|E_\theta|^2}{240\pi}\boldsymbol{e}_r \tag{9.53}$$

将式(9.53)代入式(9.52)，得

$$P_{\Sigma} = \frac{1}{240\pi}\int_0^{2\pi}\int_0^{\pi} |E_\theta|^2 r^2 \sin\theta \mathrm{d}\theta \mathrm{d}\phi \tag{9.54}$$

将式(9.49)代入式(9.54)，得

$$P_{\Sigma} = 30\,|I_{\mathrm{m}}|^2 \int_0^{\pi} \frac{[\cos(\beta l\cos\theta) - \cos\beta l]^2}{\sin\theta}\mathrm{d}\theta \tag{9.55}$$

辐射电阻为

$$R_{\Sigma}=60\int_{0}^{\pi}\frac{[\cos(\beta l\cos\theta)-\cos\beta l]^{2}}{\sin\theta}\mathrm{d}\theta \tag{9.56}$$

图9.9绘出了对称振子的辐射电阻 R_{Σ} 随 l/λ 的变化曲线。由此曲线可以看出，半波对称振子的辐射电阻为73.1Ω，半波振子的方向系数为 $D=1.64$，全波对称振子的辐射电阻约为200Ω。

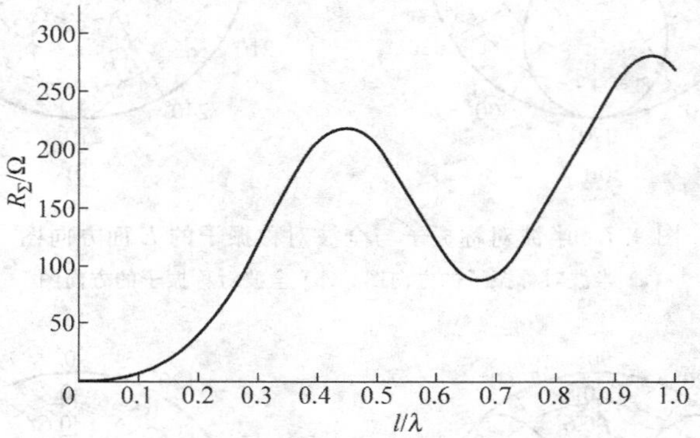

图9.9　对称振子的辐射电阻与 l/λ 的关系曲线

例9.6　试计算半波对称振子的辐射电阻和方向系数。

解：半波对称振子的长度为 $l=\frac{\lambda}{4}$，代入式(9.55)得半波对称振子的辐射功率为

$$P_{\Sigma}=30\,|I_{\mathrm{m}}|^{2}\int_{0}^{\pi}\frac{\left[\cos\left(\frac{\pi}{2}\cos\theta\right)\right]^{2}}{\sin\theta}\mathrm{d}\theta=30I_{\mathrm{m}}^{2}\times1.2188=36.564I_{\mathrm{m}}^{2}\quad(\mathrm{W})$$

上式中积分的值可以用数值法求得或查表得出。辐射电阻为

$$R_{\Sigma}=\frac{2P_{\Sigma}}{I_{\mathrm{m}}^{2}}=2\times36.564=73.128(\Omega)$$

由于半波对称振子的方向图因子为

$$f(\theta)=\frac{\cos\left(\frac{\pi}{2}\cos\theta\right)}{\sin\theta}$$

把上式代入例9.5中 D 的一般表达式中，得

$$D=\frac{4\pi}{\int_{0}^{2\pi}\int_{0}^{\pi}\left[\frac{\cos\left(\frac{\pi}{2}\cos\theta\right)}{\sin\theta}\right]^{2}\sin\theta\mathrm{d}\theta\mathrm{d}\phi}=\frac{2}{\int_{0}^{\pi}\frac{\cos^{2}\left(\frac{\pi}{2}\cos\theta\right)}{\sin\theta}\mathrm{d}\theta}=\frac{2}{1.2188}=1.64$$

对称振子天线输入阻抗的计算方法是把对称振子等效为终端开路的传输线，利用传输线阻抗公式可以计算对称振子的输入阻抗。

半径为 a、间距为 D 的平行双导线传输线，其特性阻抗为

$$Z_{0}=\frac{120}{\sqrt{\varepsilon_{\mathrm{r}}}}\ln\frac{D}{a}$$

式中，ε_{r} 为导线周围填充介质的相对介电常数。

如图 9.10 所示，在对称振子上取两线元 dz，两线元之间的距离为 $2z$，且取 $\varepsilon_r=1$，则对称振子在 z 处的特性阻抗为

$$Z_0(z)=120\ln\frac{2z}{a}$$

对称振子的平均特性阻抗为

$$\bar{Z}_0=\frac{\int_0^l Z_0(z)\mathrm{d}z}{l}$$

$$=120\left(\ln\frac{2l}{a}-1\right)\quad(\Omega)\qquad(9.57)$$

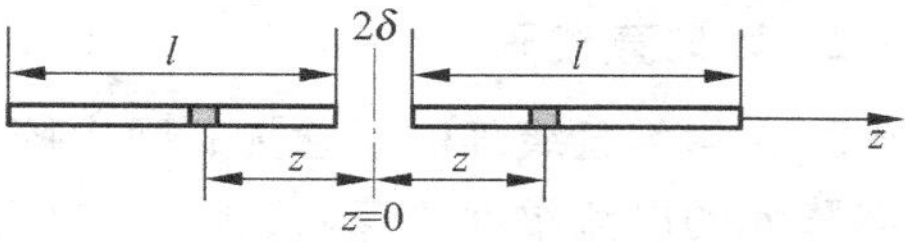

图 9.10 对称振子特性阻抗的计算

由上式可见，平均特性阻抗随 l/a 变化而变化，l 一定时，a 越大，平均特性阻抗越小。

双线传输线是传输能量的，没有辐射，而对称振子向外辐射能量，相当于具有损耗的传输线。根据传输线理论，长度为 l 的有耗传输线的输入电阻为

$$Z_{\text{in}}=\bar{Z}_0\frac{\mathrm{ch}(\alpha+\mathrm{j}\beta)z}{\mathrm{sh}(\alpha+\mathrm{j}\beta)z}=\bar{Z}_0\frac{\mathrm{sh}2\alpha l-\dfrac{\alpha}{\beta}\sin2\beta l}{\mathrm{ch}2\alpha l-\cos2\beta l}-\mathrm{j}\bar{Z}_0\frac{\dfrac{\alpha}{\beta}\mathrm{sh}2\alpha l+\sin2\beta l}{\mathrm{ch}2\alpha l-\cos2\beta l}\qquad(9.58)$$

式中，α 和 β 为对称振子上的等效衰减常数和相移常数。

9.5.2 天线阵的概念

为了增加天线的方向性或得到所需的辐射方向，采用天线阵。天线阵就是把许多辐射单元按一定方向排列所构成的辐射系统。构成天线阵的辐射单元称为阵元，而且此阵元必须是相似元或相同元，所谓相似元或相同元是指所有阵元必须结构形状相同、尺寸相同，而且排列方向也相同，即具有相同的方向图因子 $f(\theta,\phi)$。阵元可以是对称振子，也可以是其他形式的天线。

1. 二元阵与方向图乘积定理

设二元阵是由间距为 d 并沿 z 轴排列的两个相似元组成，如图 9.11 所示。相似元的电流分别为 I_1 和 I_2，且 $I_2=mI_1\mathrm{e}^{\mathrm{j}\alpha}$，式中 m 和 α 均为常数，m 为两电流的振幅比，α 为两电流的相位差。观察点 M 远离天线，可认为 r_1 与 r_2 平行，并且 $r_2=r_1-d\cos\theta$，式中 θ 为射线与阵轴之间的夹角。由于两阵元为相似元，方向图因子 $f_1(\theta)=f_2(\theta)=f(\theta)$，则两阵元在点 M 产生的场强为

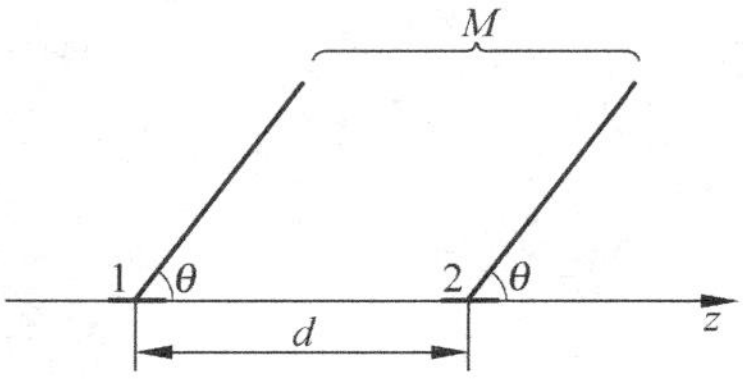

图 9.11 二元阵

$$E_1=E_{1\text{m}}f(\theta)$$

$$E_2=mE_{1\text{m}}f(\theta)\mathrm{e}^{\mathrm{j}\alpha}\cdot\mathrm{e}^{\mathrm{j}\beta d\cos\theta}$$

式中，$E_{1\text{m}}$ 为阵元 1 在最大辐射方向上场强的振幅值。

由于阵元是相似元，阵元 1 和阵元 2 在观察点 M 处的场强方向相同，即

$$E=E_1+E_2=E_{1\text{m}}f(\theta)(1+m\mathrm{e}^{\mathrm{j}\alpha}\cdot\mathrm{e}^{\mathrm{j}\beta d\cos\theta})$$

令 $\psi=\alpha+\beta d\cos\theta$，$f_{\text{a}}(\theta)=1+m\mathrm{e}^{\mathrm{j}\psi}$，则

$$E=E_{1\text{m}}f(\theta)f_{\text{a}}(\theta)=E_{1\text{m}}f_{\text{阵列}}(\theta)\qquad(9.59)$$

式中，$f(\theta)$ 为阵元单独存在时的方向图因子，也称为元因子；$f_{\text{a}}(\theta)$ 为阵因子；$f_{\text{阵列}}(\theta)$ 为天线阵的方向图因子。

由式(9.59)可得出方向图乘积定理，即由相似元构成的天线阵的方向图因子 $f_{阵列}(\theta)$ 等于阵元单独存在时的方向图因子 $f(\theta)$ 和阵因子 $f_a(\theta)$ 的乘积。

虽然方向图乘积定理是由两元阵得出的，但它同样适合多元阵。应用此定理时还应注意阵元和阵列的排列情况。

2. 均匀直线阵

N 元均匀直线阵的概念为：N 个阵元排列在一条直线上，相邻阵元的间距相等，均为 d，各阵元的电流幅度相等，相邻阵元电流的相位差均为 α，如图 9.12 所示。

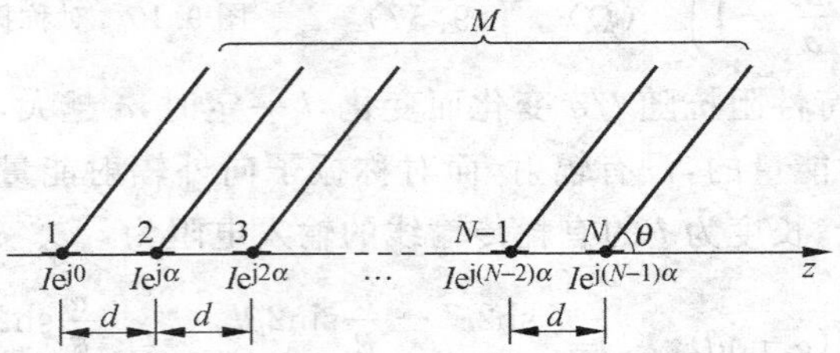

图 9.12 N 元均匀直线阵

N 元均匀直线阵在远区观察点 M 的场为

$$E=\sum_{i=1}^{N}E_i=E_1(1+e^{j\psi}+e^{j2\psi}+\cdots+e^{j(N-1)\psi})$$

式中，$\psi=\alpha+\beta d\cos\theta$；$E_1$ 为阵元 1 在 M 处产生的场强。由等比级数求和公式，上式可写为

$$E=E_1\left(\frac{1-e^{jN\psi}}{1-e^{j\psi}}\right)=E_1\left(\frac{e^{j\frac{N\psi}{2}}-e^{-j\frac{N\psi}{2}}}{e^{j\frac{\psi}{2}}-e^{-j\frac{\psi}{2}}}\right)\frac{e^{j\frac{N\psi}{2}}}{e^{j\frac{\psi}{2}}}=E_1\left[\frac{\sin\frac{N\psi}{2}}{\sin\frac{\psi}{2}}\right]e^{j\frac{1}{2}(N-1)\psi}$$

其阵因子为

$$f_a(\theta)=\frac{\sin\frac{N\psi}{2}}{\sin\frac{\psi}{2}} \tag{9.60}$$

由式(9.60)可以得出下面的结论。

(1) 主瓣方向

由

$$\frac{\mathrm{d}f_a(\theta)}{\mathrm{d}\psi}=0$$

得

$$\tan\frac{N\psi}{2}=N\tan\frac{\psi}{2}$$

此式仅当 $\psi=0$ 时成立，即 $\psi=0$ 处 $f_a(\theta)$ 有最大值。所以，均匀直线阵的场强最大值发生在 $\psi=0$ 处，即 $\alpha+\beta d\cos\theta=0$，则

$$\cos\theta_m=-\frac{\alpha}{\beta d} \tag{9.61}$$

把 $\alpha=0$ 的阵列天线称为边射阵，最大辐射方向为 $\theta_m=\pm\pi/2$，边射阵的最大辐射方向垂直

于阵轴，各阵元到观察点没有波程差，阵元电流没有相位差；把 $\alpha=\pm\beta d$ 的阵列天线称为端射阵，最大辐射方向为 θ_m 等于 0 或 π，端射阵的最大辐射方向发生在阵轴方向上，天线阵的各阵元电流沿阵轴方向依次滞后 βd。由式(9.61)可以看出，直线阵最大辐射方向随相邻阵元电流相位差 α 的变化而变化。若 α 随时间按一定规律重复变化，那么最大辐射方向也随时间按一定规律在空间往返运动，即实现了方向图扫描。把通过改变相邻阵元电流相位差来实现方向图扫描的天线阵称为相控阵。

(2) 零辐射方向

当阵因子 $f_a(\theta)=0$ 时，即 $\frac{N\psi}{2}=\pm m\pi(m=1,2,\cdots)$ 时，天线在此方向上辐射为零。已知 $\psi=\alpha+\beta d\cos\theta$，那么

$$\alpha+\beta d\cos\theta=\pm\frac{2m\pi}{N}$$

对于边射阵，$\alpha=0$，则

$$\cos\theta_0=\pm\frac{2m\pi}{N\beta d}$$

边射阵的零辐射方向为 θ_0。

对于端射阵，$\alpha=\pm\beta d$，则端射阵的零辐射方向为

$$\cos\theta_0=\pm\frac{2m\pi}{\beta dN}\mp 1$$

(3) 主瓣宽度

这里的主瓣宽度指的是前两个零辐射点之间的宽度，即零功率主瓣宽度。

对于边射阵，$\alpha=0$，$\theta_m=\frac{\pi}{2}$，那么第一个零点为

$$\cos\theta_0=\frac{2\pi}{N\beta d}$$

$\Delta\theta_0=\theta_m-\theta_0=\frac{\pi}{2}-\theta_0$，两边取正弦得

$$\sin\Delta\theta_0=\cos\theta_0=\frac{2\pi}{N\beta d}=\frac{\lambda}{Nd}$$

当 $Nd\gg\lambda$ 时，$\Delta\theta_0\approx\frac{\lambda}{Nd}$，则主瓣宽度为

$$2\Delta\theta_0\approx\frac{2\lambda}{Nd}\tag{9.62}$$

$(N-1)d$ 为均匀边射阵的长度，阵越长主瓣宽度越窄；波长越长，主瓣宽度越宽。

对于端射阵，$\alpha=-\beta d$，$\theta_m=0$，那么第一个零点为

$$\cos\theta_0=1-\frac{2\pi}{\beta dN}=1-\frac{\lambda}{Nd}$$

$\Delta\theta_0=\theta_m-\theta_0=0-\theta_0=-\theta_0$，两边取余弦得

$$\cos\Delta\theta_0=\cos\theta_0=1-\frac{\lambda}{Nd}$$

当 $\Delta\theta_0$ 较小时，$\cos\Delta\theta_0\approx1-\frac{(\Delta\theta_0)^2}{2}$，$\frac{(\Delta\theta_0)^2}{2}\approx\frac{\lambda}{Nd}$ 解得

$$\Delta\theta_0 \approx \sqrt{\frac{2\lambda}{Nd}} \tag{9.63}$$

则主瓣宽度为

$$2\Delta\theta_0 \approx 2\sqrt{\frac{2\lambda}{Nd}} \tag{9.64}$$

9.6 面天线的辐射场

已知线天线的天线体呈直线状或曲线状，天线尺寸为波长的几分之一或数个波长。与线天线不同的另一类天线是面天线，面天线的天线体是尺寸远大于工作波长的金属面，其口径尺寸也远大于工作波长，面天线也称为口径天线。线天线应用于长波、中波、短波、超短波，而面天线应用于微波波段。面天线在微波中继通信、卫星通信、电视广播及雷达、导航等无线电系统中得到了广泛应用。

9.6.1 基尔霍夫公式

首先介绍惠更斯原理。作一闭合面包围波源，这个闭合面上的任意一点的场可视为二次波源，闭合面外任意一点的场可由二次波源产生的场的叠加得到。

基尔霍夫公式是惠更斯原理的数学表达。设源被闭合面 S 包围，源在 S 上产生的标量位为 ψ(可看作电场或磁场)，闭合面外任意一点 P 处的标量位为 ψ_P，如图 9.13 所示。

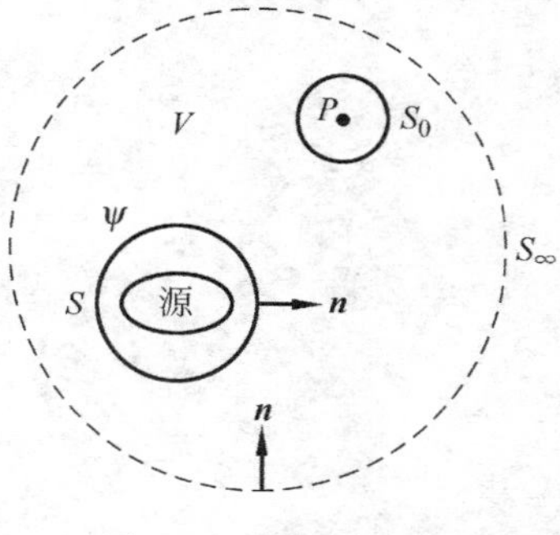

图 9.13 惠更斯原理

下面讨论怎样由 ψ 推导 ψ_P，即基尔霍夫公式。在该公式中，ψ 和 ψ_P 都是标量函数。ψ 和 ψ_P 除了表示标量位之外，还可表示矢量位或矢量场的任一坐标分量。

取无限大闭合面 S_∞ 包围空间场域，如图 9.13 所示。设 S 与 S_∞ 包围的空间为 V，V 是无源区，设 ψ 是该区域的一个标量函数，也可视为源在 S 上产生的标量位，它满足齐次亥姆霍兹方程，即

$$\nabla^2\psi + k^2\psi = 0 \tag{9.65}$$

现在，在 V 内引入另一标量位 φ，φ 也满足齐次亥姆霍兹方程，即

$$\nabla^2\varphi + k^2\varphi = 0 \tag{9.66}$$

设式(9.66)的解为 $\varphi=\frac{\mathrm{e}^{-\mathrm{j}kr}}{r}$，可以证明，此式满足方程(9.66)，其中 r 为以 P 为原点的矢径。

由式(9.65)和式(9.66)以及格林第二公式可得

$$\oint_S (\psi\,\nabla\varphi - \varphi\,\nabla\psi)\cdot \mathrm{d}\boldsymbol{S} = 0 \tag{9.67}$$

取 P 点为坐标原点，以 P 点为中心，作一半径为 a 的球面 S_0，它包围的空间为 V_0，由式(9.67)可知，在空间 $V-V_0$ 中，标量位 ψ 和 φ 满足

$$\oint_{S+S_0+S_\infty} \left(\psi\frac{\partial\varphi}{\partial n} - \varphi\frac{\partial\psi}{\partial n}\right)\mathrm{d}S = 0 \tag{9.68}$$

在无限大的球面 S_∞ 上，由于在无限远处电磁场为零，所以在 S_∞ 上的积分为零。由式(9.68)有

$$\oint_S \left(\psi \frac{\partial \varphi}{\partial n} - \varphi \frac{\partial \psi}{\partial n}\right) dS + \oint_{S_0} \left(\psi \frac{\partial \varphi}{\partial n} - \varphi \frac{\partial \psi}{\partial n}\right) dS = 0$$

由于上式第二项的积分当 $a \to 0$ 时可以证明为 $4\pi\psi_P$，而且应取负号(因为单位矢量 $\boldsymbol{e}_n$ 的方向为空间区域 $V-V_0$ 的外法线矢量)，所以

$$\psi_P = \frac{1}{4\pi}\oint_S \left(\psi \frac{\partial \varphi}{\partial n} - \varphi \frac{\partial \psi}{\partial n}\right) dS = \frac{1}{4\pi}\oint_S \left[\psi \frac{\partial}{\partial n}\left(\frac{e^{-jkr}}{r}\right) - \frac{e^{-jkr}}{r}\frac{\partial \psi}{\partial n}\right] dS \tag{9.69}$$

这就是基尔霍夫公式。

由式(9.69)可见，如果已知封闭面上的标量位和它的导数分布，就可以确定封闭面外一点的电场和磁场分量。

9.6.2 口径面的辐射场

图 9.14 是一无限大金属平板，其上开有任意形状的小孔，在 O 点放一辐射源，求孔外一点 P 的场强。

作一无限大封闭面 S，S 包围辐射源，S 面的一部分 S_0 为口径面，与孔的形状一致；另一部分 S' 与金属板一致，延伸到无限远处；剩余部分 S'' 在无限远处。为了应用基尔霍夫公式(9.69)计算 P 点的场强，必须知道 S_0、S'、S'' 上的 ψ 和 $\frac{\partial \psi}{\partial n}$。

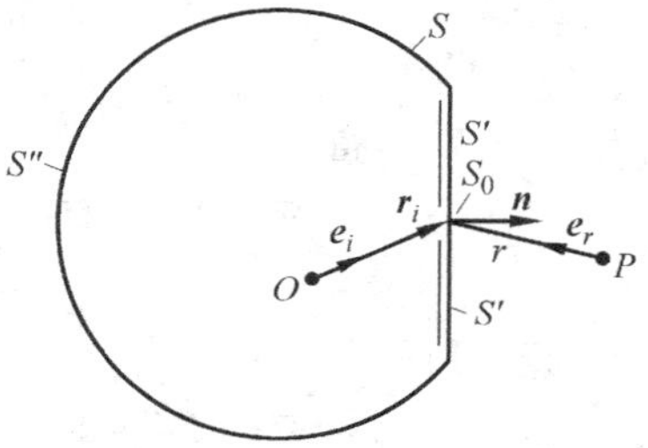

图 9.14 无限大金属平板上的口

假设口径尺寸比工作波长大得多，由于 S'' 在无限远处，可以认为它上面的 ψ 和 $\frac{\partial \psi}{\partial n}$ 为零；除口径面 S_0 的边沿外，可假设 S' 上的 ψ 和 $\frac{\partial \psi}{\partial n}$ 均为零；假设 S_0 上的 ψ 和 $\frac{\partial \psi}{\partial n}$ 就是波源在无金属板时的值。因此在应用基尔霍夫公式(9.69)时，只需在 S_0 上进行积分，即

$$\psi_P = \frac{1}{4\pi}\int_{S_0} \left[\psi_i \frac{\partial}{\partial n}\left(\frac{e^{-jkr}}{r}\right) - \frac{e^{-jkr}}{r} \cdot \frac{\partial \psi_i}{\partial n}\right] dS \tag{9.70}$$

式中，ψ_i 为口径面上入射波的场强。若 $\psi_i = A\frac{e^{-jkr_i}}{r_i}$，其中 A 为待定常数，将 ψ_i 代入式(9.70)，得

$$\psi_P = -\frac{1}{4\pi}\int_{S_0} \left[\left(A\frac{e^{-jkr_i}}{r_i}\right)\left(\frac{1}{r} + jk\right)\frac{e^{-jkr}}{r}\boldsymbol{e}_r - A\left(\frac{e^{-jkr}}{r}\right)\left(\frac{1}{r_i} + jk\right)\frac{e^{-jkr_i}}{r_i}\boldsymbol{e}_i\right] \cdot \boldsymbol{e}_n dS \tag{9.71}$$

当 r 和 r_i 比波长大得多时，$\frac{1}{r^2}$ 和 $\frac{1}{r_i^2}$ 的各项可以忽略，于是有

$$\psi_P = -\frac{jAk}{4\pi}\int_{S_0} \frac{e^{-jk(r+r_i)}}{rr_i}(\boldsymbol{e}_r - \boldsymbol{e}_i) \cdot \boldsymbol{e}_n dS \tag{9.72}$$

如果入射波是垂直于口径面的均匀平面波，$\psi_i = Ae^{-jkr_i}/r_i$ 是一常数，$\boldsymbol{e}_i \cdot \boldsymbol{e}_n = 1$，$\boldsymbol{e}_r \cdot \boldsymbol{e}_n = -\cos\theta$，那么

$$\psi_P = \frac{j\psi_i}{2\lambda}\int_{S_0} \frac{e^{-jkr}}{r}(1+\cos\theta)dS \tag{9.73}$$

如果场量在口径面的法线附近，这时 $\cos\theta\approx 1$，那么有

$$\psi_P = \frac{j\psi_i}{\lambda}\int_{S_0} \frac{e^{-jkr}}{r}dS \tag{9.74}$$

9.7 互易定理

假设电流源 $\boldsymbol{J}_1$ 占有的体积为 V_1，产生的电磁场为 $\boldsymbol{E}_1$ 和 $\boldsymbol{H}_1$，电流源 $\boldsymbol{J}_2$ 占有的体积为 V_2，产生的电磁场为 $\boldsymbol{E}_2$ 和 $\boldsymbol{H}_2$，且两电流源振荡的频率相同，除 V_1 和 V_2 之外，其余空间都是线性的，根据矢量恒等式

$$\nabla\cdot(\boldsymbol{A}\times\boldsymbol{B}) = \boldsymbol{B}\cdot(\nabla\times\boldsymbol{A}) - \boldsymbol{A}\cdot(\nabla\times\boldsymbol{B}) \tag{9.75}$$

得

$$\nabla\cdot(\boldsymbol{E}_1\times\boldsymbol{H}_2) = \boldsymbol{H}_2\cdot(\nabla\times\boldsymbol{E}_1) - \boldsymbol{E}_1\cdot(\nabla\times\boldsymbol{H}_2) \tag{9.76}$$

将麦克斯韦方程

$$\nabla\times\boldsymbol{E} = -j\omega\mu\boldsymbol{H}$$
$$\nabla\times\boldsymbol{H} = \boldsymbol{J} + j\omega\varepsilon\boldsymbol{E}$$

代入式(9.76)，得

$$\begin{aligned}\nabla\cdot(\boldsymbol{E}_1\times\boldsymbol{H}_2) &= \boldsymbol{H}_2\cdot(-j\omega\mu\boldsymbol{H}_1) - \boldsymbol{E}_1\cdot(\boldsymbol{J}_2 + j\omega\varepsilon\boldsymbol{E}_2)\\ &= -j\omega(\mu\boldsymbol{H}_2\cdot\boldsymbol{H}_1 + \varepsilon\boldsymbol{E}_2\cdot\boldsymbol{E}_1) - \boldsymbol{E}_1\cdot\boldsymbol{J}_2\end{aligned} \tag{9.77}$$

同理可得

$$\nabla\cdot(\boldsymbol{E}_2\times\boldsymbol{H}_1) = -j\omega(\mu\boldsymbol{H}_2\cdot\boldsymbol{H}_1 + \varepsilon\boldsymbol{E}_2\cdot\boldsymbol{E}_1) - \boldsymbol{E}_2\cdot\boldsymbol{J}_1 \tag{9.78}$$

将式(9.77)减去式(9.78)，可得

$$\nabla\cdot(\boldsymbol{E}_1\times\boldsymbol{H}_2 - \boldsymbol{E}_2\times\boldsymbol{H}_1) = \boldsymbol{E}_2\cdot\boldsymbol{J}_1 - \boldsymbol{E}_1\cdot\boldsymbol{J}_2 \tag{9.79}$$

将式(9.79)两边对体积 V 积分，并根据散度定理把左边的体积分改写成面积分，即

$$\oint_S(\boldsymbol{E}_1\times\boldsymbol{H}_2 - \boldsymbol{E}_2\times\boldsymbol{H}_1)\cdot\boldsymbol{e}_n dS = \int_V(\boldsymbol{E}_2\cdot\boldsymbol{J}_1 - \boldsymbol{E}_1\cdot\boldsymbol{J}_2)dV \tag{9.80}$$

式中，S 为包围空间区域 V 的封闭面；$\boldsymbol{e}_n$ 为 S 的外法向单位矢量。式(9.80)是洛伦兹互易定理的积分形式，通常称为互易定理。

1. 洛伦兹互易定理

设电流源 $\boldsymbol{J}_1$ 和 $\boldsymbol{J}_2$ 在空间区域 V 之外，则 V 为无源区，式(9.80)变为

$$\oint_S(\boldsymbol{E}_1\times\boldsymbol{H}_2 - \boldsymbol{E}_2\times\boldsymbol{H}_1)\cdot\boldsymbol{e}_n dS = 0 \tag{9.81}$$

这个公式就是洛伦兹互易定理的简化形式。

2. 卡森互易定理

当所取体积 V 为无限大时，S 为无限大的封闭面。由于在无限远处电磁场为零，所以式(9.80)的左边为零，即

$$\oint_S(\boldsymbol{E}_1\times\boldsymbol{H}_2 - \boldsymbol{E}_2\times\boldsymbol{H}_1)\cdot\boldsymbol{e}_n dS = 0$$

于是有

$$\int_V (\boldsymbol{E}_2 \cdot \boldsymbol{J}_1 - \boldsymbol{E}_1 \cdot \boldsymbol{J}_2) \mathrm{d}V = 0$$

即

$$\int_V \boldsymbol{E}_2 \cdot \boldsymbol{J}_1 \mathrm{d}V = \int_V \boldsymbol{E}_1 \cdot \boldsymbol{J}_2 \mathrm{d}V \tag{9.82}$$

$$\int_{V_1+V_2+V_3} (\boldsymbol{E}_2 \cdot \boldsymbol{J}_1 - \boldsymbol{E}_1 \cdot \boldsymbol{J}_2) \mathrm{d}V = 0$$

V_3 是除 V_1 和 V_2 的无源区，因此有

$$\int_{V_3} (\boldsymbol{E}_2 \cdot \boldsymbol{J}_1 - \boldsymbol{E}_1 \cdot \boldsymbol{J}_2) \mathrm{d}V = 0$$

于是有

$$\int_{V_1} \boldsymbol{E}_2 \cdot \boldsymbol{J}_1 \mathrm{d}V = \int_{V_2} \boldsymbol{E}_1 \cdot \boldsymbol{J}_2 \mathrm{d}V \tag{9.83}$$

式(9.83)和式(9.82)称为卡森互易定理。

下面应用卡森互易定理说明收发天线方向图的互易性。

如图 9.15 所示，在图 9.15(a)中，给天线 1 的输入端加上电压源 U_1，产生的场为 $\boldsymbol{E}_1$ 和 $\boldsymbol{H}_1$，电流体密度为 $\boldsymbol{J}_1$，电流为 I_{11}(第一个下标表示电流所在点，第二个下标表示产生这一电流的电压源所在点)；天线 2 的输入端短路，其上的电流为 I_{21}。在图 9.15(b)中，给天线 2 的输入端加上电压源 U_2，产生的场为 $\boldsymbol{E}_2$ 和 $\boldsymbol{H}_2$，电流体密度为 $\boldsymbol{J}_2$，电流为 I_{22}；天线 1 的输入端短路，其上的电流为 I_{12}。根据卡森互易定理式(9.82)，并且由于 V_3 是除 V_1 和 V_2 的无源区，有

$$\int_{V_1+V_2} \boldsymbol{E}_1 \cdot \boldsymbol{J}_2 \mathrm{d}V = \int_{V_1+V_2} \boldsymbol{E}_2 \cdot \boldsymbol{J}_1 \mathrm{d}V \tag{9.84}$$

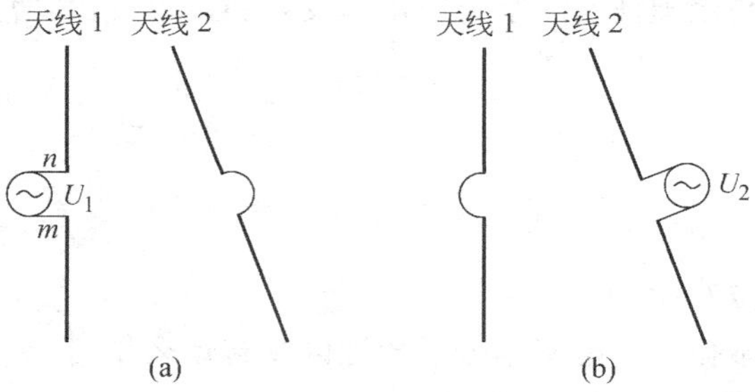

图 9.15　天线的互易性

当天线为细导线时，对于线电流有 $\boldsymbol{J}\mathrm{d}V = I\mathrm{d}\boldsymbol{l}$，式(9.84)变为

$$\int_{l_1+l_2} I_2 \boldsymbol{E}_1 \cdot \mathrm{d}\boldsymbol{l} = \int_{l_1+l_2} I_1 \boldsymbol{E}_2 \cdot \mathrm{d}\boldsymbol{l} \tag{9.85}$$

即

$$\int_{l_1} I_{12} \boldsymbol{E}_1 \cdot \mathrm{d}\boldsymbol{l}_1 + \int_{l_2} I_{22} \boldsymbol{E}_1 \cdot \mathrm{d}\boldsymbol{l}_2 = \int_{l_1} I_{11} \boldsymbol{E}_2 \cdot \mathrm{d}\boldsymbol{l}_1 + \int_{l_2} I_{21} \boldsymbol{E}_2 \cdot \mathrm{d}\boldsymbol{l}_2$$

当天线为理想导体时，其上的电场切向分量为零，则上式左边的第二项和右边的第一项为零，即

$$\int_{l_1} I_{12} \boldsymbol{E}_1 \cdot \mathrm{d}\boldsymbol{l}_1 = \int_{l_2} I_{21} \boldsymbol{E}_2 \cdot \mathrm{d}\boldsymbol{l}_2$$

在 l_1 上除输入端 m、n 外，电场的切向分量为零，即 $\int_n^m \boldsymbol{E}_1 \cdot \mathrm{d}\boldsymbol{l}_1 = U_1$。所以，上式的左边为 $I_{12}U_1$。同样右边为 $I_{21}U_2$，于是有

$$I_{12}U_1 = I_{21}U_2$$

令 $Y_{12}=\dfrac{I_{12}}{U_2}$，表示第 1 天线对第 2 天线的互导纳。$Y_{21}=\dfrac{I_{21}}{U_1}$，表示第 2 天线对第 1 天线的互导纳。则

$$Y_{12} = Y_{21} \tag{9.86}$$

如果让天线 1 作发射天线，即给天线 1 加上电压 U_1，天线 2 作接收天线，测得天线 2 的短路电流为 I_{21}，则当天线 2 在以天线 1 为中心的球面上移动时，I_{21} 的大小应正比于天线 1 的发射方向图因子 $f_{发}(\theta,\phi)$，即

$$I_{21} = Y_{21}U_1 = K_1 f_{发}(\theta,\phi),\quad Y_{21} = \frac{K_1}{U_1} f_{发}(\theta,\phi) \tag{9.87}$$

如果让天线 2 作发射天线，即给天线 2 加上电压 U_2，天线 1 作接收天线，测得天线 1 的短路电流为 I_{12}，则当天线 2 在以天线 1 为中心的球面上移动时，天线 1 上的电流 I_{12} 的大小应正比于天线 1 的接收方向图因子 $f_{收}(\theta,\phi)$，即

$$I_{12} = Y_{12}U_2 = K_2 f_{收}(\theta,\phi),\quad Y_{12} = \frac{K_2}{U_2} f_{收}(\theta,\phi) \tag{9.88}$$

根据式(9.86)，且令 $\dfrac{K_1}{U_1}=\dfrac{K_2}{U_2}$，于是有

$$f_{收}(\theta,\phi) = f_{发}(\theta,\phi) \tag{9.89}$$

上式表明，天线 1 用作发射天线与用作接收天线时的方向图因子相同。

同样，还可以用互易定理证明一个天线用作发射和接收时，其增益和输入阻抗都相同。

习题

9.1 天线具有哪些功能？

9.2 什么是滞后位？

9.3 什么是电基本振子？电基本振子的近区场与什么相同，有没有能量向外辐射？远区场有没有能量向外辐射？远区场有哪些特点？

9.4 什么是天线的方向图因子？写出电基本振子的方向图因子。

9.5 什么是方向图？什么是 H 面方向图？什么是 E 面方向图？画出电基本振子的 H 面方向图和 E 面方向图。

9.6 什么是磁基本振子？写出磁基本振子的远区辐射场，磁基本振子的远区辐射场有哪些特点？绘出磁基本振子的 H 面方向图和 E 面方向图，与电基本振子相比有什么不同？

9.7 计算电基本振子和磁基本振子的辐射功率和辐射电阻。

9.8 什么是对偶原理？写出电与磁的对偶关系。

9.9 天线的电参数有哪些？是怎样定义的？

9.10 什么是对称振子天线？写出对称振子天线的场强表达式，并求 E 面方向图因子。

9.11　什么是电长度？什么是半波对称振子？什么是全波对称振子？试求半波对称振子和全波对称振子的方向图因子，以及对称振子的辐射功率及辐射电阻。

9.12　自由空间中距半波天线侧面 15km 处电场强度的幅值为 0.1V/m。若工作频率为 100MHz，试求天线长度和总辐射功率，同时在时域写出其电场和磁场强度的一般表达式。

9.13　什么是天线阵？为什么要使用天线阵？

9.14　什么是相似元？什么是阵元？构成阵元的天线有哪些？

9.15　什么是方向图乘积定理？

9.16　自由空间中频率为 1GHz、长度为 $\lambda/10$ 的短天线。若其铜导线直径为 1.02mm，求天线效率。

9.17　什么是均匀直线阵？写出 N 元均匀直线阵在远区观察点的场。

9.18　什么是边射阵、端射阵、相控阵？

9.19　什么是面天线？简单说明面天线的应用。

9.20　什么是惠更斯原理？写出惠更斯原理的数学表达式，并解释其物理意义。

9.21　什么是洛伦兹互易定理？什么是卡森互易定理？

9.22　简单说明为什么天线作发射和接收时的方向图因子相同。

附录A 常用矢量公式

1. 矢量恒等式

(1) 和与积

① $\boldsymbol{A}+\boldsymbol{B}=\boldsymbol{B}+\boldsymbol{A}$

② $\boldsymbol{A}\cdot\boldsymbol{B}=\boldsymbol{B}\cdot\boldsymbol{A}$

③ $\boldsymbol{A}\cdot\boldsymbol{A}=|\boldsymbol{A}|^2$

④ $\boldsymbol{A}\times\boldsymbol{B}=-(\boldsymbol{B}\times\boldsymbol{A})$

⑤ $(\boldsymbol{A}+\boldsymbol{B})\cdot\boldsymbol{C}=\boldsymbol{A}\cdot\boldsymbol{C}+\boldsymbol{B}\cdot\boldsymbol{C}$

⑥ $\boldsymbol{A}\times(\boldsymbol{B}+\boldsymbol{C})=\boldsymbol{A}\times\boldsymbol{B}+\boldsymbol{A}\times\boldsymbol{C}$

⑦ $\boldsymbol{A}\cdot\boldsymbol{B}\times\boldsymbol{C}=\boldsymbol{B}\cdot\boldsymbol{C}\times\boldsymbol{A}=\boldsymbol{C}\cdot\boldsymbol{A}\times\boldsymbol{B}$

⑧ $\boldsymbol{A}\times(\boldsymbol{B}\times\boldsymbol{C})=(\boldsymbol{A}\cdot\boldsymbol{C})\boldsymbol{B}-(\boldsymbol{A}\cdot\boldsymbol{B})\boldsymbol{C}$

(2) 微分

① $\nabla(u\pm v)=\nabla u\pm\nabla v$

② $\nabla(uv)=u\,\nabla v+v\,\nabla u$

③ $\nabla\cdot(\boldsymbol{A}\pm\boldsymbol{B})=\nabla\cdot\boldsymbol{A}\pm\nabla\cdot\boldsymbol{B}$

④ $\nabla\times(\boldsymbol{A}\pm\boldsymbol{B})=\nabla\times\boldsymbol{A}\pm\nabla\times\boldsymbol{B}$

⑤ $\nabla\cdot(u\boldsymbol{A})=u\,\nabla\cdot\boldsymbol{A}+\nabla u\cdot\boldsymbol{A}$

⑥ $\nabla\times(u\boldsymbol{A})=u\,\nabla\times\boldsymbol{A}+\nabla u\times\boldsymbol{A}$

⑦ $\nabla\cdot(\nabla\times\boldsymbol{A})=0$

⑧ $\nabla\times(\nabla u)=\boldsymbol{0}$

⑨ $\nabla(\boldsymbol{A}\cdot\boldsymbol{B})=\boldsymbol{A}\times(\nabla\times\boldsymbol{B})+(\boldsymbol{A}\cdot\nabla)\boldsymbol{B}+\boldsymbol{B}\times(\nabla\times\boldsymbol{A})+(\boldsymbol{B}\cdot\nabla)\boldsymbol{A}$

⑩ $\nabla\cdot(\boldsymbol{A}\times\boldsymbol{B})=\boldsymbol{B}\cdot(\nabla\times\boldsymbol{A})-\boldsymbol{A}\cdot(\nabla\times\boldsymbol{B})$

⑪ $\nabla\times(\boldsymbol{A}\times\boldsymbol{B})=(\boldsymbol{B}\cdot\nabla)\boldsymbol{A}-(\boldsymbol{A}\cdot\nabla)\boldsymbol{B}-\boldsymbol{B}(\nabla\cdot\boldsymbol{A})+\boldsymbol{A}(\nabla\cdot\boldsymbol{B})$

⑫ $\nabla\times(\nabla\times\boldsymbol{A})=\nabla(\nabla\cdot\boldsymbol{A})-\Delta\boldsymbol{A}$

⑬ $\nabla r=\dfrac{\boldsymbol{r}}{r}=\boldsymbol{e}_r$

⑭ $\nabla\times\boldsymbol{r}=\boldsymbol{0}$

⑮ $\nabla\times[r^{-3}\boldsymbol{r}]=\boldsymbol{0}$，　$\nabla\cdot[r^{-3}\boldsymbol{r}]=0\quad(r\neq0)$

(3) 积分

① $\oint_S \boldsymbol{A}\cdot \mathrm{d}\boldsymbol{S}=\int_V(\nabla\cdot\boldsymbol{A})\mathrm{d}V$

② $\oint_l \boldsymbol{A}\cdot \mathrm{d}\boldsymbol{l}=\int_S(\nabla\times\boldsymbol{A})\cdot\mathrm{d}\boldsymbol{S}$

③ $\oint_S \boldsymbol{A}\times \mathrm{d}\boldsymbol{S}=-\int_V(\nabla\times\boldsymbol{A})\mathrm{d}V$

④ $\oint_S u\,\mathrm{d}\boldsymbol{S}=\int_V \nabla u\,\mathrm{d}V$

⑤ $\oint_l u\,\mathrm{d}\boldsymbol{l}=-\int_S \nabla u\times\mathrm{d}\boldsymbol{S}$

2. 矢量微分算子

(1) 直角坐标系

① $\nabla u=\frac{\partial u}{\partial x}\boldsymbol{e}_x+\frac{\partial u}{\partial y}\boldsymbol{e}_y+\frac{\partial u}{\partial z}\boldsymbol{e}_z$

② $\nabla\cdot\boldsymbol{A}=\frac{\partial A_x}{\partial x}+\frac{\partial A_y}{\partial y}+\frac{\partial A_z}{\partial z}$

③ $$\nabla\times\boldsymbol{A}=\begin{vmatrix}\boldsymbol{e}_x & \boldsymbol{e}_y & \boldsymbol{e}_z\\ \frac{\partial}{\partial x} & \frac{\partial}{\partial y} & \frac{\partial}{\partial z}\\ A_x & A_y & A_z\end{vmatrix}=\left(\frac{\partial A_z}{\partial y}-\frac{\partial A_y}{\partial z}\right)\boldsymbol{e}_x+\left(\frac{\partial A_x}{\partial z}-\frac{\partial A_z}{\partial x}\right)\boldsymbol{e}_y+\left(\frac{\partial A_y}{\partial x}-\frac{\partial A_x}{\partial y}\right)\boldsymbol{e}_z$$

④ $\Delta u=\nabla^2 u=\frac{\partial^2 u}{\partial x^2}+\frac{\partial^2 u}{\partial y^2}+\frac{\partial^2 u}{\partial z^2}$

(2) 柱面坐标系

① $\nabla u=\frac{\partial u}{\partial \rho}\boldsymbol{e}_\rho+\frac{1}{\rho}\frac{\partial u}{\partial \phi}\boldsymbol{e}_\phi+\frac{\partial u}{\partial z}\boldsymbol{e}_z$

② $\nabla\cdot\boldsymbol{A}=\frac{1}{\rho}\left[\frac{\partial(\rho A_\rho)}{\partial \rho}+\frac{\partial A_\phi}{\partial \phi}+\frac{\partial(\rho A_z)}{\partial z}\right]$

③ $$\nabla\times\boldsymbol{A}=\frac{1}{\rho}\begin{vmatrix}\boldsymbol{e}_\rho & \rho\boldsymbol{e}_\phi & \boldsymbol{e}_z\\ \frac{\partial}{\partial \rho} & \frac{\partial}{\partial \phi} & \frac{\partial}{\partial z}\\ A_\rho & \rho A_\phi & A_z\end{vmatrix}$$

$$=\left[\frac{1}{\rho}\cdot\frac{\partial A_z}{\partial \phi}-\frac{\partial A_\phi}{\partial z}\right]\boldsymbol{e}_\rho+\left[\frac{\partial A_\rho}{\partial z}-\frac{\partial A_z}{\partial \rho}\right]\boldsymbol{e}_\phi+\frac{1}{\rho}\left[\frac{\partial(\rho A_\phi)}{\partial \rho}-\frac{\partial A_\rho}{\partial \phi}\right]\boldsymbol{e}_z$$

④ $\Delta u=\nabla^2 u=\frac{1}{\rho}\left[\frac{\partial}{\partial \rho}\left(\rho\frac{\partial u}{\partial \rho}\right)+\frac{\partial}{\partial \phi}\left(\frac{1}{\rho}\cdot\frac{\partial u}{\partial \phi}\right)+\frac{\partial}{\partial z}\left(\rho\frac{\partial u}{\partial z}\right)\right]$

(3) 球面坐标系

① $\nabla u=\frac{\partial u}{\partial r}\boldsymbol{e}_r+\frac{1}{r}\cdot\frac{\partial u}{\partial \theta}\boldsymbol{e}_\theta+\frac{1}{r\sin\theta}\cdot\frac{\partial u}{\partial \phi}\boldsymbol{e}_\phi$

② $\nabla\cdot\boldsymbol{A}=\frac{1}{r^2\sin\theta}\left[\sin\theta\frac{\partial(r^2A_r)}{\partial r}+r\frac{\partial(\sin\theta A_\theta)}{\partial \theta}+r\frac{\partial A_\phi}{\partial \phi}\right]$

③ $\nabla\times\boldsymbol{A}=\frac{1}{r^2\sin\theta}\begin{vmatrix}\boldsymbol{e}_r & r\boldsymbol{e}_\theta & r\sin\theta\boldsymbol{e}_\phi\\ \frac{\partial}{\partial r} & \frac{\partial}{\partial\theta} & \frac{\partial}{\partial\phi}\\ A_r & rA_\theta & r\sin\theta A_\phi\end{vmatrix}$

$$=\frac{1}{r\sin\theta}\left[\frac{\partial(\sin\theta A_\phi)}{\partial\theta}-\frac{\partial A_\theta}{\partial\phi}\right]\boldsymbol{e}_r+\frac{1}{r}\left[\frac{1}{\sin\theta}\cdot\frac{\partial A_r}{\partial\phi}-\frac{\partial(rA_\phi)}{\partial r}\right]\boldsymbol{e}_\theta$$

$$+\frac{1}{r}\left[\frac{\partial(rA_\theta)}{\partial r}-\frac{\partial A_r}{\partial\theta}\right]\boldsymbol{e}_\phi$$

④ $\Delta u=\nabla^2 u=\frac{1}{r^2\sin\theta}\left[\sin\theta\frac{\partial}{\partial r}\left(r^2\frac{\partial u}{\partial r}\right)+\frac{\partial}{\partial\theta}\left(\sin\theta\frac{\partial u}{\partial\theta}\right)+\frac{1}{\sin\theta}\cdot\frac{\partial^2 u}{\partial\phi^2}\right]$

3. 坐标变换

附表 A-1　直角坐标与柱面坐标的坐标变换

	$\boldsymbol{e}_x$	$\boldsymbol{e}_y$	$\boldsymbol{e}_z$
$\boldsymbol{e}_\rho$	$\cos\phi$	$\sin\phi$	0
$\boldsymbol{e}_\phi$	$-\sin\phi$	$\cos\phi$	0
$\boldsymbol{e}_z$	0	0	1

附表 A-2　直角坐标与球面坐标的坐标变换

	$\boldsymbol{e}_x$	$\boldsymbol{e}_y$	$\boldsymbol{e}_z$
$\boldsymbol{e}_r$	$\sin\theta\cos\phi$	$\sin\theta\sin\phi$	$\cos\theta$
$\boldsymbol{e}_\theta$	$\cos\theta\cos\phi$	$\cos\theta\sin\phi$	$-\sin\theta$
$\boldsymbol{e}_\phi$	$-\sin\phi$	$\cos\phi$	0

附表 A-3　柱面坐标与球面坐标的坐标变换

	$\boldsymbol{e}_\rho$	$\boldsymbol{e}_\phi$	$\boldsymbol{e}_z$
$\boldsymbol{e}_r$	$\sin\theta$	0	$\cos\theta$
$\boldsymbol{e}_\theta$	$\cos\theta$	0	$-\sin\theta$
$\boldsymbol{e}_\phi$	0	1	0

4. 3 种坐标系中的微分元

附表 A-4　直角、柱面和球面坐标系中长、面、体的微分元

微分元	直角坐标系	柱面坐标系	球面坐标系
长 $\mathrm{d}\boldsymbol{l}$	$\mathrm{d}x\boldsymbol{e}_x+\mathrm{d}y\boldsymbol{e}_y+\mathrm{d}z\boldsymbol{e}_z$	$\mathrm{d}\rho\boldsymbol{e}_\rho+\rho\mathrm{d}\phi\boldsymbol{e}_\phi+\mathrm{d}z\boldsymbol{e}_z$	$\mathrm{d}r\boldsymbol{e}_r+r\mathrm{d}\theta\boldsymbol{e}_\theta+r\sin\theta\mathrm{d}\phi\boldsymbol{e}_\phi$
	$\mathrm{d}\boldsymbol{S}_x=\mathrm{d}y\mathrm{d}z\boldsymbol{e}_x$	$\mathrm{d}\boldsymbol{S}_\rho=\rho\mathrm{d}\phi\mathrm{d}z\boldsymbol{e}_\rho$	$\mathrm{d}\boldsymbol{S}_r=r^2\sin\theta\mathrm{d}\theta\mathrm{d}\phi\boldsymbol{e}_r$
面 $\mathrm{d}\boldsymbol{S}$	$\mathrm{d}\boldsymbol{S}_y=\mathrm{d}x\mathrm{d}z\boldsymbol{e}_y$	$\mathrm{d}\boldsymbol{S}_\phi=\mathrm{d}\rho\mathrm{d}z\boldsymbol{e}_\phi$	$\mathrm{d}\boldsymbol{S}_\theta=r\sin\theta\mathrm{d}r\mathrm{d}\phi\boldsymbol{e}_\theta$
	$\mathrm{d}\boldsymbol{S}_z=\mathrm{d}x\mathrm{d}y\boldsymbol{e}_z$	$\mathrm{d}\boldsymbol{S}_z=\rho\mathrm{d}\rho\mathrm{d}\phi\boldsymbol{e}_z$	$\mathrm{d}\boldsymbol{S}_\phi=r\mathrm{d}r\mathrm{d}\theta\boldsymbol{e}_\phi$
体 $\mathrm{d}V$	$\mathrm{d}x\mathrm{d}y\mathrm{d}z$	$\rho\mathrm{d}\rho\mathrm{d}\phi\mathrm{d}z$	$r^2\sin\theta\mathrm{d}r\mathrm{d}\theta\mathrm{d}\phi$

附录B

常用数学公式

1. 三角函数

(1) 和差

$$\sin(\alpha\pm\beta)=\sin\alpha\cos\beta\pm\cos\alpha\sin\beta$$

$$\cos(\alpha\pm\beta)=\cos\alpha\cos\beta\mp\sin\alpha\sin\beta$$

$$\tan(\alpha\pm\beta)=\frac{\tan\alpha\pm\tan\beta}{1\mp\tan\alpha\tan\beta}$$

$$1+\tan^2\alpha=\sec^2\alpha$$

$$1+\cot^2\alpha=\csc^2\alpha$$

$$\sin^2\alpha+\cos^2\alpha=1$$

$$e^{\pm j\alpha}=\cos\alpha\pm j\sin\alpha$$

$$(\cos\alpha\pm j\sin\alpha)^n=\cos n\alpha\pm j\sin n\alpha$$

(2) 和差化积

$$\sin\alpha\pm\sin\beta=2\sin\frac{\alpha\pm\beta}{2}\cos\frac{\alpha\mp\beta}{2}$$

$$\cos\alpha+\cos\beta=2\cos\frac{\alpha+\beta}{2}\cos\frac{\alpha-\beta}{2}$$

$$\cos\alpha-\cos\beta=-2\sin\frac{\alpha+\beta}{2}\sin\frac{\alpha-\beta}{2}$$

(3) 积化和差

$$2\sin\alpha\cos\beta=\sin(\alpha+\beta)+\sin(\alpha-\beta)$$

$$2\cos\alpha\sin\beta=\sin(\alpha+\beta)-\sin(\alpha-\beta)$$

$$2\cos\alpha\cos\beta=\cos(\alpha+\beta)+\cos(\alpha-\beta)$$

$$2\sin\alpha\sin\beta=-\cos(\alpha+\beta)+\cos(\alpha-\beta)$$

(4) 倍角

$$\sin2\alpha=2\sin\alpha\cos\alpha$$

$$\cos2\alpha=\cos^2\alpha-\sin^2\alpha=2\cos^2\alpha-1=1-2\sin^2\alpha$$

$$\tan2\alpha=\frac{2\tan\alpha}{1-\tan^2\alpha}$$

$$\sin 3\alpha = 3\sin\alpha - 4\sin^3\alpha$$

$$\cos 3\alpha = 4\cos^3\alpha - 3\cos\alpha$$

$$\cos n\alpha = \cos^n\alpha - \frac{n(n-1)}{2!}\cos^{n-2}\alpha\sin^2\alpha + \frac{n(n-1)(n-2)(n-3)}{4!}\cos^{n-4}\alpha\sin^4\alpha + \cdots$$

(5) 半角

$$\sin\frac{\alpha}{2} = \pm\sqrt{\frac{1-\cos\alpha}{2}}$$

$$\cos\frac{\alpha}{2} = \pm\sqrt{\frac{1+\cos\alpha}{2}}$$

$$\tan\frac{\alpha}{2} = \pm\sqrt{\frac{1-\cos\alpha}{1+\cos\alpha}} = \frac{\sin\alpha}{1+\cos\alpha} = \frac{1-\cos\alpha}{\sin\alpha}$$

$$\tan\frac{\alpha+\beta}{2} = \frac{\sin\alpha+\sin\beta}{\cos\alpha+\cos\beta}$$

(6) 级数

$$\sin\alpha = \frac{e^{j\alpha}-e^{-j\alpha}}{2j} = \alpha - \frac{\alpha^3}{3!} + \frac{\alpha^5}{5!} - \frac{\alpha^7}{7!} + \cdots$$

$$\cos\alpha = \frac{e^{j\alpha}+e^{-j\alpha}}{2} = 1 - \frac{\alpha^2}{2!} + \frac{\alpha^4}{4!} - \frac{\alpha^6}{6!} + \cdots$$

$$\tan\alpha = \frac{e^{j\alpha}-e^{-j\alpha}}{j(e^{j\alpha}+e^{-j\alpha})} = \alpha + \frac{\alpha^3}{3} + \frac{2\alpha^5}{15} + \frac{17\alpha^7}{315} + \frac{62\alpha^9}{2835} + \cdots$$

(7) 反三角函数

$$\arccos x = \frac{\pi}{2} - \arcsin x$$

$$\arctan x = \arcsin\frac{x}{\sqrt{1+x^2}} = \arccos\frac{1}{\sqrt{1+x^2}}$$

$$\arcsin(-x) = -\arcsin x$$

$$\arccos(-x) = \pi - \arccos x$$

$$\arctan(-x) = -\arctan x$$

2. 双曲函数

(1) 和差

$$\mathrm{sh}(\alpha\pm\beta) = \mathrm{sh}\alpha\,\mathrm{ch}\beta \pm \mathrm{ch}\alpha\,\mathrm{sh}\beta$$

$$\mathrm{ch}(\alpha\pm\beta) = \mathrm{ch}\alpha\,\mathrm{ch}\beta \pm \mathrm{sh}\alpha\,\mathrm{sh}\beta$$

$$\mathrm{th}(\alpha\pm\beta) = \frac{\mathrm{th}\alpha \pm \mathrm{th}\beta}{1 \pm \mathrm{th}\alpha\,\mathrm{th}\beta}$$

$$\mathrm{ch}^2\alpha - \mathrm{sh}^2\alpha = 1$$

$$\mathrm{th}^2\alpha + \mathrm{sech}^2\alpha = 1$$

$$(\mathrm{ch}\alpha \pm \mathrm{sh}\alpha)^n = \mathrm{ch}n\alpha \pm \mathrm{sh}n\alpha$$

(2) 倍角

$$\mathrm{sh}2\alpha = 2\mathrm{sh}\alpha\,\mathrm{ch}\alpha$$

$$\mathrm{ch}2\alpha = \mathrm{ch}^2\alpha + \mathrm{sh}^2\alpha = 2\mathrm{ch}^2\alpha - 1 = 1 + 2\mathrm{sh}^2\alpha$$

$$\mathrm{th}2\alpha=\frac{2\mathrm{th}\alpha}{1+\mathrm{th}^2\alpha}$$

$$\mathrm{sh}3\alpha=4\mathrm{sh}^3\alpha+3\mathrm{sh}\alpha$$

$$\mathrm{ch}3\alpha=4\mathrm{ch}^3\alpha-3\mathrm{ch}\alpha$$

(3) 半角

$$\mathrm{sh}\,\frac{\alpha}{2}=\pm\sqrt{\frac{\mathrm{ch}\alpha-1}{2}}$$

$$\mathrm{ch}\,\frac{\alpha}{2}=\sqrt{\frac{\mathrm{ch}\alpha+1}{2}}$$

$$\mathrm{th}\,\frac{\alpha}{2}=\frac{\mathrm{sh}\alpha}{\mathrm{ch}\alpha+1}=\frac{\mathrm{ch}\alpha-1}{\mathrm{sh}\alpha}$$

(4) 用三角函数表示

$$\mathrm{shj}\alpha=\mathrm{j}\sin\alpha$$

$$\mathrm{chj}\alpha=\cos\alpha$$

$$\mathrm{thj}\alpha=\mathrm{j}\tan\alpha$$

$$\sin\mathrm{j}\alpha=\mathrm{jsh}\alpha$$

$$\cos\mathrm{j}\alpha=\mathrm{ch}\alpha$$

$$\tan\mathrm{j}\alpha=\mathrm{jth}\alpha$$

(5) 级数

$$\mathrm{sh}\alpha=\frac{\mathrm{e}^{\alpha}-\mathrm{e}^{-\alpha}}{2}=\alpha+\frac{\alpha^3}{3!}+\frac{\alpha^5}{5!}+\frac{\alpha^7}{7!}+\cdots$$

$$\mathrm{ch}\alpha=\frac{\mathrm{e}^{\alpha}+\mathrm{e}^{-\alpha}}{2}=1+\frac{\alpha^2}{2!}+\frac{\alpha^4}{4!}+\frac{\alpha^6}{6!}+\cdots$$

$$\mathrm{th}\alpha=\frac{\mathrm{e}^{\alpha}-\mathrm{e}^{-\alpha}}{\mathrm{e}^{\alpha}+\mathrm{e}^{-\alpha}}=\alpha-\frac{\alpha^3}{3}+\frac{2\alpha^5}{15}-\frac{17\alpha^7}{315}+\frac{62\alpha^9}{2835}+\cdots$$

$$\mathrm{e}^{\pm\alpha}=\mathrm{ch}\alpha\pm\mathrm{sh}\alpha=1\pm\alpha+\frac{\alpha^2}{2!}\pm\frac{\alpha^3}{3!}+\frac{\alpha^4}{4!}\pm\frac{\alpha^5}{5!}+\cdots$$

(6) 反双曲函数

$$\mathrm{arcsh}x=\pm\mathrm{arcch}\sqrt{x^2+1}$$

$$\mathrm{arcch}x=\pm\mathrm{arcsh}\sqrt{x^2-1}$$

$$\mathrm{arcsh}x=\ln(x+\sqrt{x^2+1})$$

$$\mathrm{arcch}x=\ln(x+\sqrt{x^2-1})$$

3. 对数

$$\lg x=\log_{10}x=(\log_{\mathrm{e}}x)\log_{10}\mathrm{e}=0.434294\ln x$$

$$\ln x=\log_{\mathrm{e}}x=(\log_{10}x)\log_{\mathrm{e}}10=2.302585\lg x$$

$$\mathrm{dB}(\text{分贝})=10\lg\frac{P_2}{P_1}=20\lg\frac{E_2}{E_1}$$

$$\mathrm{Np}(\text{奈比})=10\ln\frac{E_2}{E_1}$$

$$x(\mathrm{dB})=0.115x(\mathrm{Np})$$

$y(\mathrm{Np})=8.686y(\mathrm{dB})$

4. 级数

(1) 等差级数

$$a_1+(a_1+d)+(a_1+2d)+\cdots+[a_1+(n-1)d]=na_1+\frac{n(n-1)}{2}d$$

(2) 等比级数

$$a_1+a_1q+a_1q^2+\cdots+a_1q^{n-1}=\frac{a_1-a_1q^n}{1-q}$$

(3) 幂级数

$$(1\pm x)^n=1\pm nx+\frac{n(n-1)}{2!}x^2\pm\frac{n(n-1)(n-2)}{3!}x^3+\cdots$$

$$+(\pm 1)^i\frac{n(n-1)(n-2)\cdots(n-i+1)}{i!}x^i+\cdots\quad(x\leqslant 1)$$

$$\frac{1}{1\pm x}=1\mp x+x^2\mp x^3+x^4\mp\cdots\quad(|x|<1)$$

$$\sqrt{1\pm x}=1\pm\frac{1}{2}x-\frac{1}{2\cdot 4}x^2\pm\frac{1\cdot 3}{2\cdot 4\cdot 6}x^3-\frac{1\cdot 3\cdot 5}{2\cdot 4\cdot 6\cdot 8}x^4\pm\cdots\quad(|x|\leqslant 1)$$

$$\frac{1}{\sqrt{1\pm x}}=1\mp\frac{1}{2}x+\frac{1\cdot 3}{2\cdot 4}x^2\mp\frac{1\cdot 3\cdot 5}{2\cdot 4\cdot 6}x^3+\frac{1\cdot 3\cdot 5\cdot 7}{2\cdot 4\cdot 6\cdot 8}x^4\mp\cdots\quad(|x|<1)$$

(4) 泰勒级数

$$f(x)=f(x_0)+f'(x_0)(x-x_0)+\frac{f''(x_0)}{2!}(x-x_0)^2+\cdots+\frac{f^{(n)}(x_0)}{n!}(x-x_0)^n+\cdots$$

附录C

量和单位

量的符号	量的名称	单位名称	单位英文名称	单位符号
$\boldsymbol{A}$	矢量磁位	韦伯/米	Weber per metre	Wb/m
$\boldsymbol{B}$	磁感应强度	特斯拉	Tesla	T
C	电容	法拉	Farad	F
$\boldsymbol{D}$	电位移矢量	库仑/米^2	Coulomb per square metre	C/m^2
D	方向性系数	(无量纲)	—	—
$\boldsymbol{E}$	电场强度	伏特/米	Volt per metre	V/m
$\mathscr{E}$	电动势	伏特	Volt	V
$\boldsymbol{F}$	力	牛顿	Newton	N
f	频率	赫兹	Hertz	Hz
G	电导	西门子	Siemens	S
$\boldsymbol{H}$	磁场强度	安培/米	Ampere per metre	A/m
I	电流强度	安培	Ampere	A
$\boldsymbol{J}$	电流密度	安培/米^2	Ampere per cubic metre	A/m^2
k	波数	弧度/米	radian per metre	rad/m
L	电感	亨利	Henry	H
$\boldsymbol{M}$	磁化强度	安培/米	Ampere per metre	A/m
M	互感	亨利	Henry	H
n	折射率	(无量纲)	—	—
$\boldsymbol{P}$	极化强度	库仑/米^2	Coulomb per squart metre	C/m^2
P	功率	瓦特	Watt	W
$\boldsymbol{p}$	电偶极矩	库仑·米	Coulomb metre	C·m
Q	品质因数	(无量纲)	—	—
q	电荷量	库仑	Coulomb	C

续表

量的符号	量的名称	单位名称	单位英文名称	单位符号
R	电阻	欧姆	Ohm	Ω
$\boldsymbol{r}$	矢径	米	metre	m
$\boldsymbol{S}$	坡印廷矢量	瓦特/米^2	Watt per squart metre	W/m^2
S	面积	米^2	squart metre	m^2
$\boldsymbol{T}$	力矩	牛顿·米	Newton metre	N·m
T	周期	秒	second	s
T	透射系数	(无量纲)	—	—
t	时间	秒	second	s
U	电压	伏特	Volt	V
V	体积	米^3	cubic metre	m^3
$\boldsymbol{v}$	速度	米/秒	metreper second	m/s
$\boldsymbol{W}$	功、能量	焦耳	Joule	J
w	能量密度	焦耳/米^3	Joule per cubic metre	J /m^3
X	电抗	欧姆	Ohm	Ω
Y	导纳	西门子	Siemens	S
Z	阻抗	欧姆	Ohm	Ω
α	衰减常数	奈比/米	Neper per metre	Np/m
β	相位常数	弧度/米	radian per metre	rad/m
ε	介电常数	法拉/米	Farad per metre	F/m
λ	波长	米	metre	m
φ	电位	伏特	Volt	V
Γ	反射系数	(无量纲)	—	—
σ	电导率	西门子/米	Siemens per metre	S/m
η	波阻抗	欧姆	Ohm	Ω
Φ_e	电通量	库仑	Coulomb	C
Φ_m	磁通量	韦伯	Weber	Wb
Ψ	磁链	韦伯	Weber	Wb
ρ	电荷体密度	库仑/米^3	Coulomb per cubic metre	C/m^3
ρ_s	电荷面密度	库仑/米^2	Coulomb per square metre	C/m^2
ρ_l	电荷线密度	库仑/米	Coulomb per metre	C/m
μ	磁导率	亨利/米	Henry per metre	H/m
ω	角频率	弧度/秒	radianper second	rad/s

附录D

通信波段与传输媒质

频率范围	波长	符号	传输媒质	用途
3Hz～30kHz	10^8～10^4m	甚低频 VLF	有线线对、长波无线电	音频、电话、数据终端长距离导航、时标
30～300kHz	10^4～10^3m	低频 LF	有线线对、长波无线电	导航、信标、电力线通信
300kHz～3MHz	10^3～10^2m	中频 MF	同轴电缆、短波无线电	调幅广播、移动陆地通信、业余无线电
3～30MHz	10^2～10m	高频 HF	同轴电缆、短波无线电	移动无线电话、短波广播定点军用通信、业余无线电
30～300MHz	10～1m	甚高频 VHF	同轴电缆、米波无线电	电视、调频广播、空中管制、车辆、通信、导航
300MHz～3GHz	100～10cm	特高频 UHF	波导、分米波无线电	电视、空间遥测、雷达导航、点对点通信、移动通信
3～30GHz	10～1cm	超高频 SHF	波导、厘米波无线电	微波接力、卫星和空间通信、雷达
30～300GHz	10～1mm	极高频 EHF	波导、毫米波无线电	雷达、微波接力、射电天文学
10^5～10^7GHz	3×10^{-4}～3×10^{-6}cm	紫外、可见光、红外	光纤、激光空间传播	光通信

参 考 文 献

[1] 马海武．电磁场与电磁波[M]．北京：人民邮电出版社，2009.

[2] 马海武．电磁场理论[M]．北京：北京邮电大学出版社，2004.

[3] GURU B S，HIZIROGLU H R. Electromagnetic field theory fundamentals[M]. New York：International Thomson Publishing，Inc. 1998.

[4] 谢处方，饶克谨．电磁场与电磁波[M]．北京：高等教育出版社，1979.

[5] HAYT W H，Jr. Engineering electromagnetics[M]. 4th ed. New York：McGraw-Hill，1981.

[6] HARRINGTON R F. 正弦电磁场[M]．孟侃，译．上海：上海科学技术出版社，1964.

[7] 楼仁海．工程电磁理论[M]．北京：国防工业出版社，1983.

[8] 张文灿，邓亲俊．电磁场的难题和例题分析[M]．北京：高等教育出版社，1987.

[9] 顾瑞龙，沈民谊．微波技术与天线[M]．北京：国防工业出版社，1980.

[10] 符果行．电磁场中的格林函数法[M]．北京：高等教育出版社，1993.

[11] ZAHN M. Electromagnetic field theory，a problem solving approach[M]. New York：John Wiley and Sons，1979.

[12] 廖承恩，陈达章．微波技术基础[M]．北京：国防工业出版社，1979.

[13] 王蕾，李国定．电磁场理论基础[M]．北京：清华大学出版社，2001.

[14] SINNEMA W. Electronic transmission technology[M]. New York：Prentice-Hall，1979.

[15] EDMINISTER J A. 工程电磁场基础[M]．雷银照，吴静，等译．北京：科学出版社，2002.

二维码索引